全国高等学校食品质量与安全专业适用教材

"十三五"江苏省高等学校重点教材

（编号：2017-2-158）

食品质量
控制与管理

主编 钱 和 王周平 郭亚辉

U0259853

中国轻工业出版社

图书在版编目（CIP）数据

食品质量控制与管理/钱和，王周平，郭亚辉主编．—北京：中国轻工业出版社，2023.6
ISBN 978-7-5184-3039-0

Ⅰ.①食…　Ⅱ.①钱…②王…③郭…　Ⅲ.①食品-质量控制-高等学校-教材②食品-质量管理-高等学校-教材
Ⅳ.①TS207.7

中国版本图书馆 CIP 数据核字（2020）第 102662 号

责任编辑：张　靓　王宝瑶　责任终审：张乃东　整体设计：锋尚设计
策划编辑：张　靓　　　　　责任校对：李　靖　责任监印：张　可

出版发行：中国轻工业出版社（北京东长安街6号，邮编：100740）
印　　刷：河北鑫兆源印刷有限公司
经　　销：各地新华书店
版　　次：2023 年 6 月第 1 版第 4 次印刷
开　　本：787×1092　1/16　印张：30.25
字　　数：690 千字
书　　号：ISBN 978-7-5184-3039-0　定价：68.00 元
邮购电话：010-65241695
发行电话：010-85119835　传真：85113293
网　　址：http://www.chlip.com.cn
Email：club@chlip.com.cn
如发现图书残缺请与我社邮购联系调换
230712J1C104ZBW

本书编写人员

主　　编　钱和（江南大学）

　　　　　王周平（江南大学）

　　　　　郭亚辉（江南大学）

副 主 编　于田田（中粮海优商贸有限公司）

　　　　　谢云飞（江南大学）

　　　　　成玉梁（江南大学）

参编人员　（按在各章中出现的顺序排名）

　　　　　曹小彦（广州广电计量检测股份有限公司）

　　　　　徐斌（江苏大学）

　　　　　胡斌（江南大学）

　　　　　于航（江南大学）

　　　　　杨明（扬州大学）

　　　　　于瑞莲（南京中医药大学）

　　　　　王海鸣（广州广电计量检测股份有限公司）

　　　　　常巧英（中国农业大学）

　　　　　姚兴存（江苏海洋大学）

　　　　　任伟（钛和检测认证集团）

　　　　　李雪琴（河南工业大学）

　　　　　赵光远（郑州轻工业学院）

　　　　　孙灵霞（河南农业大学）

　　　　　杜超（鲁东大学）

　　　　　崔燕（宁波市农业科学研究院）

黄颖（麦德龙中国总部）

王章存（郑州轻工业学院）

姚卫蓉（江南大学）

刘利兵［恩福(上海)检测技术有限公司(NSF)］

李颖超（常州工程职业技术学院）

周鸿媛（西南大学）

郭波莉（中国农业科学院农产品加工研究所）

马伟（无锡正知质量技术服务有限公司）

闫雪（上海天祥质量技术服务有限公司）

质量是竞争制胜的关键，质量是绝对实力的体现。中国必须进入质量强国的时代，"中国制造"必须成为"高质量"的代名词，否则将无法屹立于世界民族之林。党的十八大以来，习近平总书记就质量问题发表了一系列重要论述，提出"推动中国制造向中国创造转变、中国速度向中国质量转变、中国产品向中国品牌转变"，指明了我国质量发展的方向、目标、任务和路径，立意高远、内涵丰富，是经济新常态下做好质量工作的行动指南。

质量强国战略是全方位的建设过程，通过市场运行和政府监管的双重机制，保证实体经济、文化、创新、品牌、标准、民生等各层面和各领域的质量建设和发展。在实体经济发展中，质量是资源配置、科技创新、生产质量、消费质量、管理能力等因素的外化，是国家硬实力的体现；同时，质量也是价值理念、文化观念、制度环境、分配机制等因素的外化，是国家软实力的展现。食品工业既是我国国民经济发展的重要支柱产业，又是关系到国泰民安的重要民生产业。在经济新形势下，我国食品产业已经进入价值提升和高质量发展阶段，质量控制与管理工作也得到绝大多数企业的重视。但是，食品供应链中仍然存在各种质量死角和质量问题，需要我们从问题出发寻找有效的解决方案。事实上，解决质量问题的关键在于人，在于生产者和消费者双向质量素养的提升：生产者自律且自觉地生产高质量食品，消费者自觉购买质量信得过的食品。这种质量素养的培养和提升不是一朝一夕的事，需要从教育入手。教育和培训是解决当前质量素养不足和质量人才缺乏的重要手段。

高水平质量人才的培养相当困难，需要以高等院校的教育为基础，以提升综合素质为核心，以企业和社会实践为平台，以实现知识、能力、素质的有机融合为方向，以培养善于深度分析、大胆质疑、勇于创新的精神和能力为目标。遗憾的是，目前我们缺乏这样的教学体系，尤其缺乏能满足这种要求的一流本科课程与教材。

由江南大学食品学院牵头，联合高等院校、食品生产经营企业、食品质量认证和检测企业、食品质量咨询企业等 21 家单位 30 位作者共同编写的《食品质量控制与管理》教材共分为十章，按国际标准化组织（ISO）2015 年更新的质量管理体系标准、2018 年更新的食品安全管理体系标准的框架和 PDCA 循环的顺序编排。

本教材具有以下特点：①内容系统，信息翔实，较好地融合了质量管理学与食品科学相关知识，兼具广度和深度；②与时俱进，全面系统，基于食品链和质量管理的动态变化，引导学生突破惯性认知模式，培养学生深度分析、大胆质疑、勇于创新的精神和能力；③融入思想政治教育、素质培养等元素，将中国式管理的思想及精髓纳入国际食品质量控制与管理体系中，兼具社会性、知识性和技术性；④充分体现多学科思维融合、产业技术与学科理论融合，将宏观思维与落地管理相结合，技术控制与管理措施相呼应，为培养微观、中观和宏观质量管理应用型人才奠定基础。

本教材力求做到经典与现代相结合、宏观与微观相结合、理论与实践相结合、定性与定量相结合；尽力使内容深入浅出、通俗易懂，在每章结束时，通过"场景应用"，将现实场景中对质量认识的误区或问题呈现出来，通过讨论以正视听并解决问题。这一形式可增加研究性、创新性、综合性内容，为强化师生互动、生生互动提供了好方法，同时还能杜绝单纯知识传递、忽视能力素质培养等问题，有助于强化课堂设计，解决教与学的模式创新。这种案例或项目式学习，更加有助于强化学生的阅读量，提高学习的阅读能力，拓展课程学习的广度，提升课程学习的挑战性。因此，本教材符合一流本科教材的要求，可作为线上线下混合式课程教材而广泛使用。同时，也可作为食品生产及进出口贸易企业、食品安全质量认证及咨询人员的参考书，以及食品安全和质量管理人员培训的教材及参考资料。

综上所述，本人乐以为序。

中国工程院院士

2020 年 7 月

民以食为天，食以安为先。做食品，就是做健康；做食品，就是做良心。作为一家食品企业的经营者，我深感做食品企业的不容易，更感到这是关系民生的一种社会责任。食品企业从源头到产品的内部生产，产品流通，再到消费者的各个环节都必须建立严格的质量控制体系，将严把质量关作为首要任务。一个企业只有从保护广大消费者的身体健康、产品安全的角度出发，持续创新，不断升级产品及管理，才能确保食品安全和更好地维护产品品牌。一个食品品牌唯有重视质量，才能走得更远。质量是一个品牌的最好代言，没有质量，再多的宏观谋略都没用；没有质量，整个品牌就是头重脚轻、根底浅；没有质量，我们什么都不是，一切都等于零！

盼盼食品作为食品制造企业，在"健康中国"国家战略指引下，践行"致力为每个家庭永续提供健康美味产品"的愿景，始终坚持"好面包源于好麦苗，好饮料源于好水源；不是优质食品不出，不是健康饮料不产"的生产经营理念，在实体中谋发展，在创新中找出路、求突破，不断为大健康产业的发展履行自己的社会责任。在经营的过程中，深刻感知质量对一个企业兴衰的重要性，更深知要想做好、维护好产品安全与质量，需要进行系统化、专业化、科学化、规范化的管理，必须要有系统的质量管理知识、专业的质量管理人才，才能更好地维护与持续确保质量。

本书由江南大学食品学院主导，与众多高等院校及 21 家单位，30 位作者共同编写，内容具体翔实、系统，全面地梳理并阐述了食品质量管理与管理涉及的各个方面。本书不仅阐述了战略层面的质量构建、质量策划与控制的方法论、质量改进与保证的系统介绍，质量管理体系的整体集成；还从顾客角度思考，阐述了如何与顾客沟通并使之满意；更展望了食品质量管理的新应用和新趋势。这不仅满足教育机构培养高水平的质量专业人才的教学需要，更是为食品企业的质量管理系统化、规范化提供了一场质量系统知识感宴。

市场竞争日趋激烈，传统的质量管理手段已经很难取得最佳的效果，食品企业的质量管理工作应该怎么做？本书深入浅出地诠释了食品企业质量管理的宏观与微观方面，实际应用的技术技巧与方法。感谢作者们的辛勤付出，建议每一位有志于从事食品行业的人士认真研读此书！

福建盼盼食品集团有限公司

蔡金垵

2020 年 7 月

前言 | Preface

　　我国正进入高质量发展的新时代，"质量强国"已成为一项基本国策。古语云："欲造物，先造人。"高质量发展需要高质量人才，而高质量人才来自高质量的教育。将"食品质量控制与管理"建设成适应新时代要求的一流本科课程，将学生培养成拥有高级思维能力和综合能力，能解决复杂质量问题的复合型应用人才，是本书的目标。

　　质量管理由微观、中观和宏观三个层面组成。微观层面的知识是质检员进行质量控制时必须掌握的，中观层面的知识是质量经理在生产过程的控制中实现质量保证所应掌握的，宏观层面的知识是企业的质量副总裁所要掌握的。称职的质量管理者不但需要具备中观和微观层面的质量知识，而且要具备指导与质量相关的所有过程的规划、协调和运作管理的能力。本书按质量管理体系的框架和 PDCA 循环的顺序编排，从宏观到微观，再从微观、中观到宏观，最后归于实际应用。第一章食品质量控制与管理概论，详细综述了食品质量的概念，涵盖食品质量的形成、食品的质量维度、食品的质量属性、食品的内在质量与外在质量、食品的质量危害等知识，是读者学习食品质量控制与管理的重要基础。第二章与战略相匹配的食品质量方针与目标，从宏观角度阐明质量方针与目标是企业的愿景与使命，是"三分天下"前的"隆中对"，是战略，是成功的完美图像。第三章食品质量策划，基于质量策划的基本内容和过程，阐述食品质量策划过程的要素和要求，涉及企业与质量相关的多个过程的规划、协调和运作管理，属宏观层面。第四章食品质量控制，重点介绍食品链中质量控制的主要过程以及质量控制的技术工具和方法，从微观层面阐述如何确保整个生产过程符合策划的要求，生产出合格的产品。第五章食品质量改进，从中观和宏观层面详细介绍食品质量改进的基本过程、实现质量改进的途径以及质量改进的新老七种工具与技术。第六章食品质量保证，从中观层面阐述如何通过支撑体系，保证质量策划、质量控制、质量改进的有效性，介绍常用的食品质量保证方法和工具。第七章食品质量管理，从宏观层面阐述质量管理理论和方法，介绍质量管理五大工具以及食品链各环节质量管理的内容，如减少客诉、减少损失、提升顾客满意度等。第八章基于食品链的质量管理体系，从现实的视角，系统介绍目前食品供应链广泛使用的质量管理体系和认证标准。第九章电商食品的质量控制与管理，介绍了经济新形势下质量管理理论在电商食品领域的应用与实践。第十章食品质量控制与管理发展趋势，基于新时代的特点，论述食品质量控制与管理领域的新技术、新手段和新趋势。

　　本书编写分工如下：第一章由钱和、谢云飞、成玉梁编写；第二章由曹小彦、徐斌、胡斌、于航编写；第三章由杨明、于瑞莲、王海鸣编写；第四章由郭亚辉、胡斌、成玉梁编写；第五章由常巧英、姚兴存、任伟、于田田编写；第六章由李雪琴、赵光远、孙灵霞编写；第七章由王周平、杜超、崔燕、钱和编写；第八章由黄颖、王章存、姚卫蓉、胡斌、刘利兵、李颖超、钱和编写；第九章由周鸿媛、郭波莉、马伟、闫雪编写；第十章由于田田、成玉梁、钱和编写。以及为本书收集、整理资料，校正书稿的江南大学硕博研究生们：沈福苗、张文雅、朱红康、王海利、王越、孙昌武、赵文瑾、孙坤秀、刘霖、徐琳、刘圣楠、李紫琳、桑潘婷、刘畅、李长见、张文易、许文倩、李佳益、王宁等。

本书是国家重点研发计划"乳与乳制品加工靶向物质危害控制技术集成应用示范"和中国工程院重大咨询项目"中国进出口食品安全国际共治发展战略研究"的研究成果，同时也是 2017 年江苏省高等学校立项建设重点教材。

本书在编著过程中，得到江南大学质量品牌研究院的大力支持和帮助，得到姜泓和刘长虹（中国质量认证中心上海分中心）、邹翔（华测检测认证集团股份有限公司）、刘振民和王燕琳（光明乳业股份有限公司）等专家的真诚帮助以及江南大学食品学院硕博研究生们的热情支持，在此一并表示衷心的感谢！

从 20 世纪初开始，伴随着全球经济和科学技术的快速发展以及企业管理理论的不断丰富和实践经验的不断积累，质量管理作为一门学科体系逐步发展成熟。如今，质量概念已不囿于产品和服务，而是扩展到生活、教育、医疗、环境、信息等方面。质量对于今天的学生、未来职场精英和商界领袖，都是至关重要的。

本书中既包含了食品质量控制与管理技术，又包含了系统的、集成的、基于食品链的质量控制与管理理念以及高级思维模式。本书既可以作为食品安全与质量专业、食品科学与工程专业和工商管理类专业本科生和硕士研究生的教材，又可作为企业食品质量与安全管理人员的培训教材和各类质量体系审核员的参考书，同时还可供对食品质量感兴趣的读者参考。本书也可作为查阅质量控制与管理方法的指南或工具书。

食品质量控制与管理是一个综合的、复杂的、涉及食品链每个环节和每个相关人员，甚至与社会环境、生态环境都密切相关的学科。因此，书中难免会出现一些纰漏，恳请读者批评指正。

感谢所有帮助成就本书的前辈、提供研究成果和参考信息的专家、作者、同行、朋友们！

钱和

2020 年 1 月

目 录 |Contents|

第一章 食品质量概论 ⋯⋯⋯⋯⋯⋯⋯⋯⋯⋯⋯⋯⋯⋯⋯ 1

学习目标 ⋯⋯⋯⋯⋯⋯⋯⋯⋯⋯⋯⋯⋯⋯⋯⋯⋯⋯⋯⋯⋯ 1

第一节　质量世纪的挑战 ⋯⋯⋯⋯⋯⋯⋯⋯⋯⋯⋯⋯⋯⋯ 1

一、发达国家的质量意识 ⋯⋯⋯⋯⋯⋯⋯⋯⋯⋯⋯⋯⋯⋯ 2

二、发展中国家的质量意识 ⋯⋯⋯⋯⋯⋯⋯⋯⋯⋯⋯⋯ 2

三、质量与品牌核心竞争力 ⋯⋯⋯⋯⋯⋯⋯⋯⋯⋯⋯⋯ 5

四、与全球化对接的质量管理 ⋯⋯⋯⋯⋯⋯⋯⋯⋯⋯⋯ 6

第二节　食品质量 ⋯⋯⋯⋯⋯⋯⋯⋯⋯⋯⋯⋯⋯⋯⋯⋯⋯ 7

一、质量的概念和定义 ⋯⋯⋯⋯⋯⋯⋯⋯⋯⋯⋯⋯⋯⋯⋯ 7

二、食品与食品链 ⋯⋯⋯⋯⋯⋯⋯⋯⋯⋯⋯⋯⋯⋯⋯⋯ 18

三、食品质量的定义 ⋯⋯⋯⋯⋯⋯⋯⋯⋯⋯⋯⋯⋯⋯⋯ 20

四、食品质量的形成 ⋯⋯⋯⋯⋯⋯⋯⋯⋯⋯⋯⋯⋯⋯⋯ 21

五、食品的质量维度 ⋯⋯⋯⋯⋯⋯⋯⋯⋯⋯⋯⋯⋯⋯⋯ 22

六、食品的质量属性 ⋯⋯⋯⋯⋯⋯⋯⋯⋯⋯⋯⋯⋯⋯⋯ 23

七、食品的内在质量与外在质量 ⋯⋯⋯⋯⋯⋯⋯⋯⋯ 27

八、影响食品质量的危害 ⋯⋯⋯⋯⋯⋯⋯⋯⋯⋯⋯⋯⋯ 28

九、影响食品质量的因素 ⋯⋯⋯⋯⋯⋯⋯⋯⋯⋯⋯⋯⋯ 30

十、食品质量的法律要求 ⋯⋯⋯⋯⋯⋯⋯⋯⋯⋯⋯⋯⋯ 36

第三节　本书的学习内容和学习方法 ⋯⋯⋯⋯⋯⋯⋯ 39

一、本书的学习内容 ⋯⋯⋯⋯⋯⋯⋯⋯⋯⋯⋯⋯⋯⋯⋯ 39

二、本书的学习方法 ⋯⋯⋯⋯⋯⋯⋯⋯⋯⋯⋯⋯⋯⋯⋯ 40

第四节　场景应用 ⋯⋯⋯⋯⋯⋯⋯⋯⋯⋯⋯⋯⋯⋯⋯⋯ 41

一、食品生产者和食品经营者的责任 ⋯⋯⋯⋯⋯⋯ 41

二、国家标准认真读 ⋯⋯⋯⋯⋯⋯⋯⋯⋯⋯⋯⋯⋯⋯⋯ 43

三、进口无食品安全标准产品 ⋯⋯⋯⋯⋯⋯⋯⋯⋯⋯ 44

本章小结 ⋯⋯⋯⋯⋯⋯⋯⋯⋯⋯⋯⋯⋯⋯⋯⋯⋯⋯⋯⋯ 45

思考题 ⋯⋯⋯⋯⋯⋯⋯⋯⋯⋯⋯⋯⋯⋯⋯⋯⋯⋯⋯⋯⋯ 45

参考文献 ⋯⋯⋯⋯⋯⋯⋯⋯⋯⋯⋯⋯⋯⋯⋯⋯⋯⋯⋯⋯ 45

第二章 与战略相匹配的食品质量方针与目标 ……………………………………… 47

学习目标 …………………………………………………………………………… 47

第一节 战略管理 …………………………………………………………………… 47

　　一、战略制定 ……………………………………………………………………… 49

　　二、战略实施 ……………………………………………………………………… 56

　　三、战略评价 ……………………………………………………………………… 60

　　四、战略工具与分析方法 ………………………………………………………… 61

第二节 质量方针与目标管理的理论 ……………………………………………… 71

　　一、基本概念 ……………………………………………………………………… 72

　　二、发展历程 ……………………………………………………………………… 74

　　三、主要理论 ……………………………………………………………………… 75

第三节 方针与目标的制定 ………………………………………………………… 76

　　一、制定的原则 …………………………………………………………………… 76

　　二、制定的依据 …………………………………………………………………… 77

　　三、制定的要求 …………………………………………………………………… 77

　　四、制定的程序 …………………………………………………………………… 78

　　五、案例分析 ……………………………………………………………………… 78

第四节 方针与目标的展开 ………………………………………………………… 79

　　一、展开的概念 …………………………………………………………………… 79

　　二、展开的方法 …………………………………………………………………… 79

第五节 方针与目标管理的考核与评价 …………………………………………… 80

　　一、目标管理的考核 ……………………………………………………………… 80

　　二、目标管理的评价 ……………………………………………………………… 80

第六节 方针与目标管理的诊断 …………………………………………………… 81

　　一、方针与目标管理诊断的概念 ………………………………………………… 81

　　二、方针与目标管理诊断的基本内容 …………………………………………… 81

　　三、方针与目标管理的流程 ……………………………………………………… 81

第七节 从食品链的角度看质量方针与目标 ……………………………………… 82

　　一、食品链的价值体系 …………………………………………………………… 82

　　二、食品供应链的合作 …………………………………………………………… 83

第八节 食品工业实践中的质量方针 ……………………………………………… 84

第九节 场景应用 …………………………………………………………………… 85

　　一、做不正确的事，将有不能承受之重 ………………………………………… 85

　　二、企业对产品质量负责"一辈子" ……………………………………………… 87

本章小结 …………………………………………………………………………… 87

思考题 ……………………………………………………………………………… 88

参考文献 ……………………………………………………………………… 88

第三章　食品质量策划 …………………………………………………… 89
学习目标 ……………………………………………………………………… 89
第一节　质量策划 …………………………………………………………… 89
第二节　质量策划过程 ……………………………………………………… 90
　　一、食品质量策划原则 …………………………………………………… 90
　　二、食品质量策划过程 …………………………………………………… 90
　　三、食品质量策划内容 …………………………………………………… 92
　　四、食品质量策划决策 …………………………………………………… 92
第三节　影响食品质量策划的因素 ………………………………………… 94
　　一、食品特性 ……………………………………………………………… 94
　　二、加工过程 ……………………………………………………………… 94
　　三、贮存运输 ……………………………………………………………… 98
第四节　支持食品质量策划的工具和模型 ………………………………… 99
　　一、原料的质量控制技术 ………………………………………………… 99
　　二、支持工艺和产品的设计模型（QFD） ……………………………… 100
　　三、过程设计的故障模型和失效分析 …………………………………… 118
　　四、评估产品特性的方法和技术 ………………………………………… 120
第五节　食品质量策划过程管理 …………………………………………… 121
　　一、团队管理 ……………………………………………………………… 121
　　二、项目管理 ……………………………………………………………… 123
　　三、持续改进 ……………………………………………………………… 124
第六节　场景应用 …………………………………………………………… 124
　　一、产品开发前提原则（一）：产品执行标准 ………………………… 124
　　二、产品开发前提原则（二）：生产许可证 …………………………… 125
　　三、食品卫生：从车间入口处做起 ……………………………………… 126
本章小结 …………………………………………………………………… 128
思考题 ……………………………………………………………………… 128
参考文献 …………………………………………………………………… 128

第四章　食品质量控制 …………………………………………………… 131
学习目标 …………………………………………………………………… 131
第一节　质量控制基础 ……………………………………………………… 132
　　一、质量控制原理 ………………………………………………………… 133
　　二、食品质量的波动 ……………………………………………………… 135
　　三、食品质量控制的内容 ………………………………………………… 136

四、食品质量控制措施的组合 ………………………………………… 139

第二节 质量控制的工具和方法 …………………………………………… 142

一、抽样试验 …………………………………………………………… 143

二、统计过程控制 …………………………………………………… 147

三、质量分析和测试 ………………………………………………… 152

第三节 食品链关键质量控制过程 ……………………………………… 156

一、种植与养殖过程的质量控制 ………………………………… 156

二、原辅料采购与供应商的质量控制 …………………………… 159

三、生产过程的质量控制 …………………………………………… 161

四、终产品的质量控制 ……………………………………………… 163

五、流通过程的质量控制 …………………………………………… 164

六、餐饮过程的质量控制 …………………………………………… 166

第四节 食品质量控制过程的管理 ……………………………………… 168

一、有效控制 …………………………………………………………… 168

二、组织控制的形式 ………………………………………………… 169

三、控制的成本和效益 ……………………………………………… 171

第五节 场景应用 …………………………………………………………… 171

一、内包装使用新材料安全吗? ………………………………… 171

二、何谓型式检验,意义何在? ………………………………… 172

三、混样检测 …………………………………………………………… 174

四、检验检测只治标,摸清源头才治本 ……………………… 175

五、防止病从口入 …………………………………………………… 177

本章小结 ……………………………………………………………………… 178

思考题 ………………………………………………………………………… 178

参考文献 ……………………………………………………………………… 178

第五章 食品质量改进 ……………………………………………………… 180

学习目标 ……………………………………………………………………… 180

第一节 质量改进的概念 ………………………………………………… 180

一、质量改进的定义 ………………………………………………… 180

二、质量改进与质量控制 …………………………………………… 181

三、质量改进与质量突破 …………………………………………… 182

四、预防措施和纠正措施 …………………………………………… 183

第二节 食品质量改进的需求 …………………………………………… 184

一、质量改进的目的 ………………………………………………… 184

二、质量改进的意义 ………………………………………………… 185

三、质量改进的对象 ………………………………………………… 186

四、食品复杂性对质量改进的影响 ……………………………………… 188

第三节 食品质量改进的过程 ……………………………………… 190

一、质量诊断 ……………………………………………………… 190

二、PDCA 循环 …………………………………………………… 192

三、食品质量改进的一般步骤 …………………………………… 194

四、持续质量改进 ………………………………………………… 200

第四节 质量改进工具 …………………………………………… 210

一、质量改进七种老工具 ………………………………………… 210

二、质量改进七种新工具 ………………………………………… 219

第五节 场景应用 ………………………………………………… 226

一、盒装小沱茶的净含量信息不标注规格可以吗? ……………… 226

二、避免出现过期产品,从产品设计开始 ……………………… 227

本章小结 …………………………………………………………… 229

思考题 ……………………………………………………………… 230

参考文献 …………………………………………………………… 230

第六章 食品质量保证 …………………………………………… 232

学习目标 …………………………………………………………… 232

第一节 质量保证概论 …………………………………………… 232

一、质量保证 ……………………………………………………… 232

二、质量保证原则 ………………………………………………… 233

三、食品质量保证的重要性 ……………………………………… 234

第二节 支持食品质量保证的工具和方法 ……………………… 234

一、风险管理 ……………………………………………………… 234

二、预测食品微生物学 …………………………………………… 236

三、食品脆弱性评估 ……………………………………………… 238

四、供应商审核与管理 …………………………………………… 238

五、经销商审核与管理 …………………………………………… 240

六、终端质量安全管理 …………………………………………… 242

七、全程可追溯体系 ……………………………………………… 243

八、实验室检测能力验证 ………………………………………… 243

九、食品安全防护 ………………………………………………… 244

十、食品安全预警 ………………………………………………… 245

十一、应急响应与召回 …………………………………………… 246

第三节 实施质量保证的基础 …………………………………… 249

一、组织团队 ……………………………………………………… 249

二、设备设施 ……………………………………………………… 250

三、制度标准 ………………………………………………… 250

四、教育培训 ………………………………………………… 251

五、目标考核 ………………………………………………… 252

六、资金预算 ………………………………………………… 253

第四节　食品质量保证的实施 …………………………………… 253

一、质量保证流程（PDCA 循环）………………………… 253

二、食品质量保证关键点 ………………………………… 254

三、质量保证的实施 ……………………………………… 255

第五节　食品质量保证的管理 …………………………………… 256

一、组织中的质量保证 …………………………………… 256

二、质量审核和认证 ……………………………………… 260

第六节　场景应用 ………………………………………………… 265

一、食品防护"第一道防线"做了吗? …………………… 265

二、食品防护的关键工序类型 …………………………… 266

三、为什么要让供应商签订质量安全承诺书? ………… 267

本章小结 …………………………………………………………… 268

思考题 ……………………………………………………………… 269

参考文献 …………………………………………………………… 269

第七章　食品质量管理 …………………………………………… 271

学习目标 …………………………………………………………… 271

第一节　管理 ……………………………………………………… 271

一、管理问题 ……………………………………………… 271

二、管理决策 ……………………………………………… 272

三、影响决策和质量行为的因素 ………………………… 274

四、行政管理概念 ………………………………………… 281

五、柔性管理方法 ………………………………………… 288

第二节　质量管理 ………………………………………………… 291

一、质量管理历史 ………………………………………… 291

二、质量大师及其管理理念 ……………………………… 294

三、菲德勒及其权变理论 ………………………………… 301

第三节　质量管理的方法 ………………………………………… 304

一、全面生产维护（TPM）………………………………… 304

二、5S 现场管理法 ………………………………………… 306

三、6σ 管理 …………………………………………………… 309

四、零缺陷质量管理 ……………………………………… 312

五、卓越绩效管理 ………………………………………… 314

六、世界级制造 ………………………………………………………… 318

第四节 质量管理五大工具 ……………………………………… 320

一、质量先期策划（APQP） ……………………………………… 320

二、生产件批准程序（PPAP） …………………………………… 322

三、统计过程控制（SPC） ………………………………………… 325

四、测量系统分析（MSA） ……………………………………… 327

五、潜在的失效模式及后果分析（FMEA） …………………… 329

第五节 食品质量管理的内容 ……………………………… 332

一、战略管理 ………………………………………………………… 332

二、创新管理 ………………………………………………………… 334

三、食品供应链的质量管理 ……………………………………… 335

第六节 食品质量管理的组织 ……………………………… 350

一、质量管理委员会 ……………………………………………… 350

二、质量管理小组 ………………………………………………… 351

三、质量管理小组活动 …………………………………………… 355

第七节 场景应用 …………………………………………………… 361

一、客诉原因分析及改进措施 …………………………………… 361

二、产品质量不稳定怎么上市？ ………………………………… 362

三、品控人员要学会管理 ………………………………………… 363

本章小结 ……………………………………………………………… 364

思考题 ………………………………………………………………… 365

参考文献 ……………………………………………………………… 365

第八章 基于食品链的质量管理体系 ……………………… 368

学习目标 ……………………………………………………………… 368

第一节 ISO 9000 质量管理体系 …………………………… 369

一、ISO 9000 简介 ………………………………………………… 370

二、ISO 9000 发展历程 …………………………………………… 370

三、ISO 9000 适用范围 …………………………………………… 372

四、质量管理体系要求简介 ……………………………………… 373

五、食品企业实施 ISO 9000 的益处 …………………………… 377

第二节 SQF 食品质量规范 …………………………………… 378

一、SQF 简介 ………………………………………………………… 378

二、适用范围 ………………………………………………………… 379

三、质量规范 ………………………………………………………… 380

四、实施益处 ………………………………………………………… 388

第三节 整合食品质量管理体系 ………………………… 389

一、食品质量的底线是食品安全 ·· 389

二、ISO 9000 与 GMP、HACCP、ISO 22000 的关系 ··········· 389

三、一个企业一套管理体系 ·· 391

四、整合质量管理体系文件和实施方法 ······························· 392

第四节　场景应用 ··· 409

一、质量管理体系与第三方认证 ·· 409

二、浸入式管理 ·· 410

本章小结 ·· 411

思考题 ··· 412

参考文献 ·· 412

第九章　电商食品的质量控制与管理 ··· 413

学习目标 ·· 413

第一节　概述 ·· 413

一、电商食品销售模式与特点 ··· 413

二、电商食品的质量安全问题 ··· 415

三、电商食品市场的 SWOT 分析 ······································ 419

四、食品电商的发展趋势 ·· 427

第二节　电商食品的质量控制 ·· 430

一、电商食品流通过程与质量安全风险分析 ························ 430

二、电商食品质量控制内容 ·· 432

三、电商食品质量控制方法 ·· 433

四、培养食品电子商务专业人才 ·· 434

第三节　电商食品的质量管理 ·· 435

一、完善电商食品相关法律法规 ·· 435

二、建立健全电商食品监管体制 ·· 437

三、强化电商食品流通经营规范 ·· 438

第四节　案例分析 ··· 439

第五节　场景应用 ··· 441

一、电子商务法的亮点 ··· 441

二、普通食品不能当成保健品卖 ·· 442

三、礼盒的标签标识 ·· 443

本章小结 ·· 445

思考题 ··· 445

参考文献 ·· 445

第十章　食品质量控制与管理发展趋势 ······································· 447

学习目标 ……………………………………………………………………… 447

第一节 高质量发展的新时代 ……………………………………………… 447

第二节 消费者的新认知 …………………………………………………… 448

一、消费者面对的食育环境 …………………………………………… 449

二、消费者对食品质量认知的趋势 …………………………………… 449

第三节 食品加工新技术 …………………………………………………… 450

一、农业机械化 ………………………………………………………… 451

二、制造智能化 ………………………………………………………… 451

三、检测无损化 ………………………………………………………… 452

第四节 食品安全保障新手段 ……………………………………………… 453

一、全生命周期质量安全风险预警平台 ……………………………… 453

二、基于区块链的全过程可追溯体系 ………………………………… 453

三、全产业链管控食品企业涌现 ……………………………………… 454

第五节 食品质量管理新趋势 ……………………………………………… 455

一、人性化管理 ………………………………………………………… 455

二、权变管理 …………………………………………………………… 456

三、信息化管理 ………………………………………………………… 457

四、现代全面质量管理 ………………………………………………… 457

五、战略合作的链管理 ………………………………………………… 458

第六节 场景应用 …………………………………………………………… 458

一、改的不是繁体字，是观念 ………………………………………… 458

二、看不出你对产品的爱 ……………………………………………… 459

本章小结 ……………………………………………………………………… 461

思考题 ………………………………………………………………………… 461

参考文献 ……………………………………………………………………… 461

第一章
食品质量概论

学习目标：

1. 食品与食品链的定义。
2. 食品质量的形成规律。
3. 食品的质量属性。
4. 影响食品质量的危害因素。
5. 食品质量的法律要求。

第一节　质量世纪的挑战

随着知识化、信息化、智能化时代的到来，以及世界经济全球一体化进程的推进，企业的竞争范围逐渐扩大，世界市场的竞争日趋激烈。在市场竞争的五大要素：品种、质量、价格、服务和交货期中，决定竞争胜负的要素是质量。因此，质量是国际贸易的基本条件，是市场竞争的重要手段，是经济社会发展的重大战略性问题。正如美国著名质量管理专家朱兰（J. M. Juran）博士所言，21 世纪是质量世纪，依靠质量取得效益是人类步入 21 世纪后的最佳选择。因此，所有企业必须视质量为生命，以质量的持续改进为永恒的目标。

进入经济新常态的中国，必须要迎接质量世纪的挑战。2015 年 3 月 5 日，李克强总理在第十二届全国人民代表大会第三次会议的《政府工作报告》中首次提出"中国制造2025"，指出："没有强大的制造业，就没有国家和民族的强盛。"提升质量、打造强势品牌将是"中国制造"在激烈的国际竞争中争取一席之地的必然选择。

如何应对质量世纪的挑战？华为技术有限公司主要创始人、总裁任正非曾经说，"教育是最便宜的投资"，中国与发达国家竞赛，唯有通过提高教育水平。因此，迎接质量世纪的挑战，应该从建立高效的学习型国家、学习型企业开始，从有效的教育、培训，提升质量相关知识，建立质量文化，培养质量意识开始。

一、发达国家的质量意识

自 20 世纪 60 年代开始，国际上的质量竞争日趋激烈，人们越来越清楚地认识到：采用价廉质次的倾销政策已难以取胜。20 世纪，人类在发展中取得了非凡的成就，生产力高度发展，产品和服务质量不断提高，一切正如 1994 年朱兰博士在美国质量管理学会年会上所说："这不是一场使用枪炮的战争，而是一场商业战争，战争的主要武器就是产品质量。"

世界上经济高速发展的发达国家都极其重视产品质量和服务质量，并且一直努力寻找提高产品质量和服务质量的有效途径，不遗余力地追求和创造高质量。

日本的经济振兴就是从抓质量开始的。20 世纪 50 年代，日本从美国引进了质量管理（quality control），1951 年设立了戴明奖，1960 年开展"质量月"活动。日本"青出于蓝而胜于蓝"，后来超越了美国，创建了日本式的全面质量管理（total quality management，TQM）。TQM 成为日本企业制胜的法宝，奠定了日本制造业高质量、有序发展的雄厚基础。在 20 世纪 90 年代之前，TQM 仿佛是日本的特有专利，其它国家难以仿效。因此，"made in japan"成为高质量的代名词，在全世界范围内赢得了无可比拟的竞争力。朱兰博士在考察了日本经济以后说："日本的经济振兴，是一次成功的质量革命。"

由于日本产品在市场上的挑战，美国制造业的专家们提出了"质量要革命"的口号。他们认为"第三次世界大战"将是一场不用枪炮、不流血的商业战，其主要武器就是产品质量。质量专家们指出，要重振美国经济，靠贸易保护主义是不行的，靠美元贬值也是不行的，关键在于真正有效地提高产品质量。

欧洲各国历来重视产品的质量与信誉。英国于 20 世纪 80 年代初期专设内阁协商委员会，对英国制造的产品进行了一次系统的质量普查，完成了一份有价值的质量相关问题报告，建立了全国性的质量信息中心，确定了国家对优质产品的奖励措施，加强了标准化工作（范科林，2010）。同时，还建立了产品质量保证体系，以提高产品在世界市场上的竞争能力。德国更是以严谨著称，对质量管理十分严格，为了确保产品的质量信誉，在一定条件下宁肯牺牲产量，也决不肯放松质量。瑞典同样也是根据政府的规定，开展全国性的质量运动。

综观全球，凡制造强国、经济强国、技术强国、贸易强国，都讲质量、抓质量。美国、日本、英国、德国等发达国家之所以强，很大程度是强在了质量上。近年来，德国提出了"工业 4.0"战略，美国和日本紧随其后，分别提出国家《先进制造家战略计划》和《机器人新战略》，掀起新一轮制造业风潮，其核心除了研发新技术，最根本的还是强调要提高质量竞争力。

二、发展中国家的质量意识

大部分发展中国家的经济都是以农业为基础的，农业占国民生产总值的 60%~80%。由于工业不发达，人口增长迅速，对消费品的需求通常大于供应。在这种情况下，几乎所有的产品都能销售出去，消费者购买与否往往取决于价格，而不是产品质量。

为了加速工业化步伐，发展中国家通常建有大量国有工业企业，且为了保护民族企业不受国际竞争的冲击，大多数政府采取了诸如进口限制、高额关税等保护措施。缺乏国际竞争的结果是故步自封和生产效率低下，阻碍了国内质量文化的形成与发展。

因此，在大多数发展中国家，由于国产货的质量形象差，加之跨国集团强大的广告攻势，促使人们盲目信任进口货的质量。某些跨国公司基于这种消费态度，利用发展中国家缺少足够的检测手段和明确的采购规范，向发展中国家倾销质量低劣的材料和产品。当这些低于标准要求的材料投入生产时，必将影响最终产品的质量。因此，低水平的资金周转、高质量材料供应的不稳定、有缺陷材料退货时的困难等现实问题，严重影响和制约了发展中国家制造业的发展。

保护国内经济、缺乏竞争、没有使用现代质量管理工具、强调短期效益等因素导致了发展中国家的工业质量问题。究其根本，是缺乏质量意识。发展中国家的制造商不了解质量所能带来的经济效益，忽略了质量对利润的贡献，并且对质量有太多的误解。发展中国家对质量的常见误解如下所述。

1. 质量越高，成本也越高

这是人们所持有的和质量有关的最普遍的观点。可事实是，高质量并不总意味着更高的成本。要准确理解质量与成本的关系，就必须了解现代化大生产中产品质量是如何形成的。基于市场的需要，质量首先是以设计文件的形式加以确定，然后通过适当的制造过程把它变成实实在在的产品。因此，一方面，研究开发部门投入更多的资源提高设计的质量，可带来产品质量明显的提升；另一方面，改进制造过程可以使产品质量提高、次品和废品减少，从而使整个产品的成本大幅度降低。日本和西方国家大批量的工业品生产已经充分证明了这一点。计算机、消费类电子产品和家用电器就是最好的例子，近十年来这些产品的质量不断提高而成本确实也在不断降低。

高质量不代表高成本，但是，低质量一定会造成高成本。生产成本的结构随着产品的属性和加工程度不同有很大的变化，典型的情况是材料占总成本的45%左右，固定成本约占25%，加工附加值约占30%。假设税前利润为10%，无材料可以重复利用，那么一个废品造成的损失等于7个合格品的利润。这意味着公司要想在激烈竞争的市场中占有一席之地，必须通过质量管理来控制成本。

通常低质量的费用与废品处理、返工和检验等方面花费的额外精力有关，这些费用是容易理解的，但是，大多数企业并没有将下述这些费用纳入成本，也没有考虑到低劣的质量管理还可能导致其它费用。例如以下几种情况。

（1）由于设计不良和低效率的制造过程而导致材料的浪费。

（2）由于选错了供应商和对采购物资无效的质量控制而导致高库存。

（3）在运输和储运过程中由于不良的包装、贮存和搬运而导致的损坏和变质。

（4）由于不恰当的加工、不良的工作计划和错误的预防性维修而导致设备和工作不协调。

（5）把时间和金钱不合理地花费在与供应商和用户一起找质量问题等行政事务上，从而影响了其它质量管理职责的履行。

（6）因推迟交货和不满足要求而受到罚款。

在发展中国家，多数企业没有将上述费用进行记录并纳入成本分析。有些管理者几乎不知道这些是应该纳入成本的费用，因此不会考虑到控制它们的方法。据统计，在发达国家，低质量带来的可避免损失通常占 15%～25%；而在发展中国家，这个比例可能超过 30%。

随着日益增长的自由贸易和全球经济一体化，竞争在所难免。所以，从长远来看，不改变对质量的态度，企业将面临严重的威胁。只有通过改进质量管理使产品成本得到显著降低，才能在未来市场中占据优势。

2. 强调质量会降低生产率

在生产管理者中普遍存在一种错误的认识，即质量是以牺牲数量为代价的。这种观点是从早期质量控制（quality control，QC）仅仅是对成品进行抽样检验的时期遗留下来的。在这种情况下，检验要求越严格，拒收的比例就越大，因此，人力资源的浪费就越严重。而现代质量控制的方法不断趋于完善，质量控制的重点已经转移到设计和制造过程中的预防性控制，以确保一开始就不会生产有缺陷的产品。因此，提高质量和保持数量的努力是互补的，提高质量的努力通常会带来更高的生产率。例如，最重要的质量保证（quality assurance，QA）活动之一是投入生产前的设计评审，以确定设计是否满足明确的或者预测的用户要求。同时，还能确定以现有的设备和机器能否顺利生产出合格的产品。如果必要的话，可以改变设计方案，用最经济的工序进行生产。由此可见，与质量有关的一切活动，都能直接或间接地帮助提高生产率。

3. 严格的检验可以保证质量

检验是第一种正式的质量控制手段，大多数的制造商现在仍然相信通过严格的检验可以提高质量。应当明确，检验的结果只能判别好与坏，或是否满足工艺要求以及相关质量要求，它本身不能改进制造出来产品质量。研究表明，现场发现的 60%～70% 缺陷可直接或间接地归因于设计、工艺流程和采购等环节的错误，而多数检验活动都是针对现场的。

依赖检验技术找出不合格品的另一个不利后果是，可能永远不能确定一个生产过程能否生产出质量优良的产品，因此，可能无法兑现交付承诺，对公司的信誉和长期的业务前景会产生不利影响。

因此，严格的检验只是保证质量的手段之一。质量保证不是仅由检验部门进行的孤立活动。为了使之有效，质量保证必须包括负责营销、设计、工程、采购、生产、包装、发货和运输在内的所有部门的活动。而且，质量保证还要覆盖用户，以便了解用户的要求和得到用户对产品的准确反馈。

4. 忽略了员工技能培训对质量的影响

发展中国家的企业经常把产品质量差归因于工人缺乏质量意识和企业缺乏质量文化。事实上，解决这个问题的根本方法在于管理者是否对员工进行了适当的培训和指导，使他们拥有正确的质量意识和思想，有能力执行与质量控制和质量保证相关的操作规范，并承担相应的职责。

例如建造新工厂和安装新设备相对来说要容易一些，改变企业的技能培训和员工的质量态度则要困难得多。所以，尽管有些公司拥有按照国际规范进行生产的设备，但是由于工人的操作水平较低，大量的产品不符合规范要求，公司不得不再依靠精心安排的检验程序把不合格品和合格品分开，其中不合格品只能亏本销售。这种操作方法所导致的经济损失不容小觑，因为按照这种体系运行的企业最后只能退出竞争日益激烈的市场。

另外，一项针对发展中国家的企业质量管理状况调研表明，大多数的现场管理者不能提供工艺和设备操作等方面的全面培训，不能提供标准操作规范、验证或评定员工操作能力的方法、结果不理想时调整设备或工艺的方法等作业指导文件。因此，对产品的质量问题，企业首先应该检查管理体系及其运行中的不足，而不是将员工作为替罪羊。

虽然目前我国已成为世界第二大经济体，是世界公认的制造业大国，但是我国质量发展基础依然薄弱，质量水平的提高仍然滞后于经济发展，质量供给水平、保障能力与人民群众日益增长的质量需求之间的矛盾依然突出，距离质量强国的要求还差得较远。我们必须清醒地认识到，与那些质量强国相比，我们在技术、标准、品牌等诸多方面还有很大差距，在国际贸易和国际市场竞争中，并不占据优势。目前，我国消费结构和消费目的已经从单纯满足需求提升到追求高质量阶段。因此，我国制造业必须从低成本驱动的粗放型、数量型的"旧常态"经济增长模式，转变为集约型、质量型发展的"新常态"经济增长模式，将"质量兴国"作为一项基本国策来对待。

三、质量与品牌核心竞争力

质量的高低决定了品牌核心竞争力的强弱。相关研究表明，质量与美誉度、品牌形象、销售量均呈正比例关系，质量每提高1%，美誉度就提升0.5%，品牌形象就提升1%，销售量便提高0.5%，因此，消费者对行业内产品质量的排序，关系到企业的投资回报率。如果企业产品的质量排在前15位，其税前投资回报率平均在32%；如果企业产品的质量排在倒数5位以下，其税前投资回报率平均只有14%（王彧，2013）。由此可知，质量通过对品牌核心竞争力的影响，决定企业的效益。

品牌（brand）一词的本意是"烙印"，是自然经济时代用以区分与他人财物的标记，美国市场营销协会将品牌定义为：一种名称、术语、标记、符号或设计，或是它们的组合运用，其目的是借以辨认某个销售者或某一群销售者的产品或服务，并使之同竞争对手的产品和服务区别开来。一个品牌至少能表达出6层涵义：给消费者带来特定的属性；使消费者获得利益；体现产品制造商的价值感；附加特定的文化特征；体现一定的个性；反映消费者的特征。

品牌最基本的特征在于其识别特性，一个具有美誉度和知名度的品牌是企业树立良好形象的重要基础，能够培养客户对商品的忠诚度，从而有助于扩大产品销售。因此，品牌不是个单纯的标记，而是具有市场核心竞争力的、受到法律保护的无形财产，是企业最有价值的资产之一，消费者对品牌的最终诉求是质量，他们通常认为同一品牌下的产品具有相同的质量。因此，鉴于质量对于品牌资产的重要价值，竞争从产量的较量升级为质量的较量。

核心竞争力是指能给企业带来市场竞争优势的不同技术系统和组织管理系统的有机

融合，考察的是企业持续的、动态的竞争状况（李育英，2006），特别是企业在竞争中具有的潜在的获利能力，而非单纯的市场占有率、品牌知名度以及企业的生产规模等指标参数。虽然不同的企业具有不同的核心竞争力，但是，独特性、整体性、价值性等是企业核心竞争力的共同特征。概括地讲，核心竞争力是企业多方面技术和机制的有机融合，是不同技术系统、管理系统及技能的结合，是企业在特定经营环境中的竞争力和竞争优势的合力（张庆伟等，2008）。而这种合力的基础，就是高质量。

石家庄三鹿集团股份有限公司（以下简称"三鹿"）的前身是1956年成立的"幸福乳业生产合作社"，在发展过程中曾创造了多项奇迹和"五个率先"：1983年，率先研制生产母乳化奶粉（婴儿配方奶粉）；1986年，率先创造并推广"奶牛下乡、牛奶进城"城乡联合模式；1993年，率先实施品牌运营及集团化战略运作；1995年，率先在中央电视台频道黄金时段播放广告；1996年，率先在同行业导入CI系统。2005年8月，"三鹿"品牌被世界品牌实验室评为中国500个最具价值的品牌之一；2006年位居国际知名杂志《福布斯》评选的"中国顶尖企业百强乳品企业"第一位，经中国品牌资产评价中心评定，当时"三鹿"品牌价值高达149.07亿元；2007年被中华人民共和国商务部评为"最具市场竞争力品牌"，"三鹿"商标被认定为"中国驰名商标"，产品畅销全国。就是这样有着耀眼光环的企业，醉心于规模扩张和销售额的增长，却对直接决定产品生命的质量管理失控，生产的婴幼儿配方奶粉受三聚氰胺严重污染，导致众多婴幼儿患泌尿系统疾病，多名婴幼儿死亡。经过几代人的奋斗，品牌价值曾近150亿元的乳业巨人，最终因质量问题轰然倒下，我们必须引以为戒。

四、与全球化对接的质量管理

目前，一个以提高产品质量为中心的浪潮，正在世界各国形成。人们已深刻地认识到，现代经济是一个开放的世界性经济，国际贸易和世界性的经济合作，是每个国家发展经济不可缺少的条件，任何一个国家都不可能闭关锁国、关起门来搞建设，国家间的相互依赖一定越来越紧密。技术交流、互相补充、共同提高、互通有无，是现代经济的重要特点。为此，必须形成一个相互交换产品、资源和服务的国际市场，而质量则是进入这个国际市场的通行证，是参与国内外市场竞争的支柱，每一个想立于世界民族之林的国家，必须为其制造业建立一个与全球化对接的质量管理体系（曹立章等，2011）。

所有产品的市场竞争都可分为四个阶段：①产品质量的竞争；②企业管理的竞争；③成本竞争；④规模效益竞争。认真分析这四个阶段：①要求产品特性满足用户需求，且产品制造和服务过程无缺陷；②通过质量管理活动，使产品满足要求；③利用质量管理降低生产成本；④利用质量管理，实现规模效益。因此，质量管理是参与市场竞争四个阶段的必要手段。

对于食品供应链上各类企业而言，竞争是永恒的主题，而产品质量和价格永远是竞争的焦点。如果想在激烈的竞争中占有一席之地，就必须增强企业的质量竞争力，同时降低质量成本，而要达到这两个目标最有效的途径，就是建立与全球化对接的质量管理。总结国内外成功企业的经验，不难看出，企业的质量管理通常依靠完善的质量管理体系得以实现。质量管理体系是保证产品质量、控制成本的操作平台，它能将企业的各层组织管理活动统一到一个管理层面上，通过体系的运转达到内外部的相互沟通、协调和监督，对于可能出现的问题，早发现、早纠正，将事故消灭在萌芽中，从而避免因某一管理漏洞造成企业的重大损失。企业可通过管理体系的有效运转和持续改进，整体提升管理水平，从而提高产品质量、降低质量成本，进而提高企业的竞争力（叶雨，2006）。

随着国际贸易的发展，食品生产体系呈全球化发展的趋势，食品原料来自世界各地，食品产品的销售遍布全球。在经济发达的国家，消费者任何时候都能买到来自世界各地的不同食品。在经济一体化的大趋势下，食品供应链内的战略合作至关重要，而战略合作的基础，就是全球化的质量管理。

第二节　食品质量

一、质量的概念和定义

（一）质量的概念

质量不是现代工商业中的新名词。事实上，自从有了商品生产，就有了质量的概念。但是，人们对质量的理解是随着社会的发展而逐渐演变的。20 世纪初到 50 年代，人们所理解的产品质量是指符合性质量，即产品满足规格要求的能力；50 年代到 80 年代，人们所理解的产品质量是指适用性质量，即产品应满足用户的使用要求；80 年代以后，人们逐渐接受满意性质量的观念，即企业应为顾客提供最大限度满意的产品；21 世纪，人们普遍接受卓越性质量的概念，要求企业提供使用户惊喜的产品，为顾客创造价值。因此，质量是一个令人困惑、不断变化的概念。一方面，是因为人们常常根据自身在供应链中的角色而采用不同的标准来认识、评价质量，如生产者、营销者、消费者等对质量的理解和要求均有所不同；另一方面，质量的含义随着质量专业的发展和成熟而不断演变，在不同的历史时期给质量下的定义不一样，质量定义的内涵也不尽相同。

综上所述，要想全面理解质量的概念，就必须系统了解可能影响消费者或用户对质量的期望和认知的一些因素。

1. 质量的维度

质量维度（quality dimensions）包括了产品质量维度和服务质量维度。

（1）产品质量维度　为了定义那些与产品质量认知有关的因素、特征或尺度，质量管理专家提出了质量维度的概念。哈佛商学院的戴维·加文提出了最著名的 8 个产品质量维度，用以描述产品的质量（詹姆斯·埃文斯，2017）。

① 性能（performance）：指产品达到预期目标的效率。通常可以理解为食品的色、香、味，或者是汽车的燃料效率、一对立体喇叭的音域。性能好与质量好是同义的。

② 特征（features）：指用来增加产品基本性能的产品属性，包括蕴含在产品之中的许多新花样。走进任何一家甜品店，您可能闻到各种诱人的香味，看到各色可爱的甜品，甚至还有一些供品尝的产品，这些特征均是刺激顾客消费的市场营销工具。一家食品齐全的糕点店，可能会出售价格从 2 美元到 30 美元不等的蛋糕，这意味着消费者需要为漂亮的包装等附加功能多付出一些额外的费用。

③ 可靠性（reliability）：指产品在设计的使用寿命期内一致地实现规定功能的能力。以概率为理论基础的可靠性管理已经成为质量管理的一个分支。如果某种产品在所设计的使用寿命内故障率很低，则说明该产品具有相当高的可靠性。例如如果一台电视机在 10 年的使用寿命内的故障率为 2%，则可以说它有 98% 的可靠性。

④ 符合性（conformance）：指产品符合设计规格或要求的程度。它可能是最传统的一种质量维度。通常在进行产品设计时会将产品的性能量化，例如容量、速度、大小、耐久性等，我们将这些量化的产品维度称为规格。例如一瓶橙汁中应该有多少果肉；一瓶白酒的固形物含量应该低于多少。规格可容许少量的变动，即容差。如果一种产品的某一维度在规格允许的容差范围之内，则具有符合性。界定产品质量符合性的优点在于便于量化。但是，我们很难将服务质量的符合性进行量化，因为服务工作中有些是无形的因素，几乎不可能测量。

⑤ 耐久性（durability）：指产品能忍受压力或撞击而不会出现故障的程度。例如垃圾桶非常耐用；运动鞋能够经受磨损；饼干包装可以承受一些压力而不漏气。

⑥ 可服务性（service ability）：指产品易于修复。如果一种产品可以很容易地修复且费用低，则该产品具有很好的可服务性（翟明，2013）。许多产品需要由技术人员提供服务，例如个人电脑的修理。如果维修服务是快速的、有礼貌的、易于获得的且有能力的，则该产品一般可视为具有良好的可服务性。

⑦ 美感（aesthetics）：指一种主观感觉特征。如视觉、嗅觉、味觉、触觉、听觉等。我们是以产品属性满足顾客偏好的程度来测量其质量的，所以，尽管食品的根本功能是饱腹和提供营养，我们还是将其设计成各种形状以满足消费者对美食的需求。

⑧ 感知质量（perceived quality）：以顾客感知为准的质量维度。顾客以他们对质量的感知来决定产品或服务的好坏，这就是感知质量。有许多因素会影响顾客的感知质量，如品牌形象、品牌知名度、广告数量与口碑等。

需要注意的是，8 个质量维度是从不同角度评价产品质量的，相互之间并不排斥，且在实际工作中得到了广泛引用和使用。但是，对包罗万象的产品而言，这些维度并不全面，其他专家还提出了其它质量维度，如安全性等。同时，虽然产品和服务有许多共同的特性，但是由于用户的参与，服务质量维度更具多样性，比产品质量更难定义。例如一位吃饼干的用户可能并不关心工人在生产饼干时心情的好坏（只要饼干的质量好）；但是用户通常无法接受一家供应精美佳肴的餐厅服务员心情不佳。此外，当用户心情不好时，并不会认为饼干的质量不好；不过，如果用户心情不好，即使餐厅提供的食物和服务非常好，他仍会感觉质量不好。这就是服务质量比产品质量更难定义的原因所在。

（2）服务质量维度　美国得克萨斯农工大学的市场营销教授帕拉苏拉曼

（A. Parasuraman）、泽斯梅尔（V. Zeithamel）和贝里（L. Berry），提出了著名的服务质量维度，包括有形性、服务可靠性、响应性、保证性、移情性五个方面。

① 有形性（tangibles）。包括服务设施、设备、人员和材料的外观。例如高端餐饮服务需要投资营造良好的氛围和环境，服务员穿着整洁良好。虽然服务员的穿着并不会影响所提供的服务，但是用户会认为穿着良好的服务员更令人用餐愉悦。

② 服务可靠性（service reliability）。不同于产品可靠性，它涉及服务提供者可靠、准确地履行服务承诺的能力。例如在汽车站、火车站、机场提供服务的餐厅，如果承诺点餐后十五分钟内提供餐饮，就必须仔细分析自己是否拥有履行此承诺的能力了。

③ 响应性（responsiveness）。是指服务人员帮助用户并迅速提供服务的意愿。例如当你打电话点外卖时多久才会响应？或者你在等待时是否不得不听 10min 的"背景音乐"？当你在茶楼消费时，服务人员是否能在第三声铃声前就响应？

④ 保证性（assurance）。是指员工所具有的知识、礼节以及表达出自信与值得信任的能力。如服务员在回答消费者问题时的语气等。

⑤ 用户渴望来自服务人员的移情性（empathy）。换句话说，用户渴望服务公司给予个性化的关怀。餐饮业的一句格言是，"如果仅仅为了钱，你将无法生存"。如果一家餐厅的员工始终只注重效率，那么他们将无法感觉用户需求的重要性，进而影响服务质量及用户再度光临的意愿。

就像产品有许多质量维度一样，服务质量也有许多其它的维度，如可用性（availability）、专业性（professionalism）、适时性（timeliness）、完整性（completeness）和愉悦性（pleasantness）等。值得注意的是，服务设计应努力做到兼顾这些不同的服务维度，对服务公司来说，如果响应性和服务可靠性不足的话，那么只提供移情性也是不够的。

拥有不同的质量维度非常重要。多重质量维度的一个问题就是沟通，当沟通不准确时，很难制订一致的质量战略规划。战略规划的一个重要特性就是职能的一致性。如果公司不同部门对质量的理解各异，则战略规划将无法保持一致。因此，若能了解不同的质量定义和维度，就能采取措施为沟通和计划提供一个良好的基础，各个部门可通过分享共同的质量定义而朝共同的目标迈进。此外，了解用户想要的多重质量维度，可促进产品与服务设计的改进。

2. 质量的属性

随着经济的发展和社会的进步，人们对质量的需求不断提高，质量概念的内涵（黄政等，2006）也随之不断深化和发展，从局限于产品的狭义质量，扩展到包括产品、体系和过程的广义质量，进而扩展到企业的经营质量、卓越绩效质量。质量不仅要满足顾客要求，还要满足其它利益相关方要求，并争取超越顾客的期望。我们已经知道，质量的内涵是由一组固有特性组成，并且这些固有特性是以满足用户及其它相关方要求的能力加以表征。因此，质量具有狭义性、广义性、时效性和相对性。由于人们所处的位置会影响其对质量的理解，因此，我们需要正确理解各种质量的内涵，以避免混淆。

（1）狭义质量　从产品角度定义的质量概念一般被称为狭义的质量观，通常指产品、工程和服务质量。由团体或企业的局部组织（如检验部、质管部）负责，可以通过标准、规范、程序来审核或检验其符合程度或是否符合要求，控制重点在设计、制造、施工、安装调试、验收等环节。关于狭义质量，最具有代表性的三个质量概念为：符合性质量、适用性质量和波动性质量。

① 符合性质量。所谓符合性质量就是指产品符合现行标准的程度，这种"符合的程度"反映了产品质量的一致性。这是长期以来人们对质量的定义。但是，规格和标准有先进和落后之分，过去认为先进的，现在可能是落后的。落后的标准即使百分之百的符合，也不能认为是质量好的产品。因为，规格和标准不可能将用户的各种需求和期望都规定出来，特别是隐含的需求和期望。

② 适用性质量。所谓适用性质量就是指产品适合用户需要的程度。这是从适用角度来定义产品的质量，即产品的质量就是产品的适用性。符合性质量与适用性质量的区别是，适用性质量把用户的需求放在首位。

③ 波动性质量。20 世纪 60 年代，日本著名质量工程学家田口玄一博士首次提出波动性质量的概念。按照田口博士的定义，产品的质量就是指产品上市后给社会造成的损失大小。田口博士还进一步说明，这里的社会是指用户及其相关方；这里的损失主要是指产品功能波动所造成的损失大小，它可以用质量损失函数来进行描述和计算。按照田口博士的观点，不仅不合格品会造成损失，合格品也会造成损失，只不过是损失大小不同而已，只要产品没有达到理想功能均会造成损失。田口博士的质量观，不仅将用户的利益放在首位，还可以用质量损失函数这把尺子来度量不同类型产品的不同质量。同时，田口博士还指明了质量改进的方向就是不断减少产品的功能波动。但硬件产品或流程材料较易度量其质量损失，而软件，特别是服务，其质量损失难以计算，因此，波动性质量的概念有其局限性（高利容，2008）。

（2）广义质量　广义质量不仅仅指产品、工程、服务的质量，还要扩展到过程、体系和组织的全部，并延伸到个人技能、个人与部门的工作质量、创新能力、团体精神，还包含了专业技术、财务效益、经营状况、管理思想与管理水平、行为模式与准则、法律制度与道德规范等因素。将质量问题上升为经营战略层面，直接影响企业的可持续发展问题。广义质量的提高在于管理，"卓越绩效模式"是提高广义质量的一种方式方法。但是，广义质量的控制不容易量化，难度更大。

组织的用户及其它相关方对组织的产品、过程或体系都可能提出要求。如要求某种含乳饮料的质量符合标准或合同的要求，其生产过程实施过程控制，企业须实施 ISO 9001 质量管理体系或危害分析与关键控制点（hazard analysis and critical control point，HACCP）等。

广义质量概念的载体不仅针对产品。因为产品只是过程的结果（如各种食品的生产过程，软件和服务），所以质量的载体还必须针对过程和体系或者它们的组合以及想象的未来要达到的状态。也就是说，所谓"质量"，既可以是酸乳、面包、火腿肠或某种食品、餐饮服务等的质量，也可以是酸乳、面包、火腿肠或某种食品生产过程的质量或餐饮服务的质量，还可以指企业的信誉、体系的有效性甚至是想象中的质量。

最具代表性的广义质量概念是 ISO 9001：2015 标准对质量的定义：客体的一组固有特性满足要求的程度。此定义的内涵是十分广泛的，既反映了要符合标准的要求，又反映了要满足用户的需要；既包含了产品质量，又包含了过程质量和体系质量。如表 1-1 所示为广义质量与狭义质量的不同之处。

表 1-1　　　　　　　　　　　广义质量与狭义质量的对比

主题	狭义质量	广义质量
产品	制成品	硬件、软件、流程性材料、服务
过程	直接与产品制造有关的过程	所有过程：产品实现过程和产品支持过程
产业	制造业	各行各业：第一、第二、第三产业
用户	购买产品的用户	用户及其它相关方，无论是内部还是外部
质量被看作	技术问题	经营问题、素质问题
质量目标体现在	工厂的各项指标中	组织的质量方针目标中
如何认识质量	基于职能部门的素质	基于质量策划、质量控制、质量保证和质量改进
劣质成本	与不合格制品有关	无缺陷时将消失的成本总和
质量的评价	基于是否符合工厂的规范、程序、标准	基于是否满足用户要求
改进的用处	提高部分业绩	提高整个组织业绩
质量管理培训	集中在质量部门	整个组织全体员工
协调质量工作的负责人	中层质量管理人员	高层管理者组成的质量委员会

（3）质量的时效性　组织的用户及其它相关方对组织的产品、过程或体系的需求和期望是不断变化的。因此，组织应不断地调整对质量的要求，想方设法地满足用户及其它相关方的要求，并争取超越他们的期望。如在 ISO 9001：2008 改版，新的标准 ISO 9001：2015 颁布并实施时，企业的质量管理体系也需要更新以满足新标准的要求。

（4）质量的相对性　组织的用户和其它相关方可能对同一产品的功能提出不同的需求，也可能对同一产品的同一功能提出不同的需求。需求不同，质量要求也就不同，只有满足需求的产品才会被认为是质量好的产品。

质量的优劣是满足要求程度的一种体现。它需在同一等级基础上做比较，不能与等级混淆。等级是对功能用途相同但质量要求不同的产品、过程或体系所做的分类或分级。

综上所述，质量概念大致有以下特点：

① 质量不仅包括活动或过程的结果，还包括使质量形成和实现的活动及过程本身；

② 质量不仅包括产品质量，还包括它们形成和实现过程中的工作质量以及保证工作质量的体系质量；

③ 质量不仅要满足用户的需要，还要满足社会的需要，并使用户、从业人员、业主、供方和社会都受益；

④ 质量不仅存在于工业，还存在于服务业及其它行业。

3. 内在质量和外在质量特征

产品的内在质量和外在质量特征构成整个产品的质量特征，从产品的内在与外在两方面系统评价产品的适用性，即产品在使用过程中满足用户目标的程度。

产品的内在质量主要包括性能、寿命、可靠性、安全性、经济性五个方面。性能指产品具有哪些适合消费者要求的物理、化学或技术性能，如软硬度、成分、纯度、功能等；寿命指产品在正常情况下的使用期限，如紫外灯的使用时数，闪光灯的闪光次数，食品的保质期等；可靠性指产品在规定的时间内和规定的条件下使用，不发生故障，不会导致安全问题，如电视机使用无故障，钟表走时精确，食品安全卫生等；安全性指产品在使用过程中对人身及环境的安全保障程度，如热水器的安全性，啤酒瓶的防爆性，电器产品的导电安全性等；经济性指产品在经济寿命周期内的总费用，如汽车每百千米的耗油量，冰箱、空调等家电产品的耗电量等。

产品的外在质量通常指产品的式样、质地、色彩、气味、手感等通常能看到或直接感觉到的性质。如鸡蛋的外在质量可根据蛋壳质地、颜色、形状、完整度和清洁度来判断；对食品的装箱、码垛等方面进行规定，是为了规范产品外包装形象，实现打码或喷码格式的统一，便于质量追溯。因此，这类规定是保障食品外在质量的控制措施。

由于消费者常常首先着重于产品的外观与包装，其次是看色、香、味。在激烈的市场竞争中，有些企业千方百计在外包装和产品的色、香、味方面下功夫，但产品内在质量却未能进步。因此，消费者如果只重视外观，往往会受骗上当。

内在质量特征被定义为产品的特性，是产品的组成部分，如产品的外观、颜色、形状及质构，是典型的内在质量特征。外在质量特征主要与市场变量有关，如典型的外在质量特征包括价格、品牌、包装、商标、商店、生产信息等。

产品的质量是其内在质量和外在质量的综合反映，对于生产制造企业而言，高质量的产品应该能同时满足多重主体的质量需求，而内在质量是高质量产品的根本。

4. 大质量的概念

大质量指客户关注的质量已经远远超出原有的质量内涵，逐步扩大为环境质量、经济运行质量、经济增长质量、流程质量、教育质量、生活质量、人员质量、企业社会责任等质量管理范畴，涉及组织的所有部门和职工的工作质量与质量职责。大质量强调并要求系统最优、接口可靠，包括固有特性（如性能、适用性、舒适性、可靠性、安全性、维修性及保障性）和赋予特性（经济性、时效性）。

ISO 9000：2015 标准中对质量概念的解释就充分体现了大质量的观点：①一个关注质量的组织倡导一种通过满足用户和其它有关方的需求和期望来实现其价值的文化，这种文化将反映在其行为、态度、活动和过程中；②组织的产品和服务质量取决于满足用户的能力，以及对相关方的有意和无意的影响；③产品和服务的质量不仅包括其预期的功能和性能，还涉及用户对其价值和利益的感知。

综上可知，大质量的时代已经来临。我们在学习和研究质量控制与质量管理时，应从大质量概念出发，才能更准确地把握大方向。

（二）质量的定义

质量（quality）是现代质量管理学中最基本的概念，也是最难以定义的概念之一。随着科学技术的进步和生产力的发展，人们对质量的认知逐步深化，因此不同时期给质量下的定义也不一样。质量一词在质量学中最恰当的翻译是品质。质量是我国的习惯用法。

1. 关于质量的观点

人们通常根据自己在供应链中的位置或角色而采用不同的标准来认识质量。因此，若要全面、准确地理解质量在企业内或社会中的不同部门所起的作用，就必须了解关于质量的各种观点。通常从以下几方面来评价质量，但是现在趋向采用综合的质量观。

（1）卓越的观点 这是从评判的角度来定义质量的。质量可视为好、极好或卓越的同义词。消费者都期望质量是优异的或卓越的。因此，1931 年，沃尔特·休哈特（Walter A. Shewhart）首次将质量定义为产品良好的程度。这一观点被称为是"卓越"（显著高于或超出通常的水平）或评判的质量观点，它将质量视为："绝对的和普遍认可的，标志着一个不可妥协的标准和高水平的成就。"依据这个观点，质量与产品具体特征或特性的对应关系较为松散，有时更像是由市场创造出来的质量形象。即在市场营销中，通过高质量的产品宣传以形成消费者心目中的一个印象因素或创建的品牌形象，如劳力士手表，雀巢咖啡等，它们主要因品牌效应而被认为是高质量的产品。因此，品牌成为质量的一种保证。我们应该认识到，虽然卓越的产品往往与较高的价格相关联。但是，高质量却未必与价格相关。卓越是一个抽象、主观的表述，卓越的标准因人而异。因此，这种卓越的质量定义不能作为衡量或评估质量的方法。

（2）产品的观点 这是从产品的角度来评判质量的。质量可被定义为一系列特定的、可测量的变量的函数，这些特定变量在数量上的差别就反映了产品质量的差别。如某些健康食品中功能性成分（矿物元素、维生素、蛋白质等）含量的高低。这种观点隐含着这样的认识，即产品某些特定变量的数量越高质量就越好，而质量越好价格就越高。可实际并非完全如此，例如对消费者而言，食品中的各种营养物质并不是含量越高越好，而是存在着营养均衡以及吸收与否等问题，同时还存在着食品的色、香、味等感官特性是否满足消费者的要求等问题。因此，与上述卓越的观点类似，对产品属性的评价也会因人而异，要想了解一个产品所针对的特定用户需要什么样的功能，通常需要进行充分的市场调研。

（3）用户的观点 这是从用户，即消费者的角度来评价质量的。消费者通常有不同的欲望和需要，因而有着不同的产品期望。由此引申出基于用户的质量定义：质量是相对于预期用途的适用性或产品履行其预期功能的程度。简而言之，适用性决定产品的质量。例如，具有特定保健功能的食品，即通常所称的"保健食品"，特指一些声称具有特定保健功能或者以补充维生素、矿物质为目的的食品。如具有抗氧化功能的保健食品应该具有消除自由基的能力，其作用机理包括螯合金属离子、清除自由基、淬灭单线态氧、清除氧、抑制氧化酶活性等。因此，保健食品应该适宜于特定的、对某一功能有需求的人群使用，不以治疗疾病为目的，并且对人体不产生任何急性、亚急性或者慢性危害。

（4）价值的观点 在基于价值的质量概念中，实用性或顾客满意度与产品的价格有关。产品价值是由用户需要决定的，由产品的功能、特性、品质、品种与式样等所产生的价值，是用户选购产品的首要因素，决定用户购买总价值大小的关键。在经济发展的不同时期，用户对产品有不同的要求，构成产品价值的要素以及各种要素的相对重要程度也会有所不同。如在经济发展水平较低的时期，消费者往往以价格作为选购产品的主要因素，追求物美价廉；当经济发展水平较高时，消费者不再单单以价格为基础购买产品，而是通过比较企业提供的整套产品和服务的质量和价格与其它有竞争力的产品进行比较，决定购买与否。此时，产品服务包括：售前支持，如方便订购；快速、及时和准确的交货；售后支持，如现场服务、保证和技术支持等。如果竞争对手按同样的价格提供更好的选择，消费者会理性地选择感知质量最高的产品和服务；如果竞争对手以较低的价格提供同等质量的一揽子产品和服务，消费者通常会选择价格较低的那个。从这个观点来看，优质的产品意味着与竞争产品具有同样的服务且价格更低，或者在同样价格下提供更大的利益。如现在有一些有机农产品专卖店，为消费者提供茶饮、休闲服务场所，甚至提供有机农产品的食用体验和交流烹饪经验的场所。

竞争会迫使企业以更低的价格来满足用户的需要。但是，保持价格低廉的能力需要专注于内在效率和质量，而运营质量的改善通常会通过减少废料和返工以降低成本。因此，企业必须既专注于用户利益又专注于其内部运营质量和效率的不断改进。

（5）生产的观点　这是从生产的角度来评价质量的。基于这种生产的角度，需要为产品和服务制订标准并使生产出来的产品满足这些标准，也就是说，生产过程符合规范，生产出来的产品符合标准。因为，用户和企业都在追求产品和服务的一致性。这种情况下，质量可被定义为生产过程的理想结果、与规范的一致性。例如，如果去超市购买光明乳业的光明莫斯利安酸乳，不论在中国哪个城市，消费者都希望产品符合质量标准，具有相同的口味。正如唐纳德·R·基奥（Donald R. Keough，曾任可口可乐公司总裁和首席运营官）的观点：质量就是生产消费者随时伸手可得的产品；通过制订严格的质量和包装标准，努力做到使用户在世界的任何一个角落都可以买到同一口味的产品。

生产中不可能总是满足目标的要求。例如，即使是同一规格的蛋糕，其重量也不可能完全一致。但是，只要重量在定量产品包装允许误差范围内（详见表 1-2，以及《定量包装商品计量监督管理办法》和《定量包装商品净含量计量检验规则》）就符合规范，不存在缺斤少两的问题，蛋糕都是可接受的（张吉仙，2003）。必须指出，如果不能真正反映出对用户最重要的特性，规范就毫无意义。生产的观点提供了一种明确的方法来衡量质量，并确定产品或服务是否按设计要求进行生产或交付。

表 1-2　　　　　　　　　　　　　　　　　允许短缺量

质量或体积定量包装商品标注净含量 Q_n /g 或 mL	允许短缺量 T[①]/g 或 mL	
	Q_n 的百分比	g 或 mL
0~50	9	—
50~100	—	4.5
100~200	4.5	—
200~300	—	9
300~500	3	—
500~1000	—	15
1000~10 000	1.5	—
10 000~15 000	—	150
15 000~50 000	1	—
长度定量包装商品标注净含量（Q_n）	允许短缺量（T）	
$Q_n \leqslant 5m$	不允许出现短缺量	
$Q_n > 5m$	$Q_n \times 2\%$	

续表

质量或体积定量包装商品标注净含量 Q_n /g 或 mL	允许短缺量 $T^{①}$/g 或 mL	
	Q_n 的百分比	g 或 mL
面积定量包装商品标注净含量(Q_n)	允许短缺量(T)	
全部 Q_n	$Q_n×3\%$	
计数定量包装商品标注净含量(Q_n)	允许短缺量(T)	
$Q_n≤50$	不允许出现短缺量	
$Q_n>50$	$Q_n×1\%^{②}$	

注：① 对于允许短缺量（T），当 $Q_n≤1kg$（L）时，T 值的 0.01g（mL）位修约至 0.1g（mL）；当 $Q_n>1kg$（L）时，T 值的 0.1g（mL）位修约至 g（mL）；

② 以标注净含量乘以 1%，如果出现小数，就把该数进位到下一个紧邻的整数，这个值可能大于 1%，但这是可以接受的，因为商品的个数为整数，不能带有小数。

（6）顾客的观点 到 20 世纪 80 年代末，许多公司开始采用一种更简洁、更有力的顾客驱动的质量观点，这个观点直至今天依然影响甚广，它可以表述为：质量就是满足或超越顾客的期望。

要理解这一定义，首先必须要理解"顾客"的含义。按接受产品的所有者情况，分为外部顾客（external customers）和内部顾客（internal customers）两类。外部顾客指组织外部接受产品或服务的组织和个人，包括最终消费者、使用者、收益者或采购方。如为了个人需要而购买酒、茶、饮料等食品的人和到快餐店就餐的客人等，这类顾客都属于最终消费者。显然，满足消费者的期望是所有企业的终极目的。所谓内部顾客，是相对于外部顾客而言，指企业内部结构中相互有业务交流的那些人，包括员工、股东和经营者。任何一件产品在到达消费者手中之前，都要经过由许多公司和部门组成的一个供应链，其中每一个公司或部门都会为产品增加一定的价值。例如，乳制品生产企业要获得新鲜的牛乳才能生产出各式乳制品，然后通过物流将乳制品发送给销售商或零售商。提供新鲜牛乳的农场，就是乳制品生产企业的供应商；而乳制品生产企业则是销售商或零售商的供应商。因此，乳制品生产企业是农场的顾客，销售商或零售商是乳制品生产企业的顾客。如果农场、乳制品的生产、流通和销售分别隶属不同企业，那么，这时所说的顾客称为外部顾客；如果是由一个组织，从养殖源头开始进行乳制品的生产、流通和销售，这时所说的顾客称为内部顾客，隶属于一个组织内的不同部门。不仅如此，在每个公司中，每个员工都有他的内部供应商和内部顾客，他从内部供应商中接受产品或服务，然后通过他的增值活动，再将他的产品送往内部顾客手中。例如，食品包装车间是食品加工车间的内部顾客，包装线上的人员是执行上一道工序人员的内部顾客。大多数企业都是由许多这样的"顾客链"所组成的。因此，员工的工作就是满足他们内部顾客的需要，否则整个系统就可能会失败。这种认识与传统的职能制导向机构中的思维方式截然不同，它促使员工理解自己在一个大系统中的位置，促使人们思考自己对最终产品的贡献，这样有助于推动全面质量管理的实施。因为，不论内部还是外部，顾客驱动的质量都是高绩效组织的基础。

既然存在如此多的质量观，那么是不是意味着无法全面、准确地认识质量了？其实不然。我们可以基于价值链，采用综合的质量观。也就是说，在充分了解价值链各环节中设计者、生产者、服务提供者、分销者和用户的需求以及相应质量观的基础上，整合质量需求，综合理解质量观点，这对最终创造和提供满足用户需求和期望的产品或服务而言是非常重要的。

如图 1-1 所示为制造业中设计、生产和分销价值链的基本要素以及其中的各种质量观。用户永远是生产产品和服务的驱动力，他们通常从基于评判（卓越的）或产品的观点来看质量；销售更强调消费者的需要，而确定消费者的需求和期望通常是营销职能的任务。因此，对于营销部门的人员而言，更需要从基于用户的角度来考察质量。研发、设计和工程部门的任务是将用户的要求转化为具体的规范和标准，如产品的规范规定了大小、形状、口味、原料以及安全特性等，过程的规范则规定了生产过程中卫生操作规范、生产设备的维修保养、关键控制点等。因此，这一环节需要基于产品和服务价值来考察质量。生产部门的责任就是保证在生产中能够遵守设计规范，保证最终产品能按照要求发挥功能。因此，对于生产部门的人员来说，质量的定义是生产规范的符合程度，这是基于生产的质量观。

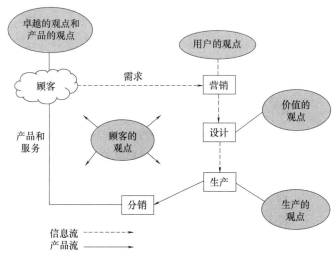

图 1-1　价值链中的各种质量观

在整个价值链中，每个职能都是其它职能的内部用户，公司本身可能是其它公司的外部用户或供应商。因此，基于用户的质量的定义为协调整个价值链奠定了基础。而企业则需要根据内部用户和外部用户的质量需求，综合看待整个价值链中的质量。

2. 质量的定义

当我们了解关于质量的各种观点后，就能更好地理解关于质量的定义。在质量管理学发展的历程中，许多质量大师对质量思想的发展做出了巨大贡献，并给出了他们所处时代的质量定义。如克劳斯比从制造角度提出了符合性的质量概念：质量就是符合要求和规格，以符合现行标准的程度作为衡量依据。朱兰从使用角度提出了适用性的质量概念：质量就是适用性，以适合用户需要的程度作为衡量的依据。认为用户满意的产品具有好的质量，强调要将用户放到首位。格鲁科克·费根堡姆从产品角度提出满足需要的质量概念：质量就是满足需要，存在于产品的零部件及特性之中，是一些众所周知参数的综合结果。田口弦一从经济角度提出质量损失概念：质量就是给予社会损失的大小，它以产品或服务提供后给用户带来的损失作为衡量的依据。而消费者通常从价值角度理解质量的概念：质量就是物超所值，而且物超所值的产品应该具有好的质量。因此，考虑的角度不同，质量的定义也不同。

国际标准化组织（ISO）在质量管理体系（ISO 9001：2015）标准中对质量的定义：客体的一组固有特性满足要求的程度。在理解这个定义时，应注意以下要点。

（1）什么是客体？所谓客体，指可感知或可想象到的任何事物，如产品、服务、过程、人员、组织、体系、资源等。客体可能是物质的，如一台搅面机、一台烤箱、一包饼干、一盒水果罐头等；客体可能是非物质的，如搅拌速度、杀菌条件、生产计划、控制软件等；客体也可能是想象的，如组织未来的状态、新产品的预期市场等。

（2）特性可以是固有的或赋予的。固有特性是指事物本来就有的，与生俱来的，尤其是那种永久的特性。例如产品的尺寸、体积、重量，食品的组成、营养，食品加工机械的性能、可靠性、可维修性等。赋予特性不是固有的，是人们后来施加的，如产品的价格、交货期、运输方式等，这些不是产品的质量特性。事物的质量特性通常可概括为：性能、合用性、可信性（可用性、可靠性、维修性）、安全性、经济性和美学。

固有特性与赋予特性是相对的。某些产品的赋予特性可能是另一些产品的固有特性，例如交货期及运输方式对硬件产品而言，属于赋予特性，但对运输服务而言就属于固有特性。食品的色泽可以是自然的，当属于固有特性，但也可能是生产过程中添加色素所赋予的，这种情况下就属于赋予特性了。

（3）质量的要求，包括明示的、通常隐含的或必须履行的需求或期望。

要求可以是多方面的，当需要指出时，可以采用修饰词表示，如产品要求、质量管理体系要求、用户要求等。

要求也可由不同的相关方或组织自己提出，不同的相关方对同一产品的要求可能是不相同的。例如对消费者来说，希望食品色、香、味俱全，安全卫生，价格便宜或合理；对社会和政府机构来说，要求其生产过程不能导致环境污染。因此，企业在确定产品要求时，需兼顾各相关方的要求。

明示的要求指要求有明确的规定（可在文件化的信息中阐明），如在销售合同或技术文件中阐明的要求或用户明确提出的要求。

通常隐含是指组织和相关方的惯例或一般做法，所考虑的需求或期望是不言而喻的，如食品企业不能为降低成本而掺假、销售的食品或食品原辅料必须在货架期内。一般情况下，用户或相关方的文件中不会对这类要求给出十分明确的规定，供方应根据自身产品的用途和特性进行识别，并做出规定。

必须履行的是指法律法规或强制性标准以及合同所要求的，如《中华人民共和国食品安全法》《食品安全国家标准　食品生产通用卫生规范》（GB 14881—2012）、《食品安全国家标准　食品添加剂使用标准》（GB 2760—2014）等。供方在产品实现过程中，必须执行这类标准。

为实现较高的顾客满意度，可能有必要满足那些顾客既没有明示，也不是通常隐含或必须履行的期望。

总而言之，质量的定义可总结为：质量就是满足或超过用户的期望。

要满足或超过用户的期望，首先必须清楚用户是谁，其次必须知道用户需要什么。用户有外部用户和内部用户之分。外部用户是在生产链中（从原料到终产品）从供应商处接受产品或者服务的人群，如糕点生产厂从面粉生产厂购买面粉，人们到餐馆用餐。产品或服务的最终购买者或使用用户即指消费者。消费人群并不是一般意义上的人群，消费者是在特定情形下，在某一时间内，对生产者有特定需求的特殊的人。公司里的内部用户，反映了公司运行流程中各环节之间的关系，如生产部是质量控制部的内部用户，采购部是原料化验室的内部用户等，此处需要补充说明的是，在很多情况下，用户相当于顾客。

（三）质量的共同认知

毫无疑问，运用于不同企业内部的质量定义和质量维度应该是不同的，例如汽车制造业与食品加工业对质量的定义显然不能相同；而在一个企业内部，尽管应该拥有一致的质量定义，但是在不同部门，也许有不同的质量定义。例如食品加工企业在原料采购、生产制造、设备维修等部门就应该拥有不同的质量定义。

运用质量的权变视角，可达到质量的共同认知。所谓权变，就是权宜应变。这个方法有助于企业在动态、多变的社会环境中，准确识别消费者对产品的质量需求，理解消费者对质量定义和质量概念的不同感知。因此，采用权变哲学，有助于企业准确识别并有效应对社会环境和人性中的变化因素，为追求高质量提供了有效的灵活性。关于菲德勒及其权变理论的详细内容将在"第七章食品质量管理"中详细论述。

二、食品与食品链

（一）食物与食品

食物与食品是经常等同或相通的。但在许多场合二者又有所区别。

食物，从字面上分析，是指可供人类食用或具有可食性的物质的统称。从生物学意义上看，是指为人体等具有新陈代谢功能的生命体提供营养物质和能源的物体总称。简而言之，食物是人类最基本的需要，是人类赖以生存的物质基础，是人体生长发育、更新细胞、修补组织调节机能必不可少的营养物质，也是产生热量保持体温、进行体力活动的能量来源。人类的食物主要来源于自然界中各种可以直接或间接食用的自然资源。除少数物质如盐类外，几乎全部来自动物、植物和微生物。现代社会食物的主要来源是从农田种植、畜牧饲养、渔业捕捞和养殖、林业的采摘和栽培中获得，即来源于农、林、牧副、渔或大农业的产品。

早期人类饮食的方式主要是生食，但在长期的进化中，除一些食物如水果、蔬菜等，可直接食用外，对于粮食、肉类等食物人类学会了烧、烤、煮等处理后才食用。到了现代，人类更加懂得并有目的地对食物进行相应的处理，这些处理包括对原料进行挑拣、清洗或进行加热、脱水、调味、配制等加工，经过这些处理后就得到相应的产品，或称为成品，这种产品既可以满足消费者的饮食需求，又可以使食物便于贮藏而不易腐败变质。食物经过不同的复配和各种加工处理，形成了形态、风味、营养价值各不相同、花色品种各异的加工产品，这些经过加工制作的食物统称食品。因此，广义上食品的概念包括了可直接食用的制品以及食品原料、食品配料、食品添加剂等一切可食用的物质。狭义的食品，我们可以理解为：经过加工后的满足消费者营养、感官、保健功能等需求的商品。

《中华人民共和国食品安全法》指出，食品是指各种供人食用或者饮用的成品和原料以及按照传统既是食品又是中药材的物品，但是不包括以治疗为目的的物品。因此，食品的定义不但包含了食物和食品，还包含了具备养生保健功能且毒副作用极小的中药材。"按照传统既是食品又是药品的物品"的条文规定，确立了药食同源物品的法律地位，明确了药食同源物品的基本含义，为药食同源产业的发展提供了重要依据。

在《食品安全管理体系　食品链中各类组织的要求》（ISO 22000：2018）标准中，食品的定义是：任何用于消费的物质（配料），无论是加工的、半加工的还是未加工的，包括饮料、口香糖和生产、准备或处理"食品"过程中使用的任何物质，但不包括化妆品或烟草或仅用作药物的物质（配料）。食品供人类和动物食用，包括饲料和动物食品；饲料供饲养产肉动物；动物食品专供非产肉动物（如宠物）食用。

（二）农产品与食用农产品

农产品是指来源于农业的初级产品，即在农业活动中获得的植物、动物、微生物及其产品（《中华人民共和国农产品质量安全法》第二条）。农业活动，指传统的种植、养殖、采摘、捕捞等农业活动，以及设施农业、生物工程等现代农业活动。

食用农产品指在农业活动中获得的供人食用的植物、动物、微生物及其产品（《食用农产品市场销售质量安全监督管理办法》第五十七条）。植物、动物、微生物及其产品，指在农业活动中直接获得的，以及经过分拣、去皮、剥壳、干燥、粉碎、清洗、切割、冷冻、打蜡、分级、包装等加工，但未改变其基本自然性状和化学性质的产品。

由于食用农产品所特有的自然属性，使其具有不同于其它食品的特点，消费者在购买时应对产品进行外观的基本辨识，购买后需经挑拣、清洗或加热等再加工处理后方可食用。因此，凡是通过挑拣、清洗等方式，能够有效剔除不可食用部分，保证食用安全的食用农产品，像果蔬类产品带泥、带沙、带虫、部分枯败等和水产品带水、带泥、带沙等，均不属于腐败变质、霉变生虫、污秽不洁、混有异物、掺假掺杂或者感官性状异常等情形。

（三）食品供应链

供应链的概念是从扩大的生产（extended production）概念发展而来，对供应链的定义为：供应链是围绕核心企业，从配套零件开始到制成中间产品及最终产品、最后由销售网络把产品送到消费者手中的一个由供应商、制造商、分销商直到最终用户所连成的整体功能网链结构。

食品供应链，简称食品链，这是一条特殊的供应链，包括产前种子、饲料等生产资料的供应环节（种子、饲料供应商），产中种植、养殖及生产环节（农户或生产企业），产后分级、包装、加工、贮藏、销售环节以及最终的消费环节（餐饮）。ISO 22000：2018中将食品链定义为：从初级生产到消费，包含一系列涉及食品、产品原料及其辅料的生产、加工、分销、贮存和处理的有序环节；包括饲料和动物食品生产、与食品或原材料接触的材料的生产、服务提供者以及服务提供商（ISO 22000：2018）。

根据《国民经济行业分类》（GB/T 4754—2017），食品链始端涉及农业、林业、畜牧业、渔业及相关辅助性活动，与生态环境息息相关；食品链中端涉及农副食品加工业、食品制造业以及酒、饮料和精制茶制造业，与其它相关工业制造和原辅料的生产密切相关；食品链末端涉及批发和零售业、交通运输和仓储业、餐饮业，与经济发展水平、人员素质等因素相关。

从食品质量控制与管理的角度来讲，每一个食品及相关企业都是食品链中的一个环节，承担着保障该环节食品质量与安全的责任和义务。由于食品链是由供应商、生产者、消费者等构成的复杂网络，存在纵横交错的复杂关系（图1-2）。因此，在实施食品质量控制与管理时，常常需要根据其在食品链上所处的位置，将关注点或控制点扩展到整个食品链的前端与后端，即必须既要关注企业的供应商以及供应商的供应商，又要关注企业的直接客户（批发和零售商）和供应链上的次级客户（零售商）。

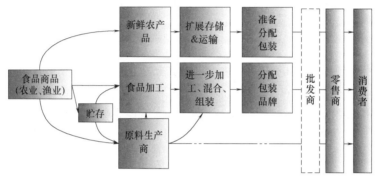

图 1-2   食品供应链

三、食品质量的定义

食品的质量问题始终是一个特殊的问题。一方面，人类必须每天消耗食品以满足新陈代谢和健康的需要，因此，食品是人类赖以生存的物质基础，命之所系，直接或间接地影响到人们的健康和幸福；另一方面，随着农业投入品的大规模、大范围、甚至超剂量和超范围的使用，随着环境污染物在食品链中的传递和积累，随着生物技术（如转基因农产品）在农产品和食品领域中的应用，随着食品加工规模化、集约化进程的加快，随着世界范围内食品流通方式变化和流通范围的扩展，随着食品销售和消费方式变化（如寻求更新鲜的食品），种种因素促使食品质量的管理和保障成为一个极其复杂的综合性问题。

传统意义上的食品质量主要着眼于食品的色、香、味、形态、质构和食品的组成，现在，食品质量的概念已经扩展到食品的安全和营养等方面。那么如何定义食品质量呢？GB/T 15091—1994《食品工业基本术语》中，食品质量的定义为，"食品满足规定或潜在要求的特征和特性总和，反映食品品质的优劣"。它不仅包括食品的外观、品质、规格、数量、包装，同时也包括食品安全。食品的总特征和特性在食品标准中都有具体体现，如感官特征、理化指标和微生物指标等。因此，食品质量的定义与 ISO 标准中质量的定义基本上是一致的，我们也可以采用普遍接受的质量定义，将食品的质量定义为：食品的一组固有特性满足要求的程度。这里所说的要求是指明示的、通常隐含的或必须履行的需求或期望。"明示的"可以理解为有表达方式的要求，如在食品标签、食品说明中阐明的要求，消费者明确提出的要求；"通常隐含的"是指消费者的需求或期望是不言而喻的，如食品必须保证食用者的安全，不能造成对人体的危害。"必须履行的"是指法律法规及强制性标准的要求。要求往往随时间而变化，与科学技术的不断进步有着密切的关系；要求可转化成具有具体指标的特性，如与时俱进的食品安全标准。在上文质量的定义中，也进行了较为详细的阐述。

　　食品质量的要求可以包括安全性、营养性、可食用性、经济性等方面。食品的安全性是指食品在消费者食用、储运、销售等过程中，保障人体健康和安全的能力；食品的营养性是指食品对人体所必需的各种营养物质、矿物元素的保障能力；食品的可食用性是指食品可供消费者食用的能力；任何食品都具有其特定的可食用性；食品的经济性指食品在生产、加工等各方面所付出或所消耗成本的程度。

四、食品质量的形成

　　以食品制造环节为例阐述食品质量形成过程。食品质量是食品加工全过程的结果，它有一个从生产、形成到实现的过程。在这一过程中，每一个环节都直接或间接地影响到食品的质量，这些环节散布于质量形成全过程中的各个质量职能中。美国质量管理专家朱兰把质量形成过程中的各质量职能按逻辑顺序串联起来，形成一条呈螺旋式上升的曲线。如图1-3所示，曲线反映质量职能遵循事件发生相对不变的次序，揭示了质量形成的客观规律，通常称为"朱兰质量螺旋"（quality spiral）曲线。

　　从朱兰质量螺旋曲线分析可知如下内容。

　　（1）食品质量形成全过程包括13个环节（质量职能），即市场研究、产品计划、设计、制定产品规格、制定工艺、采购、仪器仪表配置、生产、工序控制、检验、测试、销售和售后服务。

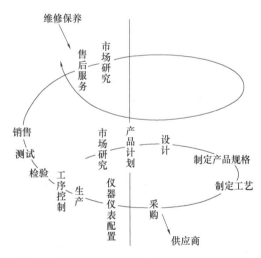

图1-3　质量的形成过程：朱兰质量螺旋曲线

　　（2）食品质量的形成和发展是循序渐进的螺旋式上升运动过程。13个环节构成一轮循环，每经过一轮循环，食品质量就有所提高。在一轮又一轮的循环中，食品质量在原有基础上有所改进、有所突破，永无止境。

　　（3）作为一个食品质量系统，其目标的实现取决于每个环节质量职能的落实和各环节之间的协调。因此，必须对质量形成过程进行计划、组织和控制。

（4）质量系统是一个开放系统，与外部环境有密切联系。这种联系有直接的（质量螺旋中箭头所指处），也有间接的。所以，食品质量的形成和改进并不只是企业内部行为的结果。质量管理是一项社会系统工程，需要考虑各种外部因素的影响。如原料的采购与质量控制。

（5）食品质量形成过程的每一个环节都依靠人去完成，人的素质及对人的管理是过程质量及工作质量的基本保证。所以，人是食品质量形成全过程中最重要、最具有能动性的因素。现代质量管理十分重视人的因素，强调以人为主体的管理，其理论根源正在于此。

五、食品的质量维度

如何理解食品质量的维度？如表1-3所示为商品、餐饮服务和食品的质量维度。由表可知，尽管专家们使用的术语不同，但其表达的意思是相似的，如性能和准确度、一致性和完全性、服务性和响应性等；此外，有关餐饮服务的典型的质量维度是及时、可用性和方便性；而有关产品的典型的质量维度则是感官和感知质量。

表 1-3　　　　　　　　　　与食品有关的商品和餐饮服务的质量维度

商品的质量维度	餐饮服务的质量维度	食品的质量维度
性能:基本的加工特性	准确度:服务的正确执行	产品特征:口感、风味、质构等感官性质
特征:其它锦上添花的性质	礼貌度:服务的友好和礼貌	其它特征:如即食食品的方便性
一致性:产品的物理性质和表现出的性能与标准的符合程度	完全性:所提供项目的正确性	安全性:提供的食品符合食品安全标准的要求
耐用性:产品在自然损坏或修理前的使用量	及时性:在协议时间内完成服务	货架期:农产品和食品通常有严格的贮存期
可靠性:产品在指定使用条件下维持特定时间的可能性	可靠性:服务人员的专业化和专用化	可靠性:食品包装上标签内容是否与真实内容相符
感官:产品的视、听、触觉感受		感官:外观的颜色、大小、形状
服务性:维修的速度、礼貌和能力	响应性:服务人员对突发事件的快速反应	投诉服务:对缺陷食品的快速反应或召回速度
	便利性:获得服务或信息的方便性	可供应性:产品在市场上的供应情况,能否稳定供应
感知质量:声誉、广告或品牌带来的对质量的主观评价	期限:提供或完成服务之前的时间	感知质量:同样关系到食品的销售,如广告或品牌对质量的认知有相当大的影响力
		产品的价格

比较表1-3所示的质量维度内容，可知消费者对商品、餐饮服务、食品有明显不同的期望。与商品和餐饮服务相比，消费者对食品中是否存在潜在安全风险、投诉服务、

货架期等因素的关注度较高，而且，在这些方面的态度更为挑剔和感情用事。因此，在产品质量和生产过程的质量保证方面通常会提出更高的要求。

六、食品的质量特性

质量是物体本身的一种属性。食品质量由安全、营养、感官、商品（如货架期、方便性）等要素组成的，其总和便综合构成了食品的质量属性。"特性"是某一物体特有的性质，是它区别于其它物体的本质性质。因此，食品的质量属性与食品的质量特性是有区别的。为了控制和保证食品质量，必须在"知己知彼"的基础上建立食品质量控制与管理体系，因此，有必要充分、全面理解食品的质量属性及其影响素。

（一）食品的安全特性

食品的安全属性是最重要的食品质量属性，是不可突破的法律底线。《中华人民共和国食品安全法》指出：食品安全（food safety）指食品无毒、无害，符合应当有的营养要求，对人体健康不造成任何急性、亚急性或者慢性危害。从这个角度来看，食品安全危害指的是可能污染食品的潜在危害源，包括食品链中所有生物性危害、化学性危害、物理性危害（图1-4）。食品安全风险评估要考虑的是：危害产生的可能性以及危害可能导致的后果。如果食品的安全风险被判断为可接受，那么这种食品可以认为是安全的。但是，食品中的各种潜在危害对消费者健康的影响可能具有不同的时间跨度，如过敏反应或食物中毒时间比较短而且有可能反应很剧烈，而一些可能引发癌症、心血管疾病等慢性危害的致病过程则需要较长的时间。这些慢性作用通常与长期接触某些食品中的化学物质有关。与此相关的详细知识，可参见食品安全教材或相关书籍。

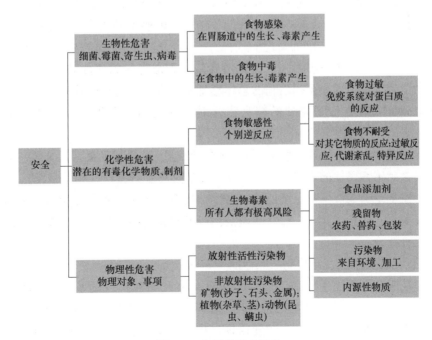

图1-4　食品的安全属性

（二）食品的营养特性

不同人群对食品的营养要求不同，不同食品的营养价值也不同。关于食品营养特性的详细知识，可参见食品营养学（food nutrition），这是一门研究食物、营养与人体生长发育和健康的关系以及如何提高食品营养价值的科学。本书从食品的功能出发，认为食品的营养属性主要体现在以下几个方面。

（1）食品中含有蛋白质、脂肪、碳水化合物、水、维生素、无机盐、膳食纤维等营养素。其中，微量营养素，如维生素、微量元素的种类和数量，包括有效性，对人体健康至关重要。

（2）食品中含有功能因子，如茶多酚、磷脂、花青素、番茄红素等，能通过激活酶的活性或其它途径，调节人体机能。这些功能因子可能是天然存在，也可能是添加到食品中的化合物。功能因子与营养素的关系是相辅相成的，共同维护人体健康和生命。消费者期望提供科学依据说明这些化合物对人体健康的改善效果，并且能在食品加工过程中将其保留住。

（3）食品具有饱腹感，这一属性包括影响食物终产物的生理进程，由摄入食物的物理化学性质引起，多个部位反馈给大脑（包括胃、近端小肠、远端小肠、结肠）。食品中的某些化学组成是影响饱腹感的因素之一。例如黄豆和小扁豆中存在的抗营养物质具有延缓吸收的作用，使食用者觉得很饱；食品中纤维素、蛋白质含量越高，就越有饱腹感，两餐间隔也就更长。这种食品特性越来越受肥胖人群的青睐。虽然食品安全依然是人们关注的焦点，但是人们更关注食品与健康之间的关系。

（三）食品的感官特性

对食品感官特性的认知，首先从食品的外观开始，如颜色、大小和形状、食品表面的质构、液体食品的澄清度、碳酸饮料的饱和度等；接着是食品中挥发性物质进入鼻腔所带来的气味所产生感觉，如香味、芳香等；然后是观察食品的浓度、黏度（流体对流动的阻抗能力，如葡萄酒挂壁的情况）、弹性、韧性、剪切性等质构；品尝食品滋味或味道，体会食品在口腔中破碎时所产生的声音频率和强度（如薯片破碎的声音）。食品感官属性的优劣就是由这一系列活动的总体感觉所确定的，食品的物理特征和化学组成决定了这些感官特性。恰到好处的感官指标对于食品可接受程度和长期购买率相当重要。

感官指标通过专业人士进行感官评定。例如眼睛、鼻子、舌头、耳朵等。关于这方面的知识和食品感官属性的更多细节，可参见食品感官评价教材或相关书籍。

外观和视觉是购买产品时重要的感官特性。在消费前它们对食品初始质量感知有很大的影响。大小、形状、光泽、表观缺陷是消费者购买食品时的判断依据，因此，是不可忽略的感官特性。

（四）食品的货架期、保质期、保存期

货架期是所有食品的重要质量特性，指食品被贮藏在推荐的条件下，能够保持安全，确保理想的感官、理化和微生物特性，保留标签声明的任何营养值的一段时间。因此，货架期是一个时间段，在这个时间段内，食品的质量符合法律法规和标准的要求，能得到消费者认可。超过这个时间段，食品的质量不被认可的风险将大大增加。所以，食品的货架期通常是通过这个地区消费者的习惯、法律要求、所采用的工艺、贮存的方式等因素影响下的一个统计数据，是一个概率问题。

有许多因素可以影响食品的货架期，如表 1-4 所示为影响食用农产品/食品货架期的主要反应类型（微生物污染、化学及生物化学反应、物理变化、生理变化）及其导致的后果。

表 1-4 影响食用农产品/食品货架期的主要反应类型

反应类型	反应原因	导致后果
微生物污染	腐败微生物的生长，典型的腐败菌是霉菌和酵母，如欧文式菌、乳酸菌、假单胞菌等	质构丧失、不良气味、颜色和味道，生成黏液、腐败等
化学反应	非酶褐变、氧化反应	褐变，如干燥的乳粉 氧化，如脂肪或绿茶的自动氧化、胡萝卜素的漂白等
生物化学反应	酶反应，典型的酶如脂肪氧合酶、磷脂酶、蛋白酶等	水果切面的褐变、脂肪氧化和降解带来的异味、叶绿素采后的降解等
物理变化	温度波动、湿度变化、挤压或碰撞、淀粉老化	腐烂加速、受潮、淀粉食品的质构变化等
生理学变化	农产品的呼吸作用、收获后乙烯的影响	成熟加速、发芽、褐变斑点等

食物中微生物的作用会导致食品的腐败，产生不可接受的感官特征，包括丧失质构、形成异味、异色。在有些情况下，食品会滋生致病菌，且能在察觉到感官特征变化之前，食品已经变得不安全。

限制产品货架期的典型化学反应是非酶褐变和氧化反应。非酶褐变（美拉德反应）引起的主要变化是外观的变化以及由于必需氨基酸的丧失而造成营养价值的下降；氧化反应，尤其是脂肪的自动氧化会改变风味。通常，化学变化发生在农产品/食品的加工和贮藏过程中。当然，非酶褐变有时候也会带来有益的特性，如面包和炸肉制品表面的褐变。

生物化学反应主要指酶促反应。通常，酶与其底物在亚细胞或组织水平上是被分隔开的。因此，如果植物或动物组织的完整性被破坏，就会导致酶与底物的作用，即酶促反应的发生。例如，新鲜水果切开后会引发几个酶促反应，即酚酶的褐变反应、脂肪氧合酶的异味反应。

物理变化通常是由于在收获、加工和销售过程中对农产品/食品的不良操作而引起的。例如在收获和采购、贮藏处理中，造成的水果损伤更容易引起腐败；在销售过程中，对加工产品的不良操作可能导致产品破裂或压碎；在贮藏过程中，温度和湿度的波动可能导致高湿产品的干燥、干燥产品的吸水甚至相的变化。同时，乳状液的破裂和相的分离都是造成不良产品特性的典型物理作用。

生理反应通常发生在水果和蔬菜的采后贮藏中，且与贮藏条件紧密相关。如产品采摘后仍发生一些生理反应，将导致成熟、发芽、产生褐变等后果。

为了控制食品质量，了解并控制这些影响食品感官和货架期的因素非常重要。

食品加工企业在确定货架期的时候一般会对食品进行加速实验、常温保存实验等来验证食品的货架期。同时也会考虑物流、贮存环境、同类产品货架期等因素对自身货架期的影响。由于食品的多样性和地区的多样性，很难制定货架期标准，所以货架期体现了食品企业的社会责任感，以及其对自身产品的自信。

食品的保质期是一个最通常的说法，指产品的最佳食用期，指在标签上规定的条件下，保持食品质量（品质）的期限。在此期限内，食品完全适于销售，并符合标签上或产品标准中规定的质量（品质）；超过此期限，在一定时间内食品仍然是可以食用的。各种食品的保质期是不同的，且与包装密切相关。如食用油的保质期通常是 18 个月，但这是以包装未开封为前提的，如果开封，食用油的保质期会相应缩短，通常最好 3 个月内食用完；新鲜乳品冷藏保质期通常是 7 天，如果暴露在常温下，几小时就会腐败变质；乳粉类食品，如果用马口铁罐装密封充氮包装为 24 个月，非充氮包装为 12 个月，玻璃瓶装为 9 个月，塑料袋装为 6 个月；米面的保质期常温下是 6~12 个月，与贮藏环境有关，如果在北方，只要不放在高温潮湿的地方，贮藏条件也正常，可以延长到 24 个月。但米面一旦发霉，绝不可食用。

食品的保存期是推荐的最终食用期，也可以理解为有效期，指在标签上规定的条件下，食品可以食用的最终日期；超过此期限，食品质量（品质）可能发生变化，甚至产生大量致病细菌，如果食用，就有可能导致食物中毒和急性传染病。因此，过了保存期的食物，必须做丢弃处理。总之，保质期保证的是在标注时间内产品的质量是最佳的，超过保质期的食品，如果色、香、味没有改变，仍然可以食用。但超过了保存期的食品，质量会发生变化，因此不能再食用，更不能用以出售。

综上可知，食品的保存期最长，保质期次之，货架期则最短，一般在到保质期前一个月就要下架。

食品标签通用标准（GB 7718—1994）5.5.1 条款规定：必须标明食品的生产日期、保质期或/和保存期。生产日期的标注顺序为年、月、日；保质期或保存期的标明方法：①"最好在……之前食用"，或"最好在……之前饮用"（用于保质期）；"……之前食用最佳"，或"……之前饮用最佳"（用于保质期）；"……之前食用"，或"……之前饮用"（用于保存期）。②"保质期至……"；"保存期至……"；"保质期……个月"；"保存期……个月"。5.5.2 条款规定：如果食品的保质期或保存期与贮藏条件有关，必须标明食品的贮藏方法。

最新版本《食品安全国家标准　预包装食品标签通则》（GB 7718—2011）中，只提及食品的保质期（2.5 条款），其定义：预包装食品在标签指明的贮存条件下，保持品质的期限。在此期限内，产品完全适于销售，并保持标签中不必说明或已经说明的特有品质。同时，明确要求清晰标示预包装食品的生产日期和保质期（4.1.7.1）。

在美国，食品包装上的日期细分为四种，一般会根据食物的性质来标明。第一种是销售截止日期，所有食品的外包装箱上都必须标明销售截止日期，即商场只能在这个日期之前销售这些食品。第二种是最佳口味期，指的是食品味道或者质量的最佳时间。通常越接近生产日期，食物就越新鲜，营养流失越少，口感也更好。第三种是国内常见的食用期，也就是食物的最后食用日期。这个日期是由生产厂家、包装商和销售商共同决定的，要根据产品原料、运输和贮存条件来决定。一般这个日期是各种日期中最长的，超过这个日期就必须销毁了。第四种是食物的封箱包装日期，以便出现问题时进行追究。

（五）食品的方便性

对于消费者来说，食品的方便性就是能够轻松地使用或消费产品，这也归为食品的质量属性。食品的方便性可在制备、组成、包装和食用方式等方面体现。方便食品可被定义为：与使用原材料和单个组分相比，消费者购买、制备和消费一餐所需要的体力、精力和金钱代价较低的食品。方便食品消费量的增加与家庭人口的减少、对家务活兴趣的降低、妇女就业程度的提高以及社会福利的增长等因素有关。方便食品的范围从切片净菜到仅需加热即可的即食便餐等。越来越多的食品企业投入精力开发能方便快速制备，同时又具有良好感官和营养性质的即食食品。

（六）食品的包装

食品包装的基本功能是隔离环境并保护产品。因此，包装在保护原材料、新鲜农产品和加工食品的质量属性中起着重要的作用。包装不但可以创造便利，而且是一个重要的营销工具，是影响消费者感知质量的外在因素。虽然包装不一定与产品的理化性质直接相关，但是它提供了一个和消费者沟通并且影响消费者购买的渠道。食品包装所产生的视觉效果不但给消费者带来身心的愉悦，而且容易引起消费者的关注，让消费者对被包装的产品产生美好的期望，从而导致冲动购买行为。因此，不能忽视包装在产品展示中的重要作用，因为包装设计能促进产品包装信息与消费者的交流，从而影响消费者对产品的选择。

名牌产品往往拥有良好的品牌形象，因此对感官质量也有较大影响。例如一个研究表明，相较于没有标签的可乐，参与者表现出对有标签可乐的偏爱。因此，他们得出结论：对于一个特定可乐原有的偏好并不是真的基于味道，而是与在先前获得的感知形象有关。所以，品牌也会影响感知质量。

七、食品的内在质量与外在质量

人们的商品质量观通常集中在商品的内存质量和外在质量上，因此，我们还需要充分了解食品的内在和外在质量特征。

（一）食品的内在质量特征

通常将食品的安全、营养、感官、货架期、方便性和可靠性作为食品的内在质量特征。食品的内在质量特征可视为食品的固有特征，这些特征可以是显而易见的（例如食品的质构、气味等）或者是可交流的（例如安全、营养等），它们是食品的物理化学和其它性质（例如 pH、成分、微生物污染等）的综合结果。

（二）食品的外在质量特征

外在质量特征是通过通信（包装、标签、产品信息）和广告（电视、网络等）宣传得来的。食品的外在质量特征包括：食品生产工艺、对环境的影响、物流和市场等因素。外在质量特征不一定与产品特征有直接的关系，但可能会影响消费者的质量感知。这些外在质量特征与食品的生产和营销等方面有关，可能影响食品的接受性，例如有关动物福利、生态环境、可持续、有机生产、没有使用转基因食品等因素，均可能影响消费者的购买倾向。

对于农产品和食品，质量认知受许多不同类型质量特征的影响。与消费者有关的内在质量特征包括安全、营养价值（与健康相关）、感官性质（如口感、风味、质构、外观）、商品属性［如货架期、方便性、产品的可靠性（重量、组成等）］，这些特征直接关系到食品的性质。农产品和食品的外在质量特征通常指生产系统的特征及其它方面，如环境和市场的影响。这些典型的外在质量特征不会对产品的性质产生直接影响，但是会影响消费者对产品的接受度。如杀虫剂、动物生长激素、植物生长激素以及转基因等生物技术的应用，这些均会对食品的接受度产生显著的影响。如图 1-5 所示为影响消费者期望和认知的食品内在和外在质量特征。

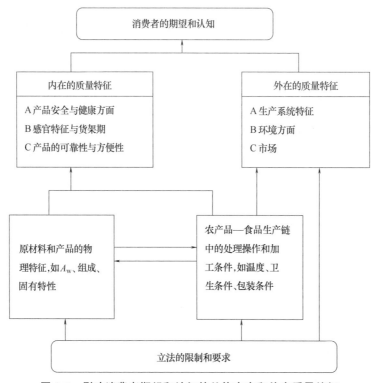

图 1-5　影响消费者期望和认知的总体内在和外在质量特征

此外，在实际消费中，食品加工是否具有环境友好、善待动物等特点并不一定影响购买行为。作为公民，人们可能更关心环境问题、动物福利等，但这并不意味着消费者也是如此。事实上，作为公民对社会和环境问题更关心，而作为消费者则对经济利益更关心。在过去的十几年中，西欧有机产品的市场不断增长，这意味着生产问题正逐渐影响人们的购买行为。

八、影响食品质量的危害

本书将影响食品质量的危害分为两种：安全危害和质量危害。

（一）食品的安全危害

食品的安全危害是指食品中对健康有潜在不良影响的生物性、化学性或物理性因素，包括过敏源和放射性物质。对于饲料和饲料配料而言，相关的食品安全危害是指可能存在于饲料和饲料配料中和/或饲料和饲料配料上，并且可以通过动物食用饲料转移到食品中，从而可能对人类消费者产生不利健康影响的危害；对于除直接处理饲料和食品（例如包装材料、消毒剂等生产者）以外的操作，相关的食品安全危害是指按预期用途使用时，直接或间接转移到食品中的危害；对于动物食品，相关的食品安全危害是对食品的食用对象——动物物种有害的危害。所有的食品安全危害必须置于基于 HACCP 原理建立的控制与管理体系之下。

食品中的生物性危害（又称微生物危害）可分为以下 5 类：①致病细菌，如沙门氏菌、肉毒梭状芽孢杆菌、李斯特杆菌、空肠弯曲杆菌、金黄色葡萄球菌、霍乱弧菌、产气荚膜杆菌、蜡样芽孢杆菌；②霉菌，如曲菌属、镰刀菌属；③病毒，如甲肝病毒、轮状病毒、诺瓦病毒等；④寄生虫、原虫和蠕虫，如原虫（肠兰伯氏鞭毛虫）、蛔虫（人蛔虫）、绦虫（猪绦虫）、吸虫（肺吸虫，肝吸虫）等；⑤藻类，如腰鞭毛虫、蓝绿藻、金褐色藻等。一般而言，霉菌和酵母不会引起食品中的生物危害（虽然某些霉菌、藻类能产生有害毒素，但是通常将这类毒素纳入化学危害的范畴）（贺寅等，2013）。

食品中的化学性危害可根据其来源分类：①天然存在的化学性危害，如真菌毒素、细菌毒素、藻类毒素、植物毒素、动物毒素；②环境污染导致的化学性危害，如重金属、环境中的有机物等；③有意加入的化学品，如防腐剂、营养添加剂、色素添加剂、违禁品等；④无意或偶然加入的化学品，如农业上的化学药品、养殖业中用的化学药品、食品企业生产过程中用的化学物质等；⑤食品加工中产生的化学性危害；⑥来自容器、加工设备和包装材料的化学性危害；⑦放射性污染造成的化学性危害。

食品中的物理性危害通常描述为从外部来的物体或异物，如玻璃、木屑、石头、金属、昆虫及其它污秽、绝缘体、骨头、塑料等，同时也包括在食品中非正常性出现的能引起疾病（包括心理性创伤）和对个人伤害的任何物理物质。与生物性危害和化学性危害一样，物理性危害可能在食品生产的任何环节中进入食品。有一点必须说明：并不是所有在食品中检出的异物都会导致人体伤害和致病。对消费者来说，在食品中发现一根头发是件非常不高兴的事，但是头发对他并不会造成伤害。物理性危害导致的消费者投诉最多，其原因是异物本身就是一个确凿的证据。虽然产品中存在异物不会导致对健康的严重危害，但是不良的加工、包装和贮藏条件会为能严重损害健康的危险开拓一个通道，因此，必须将其置于 HACCP 体系的控制之下。

（二）食品的质量危害

食品的质量危害是除食品安全危害以外，可能妨碍食品商业价值实现的各种因素。本书将各种可能使食品的商业价值降低或丧失的因素归类为质量危害，使其成为食品生产过程中质量控制与管理的对象。食品的质量危害与安全危害的不同之处在于：所有的质量危害都不会导致安全方面的问题，即不会导致消费者生病或受到伤害。例如产品的形状、组织、口味、气味、颜色等不符合客户的要求；食品中出现正常情况下可见的头发或草皮、树叶、污物或腐败；食品中的维生素含量不符合要求；牛乳的固形物不符合要求；产品净含量不符合标准要求；苹果外表上有疵斑；烤焦的蛋糕；产品外包装的装潢设计不符合客户要求；食品存在经济欺诈行为或违反食品标准等情况等，均属于质量危害。这些质量危害虽然导致食品不符合要求，但是，只要这些缺陷没有直接影响到食品的安全，就作为质量危害处理，而不纳入 HACCP 计划（白新鹏，2010）。

九、影响食品质量的因素

食品质量取决于原辅料、食品加工过程、贮存、运输等环节，也取决于食品的组成与特性，同时与食品链中各环节所涉及的人员素质与行为相关。食品是一个复杂和动态的系统，其中各组分可以相互作用，而且含量具有可变性，甚至可能会随着时间的推移而改变相关性质。关于可能导致食品质量劣变的详细知识可以参见食品原料学、食品工艺学、食品化学、食品酶学、食品微生物学等与专业基础课相关的教材。

（一）食品组成与真实性

1. 食品组成

尽管食品体系相当复杂，但是其组成大致可以分成：营养成分、食品添加剂和营养强化剂、污染物、农兽药残留物及其它有毒有害物质，有时还可能存在违法添加的非食用物质。

食品的营养成分为：水分、矿物元素、碳水化合物、脂类物质、蛋白质和氨基酸、维生素以及其它特殊的功能成分，如多酚类化合物、皂苷、黄酮等。宏量和微量营养成分的数量和可用性决定了食品的营养价值。此外，常量营养素通常会影响食品的质构，如脂肪影响脂溶性维生素、颜色组分和挥发性香味化合物的吸收，从而影响食品的营养、色泽和香味。许多因素影响食用农产品中营养化合物组成和含量的变化，如季节的变化，栽培品种的差异，栽培和繁殖条件的变化等，这些是食用农产品的自然属性。同样，食品中营养成分和含量也会随着贮藏条件和时间而变化。

食品添加剂是为改善食品品质，增强食品的色、香、味，因防腐、保鲜和加工工艺的需要而加入食品中的人工合成或者天然物质。包括营养强化剂、食品用香料、胶基糖果中基础剂物质、食品工业用加工助剂。需要注意的是，不能将食品添加剂与非法添加物相混淆，如三聚氰胺、苏丹红、吊白块、甲醇、甲醛等都属于非法添加物。目前我国食品添加剂有 23 个类别，2000 多个品种，包括酸度调节剂、抗结剂、消泡剂、抗氧化剂、漂白剂、膨松剂、着色剂、护色剂、酶制剂、增味剂、营养强化剂、防腐、甜味剂、增稠剂、香料等。详细知识参见食品添加剂相关书籍和标准。

食品中的污染物可能有很多不同的来源，例如环境或加工过程。环境污染物包括无机和有机化学品，主要来自工业过程对大气和水的排放，典型的环境污染物是芳香烃、二噁英、多氯联苯、重金属（汞、铅、镉、铬、砷）等。加工污染物是在食品制造过程中形成的化合物，如 N-亚硝基化合物、苯并芘、杂环胺类、丙烯酰胺、氯丙醇等。

食品中的残留物通常指在农业生产中使用的特定化学物质，它与降解产物在加工转化为食品时无意留在农产品中。常见的农药残留物包括有机磷农药、有机氯农药、有机菊酯类农药、氨基甲酸酯类农药等，常见的兽药残留包括各种抗生素残留和激素类药物残留。目前将来自包装材料和加工设备等食品接触材料的残留物也纳入其中。

食品中其它有毒有害物质包括真菌毒素、细菌毒素、天然毒素、病毒、寄生虫等。

关于食品组分的分析，可参见食品分析与食品分析实验教材，或相关书籍，亦可直接参考相关国家食品安全标准。

2. 食品的真实性

食品的真实性（可靠性），重点在于"真实"二字，是真与假的问题，所以，也被称为食品的可靠性，指的是食品的实际组成和功能与标签或宣传材料中的说明一致。目前市场上出现的各种经济利益驱动型掺假案例，如在香米中掺杂更便宜的大米，将养殖的鲑鱼充作野生鲑鱼出售，用蜂蜜加白糖的方式制作所谓的天然蜂蜜，用马肉冒充牛肉，还有"不明不白的白酒""三精一水的葡萄酒""复原鲜榨果汁""复原鲜牛乳""化学勾兑酿造酱油和食醋"等，这些食品造假、以次充好、标示虚假产地等均属"食品的真实性"问题，虽然不一定会造成食品安全危害，但是严重干扰和破坏了公平的市场竞争秩序，对一些行业（如白酒、葡萄酒、食醋、有机食品等）造成"劣币驱逐良币"现象，降低了消费者对国产食品的信心。随着食品造假技术的演变，采用常规手段越来越难以检测食品造假。这种现象并不是我国特有的，已经成为全球食品安全监管难题。

目前，食品的真实性属于消费者隐含的要求，即消费者期望产品能够与包装上提供的信息保持一致。2018年我国已成立食品真实性技术国际联合研究中心，不久的将来，我国或许会出台食品真实性相关标准。

（二）种植与养殖

种植和养殖是食品质量的源头。植物类产品包括耕作、收获、青贮；动物类产品涉及动物的饲养，渔业和生鲜鱼、肉的生产加工。这两类生产链的质量控制都依赖于技术和积极管理。

1. 种植和收获

影响果蔬等级的主要因素是植物育种、种植农场和收获贮藏。农场的两个主要因素是种植经验和收获条件。种植和收获条件极大地影响着新鲜农产品和加工产品的性质，包括营养组成、感官品质、天然毒素的含量、抗菌剂和抗氧化剂等。

种植期间重要的质量影响因素包括：①通过作物育种或者基因工程选择适宜的品种；②栽培操作包括播种日期、营养补充、灌溉和植物保护；③环境的影响，如温度、日照长度和降雨的数量。

质量的要求与作物本身密切相关。例如对于小麦，最重要的质量标准是谷蛋白的含量，它与面制品的焙烤质量和必需氨基酸的含量呈正相关性。天气条件和均衡的氮供应对这些品质参数起主要影响作用。油菜籽营养和工艺品质由油中脂肪酸的组成确定，而脂肪酸的组成是由遗传决定的。在很大程度上，是植物育种工作者而不是农民控制油脂质量。至于收获条件、收获的时间和收获时机械损害的发生均是影响产品质量的因素。

在果蔬的成长和成熟期间会发生很多的生化变化，包括：①细胞壁组成的变化，如水果的软化；②淀粉糖的转化，如香蕉中淀粉降解形成简单的糖产生甜味；③在马铃薯、玉米等农产品中以淀粉的合成为主；④色素的代谢，如在成熟期叶绿素通常消失，而类胡萝卜素和异黄酮等其它色素进行合成；⑤成熟期香味化合物及其前体物质的生成。

判断庄稼是否成熟通常高度取决于个人经验。可采取观察某一个特性的方法，如大小、形状、颜色、软硬；也可进行抽样调查，如一些农作物，例如白菜和甘薯，有一个广泛的可接受的成熟范围。但是，也有一些必须严格控制收获时间的农作物，确定收获时间与作物成熟度的关系非常重要。如气味、高纤维、易坏等因素。

在收获和运输时可能发生机械损害。植物器官的损伤可能导致许多不良结果：①伤口修复：形成物理的屏障，如蜡质层或芦笋中的木质素沉积。②生成应激代谢物：这些代谢物似乎对植物有保护功能，但可能对食品质量有负面影响。例如胡萝卜中的香豆素和马铃薯块茎中的配糖生物碱（应激代谢物）具有一定的苦味。而且，一些应激代谢物表现出一定的毒性，是一些不良的酶反应的前体物质。③酶促褐变：发生在机械损伤处产生对新鲜农产品不利的褐变反应。④乙烯的产生：在伤口修复处，乙烯会促进呼吸，加速熟化和衰老过程。

采收后，新鲜农产品的损伤将加速其变质，导致产品货架期变短。农产品损伤包括：外表面划痕、刺痕、刮痕，内外表面瘀痕、晒伤、热害和冷害。损伤的原因有：产品相互挤压，采收、搬运不当，容器不合适，过度包装，人员踩踏或坐压盛产品的容器等。

采收后的贮藏条件：新鲜农产品从农田被转运到仓库，然后进行分类、分级、预处理和包装。在转运和贮藏过程中，产品大都暴露于有阳光、通风的条件下，而且产品搬运、贮藏时间和温度、相对湿度、空气成分、抗真菌和细菌处理等因素都会影响产品质量。

农产品一经采收，就应避免阳光直晒，因为晒伤将导致产品变质。产品装卸过程应注意防止造成机械损伤。不能将产品紧密或大量地堆积在一起，否则，新鲜农产品的呼吸作用将导致中心温度升高。而强制通风、调节湿度、冷藏、气调等方式可以延长产品采收后的寿命。

2. 养殖和屠宰

农场生产环境对新鲜鱼、肉制品的物理化学性质有重要影响。然而食品特色是非固有品质。在动物产品中可影响最终产品质量的要素是繁殖、饲养、生产条件和健康。

（1）品种的选择　大部分的育种计划对提高产量的重视超过了对改进产品质量的重视。例如奶牛品种的选育对牛乳产率有深刻影响。但对牛乳组成影响较小。体重较重的品种倾向于多产乳。某些猪的品种，具有一定的遗传倾向。就像杜洛克品种具有肌肉颜色较暗、较红，脂肪层硬度大和肉质较嫩的特点。这些品种通常与其它品种杂交，以获得包括肉的质量在内的理想品质。

（2）动物饲养　动物饲养也会影响到动物产品的品质。饲料的种类和数量可以影响到乳、肉、蛋的品质。例如最近的调查研究中指出，动物的基本脂肪酸构架可以通过饲养来改变。还有，环境污染物和细菌可以影响到动物产品的安全性，尤其是用含有黄曲霉毒素的草料来饲养奶牛会生成黄曲霉毒素的羟基化代谢产物并进入牛乳中。

（3）动物健康　动物健康和兽药的使用同样可影响产品的质量。例如乳腺炎的发生将引起牛乳组成和理化性质的改变。牛乳中体细胞的数量是衡量牛乳质量和卫生品质的指标，也可反映已知动物乳腺炎发生的情况。为了保护消费者，欧盟和食品法典委员会设立了动物来源的食品中，兽药的最大限制残留量。另外在饲料中添加抗生素以促进动物生长的行为也受到了关注。动物病原菌可能会对抗生素产生抗药性。而这些抗药性的病原菌可能从动物转到人体，存在的潜在风险是人类使用的抗生素也对付不了这些抗性病原菌。这对于人类健康产生的影响可能是非常严重的。

（4）畜舍条件　畜舍的条件一定程度上决定了动物体表微生物的载量。通常动物住处越清洁，微生物载量越低。对于肉类的生产，外部和内部的细菌载量均是影响食品安全的重要因素。尽管屠宰动物的皮下组织通常认为是无菌的，但是内外高细菌载量会导致在运输过程中动物的交叉污染。或者在屠宰过程中无菌肉的污染。对于牛乳的生产必须采取的卫生防范措施包括清洗乳头，清洗和消毒牛乳设备，排除患有乳腺炎奶牛的乳。对于鱼类，在皮肤和鳃的表面的细菌菌群受到海洋环境变化的影响，在较冷的海水中以嗜冷的阴性菌为主，在较温暖的海水中，嗜温菌和微球菌是主要的腐败细菌。畜舍设计的另一方面是集约型饲养模式和自由放养模式，在一些层面上暴露于开放环境与野生动物接触，可能会提高动物患病概率，感官质量上的主要影响源自在外界环境中更适应环境的物种的繁殖和草料种类的丰富。间接影响是在外界环境成长，临宰前可能会产生应激反应。然而，在一些感官评定的研究中，放养环境下的动物制成的产品更多汁，美味。

（5）动物的运输和屠宰条件　运输和屠宰条件会影响内在的特征如感官品质、食品安全和微生物货架期。

（6）应激　在屠宰动物的运输和操作中的应激因素，如运动、恐惧、温度都会对肉的品质产生负面作用。例如经受应激刺激的猪的肉质松软、持水性差，由于应激反应糖酵解被加速，肌浆蛋白降解成收缩性的蛋白质从而改变肉的物理性质。

在运输和操作中，防止和减少应激的措施包括：①适宜的装载密度，过大的密度会造成 PSE（pale soft exudative ueat）猪肉、DFD（dark，firm and dry）牛肉以及由运输引起的严重的肌肉淤血。②装载和卸载的设备，即踏板倾斜的角度，太陡了会导致心跳加速而产生应激反应。此外，干草叉用作驱赶工具，会导致胴体的外皮开裂或甚至背部脂肪出血，均对肉的品质产生负面影响。③运输的持续时间对肉的品质同样有影响。运输时间太短会提高具有 PSE 猪肉特征的胴体数量。运输时间较长可使动物产生适应和平静，使得因装载而引起的代谢紊乱恢复正常。④动物的混杂。在屠宰房中，动物彼此不熟悉会引起特殊的应激反应，产生 PSE 或 DFD 肉。在实践中已经证明有必要在有限的选择下，使动物进入各自的通道。

（7）屠宰条件　屠宰的过程包括许多步骤，例如杀死、放血、热烫、去皮以及取内脏。在这一过程中，无菌的皮下肌肉组织可能会被消化管道、体表、手、刀具以及其它使用的工具等所污染。新鲜分割肉表面的菌落总数在 $10^3 \sim 10^5 CFU/cm^2$。刚杀死的动物的微生物载量可用含有氯、乳酸或者其它化学试剂的热水喷洗胴体来降低到一定程度。另外，严格控制屠宰场的环境，例如墙壁、地板、道具，都可以减少污染带来的风险。

（8）食用农产品中潜在的安全风险　包括：环境污染物、农药残留物、兽药残留物、生长激素、重金属等，此外还包括各种动物疫病。农业生产方式的改变（如大棚种植、地膜）也可能引发新的食品安全危害，如食用农产品中三聚氰胺增加。

（三）加工与销售

食品加工的目的是：方便保藏、延长货架期、提升产品的感官特性和可消化性，并且加强食品的健康效应。传统的保藏方式主要有热处理、添加防腐剂（例如利用食盐和糖降低水分活度），微生物发酵（例如降低产品 pH）等。在激烈的食品加工过程中通常会产生一些化学危害，例如亚硝胺、氯丙醇、3，4-苯并芘、丙烯酰胺等。消费者对食品质量，尤其是安全和口感的需求，迫使食品工厂应用一些非传统的加工技术，例如采用较温和的杀菌温度、栅栏技术（使用一系列温和的处理方式来实现食品安全与质量的稳定控制）。

每种食品都有一系列特定的加工和处理步骤，但主要的生产活动大致相同。食品加工链上的常见影响因素包括：原材料贮藏和预处理，原材料和终产品包装和终产品贮藏和分销。具体情况简述如下。

1. 原材料的贮藏和预处理条件

影响加工食品质量的一个最主要因素是原材料最初的状况。例如原始微生物污染，复合物浓度等。另外，贮藏条件也会影响原材料的质量。例如温度、相对湿度、包装完整度、卫生条件等。

关于原材料的加工，首先要进行预处理。常见的预处理包括分类、清洗、除去农药、去皮、取出动物内脏、切丁、切片、混匀等。在食品加工过程中，加工用的工具（滤筛、切刀等），预处理所用的化学药剂（加在清洗用水中，或者喷洒在胴体上），设备的卫生设计等，都是影响产品质量的重要因素。除了技术条件，加工者的素质也会影响产品质量。

2. 原材料加工和终产品包装条件

产品加工有不同的工序，例如热处理、干燥、蒸发、挤压成型、发酵等。这些工序可以用来延长货架期，提高安全性，产生某种感官特性（如油炸），或者提高产品的可消化性（如发酵）。保藏技术的选择（剧烈温度处理还是使用栅栏技术），加工设备的类型（持续型或间断型，大型或小型），加工参数的合理性，加工设备的状态（如卫生设计水平）等，都是影响最终质量的重要因素。

在加工过程中，必须很好地掌握某些产品特性（如 A_w，pH）和应用的工艺条件（如 $T\text{-}t$ 关系）对食品体系中不同过程的影响。例如水分活度是控制微生物生长、酶活性和化学反应的重要因素。如水分活度低于 0.6 时，微生物不能生长。但是，在很低或较高的水分活度下，脂质氧化会加剧。低水分活度下虽然可以抑制微生物腐败变质，但仍易发生酶促变质。

温度随时间变化的速率决定了竞争性化学反应的相对速率以及杀灭微生物的速率。食品加工要尽量使时间和温度的结合最优化，以最小的热损伤，生产出安全、稳定的食品。

最后，终产品的包装也是食品生产体系中非常重要的一步。包装不完整、包装材料不合适、标签不恰当等，都会影响到产品的货架期和安全性。

3. 终产品的贮藏和销售条件

在终产品的贮藏和销售过程中，应维持终产品的特性。期间影响包装食品的主要因素有：贮藏温度和持续时间、相对湿度、包装材料的适宜性和完整度。如表 1-5 所示为食品贮藏的相关因素概要。

表 1-5 影响食品贮藏的相关因素

相关因素	新鲜农产品（散装）	加工食品
初始细菌载量	高细菌载量将缩短货架期	加工的卫生条件决定初始细菌载量
温度时间关系（T-t）	低温减轻呼吸作用 过低温度可能造成冻害	低温可减缓生物化学、化学、微生物反应
相对湿度（RH）	高湿有利于霉菌和细菌生长	由湿度和包装的密封性共同决定
空气组成	减少氧气和增加二氧化碳浓度可减缓呼吸作用和腐败变质	根据食品性质选择包装气成分
生芽抑制剂	例如延迟马铃薯生芽	不适用于包装食品
虫害控制	防止昆虫和蚜虫造成的损失 使用杀虫剂	使用合适的包装材料防治昆虫和蚜虫
处理不当	机械损伤（见采收部分）	包装破损，由于产品混合贮藏造成的交叉污染

（四）零售和终产品处理

食品在被食堂、餐馆、消费者购买和制备前，通常都要经过零售商。在这个环节中，影响食品最终质量的重要因素有：仓储条件，商铺里的环境（如冰箱和冷藏柜的温度），新鲜食品切片和包装过程中操作者的卫生状况，包装完整度等。消费者是食品供应链中的最后一环，或者说是溯源过程中的第一环节。消费者从超市、店铺（面包店、肉铺）或者菜市场等地方购买食物。同时，消费者也可以在熟食摊、食堂、餐馆等地方消费。户外熟食摊的食品制备过程通常存在较高的食品安全风险。在家庭中，影响食品质量的因素通常与贮藏设备的条件（如冰箱的制冷能力）、制备过程中的卫生条件（如砧板的清洁度）、烹饪条件（如烹饪时间和温度，翻动情况等）密切相关，在餐馆和食堂中也是如此。在餐饮制备过程中，操作者应该考虑参照食谱，服从清洁的原则等，都有益于保证食品的质量和安全。实际上，由于餐厅和家庭主夫/妇的处理不当，可以导致许多食物中毒事件的发生。因此，食品制备者在食品质量中的作用不容低估。

（五）社会环境

社会、政治、经济和技术环境，都可以通过导向和权利影响企业对食品质量的决策。社会道德的导向提供了一系列定义是非的原则，而公司的氛围导向（如持股人）对决策有直接影响。典型的导向有：人类健康，动物福利（社会、政治方面），生物技术（技术、政治方面），发展中国家的供应（社会、经济、政治方面）。根据各自的影响力，这些导向提供了产品质量标准中某些指标的取与舍。其中，政府在食品安全方面有着强大的影响力和明确的导向。政府可以制定规章制度，进行严格监管来影响食品质量。

此外，供应链中的契约精神，也充分发挥了约束食品生产经营企业的社会作用。供应链管理的核心就是契约（supply chain contract），通过契约把客户、客户的客户、供应商乃至供应商的供应商连接到一起。链条上的任何一个环节不尊重、不遵守契约都有可能导致整个供应链的失败，也就是各节点企业乃至整个行业的失败。

（六）企业与员工

企业的氛围对食品质量也有重要的影响。多数企业难以长期持续保持产品质量稳定的主要因素就是没有关注质量管理精神层面的问题，也就是员工的质量意识问题。而员工质量意识的提高仅仅依靠质量工具与管理体系是不够的，必须借助于企业质量文化的建设。正如质量大师戴明所说："质量管理不像拧开水龙头那样一蹴而就。它是一种文化，是一个公司的生活方式。"因此，企业质量文化的建设应该与技术进步和质量管理同等重要。

员工更是质量控制与管理中的关键要素。近年来，人为破坏食品安全的事故时有发生，包括投毒、掺假（放入异物）、破坏产品固有品质等。为提高预防这些蓄意的人为破坏食品安全事故的能力，确保相关问题得到及时、有效、妥善的解决，企业通常需要建立食品安全防护计划。但是，这类管理措施应该与柔性管理相结合，通过激发员工内心深处的主动性、内在潜力和创造精神，提升员工的内在驱动力和自我约束力，使企业目标转变为员工的自发行动，而不是依靠权力影响力（如上级的发号施令）。

以上有关可能影响食品质量因素的表述，让我们了解到保证食品质量的复杂性。掌握影响食品质量变化的具体因素，可以为食品质量的设计、控制、改进或者安全措施等提供评估方法。

十、食品质量的法律要求

食品质量控制与管理体系最重要的基本条件就是满足食品相关法律法规与标准的要求。严谨的食品安全法律法规体系，有助于维护高度秩序、高度稳定、高度效率、高度文明的食品生产经营环境。系统、科学、可操作的食品安全标准，为食品生产经营者提供了必须遵守的准则，为食品安全监管部门提供了监管依据和准绳。事实上，所有与食品链及其生产有关的法规、法令、规则、规定、指令以及规范，根本目的均是保护人类健康、减少环境污染以及防止不公平竞争等。因此，世界各国都针对食品链中各环节，制定了一系列法律要求，详见食品标准与法规教材，本节仅作简单总结。

（一）我国食品相关法律法规

食品安全法律法规是指由国家制定或认可，以加强食品监督管理，保证食品卫生，防止食品污染和有害因素对人体的危害，保障人民身体健康，增强人民体质为目的，通过国家强制力保证实施的法律规范的总和。这也是食品法律法规与其它法律规范的重要区别所在。

我国现行食品安全法律法规体系，以《中华人民共和国食品安全法》《中华人民共和国农产品质量安全法》《中华人民共和国产品质量法》等为主导，《中华人民共和国食品安全法实施条例》《食品生产许可管理办法》《食品召回管理办法》等行政法规和《流通领域食品安全管理办法》《餐饮服务食品安全监督管理办法》《食品安全国家标准管理办法》等部门规章以及食品安全标准所构成的集合法群形态，是目前我国食品安全法律体系框架的现状，具体内容如图1-6所示。

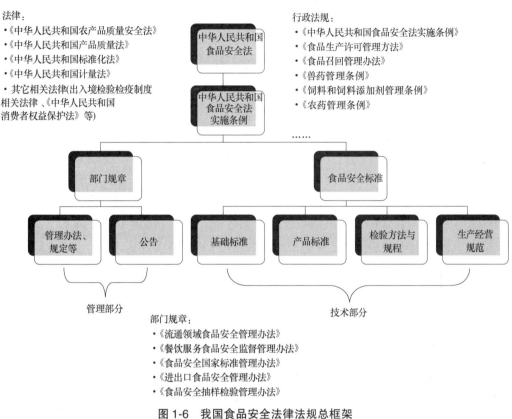

图1-6 我国食品安全法律法规总框架

由于食品生产经营者在食品质量与安全问题中扮演着重要的角色，因此，《中华人民共和国食品安全法》中明确规定了食品生产经营者是食品安全的第一责任人。

《中华人民共和国产品质量法》第十四条规定了判定产品内在质量的依据，具体包括以下内容。

（1）产品应当符合所执行的产品标准 未制定标准的，以国家有关规定或要求为判定依据。这里所说的产品执行的标准，包括国家现行的四级标准，即国家标准、行业标准、地方标准和经过备案的企业标准。需要强调说明一点的是，对可能危及人体健康和人身、财产安全的工业产品，必须符合保障人体健康、人身、财产安全的国家标准、行业标准，未制定国家标准、行业标准的，必须符合保障人体健康、人身、财产安全、卫生的要求。

（2）产品必须具备应当具备的使用功能 但是对产品存在使用性能的瑕疵做出说明的除外。监督检查时，要把假冒伪劣产品和有一般质量问题的产品，和仍有一定使用价值的次品、处理品，严格区别开来，做到依法定性，事实清楚，处理适当，避免随意性。

（3）既无标准，又无有关规定或要求的，以产品说明书、质量保证书、实物样品、产品标识表明的质量指标和质量状况为判定依据。这些明示担保的条件，是生产者、销售者自身对产品质量做出的保证和承诺。

（二）我国食品安全标准

食品标准是食品行业中的技术规范，涉及食品行业各个领域的不同方面，它从多方面规定了食品的技术要求、抽样检验规则、标志、标签、包装、运输、贮存等。食品标准是国家管理食品行业的依据和企业科学管理的基础，也是食品安全卫生的重要保证。食品标准中有关食品质量与安全的标准通常会随着技术的进步和发展而不断更新。

我国食品标准按不同的方式分类如下。

（1）按级别分类分 有国家标准、行业标准、地方标准、团体标准和企业标准。

（2）按性质分类分 有强制性标准、推荐性标准、行业标准、地方标准。

（3）按内容分类分 有食品基础标准、食品安全限量标准、食品检验检测方法标准、食品质量安全控制与管理技术标准、食品标签标准、重要食品产品标准、食品接触材料与制品标准及其它标准。

（4）按标准的作用范围分 有技术标准（指对标准化领域中需要协调统一的技术事项所制定的标准，具体形式可以是标准、技术规范、规程等文件以及标准样品实物）、管理标准（指对标准化领域中需要协调统一的管理事项所制定的标准，如 ISO 9000 质量管理体系标准、ISO 14000 环境管理体系标准等管理体系标准、管理程序标准及定额标准及期量标准）、工作标准（为实现整个工作过程的协调，提高工作质量和效率，对工作岗位所制定的标准）。

为了保障公众身体健康，食品安全标准作为强制性技术法规，是规范食品生产经营、促进食品行业健康发展的法定技术措施，是实现政府科学、规范、有效监管的法定依据。自从《中华人民共和国食品安全法》实施后，我国对各类、各级食品标准进行整合，统一发布，基本建立了以国家标准为核心，行业标准、地方标准、团体标准和企业标准为补充的食品安全标准体系。这些标准分为通用标准、产品标准、检验方法、生产经营规范四大类，涵盖 1.2 万余项指标，标准体系的框架、原则、科学依据与国际食品法典一致。具体内容如图 1-7 所示。

我国现行食品安全国家基础标准共 11 项：

《食品安全国家标准 食品中真菌毒素限量》（GB 2761—2017）；

《食品安全国家标准 食品中污染物限量》（GB 2762—2017）；

《食品安全国家标准 食品中兽药最大残留限量》（GB 31650—2019）；

《食品安全国家标准 食品中农药最大残留限量》（GB 2763—2019）；

《食品安全国家标准 食品中致病菌限量》（GB 29921—2013）；

《食品安全国家标准 食品添加剂使用标准》（GB 2760—2014）；

《食品安全国家标准 食品营养强化剂使用标准》（GB 14880—2012）；

《食品安全国家标准 预包装食品标签通则》（GB 7718—2011）；

《食品安全国家标准 预包装食品营养标签通则》（GB 28050—2011）；

《食品安全国家标准 预包装特殊膳食用食品标签》（GB 13432—2013）；

《食品安全国家标准 食品接触材料及制品用添加剂使用标准》（GB 9685—2016）。

此外，还有食品、食品添加剂、食品相关产品标准，食品生产经营过程的卫生要求标准和检验方法与规程相关标准。

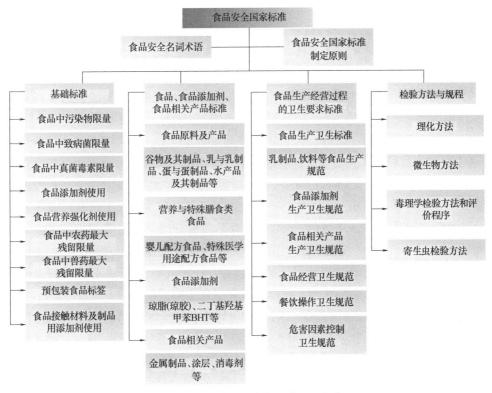

图1-7 我国食品安全标准体系总框架

（三）与食品供应链相关的国际标准

目前，在食品供应链中广泛应用的国际标准包括：质量管理体系 ISO 9000 族标准、危害分析与关键控制点（HACCP）体系、食品安全管理体系 食品链中各类组织的要求（ISO 22000）、食品安全体系认证（food safety system certification，简称 FSSC 22000）、食品安全与质量认证（safety quality food，SQF）、国际食品标准（international food standard，IFS）、食品安全全球标准（brand，reputation and compliance，global standards，BRCGS）、环境管理体系（ISO 14001）、职业健康安全管理体系（ISO 45001）等。其中与食品安全相关的国际标准，可参见《食品安全控制与管理》。

第三节 本书的学习内容和学习方法

一、本书的学习内容

本书共10章。首先，第一章食品质量控制与管理概论，详细综述了食品质量相关基础知识，如食品质量的定义与内涵，食品链的概念，食品质量的形成，食品的质量属性，影响食品质量的危害，食品质量的法律要求等。接着，根据质量管理学的基本原理，按照 PDCA 循环的思路，逐步展开并阐述食品质量控制与管理相关的理论基础和方法。第二章是与战略相匹配的食品质量方针与目标（是进行质量策划的基础，为质量控制指明了方向，确定了具体目标），第三章食品质量策划（P，策划阶段：分析质量现状，找出影响因素，针对主要质量影响因素制定控制措施），第四章食品质量控制（D，运行阶段：根据质量策划、质量目标和质量控制措施分工执行），第五章食品质量改进（C，基于对控制过程和结果的评价，发现控制措施中存在的问题，找到更好的质量控制方法，从而达到质量改进之目的），第六章食品质量保证（A，基于质量评价以及问题剖析，确定其原因并采取措施；不断总结经验教训以巩固取得的成绩，防止已发生过的问题再次发生以达到质量保证之目的），第七章食品质量管理（通过管理保证 PDCA 循环的有效运行）。然后，在第八章系统介绍各种基于食品链的质量管理体系，如 ISO 9000 质量管理体系、SQF 食品质量规范等内容。最后，在第九章介绍质量管理理论的新应用，即电商食品的质量控制与管理，在第十章介绍食品质量控制与管理发展的新趋势。

本书框架见图 1-8。完整的质量控制与管理流程，基于准确掌握产品及其生产过程中的关键质量要素（第一章）、与战略相匹配的质量方针与目标（第二章），始于质量策划（第三章），运行于质量控制（第四章）、质量改进（第五章）、质量保证（第六章）和质量管理（第七章），集成于质量管理体系（第八章），终于顾客满意，发展于新应用（第九章）和新趋势（第十章）。

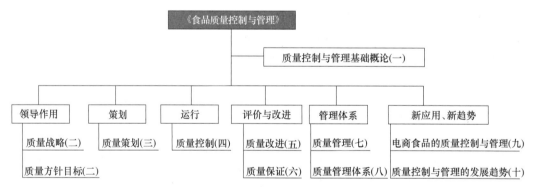

图 1-8 《食品质量控制与管理》框架

二、本书的学习方法

食品质量控制与管理，是建立在质量控制与管理学基础之上的一门应用性学科。要求学生已经完成食品工艺学、食品卫生学、食品分析与实验、食品毒理学、食品工厂设计、食品安全法律法规与标准等专业知识的学习，同时还要求学生参加过食品生产实习，对食品生产经营过程有初步的了解。在充分了解食品质量的定义、食品的质量维度和质量属性、食品内在质量与外在质量特征、影响食品质量的危害以及食品质量的形成规律等知识的基础上，才能更好地掌握食品质量控制技术与管理方法。

第四节　场景应用

一、食品生产者和食品经营者的责任

田田：Hi，安安。

安安：Hi，田田。

田田：出去办事了？

安安：刚从区食药局把保健品经营的许可证拿回来。

田田：挺好的。有了许可证后，营业执照再变更一下。

安安：嗯，只要大家一起把关，把要素都考虑全了，肯定不违规，哈哈。我们也没搞过。

田田：是啊，都没搞过，这才有挑战呢。

安安：上次开完对接会后，你说食品生产者的责任、食品经营者的责任。

《中华人民共和国食品安全法》中说，"食品生产经营者应当依据法律、法规和食品安全标准从事生产经营活动，对社会和公众负责，保证食品安全，接受社会监督，承担社会责任"。但是除了结果、要求层面，经营过程中到底各有哪些责任，我自己阅读下来也不是非常清楚。

田田：呵呵，食品安全法第4章实际上说了食品生产经营的责任，有的条款说食品生产者应该怎样怎样、有的条款说食品经营者应该怎样怎样、有的则笼统地说，而且食品经营者的条款挺多的。如果要非常清晰的话，可以参考婴幼儿配方乳粉的一个部门规章。

安安：是吗？

田田：《婴幼儿配方乳粉生产企业落实质量安全主体责任监督检查规定》中第三章专门规定了婴幼儿配方乳粉生产者质量安全主体责任。除了明确企业是质量安全第一责任者外，还明确了重点落实的责任，一共14条。

婴幼儿配方乳粉生产者质量安全主体责任			
责任1	应保持资质一致性	责任6	应建立并落实产品出厂批批检验制度
责任2	应建立内部产品质量管理制度	责任7	配方、原辅料使用、产品包装及标签应向省级食药局备案
责任3	应具备研发机构，能够掌握配方所用原辅料的质量安全分析技术	责任8	不得以委托、贴牌、分装方式生产
责任4	应具备自建自控乳源，建立并落实原辅料采购查验制度	责任9	建立并落实不合格品管理制度
责任5	应建立并落实生产过程控制制度	责任10	建立并落实不安全产品召回制度

续表

婴幼儿配方乳粉生产者质量安全主体责任			
责任 11	应建立消费者投诉受理制度	责任 13	应建立完善电子信息追溯系统和电子信息记录系统
责任 12	应制定食品安全事故处置方案	责任 14	主动收集风险监测和监督抽检信息，并做出反应

安安：这 14 条还是符合逻辑的，对其他食品生产者也有很好的借鉴意义。食品经营者呢？

田田：综合《中华人民共和国食品安全法》、商务部部门规章（流通的行业管理部门）《流通领域食品安全管理办法》、食药监总局部门规章《保健食品经营企业日常监督现场检查工作指南》，经营者应该有以下职责。

食品经营者质量安全主体责任			
责任 1	经营许可	责任 7	标签合规
责任 2	索证索票	责任 8	广告合法，不得含有虚假、夸大的内容，不得涉及疾病预防、治疗功能
责任 3	进货查验	责任 9	应当建立健全食品安全管理制度
责任 4	购销台账	责任 10	应当建立并执行从业人员健康检查制度和健康档案制度
责任 5	贮存、运输、装卸防止污染	责任 11	应当主动向消费者提供销售凭证，对不符合食品安全标准的食品履行更换、退货等义务
责任 6	定期查验，变质、过期食品退市	责任 12	应制定食品安全事故处置方案

安安：嗯，我觉得索证索票是挺重要的。这两天关注打"四非"专项行动，好多这种案例。

　　2013 年 7 月 15 日，天津市食品药品监督管理局和平分局接群众举报，反映一社区居民房内有人涉嫌非法经营保健食品。嫌疑人现场不能提供许可证照及进货票据、检验报告，经工商部门查询，《营业执照》也不能提供。经调查，该地址无注册企业，辖区已注册企业中负责人或法定代表人无嫌疑人注册。该案正在进一步调查处理中。

　　具体来说，保健品经营者应该索取什么证、什么票呀？

田田：食药监管总局今年年初实施了一个部门规章——《保健食品生产经营企业索证索票和台账管理规定》，里面说得很清楚。

　　第十条　经营企业索证应当包括以下内容：

　　（一）保健食品生产企业和供货者的营业执照。

　　（二）保健食品生产许可和流通许可证明文件，或其它证明材料。

　　（三）保健食品批准证书（含技术要求、产品说明书等）和企业产品质量标准。

　　（四）保健食品出厂检验合格报告。进口保健食品还应当索取检验检疫合格证明。

　　（五）法律法规规定的其它材料。

　　无法提交文件原件的，可提交复印件；复印件应当逐页加盖保健食品生产企业或供货者的公章并存档备查。

安安：哦，看来得指定专人负责档案管理。

检验报告有没有具体的格式要求，因为我记得奥运会前，国务院部署食品安全专项整治工作出台了《国务院关于加强食品等产品安全监督管理的特别规定》，规定挺严格的——"销售者不能提供检验报告或者检验报告复印件销售产品的，没收违法所得和违法销售的产品，并处货值金额 3 倍的罚款"。

田田：这个没有特殊要求，无论是食药局出具的注册检验报告、复核检验报告，还是生产者委托第三方出具的检验报告，还是生产者内部的出厂检验报告，都行。有这东西，出问题，没咱啥事。

安安：嗯，从业人员健康检查制度怎么理解，我们销售人员不用办健康证吧？

田田：食品安全法要求是：接触直接入口食品的人员应办健康证（证明没有痢疾、伤寒、肝炎、肺结核、皮肤病）；食品生产经营人员应当每年进行健康检查。

因此，咱们需驻厂的人员要办健康证，其他的人员有公司每年组织的健康体检表就可以了。

安安：对，我们也都是这么做的，食药局对保健食品经营单位日常监督检查（相对生产单位，对经营单位采取抽查的形式）时，都没问题的。

田田：很好。

安安：咱们也是为了让广大消费者看着安心、买得省心、吃得放心。

二、国家标准认真读

安安：Hi，田田。

田田：Hi，安安。

安安：我们新开发了一款产品——五庄观人参果，国家标准已经发布公告了，六个月后才实施，产品执行标准可以用这个标准吗？

田田：一般而言，实施日期前，允许和鼓励按照新标准执行，这会在标准发布公告中说明；但这个标准的公告中没提标准的实施要求，而且更关键的问题是，没有纸质文本出版，所以不敢用呀。

安安：是呀，如果有出版的纸质文本（出公告而未出标准正式稿暂不讨论），咱们咨询标准起草或发布单位是否可以按新标准执行还有必要，现在只有报批稿，没有正式稿，确实不敢用。

田田：那产品怎么上市？

安安：我们按 DB×/T ×××—2009《地理标志产品　五庄观人参果》执行，行吗？制定并备案企业标准，会影响新产品上市的进度了。

田田：不是制定并备案企业标准影响了新产品上市的进度，是产品开发未考虑质量安全准则影响了新产品上市的进度。制定并备案产品标准和取得食品生产许可证是《产品研发立项审批书》通过后应启动的事项。

安安：是，现在需要解决问题，不是解释问题。

田田：我来看看这个标准——不能执行这个标准。

安安：为什么？

田田：第一个问题，生产者不在地理标志产品保护范围规定的行政区域内，其生产的产品能否声称执行地理标志产品国家标准或地方标准？

安安：不能。① "地理标志产品包括：来自本地区的种植、养殖产品；原材料全部来自本地区或部分来自其它地区，并在本地区按照特定工艺生产和加工的产品"。② DB×/T ×××—2009《地理标志产品五庄观人参果》适用于根据《地理标志产品保护规定》批准保护的五庄观人参果。

田田：第二个问题，天竺市是不是在地理标志产品保护范围之内？

安安：地理标志产品保护范围：万寿山方圆百里的 35 个县、市、区现辖行政区域，见附录 A。附录 A 中用绿色在行政地图上标出了地理标志产品保护范围。但这儿有点问题，其它的县、市、区都是用绿色涂满整个轮廓，天竺市怎么只标了一个绿点呢？到底天竺市算不算地理标志产品保护区域？

田田：数一下就很明白了，其它标绿色的县、市、区，不包括天竺市，正好 35 个。

安安：哎呀，那这张保护范围图画的不清楚啊，这不是让人误会天竺市也在保护范围之内嘛！

田田：是呀，国家标准要认真读。

三、进口无食品安全标准产品

田田：Hi，安安。

安安：Hi，田田。

田田：你这个美国原装进口的胶原蛋白片，怎么没有中文标签呀？

安安：这个是美国原装进口的，标签标识不需要执行 GB 7718—2011《食品安全国家标准　预包装食品标签通则》的。

田田：是原装进口的，那也应该有中文标签啊。

安安：我在网上采购的，卖得很火，卖家解释说这个产品没有国内对应的标准，所以没有中文标签。

田田：我感觉你被卖家坑了，所有正规渠道进口的保健品和食品，都要有中文标签，如果没有对应的标准，这种情形是进口无食品安全标准产品。如果是进口无食品安全标准产品，按照《进出口食品安全管理办法》和国家卫生计生委办公厅《关于规范进口尚无食品安全国家标准审查工作的通知》，你得先向国家食品安全风险评估中心提交所执行的相关国家（地区）标准或者国际标准进行申请技术审查呀，然后由国家卫计委审核通过后，发布暂予适用标准。就是说，老百姓买你这个东西，判断安全不安全得有标准去检验，或者说你这个东西到我们超市里卖，我们得按照一定的标准检查呀。

安安：你再说说，我问问进口商。

田田：你让进口商提供以下四种证明的任意一种就行。

（1）产品执行标准（咱们国家已经制定的食用农产品质量安全标准、食品安全标准、食品质量标准和有关食品行业标准）。

（2）国务院有关部门公告或列入允许进口名单。

（3）属于由已有标准的各种原料混合而成的预混食品。

（4）卫生部进口无食品安全标准的批文。

（过了几天）

安安：我们把进口商叫过来，碰了一下，这四种证明都没有的。他们也不清楚。

田田：那这种情况，属于进口无食品安全标准产品，且不能提供国家卫健委的批文。我们超市不能接收。我们要对食品安全性负责。是不允许进口的。

本章小结

本章首先比较了发达国家与发展中国家质量意识的差别，指出质量就是竞争力。其次在系统介绍质量的定义、质量的维度、质量的内涵、内在质量和外在质量特征等质量概念的基础上，基于食品供应链介绍食品质量的定义、食品质量的形成、食品的质量维度、食品的质量属性、食品的内在质量与外在质量、食品的质量危害等知识，帮助读者准确理解食品质量的内涵，为学习食品质量控制与管理奠定坚实的基础。然后系统介绍了影响食品质量的因素（食品组成与真实性、种植与养殖、加工与销售、零售和终产品处理、社会环境、企业与员工）以及食品质量的法律要求。最后简单介绍了食品质量控制、食品质量管理的定义、内容和方法。

关键概念：食品；食品链；食品质量；质量形成；质量波动；质量维度；质量属性；质量危害；质量控制；质量管理

🔍 思考题

1. 如何应对质量世纪的挑战？
2. 如何理解食品质量的形成规律？
3. 如何理解食品的质量属性？
4. 影响食品质量的危害有哪些？

参考文献

［1］白新鹏. 食品安全危害及控制措施. 北京：中国计量出版社，2010.

［2］曹立章，曹蝶方，左李惠子，等. 加强企业质量管理体系建设. 新技术新工艺，2011，（10）：93-96.

［3］范科林. 质量管理发展新趋势. 电子质量，2010，（11）：54-55.

［4］高利容. ISO 9000 标准在现代远程高等教育质量管理中的应用研究. 重庆：西南

大学，2008.

[5] 贺寅，张连慧，刘新旗. 餐饮业常见生物危害分析及控制. 食品工业科技，2013，34（1）：296-299.

[6] 黄政，王世涛. 质量概念的发展. 物理通报，2006，（4）：20-22.

[7] 李育英. 浅析如何构建企业核心竞争力. 商场现代化，2006，（33）：81-82.

[8] 瞿兴海. 电力企业卓越绩效管理模式初探. 经营管理者，2012，（5）：74.

[9] 叶雨. 食品企业质量管理如何与国际接轨. 质量探索，2006，（6）：25.

[10] 翟明. 部件加工部质量改进的应用研究. 济南：山东大学，2013.

[11] 王彧. 产品质量与品牌核心竞争力. 企业导报，2013，（11）：76-77.

[12] 张吉仙. 浅议《定量包装商品计量监督规定》和《定量包装商品净含量计量检验规则》. 中国计量，2003，（7）：19.

[13] 张庆伟，赵莉. 基于关联规则应用的零售业核心竞争力分析. 中国管理信息化，2008，11（23）：77-79.

[14] 詹姆斯·埃文斯，威廉·林赛. 质量管理与卓越绩效. 岳盼想，等，译. 北京：中国人民大学出版社，2017.

CHAPTER

2

第二章

与战略相匹配的食品质量方针与目标

学习目标：

1. 企业战略管理的主要内容及其重要意义。
2. 食品企业质量方针与目标相关理论和方法。
3. 食品质量方针与目标的制定原则与制定程序。
4. 食品质量方针与目标的考核与评价方法。

质量方针、质量目标是食品企业质量管理的指挥棒。质量管理实践六步法是：定目标、建制度、抓培训、常督查、重考核、塑文化。因此，制定质量方针与目标是起点。对于食品企业而言，制定质量方针与目标的前提原则是战略匹配、经济可行、团队有管控能力。质量的结果来源于战略层面、技术层面、管理层面以及操作层面对各种风险因素的有效管控，通过评估风险因素，设计控制的思路、方法、工具以及执行制度流程表单来实现管控。战略风险是影响整个系统的风险因素。因此，本章在介绍方针与目标理论之前，先介绍战略管理。

质量方针与目标的制定要看环境、看行业、看用户、看竞争、看标杆、看自己。

质量方针与目标制定之后，其落地实施有赖于展开为"可管理、可量化、可测量、可考核"的具体指标，并落实到责任部门和责任人。

第一节　战略管理

战略是关于企业的全局性、长期性、根本性的规划，是以战略目标为核心，在对企业自身竞争条件、所处的世界市场竞争环境、今后发展趋势等方面进行准确评价和预测的基础上制定的。战略规划涉及一个企业的发展前途和目标，关乎行动方针的制定和调整以及为实现这些目标合理的资源分配。

消费者对于商品质量的要求越来越高，市场竞争也越来越复杂。企业面对的市场环境因素不断变化：①生物技术和物理技术的急速发展，为现代工业提供了新的原料、新的产品和新的市场需求；②新产品的快速更新使得产品的寿命缩短；③交通运输和通信费用的降低使得来自全球的竞争压力越来越大；④国际贸易壁垒的消除和自由贸易区的快速建立使得全球竞争不断加强；⑤市场大体都在不断细分，而不是扩增，消费者需要更高品质、更高性价比的商品来满足自己的需求；⑥随着国际上对于环境问题的关注，各种规定条令变得更为严格。传统的能源不是无穷无尽的，人类对于产品和副产品的处理能力也不是无限的。应对这些变化，企业管理者需要长远的目标和眼界，将全面质量管理浸入企业的运营管理和长期的发展战略。很多公司已经形成了特殊的质量管理政策，重要的是使质量管理的重要性深深地扎根于公司的决策过程，形成质量领先战略（图 2-1）。

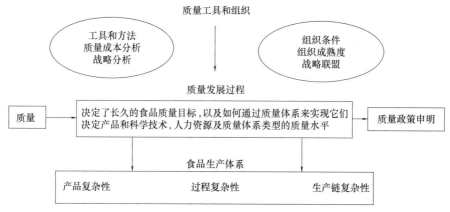

图 2-1 质量领先战略的作用

1. 企业战略的层次

企业战略可分为三个层次：公司战略（corporate strategy）、业务战略或竞争战略（business strategy）、职能战略（functional strategy）。

（1）公司战略 又称总体战略，是企业最高层次的战略。它需要根据企业的目标，选择企业可竞争的经营领域，合理配置企业经营所必需的资源，使各项经营业务相互支持、相互协调，是企业发展方向和整体业务组合方式的总纲，是公司行业布局和发展的方针。如在海外建厂、在劳动成本低的国家建立海外制造业务的决策等。

（2）业务战略或竞争战略 业务战略涉及各业务单位的主管及辅助人员。这些经理人员的主要任务是将公司战略包含的企业目标、发展方向和措施具体化，形成本业务单位具体的竞争与经营战略，重点是提高企业资源的利用效率。如研发新产品或推出新服务、建立研究与开发设施等。

（3）职能战略 又称职能层战略、专业化竞争战略，主要涉及企业内各职能部门，如营销、财务和生产等，需更好地为各级战略服务，从而提高组织效率。如乳制品生产过程的自动化决策等。

2. 战略的主要特点

（1）全局性 全局性是企业战略的最根本特点。企业的战略是以企业的全局为研究对象，来确定企业的总体目标、规定企业的总体行动和追求企业的总体效果。

（2）长远性　战略的着眼点是企业的未来而不是现在，是谋求企业的长远利益，而不是眼前的利益。

（3）纲领性　战略确定了企业的发展方向和目标，是原则性和总体性的规定，对企业所有行动能起到强有力地指引和号召作用（王璞，2003）；是对企业未来的粗线条设计；是对企业未来成败的总体谋划，而不纠缠于现实的细枝末节。

（4）风险性　战略是对企业未来发展方向和目标的谋划，而未来是不确定的，因此，战略必然带有一定的风险性。

（5）创新性　战略是根据特定的内外部环境，对企业的发展方向、目标、模式和行动等做出的独特安排，是创新性的。

质量战略的管理过程大体分为三个阶段：战略制定、战略形成和战略评价，更细致的可分为 10 步法（表 2-1）。

表 2-1　　战略管理过程

	步骤	战略内容	工具
战略制定	1	描述远景及企业使命	远景及使命结构图（VMS）
	2	市场环境及行业结构分析	PEST、五力模型、外部因素评估矩阵（EFE）
	3	竞争对手分析及竞争对手信息系统的建立	竞争态势矩阵（CPM）
	4	客户群细分及价值链分析	价值链及客户群复合定位矩阵，价值链及客户群复合定位市场评估工具
	5	企业自我能力分析	能力因素分析图，内部因素评价矩阵（IFE）
	6	定位、战略规划及战略管理	内部外部矩阵（IE），大战略矩阵（GSM），SWOT 分析，定量战略计划矩阵（QSPM）
	7	与战略定位相吻合的其它战略及资源配置	品牌知觉图
战略实施	8	管理效率及管理工具的实施	平衡记分卡（BSC）、6σ、流程再造
	9	构建成本领先或差异化的竞争优势	成本领先战略分析框架、差异化战略分析框架
战略评价	10	战略目标推进中的不断反思、调整	战略反思调整框架

一、战略制定

战略制定是指确定企业任务，认定企业的外部机会与威胁，认定企业内部优势与弱点，建立长期目标，制定供选择战略以及选择特定的实施战略。战略制定是企业基础管理的组成部分，是质量策划开展的前提。科技的不断发展、技术的进步对企业的产品、服务、市场、供应商、竞争者和竞争地位有极大的影响，因此在战略制定过程中，除了企业发展目标，也必须考虑技术因素所带来的机会与威胁。

（一）描述远景及企业使命

组织的远景是指企业未来要成为什么样子。使命或目标，是组织得以存在的原因。

远景是对未来的憧憬，使命则表达了如何实现这一憧憬。描述远景及使命是企业制定质量战略的第一步，也是实现质量目标的基础。远景和使命陈述是确定经营重点、制定战略、资源分配、工作设计的基础，它是设计管理工作岗位和设立管理组织机构的起点。通常，食品企业使命反映了它生产什么样的产品，提供什么样的服务，它的消费群体是哪些以及它所持有的重要价值观。在战略管理中，核心价值观的存在可以帮助建立企业的形象和使命描述。目标可以指引活动达到预期结果，公司的典型的目标有利润，市场份额，产品的质量水平及社会责任感。

1. 一个完整的远景陈述

一个完整的远景陈述应该包括以下内容。

（1）企业的价值观、经营理念。

（2）10~30 年的远大的、富有挑战的目标。

（3）对目标达成后的企业描述。

2. 一个完整的使命陈述

一个完整的使命陈述应该包括以下内容。

（1）定义企业并表明企业的追求。

（2）内容要窄到足以排除某些风险，宽到足以使企业有创造性的增长。

（3）区别本企业与其它企业。

（4）可作为评价现时及将来活动的基准体系。

（5）叙述足够清楚，以便在组织内被广泛理解。

以某公司 2016—2020 年战略规划为例，内容如下。

本战略规划不构成公司对投资者的实质承诺，请投资者注意投资风险。

1. 愿景

让更多人感受美味和健康的快乐。

2. 目标

发展成为具有全产业链核心竞争力的国际化知名乳品企业集团。

3. 企业使命

创新生活，共享健康。

4. 企业价值观

创新，引领未来；专注，造就品质；勇气，超越自我；共享，合作成长；关爱，凝聚力量；包容，放眼全球。

5. 战略方向

"十三五"期间，公司将紧紧把握消费升级、产业转型、互联网+、"一带一路"、深化国企改革等发展机遇。以食品安全为基石，以服务国民健康为己任。通过改革、创新和转型，积极应对行业发展的新常态；通过组织变革、管理变革和渠道变革，夯实基础，构建满足公司未来中长期发展的组织体系、管理体系、市场体系；通过打破壁垒，产销分离，资源优化，形成生产系统、分销系统、市场布局的全国一盘棋。用"国际、国内资源做全国市场"，实现走出华东，遍布全国，走向世界的战略目标。

确立主业"1+2"全产业链发展模式。搞好乳业、牧业、冷链物流三大产业布局。

致力成为"中国奶牛行业的领导者""中国乳业高端品牌引领者""中国综合型冷链物流服务龙头企业"。

通过实施牧场升级工程，打造技术先进、管理优良、生态良好的现代化牧场；通过实施食品安全升级工程，建立产品质量追溯体系，推行 WCM 体系（世界级制造），为消费者生产更加安全、健康的产品；通过加大冷链物流网的全国布局和管理提升，着力打造安全、快速的物流服务系统。

公司将以乳业生物技术国家重点实验室、国家级工程实践教育中心、院士专家工作站、上海市专利示范企业等国家级科研平台为基础，打造具有世界一流水平的乳品技术创新中心和国内领先、国际一流的牧业技术创新研究中心。

公司将积极实施供给侧改革，通过产品和技术升级，继续推出高品质新品，树立和提升"中国高端品牌引领者"形象，满足消费者日益增长的对健康、营养和个性化的需求，应对中国乳品市场消费转型升级的新形式，带动公司的业务增长。

公司运用现代信息手段实现从原料、研发、制造、物流、消费全过程的信息化集成、共享、互融；公司将实施精细化管理，深挖内部潜力，努力打造"质量光明""效益光明"，构建适应国际化管理要求和市场发展的管理体系，加大对管理人才的培养和引进；公司将加强主要经营风险的防范和管理，确保公司健康、持续、平稳发展。

公司将积极开展资本运营，通过双轮驱动，加快企业发展；公司将加强行业间的合作，努力构建行业和谐氛围；公司将通过加快牧业、饲料、冷链物流重组后的管理整合工作，实现人员、业务、管理的一体化和做大做强的目标。

公司将继续致力于推进国际化进程，用世界资源与中国市场需求对接，依托海外子公司，发挥中国、以色列、新西兰三地市场的业务协同、技术协同、管理协同，实现优势互补、价值增长、共同发展，不断提升国际业务营收比重和国际化水平。

经过 3~5 年的努力，公司将发展成为产业链完善、技术领先、管理一流、具有核心竞争力、有影响力的国际性乳业集团，力争进入世界乳业领先行列。

董事会

二零一七年三月二十四日

（二）市场环境及行业结构分析

市场环境具有动态性、复杂性、不确定性和资源丰富的特点。行业分析包括对行业的总体以及结构的分析。其中对行业的总体分析包括对经济特征、驱动因素、风险的分析。市场环境及行业结构分析作为战略分析的第二步，它的作用和意义是非常关键的：①整个战略制定的基础和出发点；②不是单纯为了说明行业的吸引力，是为了帮助企业识别行业的变化和机遇，明确自身定位，以前瞻性的思维更好地制定策略，与后续的战略举措紧密结合。战略是在外部与内部相结合的情况下因地制宜作出的决策，而不是单纯的主观意愿。

（三）竞争对手分析及竞争对手信息系统的建立

根据美国著名的战略管理学者迈克尔·波特（Michael E. Porter）的观点，在一个行业中，存在着五种基本的竞争力量，即潜在的加入者、替代品、购买者、供应者以及行业中现有竞争者间的抗衡。对现行市场环境下的竞争形势分析，它的主要分析对象是竞争对手和客户，相比第二步的行业机构分析，更微观，更细节，更深入，包括关注细分市场/目标市场上每个竞争对手的详细信息和动态。行业结构性的变化通常是离散的，而微观市场竞争和客户的变化通常是潜移默化，日积月累的，需要更细致的信息收集工作，日常的跟踪和积累非常重要。竞争对手分析及竞争对手情报系统的建立是为了提供产业和竞争对手的基本情况，确认竞争对手易受攻击的领域，并评估企业的战略行动对竞争对手可能产生的影响，确认竞争对手可能采取的可能威胁到企业市场地位的举措。要考虑的关键问题如下。

（1）主要竞争对手有哪些？

（2）主要竞争对手的优势和劣势是什么？

（3）主要竞争对手的目标和战略是什么？

（4）本行业主要竞争对手销售额及盈利的变化趋势？原因是什么？

（5）主要竞争对手如何对影响本行业的主要因素做出反应？

（6）考虑主要竞争对手的状况，企业的产品和服务如何定位？

（7）企业在本行业保持竞争地位的关键因素是什么？

（四）客户群细分及价值链分析

客户群细分及价值链分析，是制定质量战略时确定服务对象和服务范围的关键，该步骤的目的在于分类客户、区隔市场，识别潜在的市场机遇、挖掘并定位细分市场，不仅仅可以根据年龄、性别、职业等人口统计数据因素进行分类，更要关注所在行业的客户购买行为及其背后的驱动因素，明确价值最大的客户群，并深入了解客户的需求。如企业欲新上市一款功能性乳饮料，必须先具体分析该饮料针对哪些客户市场、有哪些因素将促使消费者购买等问题，以确保产品具有一定市场潜力和前景。

（五）企业自我能力分析

以确定既定的服务对象和服务范围为中心，对企业自身能力进全面行分析，及时调整或补充资源分配，以确保能力与目标相匹配。因此，业务单元在设定自己的目标时，必须对自己现有能力有清晰的认识，不能高估现在的能力，设定一个不切实际的目标，也不要低估自己的能力。同时，还必须注意，企业内部能力是动态变化的，能力的培养本身是企业发展的一个非常重要的组成部分，需将能力的成长同目标的时段性结合起来（表2-2）。

食品企业的首要能力是可持续发展能力，即在一定时期内，受企业盈利能力和负债情况的制约，企业内部经营所创造的资金是有限的，企业可持续的发展速度也是有限度的。如果企业过快的扩大生产经营规模，则经营活动可能因为缺乏必要的资金而中断，或者迫使企业依靠外部资金来解决发展资金短缺问题。一旦外部资金筹集困难或成本较高，就会使企业的发展受挫，就会给企业的进一步发展带来困难。分析企业的可持续发展能力，计算企业可持续增长速度，就是期望知道什么样的发展速度是企业目前经营成果和财务状况可以支持的发展速度。此外企业的能力系统还包括管理、销售、财务会计、生产运作、研究与开发和计算机信息系统。

表 2-2   企业自身能力分析

企业优势	企业劣势
·战略强大,有关键领域内的技能和专门技术的支持	·没有明确的战略方向
·企业财务状况强大,有充足的财务资源来发展业务	·生产设施陈旧过时
·品牌认知度/公司声誉很高	·资产负债状况很差,债务负担过重
·被公认为市场领导者,有着吸引人的客户群	·同关键竞争对手相比,整体单位成本很高
·能够利用规模经济和学习经验曲线效应	·一些关键的技能或能力正在丧失/缺乏管理深度
·专有技术/卓越的技术技能/重要的专利	·公司的赢利水平因为各种原因低于行业平均水平
·成本优势	·为内部的经营管理问题困扰
·强大的广告和促销能力	·在研究与开发方面落伍
·产品革新能力	·同竞争对手比较,产品线过于窄或过于宽
·改善产品生产工艺的卓越技能	·品牌或声誉比较低
·有着良好客户服务的声誉	·特约经销商或分销商网络比竞争对手要弱
·产品质量比竞争对手优越	·缺乏财务来源,有些关键战略行动得不到资金支持
·很大的地域覆盖市场和分销能力	·生产设施利用率低
·同其它公司建立了联盟/合资公司	·产品质量落伍

(六) 战略定位及其规划

战略定位的具体表现为企业对拥有或可获取资源的配置,食品企业定位质量战略时,通常面临三方面难题 (图 2-2)。①企业定位:在什么基础上竞争?或者如何使企业区别于竞争对手?②战略发展方向选择:是否应该开发新产品/服务以及新市场,或者是这两者都要做?他们是否应该舍弃某些业务?③战略的定位及规划管理:在做出以上两种决定后,应该怎样发展新服务,新产品/新市场?

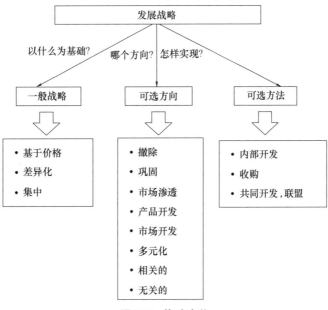

图 2-2　战略定位

1. 战略的定位

战略定位不同于产品定位，战略定位必须要描绘出企业 2~5 年后的位置，包括企业的价值增长、客户定位和价值链定位三个维度：①价值增长。价值增长包括资产增长、销售增长、营利性、市场份额、每股收益等。价值增长指标一般称为企业长期经营目标。②客户定位。客户定位是明确为谁服务，确定服务对象；是聚焦在一个市场，还是多个市场；是相关联市场还是不相关市场，这些都是客户定位的重要内容。③价值链定位。如何为目标客户提供产品和服务，是从事价值链的一个环节提供，还是纵向集成？集成的程度如何？

三个维度中，客户及价值链定位是核心，也是战略规划的难点。一般先确定后两个维度，再根据市场空间及增长情况，进行价值增长方面的定位。也有企业先确定价值增长指标，再进行客户及价值链定位。客户及价值链定位主要有两种结构性方法。

（1）主动出击型　主动出击型定位方法是在选择具体战略前，先选定目标市场：客户及价值链组合。具体做法是：先对客户及价值链组合进行吸引力评价，选择多个有吸引力的市场后，再同企业的内部能力进行匹配，找出能力匹配的一个或几个市场作为目标市场。在战略制定第四步中，完成市场吸引力的评估，并选择有吸引力的市场。第五步中，完成内部能力的分析和评估。因此，主动出击型定位其实只剩最后一个步骤：将选定的市场同企业内部能力进行匹配。

（2）水到渠成型　水到渠成型定位方式是在制定战略过程中，采用某些战略后，决定了定位的变化和调整，如采用前向一体化或后向一体化战略（表 2-3），就影响到价值链定位。采用多元化战略，一般也会影响到客户定位。

2. 实现战略定位的竞争战略

战略定位确定后，需要规划实现战略定位的竞争战略。关于竞争层面的战略，可归纳为三个基本战略：总成本领先、差异化和聚焦这三种战略。

（1）总成本领先战略　成本领先战略也称为低成本战略，是指企业通过有效途径降低成本，使企业的全部成本低于竞争对手的成本，甚至是在同行业中最低的成本，从而获取竞争优势的一种战略。总成本领先是基于价值链各个环节下的成本优化。实施总成本领先战略的一个必要条件是注重节约的企业文化。根据企业获取成本优势的方法不同，我们把成本领先战略概括为如下几种主要类型。

① 简化产品型成本领先战略：就是使产品简单化，即将产品或服务中添加的花样全部取消；

② 改进设计型成本领先战略；

③ 材料节约型成本领先战略；

④ 人工费用降低型成本领先战略；

⑤ 生产创新及自动化型成本领先战略。

采用成本领先战略的风险主要包括：

——降价过度引起利润率降低；

——新加入者可能后来居上；

——丧失对市场变化的预见能力；

——技术变化降低企业资源的效用；

——容易受外部环境的影响。

（2）差异化战略　所谓差异化战略，是指为使企业产品与竞争对手产品有明显的区别，形成与众不同的特点而采取的一种战略。这种战略的核心是取得某种对顾客有价值的独特性。企业要突出自己产品与竞争对手之间的差异性，主要有四种基本的途径。

① 产品差异化战略，产品差异化的主要因素：特征、工作性能、一致性、耐用性、可靠性、易修理性、式样和设计；

② 服务差异化战略，服务的差异化主要包括送货、安装、顾客培训、咨询服务等因素；

③ 人事差异化战略，训练有素的员工应能体现出六个特征：胜任、礼貌、可信、可靠、反应敏捷、善于交流；

④ 形象差异化战略。

差异化战略也包含一系列风险：

——可能丧失部分客户：如果采用成本领先战略的竞争对手压低产品价格，使其与实行差异化战略的厂家的产品价格差距拉得很大，用户为了大量节省费用，放弃取得差异的厂家所拥有的产品特征、服务或形象，转而选择物美价廉的产品；

——用户所需的产品差异的因素下降：当用户变得越来越老练时，对产品的特征和差别体会不明显时，就可能发生忽略差异的情况；

——大量的模仿缩小了感觉得到的差异：特别是当产品发展到成熟期时，拥有技术实力的厂家很容易通过逼真的模仿，减少产品之间的差异；

——过度差异化。

（3）聚焦战略　集中化战略也称为聚焦战略，是指企业或事业部的经营活动集中在某一特定的购买者集团、产品线的某一部分或某一地域市场上的一种战略。这种战略的核心是瞄准某个特定的用户群体，某种细分的产品线或某个细分市场。

集中化战略的风险主要表现在：

——由于企业全部力量和资源都投入了一种产品或服务或一个特定的市场，当顾客偏好发生变化，技术出现创新或有新的替代品出现时，就会发现这部分市场对产品或服务需求下降，企业就会受到很大的冲击；

——竞争者打入了企业选定的目标市场，并且采取了优于企业的更集中化的战略；

——产品销量可能变小，产品要求不断更新，造成生产费用的增加，使得采取集中化战略的企业成本优势被削弱。

大型企业经常使用战略集合，这些战略可以衍生出许多具体的策略，如表2-3所示。

表2-3　　　　　　　　　　　　　　战略分类

战略类别	战略名称	定　义	备　注
一体化战略	前向一体化	获得对分销商或者零售商的所有权或控制力	与价值链相关的战略
	后向一体化	获得对供应商的所有权或控制力	
	水平一体化	获得对竞争对手的所有权或控制力	

续表

战略类别	战略名称	定 义	备 注
强化战略	市场渗透	通过更大的营销努力谋求现有产品或服务在现有市场上的市场份额增加	与核心能力相关的战略
	市场开发	将现有产品或服务导入新的地区市场	
	产品开发	通过改进现有产品或服务或者开发新的产品或服务谋求销售额的增加	
多元化战略	同心多元化	增加新的相关的产品或服务	一般在集团层面使用的战略
	非相关多元化	增加新的不相关的产品或服务	
	水平多元化	为现有顾客增加新的、不相关的产品或服务	
防御战略	收缩	通过成本和资产的减少对企业进行重组,保证核心业务发展	同多元化相反的一种战略
	剥离	出售业务分部或企业的一部分	
	清算	出售企业的全部或部分资产以换取现金收入	
并购战略	收购	一家大企业购买一家规模较小的企业的战略	资本运作类的战略
	合并	两个规模大致相当的企业合并为一个企业的战略	
合作战略	合资	两家或两家以上的企业共同投资建立新企业	合作伙伴战略
	联盟	两家或两家以上的企业通过契约形成合作关系	

3. 发展方向

选择何种战略对于食品企业尤其重要,关系到策略发展的方向。发展方向可分为四类。

(1)现有市场和现有产品 可替代的方向在增长的市场中巩固,在成熟的市场中提高市场占有率来扩大市场份额,在衰退的市场中撤退。

(2)现有的市场和新产品 产品(或者服务)发展战略允许公司在改变或者发展新产品的时候,能够保持其现有市场相对安全。

(3)新市场和现有产品 市场发展是一种为现有产品或服务寻找新市场的策略。这可能意味着按人口统计数据对市场进行划分或者寻找新消费群体,比如按照年龄,社会经济群体,教育水平,生活方式,兴趣等。

(4)新市场和新产品 这个战略是多样化的,这意味着把新产品引进到新市场中。产品/市场组合可以是相关的。使现有活动和新活动之间有一定的联系。而全新的活动被称为无关的多元化。

内部开发意味着新产品开发的所有方面都应处在组织的控制、内部管理和专门技能的影响之下。联合开发和联盟意味着和合作伙伴一起在开发产品或服务方面进行合作。合作的形式从非常正式的契约关系到松散的合作都存在。例如特许经营、许可经营和转包经营等,包括在本书"第三章食品质量策划"中提到的食品企业相关方的管理和沟通,其中的相关方也是合作伙伴的一部分。

二、战略实施

战略实施是把战略制定阶段所确定的质量战略转化为具体的组织行动,保障战略实现预定目标。新战略的实施常常要求一个组织在组织结构、经营过程、能力建设、资源配置、企业文化、激励制度、治理机制等方面做出相应的变化和采取相应的行动。

（一）与战略定位相吻合的其它战略及资源配置

战略执行过程中，首先要对战略进行细化，细化为一系列更加具体的子战略或目标，同时根据战略需要，进行合理的资源配置。在这个过程中，以下几个方面对战略的成败是非常关键（在这个过程中，战略可细化为投资战略、研发战略、营销战略、国际化战略）。

1. 投资战略

（1）战略实施往往伴随大量的投资　企业资金来源除了营业净利润和资产出售收入以外，还有两个基本的融资渠道：举债和发行股票。确定债务和股东权益在公司资本结构中的比例，对于成功实施战略非常重要。

（2）财务预算必须保证战略实施需要的资源配置　通过预算管理也可以对战略执行情况进行监督。

评估企业价值对战略实施非常重要，因为很多战略的推进都通过收购其它企业落实，而有些战略，如收缩和剥离等，则需要出售企业的个别业务部门甚至整个部门。这些收购或出售活动，都依赖于对企业财务价值和现金价值的评估。价值评估通常有三种方法：历史成本法、重置成本法和市盈率法。

2. 研发战略

研究与开发人员通常负责新产品的开发和改进老产品，以确保公司战略的有效实施。与战略实施相关的研发战略主要有三种类型，见表2-4。

表2-4 研发战略

研发战略	内容	特点	例子
新产品新技术的领先者	研发新产品新技术	机遇与风险并存	NFC果汁
成功产品创造性的模仿者	在竞争对手率先推出新产品并且市场证明该产品有一定的市场的前提下，跟随者迅速组织研发力量，模仿新产品，但模仿过程必须有创造性，否则可能会陷入专利官司	需要有很强的市场营销能力，以克服市场领先者的先发优势	王老吉和加多宝
模仿中的低成本生产者	大规模生产与新产品类似但更为廉价的产品	重点投入在厂房和生产线，研发费用很低（我国目前很多行业的低端市场策略，基本属于这一类研发战略）	山寨版小零食

3. 营销战略

两个特别重要的营销因素就是市场细分（market segmentation）和产品定位（product positioning）。这两个因素对战略的影响也最大。

4. 国际化战略

近年来，随着国内食品工业的快速发展，我国食品行业的国际竞争力也迅速提高。

目前，我国已成为世界上第一大食品出口国和第五大食品进口国（陈杓为，2016）。从行业竞争看，跨国企业不断发展，食品企业不仅面临本土企业的竞争还要面临海外企业的强有力竞争；从市场需求看，消费升级，人们对食品消费的诉求升级，除了安全性，还考虑营养、品牌等各方面因素。因此，食品企业国际化对加强自身竞争力和企业的可持续发展至关重要。如光明乳业早在 2010 年就已经和全球领先的保健品企业美国健安喜（GNC）建立战略合作关系，此外还围绕乳品、糖、休闲食品等产业，加速获取全球的优质资源（包括原料资源、网络资源和品牌资源等），最终在上游控制糖、乳等优质原料，在下游打造品牌力量，抢占食品行业核心竞争的高地。

（二）战略调整

在战略实施过程中，企业应根据战略要求，不断调整和改进管理系统以适应战略发展需要。对战略实施影响重大的管理因素如图 2-3 所示。全面效率管理是以组织效率提升为核心，以全员参与为基础，以决策质量、运作方法、平台工具、成本质量、组织氛围等方面为主要改进点，以自上而下和自下而上的运作方式，使全员持续发现和分析日常工作中存在的效率问题，制定并实施改进措施，使各级组织从注重规模化扩张的粗放化管理向注重组织效率的精细化管理转变，努力促进公司整体效率的提升。每位员工是组织效率提升的责任主体和执行主体。首先每位员工应从实际工作出发，积极寻求机会加强个人工作技能、知识和经验的提升，并在团队中互相分享。其次，消除惯性和被动思维，善于发问，积极主动发现日常工作中存在的效率改进机会，及时反馈有效的改进思路或措施，并承担组织所制定的具体改进目标和措施。

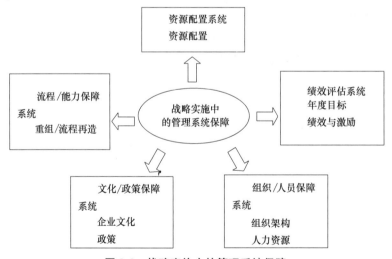

图 2-3　战略实施中的管理系统保障

1. 组织/人员保障系统

组织架构在很大程度上决定了目标和政策的建立，决定了企业的资源配置。如果组织是以客户群体为基础建立的，资源也按这一结构配置。如果组织是按职能建立的，资源配置就会配置到职能部门中。组织架构有不同的形式。目前主要的形式包括：职能型组织、事业部型组织、战略事业单位型组织、矩阵型组织、网络型组织、基于项目的柔性化组织，不同的组织形式与不同战略和企业规模相适应。组织架构直接影响战略的实施。如果战略定位于快速响应市场和创新，则层级分明层次众多的组织架构可能就无法适应战略对沟通效率的要求。因此，战略的变化往往要求组织发生相应的变化。

人力资源开发包括招聘社会人才和内部培养，必须适应战略对人才的需要。人力资源方面在战略执行过程中必须建立清晰地将绩效、个人收入和战略结合的业绩激励制度。激励制度使战略目标同员工个人目标结合起来，激发员工推进战略执行的积极性。通过岗位轮训、职位升迁等将个人职业生涯规划同公司长期战略目标结合，稳定关键岗位的成员，利于战略平稳推进。通过绩效考核，发现战略推进中的薄弱环节并通过引进外部人才推动战略执行。

2. 绩效评估系统

绩效评估系统是对战略实施效率评价的主要工具，也是战略实施的验证，系统包括年度目标和激励机制。其中年度目标是资源配置的基础，是评价管理者的主要标准，也是检测长期目标的主要工具。明确年度目标不仅可以确定各个层级在战略实施过程中的优先工作顺序，也有利于增强员工的认同感和责任意识。年度目标要求从战略目标中产生并保持一致、能有效分解并保持内部协调、与个人奖惩相结合。此外，不仅要关注短期表现，也要关注长远发展潜力。

3. 资源配置系统

资源配置是战略实施过程中一项重要的管理活动。在不运用战略管理进行决策的企业内，资源配置往往基于公司政治及人为因素。而战略管理则促使资源按照年度目标要求的优先次序进行配置。

4. 流程/能力保障系统

重组，也称为规模小型化、规模适中化或组织层次简化。其内容是企业在员工人数、单位数和组织结构层次方面进行缩减。重组的目的在于提高企业的效能或效率，降低成本。流程再造，又称流程管理、流程创新或流程重新设计，是指为了改善成本、质量、服务和速度而对工作、岗位、工艺过程的重新考虑和设计（汪学峰，2011）。生产与运作的能力、存在的不足及政策，都可能显著促进或阻碍企业实现目标。生产过程通常占用一个企业70%以上的资产。生产现场是战略实施过程中重要的活动场所。与生产运作相关的决策包括：工厂规模、工厂地点、产品设计、设备选择、库存规模及控制、质量控制、成本控制、标准使用、工作专业化、员工培训、设备与资源的利用、配送与包装、技术创新等，这些对战略实施的成败有着重大影响。

5. 文化/政策保障系统

质量战略通常由市场驱动，并受竞争力量的支配，决定着公司未来的命运。因此，企业应当努力维护、重视并强化现有企业文化中支持新战略的内容，并对现有文化中同战略相抵触的部分进行改进。

政策指为支持和鼓励实现既定目标的各项工作而制定的具体指导方针、方法、程序、规则、形式及管理规范，相当于规章制度体系。政策是战略实施的工具之一。

（三）战略优势的构建

构建战略优势的本质就是建立核心竞争力，在战略制定时要考虑企业的竞争优势，包括技术、市场、资金等资源优势。而在战略实施过程中，则要深度挖掘成本领先或差异化的优势所在，这种竞争优势的获得，一定建立在核心能力的基础之上。企业的核心能力建设是有明确的战略导向的，即有什么样的战略就有什么样的核心能力。但反过来，核心能力也影响到企业的战略导向，企业总是倾向于在核心能力比较突出的领域构筑自己的战略。

　　食品企业如果选择成本领先的市场定位，则企业就必须在成本控制方面建立或强化自己的核心能力。如果企业选择差异化战略，则必须在产品及服务方面体现差异性。差异性可以体现为硬性差异和软性差异。硬性差异体现为产品创新、技术领先、功能独特、外观有吸引力。软性差异化体现为服务表现、安装表现和快速响应等。当前的市场环境，产品同质化越来越严重，硬性差异越来越难实现，因此，软性差异化得到越来越多的重视。差异化核心能力分析见图2-4。差异化战略和成本领先战略并不是两个相互排斥的战略，在某些情况下二者存在内在一致性，可以被一个企业同时采用以获取竞争优势（芮明杰等，2007）。

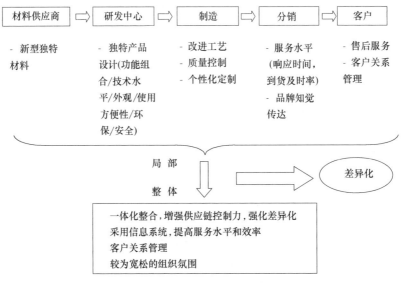

图2-4　差异化战略核心能力分析

三、战略评价

　　通俗地讲，企业战略管理层对企业战略管理活动的评价主要通过财务评价和非财务评价。财务评价包括预算控制、比率控制（主要是固定资产利用率、流动资金利用率和利润率）；非财务评价包括生产产品库存、劳动生产率、缺勤率、人员流动率、市场占有率、销售成本等。评价通过由下至上的定期报告来完成。此外，对战略实施情况的评价也可以体现在战略对企业的经济效益和社会价值的提升两方面，企业经济效益（即企业绩效），是评价企业战略的资源配置是否合理的直接指标，是企业战略定位与实施的验证。企业的社会价值，是评价企业质量战略的隐形指标，它包括口碑、信誉等，是质量战略执行结果的反映，将影响企业的可持续发展能力。

战略制定，战略实施，战略评价共同构成战略管理的全过程。企业所在的内外部环境的变动性，决定了要保证战略管理过程的顺利实现，必须通过战略评估体系对制定并实施的战略效果进行评价，以便采取相应的完善措施。战略评价是通过对影响并反映战略管理质量的各要素的总结和分析，判断战略是否实现预期目标的活动。包括三项基本内容：对目前战略制定后的内外部环境的变化进行分析；对目前战略的实施结果进行评估；对目前战略做必要的修改。战略推进过程中的反思与调整，是战略管理的最重要的内容。由于战略决策往往是基于不完全信息的对未来的预测，其中的错误很难避免。而错误的战略会给企业带来严重的后果。为了避免错误的战略或战略执行错误对企业的影响，就需要不断对企业战略进行评价、反思和调整（图 2-5）。

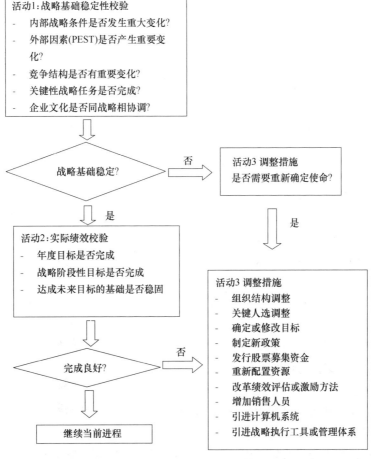

图 2-5　战略推进中的反思调整框架

四、战略工具与分析方法

（一）PESTEL 模型和外部因素评价矩阵（external factor evaluation matrix，EFE 矩阵）

1. PESTEL 模型

对外部环境的分析主要运用 PESTEL 分析模型和外部因素评价矩阵（表 2-5）。PESTEL

表 2-5　　　　　　　　　　　　　　　外部因素评价矩阵

	关键外部因素	权重	评分	加权分数
机会	新兴产业,市场广阔	0.2		
	营养、绿色、安全的消费需求	0.2		
	……	……		
威胁	市场已有部分产品,技术壁垒	0.2		
	后续不断有企业进入此市场	0.1		
	……	……		
合计		1.00		

注：评分 4=反映很好；3=超过平均水平；2=平均水平；1=差。

分析模型又称大环境分析，是分析宏观环境的有效工具，不仅能够分析外部环境，还能够识别一切对组织有冲击作用的力量。它是调查组织外部影响因素的方法，每一个字母代表一个因素，可以分为 6 大因素。

（1）政治因素（political）　是指对组织经营活动具有实际与潜在影响的政治力量和有关的政策、法律及法规等因素。

（2）经济因素（economic）　是指组织外部的经济结构、产业布局、资源状况、经济发展水平以及未来的经济走势等。

（3）社会因素（social）　是指组织所在社会中成员的历史发展、文化传统、价值观念、教育水平以及风俗习惯等因素。

（4）技术因素（technological）　技术要素不仅仅包括那些引起革命性变化的发明，还包括与企业生产有关的新技术、新工艺、新材料的出现和发展趋势以及应用前景。

（5）环境因素（environmental）　是指组织的活动、产品或服务中与环境发生相互作用的要素。

（6）法律因素（legal）　组织外部的法律、法规、司法状况和公民法律意识所组成的综合系统。

2. 外部因素评价矩阵（EFE 矩阵）

外部因素评价矩阵（EFE 矩阵）是一种对外部环境进行分析的工具（表 2-5）。可分以下 5 个步骤建立。

（1）列出在外部分析过程中确认的关键因素。

（2）赋予每个因素以权重。

（3）按照企业现行战略对关键因素的有效反应程度为各关键因素进行评分。

（4）用每个因素的权重乘以它的评分，即得到每个因素的加权分数。

（5）将所有因素的加权分数相加，以得到企业的总加权分数。

（二）五力模型

对行业结构的分析主要运用五力模型（图 2-6），该模型认为行业中存在着决定竞争规模和程度的五种力量，这五种力量综合起来影响着产业的吸引力以及现有企业的竞争战略决策。其中每一个力量的强弱程度都影响着行业盈利能力，稳定的行业结构决定了行业长期的获利能力。这个模型显示购买者，替代品，供应商和产业内部的新进入者都

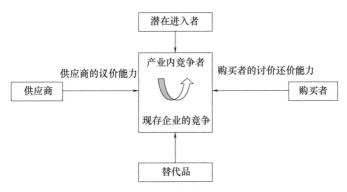

图 2-6　五力模型示意图

促成了产业内公司间的竞争水平，为了形成有效的组织战略，管理者必须对这些产业内力量进行理解和做出反应。五力模型分析的典型步骤如下。

（1）界定相关行业。

（2）确定行业参与者，并将他们划分为不同的群体。

（3）评估每种竞争力量的基本动因，以确定哪些力量是强势，哪些是弱势，原因何在。

（4）确定整体行业结构，并检验分析结果的一致性。

（5）分析每种力量近期和未来可能的变化，包括积极和消极的变化。

（6）指出行业结构中可能受竞争对手、新进入者或本企业影响的方面。

（三）竞争态势矩阵（CPM 矩阵）

竞争态势矩阵用于确认企业的主要竞争对手相对于该企业的战略地位及其特定的优势与弱点（表 2-6）。分析的步骤如下。

表 2-6　　　　　　　　　　　　　竞争态势矩阵

关键成功因素	权重	本公司		A 公司		B 公司	
		评分	加权分数	评分	加权分数	评分	加权分数
1. 广告	0.20	1.00	0.20	4.00	0.80	3.00	0.60
2. 产品质量	0.10	4.00	0.40	4.00	0.40	3.00	0.30
3. 价格竞争力	0.10	3.00	0.30	3.00	0.30	4.00	0.40
4. 管理	0.10	4.00	0.40	3.00	0.30	3.00	0.30
5. 财务状况	0.15	4.00	0.60	3.00	0.45	3.00	0.45
6. 客户忠诚度	0.10	4.00	0.40	4.00	0.40	2.00	0.20
7. 全球业务拓展	0.20	4.00	0.80	2.00	0.40	2.00	0.40
8. 市场份额	0.05	1.00	0.05	4.00	0.40	3.00	0.15
合计	1.00						

注：评分 1.00=较大的劣势；2.00=较小的劣势；3.00=较小的优势；4.00=较大的优势。

（1）确定行业竞争的关键因素。

（2）根据每个因素在该行业中成功经营的相对重要程度，确定每个因素的权重，权重和为1。

（3）筛选出关键竞争对手，按每个因素对企业进行平分，分析各自的优势所在和优势大小。

（4）将各评价值与相应的权重相乘，得出各竞争者各因素的加权平分值。

（5）加总得到企业的总加权分，在总体上判断企业的竞争力。

由竞争态势矩阵可以看出，要分析竞争对手，需要的信息量较大。因此，为了有效地分析竞争对手和了解行业竞争结构的变化，必须建立对竞争对手动态跟踪和分析的情报系统（图2-7）。情报系统必须完成以下基本任务：①提供产业和竞争对手的基本情况；②确认竞争对手易受攻击的领域，并评估战略行动对竞争对手可能产生的影响；③确认竞争对手可能采取的可能威胁到企业市场地位的举措。

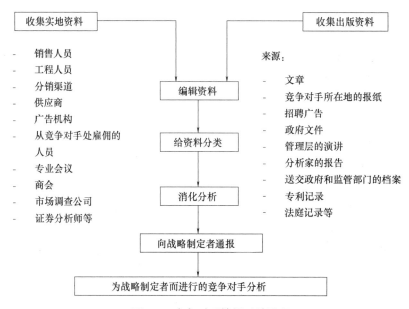

图 2-7　竞争对手情报系统流程

（四）价值链及客户群复合定位矩阵（value chain and customer positioning matrix，VCCP 矩阵）

VCCP 矩阵可以用来分析企业的定位特征，并给企业定位提供备选方案。按照服务的客户群的多少及拥有的价值链的环节多少，可以将企业划分为 9 种类型，见图 2-8。

在 9 种类型企业中，CC 型（通吃型）企业随着市场竞争加剧、消费需求的个性化及专业化分工的发展逐渐减少。AA 型（双聚焦型）企业因为关注有限客户及单一环节，正在成为中小企业生存制胜的有力武器。AC、BC 是纵向一体化企业，从产业发展的趋势看，在成熟市场，已经没有生存空间。CB、CA 是面向所有客户群的企业，这在产品和服务越来越个性化的今天，也很难行得通，但在中国不发达地区，有些行业还存在这种面向所有客户群的企业。BB 型企业由于面向不同的客户群且要整合价值链的多个环节，成功的难度也比较大。

（五）价值链分析方法

价值链概念来源于一个已经建立的计算附加在产品各个生产阶段价值的会计惯例，如图 2-9 所示。把这个观点应用在组织的各个活动中，并阐明为了确认竞争优势的来源，

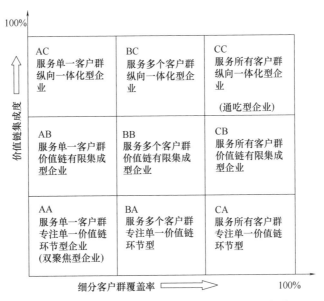

图 2-8 价值链及客户群复合定位矩阵（VCCP 矩阵）

有必要对组织中的活动分开检查。价值链分析的作用在于，它认识到整个生产过程中每个独立的活动在成本，品质，最终产品或服务的形象中所起的作用。这意味着每个活动都会对一个企业的相关地位有贡献，并为差异化打下基础。Porter 认为应该确认驱动成本效率和价值的主要因素，即所谓的成本驱动因素和价值驱动因素。

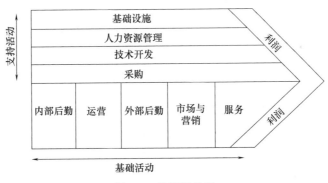

图 2-9 价值链分析

（六）内部因素评价矩阵（IFE 矩阵）

内部因素评价矩阵（internal factor evaluation matrix，IFE 矩阵）是一种对内部因素进行分析的工具，常用于企业自我能力的分析。通过 IFE，企业可以将面临的优势与劣势汇总，掌握企业的内部应力。IFE 矩阵可以按如下 5 个步骤来建立。

（1）列出在内部分析过程中确定的关键因素。采用 10~20 个内部因素，包括优势和弱点两方面的，采用百分比、比率和比较数字尽可能具体地表达。

（2）给每个因素以权重，其数值范围由"0.00（不重要）"到"1.00（非常重要）"。权重标志着各因素对于企业在产业中成败的影响的相对大小。无论关键因素是内部优势还是弱点，对企业绩效有较大影响的因素就应当得到较高的权重。所有权重之和等于 1.00。

（3）为各因素进行评分，评分以公司为基准，而权重则以产业为基准。

（4）用每个因素的权重乘以它的评分，即得到每个因素的加权分数。

（5）将所有因素的加权分数相加，得到企业的总加权分数。

【案例】：蒙牛走出特仑苏危机策略分析

2008 年，"三聚氰胺事件"在整个中国乳制品行业引起强烈震荡，"特仑苏 OMP 事件"又给蒙牛带来了极大的冲击，如何走出困境并挽回市场需要制定应对危机的策略。蒙牛可从多个不同维度着手，进行全面深层的分析（表 2-7），成功探寻出如何摆脱危机的多元化战术策略（周小菁等，2009）。

表 2-7   蒙牛内部因素评价

	关键内部因素	权重	得分(1~4)	加权数
优势	营销能力强	0.10	4	0.40
	研发能力强	0.12	3	0.36
	占据地理优势	0.07	4	0.28
	经销商支持	0.07	3	0.21
	拥有大品牌效应	0.07	3	0.21
	企业凝聚力强	0.06	3	0.18
	拥有示范牧场	0.10	3	0.30
	小计	0.59	—	2.24
劣势	资金紧张	0.10	1	0.10
	员工素质不高	0.08	2	0.16
	关键产品受挫	0.08	1	0.08
	无可控制的乳源	0.15	1	0.15
	小计	0.41	—	0.49
综合	合计	1.00	—	2.73

注：权重由 0.00 到 1.00 代表重要性递增；

　　得分：1＝重要劣势；2＝次要劣势；3＝次要优势；4＝重要优势，其中，优势的评分必须为 4 或 3，劣势的评分必须为 1 或 2。

（七）内部-外部矩阵（IE）

内部-外部矩阵法是利用内部因素矩阵（IFE）和外部因素矩阵（EFE）的评分结果组成的矩阵。该分析方法是把战略制定过程中对企业内部和外部环境分析的结果分成高、中、低三个等级，从而组成了有九个象限的内部-外部矩阵（图 2-10）。对落在 IE 矩阵不同区间的不同业务或产品，企业应采取不同的战略。

（1）落入Ⅰ、Ⅱ、Ⅳ象限的业务应被视为增长型和建立型（grow and build）业务。所以应采取加强型战略（市场渗透、市场开发和产品开发）或一体化战略（前向一体化、后向一体化和横向一体化）或投资/扩展战略。

（2）落入Ⅲ、Ⅴ、Ⅶ象限的业务适合采用坚持和保持型（hold and maintain）战略，或选择/盈利战略，如市场渗透和产品开发战略等。

（3）落入Ⅵ、Ⅷ、Ⅸ象限的业务应采取收获型和剥离型（harvest and divest）战略

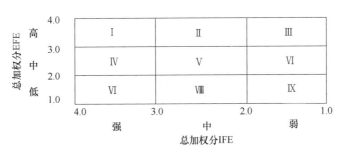

图 2-10 内部-外部矩阵（IE）

或收获/放弃战略。

（八）态势分析法（strengths weaknesses opportunities threats，SWOT 分析）

态势分析法（图 2-11），S（strengths）是优势、W（weaknesses）是劣势，O（opportunities）是机会、T（threats）是威胁。优势是一个能力或者促进因素，这种能力可以反映在公司产品质量上，或者由于公司整体的质量管理所带来的低成本上，让企业有足够的能力应对独特的竞争。反之，劣势则会使企业减少发展机会或者不能继续发展。机会是一种环境氛围，它对于公司有潜在的好处，比如方便食品的流行是由于家庭希望可以在烧饭上面少花点时间。威胁则是一种对于公司有不利影响的潜在环境因素。

	S:内部优势 1 2 3 （列出优势） 4 5	W:内部劣势 1 2 3 （列出劣势） 4 5
O:外部机会 1 2 3 （列出机会） 4 5	SO 战略 （利用优势把握机会）	WO 战略 （利用机会克服劣势）
T:外部威胁 1 2 3（列出威胁） 4 5	ST 战略 （利用优势回避威胁）	WT 战略 （将劣势降到最小并避免威胁）

图 2-11 SWOT 分析图

SWOT 分析是将与研究对象密切相关的各种主要内部优势、劣势和外部的机会和威胁等，通过调查列举出来，并依照矩阵形式排列，然后用系统分析的思想，把各种因素相互匹配加以分析，从中得出一系列相应的结论，而结论通常带有一定的决策性。当企业有足够的资金和人员销售自己的产品（内部优势），而经销商不可靠时，应采取 ST 战略应该前向一体化，整合经销资源。当企业拥有过剩的生产能力（内部劣势），主营业务所在产业出现了年销售总额和利润水平下降的态势（外部威胁）的情况时，可以采用 WT 战略即同心多元化，增加相关的产品和服务。该分析方法在战略管理过程中越来越重要，它为企业在其环境中所处的地位提供了一系列的战略性分析模式和技术手段。

（九）大战略矩阵（grand strategy matrix，GSM）

大战略矩阵是由市场增长率、企业竞争地位两个坐标因素组成的一种指导性模型（图2-12），在市场增长率和企业竞争地位不同组合的情况下，指导企业进行战略选择。其中，位于大战略矩阵第一象限的公司处于极佳的战略地位；位于第二象限的企业需要认真地评价当前参与市场竞争的方法；位于第三象限的企业处于产业增长缓慢和相对竞争能力不足的双重劣势下；位于第四象限的企业其产业增长缓慢，但却处于相对有利的竞争地位。

市场增长快

第二象限	第一象限
市场开发	市场开发
市场渗透	市场渗透
产品开发	产品开发
水平一体化	前向一体化
剥离	后向一体化
清算	水平一体化
	同心多元化
	并购

劣势竞争地位 ———————————————————— 强势竞争地位

第三象限	第四象限
收缩	同心多元化
同心多元化	水平多元化
水平多元化	非相关多元化
集中多元化	合资或联盟
剥离	
清算	

市场增长慢

图2-12　大战略矩阵

（十）定量战略计划矩阵（quantitative strategic planning matrix，QSPM 矩阵）

定量战略计划矩阵为战略决策阶段的重要分析工具。这一种分析工具可以客观地指出哪种战略是最佳的（表2-8）。实际上就是将 IFE 和 EFE 矩阵中的因素并在一起，权重保持不变。因此，QSPM 矩阵的权重之和是 2。通过 QSPM 矩阵进行比较的战略方案，必须在同一组方案内部才有意义。如多元化战略里面的同心、水平多元化和不相关多元化，就可以通过 QSPM 矩阵进行对比。不同组间的对比，如将属于多元化战略的方案同一体化内的方案进行对比，就不太有意义。经过 QSPM 评估，可以确定最终的战略方案。

表 2-8　　　　　　　　　　　　　　　定量战略计划矩阵

评价指标	权重	备选方案 1		备选方案 2		备选方案 3	
		评分	加权分数	评分	加权分数	评分	加权分数
关键外部因素							
经济							
政治/法律/政府							
社会/文化/人口/环境							
技术							
竞争							
关键内部因素							
管理							
营销							
财务/会计							
生产运作							
研究开发							
计算机信息系统							
合计	2.0						

注：权重之和为 2.0，由 0.0 到 2.0 代表重要性递增；

　　评分：1＝没有吸引力，2＝有一点吸引力，3＝比较强的吸引力，4＝很强的吸引力。

（十一）品牌知觉图（perceptual mapping）

知觉图是消费者对某一系列产品或品牌的知觉和偏好的形象化表述。目的是尝试将消费者或潜在消费者的感知用直观的、形象化的图像表达出来（图 2-13）。坐标轴代表消费者评价品牌的特征因子，图上各点对应市场上的主要品牌，它在图中位置代表消费者对其在各关键特征因子上的表现的评价。位置靠近的品牌表示对于消费者来说这几个品牌在相关维度上是相似的。

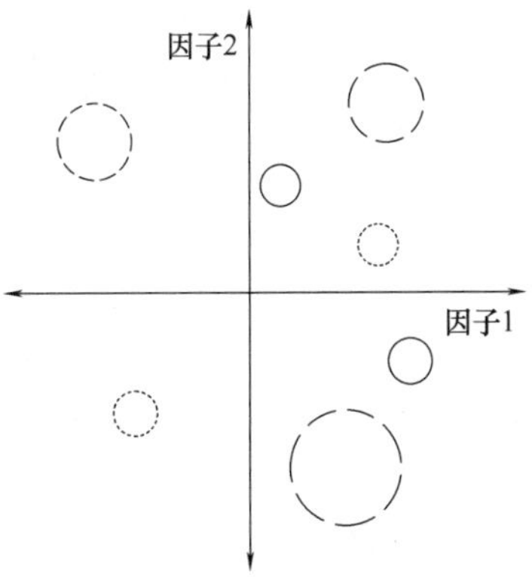

图 2-13　品牌知觉图

品牌知觉图的制作步骤如下。

（1）选择能够有效区分所在行业产品和服务的关键指标。

（2）画出一个两维产品定位坐标图，在两个坐标轴上标出关键指标。

（3）在坐标图上标出竞争对手产品的位置。

（4）在坐标图上找出选定的目标市场上本公司产品或服务最具竞争实力的区域，或者找到空白区域，这可能是一个新市场。

（5）根据在品牌知觉图上的定位，制订营销计划，并在营销组合（产品、定价、渠道、促销）里面贯彻这个定位。

（十二）平衡记分卡（careersmart balanced score card，BSC）

平衡计分卡是企业战略管理的工具，它从财务、客户、内部运营、学习与成长四个角度，将组织的战略落实为可操作的衡量指标和目标值的一种新型绩效管理体系。设计平衡计分卡的目的就是要建立"实现战略制导"的绩效管理系统，从而保证企业战略得到有效的执行。因此，人们通常称平衡计分卡是加强企业战略执行力的最有效的战略管理工具。完整的平衡计分卡由战略模型、目标和测量值以及计划和报告系统三部分组成，平衡计分卡使公司明确从战略意图开始逐级向下该做什么，并且避免了传统管理体系的缺陷，即不能把公司的长期战略和短期行动联系起来。2004 年，卡普兰与诺顿出版了一本关于平衡计分卡的新书《战略地图》（罗伯特·卡普兰，2005），该书通过战略地图来描述组织的无形资产转化为有形成果的路径（图 2-14），指导企业将组织的战略可视化，并且在无形资产的衡量和管理上面，提出了"战略准备度"这种新的概念，在集团战略规划与执行管理方面发挥了非常重要的作用。

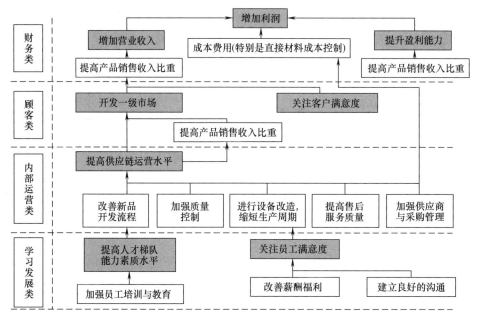

图 2-14　战略地图示例

（十三）组合分析法（conjoint analysis）

组合分析法是一种检验个别产品或服务与其各自的市场增长率之间相互关系的有用模型（图 2-15）。这个模型假设由经验曲线概念支撑，经验曲线概念认为那些已经进入特定市场相当长一段时间的企业应该学会怎样更高效地去生产和交付他们的产品和服务。因此，该矩阵通常更倾向于那些已经积累了强大的市场份额，并且在相应的经济规模和经验基础上来实现低成本的企业。

对这个矩阵描述解释如下。

（1）现金牛类在一个成熟的市场中占有很高的市场份额。它们享有一种领先的地位，同时也不需要大量用来扩大生产能力或市场影响方面的投资。现金牛类能够像"挤奶"一样生产现金，为日后发展明星业务提供资本。

（2）明星类在高增长的市场中占有高市场份额。这类产品或服务需要大量的资金投入，但同时也会产生大量收入回报。它们在将来可能会发展成为现金牛。

市场增长率		竞争地位（市场份额）	
		高	低
	高	明星类 （发展）	问号类 （研究）
	低	现金牛类（牛乳）	瘦狗类 （剥夺）

业务种类	盈利能力	增长机会	典型净现金流
明星类	高	好	负向平衡
现金牛类	高	有限	正向
瘦狗类	低	有限	负向平衡
问号类	低	好	极负

图 2-15　组合分析法模型

（3）问号类在高增长的市场中占有低市场份额。这类产品或服务通常出现在产品生命周期的早期，需要大量的资金投入来增加市场份额。然而，高投资的回报是未知的。

（4）瘦狗类在低增长的市场中占有很低的市场份额，并且可能会不成比例的占用公司的大量管理时间，耗尽组织的资金。

根据这个矩阵模型确定的产品和/或组合，对于企业经营的存活是至关重要的。因为用于企业成长的投资一定要由内部提供，这就是现金牛类的角色。明星类和某些问号类产品对于以后的成功十分重要。一种产品是否应该被分析，可以根据它是否是一套完整产品体系中的必要元素，或者放弃一种服务是否会有严重影响来判断。

（十四）核心竞争力分析方法（core competence analysis）

Hamel 和 Prahalad 提出了核心竞争力的理论（张丰超，2003）。他们认为在同一产业中不同组织业绩的区别不能完全地用其占有不同的资源来解释。更好的业绩也取决于在组织的各项活动中，如何配置资源来创造竞争力。除此之外还取决于，为了保持良好的业绩，把这些活动串联在一起的过程。即使组织需要在所有活动中都达到登峰造极的水平，但是只有很小一部分才能成为核心竞争力。这就是那些能够支撑企业超越其竞争对手，或明确地能为资金带来更多价值的能力。核心竞争力必须难以被模仿，否则它不会带来一种长久的优势。

第二节　质量方针与目标管理的理论

质量战略体现的是全面质量管理，强调高层领导强有力且持续地参与领导质量管理的工作，它的核心是将质量管理的方针与目标与企业的发展目标、发展战略相联系，通过对原料、产品的质量水平和管理体系设定基本要求，将它们转化为质量政策声明。因此在落实到企业质量管理具体工作时，需要先设定原料、产品的质量水平和管理体系的基本要求，即制定质量方针和质量目标（陈顺德等，2005）。

一、基本概念

（一）质量方针

质量方针是指"关于质量的方针"，通常质量方针与组织的总方针相一致，可以与组织的愿景和使命相一致，并为制定质量目标提供框架（ISO 9000：2015）。质量方针是由企业的最高管理者正式发布的该企业总的品质管理宗旨和方向。一般来讲，质量方针应符合以下要求。

（1）确保与企业的总方针相一致。

（2）包括对满足要求和持续改进质量管理体系有效性的承诺。

（3）可以体现持续改进的意思。

（4）为制定质量目标提供框架。

最高管理者应使用适当的方法以确保制定的质量方针能得到有效实施，这些方法包括：①建立传播途径，如培训、宣传等；②定期评审质量方针的适宜性，必要时进行修订；③对质量方针的批准、发布、评审、修订和宣传等做出明确规定。

（二）质量目标

质量目标是指与质量有关的目标。质量目标必须按照质量方针的框架展开，并在得到最高管理者的批准后发布实施（ISO 9000：2015）。对质量目标的具体要求如下。

（1）体现质量方针的精神，形成具体的指标。

（2）来自生产过程和产品要求的实际。

（3）质量目标的内容一定要可以测量，以便于评价结果。

（4）要有目标的特色。

（5）必要时要能明确到具体的职能部门或人员。

（三）质量方针与目标的区别与联系

质量方针与目标的关系可以形象地比喻为"灵魂与肉体"的关系。质量方针是"灵魂"，具有思想性和引导作用；质量目标是"肉体"，具有务实性和执行作用。当企业的质量方针和目标不一致时就会导致企业指向不明，进而减弱员工的工作信心；当质量目标定的抽象、无法测量、太高或者太低时，就如同虚设，没有实际意义。由于方针和目标不可分割的关系，方针与目标管理作为一种科学的管理方法被广泛实施应用。

1. 质量方针与目标管理的特点

（1）强调系统管理　它层层设定目标，建立目标体系，并且围绕企业方针与目标将措施对策、组织机构、职责权限、奖惩办法等组合为一个网络系统，按 PDCA 循环原理展开工作，重视管理设计和整体规划，实行综合管理。

（2）强调重点管理　它不代替由标准、制度或计划（如生产计划）所规定的业务职能活动，它不代替日常管理，只是重点抓好对企业和部门的发展有重大影响的重点目标、重点措施或事项，其它则纳入到按职能划分的日常管理中去，重点目标主要指营销、能耗、效益、安全、质量改进、考核等。

（3）注重措施管理　管理的对象必须细化到实现目标的措施上，而不是停留在空泛的号召上。为此，要切实将目标展开到能采取措施为止，针对具体措施实施管理。

（4）注重自我管理　要求发动广大职工参与方针与目标管理的全过程，而不是仅靠少数人的努力，还为企业各级各类人员制定了具体而明确的目标，从工人到管理人员都要被目标所管理。同时，又要为完成目标而努力调整自己的行为，实现自我管理。

2. 质量方针导向的主要的类型

（1）产品/工艺导向型　为了使产品质量、工艺和材料可预测和可控，优选技术解决方案。

（2）流程导向型　在质量体系中寻找解决方案。基本的原则是明确分配责任，同时广泛描述程序和工作指示，构成控制质量绩效的基础。

（3）以人为本型　在人类行为领域分析问题。通过培训和教育以及改进目标来寻求解决方案。

大量食品企业的实践经验表明：整合三种方针导向非常困难，只有少数企业获得成功。一些企业结合了以人为本型和流程导向型，但更多的企业整合产品/工艺导向型和程序导向型。大多数企业只采用单一类型的质量方针导向来解决食品质量问题和控制企业的质量体系。但仅采用一种类型的质量方针通常是不够的，以新技术的引进为例，如食品企业引进计算机的辅助设计和自动化生产，将会给传统企业带来挑战，企业要对自己的长期的信念和实践提出质疑。

新型生产体系很适用于某一类组织。在这类组织当中，员工各司其职，对组织的贡献促使了技术和管理的有机结合。这些组织具有平行机构，通常在企业总体目标的大框架下进行自我管理。这是管理概念模型，属于典型的柔性概念，即分权结合形式化程度低。该组织是基于团队合作结构，并且只存在一套模仿过程。

然而，在实践中通常是不可能应用这个概念的。首先，功能性结构通常适用于食品企业，并且改变团队这种组织结构或网络结构需要充分的变革策略。其次，技术类型和人的特性可能会限制扁平结构的引入，技术在任务变化和问题分析过程中是不同的。因而，不同的技术需要不同的分析和决策过程。例如常规技术需要集中化和规范化的管理流程，而非常规技术将更偏向于分散式的管理和非形式化的过程。然后可比性来源于人类特性。人的承诺和能力不同，并且他们表现出动态的质量行为。扁平结构只能建立在足够有能力和有责任感的人身上。最后，复杂的技术对人们提出了相应的要求，如隐性安全风险要求人们在食品微生物过程中有相当渊博的知识。但是，在农业食品生产过程中，往往雇用拥有较低教育水平的人实现扁平结构的复杂性。

总的来说，制定一个质量方针与目标应该包括三个方针导向的仔细对比，来整合技术、组织和人的特性。

方针与目标管理，是组织运用"激励理论"和系统工程原理充分调动和依靠全体员工的积极性和智慧对确定并实现方针与目标的策划（P）、实施（D）、检查（C）和处置（A）等全部活动的系统管理，强调系统管理、重点管理、措施管理和自我管理，方针和目标结合在一起，组成既有定性的导向性的方针，又有激励性的目标，为组织提供了明确的生产经营方向和具体的奋斗目标。

3. 质量方针与目标管理的具体作用

质量方针与目标管理的具体作用如下。

（1）实现企业经营目的、落实经营决策的根本途径　企业方针与目标的确定大致经过：①调查企业所处的内外环境，分析面临的发展机会和威胁。②分析企业现状与期望值之间的差距。在弄清经营问题基础上，确定企业中长期经营方针与目标。③研究确定实现经营方针与目标的可行性方案。

（2）调动职工参加管理积极性的重要手段　方针与目标管理的理论基础是系统原理和行为科学，指导思想是从过去的以物的管理为中心转变为以人的管理为中心。

（3）提高企业整体素质的有效措施　通过方针与目标的管理，可以使企业各项管理工作有很强的向心力和凝聚力，有利于克服条块分割的现象，使企业经营目标明确、重点突出、措施具体、进度落实，使管理处于有序的受控状态，实现高效化、系统化和标准化，促使企业的整体素质不断提高。

二、发展历程

方针与目标管理，在日本叫方针管理，在美国及西方国家称为目标管理（management by objective，MBO），它产生于 20 世纪 50 年代中期。1954 年，美国管理学家德鲁克（Peter F. Drucker）在《管理的实践》一书中，首次提出了"目标管理与自我控制"的主张。认为传统管理学侧重于以工作为中心，忽视人的一面；而行为科学又侧重于以人为中心，忽视同工作的结合；目标管理则是综合以工作为中心和以人为中心的管理方法。之后，他又在此基础上发展了这一主张，他认为，企业的目的和任务必须化为目标，企业的各级主管必须通过这些目标对下级进行领导，以此来达到企业的总目标。概括地说，目标管理是一种程序和过程，它使组织中的上级和下级一起商定目标，并由此决定上下级的责任和目标，并把这些目标作为经营、评估和奖励每个单位与个人贡献的标准。德鲁克曾这样说道："目标管理改变了经理人过去监督下属工作的传统方式，取而代之的是主管与下属共同协商具体的工作目标，事先设立绩效衡量标准，并且放手让下属努力去达成既定目标。此种双方协商彼此认可的绩效衡量标准的模式，自然会形成目标管理与自我控制。"

目标管理被提出以后，便在美国迅速流传。时值第二次世界大战后西方经济由恢复转向迅速发展的时期，企业急需要采用新的方法调动员工积极性以提高竞争能力，目标管理应运而生，逐渐被广泛应用，并很快为日本、西欧国家的企业所仿效，在全球大行其道。经过 60 多年的实践和深入研究，目标管理不断地充实完善，在许多国家得到了广泛的应用。我国企业界从国外引进并实行目标管理始于 1978 年，它是伴随着推行全面质量管理（TQC）而发展起来的，称为方针与目标管理。

方针与目标管理是一个反复循环、螺旋上升的管理过程。一种系统化的方法是方针部署，为了与所有水平保持一致，可以采取自上而下或是自下而上的过程。可以通过自上而下和自下而上的磋商和交流来确定每一种层次的目标，因此将所有公司的目标分解成各个部门和团体的具体目标。方针部署过程的结果很大程度上取决于质量理解和质量管理的发展阶段。

1. 不确定期

在不确定期，公司没有注意到质量作为战略必需品的重要性。

2. 唤醒期

在唤醒期，管理者同意质量的重要性但是还没有采取行动来提升它。

3. 启蒙期

在启蒙，管理者公开承认质量的重要性和公司改进的需要，开始通过建立正式的计划，采取具体的措施提升全部质量。

4. 开智期

在开智期，管理者已经建立了一个质量管理计划，运行良好，发现问题及时，能不断地进行校正行为，并且强调预防更甚于检查。

5. 明确期

在明确期，质量已经成为当今管理体系中不可避免的成分。整个体系的设计都是为了保证公司达到零缺陷的目标。任何问题都是不经常发生的，并且是随机的。

当发展质量方针时，组织的成熟阶段需要得到重视，因为这表明了哪一种方法将对成功有好的组织条件。

三、主要理论

方针与目标管理的理论依据是行为科学和系统理论。

1943年，西方心理学家马斯洛（A. B. Maslow）在他所写的《调动人的积极性的理论》中提出了人的"需要层次论"，即人的需要可分层为：生理需要—安全需要—社会需要—尊重需要—自我实现的需要。并认为西方一些国家的职工，大部分已经满足了生理和安全方面的需要，开始把策动力的重心转移到社会需要、尊重需要、自我实现方面来。如果企业的经营者和管理者不注意满足人们这种比较高级的需要，职工的生产积极性将受到压抑。因此提出，要激励、调动员工的积极性，就必须引导全体职工走向"成就欲"方面。因而要求企业的领导者确定好企业的经营目标，以此来统一全体职工的意志，激发全体职工共同努力。

方针与目标管理是以行为科学中的"激励理论"为基础而产生的，包括"五大核心要素"：确定所需资源；与相关人员沟通到位；不折不扣的执行；定期回顾与改进；总结与提升。它与泰罗制的科学管理思想相比，是一个很大的进步，主要表现在：从"以物为中心"转变为"以人为中心"，从"监督管理"转变为"自主管理"，从家长式"专制管理"转变为"民主管理"，从"纪律约束"转变为"激励管理"。

方针与目标管理的基本原理，就是运用行为科学的激励理论来激发、调动人的积极性，对企业实行系统管理。这就要求，在实施目标管理的全过程中，要牢牢抓住系统管理和调动人的积极性这两条主线。主要的理论有如下几种。

1. 德鲁克（Peter F. Drucker）的目标管理理论

1956年，德鲁克在《管理实践》（*The Practice of Management*）中指出，"企业的目的和任务必须转化为目标，每个企业管理人员或员工的分目标就是企业总目标对它的要求，同时也是这个企业管理人员或工人对企业总目标的贡献""企业管理人员对下级进行考核和奖惩也是依据这些分目标"。

2. 激励理论

早期的激励理论有：需要层次理论和 X、Y 理论等。需要层次理论是马斯洛（A. H. Maslow）在《激励与个人》（*Motivation and Personality*）中提出的，他指出人的需要具有层次性，即生理需要—安全需要—社会需要—尊重需要—自我实现需要。因此，组织的领导层应该以满足员工高层的"成就欲"和"自我实现"的需要为依据来制定组织的经营目标。

X、Y 理论是麦克格雷戈（Douglas McGregor）在《企业的人事方面》（*The Human Side of Enterprise*）中提出的有关人性的两种相反的观点。X 理论假设较低层次的需要支配着个人的行为；Y 理论假设较高层次的需要支配着个人的行为，而且麦克格雷认为 Y 理论的假设比 X 理论的假设更有效。因此，经营管理的课题必须是，"使个人面向组织目标而努力，也就是准备好为完成本人目标所需要的条件与工作环境"。

3. 系统理论

最早从系统的角度来看待管理的是美国贝尔电话公司的总经理巴纳德（C. I. Banard）。按照系统理论，人造系统具有目的性，系统的结构具有层次性。组织的经营管理系统就是一个多项目的人造系统，它在有限的资源和职能机构的配合下，实现规定的质量、品种、成本、利润等指标。当组织规划这个复杂的大系统时，就要依据其结构的层次性来将目标逐层分解。通过统一规划和协调，以实现整体系统的最优化。

第三节　方针与目标的制定

一、制定的原则

2015 版 ISO 9000 族标准指出，最高管理者可以运用新质量管理的七项原则来制定并保持组织的质量方针和质量目标。标准还提示最高管理者，在制定质量方针时应考虑以下几个方面。

（1）适应组织的宗旨和环境并支持其战略方向。

（2）为制定质量目标提供框架。

（3）包括满足适用要求的承诺。

（4）包括持续改进质量管理体系的承诺。

同时，质量方针应：①作为形成文件的信息，可获得并保持；②在组织内得到沟通、理解和应用；③适宜时，可向相关方提供。

最高管理者应确保在组织的相关职能和层次上建立质量目标，质量目标包括满足产品要求所需的内容。这些目标应当是可度量的，以便管理者进行有效和高效地评审。在建立这些目标时，管理者还应当考虑以下几个方面。

（1）组织以及有关市场当前和未来的需求。

（2）管理评审的相关结果。

（3）现有的产品性能和过程业绩。

（4）相关方的满意程度。

（5）自我评定结果。

（6）水平对比，竞争对手的分析，改进的机会。

（7）达到目标所需的资源。

需要指出的是，组织在制定方针与目标时，一定要同时制定措施，以保证方针与目标的实现。即需要从实际出发，全面分析和考虑可能影响目标实现的种种不利因素，然后制定相应对策和具体的保证措施。而上一级的目标和保证措施又是下一级的目标，通过设置层层目标来保障完成预定的总目标。

二、制定的依据

制定方针与目标时，最高管理者应综合考虑内、外部的因素。

1. 外部因素

（1）有关的法律、法规。

（2）社会经济发展动向和有关部门的宏观管理要求。

（3）国内外同行业的发展水平。

（4）供方和合作者的潜在贡献。

（5）其它相关方的需求、期望和满意程度。

（6）预期或期望的顾客的满意程度。

2. 内部因素

（1）组织的中长期发展规划和经营目标。

（2）上一年度的目标完成状况。

（3）组织内现有人员的发展。

（4）组织现有的产品性能和过程业绩。

（5）组织资金结构、贮备及流通状况。

（6）组织现有的基础设施。

（7）组织的前期遗留问题、现有的管理水平及自我评定的结果。

三、制定的要求

制定质量方针应当满足以下要求。

（1）与最高管理者对组织未来的设想和战略相一致。

（2）使质量目标责任制在整个组织内部得到理解和贯彻落实。

（3）表明最高管理者对质量能提供足够资源保障的承诺。

（4）在最高管理者的领导下，有助于促进整个组织对质量的承诺。

（5）包括与顾客和其它相关方需求和期望满意程度相关的持续改进。

（6）以有效的方式表述，以高效的方式沟通。

（7）质量方针的表述不应片面追求用语的简练和优美，而应以能在整个组织内得到理解为佳。

四、制定的程序

组织的总目标是在市场调研和收集组织过去、现在的大量信息资料的基础上，经过反复协调、层层审议而最终确定的。具体流程如图 2-16 所示。

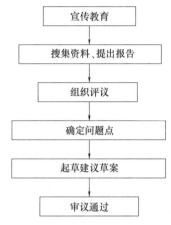

图 2-16　竞争对手情报系统流程

五、案例分析

以光明乳业股份有限公司的质量和食品安全方针为例，简介如下。

光明乳业股份有限公司的质量和食品安全方针

好牛好乳、滴滴精彩、天天新鲜、人人信赖。

1. 好牛好乳

（1）健康的牛群和优质的乳源是高品质产品的基石。

（2）从原料、生产、运输、销售、服务整个"供应链"的各环节得到有效控制，确保产品的安全、卫生、营养、优质。

（3）严格的标准化生产管理，为消费者提供竞争对手难以达到的具有市场竞争力的安全优质产品。

2. 滴滴精彩

（1）高科技的光明，不断研制、开发出具有最新科技含量的高品质产品。

（2）光明产品的每一包、每一盒、每一滴都有质量保证，满足法律法规的要求。

3. 天天新鲜

（1）光明唯一"不变"的就是不停地"变"，以持续改进的产品满足消费者对更高品质的需求。

（2）运用科学的管理方法，不断完善管理体系，在新鲜、安全和品质保证上追求更好。

4. 人人信赖

（1）以使顾客满意为标准，将优质、安全和卫生的产品，出色地提供给顾客。

（2）以一流的管理，一流的品质，一流的服务，满足顾客的需求。

（3）通过顾客投诉分析，不断改进工作。顾客的需求就是我们工作的努力源头。

第四节　方针与目标的展开

一、展开的概念

方针与目标的展开，就是把方针、目标、措施逐层进行分解，加以细化、具体落实。各职能部门、生产单位以至职工个人，根据组织的方针与目标，明确自己的地位和责任，提出本单位、本部门以至个人的目标，并制定保证其实施的具体措施。

方针与目标展开的要求如下。

（1）用目标来保证方针，用措施保证目标。

（2）纵向按管理层次展开；横向按关联部门展开。

（3）坚持用数据说话，目标值尽可以量化。

（4）一般方针展开到企业和部门（或车间）两级，目标和措施展开到考核层为止。

（5）第一部门要结合本部门的问题点展开，立足于改进。

二、展开的方法

方针是组织行动的方向和采取的原则，是组织全体人员都要贯彻实施的，一般不必再展开。因此，这里只介绍目标的展开。目标的展开可以分为纵向展开、横向展开和斜向展开三种，现分别介绍如下。

1. 纵向展开

纵向展开即决策层将所确立的总目标逐级向下级各部门进行展开。内容主要是回答"5W1H"的问题，单位或个人应完成的目标项目与目标值、负责人、完成时间以及应采取的措施等。纵向展开的四个层次如下。

（1）从最高管理者展开到管理层（含总工、总质量师、管理者代表）。

（2）从管理层展开到各分管部门（车间）。

（3）从部门（车间）展开到班组或岗位（含管理人员）。

（4）从班组或岗位目标展开到措施为止。班组是企业最基本的基层单位，班组的目标管理的开展是企业方针与目标管理的基础环节。班组目标的展开，应围绕班组目标，组织开展班组建设、民主管理、自主管理和 QC 小组活动。

2. 横向展开

横向展开是把决策层的目标值向本层级各职能部门或人员展开，且主要是对本层级对策措施的展开，明确责任（负责、实施、配合）和日期进度要求。

3. 斜向展开

斜向展开是对那些在纵向展开中本部门不能解决的问题点的展开。这种展开是以纵向展开的主要问题点作为目标项目，由关联的业务科室制定措施，落实负责人，规定完成时间。

第五节　方针与目标管理的考核与评价

一、目标管理的考核

组织的目标必须是可考核的。考核是动态管理和检查阶段的一部分，它侧重于对员工的前期成果和贡献进行核定，施以奖惩，并调整组织下一时期的目标。

考核可以按月或按季进行。不同层次部门分别由其相应的上级部门进行考核。主要有三个层次：对个人的考核；对基层单位的考核；对职能部门的考核。

考核的内容通常包括以下方面。

（1）根据目标展开的要求，对目标和措施所规定进度的实现程度及工作态度、协作精神的考核。

（2）根据为实现目标而建立的规章制度，对执行情况的考核。

二、目标管理的评价

方针与目标管理的评价是通过对年度（或半年）完成的成果、审核、评定企业、基础单位、部门和个人为实现方针与目标管理所做的工作进行评价，激励职工，为进一步推进方针与目标管理和实现方针与目标而努力。评价属于总结阶段的内容，它侧重于对计划完成成果的审查评定，用以评价各责任部门和个人实现方针与目标的绩效和过失，并给以相应的奖惩。方针与目标管理的考核和评价区别在于：考核是在执行中进行的，评价是把全过程的综合情况与结果联系起来进行综合评价。

评价内容包括以下几项。

（1）对方针及其执行情况的评价。

（2）对目标（包括目标值）及其实现情况的评价。

（3）对措施及其实施情况的评价。

（4）对问题点（包括在方针与目标展开时已经考虑到的和未曾考虑到而在实施过程中出现的）的评价。

（5）对各职能部门和人员协调工作的评价。

（6）对方针与目标管理主管部门工作的评价。

（7）对整个方针与目标管理工作的评价。

在评价过程中，要综合考虑目标的实现程度和完成目标的困难复杂程度及负责人的主观努力程度。可以采用打分法或 ABC 等级法。在有些目标的实施过程中，会遇到许多困难，有些员工尽管很努力，但仍不能顺利实现目标。这就要求在综合评价中增加"目标的困难复杂程度"和"过程执行中的努力程度"，再加一个修正值。即：综合评价结果=目标的达到程度+目标的困难复杂程度+过程执行中努力程度+修正值。

第六节　方针与目标管理的诊断

一、方针与目标管理诊断的概念

方针与目标管理诊断，是企业诊断的原理和方法在方针与目标管理中的具体应用，是对企业方针与目标的制订、展开、动态管理和考评四个阶段的部分或全部工作的指导思想、工作方针和效果进行诊察，提出改进建议和忠告，并在一定条件下帮助实施，使企业的方针与目标管理更加科学、有效。其含义是，"对企业目标的制定、实施、检查、处理几个循环阶段的效果进行考核，提出改进建议，优化方针与目标管理"。

二、方针与目标管理诊断的基本内容

方针与目标管理诊断主要包括：方针与目标（制定、展开）诊断、方针与目标实施诊断、方针与目标考核与评价诊断、方针与目标管理总结诊断。具体内容如下。

（1）实地考核目标实现的可能性，采取应急对策和调整措施。

（2）督促目标的实施，加强考核检查。

（3）协调各级目标的上下左右关系，以保持一致性。

（4）对部门方针与目标管理的重视和实施程度做出评价，提出修改建议。

三、方针与目标管理的流程

方针与目标管理的大致流程如图 2-17 所示，据此可确保工厂管理方针的实现，并推进管理体系的持续改进。

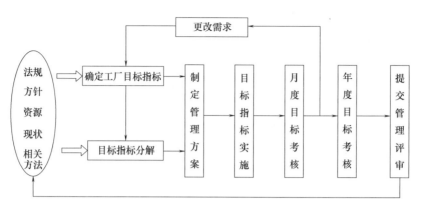

图 2-17　方针与目标管理的流程图

第七节　从食品链的角度看质量方针与目标

在食品行业中，由于食物链中各要素是互联相关的，质量管理十分依赖于合作。在此节先介绍价值链的概念，再分析食物链中的合作。

一、食品链的价值体系

对企业能力的了解，仅考虑企业内部状况是不够的。大部分价值产生在供应链和分配链上，需要分析和理解整个过程。当食物产品到达终端消费者手中时，它的品质不仅仅受生产企业本身内部活动的影响，还取决于原料、半成品、佐料的质量以及经销商和零售商的表现（图 2-18）。一个组织对价值链中其它组织行动的影响力，对企业竞争力很重要，是竞争优势的来源之一。

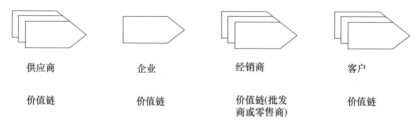

| 供应商 | 企业 | 经销商 | 客户 |
| 价值链 | 价值链 | 价值链(批发商或零售商) | 价值链 |

图 2-18　价值体系

价值链分析的作用在于，它认识到整个生产过程中每个独立的活动在成本、品质、最终产品或服务的形象中所起的作用。这意味着每个活动都会对一个公司的相关地位有贡献，并为差异化打下基础，应该确认驱动成本效率和价值的主要因素，即所谓的成本驱动因素和价值驱动因素。

为了能够保证最高质量水平的产品质量和食品安全，食品企业和其它食物链成员都需要协作。然而，在某些情况下，个别企业追求高度独立性和自主权，不愿意让体系的需要影响他们的决策。甚至某些公司认为脱离体系会更好，以便保留在决策中改变货源或为他们的产品寻找新出路的能力。但即使是单一纵向整合企业，也经常遇到重大挑战。显然，控制链越长，管理所面临的挑战就越大。影响协作程度的外在因素可能存在于任何行业。

二、食品供应链的合作

食品供应链是从食品的初级生产者到消费者各环节的经济利益主体（包括其前端的生产资料供应者和后端作为规制者的政府）所组成的整体。食品供应链属于典型的功能性产品供应链，供应链的设计主要着眼于各环节综合成本最小化，以推动策略、预测囤货型生产为主，通过采购、生产、配送的平稳运作降低成本。基于我国食品物流面临的新环境，要解决与食品物流密切相关的食品消费多样快捷化要求、食品安全卫生控制、食品企业规模扩大等问题，需要从源头抓起，建立起统一的物流战略框架，逐步实现与食品供应链的紧密合作（刘小娇，2012）。

长期以来，中国的食品行业一直存在着一系列问题：对市场把握不准、计划频繁调整、生产过剩或不足、批号老化、全国范围工厂间调货、客户订购量减少、渠道渗透及产品铺货率低、产品推广不理想、责任难划分、横向协调难、配送陷入被动操作……可以说都属于供应链运作问题或与供应链密切相关。例如物流配送处于供应链中集团与客户的临界面上，是企业营运的第一脉搏，内部的任何业务问题都会影响到物流配送，是集团供应链体系的问题聚集点。物流配送所表现的问题在于：配送成本高，影响集团综合成本竞争，物流运作难度大、交货期长、送货不准时，经常出现突发性运作瓶颈，运输费用的责任难以区分，销售部门投诉不断等。

从供应链集成整合的角度看：①这些问题不是孤立的点，而是相互联系的；②这些问题只是表征，而不是根源；③问题的产生主要不是由于员工的责任心不强、工作不努力，而是供应链策略及流程运作系统的问题。物流问题只不过是供应链中表现较为突出的问题，成本结构主要是由目前的供应网络决定的，而成本责任难以区分的原因在于组织定位和绩效考核。

企业间竞争已不再纯粹是产品与产品、单个企业与企业间的竞争，而是供应链与供应链之间的竞争。统一、稳定、顺畅的供应链可以形成企业具有价值性、稀缺性和难于仿制性的资源，成为企业的核心能力。

随着市场的复杂性逐渐演变，出现了一种新的合作形式：战略联盟。它建立在相互信任和开诚布公的基础上。战略联盟可以被视为两个或更多公司之间的合作协议，其中每个合作伙伴既保持独立，同时也在特定项目上合作。

供应链战略联盟是指在同一条供应链中企业之间形成的合作伙伴，它们的资源、能力和核心竞争力都能结合在一起使用，从而获得企业在设计、制造、产品或服务提供上的共同利益。因此，供应链战略联盟的形成是以供应链战略伙伴关系（supply chain strategic partnership）为基础（李常军，2009），战略联盟的各方都不能有敌对的态度，并且各方必须认识到这种关系是有益的。真正的战略联盟通常超过简单的个人关系，所以经得起人员变动的考验。每个成员企业都在各自的优势领域为联盟贡献自己的核心能力，相互联合起来实现优势互补、风险共担和利益共享。但供应链战略联盟和供应链是两个不同的概念，供应链战略联盟（李常军，2009）是一种企业之间的关系状态（李文辉，2009），而供应链则是供应链上的节点企业为规定各自的行为所采取的一种组织形式。

这种长期的伙伴关系或联盟，拥有共同的目标，相互理解并深入承诺，超越了可以轻松通过谈判形成的合同关系。这种方式的主要优点是可以更容易找到解决系统问题的联合方案，并且各方均从中获益。比如产品质量的改进，在市场中获得竞争优势，这都反映在顾客满意度中。并且由于相互理解，文书工作减少，合作伙伴之间的事务简化，可以提高联盟后企业的运营效率和市场营销效力。

战略伙伴关系和联盟也有它们的缺点。战略联盟的数量通常因为关系的紧密度受到限制。目标，理念和运营必须在一定程度上协调，才能真正地使战略联盟有效地工作。开放和相互信任的沟通是成功的战略联盟和伙伴关系的标志。虽然战略联盟通常签署正式合同，但是真正使其运作的大部分是无形的并且难以用纸墨表述的内容。

每家企业都有其核心优势或具有特定能力的人才，将公司与竞争对手区分开来，并在客户中占有竞争优势。理论上说，这些核心优势不能被这种战略伙伴关系削弱，但这种情况时有发生，比如资源从优势中转移，或者为使合作成功而令技术或战略优势受到影响。同样，不能减少与竞争对手的关键差异。核心优势不一定对应大型投资或资源，它们可能是无形的项目，如管理技能或品牌形象。

第八节　食品工业实践中的质量方针

如今，食品工业与其它产业一样，面临着满足市场和环境的广泛需求的挑战。这广泛的需求不仅包括产品质量、成本和可用性，还包括对扩展的质量三角形所反映的业务的灵活性、服务和可靠性。在实践中，食品企业很难满足所有这些不同的需求。

对于食品生产，以产品为导向的质量方针在所有食品企业质量方针中占主导地位。事实上，食品工业的特点是以技术为核心，大多数食品企业的雇员都接受过专业性的或技术性的教育。其次是流程导向，以流程为导向的质量方针在食品工业中也被广泛应用，因为生产流程被认为是保证技术过程的有力工具。然而，在实践中，因为人们行为和决策过程对准确实现流程的影响被低估，流程导向往往使问题复杂化。因为以人为导向的质量方针难以掌控，所以在食品生产中没有广泛应用。

考虑到不同食品企业的不同方针导向，质量保证体系通常被认为是可预测结果的技术支持工具也不足为奇。这可能解释了为什么如 HACCP 和 ISO 等体系被食品工业广泛接受。但显然，这些质量保证体系有其局限性。在实际工作中，员工和操作人员认为推行质量保证体系的效果不明显，因为这些系统具有强制性且在内部质量系统中太过主导。而由员工和操作员自己开发的体系是最成功且最容易推行的。这也是体系应该尽可能简单和实用的原因之一。过度复杂的质量管理体系在实践中不会奏效。迫使操作员遵守强制性指南会使他们不愉快，可能导致操作员和质量部门之间的摩擦。

食品工业的另一个典型问题源于市场的需求，市场对食品企业提出冲突的要求。一方面，相关的行政理念提出质量要求，如高新技术产品质量的要求（如功能性食品）；关于安全的法律义务和市场要求；成本和价格水平的要求。

实际上，高度集中化的体系有许多基于法律义务的规章制度，这种体系反映了以上一系列要求需要稳固的高水平的质量措施，并且这种措施应具有高度的质量保证水平。然而，另一方面，不断变化的市场和环境需要更灵活的理念：① 对以客户为导向的态度服务的高要求；② 由于意外事件，季节性影响等对灵活性的高要求；③ 产品生命周期的缩短，使产品开发更受重视；④ 食品工业中大规模定制的增加导致产品种类的巨大扩充和重大变化。

这些方面需要一种能将责任下放各组织，并且不受具体规章和准则阻碍的实效性质量措施。

从技术管理的角度来看，可从以下几点出发应对上述挑战。

（1）技术讨论必须注重企业的技术核心竞争力。如果企业在市场上的特定产品（以及相应的技术）具有竞争优势，那么在这方面就不允许失败。

（2）技术核心能力应得到适当的质量管理体系的支持，主要基于食品良好操作规范（good manufacturing practice，GMP）和 HACCP，或者 ISO。

（3）将三个方针导向融入全面质量管理（total quality management，TQM）的管理理念中，该理念建立在企业的战略性用户价值和核心竞争力的基础上。

（4）质量管理体系遵循 TQM 原则，并且能为全体员工所用。

（5）生产链中每个环节应充分利用密集协作和链条发展自身的核心竞争力。该过程可以通过在生产链的单元之间广泛交换信息来开展。

总之，为最终实现用户价值和用户满意度的质量目标，整个食品生产链需注重技术核心竞争力和全面质量管理的原则。

第九节　场景应用

一、做不正确的事，将有不能承受之重

安安：Hi，田田。

田田：Hi，安安。

安安：关于我部提出的问题还希望贵部能够协助查询咨询一下，我部会将所有工作调研结果如实向最高管理者汇报。应我部领导要求，如您这边有最新消息可随时与我联系，感谢配合。

田田：呵呵，别，我只是个简报爱好者，称不上你部、我部。到底什么事，你这学谁呢？

安安：因为我今天才知道"我部""我司"这些简称不是随便用的。

田田：嗯。

安安：我们部门目前正在准备进口一类食品，但在这类食品的配料中，有一些成分，如××植物提取物等，既不存在于中华人民共和国卫生部公布的《既是食品又是药品的物品名单》和《可用于保健食品的物品名单》中，也未出现在《保健食品禁用物品名单》中。在此种情况下，业务会面临什么法律风险？

田田：从技术法规上讲，××植物提取物属于新食品原料，要依据《新食品原料安全性审查管理办法》取得批文后方可生产经营；同时有可能被认定为"无食品安全国家标准食品"，要按《进口无食品安全国家标准食品许可管理规定》先取得许可，因为可能归为由境外生产经营的，尚未进口且我国未制定公布相应食品安全国家标准的食品。

安安：××植物提取物在国外是很普通的。

田田：在我国无传统食用习惯的，都是新食品原料。

安安：我看网上卖××植物提取物的小包装产品也挺多的。

田田：6~7月的"食品安全信息"没看吗？网上好多产品没有食品生产许可证，福喜的产品能没有吗？不规范的企业"调制乳"当"牛乳"卖，泰食乐乳业能吗？做不正确的事，定将有不能承受之重。

安安：我们是老老实实做食品的，我们做正确的事情。

田田：是的。

安安：如果是这样的话，我进口的这类产品有很多，配料中可能有四五十种都属于新食品原料。

田田：具体品种具体分析。

安安：反正都是植物原料，怎么具体分析。

田田：植物原料，有些是属于药材的，在《中华人民共和国药典》中有清单，有些是属于食品的，至少列入《新食品原料、普通食品名单》中的都算。

安安：那如果有的既作为药材，又作为食品，是否就是在《既是食品又是药品的物品名单》中？

田田：是的。在药材里面，有些是可以做保健食品的原料，就是在《可用于保健食品的物品名单》中。

安安：是吗？现在公布的《可用于保健食品的物品名单》中的原料全都能在《中华人民共和国药典》中找到？

田田：基本如此，除了1~2个特别的。

安安：那《保健食品禁用原料名单》在药典中也能找到了？

田田：不是，有一部分属于药典药材，有一部分不是。

安安：原来是这样。

二、企业对产品质量负责"一辈子"

安安：Hi，田田。

田田：Hi，安安。

安安：帮我看一下这个产品标签，这样行不行？

田田：只有一个问题，这个字母在主展示版面用的是大写，在信息版面用的是小写。

安安：就这样吧，都已经制版了。

田田：那不行，你这是强制性标签标识内容前后不一致。

安安：哎，说实话，咱们审核这么严格，让我们失掉了好多机会——其它的产品，这种问题多着呢。

田田：别人合规不合规咱管不着，但是咱们得对自己的产品负责——标签不合格也是不合格品呀。

安安：又不是所有的不合格品都被查到的，标签不合格又不会吃死人。

田田：标签正确不仅仅是为了合规，更是为了对消费者负责，也是对自己负责。标签正确，不会使消费者误解和产生疑义；标签正确，消费者更准确、更真实地了解产品，对产品产生忠诚。别抱怨，去改变。你要是不想改，那倒是有个办法。

安安：什么办法？

田田：第一，不让我们审核标签标识的合规性；第二，产品销售到我们永远也看不到的地方。

安安：呵呵。那可挺难办的，万一市场产品被你们看到了，不又得下督办令。其实也是，不合规，国家今天不查、明天不查，但总有一天会查的。

田田：对呀！产品放行出厂容易，不合格产品召回不易，且行且珍惜。产品出厂后的生命还很长，而且很曲折，在代理商、经销商、经销商的经销商、渠道商、物流商手中转来转去。

安安：是呀，不合格产品在渠道销售，只要没有过保质期，咱们就得对产品质量负责。

田田：现在是销售为先的时代，质量安全的工作比较难做，销售总认为好像是在和他们对着干。

安安：但我们还是要聚焦我们的职责所在，没有产品力，也就没有了销售力——我这就去改标签。

本章小结

　　质量战略是关乎食品企业长远发展和生死存亡的根本规划。以质量的战略目标为核心的大局观，对于食品企业可持续发展是必不可少的。它是企业发展战略和质量方针与目标的统一体。因此，质量战略在企业的质量管理过程中，又可以具体为质量方针和目标。确定合理的质量方针和目标，是食品企业保证食品安全的基础，为后期质量策划、质量控制、质量改进、质量保证等管理提供限定和指导。

关键概念：战略；质量方针；质量目标；考核与评价；食品链或食品供应链

🔍 **思考题**

1. 企业应该如何制定其发展战略？如何进行战略管理？
2. 食品质量战略与质量方针和目标有何关系？（联系+区别）
3. 食品企业如何制定质量方针和目标？如何展开目标？
4. 企业如何进行目标管理的诊断？如何考核与评价目标？

参考文献

［1］ 陈朸为. 中国食品国际化战略分析（上）. 中国品牌与防伪，2016，（2）：52-55.

［2］ 陈顺德，陈露. 论实验室质量方针和目标的制定. 中国计量，2005，（4）：37-38.

［3］ 李常军. 论供应链战略联盟. 经营管理者，2009，（4）：125-126.

［4］ 李文辉. 国内企业供应链战略联盟运行问题探析. 商场现代化，2009，（6）：65-66.

［5］ 刘小娇. 食品行业的物流供应链研究. 商情，2012，（51）：97，36.

［6］ 罗伯特·卡普兰，大卫·诺顿. 战略地图：化无形资产为有形成果. 刘俊勇，孙薇，译. 广州：广东经济出版社，2005.

［7］ 芮明杰，李想. 差异化、成本领先和价值创新——企业竞争优势的一个经济学解释. 财经问题研究，2007，（1）：37-44.

［8］ 汪学峰. 论流程再造与企业管理. 企业研究，2011，（19）：52-55.

［9］ 王璞. 战略管理咨询实务. 北京：机械工业出版社，2003.

［10］ 周小菁，王韵，宋雁，等. 多维度战略分析多元化危机处理——蒙牛走出特仑苏危机策略分析. 中小企业管理与科技（上旬刊），2009，（16）：21-23.

［11］ 张丰超，王丹. 核心竞争力理论发展流派分析. 未来与发展，2003（2）：22-23.

第三章
食品质量策划

学习目标：

1. 食品质量策划的原则和过程。
2. 影响食品质量策划的因素。
3. 支持食品质量策划的工具和模型。
4. 食品质量策划的管理。

凡事"预则立，不预则废"。任何一款新产品的策划，不只是产品设计的策划，还包括人员、设备、材料、工艺、检验和实验技术、生产进度、质量体系、质量改进等全面的策划。因此，我们不能将产品策划视为生产工艺的研究，否则很容易失败。更重要的是，如果生产前的质量策划没做好，就不是实验失败一次那么简单了，将会导致很多人力、物力和资源的浪费，严重的还会影响公司信誉。

第一节　质量策划

质量策划（ISO 9000：2015）是质量管理的一部分，致力于制定质量目标并规定必要的运行过程和相关资源以实现质量目标（杨辉，2008）。质量策划的关键是制定质量目标（详见本书第二章）并设法使之实现。质量策划是做好一切事情的开端，是企业设定质量目标的前提，是企业进行质量控制、质量改进和质量保证的基础（刘晓英，2000）。无论对于老产品的改进还是新产品的开发均必须进行质量策划，确定研制什么样的产品、具有什么样的性能、达到什么样的水平，并提出明确的质量目标，规定必要的作业过程，提出必要的人员和设备等资源，落实相关的管理职责，最后形成书面的文件即质量计划。

以乳制品研发为例，原料使用生牛乳还是乳粉？要生产液体乳还是乳粉？产品用以补钙还是提高免疫力？从生产到终产品要符合哪些法律法规的标准？人员和设备需要达到什么水平？生产过程中可能存在的问题及其风险预案？这些都应在投产前策划完整，以确保投产后生产线的顺利运行。

第二节   质量策划过程

食品质量策划，以质量安全为核心，贯穿于产品开发的始终，从农田到餐桌整条供应链的各个环节都应在策划的范围内，做到有备无患。如食品原料采购应考虑到生产基地的气候和土壤情况、原料的安全性、营养及感官品质。同样，销售过程中也要考虑这些影响食品质量安全的因素。

一、食品质量策划原则

（一）需求导向原则

策划程序应以了解消费者对产品的各项具体要求为起始点。在新时代，不管体系策划还是产品设计策划都应以市场需求为导向，不仅应寻找市场的潜在价值，更应该引导市场需求。建立、实施和保持服务的设计和开发过程，对每个项目的设计开发进行策划，明确设计开发的输入并保证其完整性、清晰性及满足设计开发的目的和质量指标。

（二）风险防控原则

风险控制通过考虑不确定性及其对目标的影响，采取相应的措施，为组织运营和决策及有效应对各类突发事件提供支持。在保证恰当地应对风险的同时，提高风险应对的效率、改善风险应对的效果，增强行动的合理性，有效地配置资源（尹建丽等，2015）。因此，风险控制应当是质量策划的首要原则。

（三）体系管理原则

体系管理原则是指在质量策划设计时应形成一个管理体系。系统的、结构化的管理方法有助于提高效率和取得一致的、可衡量的、可靠的结果。体系管理时具有动态的增值性活动，在质量管理过程中，策划的管理体系应随运作环境变化而变化，使其始终保持有效性。

二、食品质量策划过程

理想的产品策划程序是一种产品开发和加工设计相互交联的行为，产品开发可以说是一种把消费者的需求转化成能被生产的具体产品的所有行为的总和。如图 3-1 所示为一种常用的产品开发和加工策划的程序。

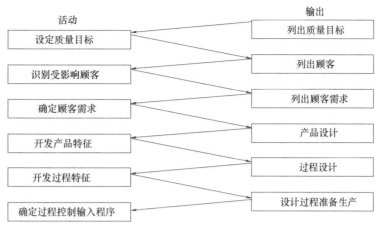

图 3-1　质量策划路线图

（一）设定质量目标

任何一种质量策划，都应根据其输入的质量方针或上一级质量目标的要求以及顾客和其它相关方的需求和期望，来设定具体的质量目标。

（二）辨识顾客范围

确定顾客范围，对顾客需求进行分析，是策划的方向性问题，产品的策划程序应以了解消费者对产品的各项具体要求为起始点，然后确定目标消费对象。

（三）确定顾客需求

在市场经济条件下，对新产品开发最根本的要求就是要满足市场和用户的需求，不但要满足用户的现实需求，还要满足用户的潜在需求。因此，确定顾客需求是策划的关键步骤。

（四）开发应对顾客需求的产品特征

产品研发小组要根据消费者的要求和其它限制条件对所有产品的概念进行筛选，然后把符合目标消费者要求的所有产品特点加以详细说明。

（五）开发能生产这种产品特征的过程

产品雏形的研制可以为工程师设计产品的过程提供相关产品信息和加工条件，同时加工工程师也要向产品研发人员提供反馈信息。产品的中试阶段实际上是在食品生产线上完成的，产品经过包装，然后进行一系列试验。中试产品要进行产品的安全性检验和感官评定以确定产品的保质期，同时改善产品的感官品质。

（六）建立过程控制措施，将计划转入实施阶段

产品在真正的加工条件下进行批量生产，与产品有关的其它方面如产品标签、包装、运输以及工厂的养护和卫生等都应加以考虑。此外，产品的配方也应做相应调整以适应批量生产的需要。产品的最终保质期实验，以商业化生产的产品实验而定，最终确定产品的标准。产品进入市场一般是先精心选择一个试销市场，选择适当时机和适当方式将产品导入市场，经试销后，对产品进行评价。当产品全面推向市场后，仍应全面监控销售状态，倾听消费者的意见，不断加以改进。

三、食品质量策划内容

（一）设定质量目标

质量目标制定的方法包括标杆、竞品和对比分析。在确定了标杆和竞品之后，随即展开对标杆、竞品的分析测试，对产品进行参数及性能试验、商品性评价评审，通过比较分析，并结合现有产品的产量和质量水平及开发过程中各节点质量指标达成状态（即水平对比法），制定新产品的各项指标（王康平，2018）。

（二）确定达到目标的途径

确定达到目标的途径也就是确定达到目标所需要的过程。这些过程可能是链式的，从一个过程到另一个过程，直到目标的实现。也可能是并列的，各个过程的结果共同指向目标的实现。还可能是上述两种方式的结合，既有链式的过程，又有并列的过程。事实上，任何一个质量目标的实现，都需要多种过程。因此，在质量策划时，要充分考虑所需要的过程。

（三）确定相关的职责和权限

质量策划是对相关过程进行的一种事先的安排和部署，而任何过程必须由相关人员来完成。质量策划的难点和重点就是落实质量职责和权限。如果某一个过程所涉及的质量职能未能明确，没有文件给予具体规定（事实上这种情况是常见的），会出现推诿扯皮现象。

（四）确定所需的其它资源

其它资源包括人员、设施、材料、信息、经费、环境等。注意，并不是所有的质量策划都需要确定这些资源。只有那些新增的、特殊的、必不可少的资源，才需要纳入到质量策划中来。

（五）确定实现目标的方法和工具

实现目标的方法和工具并非所有质量策划都需要。一般情况下，具体的方法和工具可以由承担该项质量职能的部门或人员去选择。但如果某项质量职能或某个过程是一种新的工作，或者是一种需要改进的工作，那就需要确定其使用的方法和工具。

（六）确定其它的策划需求

其它的策划需求包括质量目标和具体措施（也就是已确定的过程）完成的时间、检查或考核的方法、评价其业绩成果的指标、完成后的奖励方法、所需的文件和记录等。一般来说，完成时间是必不可少的，而其它策划要求则可以根据具体情况来确定。

产品设计和过程设计的一般流程见图3-2。

四、食品质量策划决策

（一）质量指标分析

食品质量策划是否合理、能否执行，首先要考虑能否达到预期的质量目标。在接收到公司的新产品开发策划后，第一要务就是制定新产品的质量指标。质量指标制定的原

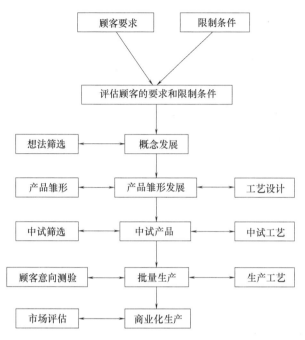

图 3-2　产品设计和过程设计的一般流程

则是：首先要明确需要重点控制的质量指标项目，通过现有产品的量产指标要求，可以很容易获得量产产品的主要质量指标项目；然后通过一定的方法来确认新产品量产的每项具体指标值；最后根据项目开发进度要求，逆向分解成每个节点应达成的指标值，并实施过程管控（王康平，2018）。

（二）成本与业绩

质量成本的概念是由美国质量专家 A. V. 费根堡姆在 20 世纪 50 年代提出的（刘立平，2006）。其定义：为了确保产品（或服务）满足规定要求的费用，以及没有满足规定要求引起的损失，是企业生产总成本的一个组成部分（王君 等，2017）。他将企业中质量预防和鉴定成本费用与产品质量不符合企业自身和顾客要求所造成的损失一并考虑，形成质量成本报告，为企业高层管理者了解质量问题对企业经济效益的影响、进行质量管理决策提供重要依据（刘立平，2006）。质量策划是产品研发流程的输入，而研发绩效是研发流程的输出，企业业绩是企业决策的重要反馈，而质量策划在新产品研发绩效产生影响的过程中起着重要的中介作用（程俊瑜等，2010）。

（三）风险与机遇

基于风险的思维是实现质量管理体系有效性的基础（朱晓泉，2018），为满足质量目标，组织需策划和实施应对风险和机遇的措施，为提高质量管理体系的有效性、获得改进结果以及防止不利影响奠定基础。风险是不确定性的影响，不确定性的影响包括正面和负面的影响（戴传刚等，2008）。因此，风险的正面影响可能带来机遇，如 2018 年的进出口博览会，一方面对现有企业的生产产品提出更高的产品标准要求，但是与另一方面，打开市场也为企业带来机遇。因此组织应策划内容如下。

（1）应对这些风险和机遇的措施。

（2）如何在质量管理体系中整合合并实施这些措施。

（3）如何评价措施的有效性。

（四）确认与验证

在策划实施前应验证策划的适用性和有效性。基于证据进行决策，应测量和收集所需的数据和信息，确保数据的充分、准确和可靠性，基于事实分析做出决定。组织在确认时应考虑内容如下。

（1）各种外部因素和内部因素。

（2）相关方的要求。

（3）组织的服务和产品。

第三节　影响食品质量策划的因素

　　任何产品开发必定要研究产品的质量问题。每一个产品研发团队都需要分析对产品质量产生影响的所有因素，识别可采用技术或管理措施能够控制的因素，各种因素对整体质量的影响程度，技术设计的变化会对产品的质量带来的影响等。

一、食品特性

　　食品种类繁多，组成复杂，性质各异（图3-3）。由于生产加工过程受食品化学组成的影响甚大，如原料的含糖量、pH 等指标会影响生产时的加热工艺、杀菌条件、最终成品的货架期等，因此，在投入生产前，我们必须了解待测食品的组成、特性以及终产品的相关信息（表3-1）。

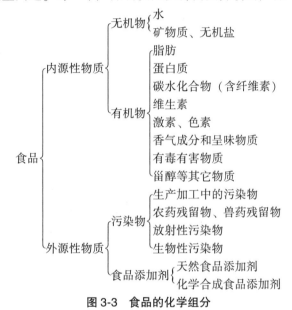

图 3-3　食品的化学组分

表 3-1　　　　　　　　　　食品终产品特性

要　　求	说　　明
卫生、安全性	最基本的要素；产品的生命线
营养、可消化性	食用（保健）价值的体现
风味（气味、滋味等）	影响食欲与消费欲
质地（硬度、弹性、柔软性、脆性等）	应对不同年龄人群的不同口感特性要求
外观（正常的色泽、形状、完整性等）	商品的第一印象，（外）包装也需考虑
耐贮藏性	拥有一定的货架（保质）期
合规性	符合相关法律法规与食品产品标准

二、加工过程

（一）人员管理与沟通

1. 从业人员管理

规范并加强从业人员管理，减少并消除从业人员的不安全行为。从业人员的管理，包括以下几个方面：一是建立从业人员质量安全准入标准，明确各类从业人员招聘与上岗的质量安全管理要求，把准入标准纳入人力资源管理流程，降低患有有碍食品安全的疾病的人员、特种设备作业人员、危险作业人员、禁忌证人群等带来的质量安全管理风险；二是大力开展新员工安全生产三级教育、食品质量安全知识培训及老员工继续教育，建立从业人员安全素质培养计划，创新培训方法，规范培训内容，提升培训教育效果，促进从业人员的安全素质提升；三是加强作业现场防护，对作业现场操作规程、安全警示标识、应急处置装备及逃生通道和设备提出标准化要求，规范从业人员的防护用品使用与管理；四是加强从业人员健康监护，将特种设备作业人员、有毒作业人员、食品从业人员作为重点监护对象进行管理，建立健康监护档案，依法定期进行健康体检；五是加强临时工、劳务派遣人员的质量安全管理，与劳务派遣单位签订质量安全协议，明确质量安全责任，建立安全相关保险制度，健全临时工、劳务派遣人员的质量安全培训教育制度；六是做好班组长管理，试点推行班组长持证上岗制度。

2. 相关方管理

对相关方施加影响，可以减少和预防相关方带来的质量安全风险，有效提升优秀供应商比例，促进相关方建立质量安全管理体系并有效实施。相关方的管理包括：建立健全各类相关方的准入制度，细化相关方评审标准和条件，推动集团对供应商、OEM 工厂、承包方、监理方、承租方等相关方的管理要求落地；进一步完善相关方的评估与考核制度，将质量安全绩效纳入考核，明确考核指标与频次，定期进行考核评估；建立相关方黑名单制度与退出机制，根据相关方绩效考核结果，形成合格名单和黑名单，逐级上报、定期更新，发布优秀供应商信息和不合格供应商信息，促进供应商绩效改善。

3. 消费者沟通

建立与消费者的定期沟通机制，形成生产者与消费者的良好互动，分析整理消费者反馈信息，为食品质量安全管理决策提供支持。整合各单位消费者投诉信息管理平台，设立产品质量安全信息管理中心，及时发现和掌握集团产品质量问题，超前化解矛盾，对消费者投诉的处理进度与效果进行监督管理；建立消费者信息分析机制，定期对产品质量安全信息进行汇总分析，查找原因，为产品质量安全及服务的改进提供数据支持；探索建立消费者对产品的监督反馈机制，定期开展产品质量安全满意度调查，定期发布产品质量安全满意度调查报告。

（二）机器设备

建立和完善维护保养计划备案与审核机制，降低质量安全设备设施故障率，确保质量安全设备设施的正常运行。出台设备设施安全管理指南，建立生产设备设施分类管理系统，完善各类设备设施的安全管理标准与流程，规范各单位设备设施招标、采购、验收、安装、投运、维护与报废等环节的安全环保管理；在生化、油脂工厂全面开展设备设施与工艺过程安全的风险分析，排查设备设施管理中存在的工艺与本质安全隐患（彭剑虹，2013）；做好设备设施的现场安全管理，重点对设备清洗消毒、设备设施档案、安全操作规程、人员资格条件、应急预案和保障、监督检查与维护等工作进行标准化管理；加强工艺过程的食品安全管理，出台相关指导意见，规范产业链关键环节的控制标准，确保调配、灭菌、充填等对食品安全有影响的工艺过程得到有效控制。

（三）原辅料、化学品验收与管理

1. 原料验收

推进各产业链根据风险控制的实际需要，对原材料来源进行合理规划，提升各产业链种养殖基地所占比例和管理水平，使原材料质量安全风险达到可控水平。在各单位依据战略规划，对现有基地建设情况进行摸底调查，结合标杆企业和所在行业实际，制定基地建设目标，明确自有基地、可控基地在产业链建设中的比例；加强种养殖基地的质量安全管理，针对种养殖基地选址、种子种苗、种禽种畜、农业投入品使用、田间管理、疫病防治、可追溯管理等关键环节，提出管理要求，督导落实；做好订单农业管理，各单位根据行业实际，建立统一的订单合同文本，明确质量安全的责任、权利与义务；制定监督计划，定期对合同种养殖基地的质量安全状况进行监督；加强对订单农户的培训与指导，控制农药、兽药等农业投入品的使用；规范农村经纪人管理，制定经纪人管理制度，试点把经纪人纳入供应商管理体系；建立农兽药残留、原粮污染监控等源头风险监控机制，通过联合政府相关部门监督、委托第三方机构检验、自检等方式，对番茄、葡萄、小麦、花生等主要食品原料产地的环境质量安全进行监控。

2. 添加剂使用管理

食品添加剂指为改善食品品质和色、香、味以及防腐和加工工艺的需要而加入食品中的化学物质和天然物质（陈春晓，2004）。在食品企业必须加强添加剂的选择与使用管理，建立添加剂备案核准制度。特制定以下规定。

（1）采购食品添加剂必须按规定进行严格的索证和验收制度。

（2）食品添加剂入库后要专人管理，设立专柜（防盗锁柜），出入库要做好严格的登记。

（3）领料必须由分管的负责人批准后，方可到库房按量进行领取。

（4）各添加剂使用单位必须做好使用登记。特殊用品的使用必须由两名以上工作人员在场的情况下使用。

（5）食品添加剂的使用必须符合 GB 2760—2014《食品安全国家标准　食品添加剂使用标准》或原中华人民共和国卫生部公告名单规定的品种及其使用范围。

（6）未使用完的添加剂及时退回库房。

（7）禁止使用和保存过期的食品添加剂，过期的食品添加剂，交有关部门按特殊垃圾处理。

3. 化学品管理

规范化学品管理，降低化学品带来的质量安全风险。组织化学品管理专题培训，制定下发食品生产企业化学品管理指南，规范清洗消毒、卫生保洁、维修润滑、虫害控制等环节的化学品管理；依托集团安全环保信息平台，建立集团所涉及化学品的 MSDS（化学品安全数据说明书，material safety data sheet）数据库，规定化学品 MSDS 的标准化管理，为各单位提供技术支持；开展化学品使用与管理现状的专项自查和督查活动，根据调查结果，对存在的问题与隐患进行系统梳理和整改；组织危险化学品生产经营单位按照中华人民共和国国家安全生产监督管理总局发布的《危险化学品标准化规范》开展对标活动，积极申请标准化考核评级，推动危险化学品生产、贮存和使用管理水平的系统化和规范化；督促重大危险源单位建立重大危险源监控预警系统，对重大危险源所在的场所、设施及其温度、压力等主要技术参数进行实时监控。

（四）生产方法

制定新品研发过程的质量安全管理指南，对配方设计、工艺选择、功能设计、标准选择等方面的质量安全管理提出要求，明确各阶段危害分析的内容；建立新品研发过程中的质量安全风险论证机制，完善风险评估流程与标准，明确相关部门与人员的责任，在新品研发的不同环节，评审法律法规、新工艺、新技术、新资源等带来的质量安全风险；建立新品上市前的申报备案和合规性审查制度，开发相应的合规性审查表，组织对新产品质量安全、标签标识、执行标准、工艺可行性、外包装等进行综合评价。

（五）作业环境管理

通过对作业现场的标准化管理，优化作业环境，实现人流、物流、信息流的畅通，降低作业环境质量安全风险。到 2015 年，安全环保重点类单位推行 5S-TPM［5S 指整理（seiri）、整顿（seiton）、清扫（seiso）、清洁（seiketsu）、素养（shitsuke），又称为"五常法则"；TPM 指 total productive maintenance，即全面生产管理］的比例达到 80%。制定下发食品生产企业卫生作业规范，组织主要产业链编制清洁计划，规范作业环境的卫生管理；总结近几年各单位开展 5S-TPM 管理的经验，组织编制 5S-TPM 管理标准，形成与集团实际相适应的 5S-TPM 管理规范；以相关工作基础较好的单位为典型，召开现场会，总结交流经验，开展相关培训，在重点单位全面推行 5S-TPM 管理；制定 5S-TPM 评审标准，组织各单位定期对基层企业 5S-TPM 管理的推进情况进行评比，促进管理水平提升，改善劳动条件与作业环境，实现人机环境整体优化。

此外，作业环境的卫生设计现在已经被列入许多国家的标准和法规当中，成为食品质量保证体系的一项内容。特别是我国及其它国家大力推行的良好操作规范（GMP），对建筑、设备的卫生设计、设备的卫生操作、生产和贮运卫生条件都制订了规范。

1. 卫生设计的功能要求

（1）必须容易清洗和消毒，最好配有就地清洗装备（CIP）。

（2）应保护产品在加工过程中免受微生物和化学污染。

（3）对于无菌装置设计，必须保证微生物不得侵入。

（4）微生物污染对食品安全性影响甚大，设备要有对微生物污染的监测和控制的设计。

2. 卫生设计的特点

（1）设备用材与结构 凡是接触食品物料的设备、工具和管道用材，必须无毒、无味、耐腐蚀、耐清洗、不吸水。与物料接触的表面要平整、无缝隙。一般多选用不锈钢、铝合金、塑料和橡胶。

（2）设备布置 设备布置应根据工艺要求，布局合理，上下工序衔接紧凑。各种管道、管线尽可能集中走向。所有管道的布置应避免完全水平状态，要有一定的倾角，以保证管道里的物料全部流尽，不致成为微生物的滋生地。

（3）安装 安装要求符合工艺卫生要求，屋顶、墙壁或设备之间应有足够的距离，便于清洗和消毒。此外，食品加工设备的保养和卫生操作十分重要，要求能够定期保养，定期检查，定期对设备的卫生状态进行测试，改善卫生状况。

（六）检测方法与技术

建立由检验检测中心、产业链重点试验室、基层企业实验室构成的三级检验网络，规范和加强检验检测能力，形成内外检测相结合的食品质量安全检测检验平台。落实措施：全面落实集团《关于加强食品质量安全检测检验能力建设的指导意见》中提出的目标和要求，确定各级实验室的检测重点与内容，制定建设标准与规范，完成三级检验检测体系构建；进一步规范和确定各产业链相关的原辅材料、半成品及成品的检测标准，确定检验内容、频率、标准、人员能力及抽样方案等要求，做到检验检测工作的标准化；对集团现已开展的产品抽检工作进行规范，完善年度监督抽检计划，确定重点监督抽检的产品类别与检测项目，加强对集团高风险产品、问题产品和社会关注热点产品的指标抽检；促进检验检测交流，建立内外部实验室、集团内部实验室之间的信息与技术交流平台，推动实验室比对工作，推广标杆实验室经验，提升检验检测能力；集团组织检验检测能力综合评价，对实验室建设进行阶段性总结。

三、贮存运输

（一）物流方式

食品的贮藏方式包括冷藏、冻藏、常温贮藏。对于常温贮藏的食品，物流方式一般没有特殊要求，避光干燥即可。但需冷藏冷冻的食品则应全程采用冷链物流系统，应尤其注意，此类食品的运输企业应组织编制《食品冷链物流质量安全管理规范》，明确冷链产品物流过程中的温度、车辆、装运要求，规范冷链产品物流管理；开展食品冷链运输过程危害分析，确定关键控制点，规范冷链食品物流过程中关键环节的食品质量安全管理；组织各单位针对自身实际编制冷链物流过程的 HACCP 计划书；引导各单位应用电子温度监控与 GPS 定位等新技术，监控产品冷链物流过程中的车辆运行与温度变化。

（二）包装方式

包装材料与包装方法不能放在设计过程的后期再确定。包装材料应当符合食品卫生法规的要求，因为包装材料的某些成分可能会迁移到食品中，从而对产品安全性和风味带来负面影响（晁红风等，2017）。以乳饮料为例，根据顾客满意度调查其包装设计评估指标如表 3-2 所示。

表 3-2　　　　　　　　　　　乳饮料包装设计指标

项目	满意	较满意	一般	较不满意	不满意
材质	手感舒适,可靠性好	较好	感觉一般	不太好	差
尺寸大小	正好	略大或略小	有点大或小	较大或小	过大或过小
单位数量	正好	略多或略少	有点多或少	较多或较少	太多或太少
文案设计	精致漂亮,有内涵	比较美观	还行	勉强	不喜欢
密封效果	密封好,避光隔氧	密封好,避光一般	密封性和避光一般	不太好	差
安全卫生	安全、绿色	较安全	安全	印刷油墨质感差	印刷和材质差
便携性	设计合理,方便运输	易携带,易运输	浪费一些运输空间	浪费较多运输空间	不便运输

（三）货架期

在食品行业中，产品原材料普遍存在可分割性，且产品往往有不同的货架期，即同一原材料可分割为不同货架期的多种产品。以乳品加工企业为例，新鲜的生牛乳产品可分为货架期较长的常温乳或乳粉和货架期较短的鲜乳或酸乳两类。这两种产品的需求量和贮藏运输特点各不相同，虽然乳粉货架期较长，但日需量远不及鲜乳或酸乳一类保质期短的鲜品，但鲜品的货架期短使得该产品过期的风险很大。因此，相关企业的管理人员需要谨慎决定原材料的采购量，使其在尽可能满足顾客需求的前提下最小化企业的运营成本。同时，还需考虑由一种原材料生产多种货架期不同的产品时企业的原材料最优订购策略，开发相应的多周期决策模型是未来重要研究方向之一。

第四节 支持食品质量策划的工具和模型

一、原料的质量控制技术

没有优质原料就不可能加工出高质量的食品，原料是食品质量控制与管理的源头，其质量控制技术主要包括可追溯体系和良好农业规范。

（一）追溯体系

实施国家农产品质量安全追溯管理信息平台建设项目，完善追溯管理核心功能。按照"互联网+农产品质量安全"理念，拓宽追溯信息平台应用，扩充监测、执法、舆情、应急、标准、诚信体系和投入品监管等业务模块，建设高度开放、覆盖全国、共享共用、通查通识的智能化监管服务信息平台。出台国家农产品质量安全追溯管理办法，建立统一的编码标识、信息采集、平台运行、数据格式、接口规范等关键技术标准和主体管理、追溯赋码、索证索票等追溯管理制度。推动各地、各行业已建的追溯平台与国家追溯信息平台实现对接，实现追溯体系上下贯通、数据融合。选择苹果、茶叶、生猪、生鲜乳、大菱鲆等农产品统一开展追溯试点。优先将国家级和省级龙头企业以及农业部门支持建设的各类示范基地纳入追溯管理。鼓励有条件的规模化农产品生产经营主体建立企业内部运行的追溯系统，带动追溯工作全面展开，实现农产品源头可追溯、流向可跟踪、信息可查询、责任可追究。积极推行食用农产品合格证制度，强化生产经营主体责任。利用互联网、大数据、云计算与智能手机等新型信息技术成果，探索运用"机器换人""机器助人"等网络化、数字化新技术和新型监管方法，推动农产品质量安全监管方式改革创新。借助互联网监管服务平台、手机终端 APP、手持执法记录仪和移动巡检箱等设施设备，实现实时监管和风险预警，切实提升监管效能。加强数据收集挖掘和综合分析，探索农产品质量安全大数据分析决策，研判趋势规律，锁定监管重点，实行精准监管（吉林省农委农产品质量安全监管处，2017）。

（二）良好农业规范

绝大部分食品原料来自种植和养殖。良好农业规范（good agricultural practices, GAP）主要针对初级农产品生产的种植业和养殖业，鼓励减少农用化学品和药品的使用，关注动物福利、环境保护、工人的健康、安全和福利，以保证初级农产品生产安全（良好农业规范简介）。详细内容见本书第五章。

（三）HACCP 体系

根据 HACCP 原理，对原料进行危害分析，在此基础上制定并实施原料采购控制程序，如：对植物性食品原料，可以通过提供安全农药清单及专人指导等实现对农药使用的控制；对动物性食品原料，可以通过对饲料的生产和养殖过程的监督，了解激素的使用、抗生素的选择、寄生虫的防治、生长环境的监控、定期的体检等关键控制点的控制情况，从而保证原料质量和安全。与 HACCP 相关的详细内容见本书第六章。

二、支持工艺和产品的设计模型（QFD）

（一）质量功能展开（QFD）概述

进入全面质量管理（TQM）阶段后，人们开始关注能否在产品未生产时，就对其制造过程的质量控制做出指示。设计质量确定后，在后续流程中相关质量控制的重点就已客观存在，为了提前揭示后续流程中的"瓶颈"问题，质量功能展开（quality function development，QFD）技术与方法应运而生。质量功能展开是改善企业质量管理的重要方法之一，在质量策划（见本书第三章）的产品设计开发和生产规划阶段，可以发挥很好的辅助作用，是产品在开发阶段进行质量保证（见本书第六章）的方法。

1. 质量功能展开（QFD）的起源

日本自进入 20 世纪 60 年代经济高速成长期后，以汽车制造业为代表的产业迅速成长起来。由于汽车的改型周期逐渐缩短，设计阶段质量控制成为关注的重点（张晓东，2004）。在全员参加的质量管理（QC）热潮中，日本的质量管理完成了从 SOC（质量控制）向 TQM 的过渡。

QFD 于 20 世纪 70 年代初由日本东京技术学院的水野滋（Shigeru Mizuno）和赤尾洋二（Yoji Akao）等人最早提出（徐斌等，2011）。1972 年 Akao 教授撰写了题为《新产品开发和质量保证——质量展开系统》的论文，论文中首次提出了质量展开的 17 个步骤。Akao 开发的质量控制表，首先被三菱重工（Mitsubishi）的神户（Kobe）造船厂引用，并建立了 QFD 质量表，由此它才成为策划中一种可行的、正式的质量控制方法。不过，当时的 QFD 没有涉及如何根据客户的要求设定设计质量的问题。

1978 年 6 月，水野滋、赤尾洋二撰写的《质量机能展开》一书由日本科技出版社出版。该书从全公司质量管理的角度出发介绍了该方法的主要内容。其中，由 Akao 重新提出的 QFD 27 步骤，对企业开展 QFD 起到了重要的指导作用，从而使得 QFD 得到迅速推广和应用。1988 年，QFD 经过 10 年推广应用，从制造业逐渐推广到建筑业、软件业、服务业。在总结各行业企业应用 QFD 经验的基础上，赤尾洋二编写了《灵活应用质量展开的实践》一书。

经过多年的实践和改进，日本如今的 QFD 体系已将装置展开与质量展开、技术展开、成本展开和可靠性展开并列，发展成为更加完善的方法体系。新型的 QFD 将装置展开和技术展开分离，将产品创新的思路可视化，并将顾客的关注焦点进行转化，为产品质量创新设计构筑了清晰的平台。

丰田公司于 20 世纪 70 年代采用了 QFD 以后，获得了巨大的经济效益，其新产品开发成本下降了 61%，开发周期缩短了 1/3，产品质量也得到了相应的改进。丰田公司的成功应用，导致了 QFD 在日本和美国的快速发展。较早使用 QFD 的公司有福特汽车公司、保洁公司、3M 公司、菲利普公司等。如今，QFD 在日本和欧美等国都极为流行，QFD 的应用已遍及汽车、电器、服装、建筑、机械、软件开发、教育、医疗等各领域（徐斌等，2011）。

从 1987 年起，QFD 技术开始被引入到食品工业（M. Benner，et al.，2003）。当时，许多学者倡导将它作为一种策划工具来辅助食品生产/产品开发过程的管理，但 QFD 仍有待进一步改进来适应食品工业的特殊要求。迄今为止，QFD 在优化食品生产、开发过程中的应用，尤其是达到工业水平的应用仍不多见（Tim Sweet，et al.，2010）。

2. 质量功能展开（QFD）的概念

赤尾洋二教授将质量展开定义为：将顾客的需求转换成代用质量特性，进而确定产品的设计质量（标准），再将这些设计质量系统地展开到各个功能部件的质量、零件的质量或服务项目的质量上，和制造工序各要素或服务过程各要素的相互关系上，使产品或服务事前就完成质量保证，符合顾客的要求（孟祥斌等，2014）。

水野滋博士将狭义的质量功能展开定义为：将形成质量保证的职能或业务，按照目的、手段系统地进行详细展开。通过企业管理职能的展开，实施质量保证活动，确保顾客的需求得到满足。

质量功能展开（quality function development，QFD）是把顾客（用户、使用方法）对产品的需求进行多层次的演绎分析（段黎明等，2008），转化为产品的设计要求、零部件特性、工艺要求、生产要求的质量策划、分析、评估的工具，可用来指导产品的稳健设计和质量保证。

质量功能展开体现了以市场为方向、以顾客需求为产品研发唯一依据的指导思想（张佳等，2005）。它使产品的全部研发活动由顾客或者市场需求驱动，从而保证了产品的市场竞争力，提升产品开发的成功率。

3. QFD 的特点

（1）QFD 的核心思想是在产品生命周期的所有阶段均以满足客户需求为首要目标。在方案设计、技术设计、工艺制造、产品销售、售后服务等过程中，强调将顾客的需求明确地转变为产品开发的管理者、设计者、制造工艺部门以及生产计划部门等有关人员均能理解执行的各种具体信息，从而确保企业最终能生产出符合顾客需求的产品。QFD 是在市场经济条件下，为满足客户需求，提高产品功能、质量，赢得市场竞争优势而形成的一种新的产品开发和质量保证的技术。

（2）QFD 方法的基本思想是"需求什么"和"怎样来满足"。QFD 系统化过程的各阶段都是将顾客需求转化为管理者和设计人员能明确理解的各种工程信息，减少或避免产品从规划到产出各环节的盲目性。在这种对应的形式下顾客的需求不会被曲解，产品的质量功能也不会有疏漏和冗余。这实质上是一种对企业经济资源的优化配置。从质量设计的角度来看，这种有目标有计划的产品研发设计生产模式会缩减设计费用，缩短研发周期，大大提高产品的质量和竞争力（范斌，2007）。

（3）质量屋是建立 QFD 系统的基础工具，是 QFD 方法的精髓。典型的质量屋构成框架形式和分析求解方法不仅可以用在新产品的开发过程中，还可以灵活运用在工程实际的局部过程。例如，它可以单独地应用于产品的规划设计或生产工艺的设计等过程。

（4）QFD 技术是近年来发展和应用较为迅速和广泛的先进制造技术之一，在产品全方位的决策、管理、设计及制造等各阶段过程都能加以应用（范斌，2007）。

4. QFD 的作用

（1）实施 QFD 的直接功效

① QFD 有助于企业正确把握顾客的需求。QFD 是一种简单的、合乎逻辑的方法。它包含一套矩阵，这些矩阵通过多种方式收集信息并经过整理与分析，以确定顾客的需求特征，便于公司更好地满足顾客需求和开拓市场。利用这一方法，将使企业高层管理部门和产品设计部门在确定产品的质量标准的同时，能紧密结合产品的功能要求，使所确定的产品质量标准既不至于超过产品功能的实际需要，也不至于达不到产品功能所必需的要求。产品整个研发过程直接由顾客需求驱动，因此顾客对产品的满意度将大幅度提高。通过 QFD 的实施与运行，可以培养全体员工形成"产品开发应该直接面向顾客需求"的意识，对企业的发展有着不可估量的作用。

② QFD 有助于企业开发高质量产品。QFD 能够有效地指导其它质量保证方法的应用。统计过程控制（SPC）、实验设计（DOE/TAGUCHI）方法、故障模式和效应分析（FMEA）方法对于提高产品的质量都是极为重要的。QFD 有助于制造企业规划这些质量保证方法的有效应用，即把它们应用到对顾客来说最为重要的问题上。使用 QFD 方法后，在产品开发过程何时和何处使用这些方法都将由顾客需求来决定。制造企业应该将 QFD 作为它们全面质量管理的一个重要的规划工具。概括地说，我们认为，QFD 是一个实现全面质量管理的重要工具，它用来引导其它质量工具或方法的有效使用（于宗民，2007）。

从质量工程的角度出发，QFD 和其它的质量保证方法构成了一个完整的质量工程概念。质量功能展开（QFD）、故障模式和效应分析（FMEA）、田口（TAGUCHI）方法属于设计质量工程的范畴，即产品设计阶段的质量保证方法；而统计质量控制（SQC）、统计过程控制（SPC）等属于制造质量工程的范畴，即制造过程的质量保证方法。另外，就设计质量工程而言，QFD 和 FMEA、TAGUCHI 方法也是互补的（姜启英，2009）。QFD 的目的是使产品开发面向顾客需求，极大地满足顾客需求；而 FMEA 方法是在产品和过程的开发阶段减小风险提高可靠性的一种有效方法，也就是说，FMEA 方法保证产品可靠地满足顾客需求；TAGUCHI 方法采用统计方法设计实验，以帮助设计者找到一些可控因素的参数设定，这些设定可使产品的重要特性不管是否出现噪声干扰都始终十分接近理想值，从而最大限度地满足顾客需求（叶凌志，2009）。

③ QFD 有助于企业开发低成本产品。QFD 把功能、质量和成本三者有机地结合在一起，从而使产品能在满足功能要求的前提下，保证其质量最好同时成本最低。同时，QFD 在设计新产品时，还将企业主要竞争对手的因素考虑在内，这样便能使企业在开发新产品时，在功能、质量、成本三方面都要优于自己的竞争对手，从而使自己在激烈的市场竞争中立于不败之地。

企业应用 QFD 后，由于其在产品设计阶段考虑制造问题，产品设计和工艺设计交叉并行进行，因此可使工程设计更改减少 40%~60%，产品开发周期缩短 30%~60%；QFD 更强调在产品早期概念设计阶段的有效规划，因此可使产品启动成本降低 20%~40%，生产效率提高 200%。产品整个开发过程直接由顾客需求驱动，因此顾客对产品的满意度将大大提高；通过对市场上同类产品的竞争性评估，有利于发现其它同类产品的优势和劣势，为公司的产品设计和决策更好地服务（姜启英，2009）。

④ QFD 有助于打破企业部门间的功能障碍。QFD 主要由不同部门、不同专业的人来实施，所以它是解决复杂、多方面业务问题的最好方法。但是，实施 QFD 要求有勤奋的作风和献身精神，要有坚强的领导集体和团结一心的成员，QFD 要求并勉励使用具有多种专业人员的小组，从而为打破功能障碍、改善相互交流提供了合理的方法。同时也增进了各部门员工之间的交流，激发员工们的工作热情。

（2）QFD 的发展趋势

① QFD 的应用领域不断拓宽。尽管 QFD 主要是针对产品开发提出，但人们已将 QFD 成功地应用于食品及食品包装产品开发等领域中。随着 QFD 的不断发展，其应用领域必将不断地拓宽。

② 智能化、集成化计算辅助 QFD 应用环境的出现。专家系统技术正在许多领域显示其强大的生命力，QFD 应用过程中正需要具有丰富经验知识的各个领域专家，因此，为了减少在顾客需求提取过程和 QFD 配置过程中对专家的依赖，将专家系统技术应用于 QFD 是必然的趋势。另外，在 QFD 的配置过程中，需要大量的输入信息，这些输入信息在许多情况下是人为的判断、认识等，因此常常是模糊的。而处理模糊的知识正是模糊集成理论的"专长"，所以模糊集成理论在 QFD 的配置过程中大有用武之地。而 QFD 与 FMEA（故障模式和效应分析）、DFM/A（面向制造/装配的设计）、SPC（统计过程控制）这些工具有效地结合起来，将会发挥更大的作用。因此，智能化、集成化计算机辅助 QFD 应用环境的开发将是今后 QFD 研究的一个主要方向，同时它的出现也必将促进 QFD 在工业界的推广和应用（范斌，2007）。

③ QFD 的标准化、规范化。尽管 QFD 是一种柔性很大的方法。随着 QFD 的日趋成熟和其应用的不断深入，依然有必要对其中某些共性的东西加以标准化、规范化，例如 QFD 方法的工作流程、实施手段等，这也有助于 QFD 在企业中的推广和应用（范斌，2007）。一个值得注意的事实是，在美国，从 1989 年开始，ASI 和 GOAL/QPC 这两家持不同 QFD 分解方法的 QFD 咨询公司开始共同举办每年一期的 QFD 培训班，这也从某种程度上反映了 QFD 向标准化、规范化迈出了重要的一步（张培满，2010）。

（二）QFD 的基本方法

QFD 是一个非常复杂的过程，为了使大家了解其基本方法，下面先介绍三种用于分析和处理定量数据的结构化工具，它们可用来建立 QFD 中的各种矩阵。

1. KJ 法

KJ 法，又称亲和图法，是由日本川喜田二郎（Kawskida Jiro）提出的一种属于创造性思考的开发方法。KJ 法是把事件、现象和事实，用一定的方法进行归纳整理，引出思路，抓住问题的实质，提出解决问题的办法。具体讲，就是把杂乱无章的语言资料，依据相互间的亲和性（相近的程度、亲感性、相似性）进行统一综合，对将来的、未知的、没有经验的问题，通过构思以语言的形式收集起来，按它们之间的亲和性加以归纳、分析整理，绘成亲和图（affinity diagram，A 型图），以明确怎样解决问题。所以 KJ 法的主体是不断使用 A 型图来解决问题。采用的手法是进行集体创造性思考。一般的程序是：事实—调查—文件阅读—综合—灵感—创新。其主要步骤如下：

第一，收集资料。亲自到现场了解，取得第一手资料。也可以倾听别人的意见，阅读有关文献资料取得第二手资料。还可以根据自己的思考提出新的设想，以及通过集体讨论，互相启发取得资料。

第二，语言资料卡片化。收集到的语言资料按内容逐个分类，并分别用独立的意义、确切的词汇和短语简明扼要地综合制成卡片。

第三，汇合卡片。将卡片汇合在一起，把内容相近的归在一类，并按顺序排列，进行编号。

第四，做标题卡。将同类卡片的本质内容用简单的语言归纳出来，并记录在一张卡片上，叫标题卡。无法归类的卡片，自成一组。

第五，作图。最后将把汇集好的卡片，按照比较容易寻找的相互位置进行展开排列，并按照既定的位置，把卡片贴在纸上，用适当的记号勾画出其相互关系。

以"乳饮料"为例来说明"亲和图"的做法。根据市场调查、面谈或头脑风暴法，QFD 小组收集了顾客对"乳饮料"的需求。每个顾客的需求都写在卡片上，所有卡片都杂乱地摆放在桌上。这时，顾客需求是非结构化的，因为这些写在卡片上的顾客需求是随机的。根据直觉和经验，首先可以对这些需求按照其特性的相似性进行分类，然后进行分组，每个组代表一个一般意义上的主题。一般需求被分为 5~10 个组，每个组包含 1~15 个项目。为了简化，本例中的项目数被大幅度地减少到 6 个，而通常情况下会有 20~80 个。这些卡片被小组成员重新整理。如图 3-4 所示，研究小组认为"补充蛋白质"和"少糖"应同属于"营养"的范畴。同样，其它的顾客需求也被分组。请注意，小组并不是事先命名组的标题，再把顾客需求分配到某个组，而是先对顾客需求进行分组，再指定每个组的标题（如"营养""价格""包装""风味"等）。

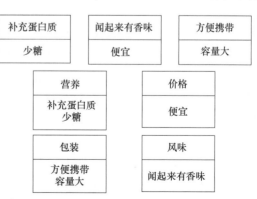

图 3-4 "乳饮料"的顾客需求"亲和图"

2. 树图

将来源于"亲和图"的顾客需求进行分组、水平的排列，我们就得到了第二种工具——树图。树图也可用来寻找亲和图中的缺陷和遗漏。例如，小组通常会发现上次调查漏掉的顾客需求，有时也会发现有增加分枝和重新分组的必要，如图3-5所示。树图允许小组添加、摒弃或解释顾客需求，以获得一个完整的结构。小组也可以用相同的方法来生成产品特性，这些产品特性也被做成树图。

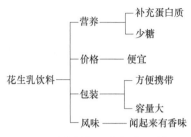

图 3-5 乳饮料的顾客需求"树图"

3. 矩阵法

矩阵法是 QFD 中最主要的工具。矩阵法是通过多因素综合思考，探索解决问题的方法。矩阵法借助数学上矩阵的形式把影响问题的各对应因素，形成一个矩阵，然后根据矩阵的特点找出确定关键点的方法。

QFD 矩阵主要是用来确定项目的质量要求。从客户对项目交付结果的质量要求出发，先识别出客户在功能方面的要求，然后把功能要求与产品或服务的特性对应起来，根据功能要求与产品特性的关系矩阵，以及产品特性之间的相关关系矩阵，进一步确定出项目产品或服务的技术参数。技术参数一经确定，就很容易有针对性地提供满足客户需求的产品或服务（周小桥，2004）。

4. 瀑布式分解模型

顾客需求是 QFD 最基本的输入，顾客需求的获取是 QFD 实施中最关键也是最困难的工作。要通过各种先进的方法、手段和渠道搜集、分析和整理顾客的各种需求，并采用数学的方式加以描述。顾客需求确定之后，采用科学、实用的工具和方法，将顾客需求一步步地分解展开，分层地转换为产品的技术需求、关键配方特性、关键工艺步骤和质量控制方法，并最终确定出产品质量控制办法。相关矩阵（也称质量屋或质量屋矩阵）是实施 QFD 展开的基本工具，瀑布式分解模型是 QFD 的展开方式和整体实施思想的描述（范斌，2007）。

如图 3-6 所示为一个典型 QFD 瀑布式分解模型。QFD 利用质量屋和瀑布式分解模型，将顾客需求分解、配置到产品形成的各个过程，将顾客需求转换成产品开发过程具体的技术要求和质量控制要求，并通过对这些技术和质量控制要求的实现来满足顾客的需求。如图 3-6 所示，顾客需求首先通过产品规划矩阵，转换成产品技术需求，将顾客需求反映、体现到指导产品设计的技术需求中；再依据产品的技术需求，形成关键配方特性；然后进一步由关键配方特性，配置形成关键工序；最后，针对各关键工序配置、

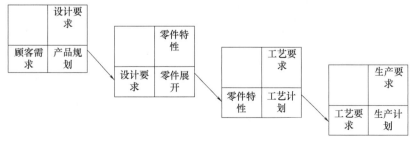

图 3-6　QFD 的四阶段模式

规划工序的质量控制参数。采用 4 个阶段（质量屋），将顾客的需求类比于瀑布，分解到了整个产品开发过程（范斌，2007）。

采用 QFD 瀑布式分解模型，可以一步一步地将顾客需求分解和配置到产品开发的各个过程中。但是，针对具体的产品和实例，没有固定的分解模式和分解模型，可以根据不同目的按照不同路线、模式和分解模型进行分解（范斌，2007）。以下是几种典型的 QFD 瀑布式分解模型。

（1）按顾客需求→产品技术需求→关键配方特性→关键工序→关键工艺及质量控制参数将顾客需求，分解为 4 个质量屋矩阵。

（2）按顾客需求→供应商详细技术要求→系统详细技术要求→子系统详细技术要求→制造过程详细技术要求→配方详细技术要求，分解为 5 个质量屋矩阵。

（3）按顾客需求→技术需求（重要、困难和新的产品性能技术要求）→子系统/配方特性（重要、困难和新的子系统/配方技术要求）→制造过程需求（重要、困难和新的制造过程技术要求）→统计过程控制（重要、困难和新的过程控制参数），分解为 5 个质量屋矩阵。

（4）按顾客需求→工程技术特性→应用技术→制造过程步骤→制造过程质量控制步骤→在线统计过程控制→成品的技术特性，分解为 6 个质量屋矩阵。

（三）质量屋的结构与量化评估方法

严格地说，质量功能展开（QFD）是一种思想，一种产品开发和质量保证的方法论。它要求企业开发新产品时直接面向顾客需求，在产品设计阶段考虑工艺和制造问题。而由美国学者 J. R. Hauser 与 D. Clausing 于 1988 年提出的质量屋（house of quality，HOQ）则是在产品开发中具体实现这种方法论的工具，通过一系列矩阵展开图表来量化分析顾客需求与工程措施间的关系度，经数据分析处理后找出对满足顾客需求贡献最大的工程措施，即关键措施，从而指导设计人员抓住主要矛盾，开展稳定性优化设计，开发出顾客满意的产品（邵家骏，2004）。

质量屋结构如图 3-7 所示，一个完整的质量屋包括六个部分，即左墙、天花板、房间、屋顶、右墙和地下室（宫华萍等，2018）。在实际应用中，视具体要求的不同，质量屋结构可能会略有不同。例如有的时候，可能不设置屋顶；有的时候，右墙和地下室这两部分的组成项目会有所增删等。

1. 左墙

这一部分包括顾客需求及其重要度 K_i。顾客需求是质量屋的输入信息，可通过向用户了解（问卷调查、访谈研究）或利用公司内信息（用户意见或投诉、企业内信息、行业信息）得出，再进行系统梳理与分析。值得一提的是顾客的需求是各种各样的，此项矩阵的建立应尽量充分、准确和合理，否则后续的所有需求变换工作可能偏离真实的市场顾客需求。就顾客的需求而言，亦有主次、轻重之分，QFD 方法中对此的处理是：对市场顾客的各项需求予以权重因子以便进行排序，定义权重因子的总和为 100%。注意，这里的顾客对象也有权重区分。例如，有主要客户对象和一般客户对象之分，显然不同客户需求的重要程度是不同的。在进行同类市场顾客对产品的诸多质量功能要求的排序时要注意避免重大的疏漏，亦要避免产品的功能冗余。最后简明扼要地根据直接打分

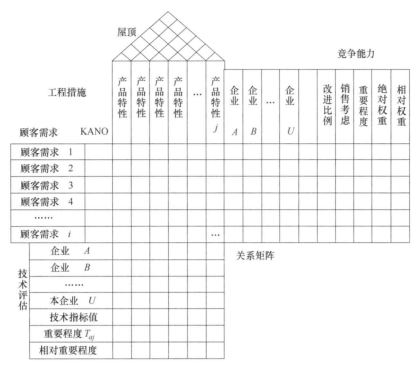

图 3-7　质量屋的结构

法、排序法或层次分析法来评定各项需求的重要度 J_{aj}，按照重要度依次填入左墙。

　　调查和分析顾客需求是 QFD 的最初输入，而产品是最终的输出。这种输出依赖于顾客需求和顾客满意度，并取决于形成及支持他们的过程的效果。由此可以看出，正确理解顾客需求对于实施 QFD 是十分重要的（范斌，2007）。

　　（1）顾客需求的理解　卡诺（Noritaki Kano）博士将顾客需求分为三种类型，即基本型、期望型和兴奋型。这种分类有助于对顾客需求的理解、分析和整理。一般将卡诺所提出的描述顾客需求的质量模型称为 KANO 模型，如图 3-8 所示。

　　① 基本型需求。基本型需求是顾客认为产品应该具有的基本功能，一般情况下顾客不会专门提出，除非顾客近期刚好遇到产品失效等特殊事件，牵涉到这些需求或功能。基本需求作为产品应具有的最基本功能，如果没有得到满足，顾客就会很不满意。但是，当完全满足这些基本需求时，顾客也不会表现出特别满意。例如汽车发动机在发动时的正常运行就属于基本需求，这是理所当然的，然而，若汽车不能发动或经常熄火，顾客就会非常生气。

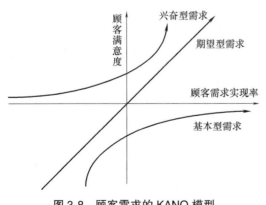

图 3-8　顾客需求的 KANO 模型

② 期望型需求。在市场上顾客谈论的通常是期望型需求。期望型需求在产品中实现的越多，顾客就越满意；相反，当不能满足这些期望型需求时，顾客就会不满意。企业要不断调查和研究顾客的这种需求，并通过合适的方法在产品中体现这种需求。如汽车的耗油量和驾驶的舒适程度就属于这种需求，满足得越多，顾客就越满意（何雪峰，2014）。

③ 兴奋型需求。兴奋型需求是指令顾客意想不到的产品特性。如果产品没有提供这类需求，顾客不会不满意，因为他们通常就没有想到这类需求。相反，当产品提供了这类需求时，顾客对产品就会表现出非常满意。

随着时间的推移，兴奋型需求会向期望型和基本型需求转变。因此，为了使企业在激烈的市场竞争中立于不败之地，应该不断地了解顾客的需求，包括潜在的需求，并在产品设计中体现。

（2）顾客需求的获取

① 选择调查对象。对于新产品，应重点调查该产品类似产品的用户。对于现有产品的更新换代，应重点调查现有产品的用户。

为了把握调查情报的分布，有必要对调查对象进行定位，要从地理位置、年龄、性别、收入水平、家庭构成、职业、消费形式等不同的角度细分市场。如果产品是通过不同的途径进入市场的，则必须了解批发商、零售商的具体要求，例如什么样的产品销售量高，怎样才能促进销售，最近顾客对该类产品有什么意见等。

另外，不能仅以购买产品的用户为调查对象，还要考虑那些将来可能会购买该产品的潜在用户。

② 进行市场调查，收集情报。用户对产品的质量要求用文字表达出来就是原始情报，而提出这些质量要求的用户特征（年龄、性别、职业等）数据就是属性资料。对于现有改进型产品，原始情报和属性资料通过问卷调查、访谈、收集用户意见和分析用户投诉获得。对于全新的产品要结合新产品的特点采用特殊的方法，得出潜在的顾客需求。

市场调查方法有两类：一类是向用户直接了解的问卷调查和访谈研究方法；另一类是利用企业现有的情报，这些情报主要包括用户投诉意见、企业内部行业信息等。两类方法各有优缺点，必须结合实际情况合理地选择使用。

通过情报的收集和深入的调查，应该达到：确定市场容量；确定产品是否满足了用户的需要；确定与竞争对手的差距；能够从中获得策划进入市场战略的启示的目的。

（3）顾客需求的整理与分析　收集到的顾客需求是各种各样的，有要求、意见、抱怨、评价和希望，有关于质量的，有涉及功能的，还有涉及价格的，所以必须对从用户那里收集到的情报进行分类、整理，形成 QFD 配置所需的顾客需求信息及形式。对顾客需求信息的分析整理主要包括以下几方面工作。

① 概括合并顾客需求。顾客对其需求的描述经常很长，为了便于在 QFD 矩阵中输入，必须对它们进行概括。在概括顾客需求时，注意不要歪曲顾客原意。这样，当产品设计人员在阅读 QFD 产品规划矩阵时就像在同顾客交谈一样。

在用简洁明了的语言概括顾客需求后，应将表达同一含义或相似含义的顾客需求进行合并。因为顾客需求总数越少，QFD 矩阵的配置及应用就越容易。建议将总的顾客需求数量控制在 25 个以下，最多不要超过 50 个。

② 将原始资料变换成顾客质量要求。原始情报是用户的声音，要对用户发出的信息进行翻译，将其变换成规范的质量要求。通常，先将原始资料变换成为要求项目，然后再将要求项目转换为要求质量。如表 3-3 所示为将花生乳饮料的原始资料转换成要求项目并进一步转换为要求质量的一个示例。

第一，将原始资料转换成要求项目。表 3-3 包括原始资料、使用场景和要求项目等内容。要求项目是根据原始资料设计或确定的，不拘形式、不局限于抽象的概念，可以是功能，或联想到的、灵机一动的念头，也可以将原始资料直接转记过去。变换的中介是使用场景。从 5W1H 入手，即从谁使用（who）、何地使用（where）、何时使用（when）、为什么要使用（why）、使用的预期目的是什么（what）以及如何使用（how）入手，引出要求项目。

表 3-3　　　　　　　　原始资料转换成要求项目并进一步转换成要求质量

| 序号 | 资料属性 | | 原始资料 | 使用场景 | 要求项目 | 要求质量 |
	性别	年龄				
1	男	30	方便携带	在办公室时 出去旅行时	放在办公桌上 能放在旅行包里 饮用方便	能平稳地放在桌上 包装瓶体积适宜 瓶盖拧紧不会洒出 轻度挤压不会变形 瓶盖方便打开 一只手就能握住
2	女	15	包装很好看	在同学聚会上	有颜色 可爱的设计	可选择自己喜欢的颜色 可爱的贴纸 可爱的造型
3	男	45	营养价值高	登山时	补充能量	富含蛋白质 有热量
4	女	22	好喝	家中	口感很好	细腻柔和 甜度适宜
5	男	25	看起来不错	超市里面	具有良好的稳定性	分散均一 成分含量适宜
……	……	……	……	……	……	……

第二，将要求项目转换成要求质量。对于表达不清、用词不准和界定不严格的顾客要求，不便直接用于质量控制，必须通过进一步的分析、整理，方能转换为要求质量。

在由要求项目向要求质量转换时，要注意语言的简洁、形象、具体和准确。每一项要求质量不要包含两个以上方面的内容，如"能放在旅行包里"，就包含了"包装瓶体积适宜""瓶盖拧紧不会洒出"和"轻度挤压不会变形"三个具体的质量要求。表 3-3 最后一列是通过分析和整理，由要求项目得到的要求质量。

　　第三，质量要求的分类与展开。上述整理后的顾客需求是随意排列的，且存在重复现象和条理性不强等问题。对它们合理的分类有助于简化 QFD 矩阵的构造。对顾客需求分类通常采用 KJ 法。

　　（4）获取其它顾客信息　在获取和整理顾客需求后，就应以顾客需求为依据再进行市场调查，以确定顾客需求重要度和顾客对本公司产品和市场上同类产品在满足他们需求方面的看法。调查对象应包括本公司产品用户和竞争者产品用户。调查时要求被调查者确定一组顾客需求的重要度以及对所使用的产品的满意程度。在调查前，调查人员应该根据实际调查情况设计出合适的调查表，因为它在很大程度上决定了调查表的回收率、有效率和回答的质量，是市场调查成功的重要条件之一。例如在调查顾客对其需求的重要度时，直接要求顾客按照一定的数字刻度（例如 1~5 或 1~9）为基准标出其重要度，往往容易产生偏差和丧失客观性。对此，可采用成对比较法来设计调查表。它在两两比较顾客需求相对重要性的基础上，确定各个顾客需求的绝对重要度。

　　在上述各项调查完成后，调查人员应运用统计方法对调查数据进行综合，然后编写一份完整的顾客需求调查报告，以供有关方面参考和使用。顾客需求调查报告的内容应包括顾客需求及其重要度、顾客对本公司产品和市场上同类产品在满足他们需求方面的看法。

　　随着科学技术的迅速发展和人们生活水平的不断提高，顾客对产品的要求在不断地变化着。因此，对于企业来说，要想在激烈的市场竞争中立于不败之地，必须不断地同顾客接触。顾客需求在变化，顾客需求重要度在变化，顾客对各种产品在满足他们需求方面的看法也在变化。只有通过不断的市场调查，企业才能了解当前的顾客需求信息和预测将来的需求信息，从而生产出适应顾客要求的产品。

　　（5）顾客需求重要度的确定　并不是所有的顾客需求都同等重要，顾客需求被获取和整理之后，在工程操作过程中，也需要将顾客需求根据不同的重要度进行分级，便于有侧重点地进行设计与制造。此时就需要一种相对比较标准化的确定顾客需求重要度的方法，将顾客的定性描述定量化。

　　实际操作中最常用的确定顾客需求重要度的方法是加权评分法，这种方法的核心是小组成员根据工作经验确定各项顾客需求的重要度的分值。一般按照性能（功能）、可信性（包括可用性、可靠性和维修性等）、安全性、适应性、经济性（设计成本、制造成本和使用成本）和时间性（产品寿命和及时交货）等进行分类，并根据分类结果将获取的顾客需求直接配置到产品规划质量屋中相应的位置。然后，对各需求按相互间的相对重要度进行标定。具体可采用 0~9 数字分 10 个级别标定各需求的重要度。数值越大，说明重要度越高；反之，说明重要度低（表 3-4）。这种方法简单易行，但容易受到操作者的主观认知的影响。

　　获取顾客需求及确定其重要度是 QFD 实施成功的关键。

　　2. 天花板

　　这一部分包括工程措施，是技术需求。为满足左墙中的顾客需求，提出对应的工程措施（产品设计要求），明确产品应具备的质量特性，整理后填入质量屋的天花板。

表 3-4 调味番茄酱质量改进中的顾客需求

顾客需求	质量要求展开		重要性等级
	准则层	指标层	
最佳饮食	使用方便	易于从瓶中流出	4
		倾倒时不撒出	4
	健康	非常甜、但不含糖	3
		含盐量低	3
	可口	必须有番茄的香气	4
		口感应该略咸	3
		不太酸	3
		含有多种香料	4
		能尝出醋的味道	3
		能尝出番茄的风味	5
		口感黏稠	3
	没有缺陷	加工时废弃物少	3
		不会腐败	4
		表面不要有水	3
良好的包装和标识	信息清楚	合理的贮藏指示	4
		新颖的使用建议	2
		番茄的含量信息	4
		"绿色"生产信息	3
	最佳包装	透过包装物能看到内部产品	4
		不同包装规格的产品	3
		能被挤压	2
		便于处理和使用	4
		能被再利用和回收	4
		盖子上无番茄酱	4

　　工程措施可采用简单的列表、树图、分层调查表或系统图的方式描述。它是用以满足顾客需求的手段，是由顾客需求推演出的，必须用标准化的形式表述（赵永强，2011）。工程措施可以是一个产品的特征指标，也可以是指产品的配方指标，或者是一个配方的关键工序及属性等。根据质量屋用于描述的关系矩阵不同而不同。在产品规划矩阵中，它指产品工程措施，在产品设计矩阵中，它指关键配方（成分）特性。

　　顾客需求和工程措施的对应是多相关性的，市场顾客的某种需求可能对应着若干项产品特性，若干种产品特性有机结合才能满足某种市场顾客需求。反过来讲，某种产品特性也可以同时满足若干项市场顾客的需求。产品特性是市场顾客需求的映射变换结果。这一阶段的产品工程措施将作为下一阶段质量屋的左墙。

　　在配置工程措施时应注意满足以下 3 个条件。

　　（1）针对性 即工程措施要针对所配置的顾客需求。

　　（2）可测量性 为了便于实施对工程措施的控制、工程措施应可测定。

　　（3）全局性 即工程措施不能涉及具体的设计方案。

　　上述 3 个条件中，尤其要注意的是工程措施的全局性。工程措施只是为以后选择设计方案提供了一些评价准则，而不牵涉到具体的产品设计方案。通常这是产品规划质量屋的最难部分。因为当顾客提出某项需求时，产品设计人员往往就想到具体的设计方案。例如当顾客说，"我希望喝到的饮料甜度适宜"，通常产品研发人员就想到对加入甜味剂的量进行增加或者减少。如果按照上述三个条件来选择工程措施，在产品规划质量屋中，为响应该顾客需求，其对应的工程措施应为饮料"甜度"。这是一种衡量顾客满意度的方式而非具体某项举措。

3. 房间

这一部分包括相关关系矩阵。表示左墙中的顾客需求和天花板中的工程措施之间的关系，即通过数据描述顾客需求和实现该需求的工程措施之间的相关程度，该部分是量化顾客需求的重要内容。

这部分是质量屋的主体部分，该矩阵的行数与第一部分相同，列数与第二部分相同。它用于描述工程措施（技术需求）对各个顾客需求的贡献和影响程度（沈顾官，2013）。质量屋关系矩阵可采用 r_{ij} 表示，指第 j 个工程措施（技术需求）对第 i 个顾客需求的影响程度。因为需要充分了解客户需求和工程措施之间的相互关系，所以应当邀请尽可能多的经验丰富的专家及相关科研人员来进行座谈和探讨，将经验与理论相结合，从而将客户需求与工程措施之间的相关度定量（王向宾，2007）。各个项之间的错综复杂关系可以定量地给以分值来表示。

在工程上，r_{ij} 建议用"1、3、5、7、9"这种具体数值表示相关度等级：

1——顾客需求和工程措施之间存在微弱的关系；

3——顾客需求和工程措施之间存在较弱的关系；

5——顾客需求和工程措施之间存在一般的关系；

7——顾客需求和工程措施之间存在密切的关系；

9——顾客需求和工程措施之间存在非常密切的关系。

该分级可根据实际情况进行调整，必要时也可以采用"2、4、6、8"等中间等级来细化相关度的差别，"0"表示不存在相关性。

正常情况下，将相关度填入质量屋的关系矩阵后，数据没有规律，分布呈现随机状态。如果分布呈现异常，如空行、空列、所有行或所有列无强相关或者相关度在一片区域密集出现等，则需要对顾客需求和工程措施内容进行检查和修改。以下为几种异常情况的详细说明。

（1）空行　指该行所代表的顾客需求没有相应的工程措施来实现，此时需要对客户需求进行重新评估或者增加能够实现改行所代表的客户需求的工程措施。

（2）空列　指该列所代表的工程措施并不能实现任何一项客户需求，此时需要确定客户需求是否有遗漏，否则应当取消该项工程措施。

（3）所有行或者所有列无强相关　表明顾客的所有需求都极难实现或者提出的所有工程措施都无法有效地实现顾客需求，此时需要考虑对顾客需求提出具有针对性的工程措施方案。

（4）同样的相关关系在多行或者多列重复出现　表明在顾客需求的划分上不够层次分明，多个顾客需求被混淆，也有可能是下一层的一些需求细节混入了上一层，这种情况下极容易使某些工程措施权重过高，对产品的设计造成严重影响，此时需要重新评估与分析顾客需求，尽量将顾客需求分门别类。

（5）相关关系密集出现 表明在顾客需求和工程措施的划分上都不够层次分明，此时需要重新检查并确定正确层次的顾客需求与工程措施。

4. 屋顶

这一部分包括各项工程措施之间的相关度。实现一个产品的诸多质量功能需求对应着诸多产品特性，各种市场顾客的质量功能需求之间有着相互关联影响，从而各种产品特性之间亦有着相互关联影响，某一种产品特性的改变会影响到其它产品特性跟着变化。不同的工程措施相互交叉，相互之间有正相关、负相关或没有影响几种情况，用相应的符号表示，在选择工程措施及指标时必须考虑交互作用的影响。

对任意两项工程措施，若其中一项的实现对另一项的实现有正面的促进作用，则可视促进作用的大小将其相互关系设定为强正相关或正相关，一般用"◎"或"○"表示。

若两项工程措施的实现在技术上存在矛盾，实际效果可能相互抵消，则可视矛盾的严重性将其相互关系设定为负相关或强负相关，一般用"×"或"#"表示。

无交互作用的工程措施为不相关，在质量屋屋顶对应的菱形空格中空白表示即可。

在经过工程措施之间的交互作用分析后，进行一些深入的利弊权衡从而调整一些重复的、相互冲突的工程措施。

5. 右墙

这一部分包括本产品的市场竞争力（M_i）。通过产品改善前后和国内外对比确定顾客对本产品和竞争对手产品的评估信息。

该部分是一个产品可行性评价矩阵，又称为市场评估矩阵，其行数与顾客需求矩阵相同，其中的内容表示要开发的产品针对各项市场顾客需求的竞争能力评估值。同时，引入若干个市场上同类产品作为竞争对象进行比较，以判断产品的市场竞争力，在产品开发初期找出不足之处以便进行调整改进。

（1）本企业及其它企业情况 主要用户描述产品的提供商在多大的程度上满足了所列的各项顾客需求。企业 A、企业 B 等是指这些企业当前的产品在多大程度上满足了那些顾客需求。本企业 U 则是对本企业产品在这方面的评价。可以采用折线图的方式，将各企业相对于所有各项顾客需求的取值连接成一条折线，以便直观地比较各企业的竞争力，尤其是本企业相对于其它企业的竞争力。

（2）未来的改进目标 通过与市场上其它企业的产品进行比较，分析各企业的产品满足顾客需求的程度，并对本企业的现状进行深入剖析，在充分考虑和尊重顾客需求的前提下，设计和制订出本企业产品未来的改进目标，目标要有市场竞争力。

（3）改进比例 改进比例 R_i 是改进目标 T_i 与本企业现状 U_i 之比。

（4）销售考虑 销售考虑 S_i 用于评价产品的改进对销售情况的影响。例如，我们可以用"1.5，1.2，1.0"来描述销售考虑 S_i。当 $S_i = 1.5$ 时，指产品的改进对销售量的提高影响显著；当 $S_i = 1.2$ 时，指产品的改进对销售量的提高影响中等；当 $S_i = 1.0$ 时，指产品的改进对销售量的提高无影响。质量的改进必须考虑其经济效益。改进之后，产品的销售量会不会有所提高，究竟能提高多少，这些都值得认真考虑。片面地奉行质量至上论是不可取的。

（5）重要程度　顾客需求的重要程度 I_i 是指按各顾客需求的重要性进行排序而得到的一个数值。该值越大，说明该项需求对于顾客具有越重要的价值；反之，则重要程度低。

（6）绝对权重　绝对权重 W_{ai} 是通过对改进比例 R_i、重要程度 I_i 及销售考虑 S_i 进行合适的数学运算（如积运算）获得，是各项顾客需求的绝对计分。通过这个计分，提供了一个定量评价顾客需求的等级或排序。

（7）相对权重　为了清楚地反映各顾客需求的排序情况，采用相对权重 W_i 的计分方法，即（$W_{ai}/\sum W_{ai}$）×100%。

6. 地下室

这一部分包括本产品的技术竞争能力分析（T_i）。通过量化分值对产品实现技术措施的程度以及技术手段的先进性进行评估。它是产品规划阶段的技术和成本评估矩阵，其列数与产品特征矩阵相对应，其中要建立的内容是各项产品特征的技术和成本评价数据，同时也建立若干个同类产品的相对应的数据信息并对此进行分析对比，找出不足之处，提出改进措施。

（1）本企业及其它企业情况　针对各项工程措施，描述产品的提供商所达到的技术水平或能力。企业 A、企业 B 等是指这些企业针对各项工程措施能够达到的技术水平或具有的质量保证能力。本企业 U 则是对本企业在这方面的评价。可采用折线图的方式，将各企业相对于各项工程措施所共有的能力或技术水平的取值连接成一条折线，以便直观地评估各企业的技术实力和水平，尤其是本企业相对于其它企业在技术水平和能力上的竞争力。

（2）技术指标值　具体给出各项工程措施如产品特性的技术指标值。

（3）重要程度 T_{aj}　对各项工程措施的重要程度进行评估、排序，找出其中的关键项。关键项是指：若该项工程措施得不到保证，将对满足顾客需求产生重大的消极影响，该项工程措施对整个产品特性具有重要影响，该技术是关键的技术或是质量保证的薄弱环节等。对被确定为关键的工程措施，要采取有效措施，加大质量管理力度，重点予以关注和保证。

$$T_{aj} = \sum_{i=1}^{n} r_{ij} K_i$$

工程措施的重要程度 T_{aj} 是指按各工程措施的重要性进行排序而得到的一个数值。该值越大，说明该项需求越关键；反之，则越不关键。T_{aj} 是各项工程措施的一个绝对计分。通过这个计分，提供一个定量评价工程措施的等级或排序。

（4）相对重要程度 T_j　为了清楚地反映各工程措施的排序情况，采用相对重要程度 T_j：

$$T_j = T_{aj}/\sum T_{aj} \times 100\%$$

这六个部分的矩阵构造完成后便形成了产品规划阶段的质量屋。这个质量屋的基本输入是市场顾客需求，针对需求对应的是一组产品特性，从而进行了需求变换，将顾客对产品的相对离散和模糊的需求变换为明确的产品工程措施（曾富洪等，2008）。

在这一过程中会不可避免地产生各种矛盾冲突。例如：存在市场顾客对产品的各种要求的冲突，如质量和成本的冲突、功能间的冲突等；不同产品特性在技术上的矛盾关系；与同类产品对比而产生的竞争力和技术成本的不协调问题等。这些矛盾冲突是需要解决的，而决定产品规划阶段质量屋的输出工作是利用质量屋这种形式化的工具进行迭代分析来解决上述矛盾冲突。对复杂的问题可以采用计算机辅助 QFD 过程。产品规划阶段质量屋的最终输出是产品工程措施列阵，通过实现工程措施来保证市场顾客的需求。

值得一提的是，工程措施及其指标的选择与后续的产品技术方案的确定是密切相关的，从而影响二级、三级质量屋的展开。因此必须利用先进的、系统的方法对工程措施及其指标进行设计与评估，结合自身企业的能力注重全局优化与个体创新。

（四）QFD 的工作程序

一旦决定应用 QFD 来管理产品开发活动，首先应该获取企业对方案的支持和必要的执行承诺。然后，按照该项目的目标（质量改进或新产品开发等）、时间跨度、目标顾客、资源配置等来做出决定。最后，成立 QFD 工作小组，这是一个含有所有功能成员的交叉功能小组，除了项目对象负责人、传统设计以外，还应包括有关部门、专业的专家。在获取执行项目所必需的设备、材料和时间以后，QFD 小组就可以开始工作了（徐斌等，2011）。

1. 确定开展 QFD 的项目

原则上 QFD 适用于任何产品开发项目、服务项目，对参与国内、国际市场竞争的产品和服务项目，QFD 最能发挥其作用，为企业带来高效益。由于 QFD 通常需要跨部门合作，实施中有一定工作量，应根据项目工作范围大小、涉及部门的多少，由适当级别的负责人来确定是否应用 QFD 技术。一般，对于一项完整的产品（商品），由于其开发涉及企业的所有部门和各个专业，应当由企业负责人来决定和批准 QFD 项目的立项。对于现有产品的质量改进和可靠性增长，以及某个成分或某道工艺的改进，则可根据其涉及范围的大小，由较低级别负责人或直接责任者来提出 QFD 项目的立项。

2. 成立多功能综合 QFD 小组

（1）多功能小组的组成　在应用 QFD 时，必须强调矩阵管理，既要加强纵向（专业内部）的联系，也要加强横向（项目方面）的联系。就像纺织一块布，经线和纬线都要结实，织出的布质地才均匀坚实。通常，工程专业的纵向联系较密切（与行政隶属关系一致），而横向联系则较薄弱。加强专业横向联系的行之有效的方法是成立一个多功能的、综合的 QFD 工作小组。QFD 小组的构成与质量策划的交叉团队相似，小组应有项目负责人，有市场营销、设计、工艺、制造、计划管理、质量管理、财务、成品附件、销售、售后服务等有关部门人员参加。但 QFD 小组的活动的主要目的是更充分地分析和准确地把握顾客的需求（包括潜在的需求），使产品或服务更好地满足顾客的要求。因此，当 QFD 工作对象为某项质量问题的改进、某个故障的纠正、某个配方的设计修改或某道工艺的改进时，QFD 小组成员的范围可适当缩小，只要有关人员参加即可。

对于一个典型的食品开发项目组，交叉功能团队由下列相关部门和专家组成（图 3-9）：

① 高级经理，以保证所选择的产品创意符合公司发展战略和公司形象的要求。

② 财务专家，用来监督开发成本并控制其在预算限额以下。

③ 法律顾问，为保证产品开发符合法律、法规要求，特别是在产品安全、知识产权等方面做出建议。

④ 市场销售部门，主要了解消费者的需求和市场的反应，考察新产品对公司品牌的影响及产品的市场竞争力。

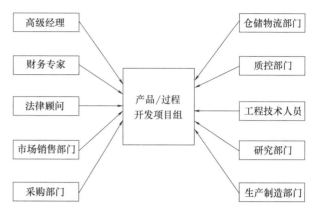

图 3-9　产品/过程开发项目组部门组成

⑤ 仓储及物流部门，指出新产品在贮存和流通阶段的条件和限制，是否有特殊要求。

⑥ 工程技术人员，评估新产品制造所需要的工艺。

⑦ 生产制造部门，列出新产品对工厂生产系统的影响以及对员工技能、设备利用及员工人数的需求。

⑧ 研究部门，在审查程序上担当重任，控制开发过程的技术，指出技术的可行性和产品创意、产品原型的局限性。

⑨ 采购部门，协调原料的适用性、利用率和成本之间的矛盾，保证原料质量和供应的可靠性，产品成本是审查的主要依据。

⑩ 质量控制部门，考虑生产过程的潜在风险和指出相关的质量控制点。需要时还可以增加包装专家，在产品开发的早期阶段就为产品提供适合包装的材料和包装方面的建议。

（2）团队工作法　QFD 小组的成员来自不同的部门，专业能力互为补充，有着明确的目标，在小组中运用团队工作法可以极大地提高小组的效率。可以视需要对小组成员进行团队精神培训，重点是提高成员间相互交流的技能，明确 QFD 小组的运作方式。按团队工作法的要求，QFD 小组成员间互相信任、互相支持、各司其职，以主人翁的精神无保留地参与团队工作。团队负责人不是传统意义上的长官，而是活动的推动者和协调者。团队内信息公开，知识经验相互交流，采用头脑风暴法等方法开展工作。领导层给予团队充分授权和资源保证，积极推动团队的发展。而团队成员通过共同的努力，在 QFD 项目的开发中不断取得进展，产生成就感，并以更积极的态度投身于团队工作中。团队工作法充分发挥不同专业成员的积极性，保证 QFD 工作的深入；反过来，QFD 方法的应用也对团队精神发挥促进作用，改进专业间的横向合作交流，促进团队工作法的发展和经验、信息的积累。

3. QFD 的产品规划阶段

QFD 四阶段法中，构造的第一个矩阵是产品规划矩阵（质量屋）。它的目的是用来将顾客对产品的需求转换成终产品特性。HOQ 包括几个不同的部分或房间，按顺序填入

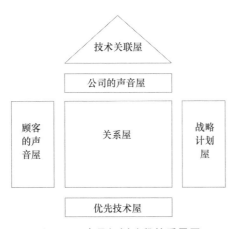

图 3-10 产品规划阶段的质量屋

内容以便实现从顾客需求向产品特性的转换（图 3-10）。

产品规划矩阵已成为 QFD 的主要焦点，因为它包含了企业需要的关于产品与顾客关系及它在市场中的竞争位置的最关键信息（徐斌等，2011）。然而，为了真正驱动整个产品的开发过程，仍需通过使用额外的矩阵将"顾客需求"系统地、连续地带入剩余的产品/过程设计活动和市场之中。在产品规划阶段，应用 QFD 方法将大大提高企业在激烈的市场竞争中取得成功的机会，对于产品开发的后续阶段——零件配置、工艺规划、质量控制规划，QFD 过程也是一个非常有效的工具。

4. QFD 的产品设计阶段

QFD 小组依据产品规划矩阵中描述的信息，在接下来的研发活动中将产品特征连续地展开。在一个先前决定的阈值上，选择体现技术重要性等级的产品特征（表明获得集中的顾客需求强烈程度的相对重要性）做进一步展开。与顾客需求相关的产品特征也可以同样处理，这些需求要么是重要的销售点，要么是竞争表现能力。当然，也可以选择那些高度组织化或技术精深的产品特征进行展开。

QFD 四阶段法中，构造的第二关系矩阵是产品设计矩阵。通过建立产品设计矩阵，将已选定的产品特征，从整体产品水平展开到成分设计水平。这个矩阵展示了组成成分和产品特征两者之间的关系是否重要及重要到什么程度。它的结构类似于 HOQ 的结构，而横排的产品特征变成纵列，第二阶段的横排则变为成分设计。产品特征与成分设计之间的关系在矩阵中心进行描述。在这些关系强度的基础上，选择关键成分设计，并将其进一步展开至生产计划和控制体系中。

5. QFD 的工艺规划阶段

第三个矩阵是工艺规划矩阵。在矩阵中纵列为关键成分设计，横排与工序操作有关。如果某项工序操作强烈影响某个关键成分设计，该成分就变成质量控制计划中的控制点。此外，如果必须监控某个工序操作参数来获得某个成分设计的指定水平，那么这个参数就变成过程控制计划中的检测点（徐斌等，2011）。

6. QFD 的质量控制规划阶段

配置过程中，前一矩阵的"如何"被转移到一下矩阵中，并成为该矩阵的"什么"。这三个阶段所采用的 QFD 矩阵基本组成部分都大致相同，分析方法也相差不多。而到了质量控制规划（又称制造规划）阶段，情况则大不一样。从目前 QFD 在国外的应用实践来看，各个企业在质量控制规划阶段采用的 QFD 矩阵差别很大，几乎没有形成一个比较规范的格式。出现这种状况其实很正常，每个企业由于其生产产品类型、生产规模、技术力量、设备状况以及其它各种因素的影响，其质量控制方法、体系也大不一样。因此企业在应用 QFD 矩阵进行质量控制规划时，应结合本厂实际，充分利用本厂在长期的生产实际中所积累的一整套行之有效的制造过程控制方法。

在产品规划、产品设计、工艺规划和质量控制规划阶段都使用 QFD 方法，最终使得生产部门的信息都起源于顾客的信息。如果遵守操作指令，生产出来的产品能满足顾客需求，这比传统的遵守操作指令生产出满足设计要求的产品更有意义。

通过上述一系列活动，QFD 小组为企业产品开发和产品质量改进建立了一套完备的操作程序。在产品开发和市场引进过程中它能有效地控制产品和成分的关键特征（控制点）及监控关键工序的相关参数（检测点）。这一手段还可以融入公司的质量保证体系之中，将顾客指导和质量保证带至上游的产品开发。如图 3-11 所示为 QFD 在食品工业的应用过程。

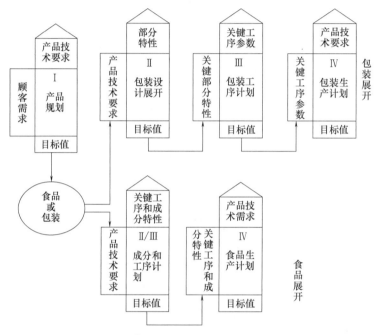

图 3-11   食品工业的质量功能展开示意图

总之，QFD 是在市场经济条件下，为满足顾客需求、提高产品质量、赢得市场竞争而形成的一种新的产品开发和质量保证技术（李朝玲，2009），当前正受到各国工业界和学术界的普遍重视，并已成功地应用到产品开发和服务性行业中。它保证将来自顾客和市场的需求，精确地转移到产品开发每个阶段的有关技术需求和措施中去。社会主义市场经济体制的建立，客观上为 QFD 在国内企业的应用和推广创造了外部环境。为了在激烈的市场竞争中立于不败之地，企业必须不断地调查和理解顾客需求，并在开发的产品中体现这些需求，从而生产出令顾客满意的产品。

三、过程设计的故障模型和失效分析

（一）失败模式和效果分析

失败模式和效果分析（failure mode and effect analysis，FMEA）是一种系统分析工

具，应用于产品过程设计。利用它可以在设计阶段找出潜在的失败，提供消除这些失误的有效途径。FMEA 有两种形式：一种是设计 FMEA，用于分析新产品和新服务中存在的潜在失败；另一种是过程 FMEA，用于分析制造过程和服务过程中的失败分析。下面主要介绍过程 FMEA 的实施方法。

由工艺设计、制造、质控、销售和市场服务等部门专家组成专门的 FMEA 小组，按照下述步骤实施 FMEA。

（1）从整个过程的流程图开始，划分出不同功能组成单位。

（2）对每个组成单位的潜在失败予以鉴定。

（3）确定各个失败模式的失败原因。

（4）确定各个失败模式对内部（制造过程）和外部（消费者）的影响。

（5）对用于或者将用于监控失败的措施进行鉴定。

（6）失败模式的评价，采用严重性、失败的发生和失败的检出能力 3 项指标，分别制订相应的 0~10 分等级，3 项指标的得分乘积称为风险优先值（RPN）。如果 RPN 大于 90，则应优先采取纠正措施。

（7）在步骤（6）的基础上鉴定纠正活动。

（8）在步骤（6）和步骤（7）的基础上对失败模式评价和纠正活动进行总结。

过程 FMEA 提供了潜在失败模式的有关信息，并对这些信息处理排列出处理措施的优先等级，在设计阶段和生产制造阶段就采取纠正活动予以改进。基于 FMEA 原理，还产生出了一项更为系统的质量控制与质量保证的工具，即危害分析与关键控制点（HACCP），HACCP 将在后面专题介绍。

（二）田口方法

日本的田口玄一博士于 20 世纪 70 年代创立了田口方法。它是在产品设计的早期阶段防止质量问题产生的技术。田口方法的基本思想是用正交表安排实验方案，以误差因素模拟造成产品质量波动的各种干扰，以信噪比衡量产品质量稳健性的指标，通过对各种实验方案的统计分析，找出抗干扰能力强，容易调整，性能稳定的设计方案（曾凤章等，2003）。

为了估计质量的真正花费和提高产品质量，可以采用田口方法提高产品质量和加工过程。田口认为产品质量是产品关键特性的函数，也就是与产品性能有关的函数。对于产品设计，田口博士在此基础上提出了三次设计理论。

1. 系统设计（一次设计）

系统设计是指根据产品规划所要求的功能，决定产品结构与要求的设计，其任务是把产品规划所定的目标与要求具体化，设计出能满足用户要求的产品。首先要完成一种产品的设计，设计中应包括可以影响产品性能理想状态参数的起始值。系统设计是产品设计的第一步，利用专业知识和技术对该产品的整个系统结构和功能进行设计。其主要目的是确定产品的主要性能参数、技术指标及外观形状等重要参数。系统设计是产品设计的基础，它在很大程度上决定了产品的性能和成本，影响到用户是否接收该产品。系统设计是在调研的基础上，对比同类产品提出并确定技术参数。在系统的整体方案确定后，还要画出产品总图及部件总图。可以看出，系统设计相当于传统的概念设计加结构设计。

2. 参数设计（第二次设计）

所谓参数设计，是指运用正交试验法或优化方法确定零部件参数的最佳组合，使系统在内、外因素作用下，产生的质量波动最小，即质量最稳定（或健壮）。参数设计又叫健壮设计，它的目的是采取一切措施，保证产品输出特性在其寿命周期内保持稳定。运用参数设计，可以使产品或部件的参数搭配合理，即使元器件的性能波动较大，也能够保证整体性能稳定与可靠。参数设计既能采用廉价的元器件，又能提高整机质量。因此，参数设计实质上是质量优化设计，需要通过一系列的实验来确定这些参数的最佳值以降低工程设计对变化源的敏感性，从而也就降低了损失，是质量设计的核心阶段。

3. 容差设计（第三次设计）

容差设计也称偏差设计，参数设计完成后，就可开始确定零部件的容差（机械设计中称为公差设计），容差设计的目的是确定各个参数容许误差的大小。在一个系统中，由于结构不同，各个参数对系统输出特性的影响大小就不同，它取决于误差的传递路线。容差设计的基本思想是对影响大的参数给予较小的公差值，对影响小的参数给予较大的公差值，从而在保证质量的前提下使系统的总成本为最小。并不是所有的偏差都有严格要求，而只是那些对产品性能具有重大影响的设计参数需要严格无误。对于容差设计，田口建议采用损失函数法，最近10多年来，人们开始采用优化设计法结合公差成本模型进行容差设计，且已取得较好的效果。

（三）稳健设计方法

从田口方法又产生了稳健设计技术，其目的是在工程设计中对不可控因素不要太敏感，从而把外部变量设计效果的影响降至最低。稳健设计技术的实现过程分为下述几个步骤。

（1）进行初始设计并确认理想功能。

（2）识别可控因素和噪声因素。

（3）实施一步优化，优化系统的稳定性。

（4）实施二步优化，确定对灵敏度影响显著的可调因素。

四、评估产品特性的方法和技术

产品特性的评估是从产品感官、营养和安全等方面评价产品设计是否合理、质量策划的运行结果是否符合质量目标和相关标准的关键方法和技术。

（一）感官评价技术

食品的感官检验，是一种最直接、快速，而且十分有效的检验方法。不仅能对其色、香、味、外观、组织状态、口感等感官嗜好性做出评价，对其它品质也可做出判断。有时该检验还可鉴别出精密仪器也难以检出的食品的轻微劣变。感官评价可以分为主观性实验和客观性实验两大类。主观性感官评价是请未经训练的消费者对产品进行偏好、比较及接受性实验。客观性感官评价是由经过专门训练的鉴评师按照统计学原理所设计的实验程序进行，用来鉴定不同样品的品质特征。主观性实验主要用于市售产品，客观性实验主要用于原型或者中试产品的评审。所以，感官分析往往是食品分析的第一项内容。如果感官检验不合格，即可判定该产品不合格，不需再进行理化及卫生检验。国家标准对各类食品都制定有相应的感官指标。在食品感官评价这门课程中，可系统学习食品感官评价的操作过程与方法。

（二）微生物预测模型

食品微生物检测，是运用微生物学的理论与方法，检验食品中微生物的种类、数量、性质及其对人的健康的影响，以判别食品是否符合食品安全标准的检测方法。食品微生物检验主要测定细菌总数、大肠菌群、致病菌。此外，某些食品需检测霉菌、酵母菌，罐头食品还需检测商业无菌。通常，可引起食物中毒或以食品为传播媒介的致病菌主要有：痢疾杆菌、致病性大肠杆菌、沙门氏菌、霍乱弧菌、炭疽杆菌、鼻疽杆菌、结核菌、布氏杆菌、猪丹毒杆菌等。在食品微生物学理论与实验课程中，可系统学习相关理论与实验方法。此处必须强调的是，食品微生物检测结果反映了食品安全与卫生状态。因此，在监督抽检中，食品微生物指标不合格是"一票否决"，不允许复检。微生物预测模型可以根据产品的特点，预测不同病原菌、腐败菌生长或产毒状况，从而了解产品质量的稳定性和安全性。也可以模拟不同加工工艺，判断在设定的工艺条件下，微生物残留及其相关风险。

（三）货架期预测模型

保质期实验要定期比较一系列感官指标、微生物指标和理化指标。当试样与控制样之间出现显著差异或超出预定范围，即可根据受试时间判定保质期是否达到预期的目标。保质期实验分为长期实验和加速实验两种。长期实验是将试样贮存在与市售产品相同环境条件下测试。而加速实验是将试样在人为设定的极端条件下加速陈化过程，尽快得到结果。加速实验常用于估计原型产品的保质期，而长期实验用于评定最终的投放市场产品的保质期。无论采用哪种预测模型，在检测过程中常需要食品分析、仪器分析等课程的基础知识，对食品中营养物、添加剂、有毒有害物质等进行检测、分析和评估。

第五节　食品质量策划过程管理

一、团队管理

在开发产品及质量策划中需要建立跨职能小组，即交叉团队，团队的主要任务在于产品设计开发和产品质量设计的优化评审。参加小组的人应适当包括设计、制造、采购、销售、现场服务、供应商和顾客代表等不同岗位或职位的人。

（一）交叉团队

为了在多项约束的产品加工和产品开发中做出明智的决定，需要各个相关方面的知识和经验，单靠某一个专家显然是不够的。在处理棘手问题的时候，往往会组织交叉功能团队去解决。

在产品开发过程中，交叉功能小组还要进行质量设计的优化评审。例如由市场、生产制造和质量控制等部门密切合作评价产品的质量和安全性。虽然食品企业规模不同，其构成部门也不同，但质量职能的规定大同小异。

对于交叉团队，应确定：每一方代表的角色和职责；确定小组职能及成员，哪些个人或相关方应被列入小组成员，哪些不需要；理解顾客的需求和期望；对提出来的设计、性能要求和制造过程评定其可行性；确定成本、进度和应考虑的限制条件；确定需要来自顾客的帮助；确定文件化过程或方法。此外，为尽早地解决和完成预期目标，团队应建立其它顾客与供方小组沟通渠道，定期举行小组会议。

（二）同步工程

同步工程又叫并行工程，是团队产品及其制造和辅助过程进行并行、一体化设计，达到替代工程技术实施过程中逐级转化的工程方法。并行工程是集成地、并行地设计产品及其相关的过程，其总体目标就是缩短产品开发周期，提高产品质量，降低生产成本（王芳林，2003）。并行工程与传统生产方式之间的本质区别在于它把产品开发过程（product development process，PDP）的各个活动视为一个集成的过程，从全局优化的角度出发，对该集成过程进行管理和控制，并且对已有的 PDP 不断改进和提高。

并行工程的产品开发过程是跨学科群组在计算机软硬件工具和通信环境的支持下，由能反映一类产品开发活动的合理信息流动关系用组织、资源和逻辑制约关系为框架，以特定的产品开发（从概念形成到制造开始）约束为背景，以全方位考虑产品生命周期信息和缩短开发时间为目标，由产品开发管理人员设计的动态可变的开发任务流程。

在传统观念中，产品开发过程只是一个静态的、顺序的和互相分离的流程，因此常采用串行工程，即把整个产品开发全过程细分成很多步骤，每个部门和个人都只做其中的一部分工作，而且是相对独立进行的，工作结束后把结果交给下一部门。串行过程对于一般的项目是可行的，但是对于富含创造性的工作，需要多学科协作、讨论与协调，且具体工作广泛存在交互和反馈的设计活动而言，串行管理显然不合理。因此，在很多人并不了解串行工程时，设计人员的头脑中也存在着朴素的并行工程思想，如协商解决冲突、提前发布信息等。这说明：一方面，在产品开发过程中，串行开发只能描述宏观开发活动的顺序关系，不符合实际开发过程中串行、并行同时存在的现实；另一方面，由于并行工程的思想只存在于设计人员的潜在意识中，且具有很大的随意性，造成对产品开发过程的管理松散，最终导致大规模地延长开发周期。实践中人们逐渐认识到，在产品开发过程早期所做的决策会对下游过程，如可制造性、质量以及最终的产品市场占有率产生重要影响。而且工程修改的费用以指数形式增长，这是因为修改被放置在产品开发过程的后期。

跨学科群组和支持环境是并行工程顺利实施的基本保证。在此条件下，一类产品开发活动的信息流动关系、组织、资源和逻辑制约关系基本可以由产品开发系统的功能模型和一系列约束规则加以描述，这里称为模型框架。对特定的产品开发而言，只要将具体的信息、组织、资源和逻辑制约赋值给动态模型框架，就可以形成特定产品的开发过程模型（彭毅等，1996）。并行工程产品开发过程是过程管理的集中体现。从产品概念设计开始，经过产品开发到产品维护的整个生命周期里，为提高产品质量、减少生产费用、缩短产品开发周期提供了一种强有力的思想方法和手段。其突出之处在于，它在注重工程技术的同时，着重强调管理的作用。

并行工程方法的实质就是要求产品开发人员与其他人员一起共同工作，在设计阶段就考虑产品整个生命周期中从概念形成到产品报废处理的所有因素，包括质量、成本、进度计划和用户的要求（孙菲，2005）。根据这一定义，并行工程是组织跨部门、多学科的开发小组，在一起并行协同工作，对产品设计、工艺、制造等上下游各方面进行同时考虑和并行交叉设计，及时地交流信息，使各种问题尽早暴露，并共同加以解决。这样可以缩短产品开发时间和产品上市时间，提高产品质量和降低生产成本。

二、项目管理

（一）落实责任，明确质量目标

首先，质量策划的目的就是要确保项目质量目标的实现，项目经理部是质量策划贯彻落实的基础。组织精干、高效的项目领导班子，特别是选派训练有素的项目经理，是保证质量体系持续有效运行的关键（郭尧新等，2009）。其次，对质量策划的工程总体质量目标实施分解，确定工序质量目标并落实到单位和个人。此外，为保持质量策划工作的经常性和系统性，领导层的重视和各职能部门的协调也是必不可少的因素。

（二）做好采购工作，保证原材料的质量

食品加工过程中原材料的好坏直接影响到最终产品的质量。如果没有优良的原材料，就不可能加工出优质的产品。从材料计划的提出、采购及验收检验每个环节都进行了严格规定和控制。项目部必须严格按采购程序的要求执行，特别是要从指定的物资合格供方名册中选择厂家进行采购，并做好检验记录。对"三无产品"坚决不采用，以保证施工进度和施工质量。可利用追溯体系和 HACCP 体系中的关键控制点限制和检验原材料的质量及整个过程中所需的记录文件，以保证在后期质量控制过程中"步步有录"。

（三）加强过程控制，保证工程质量

过程控制是生产管理工作和质量管理工作的一项重要内容。只有保证生产过程的质量，才能确保最终建筑产品的质量。为此，必须做好以下几个方面的控制。

（1）认真实施技术质量交底制度　每个分项工程施工前，项目部专业人员都应按技术交底质量要求，向直接操作的班组做好有关施工规范、操作规程的交底工作，并按规定做好质量交底记录。

（2）实施首件样板制　样板检查合格后，再全面展开施工，确保工程的质量。

（3）对关键过程和特殊过程应该制定相应的作业指导书，设置质量控制点，并从人、机、料、法、环等方面实施连续监控。

（四）加强检测控制

质量检测是及时发现和消除不合格工序的主要手段。质量检验的控制，主要是从制度上加以保证。如技术复核制度、现场材料进货验收制度、三检制度、隐蔽验收制度、首件样板制度、质量联查制度和质量奖惩办法等。通过这些检测控制，有效地防止不合格工序转序，并能制订出有针对性的纠正和预防措施。

（五）监督质量策划的落实，验证实施效果

对项目质量策划的检查重点应放在对质量计划的监督检查上。项目部要不定期地对质量计划进行监督和指导，项目经理要经常对质量计划的落实情况进行符合性和有效性的检查，发现问题，及时纠正。在质量计划考核时，应注意证据确凿，奖惩分明，使项目的质量体系运行正常有效。

三、持续改进

组织应控制策划的变更，策划的输出不断更新，以适应法律法规和组织环境运行的变化。策划的变更不仅体现在文件更新，更要落实在策划实施过程中，变更应按所策划的方式实施，组织应考虑到以下方面。

（1）变更的目的及潜在后果。

（2）质量管理体系的完整性。

（3）资源的可获得性。

（4）责任和权限的分配和再分配。

第六节　场景应用

一、产品开发前提原则（一）：产品执行标准

安安：Hi，田田。

田田：Hi，安安。

安安：有时候，列席一些会议是在浪费青春。

田田：怎么了？

安安：有时候，很多人的梦想是那么不切实际。

田田：到底怎么了？

安安：刚刚参加了紧压红茶砖生产对接会，计划一个月内产品上市。

田田：然后呢？

安安：轮到质量安全部发言，我一句话把整个项目从根上"掘"了。

田田：为什么？

安安：我问，这个产品执行什么标准啊？他们说，执行 GB/T 13738.1—2017《红茶　第1部分：红碎茶》或 GB/T 13738.2—2017《红茶　第 2 部分：工夫红茶》都行。

我说，这两个标准，红茶水分含量要求小于 7%，能压成茶砖吗？茶叶太干就压不成砖，压成砖则水分不符合执行标准，这还怎么做呀？还有其它的不适用我还没说，比如砖茶的感官指标怎么能执行散茶的感官指标呢！

田田：那这个项目立项阶段流程不对呀！产品开发第一条前提原则就是得有产品标准呀。那这种情况只能先制定企业标准了。

安安：是的，因为适用的国家标准、行业标准、地方标准都没有。

田田：我再多啰唆两句，产品执行标准一定要老老实实的，可别为了形式上的合规性，打一些擦边球。说几个产品标准的注意事项，你们可得把好关。

安安：你说。

田田：第一个，新研发产品如果想执行国家标准、行业标准、地方标准，这些标准可不能是作废标准或公告即将作废的标准。

安安：这个当然。

田田：第二个，新研发产品如果想执行国家标准、行业标准、地方标准，这些标准一定得找对了，这些标准一定能适用于这个新产品。

安安：这个能举个例子吗？

田田：比如，袋泡茶有个专门的国家标准，同时有的茶类国家标准中包括这个茶类的袋泡茶要求，有的则不包括袋泡茶要求。你要研发袋泡茶，执行标准得找准。

安安：嗯，执行标准得找准。

田田：第三个，新研发产品如果想执行地理标志产品的国家标准，得确保这个新产品符合地理标志产品标准的产地、技术条件等要求。

安安：嗯，一旦声称你的产品符合地理标志产品国家标准，产品就必须符合标准要求。不符合那就违规了，违反了《地理标志产品保护规定》。

田田：第四个，有的国家标准、行业标准、地方标准中并没有规定产品的质量等级，如果新研发的产品要想突出质量等级，执行这样的标准就不合适了。

安安：是，国家标准毕竟是基本要求，照顾普遍性嘛。

田田：第五个，制定企业标准的时候，既要考虑有关的基础国家标准，又要结合产品测试，确保企业标准高于国家标准，同时产品又能够持续稳定地满足企业标准的要求。

安安：形成企业标准文本后，除了专业审定会外，还要进行产品测试一下，看看产品能不能达到标准要求——企业标准倒是严格了，自己的产品达不到，也不行呀。

二、产品开发前提原则（二）：生产许可证

田田：Hi，安安。

安安：Hi，田田。

田田：开会了？

安安：嗯，刚刚参加了茉莉红茶生产对接会。

田田：又要做茉莉红茶了？紧压红茶的执行标准搞定了？

安安：嗯，正着手编写企标、准备备案资料。茉莉红茶项目又差点让我从根上"掘"了。

田田：又是什么原因？

安安：没有生产许可证——我们工厂 SC 证范围目前只有红茶，茉莉红茶工艺属于花茶。

田田：你真棒！

安安：那是。我说，这个茉莉红茶概念特别好，设想的工艺是什么呢？他们说，精选一芽一叶为主的小种红茶作为茶胚，与茉莉花一同窨制而成，可不是红茶和茉莉花简单的混合。我说，按窨制工艺，产品类别为花茶，SC 类别编号 1601；红茶混合茉莉花工艺，产品类别为含茶制品，SC 类别编号 1602；无论如何，SC 都得扩项，现在怎么谈什么生产对接呀？

田田：产品开发的第二个前提原则，得有生产许可证呀。

安安：对，边研发产品，边申请 SC 扩项，时间上少则 3 个月。

田田：立项阶段质量安全审核谁签的字？应该在 1 号门解决的问题，怎么能拖到 3 号门解决呢？耽搁了多少效率？

安安：不知道呀，反正我没签字，我慢慢追溯一下吧。

田田：好的，我再啰唆两句？

安安：说吧！

田田：第一个，研发的产品如果不在 SC 的二三十类产品类别之列，那这个食品研发的立项则需要暂停下来权衡一下了。

安安：嗯。

田田：第二个，依据现行 SC 审查细则，有的产品允许分装，有的产品不允许分装。所以，设想购买半成品或大包装，回来只做小包装，得首先探讨可行性。

安安：嗯，这个也对。买别人的半成品，回来包上自己的包装纸，即使合规，也不是老老实实做品牌的架势嘛。

田田：第三个，申请 SC 扩项要与产品研发同步，不要等着产品定型后再作准备。

安安：是，因为还牵扯到硬件的改造、SC 申请、SC 审查、SC 发证等各个环节。

三、食品卫生：从车间入口处做起

安安：Hi，田田。

田田：Hi，安安。

安安：我在学习 GB 14881—2013《食品安全国家标准 食品生产通用卫生规范》这个标准是食品生产的最基本条件和卫生要求，是对《中华人民共和国食品安全法》提出的食品生产过程、厂房布局、设备设施、人员卫生等要求的细化和分解，是实施食品安全生产过程监管的重要技术依据，是生产企业保证食品安全的重要手段。

田田：是呀，所有的消费者都期望：①他们购买的食品是安全的；②食品标签展示的内容是真实可信的；③制造食品的原料来源是可靠的；④食品是在卫生的环境下生产的。

安安：标准条款细节方面呢？

田田：何为卫生，狭义地讲就是清洁（打扫卫生、卫生大扫除），广义地讲就是消除污染（交叉污染、灰尘、废弃物、虫害、霉菌、个人卫生……）。所以，"清洁""交叉污染""废弃物""虫害""灰尘"是出现频次较高的关键词。

安安：按照你这个找关键词的逻辑，我也来归纳一下——控制食品卫生，一是设计上做到"本质安全"，二是硬件上风险点有"措施"或"装置"，三是管理上要有制度。所以，"设计""措施""装置""设施""制度""定期"也是出现频次较高的关键词。

田田：呵呵。

安安：食品的第一个属性就是卫生，食品企业区别于工业企业的第一个地方就是车间入口处。

田田：Good!

安安：食品车间入口的设施，或者说进入车间之前的设施，包括什么呢？

田田：（1）门（必需）。

　　　（2）防鼠设施（必需）。

　　　（3）防虫设施（门帘、风幕机、灭蝇灯、暗道、纱窗、门禁、水幕等，结合实际搭配）。

　　　（4）更衣室（必需：个人物品存放柜、储衣柜或衣架、鞋箱或鞋架、穿衣镜、紫外灯等空气消毒设施）。

　　　（5）淋浴室、厕所（非必需）。

　　　（6）风淋室或缓冲间（进入清洁区）。

安安：更衣室的这5个设施都是必需的吗？我看达不到。

田田：必需呀。

安安：有个人物品存放柜不就行了嘛，干吗个人物品存放柜和储衣柜都得有？

田田：个人衣物（鞋、包等物品）与工作服分别存放，避免交叉污染呀。

安安：哦。

田田：特殊的工厂，比如处理传染性材料、动物原料（如皮毛等），便服与工作服不是分柜存放了，是要求分室存放。《工业企业设计卫生标准》（GBZ 1—2010）规定的很细，包括更衣室大小设计等，当然它侧重于职业健康与安全。

安安：呵呵。个人物品存放柜等安装有什么要求没？

田田：（1）衣架和鞋架不能靠墙。

　　　（2）柜子、鞋箱不能生锈。

　　　（3）柜子、鞋箱、衣架、鞋架有编号。

　　　（4）柜子顶呈45°斜面。

安安：是，都是从卫生、交叉污染角度考虑呀。那买工作服也得有讲究吧？

田田：主要是两个：一个是口袋，一个是扣子。工作服口袋可以：腰部以上没有口袋→工作服外侧没口袋，内侧有口袋→工作服没口袋。具体根据你的风险分析，选择合适的工作服。

安安：主要是考虑工作服口袋中的物品在工作场所脱落的可能性，避免异物污染。扣子呢？

田田：工作服的扣子可以使用：塑料扣、粘扣、金属扣、系绳、拉链。

安安：塑料扣不能用吧，比较容易带来异物。粘口容易粘毛发等异物。如果终产品过金探，用金属扣倒是挺好的。系绳有些麻烦。连体的工作服一般都拉链的。

田田：你正在做风险分析，根据你的工作环境和流程来选择合适的工作服。

本章小结

　　食品企业的生存和发展离不开产品开发。市场经济必然存在竞争，哪个企业能够适时推出市场需要的新产品，就会在竞争中处于有利的地位，否则就有被淘汰的危险。本章基于质量策划的基本内容和过程，阐述食品质量策划过程的要素和要求；从原料验收到贮藏运输一切活动或服务都在质量策划范围内。质量策划是新产品开发的起点，产品的开发设计是质量策划最核心的部分，在产品设计过程中，以需求导向和顾客满意度导向两种设计思路为主，这两种思路都是以顾客为中心进行，企业在策划时可以通过质量功能展开辅助进行。质量策划是食品企业质量管理诸多活动中不可缺少的中间环节，是连接质量方针和具体质量管理活动的"桥梁"。

　　关键概念：质量策划；食品特性；设计模型；故障模型和失效分析；策划管理

🔍 思考题

1. 食品质量策划过程中应该掌握的原则和方法是什么？
2. 影响食品质量策划的因素有哪些？
3. 质量策划对企业的重要作用主要表现在哪些方面？
4. 质量策划与单纯的产品策划有何区别？
5. 如何管理食品质量策划过程？

参考文献

［1］　良好农业规范（GAP）简介. 果树实用技术与信息，2010，（3）：48.

［2］　曾凤章，赵霞. 田口方法及其标准化设计. 机械工业标准化与质量，2003，（11）：8-10.

［3］　曾富洪，周兰花. QFD 实现顾客需求转换的软件模型研究. 机床与液压，2008，（10）：299-231，234.

［4］　晁红风，徐莹. 国内外食品接触材料法规中迁移限量的比较分析. 印刷质量与标准化、2017，（2）：5-8.

［5］　陈春晓．正确认识食品添加剂．现代农业，2004，（7）：64.

［6］　程俊瑜，荆宁宁，胡汉辉．新产品研发质量策划、知识过程与研发绩效的关系研究．软科学，2010，24（4）：11-14.

［7］　戴传刚，丁小权，杨荣华．浅谈企业财务风险分析方法．财会通讯：理财版，2008，（7）：114-115.

［8］　段黎明，黄欢．QFD 和 Kano 模型的集成方法及应用．重庆大学学报，2008，31（5）：515-519.

［9］　范斌．QFD 系统的若干理论方法与应用研究．青岛：青岛大学，2007.

［10］　宫华萍，尤建新．个性化语言学习系统质量特性的提取与定位．中国电化教育，2018，（3）：88-93.

［11］　郭尧新，赵庚．浅谈工程项目质量策划．科技信息，2009，（7）：694.

［12］　何雪峰．基于 KANO 模型的产品需求层次分析．中国电子商务，2014，（12）：87-88.

［13］　吉林省农委农产品质量安全监管处．"十三五"全国农产品质量安全提升规划．吉林农业大学学报，2017，（7）：16-20.

［14］　姜启英．应用 QFD 技术提升产品开发质量．客车技术与研究，2009，（4）：58-59，65.

［15］　李朝玲．质量功能展开的系统建模及应用研究．青岛：青岛大学，2009.

［16］　刘立平．谈质量成本管理．内蒙古石油化工，2006，（2）：46-47.

［17］　刘晓英．企业如何正确看待质量体系认证．河南水利与南水北调，2000，（4）：52.

［18］　孟祥斌，张衡，周丰．基于 QFD 与 SWOT 的集成化设计方法研究与应用．科技管理研究，2014，（9）：163-167.

［19］　彭剑虹．发挥企业质量主体作用打造全产业链模式——中粮集团质量安全管理实践．质量与认证，2013，（12）：56-57.

［20］　彭毅，吴祚宝．并行工程产品开发过程的建模方法学．系统仿真学报，1996，（3）：14-17.

［21］　邵家骏．质量功能展开．北京：机械工业出版社，2004.

［22］　沈顾官．基于 QFD 的中餐连锁企业供应链优化研究．北京：北京交通大学，2013.

［23］　孙菲．面向并行工程的 CAPP 统一信息模型研究．矿山机械，2005，33（12）：98-99.

［24］　王芳林．并行工程环境下 DFX 相关．西安：西安电子科技大学，2003.

［25］　王君，刘佳．质量损失成本在企业中的运行．口腔护理用品工业，2017，27（1）：29-31.

［26］　王康平．产品开发阶段质量策划研究．汽车实用技术，2018，275（20）：197-198.

［27］　王向宾．产品开发与顾客需求分析．北京：首都经济贸易大学，2007.

［28］　徐斌，苗文娟，李波，等．质量功能展开在食品工业中的应用．食品工业科技，2011，（12）：561-564.

［29］ 杨辉. 策划在质量管理体系中的地位与应用. 信息技术与标准化, 2008,（10）: 59-61.

［30］ 叶凌志. QFD 结合 VE 在快速消费品质量改进中的研究. 上海: 同济大学, 2009.

［31］ 尹建丽, 于得水. 基于公共部门职能的风险管理绩效评价机制. 合作经济与科技, 2015,（10）: 72-74.

［32］ 于宗民. 基于质量功能配置法的产品开发研究. 中国集体经济（下半月）, 2007,（3）: 130-131.

［33］ 张佳, 樊超然, 段志善. 质量功能展开方法在产品设计中的应用. 家电科技, 2005,（3）: 42-43, 45.

［34］ 张培满. 质量功能配置（QFD）在减速箱开发中的应用研究. 成都: 西华大学, 2010.

［35］ 张晓东. QFD 与产品创新. 中国质量, 2004,（10）: 39-41.

［36］ 赵永强. 基于质量功能展开的物流中心选址应用研究. 西安石油大学学报（社会科学版）, 2011,（1）: 60-64.

［37］ 周小桥. 运用质量功能展开（QFD）确定项目的质量要求. 项目管理技术, 2004,（3）: 23-26.

［38］ 朱晓泉. 基于风险思维与工程设计质量相关的 I-S-M 过程分类识别方法（上）. 上海质量, 2018, 346（6）: 63-68.

［39］ M. Benner, A. R. Linnemann, W. M. F. Jongen, et al. Quality Function Deployment（QFD）—can it be used to develop food products？. Food Quality and Preference, 2003, 14（4）: 327-339.

［40］ Sweet Tim, Balakrishnan, Jaydeep Robertson, et al. Applying quality function deployment in food safety management. British Food Journal, 2010, 112（6）: 624-639.

第四章
食品质量控制

学习目标：

1. 食品质量控制原理。
2. 食品质量的波动与控制。
3. 质量控制的工具和方法。
4. 食品链中关键质量控制过程。

　　质量控制（quality control）是为达到质量要求所采取的作业技术和活动（李娜等，2010）。"作业技术"包括专业技术和管理技术，也是质量控制的主要手段和方法的总称。"活动"是运用作业技术开展的有计划、有组织的质量职能活动。

　　质量控制是以技术为基础，保证质量是核心任务，其目的在于监视过程并排除质量环节所有阶段中导致不满意的原因，以取得最大经济效益，对于食品质量控制的目的还涵盖了经营者对人类健康和社会的一份基本责任（P. A. Luning, et al. , 2005）。

　　在食品的加工和流通过程中，产品标准和生产工艺的设计一旦完成，就必须对整个食品生产过程进行全程控制。控制并不仅仅是监督的作用，还包括当操作不符合要求时应该及时采取的纠正措施。质量控制的主要目的是将生产出的产品质量控制在允许误差范围之内，最终达到产品的标准要求。因此，有必要深入了解引起不同食品质量波动的原因，作为管理者和生产经营者首先必须对食品生产的工艺和理论有所掌握。因此，实施食品质量控制的最终目的是提高和稳定食品质量。如果生产过程不稳定或者质量波动较大，食品的质量就难以得到保证和提高。质量控制可以认为是食品生产全过程中保证食品生产质量的主要过程。质量控制是评估生产结果以及必要时采取纠正措施的连续性过程。一般认为质量控制是质量管理系统中的一部分，致力于操作技术和过程的实施，以达到产品最终质量要求，即在满足相关法律条款要求的同时由设计人员制定的标准规定的要求（刘淼，2012）。因此，关于食品质量的控制，主要讨论的是在加工和流通动态过程中对质量的控制。

　　食品质量控制，必须采取控制措施的组合，也要结合管理，才能将质量控制做到位。一方面，食品质量控制措施的组合，既包括针对卫生和生产环境的控制（前提方案与操作性前提方案），又包括对食品安全危害的控制（HACCP 计划），还涉及生产工艺过程的技术控制，保证食品具备色、香、味、形等食品感官质量。另一方面，食品质量管理，既包括对质量控制过程的管理，又包括对食品质量管理体系的管理。而在食品质量管理体系中，对人员的管理，不但有制度，而且应该纳入柔性管理的方法，如人文关怀、个人素养培训、压力疏导、企业文化建设等。总之，有对原料和成品的管理、对过程的管理、对体系的管理。

因此，本章节主要围绕这两个方面进行介绍。首先，论述食品质量控制基础理论和措施。其次，讲述应用于实施质量控制的技术工具和方法，包括抽样、统计过程控制、质量分析和测试。再次，分别详述了食品链中关键质量控制过程，包括种植与养殖过程、原辅料采购与供应商（包材、添加剂）、生产过程、终产品、流通过程（冷链、仓储、零售或销售）和餐饮过程的质量控制。然后，介绍质量控制过程的管理，包括控制、经营绩效以及对控制过程的管理。最后，以安安和田田的对话作结，讲解食品生产者和食品经营者的责任，强调国家标准需认真研读。

第一节　质量控制基础

食品链中质量控制过程和所有的控制系统有相同的特点，都包括以下几部分：①测量或监测；②在误差范围内比较实际结果和目标值（如规范、标准、目标和规格等）；③必要的纠正措施。此过程又可总称为"控制周期"，大致可以分为7个步骤。

（1）选择控制对象。

（2）选择需要监测的质量特性值。

（3）确定规格标准，详细说明质量特性。

（4）选定能准确测量该特性值或对应过程参数的监测仪表，或自制测试手段。

（5）进行实际测试并做好数据记录。

（6）分析实际与规格之间存在差异的原因。

（7）采取相应的纠正措施。

当采取相应的纠正措施后，仍然要对过程进行监测，将过程保持在新的控制水准上。一旦出现新的影响因子，还需要测量数据分析原因进行纠正，因此这7个步骤形成了一个封闭式流程，称为"控制周期"。在上述7个步骤中，最关键的有两点：质量控制措施的组合和质量控制过程的管理，贯穿"控制周期"的始终。

任何企业间的竞争都离不开"产品质量"的竞争，产品质量是企业在市场竞争中生存和发展的基础。而产品质量作为最难控制和最容易发生的问题，往往让生产经营企业苦不堪言，轻则退货赔钱，重则客户流失，关门大吉。因此，如何有效进行质量控制是确保产品质量和提升产品质量，促使企业发展、赢得市场和获得利润的关键（蓝天尔，2014）。

一、质量控制原理

（一）控制的定义和分类

1. 控制的定义

在管理学中，控制是对员工的活动进行监督，以判定组织是否正朝着既定的目标健康地向前发展，并在必要的时候及时采取纠正措施，以便实时纠正错误，并防止重犯的管理行为（许亚东，2010）。

2. 控制的分类

在实际管理过程中，按照不同的标准，控制可分成多种类型。

（1）按照业务范围　控制分为生产控制、质量控制、成本控制和资金控制等。

（2）按照控制对象的全面性　控制分为局部控制和全面控制。

（3）按照控制过程中所处的位置　控制分为事前控制、事中控制和事后控制。事前控制指在行动之前对可能发生的情况进行预测并提前做好准备的控制形式，是组织在一项活动正式开始之前所进行的管理上的努力。它主要是对活动最终产出的确定和对资源投入的控制，其重点是防止组织所使用的资源在质和量上产生偏差。事中控制，属于过程控制或现场控制，即在执行计划的活动过程中，管理者在现场对正在进行的活动始终给予指导和监督，以保证活动按规定的政策、程序和方法进行。事后控制发生在行动或任务结束之后，经过与目标对照，查找偏差并实施矫正的控制行为。这是历史最悠久的控制类型，传统的控制方法几乎都属于此类。

（4）按照控制目的　控制可分为预防性控制和纠正性控制。预防性控制是为了避免产生错误和尽量减少之后的纠正活动，防止资金、时间和其它资源的浪费而采取的控制措施；纠正性控制常常是由于管理者没有预见到问题，在出现偏差时所采取的控制措施，使行为或活动返回到事先确定的或所希望的水平。

（5）按照实施控制的时间　控制可分为反馈控制与前馈控制。反馈控制指从组织活动进行过程中的信息反馈中发现偏差，通过分析原因，采取相应的措施纠正偏差。前馈控制又称指导将来的控制，即通过对情况的观察、规律的掌握、信息的分析和趋势的预测，预计未来可能发生的问题，在其未发生前就采取措施加以防止。因此，前馈控制就是预防性的事前控制。

上述各种不同类型的控制都有其不同的特点、功能与适应性。

（二）质量控制的定义

质量控制（quality control，QC）是质量管理的一部分，致力于满足质量要求（ISO 9001：2015）。所谓质量要求，通常是顾客、法律、法规、标准等方面所提出的质量要求，如食品的安全、营养与口感等方面的要求。具体而言，质量控制就是为达到规定的质量要求，在质量形成的全过程中，针对每一个环节所进行的一系列专业技术作业过程和质量管理过程的控制。对硬件类产品来说，专业技术过程是指产品实现所需要的设计、工艺、制造、检验等；质量管理过程是指管理职责、资源、测量分析、改进以及各种评审活动等。对服务类产品来说，专业技术作业过程是指具体的服务过程。

质量控制应贯穿于产品形成和体系运行的全过程，应确保质量过程和活动始终处于完全受控状态。为此，事先需制订质量控制计划，对受控状态做出安排，然后在实施中进行监视和测量，一旦发现问题就及时采取相应措施，恢复受控状态，消除引发问题的原因以防再次偏离受控状态。因此，质量控制的基础是过程控制，无论制造过程还是管理过程，都需要严格遵守操作程序和规范。控制好每个过程，特别是关键过程，是达到质量要求的保障。

（三）食品质量控制的原理

食品链的每个环节中都存在着能直接或间接影响食品质量的因素，因此，食品质量的控制必须以食品链为基础，关注每一个环节以及影响各环节控制过程的人、工具和机器、材料、工艺方法、环境、测量手段等等，以实现食品产品的标准化生产，并确保食品符合标准的要求。根据现代质量管理学理论，食品质量控制的原理至少应包括下述内容。

1. 风险思维

基于风险的思维使组织能够在食品生产过程中进行预防和控制，在食品质量失控事件发生之前就采取针对性的预防控制措施可消除潜在风险，有效预防或降低不利事件的影响。

2. 过程控制

食品质量控制需采取 P（策划）D（实施）C（检查）A（处置）循环，即过程方法，所有的控制措施首先应有科学的策划（P），其次应在策划的基础上实施（D），然后应对实施过程及其结果进行监测以保证控制措施按照策划的要求实施且有效（C），最后应对控制过程中发现的不符合进行纠正，对控制措施进行改进（A）。食品质量控制的管理过程就是 PDCA 的不断循环过程。

3. 相互沟通

食品质量控制需要实时进行有效的外部沟通和内部沟通。外部沟通指整个食品链中各组织间的沟通，如食品加工者，上游是初级食品生产者，下游是批发商。那么食品加工者就需要与初级食品生产者沟通，在初级食品生产过程中可能含有的食品质量问题是什么，在初级加工过程中已经将相关质量危害降低到什么程度，加工组织还需要采取哪些措施等；又如对于批发商，需要告知加工产品的保存方法、食用要求，以免产生食品质量问题。外部沟通，还包括组织与政府相关主管部门之间的沟通，以及时获得食品行业相关资讯。

内部沟通指组织的所有相关部门、人员之间就食品质量影响因素而建立的沟通管理，如质量管理人员将食品原料质量、食品生产现场监测结果与仓库、生产等部门的沟通。

4. 全员参与

所有员工都是组织之本，只有他们的充分参与，才能真正发挥他们的才干；食品质量是所有相关人员共同努力的结果，无论管理者，还是执行者，都需要为食品质量作出贡献，以保证生产出高质量的食品。

5. 持续改进

持续改进是组织的永恒目标。在食品质量控制与管理过程中，通过不断的"PDCA"

循环，最终实现食品质量的持续改进。本书第五章将专门阐述食品质量改进。

6. 体系管理

将组织中与食品质量控制与管理相关的各个过程及其组合和相互作用作为系统加以识别，并按照食品质量管理体系的要求进行系统控制和管理，将有助于实现食品质量目标。

二、食品质量的波动

质量波动是食品的一个典型特征，因为食品中包含生物元素，尤其是那些直接将初级产品（如水果，蔬菜，牛乳，肉等）提供至食品加工厂的原材料显示出相当大的质量波动。食谱以及加工条件的现代化使标准化得到部分实现。但是，例如新鲜水果和蔬菜，质量波动存在于整个生产链，包括消费的过程，因此原材料和产品的实际性能存在着相当大的不确定性，在食品制造过程中通过一定的控制手段能够部分降低这种不确定性。因此，质量控制也被视作达到食品品质要求的重要过程。

质量波动的来源可分为"一般"和"特殊"两种，现在也有人将这种波动对应地称为"正常波动"和"异常波动"。生产过程或系统的波动由不同的来源引起，包括人、材料、机器、工具、方法、测量手段及环境。波动的一般来源是产品、生产过程或系统所固有的，并且包括多个单独来源因素的协同作用。波动的一般来源通常占已知波动来源的80%～90%，通常可以通过组织改善来减小一般来源的波动，例如可以通过教育来提高人（操作者）的质量意识、技术水平及熟练程度，同时包括对材料、机器、工具、方法、测量手段和环境的改善等达到目的。波动的特殊来源，指并非产品、生产过程或系统所固有的，通常占已知波动来源的10%～20%，如材料供应商偶尔提供的一批劣质原料，设备故障，操作人员违反工艺规范，没有正确校正的测量工具等。波动的特殊来源可以通过控制图表进行测量。这类数据散差异常大，如果生产中出现这种状态，我们称它为不正常状态。在一般情况下，特殊（异常）波动是质量管理和控制中不允许的波动。

从质量控制的角度来看，通常又把以上造成质量波动的因素对应归纳为系统性原因和偶然性原因两类。

生产过程或系统的波动可能来源于不同方面，如材料、环境、方法、测量手段、机器、设备、工具和人等。对于质量控制而言，了解这些波动的来源是非常重要的。在对食品加工的质量控制方面，许多典型的波动是由技术性变量的波动而引起的。同时根据造成波动的原因，把波动划分为两大类：一类是正常（自然）波动；另一类是异常波动。

第一，食品生产过程中，主要原辅料质量的波动是一个重要的因素。概括起来波动的原因可能有以下几个方面：①食品加工的主要原料为动植物原料，由于自然生长条件、饲养条件和采收季节等方面的不同，而造成的波动称为自然波动。由自然波动引起的质量指标波动一般会达到10%，甚至30%。②由于采收、运输、破碎或其它处理加工后会带来许多不良生理生化和化学反应，而使得原料的质量在进入生产时产生较大的波动。③不同批次的原材料质量通常是不一致的，这就使得质量控制变得更加复杂。例如批次的不同、果品原料成熟度的差异，均会大大影响到果品的香气。成熟度不够香味不足，成熟度太高进入后熟期的原料又会造成腐烂，滋生大量的腐败菌和病原微生物，而在饮料、罐头等高水分活度食品加工过程中，原料中原始菌浓度的高低又会影响到成品杀菌强度和工艺（温度时间的组合）的制定。这些因素对质量控制提出了更高的要求。④最后，如果原料的来源是未知的，将使质量控制更加困难。由于原料质量变量的多样性，就要求设定的误差范围不应该太窄，否则很容易导致不安全的产品出现。对于目前国内大多数食品企业而言，原料的采购、验收检验对于成品的检验环节还是一个相对薄弱的方面，必须引起足够的重视。

第二，测量手段和方法的波动。一方面原材料的巨大波动对测量手段和方法提出了更高的要求。对于控制过程来说，取样方法，即如何在适当的位置选取正确数量的样品，包括取样后样品的制备，显得尤其关键。某些取样方法，如听装果汁饮料的大肠杆菌检验一般需要3天以上的时间，由于耗费的时间较长，很难快速地反映生产过程中的问题。并且，这种取样的方法通常是破坏性的，尽管对同一批次的产品，在保证一定的取样基数的条件下，取样样品能够说明一定的问题，但另一方面也表明实际消费的产品是没有经过检验和控制的。所以，取样的途径、方法和手段等，都可能引起巨大的波动。

第三，波动的另一个重要来源就是人。包括操作者的质量意识、技术水平及熟练程度、身体素质等。一方面，在食品加工过程中，波动与加工一线人员所接受的教育程度有很大关系；另一方面，安全隐患来源于加工环境和加工技术本身的合理性，尤其对食品的加工而言，不卫生的条件（人员、环境和器具）或不适当的加工（如加工周期过长）往往能引起大量腐败菌和病原体生长而造成食品的污染，这就要求加工人员对食品生产过程中微生物的滋生过程有相当程度的了解。所有从事食品加工的一线人员都必须经过健康体检，同时在与食品接触前必须经过更衣、换鞋和手的消毒处理（尤其对于精加工和包装工序的人员）。频繁地更换生产人员也是形成波动的另一个巨大来源。对工艺文件的误解或过低的文化程度也会导致质量问题。同时，在食品加工过程中，许多控制过程，如目测、记录等，需要人的参与，因此测量的主观性和低准确度，是波动产生的另一主要原因。对于特殊工段的人员必须经过培训再上岗。

第四，食品加工过程中所使用的仪器和设备通常都是为了加工或检测某些参数而配备的，具有专门的用途，并不是容易经常更换的。对一种类型的仪器和设备而言，如果采用其它种类型的控制手段，则会形成潜在的波动来源。如高压杀菌锅设计中，泄气阀的排布是基于杀菌锅内的热分布状况而设计的。同样的工艺条件下，在不同杀菌锅设备中生产出来的产品质量上的波动是经常出现的情况。因此，食品加工过程中使用的设备和仪器在设计上就有必要考虑食品的安全问题。另外由于不合格的设计或不适当的清洗引起的微生物污染，对控制过程提出了更高的要求，也是波动的主要来源。

三、食品质量控制的内容

质量控制的主要原则是对控制周期的运用。控制周期不仅仅被应用于生产层面，还可以应用于管理层面。控制周期围绕生产操作过程方面通常包括以下四部分的内容。

一是测量或监测生产过程的参数，例如温度、压力等。

二是检验，即在允许误差范围内将测量到的数值与规定的数值进行比较，例如对于低酸性肉类罐头的杀菌温度必须控制在 121℃±1℃。

三是调节人员决定应该采取何种措施以及实施多大幅度的调节，例如使用温度调节装置来控制温度。

四是纠正措施。包括所采取的正确的措施，例如上调或下降加热温度。

（一）测量或监测

测量或监测步骤中包括对生产过程或产品质量指标进行分析或测量。测量单元的主要特征包括信号的获取，生产过程中发生变化的反应速度以及测定的信号和生产过程的实际状态之间的关联。分析或测量得到的结果必须能正确地反映生产过程的实际状态，是控制周期的前置条件。

测量单元可以是自动的，也可以由操作人员进行手动操作完成。测量手段可以是目测或通过仪器测量，如食品生产中的 pH、压力、温度或流速等都可以通过仪器直接记录或读数，对食品生产过程而言还可能包括对产品的微生物分析或感官评定，但这些分析手段通常比直接测量需要更多的时间，必须注意在采取纠正措施之前得到测量结果是控制周期中必要的前提。测量单元中主要包括 5 种典型方法。

1. off—line

手工取样后，将样品运输到实验室进行分析或测量，如菌落总数的计量。

2. at—line

手工取样后，在原位进行分析或测量。如淀粉糖化过程中对糖浆糖度的计量（折光法）。

3. on—line

自动取样后进行自动分析，如纯净水生产中灌装出水口水样电导率的分析和计量。

4. in—line

在生产线上将传感器监测到的信号翻译成输出信号，如生产线上热电偶温度传感器对温度的测量。这种方法通常没有取样步骤。

5. non—invasive

生产线上未与产品发生物理接触而进行的信号测量。

（二）检验

检验是将测量或分析得到的结果与已经设定的目标和允许误差进行比较。结果可以是定量指标，也可以是定性指标。如某一病原体形成的菌落总数可以通过定量指标来检验，而感官指标，如颜色、外观等可以通过定性指标来检验。在控制周期的这一个部分中，通常使用控制图表检验，在图表中可以绘制出实际的结果、目标和允许误差。从误差的来源看，一般波动来源的协同作用效果反映为允许误差，它都可以通过统计学方法得到。在控制图表上，对于特殊来源的波动可以被注明为失控状态。

控制图表包括很多种类。选择何种类型的控制图表取决于监控的目标类型和数据的类型。例如对于变量（例如连续的刻度测量）和品质数据（例如合格或不合格）采用不同的图表。

（三）调节人员

调节人员根据与目标值进行比较得到的结果判断应该采取何种纠正措施。因此调节人员需确定纠正措施的程度（多或少）和方向（正或负）。实际生产中有许多类的调节人员，包括最简单的调节人员和复杂的调节系统。必须根据生产过程的性质和所需要的准确度来选择调节人员。常见的调节人员分为以下几类。

1. 开—关调节人员

这是最简单的调节人员，他只有两个固定的工作岗位，即开和关。

2. 比例调节人员

这一类型的调节人员所采取的措施的程度与生产过程参数的偏差有直接关系。

3. 最适调节系统

在这一过程中，调节人员对几个生产过程参数与不同的目标进行比较，以得到最佳的调节效果。

4. 专家系统

这是一类非常专业的调节人员，集系统的专业和知识为一体。例如在一个再利用食品灌装 PET 瓶的清洗过程中，需要一个模式识别系统，即专家系统。生产中，首先是快速分析瓶子的顶空部分，然后鉴定不稳定物质，并与专家系统的信息进行比较。如果模式不符合，则需要剔除这个瓶子，即表明瓶子清洗后仍然残留污染物，不适合再利用。

（四）纠正措施

纠正措施是对超出目标允许误差范围而采取的实际措施，如失控状态。纠正措施可以通过改变机器参数设置（如升高或降低温度）或使用人工（如剔除不合格产品）的方法来进行。纠正措施的准确度对于完成一个良好的质量周期来说是非常重要的。

控制周期有不同的形式，但是其基本原理是一致的。两个常见的控制周期分别是反馈和前馈控制周期。在反馈控制周期中，是在生产过程的问题发生后，采取纠正措施。在前馈控制周期中，生产过程的问题在出现前就已被发现，前馈控制是基于早期过程中的测量和直观的判别。以前馈控制为例，在番茄酱的生产过程中，对购入的原料番茄的可溶性固形物（糖分）进行分析，就可以在生产前修改工艺条件和配方，进而得到符合要求的番茄酱产品。反馈和前馈控制周期示意图见图 4-1。

为了使控制周期更好地发挥作用，非常重要的一点是准确地调整生产过程的基本元素。要恰当地评估必须控制的测量参数，而这些参数与食品的质量应该是有密切联系的，所以要求调节人员对生产过程有一个深刻的了解。同时控制周期是由多个基本元素组成，必须在使用前进行原位（现场）检验。

除了调整外，还有一个重要的方面就是控制周期的运行时间。即测量偏差和实施纠正措施的运行时间必须足够短，同时必须保证在此期间运行的生产过程不会出现任何问题。实际上，纠正措施并不总是在同一过程中实施。纠正措施的实施需要注意到：①测量或检验和实施纠正措施之间的时间；②生产过程的类型是批次生产还是连续生产。

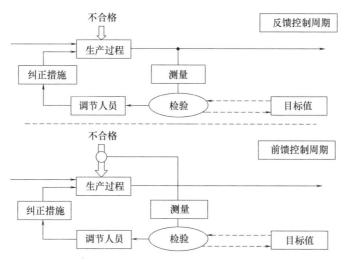

图 4-1　反馈和前馈控制周期的图标描述

四、食品质量控制措施的组合

实施食品质量控制的其中一项重要工作内容就是食品质量控制措施的组合，涉及从农田到餐桌整个食品供应链中的每个环节。首先，针对食品供应链中每一环节，进行危害分析，确定各环节中影响食品质量的因素，如影响食品安全的生物危害、化学危害、物理危害和影响食品口感、风味、质构、贮藏稳定性等质量属性的质量危害。然后，对这些危害采取一系列针对性的控制措施，具体包括针对卫生和生产环境的控制（如 ISO 22000：2018 中所阐述的前提方案与操作性前提方案）、对食品安全危害的控制（如 HACCP 计划）、对生产工艺过程的技术控制（标准操作规程，standard operation procedure，SOP）以及保证食品具备色、香、味、形等感官质量的控制措施。因此，食品质量控制是包含食品卫生、食品安全、食品营养、食品感官质量等一系列质量控制措施的组合。

（一）加强卫生和生产环境的控制

加强环境的卫生控制主要包括两大方面：生产环境的卫生控制和生产人员的卫生控制。

1. 生产环境的卫生控制

（1）环境卫生控制　老鼠、苍蝇、蚊子、蟑螂和粉尘可以携带和传播大量的致病菌。因此，它们是厂区环境中威胁食品安全卫生的主要危害因素。最大限度地消除和减少这些危害因素对产品卫生质量的威胁。

（2）生产用水（冰）的卫生控制　必须符合国家规定的《生活饮用水卫生标准》（GB 5749—2006）的指标要求。水产品加工过程使用的海水必须符合 GB 3097—1997《海水水质标准》。

（3）对原、辅料进行卫生控制　分析可能存在的危害，制定控制方法。生产过程中使用的添加剂必须符合国家卫生标准，是由具有合法注册资格生产厂家生产的产品。对向不同国家出口产品还要符合进口国的规定。

（4）防止交叉污染　在加工区内划定清洁区和非清洁区，限制这些区域间人员和物品的交叉流动，通过传递窗进行工序间的半成品传递等。加工过程使用的工器具、与产品接触的容器不得直接与地面接触；不同工序、不同用途的器具用不同的颜色加以区别，以免混用。

（5）车间、设备及工器具的卫生控制　严格日常对生产车间、加工设备和工器具的清洗、消毒工作。

（6）贮存与运输卫生控制　定期对贮存食品仓库进行清洁，保持仓库卫生，必要时进行消毒处理。相互串味的产品、原料与成品不得同库存放。

2. 人员的卫生控制

（1）出口食品厂的加工和检验人员每年至少要进行一次健康检查，必要时还要作临时健康检查，新进厂的人员必须经过体检合格后方可上岗。

（2）加工人员进入车间前，要穿着专用的清洁的工作服，更换工作鞋靴，戴好工作帽，头发不得外露。加工供直接食用产品的人员，尤其是在成品工段的工作人员，要戴口罩。为防止杂物混入产品中，工作服应该无明扣，并且前胸无口袋。工作服帽不得由工人自行保管，要由工厂统一清洗消毒，统一发放。

（3）工作前要进行认真的洗手、消毒。

（二）加强食品安全危害的控制

食品是人类赖以生存的能源和发展的物质基础（严文慧等，2014）。因此，食品的安全性，与人们日常生活密切相关，已成为社会共同关注的热点问题。它不仅关系到人民群众的身体健康和生命安全，也直接影响社会经济的发展。然而，传统食品生产管理方法依赖于对生产状况的抽查（spot-checks）、依赖于对成品随机抽样后的检验、依赖于对既成事实的反应性（reactivity），所以也难于保证生产出安全的食品。因此，加强食品安全危害的控制是食品质量控制的一项重要内容。

首先，进行危害分析。危害分析与预防控制措施是 HACCP 原理的基础，也是建立HACCP 计划的第一步。①食品安全组应收集、更新和维护初步信息。包括但不限于：组织的产品、过程、客户要求；食品安全管理体系有关的食品安全危害。②基于以上初步信息进行危害分析，食品安全组可以确定需要控制的危害。控制程度应确保食品安全。如适当，应采用多种控制措施的组合。③组织应针对各种已确定食品安全危害，进行危害评估，以确定其是否严重妨碍或降低了可接受水平。④基于危害评估，组织应选择适当的控制措施或控制措施组合，能够预防已确定的重大食品安全危害，或将其降低至规定的可接受水平。

其次，控制措施确认和控制措施组合。食品安全组应确认所选控制措施能够达到其指定预期控制食品安全危害的程度；当确认研究结果显示控制无效时，食品安全组应修订并重新评估控制措施和/或控制措施组合。食品安全组应维护控制措施的确认方法以及证明控制措施能够达到预期结果的证据，作为成文信息。

然后，组织应建立、实施和维护一套危害控制计划，危害控制计划应作为成文信息予以维护，并应包括关键控制点处或操作前提方案中各控制措施的以下信息：①将在关键控制点控制或通过操作前提方案控制的食品安全危害；②关键控制点处的关键限值或操作前提方案的行动标准；③监视程序；④关键限值或行动标准不达标时将采取的纠正和纠正措施；⑤职责和权限；⑥监视记录。

最后，实施危害控制计划。危害控制计划应予以实施和维护，且相关证明应作为成文信息予以保留。

（三）加强生产工艺过程的技术控制

质量控制以技术为基础。生产活动的质量控制的目的是以期望的方式运行的过程（图 4-2）。公司通过使用统计技术测量过程输出来实现这一点。如果结果可以接受，则不需要采取进一步行动；如果结果不可接受，则需要采取纠正措施。生产控制涉及验收抽样程序。此外，越来越多的公司强调设计过程中的质量，从而大大减少了对最终产品的检查需求。事实上，现在的注意力转向该过程的控制，称为（统计）过程控制。在过程控制中，前馈机制是优于反馈控制。前馈系统可以防止瑕疵和变动。事实上，在应用过程控制时，进行产品检查仍旧是必要的，但检查的目的旨在验证过程是否是在符合标准要求的条件下运行。

生产计划通常不被认为是质量控制活动。然而，应该注意的是，它对质量性能有很大的影响。生产计划将有关设备（可用性、质量性能和成本）和客户订单（包括产品规格）的信息合并到生产日程中。当成本和交货时间导致生产计划因为时间压力而不可能满足质量标准时，产品质量中的许多问题会涉及生产计划。

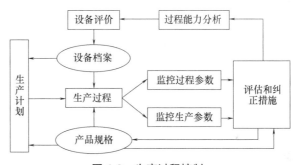

图 4-2　生产过程控制

因此，需要通过制定标准操作规范，分析生产过程中的质量数据，采取技术控制和组织管理措施，使生产全过程都处于控制之中，即使有变化也在可接受的范围之内。我国食品标准按作用范围分类可分为：技术标准，指对标准化领域中需要协调统一的技术事项所制定的标准（刘好等，2005），具体形式可以是标准、技术规范、规程等文件以及标准样品实物；管理标准，指对标准化领域中需要协调统一的管理事项所制定的标准（宋祚锟，2004），如 ISO 9000 质量管理体系、ISO 14000 族国际环境管理体系等管理体系标准、管理程序标准及定额标准及期量标准；工作标准，为实现整个工作过程的协调，提高工作质量和效率，对工作岗位所制定的标准。

目前，在食品供应链中广泛应用的国际标准有：质量管理体系 ISO 9000 族标准、危害分析与关键控制点（HACCP）体系、食品安全管理体系（ISO 22000）、食品安全体系认证（FSSC 22000）、食品安全与质量认证（SQF）、国际食品标准（IFS）、食品安全全球标准（BRCGS）、环境管理体系（ISO 14001）、职业健康安全管理体系（ISO 45001）等。

但是，近 20 年来，食品行业将主要精力都放在危害分析与关键控制点（HACCP）、良好生产规范（GMP）、卫生标准操作程序（SSOP）以及其它操作性前提方案（OPRP）的控制结果方面，而忽略了控制措施的组合和与质量管理的结合。因此，我们必须认识到：食品质量管理既包括对质量控制过程的管理，又包括对食品质量管理体系的管理。特别是在食品质量管理体系中，对人员的管理，不但要有制度，而且应该纳入柔性管理的方法，如人文关怀、个人素养培训、压力疏导、企业文化建设等。

第二节　质量控制的工具和方法

食品加工过程控制的主要环节是测量，那么需要对适当的取样技术有一定的了解，包括取样方法、取样地点、取样基数及分析方法和标准等。概括起来在取样或测量前就必须考虑的重要内容应该包括如下几个方面。

（1）应该如何取样，在何处取样，例如如何在不均一的产品中选取具有代表性的样品。

（2）应该采取何种分析或测量方法，是否应该采取破坏性的方法，反映时间如何确定，是否改变了质量属性等。

（3）拒绝或接受某一批次或产品的根据是什么，选择的标准是什么。

数理统计中常用的几个概念如下所述。

1. 总体（又称母体）

总体是研究对象的全体。研究对象为一道工序或一批产品的特性值，就是总体。总体可以是有限的，也可以是无限的。例如有一批含有 10 000 个产品的总体，它的数量已限制在 10 000 个，是有限的总体。再如总体为某工序，既包括过去、现在，也包括将要生产出来的产品，这个连续的过程可以提供无限个数据，所以它是无限的总体。

2. 样本（又称子样）

样本是从总体中抽取出来的一个或多个供检验的单位产品。在实际工作中，常常遇到要研究的总体是无限的或包含数量很多的个体，使得不可能全数检查或工作量过大，费用很高，或者有的产品要检查某一质量特性必须进行破坏性试验。因此，在统计工作中常常使用一种从总体中抽取一部分个体进行测试和研究的方法，这一部分个体的全体就叫样本。

3. 个体（又称样本单位或样品）

个体是构成总体或样本的基本单位，也就是总体或样本中的每一个单位产品。它可以是一个，也可以是由几个组成。

4. 抽样

从总体中抽取部分个体作为样本的活动称作抽样。为了使样本的质量特性数据具有总体代表性，通常采取随机抽样的方法。

质量管理中常用的统计方法有分层法、调查表法、散布图法、排列图法、因果分析法、直方图法、控制图法等（廖明菊，2013），通常称为质量管理的 7 种工具。这 7 种方法相互结合，灵活运用，可以有效地服务于控制和提高产品质量。

统计学方法的使用为采取正确的决策提供了一定的基础，下面对食品加工质量控制中所使用的主要测量手段和分析方法进行阐述和讨论。

一、抽样试验

食品加工过程控制的抽样试验按生产环节分为：原料试验、中间过程试验和产品试验。抽样试验中的基本术语和以上提到的几个概念有相近之处，主要包括如下几个。

单位产品：是组成产品总体的基本单位，如一听罐头、一袋牛乳等，也称为检验单位。

生产批（批次）：在一定的条件下生产出来的一定数量的单位产品所构成的总体称为生产批，简称批。

批量：批中所含单位产品的个数，记作 N。

检验批：为判别质量而检验的，在同一条件下生产出来的一批单位产品称检验批，又称交验批、受验批，有时混称为生产批，简称批。批的形式有稳定批和流动批两种。前者是将整批产品贮放在一起，同时提交检验；后者的单位产品是在形成批之前逐个从检验点通过，由检验员直接进行检验（曾红节等，1999）。一般说来成品的检验采用稳定批的形式，过程及工序检验采用流动批的形式。

其实食品质量控制活动是在原料交付的过程中就已开始进行，如交付控制就是针对原料试验的控制方法。交付控制的目的是根据原料是否合格来决定是否接受某一批次的原料。食品工业中常使用的检查方法包括抽样检查、百分百检查（又称为全数检查）和进料抽样试验。

1. 抽样检查

抽样检查又称为随机抽样检查，是指固定从一批原料产品中抽取一定比例的样品进行检查（肖熙，2012）。在每次抽取样本时，总体中所有的个体都有被抽取的同等机会的抽样方法叫随机抽样（祖绍虎，2009）。随机抽样的方式很多，有简单随机抽样、分层随机取样、整群随机抽样和系统随机抽样。例如，每一批次中抽取 10% 的样品进行检查，或是有规律性地选取各批次中第 8 个产品进行检查。这一方法由于没有统计学依据，在不同产品中并不清楚这一使用方法得到错误的决定的风险有多大。通常在对数量性原料（如对来自包装材料厂包装材料的数量）样品检查时采取抽样检查，但这种抽样检查方法并不能成为质量认证的决定性手段。

2. 百分百检查

百分百检查就是对全部产品逐个地进行试验与测定，从而判定每个产品合格与否的检验。百分百检查又称全数检查和全面检查，它的检查对象是每个产品，这是一种沿用已久的检查方法。实际过程中百分百检查其实是一种筛选方法，是对某一批次中所有的产品从理论上剔除所有不合格品。这一检查方法通常适用于对农产品的检查，通常可以根据大小或形状进行分级。当检验费用较低而且产品的合格与否容易鉴别时，百分百检查是一种理想的检验方法。另外，百分百检查还常应用于对产品安全要求非常苛刻的情况或成本非常高的产品。但百分百检查有以下缺点。

（1）准确度通常只有85%，检查精度有时比抽样检查更低。

（2）只能用于无损的检查。

（3）通常成本较高而且不实用。

（4）工作量大，费用高，耗时多。因为单调和不断重复的工作会造成检查人员的厌烦和懈怠。

在选择究竟应用何种检查方法时，应该考虑检查方法的成本和由于误检所付出的代价。代价主要取决于两个方面，即将不合格的产品提供给消费者的可能性和误检发生的概率。

3. 进料抽样试验

进料抽样试验通常是在交付进货的过程中使用，也可以用在进行比较昂贵的操作、处理或加工步骤之前的检验。这一方法主要基于统计学原理，目的是对所要采取的决定进行风险判定。在这里风险的含义一方面是生产者风险（α），就是在某一批次的产品质量合格的情况下被判定为不合格的可能性；另一方面是顾客风险（β），就是在某一批次产品质量并没有达标的情况下被判定合格的可能性。

进料抽样试验包括以下几个步骤：

① 检查人员根据统计学方法在某一批次货物（N）中随机抽取样品（n），即取样；

② 确定需要经过目测、仪器测量或分析来确定不合格产品的项目（数量或水平等）；

③ 将检查结果与标准（c）进行比较；

④ 决定是否接收某一批次的产品，即批次判定。

进料抽样试验和全检不同，它的处理对象是批而不是个体，进料抽样试验的应用必须考虑以下几个方面。

（1）数据的采集类型和位置　数据是反映事物性质的一种量度，全面质量管理的基本观点之一就是"一切用数据说话"。企业、车间、班组都会碰到很多与质量有关的数据，例如生产过程中的工序控制记录，半成品、成品质量的检测结果等。这些数据按性质基本上可以分为两类：计量值数据和计数值数据。

计量值数据是指用测量工具可以连续测取的数据，即通常可以用测量工具具体测出小数点以下数值的数据，例如产品的长度、电压、重量、温度、时间、硬度等。

计数值数据是不能连续取值的、只能以个数计算的数据，或者说即使使用测量工具也得不到小数点以下的数值，而只能得到整数的数据。如合格品与不合格品件数、质量检测的项目数、疵点数、故障次数等，它们都是以整数出现，都属于计数值数据。

必须注意，当数据以百分率表示时，要判断它是计数值数据还是计量值数据，取决于给出数据计算公式的分子、分母，当分子、分母是计数值数据时，即使得到的百分率不是整数，它也属于计数值数据。

计量值数据和计数值数据的性质不同，它们的分布也不同，所用的控制图和抽样方案也不同，所以必须正确区分。

在质量控制管理工作中常会遇到一些难以用定量的数据来表示的事件或因素，一般可以用优劣值法、顺序值法、评分法等，使之转换成数据。

在进料抽样试验时，首先应该确定进行进料抽样试验的位置。除交付控制外，进料抽样试验还可以用于其它方面，例如在反应变化之后或者在进行高附加值的加工之前。其次，对于用做可接收标准的数据类型应该进行评估，这些标准可以是品质数据（计数值数据），即用合格（符合标准）或不合格（不符合标准）来衡量产品的质量，或者变量数据（计量值数据），即对一些参数进行测量，得到并记录数值，用做评估的基础。

（2）取样设计和操作特征曲线（OC curve）　取样计划的设计是进料抽样试验的另一个重要的方面。它包括两个关键的部分，即应该取多少样品和样品中允许存在多少次品。可以根据分配表（例如改良的 Thorndike 图表）或者根据国家或国际标准（ISO 2859）表来设计取样方案。改良 Thorndike 图表是为了反映不同的可接收数量（c），次品的平均数量（x 轴）和次品率（y 轴）之间的关系。取样方案的设计可以影响可接收的概率。对于特定的样品量（n）和可接收数量（c 或 A_c），改良 Thorndike 图表可以用于在已知次品所占的比例范围情况下决定接收这一批次产品的概率。如图 4-3 所示，对这一关系作图就可以得到典型的操作特征（OC）曲线。抽样方案与操作特征（OC）曲线之间一一对应，根据操作特征（OC）曲线，可查知采用该曲线所对应的抽样方案验收产品批时，相应于某一质量水平的接受概率（P_A）。如图 4-3 所示的操作特征（OC）曲线表明在一个小样本（$n=5$）、高标准（$c=2$）的取样方案中接收某一批次（例如30%次品）的概率要大于一个大样本（$n=20$）、更加严格的标准（$c=0$）的取样方案。换而言之，在第一个取样方案中接收一批不合格产品的概率要大于第二个取样方案。

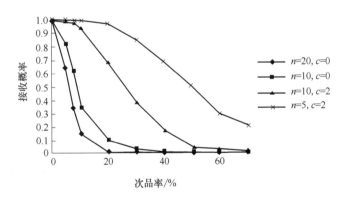

图 4-3　不同取样方案的特征曲线图

（3）质量水平　决定是否接收一批产品的另一个方面就是质量水平。质量水平包含两个常见类型：

① 可接收质量水平（acceptable quality level，AQL），指消费者所能接收的整批产品中存在的最大次品数量。政府可以评估 AQL（如法定水平），但实际上原料的供需双方就 AQL 水平可以达成协议。

② 限制质量水平（LQ）或者批次可耐受次品比例（lot tolerance percent defective，LTPD），指消费者无法接收的整批产品中的次品水平。这个指标可以由政府或购买方评

定，但是通常在这一水平的产品是不被接收的。次品量达到 LQ 水平的批次产品而被接收的概率一定不能超过 0.1。

如果得到了可接收质量水平（AQL）、限制质量水平（LQ）、生产者风险（α）和消费者风险（β），就可以使用 Thorndike 图表绘制完整的操作特征（OC）曲线。图 4-4 说明了操作特征（OC）曲线中的 AQL 和操作特征水平，如需要进一步了解操作特征（OC）曲线的统计学特点请参照其它相关文献。

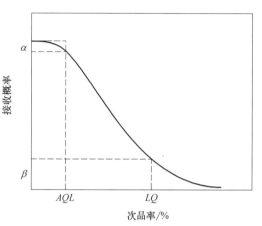

当 α、β 较小时，两种风险的可能性降低，显然这样可以提高批的实际水平，但这却使抽样量增大，增加了抽样成本。所以 α 和 β 是实际客观存在的，只能控制，不可避免。

图 4-4　AQL 和 LQ 的操作特征（OC）曲线

（4）其它类型的取样方法　上述的操作特征（OC）曲线仅适用于使用品质数据的单重（独）取样，并且样品数需要量大。然而，在许多实际情况下，降低进料抽样试验的成本是非常必要的。例如，某一受到监控的生产过程过去的检查结果认为其生产的产品质量一直低于 AQL 或不在 LQ 之中。并且，操作特征（OC）曲线只适用于品质数据，而不适用于变量数据。在这种情况下，需要采取其它类型的取样方法，这一取样方法只需要较小的样本量或者适用于变量数据。另外还有几种常见的取样方法，如多重取样、连续取样等。

多重取样是一种常见的小样本取样方法，这一方法最多可以抽取 7 个样本。在这一取样方案中：

① 选择多而更小的样本量（n）进行分析；

② 确定起始样本中的次品数量，并将之与可接收数量（A_c）相比较；

③ 如果少于 A_c，则可以直接接收整批产品（比单重取样中的取样量少，因此减少了产品消耗）；

④ 如果次品数量超过了拒绝数量（不合格判定数 R_e），则立即拒绝整批产品；

⑤ 如果处于两者之间，即 A_c<次品数量<R_e，则选取一个新样本进行分析；

⑥ 第一个样本和第二个样本的次品数量相加后，将总数与第二个样本的 A_c 和 R_e 相比；

⑦ 根据这一比值，决定是否接收整批产品，或者再另取一个样本；

⑧ 在分析最后一个（最多是第 7 个）样本时，根据在所有样本中累计得到的次品数量决定是否接收该批产品。

另一个降低成本的取样方案是连续取样。这是监控生产过程中质量的一个重要的方法，具体步骤如下：

① 选取一个样品（$n=1$），立即进行分析；

② 随后再选取一个新的样品再进行分析；

③ 累计 2 次取样的结果，如图 4-5 所示判断是否接收；

④ 如果累计得到的次品数量达到了接收区域，则接收这批产品。通过这一界限所需的最小样品数量即接收最小样本量；

⑤ 如果累计得到的次品数量达到了拒绝区域，则拒绝这批产品；

⑥ 如果累计得到的次品数量介于接收线和拒绝线之间，则无法做出判断，需要采取多重取样方法；

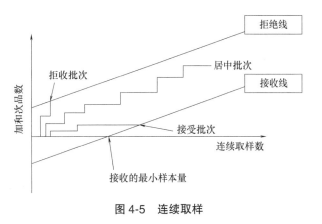

图 4-5　连续取样

⑦ 可以根据（α，AQL）和（β，LQ）两个数值或者根据国家或国际标准（如 BS 6001）构建接收线和拒绝线（取样模式）；

以上讨论的都仅仅适用于品质数据，也就是合格/不合格。然而，对于变量数据（假定是正态分布的数据），则应该采用其它的统计方法：

x 表示正态分布的变量；μ 表示随机变量 x 的平均值；σ^2 表示 x 的方差（已知）；$x_1 \cdots x_n$ 表示选取的样品，平均值为 $\bar{x}$。

与品质数据相同，对变量数据也可以采用单独、多重和连续取样的方法。例如，在单独取样方法中，样本量（n）、接收标准（c）和样本平均值 $\bar{x}$ 即可代表样本的特性性质，将这些性质与接受标准相比较，在 μ 值越低表示质量越好的前提下，如食品中的腐败菌指标，如果样本平均值小于接受标准 c 值，则表示可以接受这一批次产品，反之则应该拒绝这批产品。在有些情况下 μ 值越高表示质量越好，如番茄酱中的茄红素指标，牛乳中的蛋白质指标，那么接受和拒绝的条件正好和上面相反。单独取样方法的优点是：方案的设计、培训和管理容易；抽样数是常数；有关批质量的信息能最大程度的被利用。其缺点是：抽样量比二次或多次抽样大，特别是在批不合格品率（p）极小或极大时，更为突出。

二、统计过程控制

统计方法也应用于生产过程的控制。统计过程控制（SPC）是一种监测操作过程以鉴定特殊变量的特殊方法。特殊变量是一种非常规变量，超出了一般变量。一般变量存在于加工方法、材料、环境和使用的工人之中。下面描述了 SPC 的步骤，并且对可以用于不同类型过程控制的控制图表进行了解释。

（一）统计过程控制的步骤

质量过程控制的目的在于对过程实行监控并且将普通变量和特殊变量加以区分。普通变量源于自然变量，本来就存在于过程之中。普通变量包括所有那些没有被适当控制的因素，例如相对湿度、环境温度等。特殊变量代表在过程中不同寻常的变量，例如，偶然造成的季节性原料的巨大差异。在使用统计过程控制之前，必须对几个方面的因素加以考虑，SPC 应用程序包括以下步骤。

1. 过程的理解和定义

首先，必须通过形成流程图对过程进行描述；其次，必须对相关（或关键）的过程参数和可能的控制手段加以鉴别。为达到这个目的，有以下几种技术可以利用。

（1）失效模式及效应分析（FMEA）　对过程的失效模式和效应分析是一种发现失败的原因、后果和控制的系统步骤。并且，通过计算得到实际的失效模式（或关键点）中的风险优先数（RPN），从而指示风险。

（2）危害分析与关键控制点（HACCP）　HACCP 是一个与 FMEA 相类似的方法，但是在食品生产方面 HACCP 关注的是食品的安全性。HACCP 揭示了关键控制点，并确认了必要的控制措施。

（3）PARETO 分析　PARETO 分析即柏拉图分析，是基于意大利经济学家 Pareto 二八定律的一种图表分析工具，是一种重要的鉴别质量失败的方法。

一个由多学科组成的团队应习惯实施此部分的 SPC，确保整合所有相关知识。这个团队应该包括来自各个不同领域的人员，如生产、购买、质量检验和维修人员等。

2. 过程分析

要评估过程中的普通变量就需要对过程进行分析。什么是内在的变量？首先应该评估的是数据的类型，即是属性还是变量。其次，必须决定所收集数据和过程参数的水平（平均值和中心值）以及数据的分布（即范围和标准偏差）。对于 SPC 而言，数据应该属于正态分布并且可以建立变量的分布。出于这个目的可采用偏度和峰度，概率作图，卡方测验。

3. 评估过程的能力

在决定自然过程变量和特殊限度的关系时需要进行过程能力的评估。因此生产过程应具有生产在一定容许范围内的产品（即法定限度或标准）的能力。关系如下所述。

过程潜力指数 C_p（或过程能力），表示允许变量（USL 为标准上限，LSL 为标准下限）与实际过程变量 6σ 的商值（假定 6σ 符合正态分布）。

$$C_p = (USL - LSL)/6\sigma$$

$C_p = 1$ 表示过程是可行的，因为实际过程变量等于规定允许差；

$C_p > 1$ 表示过程非常可行；

$C_p < 1$ 表示过程不可行（图 4-6）。

降低实际过程中的变量 6σ 或增加规定允许差（USL-LSL）可以提高过程能力。然而，只有变量是过程潜力指数 C_p 所考虑的。变量处于规定范围之中则无需考虑 C_p。出于这个目的引进了另外一个指数，即过程操作指数 C_{pk}（或过程能力指数），该指数通过与目标值比较，指明了过程的偏差。C_{pk} 可从以下过程得到：

$$C_{pk} = (平均值 - 最近的允许值)/有效范围的二分之一$$

$$C_{pk} = (\bar{x} - LSL)/3\sigma \text{ 或 } (USL - \bar{x})/3\sigma$$

当过程正确置中时，过程潜力指数（C_p）和过程操作指数 C_{pk} 相等，即 $C_{pk} = C_p$。然

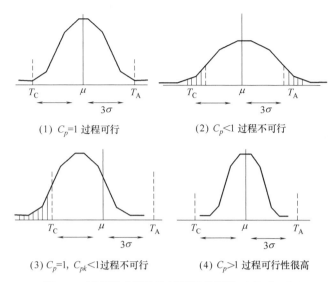

(1) $C_p=1$ 过程可行　　　　　　　　(2) $C_p<1$ 过程不可行

(3) $C_p=1$，$C_{pk}<1$ 过程不可行　　　(4) $C_p>1$ 过程可行性很高

图 4-6　过程潜力指数和过程操作指数（C_p 和 C_{pk}）

而，实际中的 C_{pk} 要小于 C_p，因为过程并非处于规定范围的中间值上（图 4-6）。实际中经常用到的指数是：C_p 为 1.67，甚至是 2.00，以保证过程变量符合规定；C_{Pk} 的值一般是 1.33。

过程能力指数可以用于筛选原料供应方，或用于筛选和接受一个新的过程和/或设定产品允许度。

4. 实现 SPC

SPC 的实现包括对人员进行适当培训。SPC 软件的应用范围非常广，但有时要求对统计过程控制的原理有全面的了解。所以雇员最好在 SPC 的准备阶段就开始参与其中，即在开始过程分析阶段就对过程能力指数进行了解。当 SPC 小组达到实施阶段时，他们对 SPC 技术和背景已经非常熟悉。

并且，SPC 的实施不仅仅是技术实施，使用人还应该懂得相关技术和改进过程变量的原理。

实际的过程控制包括利用过程图表（图 4-7）进行实时监测和对关键过程参数进行控制。绘制图表有利于操作者、监督者和管理者获得对过程更好的理解并且在需要时采取纠正措施。

SPC 的一个主要方面是对图表的解释。所有的过程图表都有中心线和上、下控制限。控制限值决定了过程本身变量的变化范围，即一般原因。如果变量值超出了过程的上、下控制限，即有可能是特殊原因干扰了过程，即过程处于脱离控制的情形。在实际工作中，过程图的一般规则如下。

（1）有一点比上控制限高或比下控制限低。

（2）有 6 个随之增加或降低的值。

（3）有 10 个后续值会处于中心线之上或之下。

最后，如何处理脱离控制的情形应该给予明确的界定。对脱离控制的情形应该采取的正确行动是什么或者最应该启动的是哪类调查？SPC 并未给予明确的定义。从整个过程效果看 SPC 的数据应该成为管理的一部分。

（二）控制图表的利用

过程控制图表可用于监测生产过程的实施。控制图表的选择依赖于可以测量或分析的数据的类型。数据可以分为属性数据（通过或不通过）和变量数据（如组成量、温度等）。并且，有些图表仅适用于检测脱离控制的情形（Shewart 图）。而另外一些图表则可以检测小幅变量数据的结构（Cusum 图），如图 4-7 所示为对企业中常用的控制图的总结。

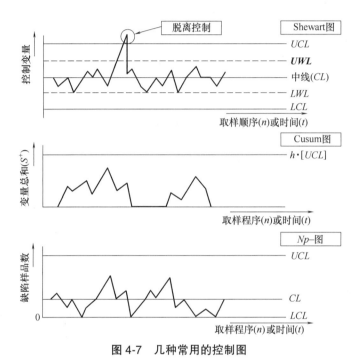

图 4-7   几种常用的控制图

1. 变量数据图（适用于计量值数据）

控制图常用于可变变量，如 Shewart 图，$\bar{x}$-R 图以及 Cusum 图。

如图 4-7 所示，在 Shewart 图中，控制变量是对时间或连续取样数（n）作图。控制变量可以是样品均值（$\bar{x}$），中值（m）或是样品分布（R）。Shewart 图由以下几条线条组成。

（1）中心线（CL）   此值即是目标值。中心线可以估计样品的均值（$\bar{x}$）或样品的中值（m），或是估计过程变量。

（2）低的警戒限（LWL）和高的警戒限（UWL）   常常可以按 $CL \pm 2\sigma$ 进行计算：（σ=控制变量的标准差）。

（3）控制下限（LCL）和控制上限（UCL）   常常可按 $CL \pm 3\sigma$ 进行计算。

实际使用时只需按要求定时抽取样本，把所测得的质量特性数据标于图中，根据数据点是否超越上、下控制线和控制点的排列情况来判断生产过程是否处于正常的控制状态。一般而言，会有一个数据点超出 *UCL* 或 *LCL*，或两个随之而来数据点超出上、下限值，Shewart 图描述的是二向控制图。然而，在某些情形下，只有上限值或只有下限值，例如，法定要求控制杀虫剂或兽药的最大残留限量。在这种情况下，Shewart 图只有上限，即是单向的。当需要说明某些组分时，如乳制品中蛋白质的含量，果汁饮料中维生素 C 的含量，则应用一维的下限控制。

$\bar{x}$-*R* 图实际上是 Shewart 图与控制变量 $\bar{x}$ 和 *R*（未表示）的结合。$\bar{x}$-图用于监控过程中的中线变化情况，而 *R*-图（即范围图）用于监控过程的变量。在 $\bar{x}$-图的控制极限依靠于平均范围，如在 *R*-图有特殊原因发生，则会在 $\bar{x}$-图上产生不正常的模式。因此，应该首先分析 *R*-图以决定过程是否处于统计控制中。

Cusum 图（累积总和）旨在比普通 $\bar{x}$-图快速发现过程中小而持续存在的变动。与 Shewart 图相比，Cusum 图采取措施的依据不仅仅依靠最后一次取样的数据而是以所有样品数据为基础。Cusum 图通过对所有与目标值偏差的累积总和作图，将所有已获得的数据整合为一体：

$$S_0 = 0, \quad S_t = S_{t-1} + (\bar{x}_t - \bar{x}_0)$$

式中　S_0——初始值；

　　　　t——当前时间批次；

　　　　S_t——样品值与目标值的偏差总和；

　　　　$\bar{x}_t$——t 次样品平均值；

　　　　$\bar{x}_0$——目标或参考值。

Cusum 图可以是双向（正向偏差和负向偏差）和单向偏差结构。后者应用起来相对简单，单向图可以用以监测正向（S^+）或负向（S^-）偏差。如图 4-7 所示为正向 Cusum 图。只有累积和是正值时方可应用。

$$s_0^+ = 0, \ \bar{x}_0^+ = 参考或目标值$$

$$s_t^+ = s_{t-1}^+ + (\bar{x}_t - \bar{x}_0^+)$$

如果 $s_t^+ < 0$，那么重置使 $s_0^+ = 0$；如果 $s_0^+ > h^+$，则停止系统，观察引起偏差的原因；如果 $0 < s_t^+ < h^+$ 则继续；h^+ 是指正向图表的控制上限。同样，负值总和也可作图，当 $h^- > 0$ 则重置 $S^- = 0$，控制低限为 S^-。h^+ 和 h^- 的值随着过程的变量不同而不同。

2. 数据属性图（适用于计数值数据）

假定数据只有两个属性，即好与坏，合格与不合格。缺点和不完善之间有明显的界线。缺点是指某一单一不符合质量标准的属性，而不完善是指某一评价对象有几项缺陷。品质数据常常是可目测的或是可数的，在农产品/食品加工行业中得到广泛的应用。常用的属性图是 *p*-图，也称为不合格品率图。它监测的是全部生产中的不良品率。如同 Shewart 图和 $\bar{x}$-*R* 图一样，*p*-图是由中线、控制上限和控制下限组成（零缺陷）。

N 为样本数，*p* 代表不合格品率，因此 *Np* 为不合格品的绝对数。*Np*-图是控制样品中的不合格品的绝对数（图 4-7）。*Np*-图仅可当样品数是连续的时候应用。*Np*-图常常可以替代 *p*-图，因为对于某些生产者来说，不合格品的绝对数远比不合格品率更有意义。

在某些情形下，要求监测不合格品的总数，用 C 表示。C-图是当样品量是连续的时候监测每一个单元中不合格品的总数的变化，由中线、上限和下限组成，类似于 Shewart 图。在此不作详细介绍。

三、质量分析和测试

质量分析和测量是质量控制过程中的重要层面。分析或测量应用于评价或测量相关质量属性或控制过程。

首先，要区分不同的样品类型。对购入的原料样品进行分析以检查其是否与供应方提供的规格一致。对新供应方提供的原料样品进行检验是为了确保能够在实际中使用。过程控制样品必须经常进行快速测量或分析（如温度、压力、pH），对过程进行调整，以得到质量一致的产品。其次，对终端产品进行分析以检查食品是否符合法定的要求，是否符合规格，确保产品会被消费者或顾客接受和/或具有期望的货架寿命。然后，对于由顾客或消费者提交的投诉样品进行分析，从而查明过程中的失误。最后，对竞争对手的样品进行分析以便得到产品的相关信息。

可以利用直接测量法对食品样品进行控制，如测量 pH 或目测颜色。然而如果样品不能进行直接测量，那么，测量之前的分析步骤包括取样、样品准备和实际测量或分析（图 4-8）。由于分析步骤是变量的一个主要来源，下面对分析步骤的不同方面进行描述。

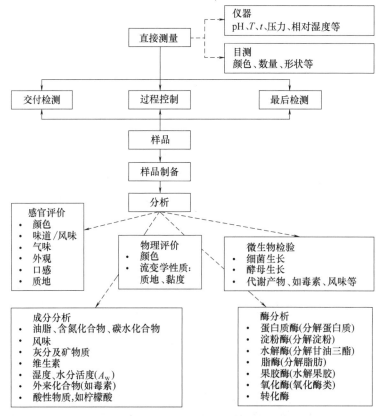

图 4-8   食品质量控制分析图

（一）取样

取样误差常常占总误差的很大一部分，而实际分析或测量造成的误差相对较小。理想的取样应该是完全均一的，而且能够反映内在本质，如同样的质地，一样的有毒物质浓度，一样的味道。引起农产品/食品产品取样中的典型变量原因可能包括：①不规则形状，如对于大小相似的粒子而言，圆形比多角形的样品更容易进入取样器；②在取样中或取样后样品的成分会发生变化，如水分损失，风味物质的挥发或机械损伤加剧的酶促反应；③在产品和产品之间或在产品内部，许多农产品/食品的品质并不是完全一致的，呈不均一分布。

对有关统计取样计划（statistical sampling plans）的信息，已在前面讨论过。选取何种取样计划应该依据以下几点进行选择。

（1）检查的目的　如检查的目的是接收样品还是控制过程？

（2）受检测材料的性质　如受检测材料的性质是否均一？原料的来源如何？原料的成本是多少？

（3）测验/实验步骤的特性　如是否是无损伤测验，测验的重要性是什么？

（4）样本的性质　样本量、大小及如何对下一级样本进行处理？

（5）要求的可信度水平是多高？

（6）取样参数的特性　是数值变量（如不合格数）还是性能变量（如菌落总数）？

（二）样品制备

1. 样品制备的目的

在农产品/食品分析中，样品制备是一个关键过程。样品制备的主要目的如下。

（1）将不期望发生的反应降到最低，如酶促反应和氧化反应。

（2）准备均一的样品。

（3）防止微生物引起样品的变质和酸败。

（4）提取相关物质。

2. 样品制备的区别

不同的样品制备方法是有一定区别的，举例如下。

（1）对干的或潮湿样品进行机械磨碎以得到均一样品。

（2）利用酶或化学处理分解不同物质，或利用机械方法将干扰物质去除。

（3）利用热处理或能引起酶钝化的无机化合物钝化酶。

（4）在氮气或添加保护剂的条件下低温贮藏，以控制氧化或微生物引起的酸败。

（三）分析

最后进行分析和测量。其可靠性依赖于分析的特异性、准确性、精确性和敏感性等几个方面。

1. 特异性

特异性是测量应该测量对象的能力。特异性受干扰物质影响，干扰物质在分析中的反应十分类似于真正被测物的反应。

2. 准确性

准确性是评价与被测对象真实性接近的程度。偏差来自分析方法，外来物质的影响以及分析过程中化合物的变化等。

3. 精确度

精确度决定于从分析角度来讲的测量真实性程度。一般来说，分析的精确度误差不应超过规定值。精确度分析包括在同一实验室内进行的重复性实验分析和不同实验室之间的实验分析，还包括日内精确度和日间精确度。

4. 敏感性

敏感性是指仪器反应信号值与被测物数量的比值。

（四）感官评价

产品的感官性质是影响选择和接受食品的重要因素。感官评价可在最后检查，决定加工改变的效果或将产品与竞争对手的产品进行比较。感官评价有两种类型。

1. 顾客接受（喜好）测验

参加顾客喜好测试的"理想"顾客组应该从众多的人群中抽出，只有这样才对产品有意义。参加测试的顾客组通过他们的喜好对产品做出评价。顾客组应由相对应的人群组成以得到可靠的、对产品有意义的评价结果。

2. 不同的方法

此方法是由训练有素的分析小组担当。通过对 4 种味道（甜、酸、苦和咸）的敏感能力的测试。他们的这种判断能力在任何实际阈值水平下都可以重复（即重复能力），并且在低阈值水平下可判断相关的气味（即敏感性）。此方法在很大的范围内都可以运用。

除此之外，在实践中产品专家经常在控制特殊产品的质量方面发挥作用。他们对用复杂的描述性语言描述特殊产品的特性是很有经验的。描述质量属性是针对特殊产品组才有意义。例如葡萄酒专家有其自己的风味名词描述葡萄酒的质量。有时，厂方测试小组可以取代专家在生产过程中和生产完成后对质量进行控制。一般人员经过训练和经常性锻炼，可以辨别是否超出记录，从而判断产品是否合格。

感官检测常与仪器分析相辅相成，以鉴别所包含的化学和/或物理参数，以建立与感官观察不同的和/或相关的仪器和感官测量。

（五）物理评价

对于农产品/食品的质量控制而言，物理评价包括分析颜色和流变学特性。后者不仅包括黏度和弹性，也包括质地（如新鲜度，脆度）。

流变学关注的是压力（如压力、张力或剪切力）和拉力之间的关系，这种关系可以通过作时间与变形量之间的函数来确定。农产品/食品的流变学特性可以通过分析法或积分法进行分析。在分析法中，材料的性质与基本流变学参数有关（如变形—时间曲线）。在积分法中，压力、张力和时间的经验关系是确定的。实验检测一般基于已决定的性质和质地、质量的经验关系。模拟测验是在类似实际的条件下测定不同的性质，如在加工、处理或使用情况下，流变学测量方面的例子有：

① 测量麦粒的硬度，以判断其碾磨特性；

② 测量面团的黏度，以得到面包制作过程中的有关弹性、延伸性的变化信息；

③ 测定肉制品的嫩度，以评价顾客的接受程度；

④ 对测定水果蔬菜的质地，以确定其成熟度。

实际应用中的一般技术很多，在此不一一介绍。

颜色是一种外观特性，是一种光谱特性。而光泽度、透明度、乳化度和浑浊度是物质经光折射后表现的属性。

颜色的分析可用来控制产品中合成色素的添加量，判别蔬菜、水果的成熟度，或判断原料贮藏或产品加工过程中颜色的变化。

（六）微生物检验

多数定量检测和定性测定微生物的方法是基于不同的微生物在一定的培养基上的代谢活性，测定对象微生物生长趋势，分析细胞或细胞的结合性。具体测定方法有如下几种。

1. 物理学方法

物理学方法是以测量为基础的，如测量传导特性、焓变、流动性等与微生物的代谢活性有关的特性。

2. 化学方法

化学方法以决定代谢产物、内毒素或以典型的细菌酶类为基础进行分析。

3. 特征指纹的方法

特征指纹的方法用以鉴定微生物。

4. 免疫学方法

免疫学方法用以检测和定量分析食品中微生物及其代谢产物。

目前 DNA 技术也用于微生物分析和鉴定。

（七）成分分析

有许多分析技术可以测定食品中的成分或特征化合物。

1. 酶分析

大多数酶是热不稳定性蛋白，在食品加工过程中，酶能特异催化多种化学反应。天然存在于动植物组织以及微生物细胞中的酶，称内源酶。尤其在未加热的原料中，内源酶可以影响质地、风味和形成异味、引起变色等。另外，酶也可以广泛应用于食品的加工，如加速发酵速度（糖化酶）、改善奶酪的风味和质地（凝乳酶）、作为肉的嫩化剂（蛋白酶）、漂白天然色素等。

2. 酶分析技术的应用

作为质量控制的一部分，酶分析技术主要应用在以下几个方面。

（1）测定食品的质量状况和生产时间 例如细菌脱氢酶就是牛乳卫生状况不佳的一个指标。高水平的过氧化氢酶表明牛乳有可能来自受感染（乳腺炎）的奶牛。贮存不当（高湿和高温）的谷物和油料种子表现出脂肪酸含量增高，而脂肪酸含量的高低是可以通过测定脂肪酶的活性确定的。

（2）监测或鉴定热处理的效果 例如水果、蔬菜中过氧化物酶的活性可以估测漂烫效果。另外，通过测定磷酸化酶的活性可以估计牛乳巴氏杀菌的效果。

3. 酶活性的测定

酶的活性可以通过以下方法进行测定。

（1）测定底物的流变学变化　如淀粉酶（淀粉液化酶）活性可以通过监测淀粉的黏度而测定。

（2）分析酶作用后的降解产物　如监测肽酶的活性可以通过测定肽酶作用后游离氨基酸的含量而得到。

（3）监测酶活性的特殊作用　如由蛋白水解酶引起的牛乳凝固，通过蛋白水解酶来指示用于制作奶酪的牛乳的质量是否合格。

酶学反应的定量监测技术手段包括分光光度法、测压技术、电量分析法、旋光分析法、色谱分析和化学方法等。

直接的测量和分析手段可以用于原材料质量、加工过程中和最后产品的检验。控制测验类型的选择依赖于适宜的测定和分析手段的可行性，测验可以反映出产品的实际质量属性（即准确测量）。取样和得到分析检测结果之间的时间跨度也非常重要。如果需要得到迅速的反应，则必须选用快速检测方法。同时，分析成本也是在选择分析手段时必须考虑的因素。

第三节　食品链关键质量控制过程

一、种植与养殖过程的质量控制

种植与养殖过程是人类大规模获得食物的主要方式，此外，在自然环境中的采摘、捕猎、捕捞也是人类获得食物的方式。种植过程是植物栽培的过程，包括各种农作物、林木、果树、药用和观赏等植物的栽培，有粮食作物、经济作物、蔬菜作物、绿肥作物、饲料作物、牧草等（卢永根，1975），食用菌的栽培一般也视为种植过程的一部分。养殖过程是培育和繁殖动物的过程，包括家畜养殖、家禽养殖、水产养殖和特种养殖等。

（一）农用生产资料投入品质量控制

种植与养殖过程的农用生产资料投入品主要有种子、种苗、肥料、农药、兽药、饲料及饲料添加剂等产品（徐涛，2011）。

1. 种子/种苗控制

从事种植与养殖的组织或者农户应在合法生产或经营单位购种，合法的生产或经营单位需具有《营业执照》和相应种子/种苗的《生产许可证》或《经营许可证》，特别要注意不能随意购买流动商贩、无证、无照经营者销售的种子/种苗。

购种前，要了解需购种子/种苗的特征、特性、种植/养殖技术要点，选购适宜自己所在地区气候特点、种植/养殖方式的品种。

根据《中华人民共和国种子法》等相关规定，农作物种子应当加工、包装后销售，种子包装袋表面应标注作物种类、品种名称、生产商、净含量、生产年月、警示标识等。不要购买散装种子或包装破损、标识不清的种子。

购买种子/种苗时，要向销售者索取注明品种名称、数量、价格的凭证和品种介绍、检疫证明、疫苗接种证明、种植/养殖技术等资料，并在播种/养殖过程中，将种子包装袋连同凭证、有关资料一起保存，以备发现种子/种苗质量问题时作为索赔的依据。如果购买种子的数量较多，使用前要注意提取样品封存，并贴上标签，注明种子名称等，一旦出现问题，可及时向有关部门提供样品，以便确定种子经营者的责任。

使用者如发现所购种子/种苗有质量问题并造成损失时，要持销售者出具的购种凭证、包装袋等，找售种者要求组织鉴定和测产，并赔偿因质量问题造成的损失。如销售者不能在保全期间赔偿或组织鉴定、测产，则要向所在地县级农业行政主管部门投诉，并申请组织鉴定和测产。如果经有关管理部门协商、调解、仲裁，仍不能得到赔偿或认为赔偿不合理的，在保存有关证据的基础上可直接向人民法院起诉。

2. 肥料/饲料及饲料添加剂控制

肥料/饲料及饲料添加剂的选用应能满足农作物和禽畜、水产品的营养需求，且与种植/养殖地区气候、土壤、水体相适应，减少对环境的不利影响。

《中华人民共和国农业部肥料管理条例》和《饲料和饲料添加剂管理条例》中明确要求了肥料/饲料及饲料添加剂产品标签上应标识的内容，如产品中文通用名称、商品名称、生产企业名称和地址、产品生产资质、有效日期等。使用者在采购时要注意销售者的合法资质，保留销售凭证，并建立进货和使用台账，采用合适的方式保存所使用肥料/饲料及饲料添加剂的产品信息，以确保在种植与养殖过程中出现质量问题时，可以及时追溯处置。

3. 农药/兽药控制

农药/兽药是种植与养殖过程中减少产出病虫害损失的必要投入品，由于其残留物可以通过生态链富集并进入食品链影响消费者的健康，是必须密切关注的、影响产品质量的因素。

在种植过程中，农药是必须关注的质量因素；而在养殖过程中，不但要关注兽药，还要关注从种植来源的饲料中进入养殖动物体内的农药。为避免剧毒和高毒农药/兽药残留物危害食品安全和在环境中积累，原中华人民共和国农业部发布了《禁用农药和限用农药清单》和《食品动物禁用的兽药及其它化合物清单》，任何组织和个人都不得生产、销售和使用其中的药品。

此外，不同质量等级的农产品，允许使用的农药/兽药也有不同的要求，如无公害农产品、绿色食品、有机食品标准中允许使用的农药/兽药种类依次递减，在采购时要特别注意相关药物的准用情况。

（二）种植与养殖过程质量控制

在确保了上述投入品的质量后，种植与养殖过程中质量控制重点关注食品安全危害因素和产品品质影响因素。

1. 食品安全危害因素

从生物性、化学性和物理性三个方面分析种植与养殖过程中可能会对食品链造成的危害因素。

（1）生物性危害因素　种植与养殖过程中微生物、农业害虫会造成农产品腐败变质，并可能会产生生物毒素，由于未及时剔除坏果而混入终产品，造成了相关生物或生物毒素进入食品链，如腐败苹果携带的棒曲霉产生棒曲霉素。

（2）化学性危害因素　种植与养殖过程中化学性危害因素来源较多。

内源性因素：植物体、动物体随着发育成熟的生理变化，体内的内源生物毒素会对终产品的食品安全产生危害，如发芽的土豆产生龙葵素、养殖的河豚毒素超标。

外源性因素：空气、土壤和水体环境中的重金属污染物、农兽药残留物会随着种植与养殖过程在农产品内蓄积；农药、兽药使用不当，造成在农产品中残留量超标。

（3）物理性危害因素　种植与养殖过程中常见物理性危害发生的可能性较低，某些特定种植与养殖环境中可能会发生，如被放射性物质污染的区域内种植的蔬菜或养殖的禽畜。

2. 产品品质影响因素

产品品质影响因素直接决定了种植/养殖农产品的产品质量，是实现顾客满意的具体要求。主要有以下两方面因素。

（1）环境气候因素　适宜的环境气候是种植与养殖业发展的前提，光照、温湿度、降水量等气候条件，直接影响了植物类和食用菌类农产品的生长，也通过饲料获得的形式间接影响着动物类农产品的养殖业。如光照时间长使得果实含糖量更高，饲草营养充足使得牛肉具有更好的口感。

（2）培育技术因素　培育技术一般需与种子/种苗配合，才能获得高品质的农产品。具有相应能力的技术人员，也是种植与养殖过程中不可或缺的影响因素。此外，与培育技术匹配的设备、设施对于保护农产品感官指标和营养成分，减少培育和收获过程中的损伤、损失有重要影响。

（三）种植与养殖过程质量管理趋势

1. 产地环境管理

良好的农业生产环境是生产优质农产品的前提和基础，依据相关环境保护法律、法规加强产地环境管理和污染防治。重点搞好对农用灌溉水、土壤和空气质量的管理，控制外来污染，抑制农业自身的污染。严格农产品产地环境的管理，从业者要重点解决化肥、农药、兽药、饲料等农业投入品对农业生态环境的污染，采取切实有效的农业生态环境净化措施，保证农产品的产地环境符合要求，从源头上把好农产品质量安全关（王媞，2011）。

2. 投入品管理

按照《农药管理条例》《兽药管理条例》《饲料和饲料添加剂管理条例》《中华人民共和国农业行业标准：无公害渔用药物使用准则（NY 5071—2002）》等管理规定和相关标准，合理使用农药、兽药、渔药及饲料添加剂，消除不安全因素对食品质量安全的危害。

3. 标准化管理

种植与养殖从业者应规范农业生产过程，科学合理地使用农业投入品，依据相关标准制定生产技术规程，通过科技培训营造食品安全氛围，将合理使用农业投入品和严格遵守生产规范作为一种自觉行为（王海英等，2009）。在必要情况下，根据生产情况允许使用植物源、动物源、微生物源及生物农药；限量使用低毒、低残留农药，并严格遵守使用时期、用量、方法及使用安全间隔期。农业标准化是保证农产品质量安全的有效载体，从业者建立田间管理档案、记录生产管理信息、产地环境状况等，并将此信息输入终产品信息库，以提高农产品生产和加工标准化水平。

二、原辅料采购与供应商的质量控制

原辅料供应商处于企业食品链的最前端，提供的原辅料是企业生产之基础，食品生产经营者对原辅料及供应商进行有效控制，是企业能够持续稳定生产合格食品，保障终产品的品质的重要环节，也是实现食品可追溯的重要一环。

（一）原辅料采购管理

食品原辅材料包括食品原料、食品添加剂、食品相关产品（如包材等）。

1. 采购流程控制

采购应考虑到企业的战略、市场供求状况、竞争对手情况、生产活动情况、进货周期等因素，同时需充分考虑原辅料供应商质量管理、供应商创新能力、服务能力等多方面。企业内部设立专职采购部门，根据搜集的相关信息完善适合本单位的采购策略、采购方案并形成食品原料、食品添加剂和食品相关产品的采购流程控制程序，同时制定长效的采购流程控制相关的作业指导书，例如原辅料进货查验制度、原料进出库管理制度等，以明确各部门责、权、利，加强部门间沟通、协调、制衡，以便提高工作效率、保证工作质量。

2. 原辅料采购标准制定

企业对所要采购的各种原料做详细的需求信息，如原辅料的品种、产地、等级、规格、数量、标签、感官、理化指标、卫生指标、包装、虫害控制、合格证明文件、车辆运输条件、存储环境等方面。制定采购标准应考虑国家法律法规及标准的要求，当然还需综合考虑供应市场和消费者的需求。根据实际情况管理层和采购、生产和品控等各部门一起研究决定，力求把规格标准定得实用可行。

原辅料采购标准不可能固定不变，企业应该根据内部需要或市场情况的改变而改变，并且根据国家法律法规标准的修订及时检查和修订采购规格标准。制定食品原辅料采购标准，是保证成品质量的有效措施，也是后续原辅料验收的重要依据之一。

3. 原辅料验收管理

企业根据采购标准对食品原辅料、食品添加剂、食品相关产品进货查验，如实记录食品原辅料、食品添加剂、食品相关产品的名称、规格、数量、生产日期或者生产批号、保质期、进货日期以及供货者名称、地址、联系方式等内容，记录和凭证保存期限应不少于产品保质期满后六个月。

企业验收原辅料时重点需查验供货者的许可证和产品合格证明（例如批次产品合格证或批检报告、进口产品检验检疫证明、购销凭证等），对无法提供合格证明文件的食品原辅料，应当依照验收标准委托具有资质的检验机构进行检验或自行检验。食品原辅料必须经过验收合格后方可使用，经验收不合格的食品原辅料应在指定区域与合格品分开放置并有明显标记，避免原料领用错误，并应及时进行退换货等处理，保证食品原料的安全性和适用性。

（二）供应商质量控制

供应商质量管理作为企业质量的重要组成部分，承担着对影响企业产品的源头因素进行控制的责任。

1. 供应商的选择与评价

不同的企业会根据产品特点的不同建立不同的供应商选择和评价的标准，不同的产品会有不同的侧重点。但其基本流程和依据大致相同，基本的步骤可归纳为：供应商重要性分类→基本情况调查→现场审核→评价与选定。

企业应根据采购频率、采购批量、原材料质量、价格呈浮动的特点，考虑供应商的供货能力、产品质量保证能力和信誉度等，进行多方面细致、完整、科学、系统的评价。企业可选择以因素评分法，综合考虑供应商各个方面的指标，各项指标根据重要性或风险性设置不同的权重比例，并设置最低要求，在最低要求以上得分最高者为最佳供应商，原则上同一种原料的供应商应不少于两个。

2. 供应商质量管理

供应商选定之后就开始样品的试样，从样品开发初始就正式对供应商进行质量控制，因为从此阶段开始进入了实质性的产品阶段（吴超，2011）。不同的企业对供应商的质量控制的程度和要求不同，但主要流程如下。

（1）研发阶段的质量控制　在研发阶段企业可邀请供应商参与产品的早期设计与开发，明确设计和开发产品的目标质量，与供应商共同探讨质量控制过程，鼓励供应商提出降低成本、改善性能、提高质量的意见。

（2）样品开发阶段的质量控制　供应商提供的原料必须明确产品的质量控制方法、检验方法和验收标准以及不合格品的控制等文件，这时企业应与供应商共享已有的技术和资源，对试制样件进行全数检验，对供应商质量保证能力进行初步评价。

（3）中试阶段的质量控制　中试阶段是对样品生产阶段出现问题的解决和对生产工艺的进一步确定。此阶段对供应商的质量控制主要包括制订生产过程流程图、进行失效模式及后果分析（FMEA）、测量系统分析（MSA）、制订质量控制计划、监控供应商的过程能力指数等。

（4）大批量生产阶段的质量控制　在大批量生产中，对供应商的质量控制主要包括更新失效模式及后果分析、完善质量控制计划、实时监控供应商过程能力指数、实施统计过程控制、质量检验、纠正或预防措施的实施和跟踪、供应商的质量改进等。

3. 供应商绩效评价与改进

一般企业通常都有数十或上百家的供应商，在选定合格供应商后为保证其长期稳定的供应能力，需要对其进行长期的动态监控。对选定的合格供应商，应建立统计数据表，就质量问题、准时交货等进行统计分析，选优淘劣。利用内部网络建立供应商信息共享的数据统计分析平台，建立供应商的质量档案，其中包括品控、采购、生产、售后服务、客户处获得的质量信息等。

另外可通过聘请第二方或第三方机构对供应商进行审核，通常采用的是第二方审核，通过内部质量要求或外部法律法规等环境变化来确定审核的内容，通过策划找出各自的优劣势并对各供应商的资源进行适当调整，全面提高质量水平。

三、生产过程的质量控制

通过前述采购质量控制为生产过程提供了符合质量安全要求的原辅料，然而要将原辅料转换成终产品，还需经过程序复杂的加工过程。食品生产既要满足食品外观、风味、营养、货架寿命、功能特性等要求，又要满足安全性的要求。在这过程中需运用质量管理的手段（如危害分析的方法）明确生产过程中的关键控制环节，并根据不同产品的特点制定食品安全关键环节的控制措施，形成程序文件，指导食品的生产操作。

（一）加工工艺控制

生产过程中需充分考虑食物的外观、风味、营养物质和功能活性物质的要求。根据产品的特性以及相应的法律法规制定规范合理的生产工艺过程控制文件，以指导产品生产。操作人员必须要明确每道加工工艺的参数和特性，在实际的生产环节，要结合工艺参数和特性来进行对比和监控。

以灭菌乳和巴氏杀菌乳为例，灭菌乳灭菌强度为135℃，4s以上；巴氏杀菌乳灭菌强度一般为72~80℃，15s。后者的热敏感和生物活性物质如β-乳球蛋白等显著高于前者。因此制定杀菌工艺过程时，必须要了解产品特性，同时考虑杀菌设备、容器类型及大小、技术及卫生条件、水分活度、最低初温及临界因子等热力杀菌关键因子，并进行科学验证，当工艺技术条件发生改变时（如杀菌设备更新），应对工艺过程重新进行评估更新。

（二）微生物污染的控制

1. 过程产品微生物监控

食品的加工过程，如杀菌、冷冻、干燥、腌制、烟熏、气调、辐照等，作为关键控制环节可显著控制微生物。为了反映食品加工过程中对微生物污染的控制水平，可通过过程产品的微生物监控，评估加工过程卫生控制能力和产品卫生状况，从而验证微生物控制的有效性。加工过程选取的指示微生物应能够评估加工环境卫生状况和过程控制能力的微生物，同时根据相关文献资料、经验或积累的历史数据确定取样点及监控频率。例如包装饮用水生产过程中每周对灌装前的水进行大肠菌群和菌落总数的监控，速冻熟制品加工过程中对每批加热预冷后的中间产品进行菌落总数和大肠菌群监控。

2. 生产环境微生物监控

为确保加工过程的卫生状况，生产前需根据制定的清洁消毒制度对生产设备和环境进行有效的清洁和消毒。为了验证清洁消毒效果，评估加工过程的卫生状况以及找出可能存在的污染源，通常对食品接触表面、与食品或食品接触表面临近的接触面以及环境空气等进行微生物监控。如表 4-1 所示为糖果巧克力工厂的环境微生物监控要求示例。

表 4-1　　　　　　　　　　　糖果巧克力工厂的环境微生物监控要求示例

监控项目	建议取样点	建议监控微生物	建议监控频率	建议监控指标限值
食品接触表面	食品加工人员的手部,工作服,模具,传送皮带机及其它直接接触产品的设备或设施表面	菌落总数、肠杆菌科或大肠菌群等	验证清洁效果应在清洁消毒之后,可每周、每两周或每月	菌落总数≤100CFU/g(mL) 肠杆菌科或大肠菌群≤10CFU/g(mL)
与食品接触表面临近的接触表面	设备外表面、支架表面,控制面板,零件车等接触表面	菌落总数等卫生状况指示微生物 沙门氏菌	每周、每两周或每月	菌落总数≤1000CFU/g(mL) 沙门氏菌:不得检出
非食品接触面	清洁地面的清洁工具,如扫帚、墩布或洗地车等清洁工具,地沟,地面等	沙门氏菌	每周、每两周或每月	沙门氏菌:不得检出
加工区域内的环境空气	靠近裸露产品的位置	菌落总数、酵母霉菌等	每周、每两周或每月	菌落总数≤50CFU/g(mL) 酵母霉菌≤15CFU/g(mL)

（三）化学污染的控制

分析可能的污染源和污染途径，制订适当的防止化学污染控制计划和控制程序。食品添加剂和食品工业用加工助剂严格按照 GB 2760—2014 的要求及工艺方法使用，例如浸提法生产的食用油用需控制原油中的溶剂残留量。另外食品加工中不添加食品添加剂以外的非食用化学物质和其它可能危害人体健康的物质。

食品在加工过程中可能产生有害物质的情况，应采取有效措施减低其风险，例如熏制食品、烘烤食品和煎炸食品生产过程中可能会产生苯并芘，腌制菜生产过程会产生亚硝胺类物质等（俞一夫，1997）。

清洁过程或生产过程中需要用到的化学品，如清洁剂、消毒剂、杀虫剂、润滑油等应符合要求，在这些外包装上做好明显警示标识，并专库存放，专人保管，需使用时严格按照产品说明书的要求使用，并做好使用记录。

在生产含有致敏物质产品时应与其它产品的生产分开，采用单独的班次进行，有条件的宜使用单独的生产线。含有致敏物质产品的生产顺序应由致敏物质原料的含量决定，按从低含量到高含量的顺序进行生产。与其它产品的生产共线时，含有致敏物质的产品生产结束后应彻底清洁生产线，与其它产品共用的工器具也应进行彻底清洁。

（四）物理染物的控制

根据不同产品的特性分析可能的污染源和污染途径，建立防止异物污染的控制计划和控制程序。通过设置筛网、捕集器、磁铁、过滤器、金属探测器等措施对异物进行控制，最大程度降低食品受到玻璃、金属碎片、树枝、石子、塑胶等异物污染的风险。例如饮料生产过程中使用的糖浆应先进行过滤去除杂质，罐头生产前玻璃瓶应倒置冲洗、彻底清除内部的玻璃碎屑等杂质。

接触物料的设备应内壁光滑、平整、无死角，且接触面不与物料反应、不释放微粒及不吸附物料。生产过程中不得进行电焊、切割、打磨等工作，避免产生异味、碎屑。

（五）包装控制

不同食品要注重对包装的类别把握，选取清洁、无毒且符合国家相关规定的包装材料。可重复使用的包装材料，如玻璃瓶、不锈钢容器等，在使用前应彻底清洗，并进行必要的消毒。包装材料或包装用气体应无毒，并且在特定贮存和使用条件下，确保食品在正常的贮存、运输、销售条件下最大限度地保护食品的安全性和食品品质。

在包装操作前，应对即将投入使用的包装材料标识进行检查，避免包装材料的误用，并予以记录，内容包括包装材料对应的产品名称、数量、操作人及日期等。对食品包装过程有温度要求的应在温度可控的环境中进行。

四、终产品的质量控制

"好的产品是生产出来的"，通过使用符合质量要求的原辅料并严格执行工艺操作要求，可以获得符合质量策划要求的终产品。终产品质量控制目的是验证生产过程中一系列质量控制措施组合的有效性。

终产品质量控制主要以检验的方式实施。《食品生产许可证审查细则》明确列出了该生产单元终产品应符合的国家强制标准、国家推荐标准、行业标准或备案有效的企业标准，企业应按相关标准组织生产。在该细则的《质量检验项目表》中，明确了发证检验、监督检验和出厂检验的质量检验指标，并规定了抽样方法。

发证检验是对企业生产出符合质量标准产品能力的确认，能力确认后方可发证合法生产；出厂检验是针对重要质量指标，在每批产品出厂前实施的验证；监督检验是针对质量标准中所有质量指标在一定周期内（一般半年或一年）实施的验证。

以上三种检验方式中，生产企业会根据生产许可发证要求建立自己的出厂检验制度，并为每批产品出具出厂检验报告。发证检验和监督检验必须由生产企业委托有资质的第三方检测检验机构实施，并出具检验报告。生产企业根据自身的运营情况，也可将出厂检验委托给有资质的第三方检测检验机构实施。

终产品质量控制可采用的技术和方法在本章第二节中有详细描述，在此不再赘述。在实际实施过程中，要关注以下内容。

1. 终产品质量控制应保障食品安全，实现顾客满意

企业运营的根本目的是通过实现顾客满意而获取经济利益，终产品质量控制直接为此目的服务，有些食品生产中存在保障食品安全与实现顾客满意的冲突，应在质量控制中做好权衡。如熟制水产品加工中，采用高温长时间杀菌工艺会给产品带来更高的食品安全保障，但会劣化水产品的感官特性、降低客户满意度，对于此类情况要做好相关工艺的优化，尽可能在保障食品安全的前提下，将工艺带来的感官劣化降到最低。

2. 检验能力的建设和确认

生产企业自建实验室不仅要配备与检验质量指标相匹配的检验设备设施并做好计量检定和维护保养，还要关注检验人员是否有能力实施检验过程，如检验人员可参加由食品安全监管部门组织的检验能力培训，培训合格后获证上岗。在选择第三方检测检验机构时必须要确认机构的检验能力是否被国家相关部门认可，应选择具有中国计量认证（CMA）的检验机构，建议选择被中国合格评定国家认可委员会（CNAS）认可的检验机构。

五、流通过程的质量控制

食品流通过程的质量控制是围绕食品采购、流通加工、运输、贮存、销售等环节进行的管理和控制活动，以保证食品的质量安全。

前面章节已详细叙述了采购过程的质量控制要求，因此这里不再做详细叙述，以下主要介绍流通加工、运输、贮存和销售环节的质量控制要求。

（一）流通加工过程控制

流通加工指的是食品流通过程中的简单加工，包括清洗、分拣、分装、分割、保鲜处理等过程，预包装食品一般不涉及流通加工，食用农产品及散装食品可能会涉及这个过程，例如蔬菜清洗、猪肉根据部位进行分割、水果根据大小进行分级、散装食品大包装分装小包装、采摘的果蔬预冷等。

流通加工应具有相应的硬件设施条件，需根据清洁要求不同对加工间的清洁区和非清洁作业区进行区分，并根据不同食品的特性或工艺需求对作业区的温度、湿度、环境进行不同设置，特别是生鲜肉、禽等这些易腐食品对温度敏感，在畜禽分割过程中对分割间的温度有要求。一般畜类分割间温度应控制在12℃以下，禽类分割间一般应在8~10℃，但畜禽胴体加工间温度控制在28℃以下即可。

流通加工工艺也应根据不同产品的特性进行选择并对工艺参数进行控制，例如畜类一般采用风冷进行冷却，禽类则可选择风冷或水冷方式进行冷却。采收的果蔬应根据其特性选择真空预冷、强制通风预冷或压差预冷中适宜的预冷方式和预冷设施尽快进行预冷。呼吸越变型水果（如香蕉）或乙烯释放量高的果蔬，宜采用密封式内包装，并于内包装中放置乙烯吸收剂。

另外流通加工涉及的刀具、砧板、工作台、容器、电子秤等工器具及设备应定期进行清洁消毒，避免交叉污染。包装所使用的包材也应根据产品特性选择，果蔬一般选用PVC材质的塑料保鲜膜进行塑封，但油脂含量高的食品应尽量使用PE材质的保鲜膜。

（二）运输过程控制

根据食品的特点和卫生需要选择适宜的运输条件，必要时配备保温、冷藏、冷冻设施或预防机械性损伤的保护性设施等，并保持正常运行。运输食品应使用专用运输工具，并具备防雨、防尘设施，装卸食品的容器、工具和设备也应保持清洁和进行定期消毒。

食品不得与有毒有害物质一同运输，防止食品污染。另外为了避免串味或污染，同一运输工具运输不同食品时，如无法做好分装、分离或分隔，应尽量避免拼箱混运。一般情况下原料、半成品、成品等不同加工状态的食品不混运；水果和肉制品、蔬菜和乳制品、蛋制品和肉制品这些不同种类、不同风险的食品不混运；具有强烈气味的食品和容易吸收异味的食品不混运；产生乙烯气体的食品和对异性敏感的食品（如苹果和柿子）不混运。

运输装卸前应对运输工具进行清洁检查，有温度要求的食品在装卸前应对运输工具进行预冷，使其温度达到或略低于食品要求的温度，装卸过程操作应轻拿轻放，避免食品受到机械性损伤，同时应严格控制冷藏、冷冻食品装卸货时间，如没有封闭装卸口，箱体车门应随开随关，装卸货期间食品温度升高幅度不超过 3℃。冷冻冷藏食品与运输设备箱体四壁应留有适当空间，码放高度不超过制冷机组出风口下沿以保证箱体内冷气循环。

运输途中，应平稳行驶，避免长时间停留，避免碰撞、倒塌引起的机械损伤。冷冻冷藏食品运输途中不得擅自打开设备箱门及食品的包装，控温运输工具应配备自动记录装置，显示并记录运输过程中箱体内部温度，箱体内温度应始终保持在冷冻冷藏食品要求的范围内，冷冻食品运输过程中最高温度不得高于-12℃，但装卸后应尽快降至-18℃或以下。

卸货区宜配备封闭式月台，冷冻冷藏食品应配有与运输车对接的门套密封装置。卸货时应轻搬轻放，不能野蛮作业任意摔掷，更不能将食品直接接触地面。冷冻冷藏食品卸货前应检查食品的温度，符合要求方能卸货，卸货期间食品中心温度波动幅度不应超过其规定温度的±3℃。卸货完成后应及时对箱体内部进行清洗、消毒，并在晾干后关闭车门。

（三）贮存过程控制

贮存场所保持完好、环境整洁，与粪坑、暴露垃圾场、污水池、粉尘、有害气体、放射性物质和其它扩散性污染源等有毒、有害污染源有效分隔。贮存场所地面应使用硬化地面，并且平坦防滑并易于清洁、消毒，并有适当的措施防止积水。贮存场所还应有良好的通风、排气装置，保持空气清新无异味，避免日光直接照射。贮存设备、工具、容器等应保持卫生清洁，并采取有效措施（如纱帘、纱网、防鼠板、防蝇灯、风幕等）防止鼠类、昆虫等侵入。

对温度、湿度有特殊要求的食品，应设置冷藏库或冷冻库，例如生鲜肉应贮存于0~4℃，相对湿度 85%~90% 环境下；冷冻肉应贮存于-18℃以下，相对湿度 90%~95% 环境下。冷库门配备电动空气幕或塑料门帘等隔热措施。库房应设置监测和控制温湿度的设备仪器，监测仪器应放置在不受冷凝、异常气流、辐射、震动和可能冲击的地方。为确保库房制冷设备运转，应定期监测库房温度是否符合贮存食品温度要求，并对制冷设备进行维护，定期对库房进行除霜、清洁和维修。

食品要离墙离地堆放，一般离墙离地 10cm 左右，防止虫害藏匿并利于空气流通。食品贮存应遵循先进先出的原则，对贮存的食品按食品类别采取适当的分隔措施，做好明确标识，防止串味和交叉污染。不同库存放生鲜食品和熟产品，不同库存放具有强烈挥发性气味和腥味的食品，专库存放清真食品，预包装食品与散装食品原料分区域放置，散装食品贮存在食品级容器内并标明食品的名称、生产日期、保质期等标识内容。

库房内严禁对贮存的食品进行切割、加工、分包装、加贴标签等行为。另外库房内宜设置专门区域存放报废或临近保质期食品，并做好区域标示。定期对库存食品进行检查，及时处理变质或超过保质期的食品。

（四）销售过程控制

食品销售应具有与经营食品品种、规模相适应的销售场所，且销售场所应远离垃圾场、公用旱厕、有害气体、粉尘、污水等污染源。销售场所需有照明、通风、防腐、防尘、防虫害和消毒的设备设施，在食品的正上方安装照明设施应使用防爆型照明设备。销售场所应当进行合理的布局，食品销售区域与非食品销售区域分开设置，食品不得与其它非食品混放。食品销售区要合理布局，生食区域与熟食区域分开，待加工食品区域与直接入口食品区域分开，经营水产品的区域应与其它食品经营区域分开等，总之各区域要按照食品的存储条件及食品自身特点布局，防止交叉污染。同时在食品经营场所应配备设计合理、防止渗漏、易于清洁的废弃物存放专用设施，必要时应在适当地点设置废弃物临时存放设施，在废弃物存放设施和容器应上做好清晰标识，并及时处理废弃物。

食品销售应具有与经营食品品种、规模相适应的销售设施和用具。与食品表面接触的设备、工具和容器，应使用安全、无毒、无异味、防吸收、耐腐蚀、不易发霉、表面平滑且可承受反复清洗和消毒的材料制作，易于清洁和保养。

食品在销售过程中，不得直接落地码放，同一产品应集中放置于货架上或指定陈列地点，食品陈列区不得存放衣物、药品、化妆品等私人物品。

肉、蛋、乳、速冻食品等容易腐败变质的食品应摆放在冷柜中陈列销售，陈列时不能超过冷柜的负载线，不能堵住出风口，更不能将商品摆放在陈列柜的回风口处。冷藏陈列柜的敞开放货区不能受到阳光直射，不能受强烈的人工光线照射，更不能正对加热器（陆翔华，2010）。定期对冷柜温度进行监控，在非营业时间进行除霜作业，保证冷藏设施正常运行。

销售散装食品时，散装食品必须有防尘材料遮盖，设置隔离设施以确保食品不能被消费者直接触及，设置消费者禁止触摸标识，在散装食品的容器、外包装上标明食品的名称、成分或者配料表、生产日期、保质期、生产经营者名称及联系方式等内容，确保消费者能够得到明确和易于理解的信息（周玉芬，2013）。散装食品标注的生产日期应与生产者在出厂时标注的生产日期一致。同时在经营过程中包装或分装的食品，不得更改原有的生产日期和延长保质期。包装或分装食品的包装材料和容器应无毒、无害、无异味，应符合国家相关法律法规及标准的要求。

六、餐饮过程的质量控制

餐饮过程覆盖了前文所述的采购、贮存、加工、物流（配餐/配送）过程，在质量控制方面与前文有重复之处，以下内容主要针对其过程特点展开讨论。

（一）餐饮业态复杂

餐饮过程属于食品经营许可范围，普通餐饮、中央厨房、集体用餐配送单位、饮品店、糕点房和单位食堂均为需经经营许可的含餐饮过程业态。与食品生产过程相比，餐饮过程属于服务业，对人员依赖程度高、规模参差不齐、原辅料复杂、加工过程多样且总体标准化水平低，食品安全风险引入的可能性高。

在 GB/T 33497—2017《餐饮企业质量管理规范》标准中，将餐饮企业的质量管理分为服务管理、菜品管理、顾客关系管理、突发事件应急管理、培训教育管理五个部分，凸显了餐饮企业的服务属性，此处内容重点讨论与食品相关的质量控制。

（二）原料品种多样

餐饮过程涉及的原料有初级农产品、加工品，除了常见的果蔬肉类，还有一些自制或地方特色风味原料。这些特殊原料在给消费者带来感官享受的同时，也带来了新的食品安全的风险。首先原料来源不明晰，其种植/养殖过程可能存在被环境污染物污染的风险；其次采购途径不正规，餐饮店存在未定点采购的情况，且可能从流动摊贩处购买原料，无验收过程。

餐饮相关企业应建立索证和定点采购制度，制定供应商评价制度，索证索票应符合《餐饮服务食品采购索证索票管理规定》的要求；上规模餐饮企业应制定验收规范，按规范进行验收，及时处置不合格原料；应有专人管理原料或半成品的存储和进出库，做好标识，建立物资台账，执行先进先出原则；不得向顾客提供超出保质期的食品；菜品制作使用食品添加剂时，应采购符合 GB 2760—2014 要求的食品添加剂，并合规使用。

（三）异物控制困难

餐饮相关企业受服务方式和经营场地限制，存在大量人、物流交叉的机会，因此物理异物风险高于食品加工企业，这也是餐饮服务中经常被消费者投诉的问题点。

为减少异物风险，对进入后厨的原料及时清洗处理，防止清洗污水、垃圾污染清洁后的原料；在后厨加工区应对相关工器具、物料定点定位存放，专物专用，做好工器具维护保养，及时处置破损工器具；食品原辅料、调味料应加盖防护，定期清洁隔板、橱柜，防止异物、灰尘在表面沉积，造成餐具、物料污染；工作人员应穿着相应的工作服，减少人流，加强私人物品管理；上菜和传菜过程做好防护，出菜前目视检查；做好前厅和后厨的虫鼠害控制，减少虫鼠害对菜品影响的可能性。

（四）防止交叉污染

餐饮过程中即食与非即食食物、清洁与非清洁表面的交叉污染是风险防控的重点。餐饮过程可分为热加工和冷加工区，交叉污染造成的致病微生物风险在热加工区域低于冷加工区域。为保证食材的新鲜度，对其贮存的温度也提出了更高的要求。在冷藏和冷冻柜中，也存在即食与非即食食物交叉污染的风险。

在存在热加工和冷加工菜品的餐饮企业，冷加工区必须独立封闭并有良好的温度控制措施，并对操作工的洗手等清洁卫生要求更高，应做到专间专用，专人操作。在冷藏和冷冻设备不足的情况下，要规划好生、熟食物的存贮空间，防止生物料跑冒滴漏造成的交叉污染。

第四节　食品质量控制过程的管理

事实上，没有证据表明广泛的实施控制活动会有益于提高产品质量，关键是控制活动是否有效。在这一节里，将会讨论管理控制过程有效控制的要求，同时也会讨论组织中成本和利益的控制。

一、有效控制

控制必须谨慎地运用，以便取得好的结果。有效控制系统必须与计划整合为一体，同时应注意到灵活性、精确性、及时性等。

1. 与计划整合为一体

控制应当与计划过程整合为一体。特别是确定的目标应当很容易转化为绩效评估的标准，这些标准可反映出计划被执行的情况。

2. 灵活性

灵活性是发展有效率管理控制系统中的重要的因素，它使企业在商业环境中及时应对变化。在愈复杂、愈多变的商业环境中，控制系统应该具有更大的灵活性。如果在生产过程中或在所需数量的供应资源上发生变化，例如由于新技术或消费者的要求出现变化，控制必须具有足够的灵活性以适应这种变化。

3. 准确性

控制系统只有在其依赖的信息包括信息的来源上准确的时候才有用。如果质量控制系统中，生产工人有机会掩盖产品缺点，那么潜在的误差会使控制系统毫无用处。因为此时控制系统所应该具备的准确性测量和报告已不复存在，控制就谈不上有效。

4. 及时性

有效的控制系统能及时提供所需要的信息。一般而言，环境条件越不确定，越需要经常获取信息。

5. 客观性

为了保证有效，控制系统必须提供客观的信息，并且对所获信息进行评估。客观地控制有关的信息要求并对所得到的信息进行评估，并不是简单地报告发生了多少缺陷，而是分析缺陷是怎样发生的。在实际生产中，存在对控制活动的抗性。抗性存在的一般原因在于控制过度，不适当的加紧控制（控制系统不应致力于对有意义的相关事件进行控制），此种控制的回报往往是无效。为了克服对控制的抗性，应该通过精心计划创造一种有效的控制，鼓励雇员参与，将组织的目的变成个人的目的。除此之外，必须对系统进行检查和权衡，为控制决策提供信息和资料。通常工人们必须接受有关控制的目的和功能的教育，并明确他们本身的活动与控制目的的关系。

基于控制系统的基本元素，系统不能够有效运行的主要原因如下。

（1）雇员抵抗控制的高发生率。

（2）符合控制标准的部门不能够达到整体要求和目的。

（3）增加控制并不能改善绩效。

（4）现存的控制标准已经过时。

（5）机构在销售、利润和市场份额上的损失。

二、组织控制的形式

管理者对于控制通常有两个观点即内部控制和外部控制。管理者所依靠的是那些的确能够自我控制行为的人。这个策略对于内部控制而言，允许激励个人和班、小组锻炼自我约束力，以完成所期望的工作。管理者也可以采取直接的行动以控制其他人的行为。外部控制是利用个人监督和正式的管理系统进行管理。有效控制的组织通常有同时利用以上两种方式的优势。然而现在倾向于增加内部或自我控制，这与着重强调参与、授权的观点相一致，并且与工作地点有关。

如表4-2所示为两类控制类型典型的特点，分别称作僵化控制（外部）和有机的控制（内部，自控）。

表4-2 两种组织控制形式

僵化控制	有机的控制
· 僵化的等级结构	· 非正式的组织结构
· 严格的规章制度	· 自我控制
· 对系统的回报着重于每个雇员	· 非正式的小组标准
· 遵守规则	· 对系统的回报着重于小组的表现
· 限制雇员参与	· 拓宽雇员的参与

1. 僵化控制

僵化控制是通过正式的、机械的、结构化的安排，试图对整个企业的功能进行控制。它试图通过严格、僵化的管理，简明的原则和程序得到雇员首肯，它对系统的回报是使雇员遵从已经实施或已经编写好的行为规范。

2. 有机的控制

有机的控制是试图通过依赖非正式的组织结构安排调控整个组织的机能。它试图刺激有能力的雇员积极参与，而不是制定严格的行为准则。组织的控制依赖于自我控制和非正式的小组活动创造有效的、宽松的、重点突出的工作环境。

值得注意的是，大规模的组织是由几个部门组成的，它们在选择僵化控制还是有机的控制在很大程度上都有所不同。例如如果生产部门面临的是比较固定的环境，而市场部门则面临的是经常变化的环境，两个部门的管理者就会选择不同的管理方法进行分工和合作。

僵化控制和有机的控制的对比类似于传统控制模式和基于质量的控制模式，基于质量的控制更多的是以有机的控制为基础。如图 4-9 所示为传统控制模式和基于质量的控制模式的比较。传统的方法不包括培训工人。管理者检验生产的结果，不符合规格的产品的出现会导致工人受到处罚。与之相比较，基于质量的控制模式包括了对工人的培训。工人监督生产过程，不符合生产要求的结果出现，其结果是对系统进行修正。

全员参与被认为是种类管理的重要组成部分，也就是说从产品的设计到最后包装的每一个过程都有雇员参与。这一点可以通过以下的方法得以实现。

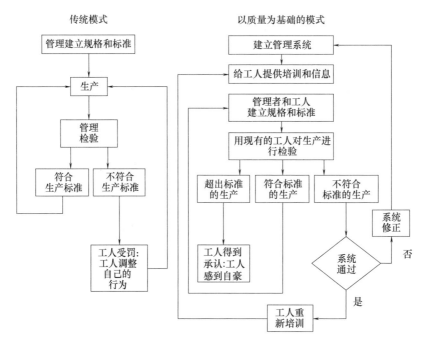

图 4-9 传统模式和基于质量的控制模式

（1）领导开明并支持下属的工作。

（2）将质量责任从控制部门和检验者身上转移到生产雇员身上。

（3）建立高道德素质的组织。

（4）利用已有的手段，如质量环。

所有这些手段都与授权的理念相一致。同样的理念还用于雇员对设备的保养维护，应该把设备看成自己的。要做到这一点，需要对雇员进行培训，并将技术部门的知识传授给操作者。维护原则和技术一旦确定，强调的应该是雇员能够接受这种责任并且能够做这种维护。

在食品企业中，对分权管理是有所限制。因为有些特殊的检测必须在实验室内进行，无法在工作线上完成。在决定是现场还是在实验室进行检测时，关键是看实验室特殊检测是否值得花费时间和以中断生产以得到数据结果为代价。倾向于现场检测的理由是能够快速做出决定和避免外界因素的介入。另外，特殊的设备和检测环境条件都不利于进行实验室检测。许多食品公司都依靠操作者的自身检验，即在源头对错误进行自我纠正。

三、控制的成本和效益

与所有的组织活动一样，如果控制所带来的收益要超出其成本的支出，那么控制活动可以继续进行下去。

如图 4-10 所示为支出与收益模式以评判组织控制系统的有效性。横坐标表示组织控制的程度，从低到高分布。纵坐标表示的是控制的成本和收益，从零点到高分布。简而言之，控制成本的曲线是组织控制的函数。

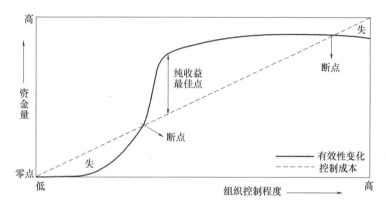

图 4-10 组织控制的成本-收益模式图

管理者在选择组织控制的程度时必须考虑收益与成本的折中。如果控制程度过低，成本超出收益，组织控制就无效。当控制程度加大时，有效性也会增加到一定值。在这个点以下，进一步增加控制程度导致有效性降低。例如组织可通过加强终产品检验而获益，降低已装载货物中次品出现的数量。然而，好的取样程序就可以检测到缺陷批次，更多的检验只能引起损。图 4-10 中的两个断点，指组织控制程度从亏损转到纯收益，再转到亏损，最优点非常难于计算。有效的管理有可能只是比无效管理更接近这一点。

第五节 场景应用

一、内包装使用新材料安全吗?

田田：Hi，安安。

安安：Hi，田田。

田田：你们想换新的内包装材料？什么材质？安全吗？

安安：对，不想老用非热封型滤纸了。这种材料应该是尼龙的，是日本进口原材料，安全应该没问题，不会煮烂，245℃的水溶性为零。

田田：呵呵，说那么多没用。所有原材料应经食品安全危害分析和检验检测。通过危害分析后方可确定配方，检验合格后方可试产。

安安：哦，如果经过危害分析，发现新材料引入化学性危害，或物理性危害，或生物性危害，咱们在生产过程中又不能控制，这种新材料就不能用了。那在危害分析的时候，考虑的危害的种类怎么确定？

田田：具体考虑哪几个方面的危害，ISO 22000：2008《食品安全管理体系　食品链中各类组织的要求》说，可以基于 4 个方面：①收集的预备信息和数据；②经验；③外部信息，尽可能包括流行病学和其它历史数据；④来自食品链，可能与终产品、中间产品和消费食品的安全相关的食品安全危害信息。

安安："收集的预备信息和数据"，应该要包括从尼龙袋供应商处获得的一些信息：材质的化学本质、材质的生产方法、添加剂和加工助剂使用情况、包装和交付方式、贮存条件和保质期、使用前的预处理、材质的质量执行标准和食品安全要求等。

田田：对呀，有了这些信息，至少我们知道这种材料的化学本质到底是什么，是怎么生产的，我们就好分析它可能给终产品带来什么食品安全危害。

安安："经验"主要依据质量安全人员，比如咱们质量安全系统对塑料包装材料的塑化剂就非常严格。

田田：对呀。"外部信息，尽可能包括流行病学和其它历史数据"，这个就可以依据我们的《每月食品安全信息追踪》。

安安：对，里面对政府监控指标、抽检情况、食品安全事件等都有规律性的总结。

田田："来自食品链，可能与终产品、中间产品和消费食品的安全相关的食品安全危害信息"，就是说得考虑对终产品的影响，比如说这个尼龙袋装咱们的产品有没有问题——说不定对咱们产品而言，不会有化学物质的迁移。

安安：嗯，那我们就使用《危害分析工作表》对这种尼龙袋做一次危害分析。其实做完了危害分析，这个包装材料的检验检测指标也就出来了。

田田：对呀。检验检测结果也合格的话，我们就可以试产。

安安：明白。试产的终产品检测合格算试产通过，然后这个包材作为正常的采购物料索证索票、入厂验收呗。

田田：是的。

二、何谓型式检验，意义何在？

安安：Hi，田田。

田田：Hi，安安。

安安：到底型式检验的型字是"型"还是"形"？

田田：定型定式的"型"呀。

安安：哦，我还以为是外形的"形"呢，看来不同专业的术语不一样，外贸有个"形式发票"。

田田：是的，质量检验分出厂检验和型式检验。

	检验项目	检验者	检验频次
出厂检验	按产品执行标准，部分项目(具体会在产品执行标准中明示)	生产企业内部质量检验部门	批批检
型式检验	按产品执行标准，全项目	具备资格的检验机构(省级以上CMAF认证)	固定频次(具体会在产品执行标准中明示)

型式检验，指依据产品标准，由质量技术监督部门或检验机构对产品各项指标进行的抽样全面检验。

安安：型式检验的固定频次一般是每年两次吧？

田田：基本上是每年一次或每年两次。比如说六大茶类中，红茶、绿茶、白茶国标规定型式检验每年一次，普洱茶国标、六堡茶地标等规定型式检验每年两次。

安安：还是有些差异呀！

田田：具体要按照产品执行标准或线上线下渠道商的要求。实际上，相对于非正常生产，在正常生产情况下，每年两次与每年一次的差别并不大，或者说固定频率比频率本身更重要。

安安：非正常生产的情况？

田田：需要增加型式检验的六个情形。

增加型式检验的六个情形	
情形一	新产品投产时
情形二	原料、工艺、设备有较大改变时
情形三	停产半年恢复生产时
情形四	出厂检验结果与上次型式检验结果差异较大时
情形五	发生外部抽检而无相关产品的第三方检验报告，需紧急送检时
情形六	国家监督部门有要求时

安安：哦，我明白了，这些情形下进行型式检验，其实对生产者而言更有指导意义。

田田：说说看。

安安：新产品投产时的型式检验其实是对产品的综合定型鉴定。帮助我们验证新产品是否合规，以及我们推出新产品的设计过程是否考虑充分。

田田：对，其实我们往往忽视了型式检验对新产品设计过程验证的作用。比如今年有几个产品在型式检验过程中发现了一些问题。

型式检验中发现问题	改进
产品 A 黄曲霉毒素 B_1 初检存在技术性争议，经复检合格	修改备案企标，检测方法应由 GB/T 5009.22—2003《食品中黄曲霉毒素 B_1 的测定》改为 GB/T 18979—2003《食品中黄曲霉毒素的测定　免疫亲和层析净化高效液相色谱法》
产品 B 维生素 E 初检存在技术性争议，经复检合格	维生素 E 的表达单位是 $g\alpha$-生育酚当量($g\alpha$-TE)还是 $mg\alpha$-生育酚当量($mg\alpha$-TE)；维生素 E 检测 α-生育酚、γ-生育酚、δ-生育酚的一种还是多种要在企标中注明
产品 C 水分初检超标，经复检合格	水分检测不能用直接干燥法(105℃烘 1h，产品会糊了)要在企标中注明，应采用低压干燥法(真空环境下 60~70℃烘 4h)

还有，我们制定严于国家标准的企业标准时，增加了一些内控指标，并规定了上限和下限，其控制难度往往是大于只规定了上限的食品安全强制指标的。这些指标需要型式检验的验证。

安安：相当于对新产品做了一次全面的体检。

田田：你这个比喻很恰当。所以，当原料、工艺、设备发生较大变化时，当停产半年以上恢复生产时，出厂检验结果与上次型式检验结果差异较大时，需要我们对产品做一次全面的"体检"。

安安：发生外部抽检而无相关产品的第三方检验报告时，尽管我们清楚我们的产品"很健康"，但是我们没有证明其"健康"的"体检报告"，在某些情形下就需要紧急送检。

田田：对，特殊情况下，紧急送检。

安安：而正常生产情况下的"常规体检"，是识别食品安全风险的一个输入。

田田：是的，比如今年我们有一款压片糖果，功效成分总黄酮，检测机构检测值是0.22%，工厂检测值是5.4%，完全不是一个数量级；通过比对，发现是工厂的检测方法有问题。

三、混样检测

安安：Hi，田田。

田田：Hi，安安。

安安：各专业部门一起协同，各兄弟单位交叉学习，还是很有意义的。

田田：哦？

安安：比如说，我看到混样检测，我觉得他们挺聪明的，先把几种原料混样检测，如果没有问题，就不检了，如果有问题，再分别检。这样多省成本啊！

田田：是的。检验费能省则省，但是花了的检测费要有实际价值，即能够告诉我们真实的含量，以便我们做判定是否合格。

安安：那当然了。

田田：所以，只有在确保混样检测结果能够反映真实值的情况，才可以混样检测。

安安：哦，混样检测有前提？

田田：其一，原料按照产品配比先混成小样检测，检测结果合格，再安排大规模拼配生产。

安安：对，这种情况，虽然是混样，实际是混样与产成品同质，所以这种混样是可以的。

田田：其二，n 份等量的原料混样，检测结果远远合格（小于限量值的 $1/n$），这种情况可以混样检测。

安安：如果检测结果远远小于限量值的 $1/n$，则肯定 n 种原料都没有问题。而如果混样检测结果仅仅合格，就不好说是否每种原料都合格，因为有的原料含量低、有的原料含量高，混样照样合格。

田田：对呀。

安安：那如果按照你这个逻辑，我觉得农药残留的检测可以混样，因为根据近 10 年来的检测情况，好多农药残留是未检出，即使检出好多也在限量值的 1/10 以下。

田田：一定要非常严格的风险分析，才能这样混样检测呀！

安安：那当然，必须得保证产成品 100% 不会出问题！即使混样的检测结果远小于限量值的 $1/n$，也应在考虑 20% 的检测误差基础上，得出每种原料是否合格的结论。

田田：有必要！

安安：而相对而言，稀土指标的检测，混样则不适宜。因为根据近 10 年来的检测情况，乌龙茶、黑茶类检出值小于 2.5mg/kg 的不多，相对于 5mg/kg 的限量值，混样的检测结果没法判定。

田田：对。

安安：对于从同一块地里一批的茶叶或者供应商大匀堆后的一批茶叶，筛分成不同的等级批次，要节省费用和缩短周期，没有必要混样检测，直接检测等级最差或指标风险最高的茶不就行了吗？

田田：嗯。但前提是你必须保证这几个等级的茶叶是同一批茶叶筛分出来的。一个订单号不能作为一个批次号。

四、检验检测只治标，摸清源头才治本

安安：Hi，田田。

田田：Hi，安安。

安安：我们领导让我向您请教点事儿。

田田：别，别，共同探讨。

安安：我们已经基于风险分析制定了针对原料、在产品、产成品的 3 个检验方案。只要严格按照这个检验方案执行，产品质量绝对没问题。

田田：挺好的。在目前的农业方式下，检验是食品企业唯一的招儿。

安安：可是有个问题啊，就是检验有些慢呀。今年的原料有些紧张，我们看好的原料，等检测结果出来，已经一周之后了，有的供应商等不了这么长时间，就卖给别人了。有没有好的办法？

田田：没有别的办法，必须按《原料检验方案》批批检，不检你能保证不超标也行。

安安：不能。（有些失落地）那好吧。

田田：现在稀土的检测周期标准是 4 天，如果你真的要解决检验周期对业务的影响，我们必须对源头有管控能力——这批货是来自哪个产地（什么镇什么村），这个产地的土壤情况、用药施肥的情况都清楚，农药残留量、重金属含量也清楚。这种情况下，检测就是浪费了。

安安：但是分散的农业生产方式，加剧了原料溯源的难度。

田田：慢慢引导和要求供应商。

安安：倒行，今年我们先要求供应商把溯源做起来。咱们老大不是说嘛，"什么时候开始都不算晚，什么时候结束都早了"。

田田：检测费不能总是重复花，除了目前的原料把关之外，原料检测应当是摸清原料产地风险地图的手段之一。

安安：你说的对，所有的原料的检测记录我都整理、统计一下。到年底，即使摸不到村头地块，也至少能摸到县吧？

序号	原料名称、货号	等级	产季	供应商名称	原料来源	检测机构	检测日期	农药残留检测情况	检测值							
									稀土	铅	氟化物	茶多酚	氨基酸	咖啡因	水浸出物	茶多糖
1					×××镇×××村											
2																
3																

田田：改善就是进步。

安安：肯定有困难嘛，坚持下去。

田田：检测费不能总是重复花，原料检测的结果可为产品检验所采信。

安安：我们就是这么做的。

田田：开始执行一体化的《产品出厂检验管理制度》了？

安安：是呀，我给你看看我们的出厂检验报告单。

田田：真棒！检测费不能总是重复花，同质同源的不重复检测。

安安：这个呢，我们也是这样做，对自己承包茶园的供应商比较好控制，这个茶园来的大路茶农药残留量、重金属含量检测合格，毛尖、一级、二级等我们就不检了。

田田：对呀，相当于是一批货嘛，还是100%批批检，而且抽样抽取的是风险最大的样本。

安安：供应商没有自有或承包茶园的，就不行了。

田田：现在供应商自有或承包茶园的比例还太小，还是要逐步改善供应商的结构，虽然挺难找的。

产品出厂检验报告单

编号：　　　　　　　　　　　　　　　　报告日期：　　年　月　日

产品名称		规格/等级		执行标准	
生产日期		批量		生产批次	
抽样量		净含量		标签标识	
包装		检验人员		检验日期	
	项目	标准指标	检验结果	判定	原始记录编号
感官审评	外观形状				
	外观色泽				
	香气				
	滋味				
	汤色				
	火候				
	检验人员			检验日期	

续表

理化检测	水分/%				
	灰分/%				
	粉末/%				
	检验人员			检验日期	
农药残留量、重金属含量	见检验报告				
综合判定					

签发/日期：

五、防止病从口入

田田：Hi，安安。

安安：Hi，田田。

田田：怎么愁眉苦脸的？

安安：中午没地方吃饭了，常去的小饭店被市场监管局查封了，说是食品安全抽检不合格。

田田：早就跟你说了不要去那家吃饭，卫生差不说，我上次看他家进的冷冻肉类包装上都没有检验检疫标识的。

安安：那不是因为他家味道好吗，而且又近又方便。再说了，我们自己家里买的肉不也没检验检疫标识吗。

田田：自己家里买的肉上面可能是没有检验检疫标识，但是在正规的农贸市场和超市里，这些农产品的经营者是必须要进行食品安全索证索票的，并且要定期进行食品安全自检。卖给你的肉产品可能是为了方便销售做了分割，没有了标识。但是一旦出了质量问题，凭销售凭证是可以向这些经营者索赔的。

安安：菜场里的小摊小贩不会给你开发票的啊。

田田：哈哈，你的手机支付记录可以作为凭证啊。

安安：对哦，手机支付还有这个好处呢。

田田：如果这种小饭店在流动摊贩那里采购农产品，其农兽药残留物超标是根本无法避免的。幸好这次市场监管局的食品安全抽检不合格，让这种没有食品安全意识的小饭店关门大吉，要不然你还不知道哪天就中毒了。嘿嘿，别愁眉苦脸了，重新找个正规的餐厅吃午饭吧。

安安：是哦，我还想着每次都点热菜吃，应该不会拉肚子，但是没考虑到原材料不好的风险。

田田：不错嘛，还知道吃之前做下风险评估，餐饮环节制成的菜品一般在 1 小时内就吃掉了，热加工菜品中的致病微生物风险确实不足以引起严重后果，但是原料中的化学危害风险可是日积月累的危害身体健康。

安安：对的，还是要全面考虑风险的，防止病从口入，我去找新馆子吃午饭了，哈哈。

本章小结

　　本章节论述了食品质量控制基础理论和措施，其次介绍了应用于实施质量控制的技术工具和方法，包括：抽样、统计过程控制、质量分析和测试。随后，分别详述了食品链中关键质量控制过程，包括：种植与养殖过程、原辅料采购与供应商（包材、添加剂）、生产过程、终产品、流通过程（冷链、仓储、零售或销售）和餐饮过程的质量控制。最后介绍了质量控制过程的管理，包括：控制、经营绩效以及对控制过程的管理。

　　关键概念：控制；质量控制；食品质量；"朱兰质量螺旋"（quality spiral）曲线；总体；样本；个体；抽样；单位产品；生产批（批次）；批量；检验批；抽样检查；百分百检查；可接收质量水平（*AQL*）；限制质量水平（*LQ*）；批次可耐受次品比例（*LTPD*）；统计过程控制（*SPC*）；失效模式及效应分析（*FMEA*）；过程潜力指数 *Cp*；物理评价；僵化控制；有机的控制

🔍 思考题

　　1. 食品质量控制的定义和目的是什么？

　　2. 质量波动分为哪两类？它们之间有什么区别？造成质量波动的因素主要有哪些？

　　3. 控制周期的定义？反馈控制和前馈控制的概念？

　　4. 食品工业中常使用的抽样检查方法（方案）包括哪几种？

　　5. 质量控制（管理）中的数据包括哪两类？

　　6. 统计过程控制中常用的控制图有哪种？

　　7. 什么是食品微生物检验？有哪些不同的方法？

　　8. 采购控制的主要步骤包括哪些？

　　9. 管理过程如何做到有效控制？

　　10. 对供应商的控制中，在评价供应方时，公司应考虑的主要因素有哪些？

　　11. 食品质量控制和生产过程控制有什么关系？生产控制活动的主要步骤是什么？

　　12. 流通控制中涉及产品与资源分配控制的主要步骤是哪些？

　　13. 僵化控制和有机的控制各有何特点？

　　14. 阅读 ISO 9001：2015、ISO 22000：2018 标准，请找出食品质量控制相关的标准条款进行对比分析异同，并选取一点以食品工厂进行举例论证。

参考文献

［1］曾红节，江淳. 科学应用抽样检验标准. 中国标准化，1999，（3）：11-12.

［2］华思联. 建立完善的食品链全过程认证制度，促进食品安全管理. 饲料广角，2007，（24）：19-20.

［3］ 蓝天尔. 浅析信息与通信工程项目施工质量控制. 科技研究, 2014, (9)：169.

［4］ 李娜, 邱珊. 血栓与止血的实验室质量控制. 甘肃医药, 2010, 29 (2)：211-212.

［5］ 廖明菊. 七种统计工具在质量管理的应用. 广东化工, 2013, (9)：71-72, 52.

［6］ 刘好, 丁日佳. 技术标准在对外贸易中的福利效应. 煤炭经济研究, 2005, (2)：61-62.

［7］ 刘淼. 智能人工味觉分析方法在几种食品质量检验中的应用研究. 杭州：浙江大学, 2012.

［8］ 卢永根. 栽培植物的起源和农作物品种资源. 植物学杂志, 1975, (3)：23, 24-26.

［9］ 陆翔华. 食品冷链物流与技术管理规范化. 中外食品, 2010, (5)：30-31.

［10］ 宋祚锟. 浅谈技术标准在企业竞争战略中的作用. 标准科学, 2004, (12)：17-19.

［11］ 王海英, 何海波, 石晓峰. 加强农产品质量管理 保障食品消费安全. 内蒙古农业科技, 2009, (6)：24-25.

［12］ 王媞. 农产品质量安全风险管理途径. 现代农业科技, 2011, (12)：334, 336.

［13］ 吴超. D公司铸件供应商质量管理研究. 南京：南京理工大学, 2011.

［14］ 肖熙. 浅议产品质量检验抽样方法探究. 商品与质量·学术观察, 2012, (9)：246.

［15］ 徐涛. 农业投入品连锁经营体系的建设与发展. 中国产业, 2011, (8)：6-7.

［16］ 许亚东. 浅析高校管理与决策. 科教文汇 (中旬刊), 2010, (5)：185-186.

［17］ 严文慧, 盛本国, 陈兴, 等. 酱卤猪蹄的加工工艺研究. 肉类工业, 2014, (1)：9-10.

［18］ 俞一夫. 食品加工过程中可能产生的有毒有害物质及其防除. 食品科技, 1997, (2)：12-13.

［19］ 周玉芬. 坚持六查六看严格食品监管. 决策探索, 2013, (18)：85.

［20］ 朱海波. 对中小型出口食品生产企业推行食品安全管理标准的分析. 中国质量认证, 2006, (5)：66-67.

［21］ 祖绍虎. 定量包装商品检验的抽样方法. 中国计量, 2009, (8)：83.

［22］ P. A. Luning, W. J. Marcelis, W. M. F. Jongen, et al. 食品质量管理技术-管理的方法. 吴广枫, 译. 北京：中国农业大学出版社, 2005.

第五章
食品质量改进

学习目标：

1. 质量改进的定义与意义。
2. 质量改进的对象与过程。
3. 质量改进的工具与应用。
4. 食品质量改进过程与管理。

第一节　质量改进的概念

"没有最好，只有更好"——是质量改进的根本目的。古人云"吾日三省吾身"。企业也应当如此，随着社会进步，经济发展，顾客的要求越来越高，质量管理手段不断完善，关于质量的竞争也越来越激烈。因此企业在激烈的市场竞争中，仅有一张 ISO 9000 的认证证书是远远不够的，当其它企业在进步，而你不做出改进时，固步则自封，你就是在退步。质量改进是质量管理的一部分，它作为一种方法和理念，需要企业认真接受和采用。质量改进是质量的生命力，持续的质量改进是企业进步的原动力（肖远宁，2007）。一个企业要不断取得成功，首先就要树立不断改进、永远进取的思想。

一、质量改进的定义

在质量管理领域，质量改进（quality improvement）是一个传统的概念。企业在管理经营过程中也一贯注重质量改进工作的展开，采取了很多措施，例如降低产品的缺陷率、缩短服务的等待时间、通过改进产品设计增加可靠性来提高顾客满意度等。在食品和农产品加工的企业质量管理中，对产品和加工过程的改进是非常重要的。质量计划、质量控制和质量改进一起构成"朱兰质量三部曲"。其中，质量改进实际上体现了对于改变的需要，也就是突破现状的需要。

所谓质量改进，是食品质量管理的一项基本活动。质量改进的前提是管理人员和雇员能主动参与。质量改进的重点是提高质量保证能力，目标是提高顾客满意度，实现更高的质量水平，降低成本，提高生产率和加速流程（陆兆新，2004）。

20世纪50年代以前，企业仅将质量改进作为一种补救和预防措施，改进的对象也仅限于产品和服务质量本身，而直到现代质量管理理论在日本得到应用与发展，质量改进的概念才得到了新的诠释和实践。日本将质量改进运用到了企业经营的各个方面，包括对生产流程、产品开发、费用降低等方面的改进都会最终提高整个企业的质量。重视每一次不断改进的机会，而不是刻意追求突飞猛进的重大创新，对已有产品和过程能进行不断改进，会对已有产品和过程产生极大的益处，甚至还可实现技术性的突破。因此，各国企业管理者开始结合全面质量管理（total quality management，TQM）在企业内部建立持续质量改进的渠道和组织氛围。不同的质量管理学者也建立了进行持续质量改进的系统方法和工具。

质量改进的定义：为向本组织及顾客提供增值效益，在整个组织范围内所采取的提高活动和过程的效果与效率的措施。质量改进是消除系统性的问题，对现有的质量水平在控制的基础上加以提高，使质量达到一个新水平、新高度（宋华，2014）。

二、质量改进与质量控制

对现有的质量水平在控制和维持的基础上加以突破和提高，将质量提高到一个新的水平，该过程便称为质量改进。在ISO 9000：2015标准中质量改进是这样定义的："质量改进是质量管理的一部分，致力于增强满足质量要求的能力。"

进一步理解质量改进的内涵时要注意其与质量控制的区别与关系（图5-1）。

（1）质量控制和质量改进都是质量管理的职能活动，两者相辅相成，有区别又有联系。质量控制（quality control）是指"质量管理的一部分，致力于满足质量要求"（ISO 9000：2015）。质量控制的目标是确保产品质量能满足用户的要求。为实现这一目标，需要对产品质量产生、形成全过程中所有环节实施监控，及时发现并排除这些环节有关技术活动偏离规定要求的现象，并使其恢复正常，从而达到控制的目的，使影响产品质量的技术、管理及人的因素始终处于受控的状态下（刘增芹，2012）。

质量改进的作用是努力增强满足质量要求的能力。这与质量控制的作用不同，质量控制的作用是努力满足质量要求，即质量控制是按照事先规定的控制计划和依据既定的标准对质

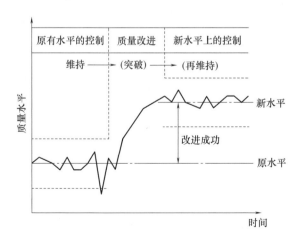

图5-1 质量改进与质量控制的区别和关系

量活动进行连续监控，随时发现和评价偏差，及时纠正，采取纠正措施，消除偶发性缺陷，使质量活动恢复到正常状态的过程。而质量改进是致力于增强满足质量要求的能力，即意味着质量改进必须从未知的领域中探索新的活动，去替代或改变原来被认为正常的状态，突破原来的质量水平，达到新的质量水平。因此，质量改进的性质是创造性的，质量改进的过程是质量突破的过程（苏秦，2005）。如表5-1所示为质量改进与质量控制的区别和关系。

表5-1　　　　　　　　　　　质量改进与质量控制的区别

区别	质量控制	质量改进
定义	致力于满足质量要求	致力于增强满足质量要求的能力
消除问题	偶发性问题	系统性问题
达到目的	质量维持	提高，达到一个新的水平
采取手段	通过日常检验、试验、调整和配备必要的资源消除异常波动	不断采取预防和纠正措施增强企业的质量管理水平
重点	防止差错和问题的发生	提高质量保证能力
相互关系	先做好质量控制，在此基础上进行质量改进；没有稳定的质量控制，质量改进的效果也无法保持	

质量控制是质量改进的前提和基础，质量改进是质量控制的延伸和发展。服从于组织质量方针和目标以及贯穿落实于质量形成全过程是两者共同的特点。

质量控制和质量改进是互相联系的。首先要搞好质量控制，充分发挥现有控制系统的能力，使全过程处于受控状态。然后在控制的基础上进行质量改进，使产品从设计、制造、服务到最终满足顾客要求都达到一个新的水平。

（2）质量改进是质量管理活动的组成部分，质量改进的范围十分广泛、内容丰富，它贯穿于质量管理体系所有的过程（包括大过程及子过程），包括管理职责、资源管理、产品实现、测量分析过程的改进，也包括产品、过程、体系的改进。

（3）以有效性和效率作为质量改进活动的准则。质量改进活动应进行策划，制订具体的改进目标值，有质量改进活动的具体措施、手段、实施计划，对质量改进结果能对照策划目标进行评价，以证明质量改进活动是有效的。实施质量改进所投入的资源（人力、物力等）得到了一定程度的回报。

（4）质量改进要持之以恒，持续改进是指提高绩效的循环活动，持续改进是贯彻ISO 9000：2015标准的核心，是一个组织的永恒主题，有了持续改进才会使顾客日益增长的要求和期望得到最终满足，才能使质量管理体系动态地提高以确保生产率的提高和产品质量改善（吴士权，2002）。

三、质量改进与质量突破

质量改进与质量突破都是为了实现质量水平的提高。质量突破是通过日常许多大大小小的质量改进来实现，只有持续不断地追求质量改进，才能使产品质量水平获得突破性提升。质量改进通过 PDCA 循环实现，但每次改进活动由于种种因素影响，不一定都能取得好的效果，质量水平不一定获得提高。而质量突破表明产品质量得到提高，并取得良好效果。

（一）质量改进侧重过程，质量突破侧重结果

对于实现质量改进的途径有两种观点。一种是以西方质量管理学界为代表的质量突破论（breakthrough）。质量突破论认为质量改进是可以看得见的质量飞跃，只有通过大规模、彻底的过程或产品再设计来实现。我们也常将这种质量突破称为质量的创新。而另一种观点是日本企业界一直坚持的持续质量改善（kaizen），坚持长期进行逐步的、微小的质量改善。所以前者会更偏向于设计过程，而后者更注重微小质量提升所积累的最终效果。质量改进是一个过程，由于种种原因，每次质量改进不一定都能取得好的效果，产品的质量水平不一定得到提高。但质量突破则表明产品的质量水平得到了提高，并取得了良好的效果。

（二）质量突破与质量改进的目的相同

相对于西方企业关注结果的观点，kaizen 理论更加关注于组织过程的全方位改良。当然，寻求突破式地提高过程或产品的质量也是质量改进的一个重要的方面，但是远没有在西方质量管理活动中那样受到重视和推崇。但是无论通过哪种途径实现质量改进，发现和解决质量问题都是其前提和基础。质量突破是消灭工作水平低劣的长期性原因（包括思想上的和管理上的），使现有工作提升到一个较高的水平。从而使产品质量也达到一个较高的水平。质量改进也是为了实现质量水平的提高。

（三）质量突破是质量改进的结果

质量改进是在受控质量系统的基础上，发现和解决长期影响质量水平的系统性问题，使系统可能出现的偏差降到最低，这样会更加符合期望的要求，质量更高。质量突破的实现表明产品的质量水平得到了提高，它的实现是通过日常许多大大小小的质量改进来实现的。只有实施持续的质量改进，才能使质量突破。质量突破可以说是质量改进的结果。如果说质量控制的目的在于维持已有的质量水平，那么，质量改进的则是为了质量突破，即突破现有水平。

四、预防措施和纠正措施

质量改进的核心是预防措施和纠正措施（孙昶等，2001）。

预防措施：为消除潜在不合格或其它潜在不期望情况的产生原因所采取的措施。

纠正措施：为消除不合格的产生原因并防止其再发生所采取的措施，一个不合格可以有若干个原因，采取纠正措施是为了防止再发生，而采取预防措施是为了防止发生（ISO 9000：2015）。

预防措施的基本思想强调对用户负责，其思路是：为了使用户或其它相关方能够确信组织的产品、过程和体系的质量能够满足规定的质量要求，就必须提供充分的证据，以证明组织有足够的能力满足相应的质量要求（胡铭，2010）。其中所提供的证据应包括质量测定证据和管理证据。为了提供这种证实，组织必须开展有计划的、有系统的活

动。为消除潜在不合格的产生原因，防止不合格再发生，组织应制定并采取预防措施。预防措施应与潜在问题的影响程度相适应。

组织应制定并采取预防措施的文件化程序，并规定以下要求：①确定潜在不合格及其原因，可通过各种信息和数据分析，发现潜在的不合格，借助统计技术，往往能提供潜在不合格的发展趋势；②评价防止潜在不合格发生的措施的需求；③确定和实施所需的措施；④记录所采取措施的结果；⑤评审所采取的预防措施的有效性，以及是否需要进一步改进。

因此，预防措施的主要工作应是通过进一步完善企业质量管理，加强产品质量控制，以便准备客观证据表明企业具有满足用户质量要求的实力，并根据用户要求有计划、有步骤地开展提供证据的活动。

而在实施了预防措施后出现了产品质量偏差的时候，企业要迅速实施纠正措施以防止更多更大的产品质量偏差的出现。组织应采取措施，以消除不合格的产生原因，防止不合格的再发生。纠正措施应与所遇到不合格的影响程度相适应。

（1）纠正措施一般是针对那些带有普遍性、规律性、重复性或重大的不合格采取的，即消除发生不合格品的原因，虽然已经发生了错误，但要防止同样的事情再次发生。它不同于纠正，纠正是指改正错误，是对已经发生的问题进行解决，即对不合格的处置，因此，对发生的不合格，相应的纠正措施并不一定是同步的。对有些不合格，进行纠正即可。

（2）组织应采取能够消除不合格的产生原因、防止不合格再发生的纠正措施，纠正措施应与所遇到的不合格的影响程度相适应。即采取的纠正措施，要和不合格的重要程度、资源的投入、风险程度相适应。

（3）应制定文件化程序，对采取的纠正措施规定以下要求：①评审不合格，包括顾客抱怨。②确定不合格的原因，区分是偶发事件，还是带有普遍性的问题。③评价确保不合格不再发生的措施的需求；措施是否是针对消除不合格的产生原因而采取的。④确定和实施所需的措施。⑤记录所采取措施的结果。⑥评审所采取的纠正措施，是否有效，是否需要再改进。

预防和纠正措施是质量改进的必要前提，当对某一步骤采取预防和纠正措施后再发生不合格，则需要采取质量改进手段。从纠正措施中，发现质量改进的方向。

第二节　食品质量改进的需求

一、质量改进的目的

ISO 9001 中定义改进的总则：组织应确定和选择改进机会，并采取必要措施，以满足顾客要求和增强顾客满意度。质量改进的目的之一就是满足顾客要求和增强顾客满意度。经济迅猛发展已使顾客成为影响企业发展的重要因素，顾客的评价决定着企业在经济领域中的前景。使顾客满意是经济发展的必然，是以人为本观念普及的必然结果，它也是企业发展永恒的追求。《卓越绩效评价准则》（GB/T 19580—2012）也指出，通过顾客满意度测量，企业可以建立并改善顾客关系，对顾客进行产品、服务质量跟踪，及时获得有价值的反馈信息，充分利用这些反馈信息，企业能够在激烈的市场竞争中赢得顾客，满足并超越其期望，提高顾客的满意度和忠诚度。企业为顾客提供产品和服务，为了更好地增强顾客满意度，必须通过质量改进提高产品质量以及服务质量，也可以说企业质量改进的目的是提高产品质量和服务质量。

在市场经济日益发达的今天，质量对于一个企业的重要性越来越强，产品和服务质量的高低是企业有没有核心竞争力的体现之一，提高产品质量是保证企业占有市场，从而能够持续经营的重要手段，一个企业想做大做强，在增强创新能力的基础上，努力提高产品和服务的质量水平是重要的辅助手段。质量在今天之所以变得比过去更加重要，是因为市场环境同商品紧缺时代相比，已经发生了根本性的变化，只要能生产出来就能卖出去的年代已经一去不复返了。成功的企业无一例外的重视产品和服务的质量。当今质量改进是关系企业生存的重要问题，企业产品和服务质量的重要性愈加突出。

从企业自身角度看，质量改进需要贯彻在企业的方方面面，提高效率，降低成本是根本，包括对生产过程的改进，管理体系的改进等。例如现场管理 5S 中描述了现场浪费的 7 种类型：返工、过程生产、搬运、多余动作、等待、库存、过程不当。过量生产表现为生产多余所需，快于所需，造成了浪费；为了满足顾客的要求而对产品或服务进行返工，增加了成本；没有对物料进行合理安排，不符合精益生产的一切物料搬运活动均造成时间和人力资源等浪费；对终产品或服务不增加价值的过程均属于过程不当；任何超过加工必需的物料供应会造成库存的浪费，同时过高的库存水平会掩盖所有问题，通过降低库存会暴露一些问题，包括：维修问题、效率问题、质量问题、交货问题等；当两个关联要素间未能完全同步时所产生的空闲时间造成了浪费；任何不增加产品或服务价值的人员和设备的动作均属于多余动作。所有这些有碍于提高效率、降低成本的表现均需要对过程和体系加以质量改进，从而使得企业向精益生产靠近，实现世界级制造目标。

二、质量改进的意义

ISO 9000：2015 中关于改进的主要益处做了相应的描述，可能的获益：
——改进过程绩效、组织能力和顾客满意度；
——增强对调查和确定根本原因及后续的预防和纠正措施的关注（姜波，2002）；
——提高对内外部的风险和机遇的预测和反应的能力；
——增加对渐进性和突破性改进的考虑；
——加强利用学习实现改进；
——增强创新的驱动力。

ISO 9000：2015 的 2.3.5.2 项认为：改进对于组织保持当前的绩效水平，对其内、外部条件的变化做出反应并创造新的机会都是极其重要的。

在现代经营中，企业的竞争呈现出日益加剧的趋势，顾客的需要和期望也处在持续的变化之中。而市场竞争的焦点是质量竞争，质量改进的重要性关系到企业参与市场竞争的成败，在这种情况下，持续不断的质量改进工作已经成为组织在激烈的竞争中生存和发展的关键。组织必须将质量改进工作确定为长期的，持续的过程。质量改进是质量管理的重要内容。

（1）质量改进有很高的投资收益率。

（2）质量改进是永葆名牌的秘诀。不断根据用户（顾客）的需求和潜在期望适时地进行改进，使名牌产品始终领先一步，适合用户对适用性的要求（胡铭，2010）。

（3）提高产品的制造质量，减少不合格品的出现，实现增产增效的目的。

（4）质量改进是新品开发的坚实基础。开发适销对路、用户（顾客）满意的新产品去占领和扩大市场也是重要的市场竞争策略之一。一个新产品投放市场还得依靠新的内部管理方法、新的过程控制、新的促销策略和建立新的供需关系作后盾（李正明等，2004）。

（5）可以促进新产品开发，改进产品性能，延长产品的寿命周期。

（6）质量改进是提高效率的根本途径。依靠质量改进来改变管理程序、工艺方法和装备、服务的方式方法等，只有巧干才能获得持久的高效率。

（7）质量改进是降低成本的生财之道。提高质量把经常性缺陷造成的损失成本降下来，对降低质量成本的效果是长久的。

（8）质量改进是挖掘潜力的无穷源泉。质量改进的机会存在于生产经营的全过程的每个阶段、每个领域、每项活动，可以涉及企业的每个部门、每个员工。质量改进是无止境的，它正好适应用户（顾客）无止境的需求和期望。

（9）通过对产品设计和生产工艺的改进，更加合理、有效地使用资金和技术力量，充分挖掘组织的潜力。

（10）通过提高产品的适应性，来提高组织产品的市场竞争力。

（11）有利于发挥各部门的质量职能，提高工作质量，为产品质量提供强有力的保证。

三、质量改进的对象

（一）产品的质量改进

质量改进活动涉及质量管理的全过程，改进的对象既包括产品（或服务）的质量，也包括各部门的工作质量等。产品（服务）质量改进是一种技术改进，可能使组织的产品（服务）质量提高、成本下降，甚至可引发产品（服务）的创新，但应进行严格控制。质量改进项目的选择重点，应是长期性的缺陷。本节对产品质量改进的对象及其选择方法加以讨论。

产品质量改进是指改进产品自身的缺陷，或是改进与之密切相关事项的工作缺陷的过程。一般来说，应把影响企业质量方针目标实现的主要问题，作为质量改进的选择对象。同时还应对以下情况给予优先考虑。

1. 市场上质量竞争最敏感的项目

企业应了解用户对产品众多的质量项目中最关切的是哪一项，因为它往往会决定产品在市场竞争中的成败。例如：用户对于现烤面包的选择，主要是口感和造型等感官因素，而对其保质期往往考虑甚少，所以现烤面包质量改进项目主要是提高它的造型和口感等。

2. 产品质量指标达不到规定"标准"的项目

所谓规定标准是指在产品销售过程中，合同或销售文件中所提出的标准。在国内市场，一般采用国家标准、行业标准、团体标准和地方标准；在国际市场，一般采用国际标准，或者选用某一个先进工业国的标准。产品质量指标达不到这种标准，产品就难以在市场上立足。

3. 产品质量低于行业先进水平的项目

颁布的各项标准只是产品质量要求的一般水准，有竞争力的企业都执行内部控制的标准，内部标准的质量指标高于公开颁布标准的指标。因此选择改进项目应在立足于与先进企业产品质量对比的基础上，应将本企业产品质量项目低于行业先进水平者，均列入计划，定制出改进措施，否则难以占领国内外市场。

4. 寿命处于成熟期至衰退期产品的关键项目

产品处于成熟期后，市场已处于饱和状态，需要量由停滞转向下滑，用户对老产品感到不足，并不断提出新的需求。在这一阶段必须对产品质量进行改进，以此推迟衰退期的到来，此类质量改进活动常与产品更新换代工作密切配合。

5. 其它

还有其它如质量成本高的项目，用户意见集中的项目，索赔与诉讼项目，影响产品信誉的项目等。

（二）过程的质量改进

关于过程的描述（ISO 9000：2015）：组织具有可被规定、测量和改进的过程。这些过程相互作用从而产生与组织的目标相一致的结果，并跨越职能界限。某些过程可能是关键的，而另外一些则不是。过程具有相互关联的活动和输入，以提供输出。

过程的质量改进既可能是一种工程技术改进（如原材料、加工方法、检测手段的改进），又可能是一种管理改进（如改变该过程的人员、环境、组织方法等）。这种改进可能会使产品（服务）质量提高、成本下降，还可能会改善组织的人际关系。

从产品生产方面来说，过程的质量改进可以同食品供应链联系起来，原料采购、运输、贮存、加工、销售等各个环节即为产品生产的各个过程，可以对供应链的各个环节采取质量改进手段。

（三）管理体系的改进

质量管理体系标准引入我国后，已经有很多企业根据标准要求建立了质量管理体系并通过了认证机构的审核（母正彬，2011a）。部分企业因为建立了质量管理体系，不论是企业管理的标准化、规范化，还是企业产品实物的质量都有很大程度的提高。但有部分企业也建立了质量管理体系，但效果不太理想，产品质量没有提高，企业流程仍然不顺畅，操作仍然不规范。一个重要的原因是质量管理体系没有持续改进，没有建立起改进的机制（母正彬，2011b）。质量管理体系是通过周期性改进，随着时间的推移而逐步发展的动态系统（ISO 9000：2015）。

持续改进质量管理体系标准的要求，是持续满足质量管理体系标准要求的基本保证。满足顾客需求和持续改进是制定质量管理体系标准的基本思想，也是组织建立质量管理体系的根本出发点。不论质量管理体系标准的哪个版本，都有保留持续改进的条款，并且作为一个主要条款，任何采用标准建立质量管理体系的组织，都必须承诺对质量管理体系进行持续改进，不断优化和完善质量管理体系。

改进质量管理体系也是企业自身不断提升、不断完善的要求。随着企业不断发展、企业业务不断拓展、企业规模不断壮大，任何想健康运行的企业都必须持续改进。不论是产品的持续改进，还是过程的不断改进，都必须依靠质量管理体系的改进，才能保证企业改进的持续性和系统性，促使企业不断提升和完善。

改进企业质量管理体系的有效措施：①树立质量管理体系改进的意识，落实质量管理改进的职责。质量管理体系的改进需要全员参与，全员都必须树立质量管理体系改进的意识。②认真开展内审、管理评审和日常检查工作，识别改进需求，落实改进点，不断探索质量管理的改进方法，不断推动质量管理体系的持续改进。③不断修订和完善组织的质量管理体系文件，使其符合组织的实际情况和实际运作。④加强全员培训和考核工作，并落实到实际日常考核中。⑤肯定质量管理体系改进的效果，增强各级人员对质量管理体系不断改进的积极性和信心。

四、食品复杂性对质量改进的影响

食品是一个复杂的体系，与不易坏产品显著不同，它是不断变化的，除了变化性，还有其它因素使食品变得复杂。复杂性的三个基本因素：数值、品种和各种元素之间的关系。通常，复杂性被直观地定义为系统中的基本元素的数值指标。然而，数值大小本身不足以完全定义复杂性。复杂性还指形式的多样性，出现的相关模式的随机性以及频繁切换这种模式的能力。另外，由于一个新产品的新组成、新技术、新的组分之间的相互作用，产品新颖性也可是复杂性的因素。

由于食品由各种的化学和生物成分组成，这些成分可能会相互影响，从而影响食品的最终内在品质。食品产品和生产过程中化学，物理和生化反应也是错综复杂的。因此，食品产品、食品生产过程以及食品贮存过程都是复杂的，不易了解的。

食品复杂性可以表现在以下方面。

（1）产品复杂性　产品的多样性和食品固有的动态特性，通常不为人所知或理解。

（2）过程复杂性　生产线中的步骤数，生产过程的可控性，对于某些生产和存储过程选择的技术条件的不可预测性。

产品的动态特性是食品性质的差异性和食品过程的典型特征的结果。性质的差异性涉及食品成分的变化（包括原料，成分，制造或新鲜农产品），糖的含量，风味浓度，细菌的初始污染以及微生物、化学、物理、生理和产品固有生化过程的特征的变化。例如，病原体的生长或失活，水分扩散或果实的呼吸，这些过程随时间影响了食物性质和相关的质量属性（例如颜色，味道，安全性等）。

生产过程的可控性取决于过程中出现的例外程度以及可以分析所使用的技术的程度。该过程中的步骤数量主要取决于生产类型（单件生产、成批生产或大量生产）。技术条件是在可接受的公差范围内实现和/或维持所需产品特性的措施。这些条件的实例包括收获和交货周期，卫生设计情况，加工条件（例如时间，温度，压力等），包装概念或贮存条件。与技术条件相关的食品性质和工艺对质量的单独作用是可以确定的，但是它们的相互作用对质量的影响是无法确定的。

如表 5-2 所示为食物复杂性的一个例子。对于水果，列出了影响这些属性的重要质量属性以及组件和因素。单独的属性不能被挑出来成为优质水果的原因。最终质量判断是判断不同属性的组合。从理论上讲，技术复杂性与质量改善有着显著的关系。一方面是分析过程复杂化，另一方面是了解产品和流程的性质会导致更好的可预测性，最终更好地控制。由于食品的复杂性，分析与学习对食品质量的改善很重要。质量改进过程包括分析步骤。但是食品产品和生产过程存在许多不可控的复杂过程，所以需要在实际生产过程中切实体会。

表 5-2 水果重要质量属性表

外观	大小:尺寸,重量,体积 形状和形态:直径/深度比,平滑度,紧凑性,均匀性 颜色:均匀,色泽度 光泽:蜡度 缺陷:外部和内部,形态,物理和机械,生理,病理,昆虫学
质地	坚度,硬度,柔软度 脆度 多汁性 肉质 韧性,纤维性
味道(味道,气味)	甜度 酸度 涩 苦味 香气(挥发性化合物) 口味和异味
营养价值	碳水化合物 蛋白质 脂质 维生素 膳食纤维 矿物质
安全	天然存在的毒物 污染物(化学残留物,重金属) 真菌毒素 微生物污染

第三节　食品质量改进的过程

一、质量诊断

在质量管理和质量控制方面，最早我们学习的是美国休哈特的统计过程控制（statistical process control，SPC）理论，之后在大规模推行全面质量管理的实践中，碰到了一些实际问题，仅用美国的休哈特理论解决不了，这才迫使我们自力更生，创造出我国的统计过程诊断（statistical process diagnosis，SPD）理论。

统计过程控制简称 SPC，利用统计的方法来监控过程的状态，确定生产过程在管制的状态下，以降低产品品质的变异概率。SPC 不是用来解决个别工序采用什么控制图的问题，SPC 强调从整个过程、整个体系出发来解决问题。SPC 的重点就在于"P（process，过程）"，产品质量具有变异性，"人、机、料、法、环+软（件）、辅（助材料）、（水、电、汽）公（用设施）"，变异具有统计规律性。

1980 年张公绪提出选控图系列，选控图是统计诊断理论的重要工具，奠定了统计诊断理论的基础。1982 年，张公绪又提出两种质量诊断理论，成为世界上第一个系统统计过程诊断的理论，突破了传统的美国休哈特的统计过程控制 SPC 理论，开辟了 SPD 新方向。两种质量的概念是两种质量诊断理论的基础。所谓两种质量，为分质量和总质量。现行产品质量的概念实质上包括两部分内容，一是本道工序自身的加工质量，另一是上道工序对本道工序的影响，正是后者将上下两道工序扯在了一起。于是将与上道工序的影响有关的现行质量称为总质量，而将与上道工序的影响无关的本道工序自身的加工质量称为分质量。在这两种质量中，总质量即为日常所说的质量，并非新概念，这里加一个"总"字，是强调总质量与所有前道工序都有关。分质量是指工序本身固有的加工质量，与上道工序无关。每道工序都存在两种质量。两种质量的性质不同，故必须应用休哈特控制图与选控图（后者是张公绪在 1980 年创造的一类新型控制图），或总过程能力指数与分过程能力指数（后者是张公绪在 1981 年创造的一类新型过程能力指数）加以控制。从而最终创造了两种质量诊断理论（张公绪，2001）。

为了分清上下道工序在产品质量方面的责任，需要对上道工序的影响进行诊断。在生产线的每道工序都存在两种质量，即总质量与分质量，由于分质量与上道工序无关，是固有质量，它只决定于该工序的"人、机、法"各个条件（"料"属于上道工序，"环"在许多情况下是共同的，可不予考虑），是与上道工序的影响进行比较的起点，故分质量可作为标准值。至于总质量则是包含了上道工序影响与分质量在内的综合质量，故它可作为测量值。将总质量与分质量进行比较即可对上道工序影响进行诊断，故称之为两种质量诊断理论。

从 20 世纪 90 年代起，SPD 又发展为统计过程调整（statistical process adjustment，SPA），国外称之为算法的统计过程控制（algorithmic statistical process control，ASPC）。若以医生为病人看病作比喻，SPC 好比是医生给病人看病，诊断病人是有病还是无病；SPD 是诊断出有病还是无病，若有病还能诊断出是什么病；SPA 则是不但能诊断出病人是什么病，而且确诊以后还要进行治疗（即调整）。从 SPC 发展到 SPA 形成了一个闭环，可以周而复始，从而不断进行质量改进。

质量诊断：对过程或质量管理工作进行察与诊，以判定其产品或服务质量是否满足规定要求，或其质量管理工作是否适当、有效、查明存在问题的原因，并进而指出改进和提高方向、途径和措施的全部活动。

质量诊断是企业诊断中的一种专题诊断，它包括产品质量及质量管理两个方面的诊断。产品质量诊断即对"硬件"的质量诊断，就是经常或定期地对市场上出售或库存的产品进行抽查，检查产品质量能否满足用户的需要，掌握产品的质量信息，以便采取对策加以改进。质量管理诊断也称 QC 诊断，包括工序质量诊断和质量保证体系的诊断。工序质量诊断就是通过对工序质量进行定期检查，掌握工序质量是否稳定，工序能力是否充分，以及存在的问题和产生问题的原因。质量保证体系的诊断即对"软件"的质量诊断，就是对 PDCA 循环（见后文"二、PDCA 循环"）的诊断。

质量诊断包括分析现状，找出问题及其原因。质量诊断分为设计具体的改善方案、提出诊断报告书和实施指导三个步骤。实施指导包括对有关人员培训、制订实施计划，进行指导帮助以及执行三个阶段。质量诊断可以由公司（或企业）的外部人员进行，也可由企业内部人员进行互诊。质量诊断评价方法有定性评价和定量评价。数量化的评价方法，一般有直接评分法、加权评分法、模糊数学法、瑟斯顿法等。质量诊断分析方法常用的有调查表法、排列图法、因果图法等。

对一个企业进行质量管理体系诊断，其主要目的是了解企业现有质量管理的实施状况，找出与现行标准或要求的差距，以利于 ISO 9000 推行工作的顺利进行，那么诊断内容主要有哪些方面呢？

（一）组织结构

了解行政组织结构；了解质量保证组织结构；职责、权限是否文件化，是否严格执行；职责、权限是否有职无权或有权无职。

（二）质量方针、质量目标

有无年度（长期）质量方针、中（短）期质量目标；质量目标是否量化，有无实施方案、计划；是否量化至每一位员工，有无考核、激励机制。

（三）人力资源管理

人力资源管理有无长期规划；人力资源有无系统培训方案、计划。

（四）设备（生产设备、检测设备、仪表、仪器等）管理

设备是否得到有效控制；有无成文设备、设备耗材、辅材购进机制；有无成文购进后安装、调试、检测机制；有无成文设备操作、维护、保养作业指导书；有无成文设备标识系统；有无成文工、装、夹具、模具、辅材等管理、控制机制。

（五）文件和资料管理

文件和资料使用前有无审批机制；文件和资料有无发放机制；文件和资料有无更改机制；文件和资料有无报废、保存、复印、使用等控制机制；有无成文信息反馈机制；信息收集、汇总、分析、反馈是否有效、及时、经济。

（六）物料管理

了解仓库管理；了解生产现场物料管理；仓库、生产现场有无合理分区；物资有无明确标识。

（七）生产环境管理

有无环境要求的场合，有无成文环境管理制度（如消防、人身安全、健康、工艺要求、环保等）；有无推行 5S，是否形成素养。

（八）生产作业管理

各部门业务流程是否文件化、标准化、具体化、规范化；各部门开展业务是否有成文工作标准；每一员工进行操作是否均有成文作业指导书。

（九）成本能源核算

有无单位产品材料成本核算；有无单位产品能耗核算。

（十）物资（原材料、工序产品、成品等）检验

有无物资检验规程；有无适用的检验抽样方案；有无适用的检验报表；有无成文的不合格物资处理机制。

（十一）工作品质检验

有无部门、个人工作质量考核、评定机制；有无改进机制、奖罚机制。

（十二）品管技巧的应用

有无导入 5S；有无导入目标管理机制。

企业通过对产品、过程、体系的质量诊断，分析现状，诊断发现的问题以及分析问题产生的原因，再解决问题，从而在过程中实现质量改进。

二、PDCA 循环

任何一个质量改进活动都要遵循 PDCA 循环的原则，即策划（plan）、实施（do）、检查（check）、处置（act）。PDCA 的四个阶段如图 5-2 所示。

PDCA 循环就是质量管理活动所应遵守的科学工作程序，是全面质量管理的基本工作方法。PDCA 循环是由美国质量管理统计学专家戴明（W. E. Deming）在 20 世纪 60 年代初创立，故也称为戴明环。在质量管理活动中，要求把各项工作按照做出计划、计划实施、检查实施效果，将成功的纳入标准，不成功的留待下一循环去解决的工作方法施行，这是质量管理的基本方法，也是企业管理各项工作的一般规律（尤建新等，2003）。

PDCA 循环反映了质量改进和完成各项工作必须经过

图 5-2　PDCA 循环

的 4 个阶段。这 4 个阶段不断循环下去，周而复始，使质量不断改进（图 5-2）。

（一）计划制订阶段——P 阶段

这一阶段的总体任务是确定质量目标，制订质量计划，拟定实施措施。具体分为 4 个步骤（胡铭，2010）。

（1）对质量现状进行分析，找出存在的质量问题。根据顾客、社会以及组织的要求和期望，衡量组织现在所提供的产品和服务的质量，找出差距或问题的所在。

（2）分析造成产品质量问题的各种原因和影响因素。根据质量问题及其某些迹象，进行细致的分析，找出致使产生质量产生问题的各种因素。

（3）从各种原因中找出影响质量的主要原因。影响质量的因素往往很多，但起主要作用的则常为数不多，找出这样的因素并加以控制或消除，可产生显著的效果。

（4）针对影响质量问题的主要原因制订对策，拟定相应的管理和技术组织措施，提出执行计划。

质量计划对于建立满足质量标准的过程是很有必要的。为了知道什么时候纠正措施是必需的，质量控制是必要的，质量改进有助于找到更好的执行方法（朱兰质量管理三部曲）。朱兰哲学的关键元素是管理层对持续改进的承诺。他督促这些公司打破过去的限制，在持续的基础上达到提高质量水平的目的。

（二）计划执行阶段——D 阶段

按照预定的质量计划、目标和措施及分工去实际执行。

（三）执行结果检查阶段——C 阶段

根据计划的要求，对实际执行情况进行检查，寻找和发现计划执行过程中的问题。

（四）处理阶段——A 阶段

对存在的问题进行深入的剖析，确定其原因，并采取措施。此外，在该阶段还要不断总结经验教训，以巩固取得的成绩，防止发生的问题再次发生。这一阶段分为两个具体的步骤：①根据检查的结果，总结成功的经验和失败的教训，并采取措施将其规范化，纳入有关的标准和制度，巩固已取得的成绩，同时防止不良结果的再次发生。②提出该循环尚未解决的问题，并将其转到下一循环中去，使其得以进一步地解决。

现代观点对于 PDCA 循环有了新的理解：

P（planning）——计划职能包括三个小部分：目标（goal）、实施计划（plan）、收支预算（budget）；

D（design）——设计方案和布局；

C（4C）——4C 管理：check（检查）、communicate（沟通）、clean（清理）、control（控制）；

A（2A）——action（执行，对总结检查的结果进行处理）、aim（按照目标要求行事，如改善、提高）。

处理阶段是 PDCA 循环的关键。因为处理阶段就是解决问题，总结经验和吸取教训的阶段。该阶段的重点又在于修订标准，包括技术标准和管理制度。没有标准化和制度化，就不可能使 PDCA 循环转动向前。

PDCA 循环，可以使我们的思想方法和工作步骤更加条理化、系统化、图像化和科学化（图 5-3）。它具有如下特点。

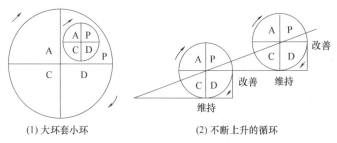

图 5-3   PDCA 循环特点示意图

1. 大环套小环、小环保大环、推动大循环

PDCA 循环作为质量管理的基本方法，不仅适用于整个工程项目，也适应于整个企业和企业内的科室、工段、班组甚至个人。各级部门根据企业的方针目标，都有自己的 PDCA 循环，层层循环，形成大环套小环，小环里面又套更小的环。大环是小环的母体和依据，小环是大环的分解和保证。各级部门的小环都围绕着企业的总目标朝着同一方向转动。通过循环把企业上下或工程项目的各项工作有机地联系起来，彼此协同，互相促进。

2. 不断前进、不断提高

PDCA 循环就像爬楼梯一样，一个循环运转结束，生产的质量就会提高一步，然后再制订下一个循环，再运转、再提高，不断前进，不断提高。

3. 门路式上升

PDCA 循环不是在同一水平上循环，每循环一次，就解决一部分问题，取得一部分成果，工作就前进一步，水平就进步一步。每通过一次 PDCA 循环，都要进行总结，提出新目标，再进行第二次 PDCA 循环，使品质治理的车轮滚滚向前。PDCA 每循环一次，品质水平和治理水平均更进一步。

通过 PDCA 循环，使企业各环节、各方面的工作相互结合、相互促进，形成一个有机的整体。整个企业的质量管理体系构成一个大的 PDCA 循环，各部门、各环节又都有小的 PDCA 循环，嵌套着更小的 PDCA 循环，从而形成一个大环套小环的综合质量管理体系。经过一个 PDCA 循环，使一些质量问题得到解决，质量水平因此得到提高，从而跨上更高一级台阶，而下一次循环将是在该次质量已经提高的基础上进行，如此循环，使产品质量持续改进、不断提高。

PDCA 循环至今仍然被广泛应用于质量改进及其它领域中，但并不代表这套理论就是尽善尽美的。许多项目管理在应用 PDCA 循环的过程中发现了很多问题。因为 PDCA 循环中不含有人的创造性的内容，它只是让人完善现有工作，这导致了惯性思维的产生。习惯了 PDCA 循环的人很容易按流程工作，因为没有什么压力让他来实现创造性。所以，PDCA 循环在实际的项目中有一些局限。在今后的应用中对于这一方面有所改进。

三、食品质量改进的一般步骤

为了解决和改进质量状况，通常把 PDCA 循环的 4 个阶段进一步具体划分为 8 个步骤。

（1）分析现状，找出存在的质量问题　确定质量现状的信息来源，识别存在的质量问题，通过数据显示其本质问题，选择质量改进区域。在发现问题后，要提出 3 个问题：①这项工作可否不做？②这项工作能否同其它工作结合起来做？③这项工作能否用最简单的方法去做，而又能达到预定的目的？

（2）分析产生质量问题的各种原因或影响因素　注意要逐个问题、逐个影响因素详加分析。

（3）找出影响质量的主要因素　影响质量的因素往往是多方面的，从大的方面来看，可以有操作者、机器设备、检测工具、原材料、操作与工艺方法以及环境条件等方面的影响因素。从小的方面来看，每项大的影响因素中又包含许多小的影响因素。解决质量问题要在许多影响因素中全力找出主要影响因素，以便从主要影响因素入手，解决质量问题。

前面 3 步分析现状，找出问题及原因，即进行质量诊断与评价。ISO 9001：2015 中表示"组织应评价、确定优先次序及决定需实施的改进"，即应基于质量评价来实施质量改进。

（4）针对质量问题的主要因素，制订措施，提出行动计划，并预计效果　措施和行动计划应该具体、明确。一般应明确的内容有：为什么要制订这一措施或计划？预期达到什么目标？在哪里执行这一措施或计划？由哪个单位、由谁来执行？何时开始？何时完成？如何执行？

以上 4 个步骤就是计划（P）阶段的具体化。

（5）按照既定的计划执行措施

按照既定计划执行措施，即执行（D）阶段。

（6）检查

根据行动计划的要求，检查实际执行的结果，观察是否达到了预期的效果，即检查（C）阶段。

（7）总结经验

根据检查的结果进行总结，把成功的经验和失败的教训都纳入有关的标准制度和规定之中，巩固已经取得的成绩，同时防止重蹈覆辙。

（8）提出这一循环尚未解决的问题

提出这一循环尚未解决的问题，并把它们转到下一个 PDCA 循环中去。

步骤（7）和步骤（8）是处理（A）阶段的具体化。

在这 8 个步骤中，需要利用大量的数据和资料，才能做出科学的判断，对症下药。如何收集和整理数据？那就要综合利用各种质量管理的方法和工具。

对于具体的食品企业，当组织在数据收集和分析的基础上，按照一致而严格的步骤开展质量改进项目和活动时，质量改进就会逐步取得效益。具体的质量改进的流程图（图 5-4）、步骤、内容和注意事项如下。

（一）选择课题

任何组织需要进行质量改进的项目都会有很多，涉及的方面可能会包括质量、成质量改进的流程图：

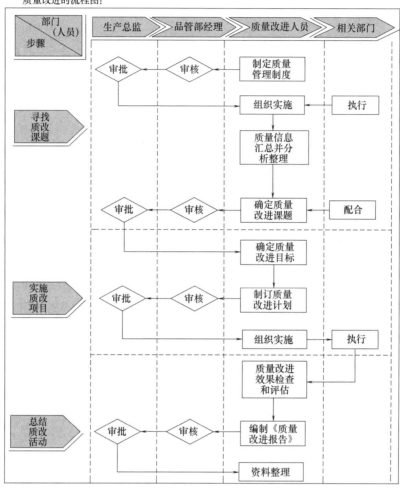

图 5-4　质量改进的流程图

本、交货期、安全、环境及顾客满意度等。选择课题时，通常应围绕降低不合格品率、降低成本、保证交货期、提高产品可靠性（降低失效率）、减少环境污染、改进工艺规程、减轻工人劳动强度、提高劳动生产率以及提高顾客满意度等几个方面来选择。

1. 活动内容

（1）应明确需要解决的问题的重要程度。

（2）要收集有关问题的背景资料，包括历史状况、目前状况、影响程度（危害性）等。

（3）将不尽人意的结果用具体的语言表达出来，阐明有什么损失，并阐明希望问题具体解决到什么程度。

（4）确定课题目标值。如课题过大，可以将其细化分解为若干小课题，逐一去解决。

（5）正式选定任务负责人。若成立改进团队应确定课题组长及成员。

（6）如有必要，应对质量改进活动的经费做出概算。

（7）拟定质量改进活动的时间表，初步制订改进计划。

2. 注意事项

（1）一般在组织内存在着大大小小数目众多的质量问题，为了确定主要质量问题，应最大限度地灵活运用现有的数据，应用排列图等统计方法进行排序，从诸多质量问题中选择最主要的问题作为质量改进课题，并说明理由。

（2）选择这个课题的原因。解决问题的必要性必须向有关人员阐述清楚，否则会影响解决问题的有效性，甚至导致半途而废，劳而无功。

（3）设定目标值必须有充分的依据，目标值应当具有经济上合理、技术上可行的特点。设定的目标值既要具有先进性，又要保证经过努力可以实现，以激励团队成员的信心，提高活动的积极性。

（4）要制订质量改进计划，明确解决问题的期限。预计的效果再好，如果没有具体实现的期限，往往就会被拖延，被一些所谓更重要、更紧急的问题挤掉。

（二）掌握现状

当质量改进的课题明确之后，应进一步尽可能详尽地掌握有关课题的历史状况和目前状况等背景资料。

1. 活动内容

（1）掌握解决问题的突破口，必须抓住问题的特征。需要详细调查时间、地点、问题的类型等一系列特征。

（2）针对要改进的质量问题，从影响质量的人、机、料、法、环等因素入手进行广泛、深入的调查。

（3）最重要的是，要到发生质量问题的现场去收集数据和相关信息。

2. 注意事项

（1）首先应从质量问题本身入手调查，如质量特性值的波动幅度以及影响因素的状态等。质量特性值的波动幅度与影响因素之间存在着相关关系，这就需要应用统计技术（如回归分析、实验设计、析因分析等），定性或定量地掌握这种关系，这是把握问题主要影响因素的最有效的方法。而观察问题的最佳角度是随问题的不同而不同的，无论什么问题，必须从时间、地点、类型、特征这四个方面去调查。如时间：早晨、中午、晚间的不合格品率有什么差异；周一至周五以及双休日或度假前后的情况下，每天的不合格品率有什么变化；还可以从周、月、季度或年度等不同角度观察结果。

（2）虽然强调要从时间、地点、类型、特征四个方面进行调查，但并不是说只要在这四个方面调查清楚，问题就可以解决了，还必须考虑是否应从其它方面进行调查。

（3）取得量化的数字数据，通过统计方法的应用，掌握质量变异的规律，对解决质量问题是非常重要的。但是，在某些情况下难以取得量化的数字数据，而获得大量定性的语言、文字资料（非数字数据）也不可忽略。此时，应用非数字数据统计方法，进行综合分析，往往也会取得良好的效果。

调查者应深入到生产现场，服务现场去实地调查，切忌纸上谈兵。在现场可以获得许多数据中尚未包含的信息，这些信息往往会像化学反应中的触媒（催化剂）一样，为解决质量问题找到思路，从而寻找到突破口。

（三）分析影响质量问题的因素

1. 活动内容

分析产生质量问题的原因，一般是先设立假说，然后去验证假说是否是正确的。

（1）设立假说（尽可能多的设想可能会影响质量问题的原因）　尽可能全地收集关于产生质量问题的全部潜在原因，越多越好，并运用掌握现状阶段所掌握的信息，清除已被确认为无关的因素，重新整理余下的所有因素。

（2）验证假说（从已设定的诸因素中确定主要原因）　收集新的数据或证据，制订计划来确认各原因对质量问题的影响程度。综合分析所获得的全部数据和信息，确定影响质量问题的主要原因。在条件允许的情况下，应反复进行以上过程。

2. 注意事项

无论是假说还是验证，均应采用科学方法，不能凭空论证。在质量改进过程中，若只是由改进的操作者甚至少数人讨论、拟定对质量问题的影响因素，往往会得到错误的结论。

查明产生质量问题的原因，需要有充分的理由，并应用统计技术对数据和信息进行综合分析或到现场验证假说的正确性。这时很容易将设立假说与验证假说混为一谈。验证假说时不能用设立假说的材料，需要用新的数据或信息来验证。要有计划、有依据地运用统计技术进行验证。

（1）因果图、因素展开型系统图、关联图等工具是建立假说的有效方法，图中所能列出的因素都被假设为产生质量问题的原因。

图中列出的所有影响因素均应用通俗、简明的语言（文字）具体表达。对所有认为可能的原因都应进行调查，当然这样做可能会降低工作效率，必要时可以根据收集的数据削减影响因素的数目。重要的是充分利用掌握现状阶段得到的数据和信息进一步分析，根据各因素对质量问题的影响程度进行排列。正确、有效应用统计方法是非常必要的，然而更重要的不是方法本身，而是分析过程是否正确。

（2）验证假说必须根据重新实验和调查所获得的数据有计划地进行。

验证假说是核实原因与结果之间的关系是否密切。通常使用排列图、散布图及相关分析和回归分析、假设检验和方差分析等统计方法。切忌采用"举手表决""少数服从多数"等主观意识决定的方法。事实证明，往往即使是全员通过的意见也可能是错误的。影响质量问题的原因往往很多，但其中起决定性作用的总是少数（关键的少数）。对全部原因都采取措施既不现实也没有必要。通过论证找出关键的少数原因采取措施，以最少的投入，实现最佳改进效果。利用质量问题的再现性来验证影响因素的方法要慎重采用。某产品采用非标准件组装而产生了不合格品，并不能证明采用非标准件就是产生不合格品的原因。再现的质量问题必须与掌握现状阶段查明的问题一致，具有同样的特征。有意识地再现质量问题是假说的验证手段，但必须考虑到人力、时间、经济性等多方面制约条件。

（四）制订对策并实施

通过充分调查研究和分析，产生质量问题的主要原因明确了，就要针对主要原因制订对策并加以实施。

1. 活动内容

（1）将现象的排除（应急对策）与原因的排除（永久对策）严格区分。

（2）尽可能防止某一项对策产生副作用（如并发其它质量问题），若产生副作用，应同时考虑采取必要的措施消除副作用。

（3）对策方案应准备若干个，根据各自的利弊，通过方案论证，选择最有利于解决质量问题而且能被大家接受的方案。

2. 注意事项

（1）采取的对策有排除现象的应急对策和排除原因的永久对策。返工返修使不合格品转变为合格品，只能是应急对策，不能防止不合格的再次发生，要使不合格今后不再产生，必须采取永久对策来消除产生质量问题的根本原因。

（2）采取对策后，由于产品质量特性之间的相互关联性，常会引起其它质量问题的发生（称之为副作用）。为此，应在采取措施前，从多方面考虑，对措施进行彻底而广泛的评价。

（3）采取对策过程中应保证各相关方面的工作协调一致。采取的对策有可能带来许多工序的调整和变化，此时应尽可能多方面听取有关人员的意见和想法。

（4）采取的对策应当经过论证从几个具备经济合理性、技术可行性的方案中择优选取。

（五）确认效果

对质量改进的效果应正确对待。在实际中往往会由于失误，误认为质量问题已经被解决，导致同一质量问题的反复发生。当然，若不能确认质量改进有效果，也会挫伤持续质量改进的积极性。

1. 活动内容

（1）确认质量改进的效果应采用与现状分析相同的方法，将采取对策前后的质量特性值、成本、交货期、顾客满意度等指标做成对比性图表加以观察、分析。

（2）若质量改进的目标是降低质量损失或降低成本，应将特性换算为货币形式表达，并与目标值相比较。

（3）对质量改进后取得的大大小小的效果应一一列举。

2. 注意事项

（1）质量改进应当确认在何种程度上防止了质量问题的再次发生。用于显示改进前后效果的对比性图表应前后一致，这样会更加直观，具有很强的可比性。

（2）对于组织的经营管理者而言，将质量改进的效果用货币的方式表达是非常必要的。通过质量改进前后的对比，会让经营管理者认识到该项工作的重要性。

（3）当采取对策后没有达到预期的效果时，应首先确认是否严格按照对策实施，若确实是，则意味着对策失败，应重新回到掌握现状阶段。

（六）对验证有效的措施进行标准化

经过验证，确实有效的措施要进行标准化，纳入质量文件，防止同类质量问题再次发生。

1. 活动内容

（1）将经确认的人、机、料、法、环等方面有效的措施标准化，制订成工作标准。

（2）进行有关新标准的文件准备和宣贯。

（3）组织培训教育，要求所有相关人员对新标准正确理解和坚决执行。

（4）建立保证严格执行新标准的质量经济责任制。

2. 注意事项

为防止同类质量问题的再次发生，对确认有效的纠正和预防措施必须进行标准化，其原因如下。

（1）没有标准的制约，质量问题会再次发生。

（2）没有明确的标准，新来的员工在作业中很容易出现与以前同样的质量问题。

（3）标准化工作并不是制订几个标准就算完成了，必须使标准成为制约员工行为的文件。为了贯彻实施标准，必须对员工进行相关知识和技术的培训教育。

（七）总结

对改进效果不显著的措施及改进过程中发现的新问题，应进行全面的总结，为推动 PDCA 循环的持续运转提供依据。

1. 活动内容

（1）应用对比性排列图等工具，找出本次循环的遗留问题，作为下一轮 PDCA 循环要解决的问题。

（2）考虑为解决这些问题，下一步应当怎样做。

（3）总结本次循环中哪些问题得到顺利的解决，哪些问题解决的效果不理想或尚未得到解决。

2. 注意事项

（1）在质量、成本、交货期、安全、顾客满意度、激励和环境等方面的质量改进活动中不合格品率降为零或经一个循环的改进即能达到甚至超过国际先进水平往往是不可能的。因此，质量改进活动应长期持久地开展下去（秦现生，2002）。开始时定下一个期限，最后应当总结完成与尚未完成的步骤以及完成程度，然后进入下一轮 PDCA 循环。

（2）应制订解决遗留问题的下一步行动方案和初步计划。

四、持续质量改进

"持续"的含义是指对过程的改进要逐步前进；持续改进（continual improvement）指增加满足要求的能力的重复活动，反映了顾客增长的需求和期望并确保质量管理体系的动态发展。持续质量改进包括产品质量、过程和质量管理体系有效性和效率的不断提高。

（一）改进项目的分类

（1）战略性重大改进项目　指对现有过程进行根本性的改进。

（2）渐进性持续改进项目　指日常逐步提高的小改小革。

（二）质量改进的实施方法

目前世界各国均重视质量改进的实施策略，方法各不相同。美国麻省理工学院 RobertHayes 教授将其归纳为两种类型，一种称为"递增型"策略，另一种称为"跳跃型"策略。它们的区别在于质量改进阶段的划分以及改进的目标效益值的确定。质量改进模型见图 5-5。

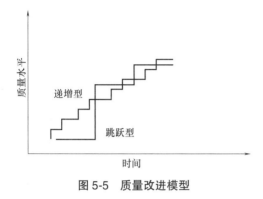

图 5-5　质量改进模型

1. 递增型质量改进

（1）递增型质量改进的特点　改进步伐小，改进频繁。这种策略认为，最重要的是每天每月都要改进各方面的工作，虽然改进的步子很微小，但可以保证无止境地改进。递增型质量改进的优点是，将质量改进列入日常的工作计划中去，保证改进工作不间断地进行。由于改进的目标不高，课题不受限制，所以具有广泛的群众基础。它的缺点是，缺乏计划性，力量分散，所以不适用于重大的质量改进项目。

（2）对应的质量改进途径　由企业各部门内部人员对现有过程进行渐进的持续质量改进活动。

2. 跳跃型质量改进

（1）跳跃型质量改进的特点是　两次质量改进的时间间隔较长，改进的目标值较高，而且每次改进均需投入较大的力量。这种策略认为，当客观要求需要进行质量改进时，公司或企业的领导者就要做出重要的决定，集中最佳的人力、物力和时间来从事这一工作。该策略的优点是能够迈出相当大的步子，成效较大，但不具有"经常性"的特征，难以养成在日常工作中不断改进的观念。

（2）对应的质量改进途径　由企业组织跨部门人员参加的突破性质量改进活动。

质量改进的项目是广泛的，改进的目标值的要求相差很悬殊，所以很难对上述两种策略进行绝对的评价。企业要在全体人员中树立不断改进的思想，使质量改进具有持久的群众性，可采取递增式策略。而对于某些具有竞争性的重大质量项目，可采取跳跃式策略（王毓芳等，2005）。

（三）持续质量改进的特点

1. 突破性、创新性、预防性

持续质量改进的显著特点是突破性和创新性。没有对现状的突破就谈不上质量改进，没有创新精神也就难以实施质量改进。质量改进致力于经常性寻找改进机会，采取以预防为核心的原则。持续质量改进强调的是突破和发展，持续不断提高质量水平，所追求的是卓越、零缺陷和一次成功。坚持不懈地进行持续质量改进，必然给企业带来巨额经济效益，所以持续质量改进是一种有利可图的创造性变革。

2. 整体优化和全员参加性

一个组织存在的质量问题或顾客的抱怨，不仅是产品和生产问题，还与未查明的管理、行政、技术等职能部门有联系。遍布本组织的缺陷和差错，如拖延时间、失信、浪费时间和材料、过量库存、资金闲置、设备和空间的无效利用等，都是产生质量问题的根源。因此质量改进是整体性的改进。整体优化就成为持续质量改进的一大特点。全员参加，特别是最高管理者的持续支持和参与是实现整体优化的必备条件。

3. 成果的隐蔽性和投资的长期性

持续质量改进的效益和效率有其隐蔽性。因为改进是解决系统性的质量问题，它不像偶然性质量问题解决后的效果那么明显，但对长远的经济效益影响是很深远的。

投资长期性，一是表现在质量改进开始时会使成本、费用增加，只有质量改进取得成果才会得到补偿；二是表现在投资的持续性，因为任何改进都不是一劳永逸的，必须坚持连续不断投资才会使改进得到成效（陈宗道等，2003）。

（四）持续质量改进的目标

质量管理最基本的任务就是持续不断地进行质量改进。随着市场竞争越来越激烈，质量改进的范围将越来越广，也将越来越深入。质量改进系统的构成包括：改进对象、改进主体、改进目标、改进的内外条件等。质量改进是一个动态过程，它贯穿于一个组织向社会、向顾客、向组织成员提供更多的利益的全部活动和整个过程中。质量是企业的生命，是经济发展战略的核心（任洪伟，1996）。质量管理是现代管理的中心。

持续质量改进的明确目的，就是为本组织和顾客提供更多的利益。设立和完成持续质量改进目标，受持续质量改进目标的层次性、质量改进的效益准则、质量改进目标的可行性的影响。

（五）持续质量改进的原则

1. 持续质量改进的组织原则

持续质量改进需要有效地利用和充分地优化组织资源，更需要造就一个质量改进的文化环境，从整体上制约和影响人们的质量行为。

（1）持续质量改进的资源组织　应从以人为本的管理、全员参与和信息的利用上着手（朱海峰，2007）。

① 以人为本的管理。首先企业的每一位员工都应树立以质量求效益的观念，对产品的质量永不满足，以零缺陷为目标。其次要明确每个人的质量责任，将质量改进目标细化为具体的任务，分配落实到各个部门和人员，并授予相应的权力。同时在质量改进中要引导人们注重运用科学的质量改进方法。

② 全员参与。质量改进是全方位的。在一个组织中，只有人人都积极参与质量改进的活动，质量改进活动才能具有生机。QC 小组是企业全体员工开展质量改进活动的一种实用形式。凡是企业的员工，不管是高层领导、中层领导、技术人员、管理人员、员工都可以自主地组织起来，在提高工作质量、改进产品和服务质量方面开展活动。质量改进可以通过过程管理小组、问题改进小组、质量文化小组、问题分析小组等改进小组形式进行。

③ 信息的利用。质量信息是企业经营的资源，通过质量信息的传递和反馈才使得企业的质量体系能够有效运行，更好地提高产品或服务质量。质量信息对推动质量改进活动、完善企业管理提供依据。在确立质量改进目标时，要以信息为决策的基础。在质量改进活动中，信息的传递和反馈是调整和控制运行以完成预定的目标的保证；在质量改

进的评估和评审时，信息是判断优劣、实施奖惩的依据。

（2）持续质量改进的组织机构　即从事质量改进活动的人们的协作体系，持续质量改进需要有人去具体组织、协调，需要有人去策划和进行技术指导，也需要有人去评估、评审改进的效果。

① 持续质量改进的策划部门。持续质量改进的策划部门的职责，就是发现本组织在各个方面、各个层次存在的质量问题，分析问题的起因，寻求解决问题的办法。持续质量改进的策划部门应由质量主管领导抽调组织管理人员、技术人员、员工参加，按矩阵结构的组织形式组成。依据需改进的问题所具有的特点抽调各类人员，以便持续质量改进的策划实施。持续质量改进策划部门的工作任务就是为创新本组织的产品质量、工作质量和工程质量而策划持续质量改进活动。

② 持续质量改进的组织部门。持续质量改进的组织部门的职能是负责组织资源、制定持续质量改进程序、协调持续质量改进活动中的各种关系。企业现设的质量管理部门就是企业持续质量改进活动的具体组织部门。质量管理部门的业绩主要表现在本组织产品质量持续改进、工作质量持续改进、体系质量持续改进的效果。

③ 持续质量改进的评审部门。持续质量改进的评审是为确定持续质量改进活动是否遵守了持续质量改进计划安排，以及持续质量改进活动结果是否达到了预期目标所做的系统的、独立的检查和评审。持续质量改进活动的评审部门是由在个人素质、教育程度、工作经验、管理能力以及业务培训等方面具备一定资格，且与被评审对象无直接责任的人员组成。持续质量改进评审的具体业务工作主要由质量管理部门负责，它的工作就是为达到持续质量改进目标，使持续质量改进活动顺利、有效地进行。

2. 持续质量改进的运行原则

有效的 PDCA 循环是持续质量改进的运行原则。

3. 持续质量改进的协作原则

实现持续质量改进的目标，需要充分地组织和利用各种资源。在持续质量改进活动中要协调好各种关系，使供需双方、组织内部各部门之间的目标、利益行为一致起来，保证持续质量改进的顺利进行。

（六）持续质量改进的基础条件

持续质量改进是一个漫长的过程。其中有些步骤至关重要：①用统计过程控制的方法和其它手段来训练员工，以改进质量和提高绩效水平。②将 SPC 方法运用到日常操作当中。③组建工作团队，并鼓励员工积极参与。④工作团队要充分利用各种解决问题的工具。⑤在质量改进过程中培养工人的主人翁意识。

必须注意的是，在持续质量改进的过程中，最重要的就是员工的参与。解决问题的过程包括改进不当的操作以及评价可实现改进的备选方案。当员工掌握了质量改进过程及其方法，并对自己生产的产品或提供的服务感到自豪时，由于员工参与了团队的问题解决过程，主人翁意识便油然而生。

公司的组织形式是质量改进的一个潜在的障碍。传统的组织结构会让员工倾向于优先考虑自己的问题，而公司整体业务和整个公司的总目标往往被忽略。

在正规的权利结构中，各个部门之间的沟通网络相当复杂，容易造成信息闭塞。在这种条件下，只有最高管理层才能提出改进的需求。因此很有必要创建一个简单的、更加灵活的管理结构，调动全体员工的积极性，使客户和供应商之间的链接缩短，公司才能够迅速捕捉到环境的变化并做出反应。

缺乏信息是质量改进的第二个障碍。所以应该保证员工能够获得可靠、准确的信息，并能利用这些信息。这些信息涉及人力资源、机器、方法、材料以及公司的内外环境。

质量改进的对象一般是长期性缺陷，所以难度大，需要很多人参加并要制定周密的章程以后，才能得到实效。因此必须有一个坚实的基础。该基础包括以下三个方面。

1. 认识上的统一

首先，要统一对质量危机的认识。由于影响市场占有率的主导因素是质量，质量竞争在市场经济中是一个长期的客观规律，即有市场经济必存在着质量竞争现象。企业要在竞争中取胜，必须重视质量改进工作。其次，要充分认识到质量改进工作的长期性，即是永不停顿的工作。因此质量改进工作不是临时措施，而是日常工作。朱兰将质量管理工作归纳为三个基本的相关过程：质量计划、质量控制、质量改进，并称之为"三部曲"。

一般来说，员工进入组织后，就会规定他的职责，给他安排工作任务。不能正常履行职责，无法按时完成工作任务，组织就会对他进行处罚。职责和工作任务一般都有较为具体的指标，便于进行测量和评价。ISO 9000 族标准规定了改进应是每个员工工作的一部分，组织也可以将改进纳入员工的职责中，但要改进什么，如何改进，改进结果如何等，组织往往难以形成工作任务指标下达给员工，因而也就难以测量、评价和考核。质量改进在某种程度上取决于员工的主观能动性、员工的态度和自觉。通常情况下，迫使员工进行质量改进是难以持续的，很可能也是难以成功的，只有员工自觉地、主动地投入质量改进中，质量改进才可能顺利进行，也才可能持续进行。而要员工自觉地、主动地投入质量改进，则需要组织为他们创造一个有利于持续改进的环境条件。使公司上下所有人都对质量改进有统一认识（李晓春等，2002）。

2. 领导阶层的重视

搞好产品质量的改进，提高企业工作质量的关键在于领导，尤其是上层领导。没有上层领导的支持与指导，质量改进工作就不可能取得决定性的胜利。这是因为在质量改进工作的实施中，如果上层领导者认为没有必要做的事，那么下级人员就更不会去做。正像瀑布一样，山上无涓涓的流水，山下绝不会出现瀑布，人们把这种关系称为瀑布效应。只有上层领导者首先纠正对质量的旧观念和坏习惯之后，才有可能改正下级人员的对质量的旧观念和坏习惯，企业的质量改进工作才能顺利实施。

最高管理者对持续改进的认识是具有决定意义的。认识正确，就会按标准的规定去实施自己的职责，对所有的改进活动给予支持，并主动领导整个组织的改进活动从而使持续改进成为组织的一个基本目标，形成一种基本任务或要求。如果最高管理者把所有的改进都认为是附加的要求，或者只作为是员工或下级的事，就会影响员工或下级，他们也会将改进当作附加的要求或是他人的事。这样，谁都不会主动积极、自觉地进行质量改进。最高管理者对持续改进的支持和领导，是组织持续改进的关键因素，不可或缺。

3. 克服质量改进的阻力

进行质量改进，需要在技术和管理上进行综合性的工作，才能解决企业的质量问题。其内容涉及技术改进和社会变革两个方面，这两个方面都有一定的阻力，了解并消除这些阻力是质量改进的先决条件。

（1）文化方面的阻力 在质量改进过程中，重点是克服文化上对所需技术改造的抵制。当实行一项质量改进的变革时，常会遇到一种对改革的人为阻力，人们对此常迷惑不解。迷惑的原因是只看到改进课题的技术性方面，而忽视了与变革联系在一起的社会效应，那就是对于人际关系、地位、声誉等方面的影响。例如某道工序是一项技术很高的手工劳动，如今要把它改变成简单的机器操作，就伤害了某些高级钳工的感情，他们将丧失这项传统手工艺中的地位和自豪感。因此他们很可能成为这项质量改进中的人为阻力。

（2）技术方面的阻力 质量改进工作要涉及新技术、新材料、新工艺以及新原理的应用。掌握并应用这些"硬技术"是一个艰巨的过程，其阻力是客观存在的。为克服技术上阻力，应将技术人员、技术情报人员、实验工作人员、生产管理人员组织成一个有机整体，其整体的目标一致性和行动协调性是攻克技术阻力的基础。经验告诉人们：单兵作战对于质量改进的成效是微弱的，必须组成兵团作战才能有效地克服技术方面的阻力。

（七）持续质量改进的员工培训

经常说质量管理自始至终需要教育的伴随。在教育的过程中首先要确立主管，然后所有员工要学习关于什么是食品质量，为什么控制质量如此重要，哪个环节涉及质量，什么时机在监管中需要做出改变，谁在监管中需要负责等内容。质量管理培训就是指用科学的管理制度、标准和方法对公司各生产要素，包括人员、设备、物料、方法、环境和信息等，进行合理有效的计划、组织、协调、控制和检测，使其处于良好的结合状态。培训的对象是全体员工。

GB/T 19025—2001 对于培训做了详细的描述。质量管理基本原则作为 ISO 9000 族标准的基础，强调人力资源管理的重要性和适宜培训的必要性，也认识到一个组织对其人力资源的承诺及其改进员工能力策略的证实，通常为顾客所关注和重视。在顾客的要求和期望正在不断提高的迅速变化着的市场环境中，组织为了满足对提供所要求质量的产品的承诺，其各层人员均应接受培训。

经策划的、系统的培训过程能够在帮助组织改进能力并满足其质量目标方面做出重要贡献。这个培训过程如图 5-6 所示。

为了选择和实施培训，以弥补所要求的与现有的能力之间的差距，管理者应监视下列阶段：确定培训需求；设计和策划培训；提供培训；评价培训结果。

如图 5-6 所示，一个阶段的输出将为下一个阶段提供输入。

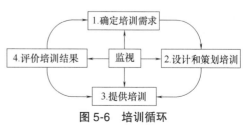

图 5-6 培训循环

质量改进需要相应的方法、工具和技术，具体的改进项目可能还需要相应技术知识和管理知识以及经验，这就有必要进行教育和培训。对任何人来说，继续教育和培训都是必要的。教育和培训在保持质量改进方面是重要的。组织的所有成员，包括最高管理者在内，均应在质量管理原理和实践、质量改进方法的应用方面得到教育和培训，其中包括 GB/T 19004 规定的培训内容，包括组织未来的发展、组织的方针和目标、改进活动的提出和实施及创造和革新等。

培训的过程有助于帮助学习，这是一个改变员工看法、知识储存量还有技术的计划。它的目的在于在工作中开发团队员工独特的才能，满足潮流的发展，还有未来人力的需求。

训练系统的建立意味着可以激励员工们学习，创建知识，在工作中分享知识，一个团队需要确保与团员们在培训问题上互相理解。以下有一些确保训练有效的准备须知：

① 员工需要知道为什么训练是有必要的；

② 验证员工的知识技能经验是必备的；

③ 员工们要意识到训练已经全方面覆盖；

④ 员工们要明白这与绩效评估挂钩；

⑤ 员工们要简要了解训练过程；

⑥ 要说明员工们的责任；

⑦ 应与员工讨论整体安全性和在工作中遇到的问题（钱和，2003）。

如果不计划，训练和监管可能变成不必要的，而系统的培训将满足必要的需求。它包括识别和定义训练需要，定义训练目标，计划并实施训练各个阶段，评估训练结果。

更具体地说，在食品安全方面，行业有义务确保管理者和食品加工者都接受到足够的教育与培训。产业需要意识到食品安全的最高优先级别领导者与员工明确的交谈也是必不可少的。主管和食品加工者须知：

① 在生产中微生物的来源；

② 微生物对疾病与食品腐败的作用；

③ 为什么保持个人卫生是必不可少的；

④ 对主管人员报告腹泻、呕吐、其它疾病、损伤还有人员出勤状况；

⑤ 在工程操作中控制本质要求；

⑥ 员工要知晓其责任范围内的报告清洗设备频率的重要性；

⑦ 在操作过程中报告操作偏离控制的范围；

⑧ 在标准步骤中典型的和常规的或不常规的产生物，如颜色、质地、包装、完整度、气味等；

⑨ 保证适当的过程记录；

⑩ 在责任范围内监控并控制关键控制点。

质量培训是建设质量文化、规范管理、制度贯彻落实以及质量改进的重要手段和方法。

质量培训从以下几个方面开展：培训质量意识、培训质量管理知识和技能、强化个人在质量改进中的作用、强化团队合作能力。

增强质量意识是质量管理的前提，而领导的质量意识更直接关系到企业质量管理的成败。因此，质量意识教育被视为质量培训的首要内容。质量意识教育的重点是要求各级员工理解本岗位工作在质量管理体系中的作用和意义，其工作结果对过程、产品甚至信誉的影响以及采用何种方法才能为实现与本岗位直接相关的质量目标做出贡献。质量意识教育的内容可包括：质量的概念，质量法律、法规，质量对组织、员工和社会的意义和作用，质量责任等。全员的质量管理意识培训，包括新入职的员工均应经过质量意识的基本培训。每年组织一次质量意识的调查，针对薄弱点进行强化培训。

知识培训是质量管理培训内容的主体，组织应对所有从事与质量有关工作的员工进行不同层次的培训。在识别培训需要的基础上，应本着分层施教的原则。技能是指直接保证和提高产品质量所需的专业技术和操作技能。技能培训是质量管理培训中不可缺少的重要组成部分。质量总监组织根据对集团关键人员的质量技能的要求，联合人力资源培训部制订年度的培训计划，并推进设施，且对培训的效果进行追踪确认。各业务部门的质量经理应负责本部门操作员工的岗前质量技能培训及质量技能的定期培训。

质量培训统一规划，分别实施，分步实施，分层实施。由质量总监组织规划统一的质量培训计划、实施内容以及实施方法。各业务部质量经理再分别组织开展，针对公司的现状分步实施，经历扫盲阶段、质量管理方法应用阶段、质量持续改进阶段。不同级别、不同岗位的人员的要求和培训内容不同，分层实施。

对于质量管理人员，质量总监制订质量管理人员的能力素质模型，在此素质模型的基础上建立人员技术档案，制订年度的培训计划并且推进实施，并且负责所有质量管理人员胜任力的考核。

（八）持续质量改进的团队协作

1. 项目团队的定义

项目团队的定义为：项目团队不同于一般的群体或组织，它是为实现项目目标而建设的，一种按照团队模式开展项目工作的组织，是项目人力资源的聚集体，根据2008年8月第1版的《项目管理》所述，按照现代项目管理的观点，项目团队是指项目的中心管理小组，由一群人集合而成并被看作是一个组，他们共同承担项目目标的责任，兼职或者全职地向项目经理进行汇报。团队是由员工和管理层组成的一个共同体。团队有5个重要的构成要素（5P）：目标（purpose）、人（people）、团队的定位（place）、权限（power）、计划（plan）。持续的质量改进离不开团队的协作。

2. 项目团队的特征

项目团队具有以下特征。

（1）项目团队具有一定的目的 项目团队的使命就是完成某项特定的任务，实现项目的既定目标，满足客户的需求。此外项目利益相关者的需求具有多样性的特征，因此项目团队的目标也具有多元性。

（2）项目团队是临时组织 项目团队有明确的生命周期，随着项目的产生而产生，项目任务的完成而结束。它是一种临时性的组织。

（3）项目经理是项目团队的领导。

（4）项目团队强调合作精神。

（5）项目团队成员的增减具有灵活性。

（6）项目团队建设是项目成功的组织保障。

3. 项目团队的 5 个阶段

项目团队从组建到解散，是一个不断成长和变化的过程，一般可分为 5 个阶段：组建阶段、磨合阶段、规范阶段、成效阶段和解散阶段。在项目团队的各阶段，其团队特征也各不相同。

（1）组建阶段　在这一阶段，项目组成员刚刚开始在一起工作，总体上有积极的愿望，急于开始工作，但对自己的职责及其他成员的角色都不是很了解，他们会有很多的疑问，并不断摸索以确定何种行为能够被接受。

（2）磨合阶段　这是团队内激烈冲突的阶段。随着工作的开展，各方面问题会逐渐暴露出来。成员们可能会发现，现实与理想不一致，任务繁重而且困难重重，成本或进度限制太过紧张，工作中可能与某个成员合作不愉快。这些都会导致冲突产生、士气低落。在这一阶段，项目经理需要利用这一时机，创造一个理解和支持的环境。

（3）规范阶段　在这一阶段，团队将逐渐趋于规范。团队成员经过震荡阶段逐渐冷静下来，开始表现出相互之间的理解、关心和友爱，亲密的团队关系开始形成，同时，团队开始表现出凝聚力。另外，团队成员通过一段时间的工作，开始熟悉工作程序和标准操作方法，对新制度，也开始逐步熟悉和适应，新的行为规范得到确立并为团队成员所遵守。

（4）成效阶段　在这一阶段，团队的结构完全功能化并得到认可，内部致力于从相互了解和理解转到共同完成当前工作上。团队成员一方面积极工作，为实现项目目标而努力；另一方面成员之间能够开放、坦诚及时地进行沟通，互相帮助，共同解决工作中遇到的困难和问题，创造出很高的工作效率和满意度。

（5）解散阶段　随着项目的完成，团队面临解散，团队成员开始考虑自身今后的发展并开始准备离开项目团队。

当美国通用磨坊食品公司等决定将团队的概念引入生产过程时，人们觉得这是新闻，因为从未有人这样做过。而现在却恰恰相反，那些未引入团队概念的公司被认为是落伍了。如何来解释这一现象呢？有证据表明，当一项任务的完成需要多种技能、判断力以及经验时，团队通常比个人完成得更好。当组织为了提高竞争的效率和效力而进行重组时，他们往往转向组建团队这种方式，这种方式更能发挥员工的潜能。人们观察到，比起传统的部门管理模式或其它固定的组织模式，团队对于外界变化具有更灵活、更灵敏的反应。团队拥有快速集中分散、重新集中、再分散的能力。更重要的是，团队模式有利于员工参与决策过程，充分调动员工的积极性。

团队在全面质量管理中尤其重要。团队模式使来自公司不同领域的人能够合作以满足客户的需求，若只依靠单一领域的员工，该需求将无法得到满足。全面质量管理认可组织内不同部门之间的这种相互依赖关系，并利用团队模式协调不同部门的工作（徐哲一等，2004）。

团队协作是一种为达到既定目标所显现出来的资源共享和协同合作的精神，它可以调动团队成员的所有资源与才智，并且会自动地消除所有不和谐、不公正的现象，同时对表现突出者及时予以奖励，从而使团队协作产生一股强大而持久的力量。团队的正规定义为：由一小群技能互补的人组成的群体，他们为同一个目标合作，在完成任务的过程中能够相互承担责任。

4. 团队的基础工作

团队协作不是参照管理学中的管理方法就可实现的，在采用这些方法之前，团队要做好四方面的基础工作，才能切实做到团队协作。

（1）建立信任　要建设一个具有凝聚力并且高效的团队，第一步是建立信任感。这意味着一个有凝聚力的、高效的团队的成员必须学会自如地、迅速地、心平气和地承认自己的错误、弱点、失败。他们还要乐于认可别人的长处，即使这些长处超过了自己。以人性脆弱为基础的信任是不可或缺的，离开它，一个团队不能、或许也不应该产生直率的建设性冲突。

（2）建立良性冲突　一个有团队协作精神的团队是允许良性冲突存在的，要学会识别虚假的和谐，引导和鼓励适当的、建设性的冲突。这是一个杂乱的、费时的过程，但这不可避免。否则，建立一个真正的团队就是不可能完成的任务。

（3）坚定不移地行动　要成为一个具有凝聚力的团队，管理者必须学会在没有完善的信息、没有统一的意见时做出决策，并付诸行动。而正因为完善的信息和绝对的一致非常罕见，坚定的行动力就成为一个团队最为关键的行为之一。

（4）无怨无悔彼此负责　卓越的团队不需要领导提醒团队成员就能竭尽全力工作，因为他们很清楚需要做什么，他们会彼此提醒注意那些无助于成功的行为和活动，而正是这种无怨无悔的付出才造就了他们对彼此负责、勇于承担的品质。

5. 团队协作的重要性

对于企业而言，团队协作的重要性主要体现在以下 3 个方面。

（1）团队协作有利于提高企业的整体效能　通过发扬团队协作精神，加强团队协作建设能进一步节省内耗。如果总是把时间花在怎样界定责任，应该找谁处理，让客户、员工团团转，就会减弱企业成员间的亲和力，损伤企业的凝聚力。

（2）团队协作有助于企业目标的实现　企业目标的实现需要每一个员工的努力，具有团队协作精神的团队十分尊重成员的个性，重视成员的不同想法，激发企业员工的潜能，真正使每一个成员参与到团队工作中，风险共担，利益共享，相互配合，完成团队工作目标。

（3）团队协作是企业创新的巨大动力　人是各种资源中唯一具有能动性的资源。企业的发展必须合理配置人、财、物，而调动人的积极性和创造性是资源配置的核心，团队协作就是将人的智慧、力量、经验等资源进行合理的调动，使之产生最大的规模效益，用经济学的公式表述即为：1+1>2 模式。

团队模式有以下几点贡献：①不断提高解决问题的能力。②培养创造能力和革新能力。③不断改进决策的质量。④增强成员完成任务的责任心。⑤通过集体性工作不断提高员工的积极性。⑥有助于控制和规范成员的行为。⑦在组织自身发展的同时不断满足个人的需要。

一个质量改进团队具有清晰的质量改进目标，团队成员具备实现目标所必需的技术

和能力，同时每个成员之间相互信任，做出一致的承诺，具有良好的沟通，

成员通过畅通的渠道交流信息，包括各种言语和非言语信息，在领导者恰当的领导下，持续质量改进的目标得以实现。

第四节　质量改进工具

作为质量改进工作的基础，数据的收集和分析同样重要。在日本，企业很早就认识到员工必须参与到质量工作的改进过程中。这意味着，所使用的统计学工具必须既简单又有效。石川将选出的七种方法，或称之为工具，组合在一起，被称为"七种 QC 工具"（QC 指质量控制）。从 1960 年初开始，日本的工业界的企业中的工人和工头都要学习这些 QC 工具，系统运用这些工具来解决问题。这些工具有助于数据的收集和解析，为决策的制定提供了依据。随着质量改进工作的不断进展，质量改进工具更是从七种老式的工具发展延伸出七种新式的工具。

一、质量改进七种老工具

（一）调查表

调查表，也叫检查表或核对表，是用于收集整理数据并对数据进行粗略的分析以确定质量原因的一种规范化表格。其格式多种多样，可根据调查目的的不同，使用不同的调查表。调查表把产品可能出现的情况及其分类预先列成统计表，在检查产品时只需在相应分类中进行统计，并可对其进行粗略的整理和简单的原因分析，为下一步的统计分析与判断质量创造良好条件。常用的调查表有以下 4 类。

1. 质量分布调查表

质量分布调查表又称工序分布调查表，是对计量值数据进行现场调查的有效工具。它是根据以往的资料，将某一质量特性项目的数据分布范围分成若干区间而制成的表格，用以记录和统计每一质量特性数据落在某一区间的频数。从表格形式看，质量分布调查表与直方图的频数分布表相似。所不同的是，质量分布调查表的区间范围是根据以往资料，首先划分区间范围，然后制成表格，以供现场调查记录数据；而频数分布表则是首先收集数据，再适当划分区间，然后制成图表，以供分析现场质量分布状况。

应该注意的是，如果数据有随时间变化的倾向性，仅看调查表还发现不了，这时可按时间分层作表或用不同的颜色符号在表中予以标记。

2. 不合格项目调查表

不合格项目调查表主要用来调查生产现场不合格项目频数和不合格品率，以便继而用于排列图等分析研究。为了调查生产中出现的各种不良品，以及各种不良品的比率有

多大，以便在技术上和管理上采取改进措施，并加以控制，可以采用这种调查表（表5-3）。

表5-3 不良项目调查表

时间：	年 月 日

品名：	工厂名：
工序：最终检查	部门： 制造部
不合格种类：	检验员：
检查总数：2531	批号：02-8-6
备注：全数检验	合同号：02-5-3

不合格种类	检查结果	小计
表面缺陷	正正正正正正正	35
砂眼	正正正正	20
加工不合格	正正正正正正正正正	45
形状不合格	正	5
其它	正正	10
	总计	115

3. 不合格位置调查表

不合格位置调查表或称缺陷位置调查表，就是先画出产品平面示意图，把图面划分成若干小区域，并规定不同外观质量缺陷的表示符号。调查时，按照产品的缺陷位置在平面图的相应小区域内打记号，最后统计记号，可以得出某一缺陷比较集中在哪一个部位上的规律，这就能为进一步调查或找出解决办法提供可靠的依据。这种调查表显示调查产品各部位的缺陷情况，可将其缺陷的位置标记在产品示意图或展开图上，不同缺陷采用不同的符号或颜色标出（表5-4）。

表5-4 缺陷位置检查表

型号		检查部位	外表
工序		检查日	年 月 日
检查目的	喷漆缺陷	检查件数	500 台

4. 不合格品原因调查表

为了调查不合格品原因，通常把有关原因的数据与其结果的数据一一对应地收集起来，按照设备、操作者、时间等标志进行分层调查，填写不良原因调查表。记录前应明确检验内容和抽查间隔，由操作者、检查员、班组长共同执行抽检的标准和规定。

（二）分层法

引起质量波动的原因是多种多样的，因此收集到的质量数据往往带有综合性。为了能真实地反映产品质量波动的实质原因和变化规律，就必须对质量数据进行适当归类和整理。分层法是分析产品质量原因的一种常用的统计方法，它能使杂乱无章的数据和错综复杂的因素系统化和条理化，有利于找出主要的质量原因和采取相应的技术措施。

质量管理中的数据分层就是将数据根据使用目的，按其性质、来源、影响因素等进行分类的方法，把不同材料、不同加工方法、不同加工时间、不同操作人员、不同设备等各种数据加以分类，也就是把性质相同、在同一生产条件下收集到的质量特性数据归为一类（龚益鸣，2012）。

分层法经常同质量管理中的其它方法一起使用，如将数据分层之后再进行加工整理成分层排列图、分层直方图、分层控制图和分层散布图等。

分层有两个重要原则：①同一层内的数据波动幅度尽可能小；②层与层之间的差别尽可能大。否则就起不到归类汇总的作用。分层的目的不同，分层的标志也不一样。一般来说，分层可采用以下标志。

（1）操作人员　可按年龄、工级和性别等分层。

（2）机器　可按不同的工艺设备类型、新旧程度、不同的生产线等进行分层。

（3）材料　可按产地、批号、制造厂、成分等分层。

（4）方法　可按不同的工艺要求、操作参数、操作方法和生产速度等进行分层。

（5）时间　可按不同的班次、日期等分层。

当分层分得不好时，会使数据的真实规律性隐蔽起来，造成假象。若作直方图分层不好时，就会出现双峰型和平顶型；排列图分层不好时，矩形高度差不多，无法区别主要因素和次要因素；散布图分层不好时，会出现几簇互不关联的散点群；控制图分层不好时，无法反映工序的真实变化，不能找出数据异常的原因；因果图分层不好时，不能搞清大原因、中原因、小原因之间的真实传递途径。

（三）排列图

排列图，又称帕累托图，全称是主次因素分析图。它是将质量改进项目从最重要到最次要进行排列而采用的一种简单的图示技术。排列图建立在帕累托原理的基础上，帕累托原理是 19 世纪意大利经济学家在分析社会财富的分布状况时发现的：国家财富的80%掌握在20%的人的手中，这种80%与20%的关系，即是帕累托原理。我们可以从生活中的许多事件中印证：生产线上80%的故障，发生在20%的机器上；企业上由员工引起的问题当中80%是由20%的员工所引起的；80%的结果，归结于20%的原因。这就是所谓的关键的少数和次要的多数关系。如果我们能够知道，产生80%收获的，究竟是哪20%的关键付出，那么我们就能事半功倍了。后来，美国质量管理专家朱兰博士把它引进到质量管理中。它是用来找出影响产品质量主要因素的一种有效工具。

在质量管理中运用排列图，就是根据关键的少数和次要的多数的原理，对有关产品质量的数据进行分类排列，用图形表明影响产品质量的关键所在，从而便可知道哪个因素对质量的影响最大，改善质量的工作应从哪里入手解决问题最为有效，经济效果最好。

排列图是由两个纵坐标、一个横坐标、几个直方块和一条折线所构成（图 5-7）。排列图的横坐标表示影响产品质量的因素或项目，按其影响程度的大小，从左到右依次排列。排列图的左纵坐标表示频数（如件数、金额、工时、吨位等），右纵坐标表示频率（以百分比表示），直方块的高度表示某个因素影响大小，从高到低，从左到右，顺序排列（郑炯，2009）。折线表示某个影响因素大小的累积百分数，是由左到右逐渐上升的，这条折线就称为帕累托曲线。

一般，把因素分成 A、B、C 三类。A 类，累计百分数在 80% 以下的诸因素；B 类，累计百分数在 80%～90% 的诸因素；C 类，累计百分数在 90%～100% 的诸因素。

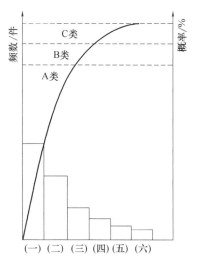

图 5-7　排列图

1. 制作排列图的六个步骤

（1）确定所要调查的问题和收集数据

① 选题，确定所要调查的问题是哪一类问题，如不合格项目、损失金额、事故等。

② 确定问题调查的期间，如自 3 月 1 日起至 4 月 30 日止。

③ 确定哪些数据是必要的以及如何将数据分类，如按不合格类型分，按不合格发生的位置分，按工序分，按机器设备分，按操作者分，按作业方法分等。数据分类后，将不常出现的项目归到其它项目。

④ 确定收集数据的方法以及在什么时候收集数据，通常采用检查表的形式收集数据。

（2）设计一张数据记录表，将数据填入其中，并计算合计栏。

（3）制作排列图用数据表，表中列有各项不合格数据，累计不合格数，各项不合格所占百分比以及累计百分比，如表 5-5 所示。

表 5-5　　　　　　　　　　　　排列图数据表

不合格类型	不合格数	累计不合格	比率/%	累计比率/%
断裂	104	104	52	52
擦伤	42	146	21	73
污染	20	166	10	83
弯曲	10	176	5	88
裂纹	6	182	3	91
砂眼	4	186	2	93
其它	14	200	7	100
合计	200	—	100	—

表中其它项的数据由许多数据很小的项目合并在一起，将其列在最后，而不必考虑其它项数据的大小。

（4）画两根纵轴和一根横轴，左边纵轴，标上件数（频数）的刻度，最大刻度为总件数（总频数）；右边纵轴，标上概率（频率）的刻度横轴上将频数从大到小依次列出各项。

（5）在横轴上按频数大小画出矩形，矩形的高度代表各不合格项频数大小。

（6）在每个直方柱右侧上方，标上累计值（累计频数和累计概率百分数），描点，用实线连接，画累计频数折线（帕累托曲线）。根据以上数据制作出排列图，见图 5-8。

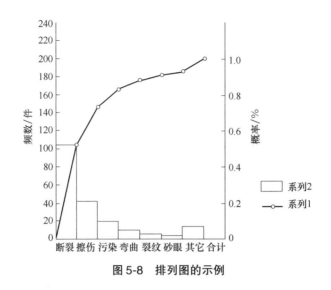

图 5-8   排列图的示例

2. 应用排列图的注意事项

（1）要做好因素的分类   作排列图，不仅是为了找出某项特定产品的质量问题，而且要在合理分类的基础上，分别找出各类的主要矛盾及其相关关系。

（2）主要因素不能过多   一般找出主要因素以两项为宜，最多不超过三项。当采取措施解决了这些主要因素之后，原先作为次要的因素，则上升为主要因素，通过作排列图来分析处理（刘勇军，2013）。

（3）数据要充足   为了找到影响产品质量因素的规律，必须收集充足的数据，以便从大量数据中找出统计规律来。当件数不多时，最好做全面分析，必要时也可采用随机抽样分析法。

（4）适当合并一般因素   不太重要的因素可以列出很多项，为简化作图，常将这些因素合并为其它项，放在横坐标的末端。

（5）合理选择计量单位   对于同一项质量问题，由于计量单位不同，主次因素的排列顺序有所不同。要看哪一种计量单位能更好地反映质量问题的实质，便采用哪一种。

（6）在采取措施之后，为验证其实施效果，还要重新画排列图，以便进行比较。

3. 排列图的应用

排列图可用来确定需要优先改进的问题顺序，完成排列图后，应跟上措施。排列图的目的在于有效解决问题，基本点在于抓住关键的少数。它可用来确定采取措施的顺序。一般地，把发生问题率高的项目减低要比将发生问题项目完全消除更容易。对照采取措施前后的排列图，研究各个项目的变化，可以对措施的效果进行验证。如果改进措施有效，排列图在横轴上的项目顺序应有变化。当项目的顺序有变化而总的不合格品数仍没有什么变化时，可认为是作业过程仍不稳定，未得到控制，应继续寻找原因。通过连续使用排列图，找出复杂问题的最终原因。

可以说，改进任何问题都可以使用排列图法。排列图法可以指出改进工作的重点，并以图形化的方式形象地展示出来。因此，它不仅适用于各类型的工业企业的质量改进活动，还适用于各种企业、各种事业单位以及各个方面的工作改进活动，如效率问题、节约问题、安全问题、设备问题、设备故障问题、发病原因等方面的问题。

（四）因果图

因果图是一种用于分析质量特性（结果）与影响质量特性的因素（原因）之间关系的图。该图由日本质量管理专家石川馨于1943年提出，也称石川图，其形状如鱼刺，故又称鱼刺图。

通过对影响质量特性的因素进行全面系统的观察和分析，可以找出质量因素与质量特性的因果关系，最终找出解决问题的办法。由于它使用起来简便有效，在质量管理活动中应用广泛。

1. 因果图的格式

因果图的格式如图5-9所示，它由以下几个部分组成。

（1）特性　生产过程或工作过程中出现的结果，一般指尺寸、重量、强度等与质量有关的特性，以及工时、产量、机器的开动率、不合格率、缺陷数、事故件数、成本等与工作质量有关的特性。因果图中所提出的特性是指要通过管理工作和技术措施予以解决并能够解决的问题。

（2）原因　对质量特性产生影响的主要因素，一般是导致质量特性发生分散的几个主要来源。原因通常又分为大原因、中原因、小原因等。一般可以从人、机、料、法、环及测量等多个方面去寻找原因。在一个具体的问题中，不一定每一个方面的原因都要具备。

（3）枝干　表示特性与原因关系或原因与原因关系的各种箭头。其中，把全部原因同质量特性联系起来的是主干；把个别原因同主干联系起来的是大枝；把逐层细分的因素同各个要因联系起来的是中枝、小枝和细枝。

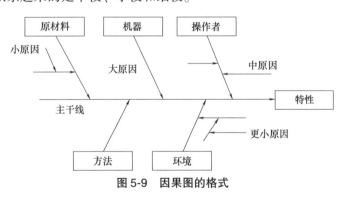

图 5-9　因果图的格式

利用因果图可以找出影响质量问题的大原因，寻找到大原因背后的中原因，再从中原因找到小原因和更小的原因，最终查明主要的直接原因。这样顺藤摸瓜、步步深入进行有条理的分析，可以很清楚地看出"原因—结果"之间的关系，使问题的脉络完全显示出来。

2. 因果图的作图步骤

（1）确定质量特性（结果）　所谓质量特性是准备改善和控制的对象。

（2）组织讨论　尽可能找出可能会影响结果的所有因素。由于因果图实质上是一种枚举法，为了能够把所有重要因素都列举上，在构造因果图时，强调通过座谈法畅所欲言，集思广益。

（3）找出各因素之间的因果关系　先找出影响质量特性的大原因，再进一步找出影响质量的中原因、小原因，在图上画出中枝、小枝和细枝等。注意所分析的各层次原因之间的关系必须是因果关系，分析原因直到能采取措施为止。

（4）根据对结果影响的程度，将对结果有显著影响的重要原因用明显的符号标示出来。

（5）记载必要的有关事项　如因果图的标题、制图者、时间及其它备查事项。

3. 作因果图的注意事项

（1）所要分析的某种质量问题只能是一个，并且该问题要提得具体。

（2）最后细分出来的原因应是具体的，以便采取措施。

（3）在分析原因时，要设法找到主要原因，注意大原因不一定都是主要原因。为了找出主要原因，可作进一步调查、验证。

（五）直方图

直方图亦称频数分布图，是适用于对大量计量值数据进行整理加工，从总体中随机抽取样本，将从样本中获得的数据进行整理，从而找出数据变化的规律，即分析数据分布的形态，以便对其总体的分布特征进行推断，从而对工序或质量水平进行分析的方法。

直方图的基本图形为直角坐标系下若干依照顺序排列的矩形，各矩形底边相等称为数据区间，矩形的高为数据落入各相应区间的频数（魏碧军，2013）。

在生产实践中，尽管我们收集到的各种数据含义不同、种类有别，但都满足以下两个基本特征：①这些数据毫无例外地都具有分散性；②如果我们收集数据的方法恰当，收集的数据又足够多，经过仔细观察或适当整理，我们可以看出这些数据并不是杂乱无章的，而是呈现出一定的规律性。

要找出数据的这种规律性，最好的办法就是通过对数据的整理作出直方图，通过直方图可以了解到产品质量的分布状况、平均水平和分散程度。这有助于我们判断生产过程是否稳定正常，分析产生产品质量问题的原因，预测产品的不合格品率，提出提高质量的改进措施。

直方图也有局限性，它的一个主要缺点是不能反映生产过程中质量随时间的变化情况。如果存在时间倾向，如机具的磨损或存在其它非随机排列，直方图会掩盖这种信息。在时间进程中存在着趋向性异常变化，但从直方图图形来看，却属于正常型，就是掩盖了这种信息。

1. 直方图的作图步骤

（1）收集数据　数据个数一般为 50 个以上，最低不少于 30 个。

（2）求极差 R　在原始数据中找出最大值和最小值，计算两者的差就是极差，即 $R = X_{max} - X_{min}$。

（3）确定分组的组数和组距　一批数据究竟分多少组，通常根据个数的多少来定。

需要注意的是：如果分组数取得太多，每组里出现的数据个数很少，甚至为零，做出的直方图就会过于分散或呈现锯齿状（樱子，2010）；若组数取得太少，则数据会集中在少数组内，而掩盖了数据的差异。分组数 K 确定以后，组距 h 也就确定了，$h=R/K$。

（4）确定各组界限　先取测量值单位的 1/2。例如，测量单位为 0.001mm，组界的末位数应取 0.001/2＝0.0005mm。分组界应该能够包括最大值和最小值。第一组的上下限值为最小值±（$h/2$）。第一组的上界限值就是第二组的下界限值，第二组的下界限值加上组距就是第二组的上界限值，也就是第三组的下界限值，依次类推，可定出各组的组界。为了计算的需要，往往要决定各组的中心值。每组的上下界限相加除以 2，所得数据即为组中值。组中值为各组数据的代表值。

（5）制作频数分布表　将测得的原始数据分别归入到相应的组中，统计各组的数据个数，即频数 f_i，各组频数填好以后检查一下总数是否与数据总数相符，避免重复或遗漏。

2. 直方图的常见类型（图 5-10）

（1）标准型（对称型）　数据的平均值与最大值和最小值的中间值相同或接近，平均值附近的数据频数最多，频数从中间值向两边缓慢下降，并且以平均值左右对称。这种形状是最常见的。

（2）锯齿型　作频数分布表时，如分组过多，会出现此种形状。另外，当测量方法有问题或读错测量数据时，也会出现这种形状。

（3）偏态型　数据的平均值位于中间值的左侧（或右侧），从左至右（或从右至左），数据分布的频数增加后突然减少，形状不对称。

（4）平顶型　当几种平均值不同的分布混在一起，或某种要素缓慢变化时，常出现这种形状。

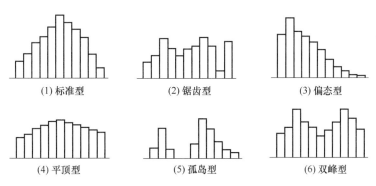

图 5-10　不同形状的直方图

（5）孤岛型　在标准型的直方图的一侧有一个"小岛"。出现这种情况是夹杂了其它分布的少量数据，如工序异常、测量错误或混有另一分布的少量数据。

（6）双峰型　靠近直方图中间值的频数较少，两侧各有一个峰。当有两种不同的平均值相差大的分布混在一起时，常出现这种形状。

（六）散布图

两种对应数据之间有无相关性，相关关系是一种什么状态，只从数据表中观察很难得出正确的结论。如果借助于图形就能直观地反映数据之间的关系，那么散布图就具有这种功能。

　　散布图，又称相关图，是描绘两种质量特性值之间的相关关系的分布状态的图形，即将一对数据看成直角坐标系中的一个点，多对数据得到多个点组成的图形即为散布图。例如产品加工前后的尺寸，产品的硬度和强度等都是对应的两个变量，它们之间可能存在着一定的不确定关系，这可以用散布图来研究。

　　散布图的应用分两步：一是作图观察，初步判断是否具有相关关系；二是若有相关关系则进一步判断相关程度如何，如果两个因素的相关程度很高，可用一个变量预测另一个变量或进行变量控制。

　　散布图的作法是把由实验或观测得到的统计数据用点在平面上表示出来即可。常见的散布图有如图 5-11 所示的几种典型形式，反映了两个变量 y 与 x 之间的相关关系。

　　（1）强正相关　y 随着 x 的增大而增大，且点分散程度小，如图 5-11（1）所示。

　　（2）弱正相关　y 随着 x 的增大而增大，且点分散程度大，如图 5-11（2）所示。

　　（3）强负相关　y 随着 x 的增大而减小，且点分散程度小，如图 5-11（3）所示。

　　（4）弱负相关　y 随着 x 的增大而减小，且点分散程度大，如图 5-11（4）所示。

　　（5）不相关　y 与 x 无明显规律，如图 5-11（5）所示。

　　（6）非线性相关　y 与 x 呈曲线变化关系，如图 5-11（6）所示。

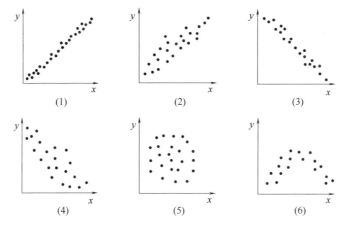

图 5-11　散布图的六种典型形状

（七）控制图

控制图亦称"质量管理图""质量评估图"。根据数理统计原理分析和判断工序是否处于稳定状态所使用的、带有控制界限的一种质量管理图表，即对过程质量特性值进行测定、记录、评估，从而监察过程是否处于控制状态的一种用统计方法设计的图。控制图是由美国工程师休哈特提出来的，故又称休哈特控制图。

　　控制图上有三条平行于横轴的直线：中心线（central line，CL）、上控制线（upper control line，UCL）和下控制线（lower control line，LCL），并有按时间顺序抽取的样本统计量数值的描点序列。UCL、CL、LCL 统称为控制线（control line），通常控制界限设定在 ±3 标准差的位置。中心线是所控制的统计量的平均值，上下控制界限与中心线相距数倍标准差（图 5-12）。若控制图中的描点落在 UCL 与 LCL 之外或描点在 UCL 和 LCL 之间的排列不随机，则表明过程异常。

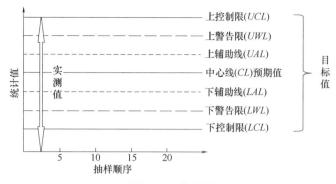

图 5-12　控制图

控制图诞生后就成为科学管理的一个重要工具，一个不可或缺的管理工具。它是一种有控制界限的图，用来区分引起的原因是偶然的还是系统的，可以提供系统原因存在的信息，从而判断生产过程受控状态。控制图按其用途可分为两类：一类是供分析用的控制图，用来控制生产过程中有关质量特性值的变化情况，看工序是否处于稳定受控状态；另一类主要用于发现生产过程是否出现了异常情况，以预防产生不合格品。

运用控制图的目的之一就是，通过观察控制图上产品质量特性值的分布状况，分析和判断生产过程是否发生了异常，一旦发现异常就要及时采取必要的措施消除，使生产过程恢复稳定状态，也可以应用控制图来使生产过程达到统计控制的状态。产品质量特性值的分布是一种统计分布。因此，绘制控制图需要应用概率论的相关理论和知识。

二、质量改进七种新工具

质量改进七种新工具是指：关联图、亲和图、系统图、矩阵图、矩阵数据分析、过程决策程序图及网络图。七种新工具于 20 世纪 70 年代形成和发展于日本，是随着企业生产的不断发展以及科学技术的进步，将运筹学、系统工程、行为科学等更多、更广的方法结合起来以解决质量问题的质量管理方法。七种新工具的提出不是对七种老工具的替代而是对它的补充和丰富。

一般来说，七种老工具的特点是强调用数据说话，重视对制造过程的质量控制；而七种新工具则基本是整理、分析语言文字资料的方法，着重用来解决全面质量管理中 PDCA 循环的 P 阶段的有关问题。

（一）关联图

关联图也称关系图，是把关系复杂而相互纠缠的问题及其因素用箭头连接起来，从而找出主要因素和项目的一种图示分析工具，是用来分析事物之间"原因和结果""目的与手段"等复杂关系的一种图表，它能够帮助人们从事物之间的逻辑关系中，寻找出解决问题的办法。关联图由圆圈（或方框）和箭头组成，其中圆圈中是文字说明。关联图中箭头的指向原则是：原因结果型，从原因指向结果；目的手段型，从手段指向目的。文字说明力求简短，内容确切易于理解，重点项目及要解决的问题要用双线圆圈或双线方框表示。

1. 关联图解决问题的一般步骤

（1）以所要解决的产品质量问题为中心展开讨论，通过头脑风暴法列出所有因素。

（2）用简明通俗的语言表示主要原因，并用"□"或"○"圈起。

（3）把因果关系用箭头连接起来。

（4）通观全局，确认这些因果关系，如有遗漏，还可以进行补充修改。

（5）进一步归纳出重点问题或因素，并标示出来。

（6）针对重要问题或因素制定相应的措施。

2. 关联图类型

（1）根据问题数量分　单目的型和多目的型见图5-13（1）。

（2）根据问题和因素放置位置分　中央集中型（向外扩散），把要分析的问题放在图的中央位置，把关联的因素逐层排列在其周围；单向汇聚型（单向顺延），把要分析的问题放在右或左侧，把关联的因素从右（左）向左（右）逐层排列，见图5-13（2）。

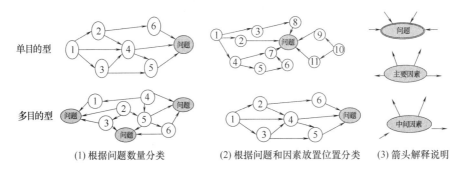

图 5-13　关联图类型

（3）箭头解释说明　①箭头只进不出是问题；②箭头只出不进是主因；③箭头有进有出是中间因素；④出多于进的中间因素是关键中间因素。见图5-13（3）。

（二）系统图

系统图就是把要实现的目的与需要采取的措施或手段，系统地展开，并绘制成图，以明确问题的重点，寻找最佳手段或措施。利用系统图法的概念，把达到某一个目的所需要的手段层层展开成图形，就能对问题有一个全貌的认识，并且能抓住问题的重点，从而能够寻找出实现预定目的的最理想方法。系统图法不仅对于明确管理的重点、找出质量改进的方法和手段十分有效，而且是企业管理人员不可缺少的"目的—手段"的思考方法。

系统图一般分为两类：一类是措施展开型系统图；一类是因素展开型系统图（图5-14）。

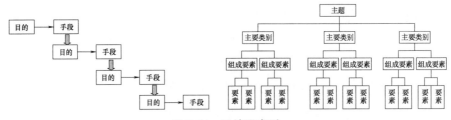

图 5-14　系统图类型

在质量管理活动中，下面几个方面经常用到系统分析图法。

（1）在开发新产品中　将满足用户要求的设计质量进行系统地展开。

（2）在质量目标管理中　将目标层层分解和系统地展开，使之落实到各个单位。

（3）在建立质量保证体系中　可将各部门的质量职能展开，进一步开展质量保证活动。

（4）在处理量、本、利之间的关系及制订相应措施时　可用系统图法分析并找出重点措施。

在减少不良品方面，有利于找出主要原因，采取有效措施。

（三）矩阵图

在解决复杂的质量问题时，由于各种问题或各种影响因素并不是孤立存在的，而是相互关联的，在寻找解决问题的途径时就必须明确各因素间的关系，从中确定关键点。

矩阵图法就是从多维问题的事件中，找出成对的因素，排列成矩阵图，然后根据矩阵图来分析问题，确定关键点的方法。它是一种通过多因素综合思考，探索问题的好方法，从问题事项中，找出成对的因素群，分别排列成行和列，找出其间行与列的相关性或相关程度的大小的一种方法。

1. 绘制矩阵图的步骤

（1）列出质量因素。

（2）把成对因素排列成行和列，表示其对应关系。

（3）选择合适的矩阵图类型。

（4）在成对因素交点处用符号表示其关系程度，常用理性分析和经验分析的方法进行定性判断，可分为三种，即关系密切、关系较密切、关系一般，并用不同符号表示。

（5）在列或行的终端，对有关系或有强烈关系、密切关系的符号做出数据统计，确定必须控制的关键因素。

（6）针对重点问题作对策表。

2. 矩阵图类型

矩阵图类型见图5-15。

（1）L型矩阵图　L型矩阵图是最基本的形式，一般是将两个对应事项的元素分布按行和列排列而成。它用于分析若干个目的和为实现这些目的的手段。

（2）T型矩阵图　T型矩阵图是由两个L型矩阵图组合而成的矩阵图。

（3）Y型矩阵图　Y型矩阵图中有三个事项，其中两两相对应的事项分别构成三个L型矩阵图，所以Y型矩阵图是这三个L型矩阵图的组合。

（4）X型矩阵图　X型矩阵图是由4个L型矩阵图组合而成。X型矩阵图适用面受到一定限制，但如果使用得当仍会收到相应的效果。

（5）C型矩阵图　C型矩阵图有3个事项：A、B、C，分别以A的元素、B的元素和C的元素为边画出的长方体（或正方体），因此C型矩阵图中元素的交点是三维空间点。

（6）P型矩阵图　P型矩阵图通常为五种组合的五角形。

3. 矩阵图使用范围

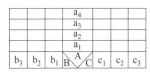

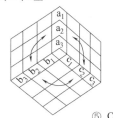

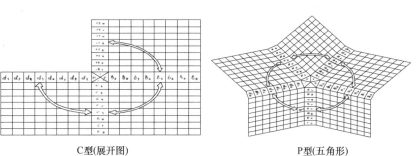

图 5-15   矩阵图类型

矩阵图使用范围：分析各机能和各单位之间的关系；分析质量要求和原料特性间的关系；分析质量要求和制造条件间的关系；分析制程不良与抱怨或制程条件间的关系。

（四）过程决策程序图

在质量管理中，为了达到预定目标和解决问题，事先要进行必要的计划或设计，并希望按计划推进原定的实施步骤。但是，事物往往不是一成不变的，随着各方面情况的变化，当初拟定的计划不一定能完全行得通，常常需要因势利导，临时改变计划。特别是解决难度大的质量问题，修改计划的情况更是屡屡发生。为应对这种意外事件，日本学者于 1976 年提出了一种有助于使事态向理想方向发展的解决问题的方法，即过程决策程序图（PDPC 法，process dewsion program chart）。

1. PDPC 法的制作方法

一般情况下 PDPC 法可分为两种制作方法。

（1）依次展开型   即一边进行问题解决作业，一边收集信息，一旦遇上新情况或新作业，即刻标示于图表上。

（2）强制连结型   即在进行作业前，为达成目标，在所有过程中被认为有阻碍的因素应事先提出，并且制订出对策或回避对策，将它标示于图表上。

2. PDPC 法的优点

过程决策图法具有很多优点，具体来说主要有以下六点。

（1）能从整体上掌握系统的动态并依此判断全局   据说象棋大师可以一个人同时和 20 个人下象棋，20 个人可能还下不过他一个人。这就在于象棋大师胸有全局，因此能够有条不紊，即使面对 20 个对手，也能有把握战而胜之。

（2）具有动态管理的特点 PDPC 法具有动态管理的特征，它是在运动的，而不像系统图是静止的。

（3）具有可追踪性 PDPC 法很灵活，它既可以从出发点追踪到最后的结果，也可以从最后的结果追踪中间发生的原因。

（4）能预测那些通常很少发生的重大事故，并在设计阶段预先考虑应付事故的措施。

（5）使参与人员的构想、创意得以充分发挥 PDPC 法能够使参与人员充分发挥想象力和创意，进行方案设计，从而丰富 PDPC 法的方案种类，多途径地实现目标。

（6）提高目标的达成率 PDPC 法提供几种不同的方案设计，从而提高了目标的达成率。

换句话说，掌握了这些思考方法以后，所有的人都可以成为一个诸葛亮，做到运筹帷幄，料事于先。

3. PDPC 法使用步骤

（1）前期组织 成立一个团队，确定 PDPC 法要解决的课题。

（2）提出基本解决方案 给问题提出一个基本解决方案，可以从过程或者产品的树图开始，把它绘制在挂图或者白板上。

（3）谈论难点 范围应尽量广泛，且应包括不可预料的问题及风险。

（4）记录重要内容 第一步就回答这一步可能出什么错和还有其它方法吗？按照可能性讨论每个答案及其风险和应对措施，把它们都写下来。

（5）优化问题和应对措施 综合考虑，记录下所有问题和应对措施，指定一个完成该过程的日期。

（6）评估 在指定的日期进行评估，继续后面的工作。

4. 过程决策图类型

（1）顺向进行式 为了达到理想状态，从初始装填出发考虑将要发生的各种情形，并制订解决方案，使之朝着理想状态发展，见图 5-16（1）。

（2）逆向进行式 当最后状态 Z 为理想状态时，首先确定 Z，然后，从 Z 出发，追溯须经过什么样的过程才能达到最初状态 A_0 的一种方法，见图 5-16（2）。

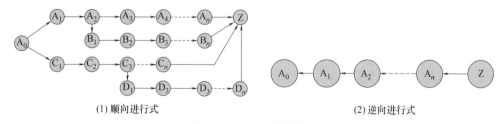

(1) 顺向进行式   (2) 逆向进行式

图 5-16 过程决策图类型

5. PDPC 法的用处

（1）制订目标管理中间的实施计划，在实施过程中解决各种困难和问题。

（2）制订科研项目的实施计划。

（3）对整个系统的重大事故进行预测。

（4）制订工序控制的一些措施。

实际上 PDPC 法在哪里都可以应用，远远不止这五个。只要做事情，就可能有失败，如果能把可能失败的因素提前都找出来，制订出一系列的对策，就能够稳步地、轻松地到达目的地。任何一件事情的调整都是很不容易的，整个生产系统就像一张巨大的网，要动一个地方跟着就要动一片。

所以说，PDPC 法是一个系统思考问题的方法，而生产、生活的复杂性，也要求人们在办事情、做计划、干事业的时候要深思熟虑，不能马虎大意、随随便便，否则就会一招不慎，满盘皆输。这也是"成于思，毁于随"的真正意义所在。

（五）网络图

网络图（network planning）是一种图解模型，形状如同网络，故称为网络图（图 5-17）。网络图是由作业（箭线）、事件（又称节点）和路线 3 个因素组成的。网络图主要是由圆圈和箭头构成的，故又称矢线图或箭头图。它有利于从全局出发、统筹安排、抓住关键线路，集中力量，按时或提前完成计划。

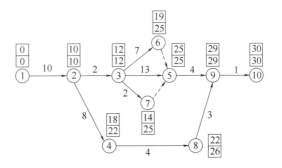

图 5-17　网络示意图

质量管理活动中，常常涉及产品研制计划、产品改进计划、试制日程的安排、设备维修保养等管理活动计划，为了按预定的时间生产所需质量的产品，日程计划和进度管理是必不可少的。网络图法就是安排和编制最佳日程计划，有效地实施进度管理的一种科学的管理方法。

网络图的主要用途如下所述。

（1）通过网络图将一项作业的各个过程，以及这些过程与整个任务或项目之间看成是一个系统，便于从整体上计划和协调。

（2）通过对网络图的分析和计算，能从复杂的网络关系中找出关键路径，以便在人力、物力上给予优先保证。

（3）提示有关人员在非关键过程上挖潜，以支持关键过程或减轻关键过程的压力。

（4）分析平行作业的可能性，以缩短任务的周期。

（六）亲和图

亲和图法又称 KJ 法或 A 型图法，就是把大量收集到的事实、意见或构思等语言资料，按其相互亲和性（相近性）归纳整理，使问题明确，求得统一认识和协调工作，以利于问题解决的一种方法。

1. KJ 法在生产管理活动中的应用

KJ 法的应用范围很广，常用于以下生产管理活动中。

（1）迅速掌握未知领域的实际情况，找出解决问题的途径。

（2）对于难以理出头绪的事情进行归纳整理，提出明确的方针和见解。

（3）通过管理者和员工一起讨论和研究，有效地贯彻和落实企业的方针政策。

成员间互相启发，相互了解，促进为了共同的目的的有效合作。

2. KJ法在全面质量管理活动中的应用

在全面质量管理活动中，KJ法是寻找质量问题的重要工具，具体来讲，KJ法可以用在以下几个方面。

（1）制定推行全面质量管理的方针和目标。

（2）制订发展新产品的方针、目标和计划。

（3）用于产品市场和用户的质量调查。

（4）促进质量管理小组活动的开展。

（5）协调各部门的意见，共同推进全面质量管理。

（6）调查协作厂的质量保证活动状况。

（七）矩阵数据分析

矩阵数据分析是多变量质量分析的一种方法。矩阵数据分析法与矩阵图法类似。它区别于矩阵图法的是：不是在矩阵图上填符号，而是填数据，形成一个分析数据的矩阵。

矩阵数据分析法的主要方法为主成分分析法（principal component analysis），利用此法可从原始数据中获得许多有益的情报。主成分分析法是一种将多个变量化为少数综合变量的一种多元统计方法，利用此法可从原始数据中获得许多有益的信息，但是由于这种方法需要借电子计算机来求解，且计算复杂，虽然是品质管理七大新手法之一，但在品质管理活动中应用较少。应用步骤如下。

（1）确定需要分析的各个因素　将男女按照年龄分为10组，分别为15岁以下，16~20岁，21~30岁，31~40岁，41岁以上。选择不同类别的食品100种。

（2）将数据进行分类、统计列表，组成数据矩阵　各年龄组人员对每一种食品喜好程度打分，最不喜欢为1分，最喜欢为9分。每个年龄组调查50人以上。将各年龄组对每种食品的喜好平均值列表。见表5-6。

表5-6　　　　　　　　　各组评价者对各种食品的平均喜好

各组评价者			食品1	食品2	……	食品100
男	1	15岁以下	7.8	4.6		3.1
	2	16~20岁	5.4	3.8		2.8
	3	21~30岁	3.9	4.4		3.3
	4	31~40岁	3.5	4.0		3.0
	5	41岁以上	3.0	3.5		2.5
女	6	15岁以下	8.1	6.2		3.9
	7	16~20岁	6.0	7.2		3.5
	8	21~30岁	5.4	7.5		3.0
	9	31~40岁	3.8	7.0		2.8
	10	41岁以上	2.5	9.0		3.0

（3）计算各年龄组间的相关系数矩阵。

（4）根据相关系数矩阵求特征值、特征向量。

（5）分析计算结果。

矩阵数据分析虽然是七种工具之一。它是一种定量分析问题的方法，只是作为一种储备工具提出来的。应用这种方法，往往需要借助电子计算机来求解，且计算复杂，在QC小组活动中应用较少。

第五节　场景应用

一、盒装小沱茶的净含量信息不标注规格可以吗？

安安：Hi，田田。

田田：Hi，安安。

安安：有个问题咨询一下。300g装的盒装小沱茶外包装必须标注规格吗？如果必须标注规格，那整个工艺和效率就得做大的调整呀，因为目前人工做的小沱净重偏差较大，不同盒之间会差到1~2个。一旦标注规格，就会存在两个问题：一是每个小沱的净含量负偏差难控制；二是外包装标注的规格（20颗）与内容物个数会不一致。

田田：依据GB 7718—2011《食品安全国家标准　预包装食品标签通则》，"同一预包装内含有多个单件预包装食品时，大包装在标示净含量的同时还应标示规格"。所以，问题的实质是单个的小沱茶是否是单件预包装食品。

安安：对呀。

田田：紧压茶外形有饼、沱、砖等形状和规格。沱茶传统工艺生产是每个小沱包装绵纸，避免在运输保存过程中破散、产生粉末碎茶。用绵纸包装的每个小沱是不是单件预包装食品？

安安：关于预包装食品，GB 7718—2011的定义："预先定量包装或者制作在包装材料和容器中的食品，包括预先定量包装以及预先定量制作在包装材料和容器中并且在一定量限范围内具有统一的质量或体积标识的食品。"

田田：所以，从合规性上来讲，小沱茶不是单件预包装食品，与超市中称着卖的包装好的糖果是一个性质。可以参考相关案例：

主题：净含量：称重还是其它？

信件内容：想咨询一下，就像超市里的散装的预包装食品：饼干、糖果、果冻之类的，在包装上是标注：净含称重？还是：计量方式称重？敬请解答，十分谢谢！

提问时间：2011-04-10 提问人：×××

回复内容：您好！

感谢您对×××质监部门工作的关心和支持，现对您关心的问题答复如下：

经预先定量包装或装入（灌入）容器中，向消费者直接提供的食品应标注净含量，如果还有什么问题，也可直接拨打省质监局计量处电话询问×××。

处室回复人×××

安安：那就好了。

田田：非也非也。从食品安全角度，合规性没有问题；从质量角度，这是个质量问题呀。改进工艺，使每个小沱茶的净含量偏差稳定。

安安：这有点难度吧？传统工艺，人工操作就会这样，不可能像标准化产品那样，每个小沱都标准化。

田田：没有不可能，也不能总以传统一言蔽之。唐朝喝茶还是当煮粥喝，宋元喝茶还是点茶法，炒青散茶、六大茶类还是朱元璋"罢造龙团凤饼、惟采芽茶以进"之后。

安安：是是是，的确不能老提"茶之为饮，发乎神农"云云。

田田：中华茶叶五千年，制茶是以方便饮茶的人为目的的。质量管理的输入是顾客需求，输出是顾客满意。消费者买了你两盒茶，这盒一数 20 颗，那盒一数 19 颗，你是消费者，你什么感受？

安安：我的总重量是够的，个数盒与盒之间有差别。我要保证个数一致，那总重量有的就超了，还有个成本问题。

田田：那没办法呀，以彻底解决质量问题为前提，再考虑降低成本呀。

第一、改进工艺，使每个小沱的净含量一致性良好。包括压制参数标准化、模具标准化、散茶品质标准化（含梗率、密度、水分含量）等。

第二、在工艺改进完成之前，要做到 3 个保证：个数要保证一致、每个小沱的允许短缺量要保证、总净含量也要保证。总的净含量要减去每个小沱茶包装纸的重量。在净重不稳定的情况下，使实际净重远大于声称的净含量。

安安：在合规性之后，你还要坚持净含量和规格的符合，是不是也有怕有理说不清——毕竟不是所有的人都是研究标准的人嘛。

田田：呵呵，当然以客户需求为中心了，咱们做产品的，还是规规矩矩、老老实实地做吧。

二、避免出现过期产品，从产品设计开始

安安：Hi，田田。

田田：Hi，安安。

安安：看报纸了吗？大柳树市场销售过期产品的事情。

××晚报讯 位于朝阳区东四环外的尾货市场大柳树市场，三十多家摊位上的食品售价远低于市价，甚至连原价的一折都不到，其中包括一些知名品牌的进口食品。调查发现，这些食品都是被动过手脚的过期产品。而其中暗藏一条专门经营过期食品的产业链。

今天上午，记者回访大柳树市场，多个部门联合执法，这些售卖过期食品的摊位已经消失。

食品卖价极其低廉生产日期被涂改

原价 5 元一瓶的"悦活"饮料，在大柳树市场 5 瓶只要 4 元，成箱售卖则是 24 瓶 25 元；一箱牛板筋 5 元；原价四十几元的盒装品牌巧克力 5 元钱可拿走；甚至有商贩称，原价 498 元的熟食礼品盒只要 8 元。

过期品重回市场　暗藏产业链

农村市场成过期食品主要倾销地

田田：看了。你什么看法？

安安：虽然今年 3·15 也曝光了过期食品原料的产业链，但今天早上从广播中听到这个新闻，感触却特别大，可能因为市场就在咱们身边、而且是品牌产品吧。即使是经销商的原因，过期产品的曝光造成的影响是损了品牌及其生产者的公信力。而且，过期产品让消费者吃坏了肚子或生病怎么办？

田田：在之前，我们也聊到避免过期产品的一些措施，包括经销商的销售、库存、物流等信息我们能够共享，我们允许经销商合理退换货的政策等。今天我也在反思：除此之外，生产者对于过期产品的造成有没有责任？

安安：那肯定有责任嘛！你卖给经销商，经销商卖不出去，那不就成了过期产品嘛。说明你的产品不是好产品！

田田：那什么是好产品？

安安：好产品是卖出来的，消费者认为好，愿意买就是好产品。

田田：这话没错，但你的这个观点是个结果，是实践。在实践之前，在让消费者验证之前，我们怎么做好产品？少提要求，多提办法，少提结果指标，多提过程指标嘛。

安安：那好——好产品的过程指标包括：立项之前做过消费者需求调研、立项之后做过消费者测试，只有货真价实、童叟无欺的产品才是好产品。

田田：其实，结合咱们的产品，消费者的 30 项质量诉求中就有"生产日期不能早产、生产日期不能涂改"。

安安：问题是这个需求没有输入到产品的形成过程中去。

田田：我们是不是可以用公式来分析一下过期食品的产生？什么情况下就会出现过期产品？

安安：当销售日期已经超过了产品的保质期。

田田：也就是说货龄 > 保质期。

安安：对。

田田：而货龄等于什么？我尝试写一个公式啊：货龄 = 生产者产成品周转天数 + 物流商物流天数(生产商供货效率) + $\dfrac{每批进货量}{经销商营业能力}$。

安安：生产者产成品周转天数应该影响不大；供货效率越慢，经销商就不得不保持较高库存，进货多了，销售就慢；进货量除以经销商营业能力，也就是经销商的营业天数。

田田：写公式的过程实际上是鱼刺图的分析过程，识别出了改善的影响因素。

安安：是的。也就是说，避免出现过期产品，应该是产品设计和开发的时候就应该考虑的维度。我们可以进行指标分析和改善。

消费者质量诉求指标	指标分解	设定目标	管控环节	管控工具
避免出现过期产品	保质期	××天	产品研发管理	产品技术法规、货架期研究报告
	产成品周转天数	××天	生产管理	产品财务模型
	物流天数	××天	物流管理	物流商标准
	最低进货量	××件	经销商管理	经销商标准
	经销商营业能力	××件/天		

田田：在设计一个产品的时候，如果不考虑生产、不考虑物流、不考虑销售，出现过期产品并不是偶然的。反过来说，如果一个品牌产品，经常出现过期产品的问题，肯定是产品的设计考虑的维度不够。

安安：保质期是多少天？能不能延长？如果不能延长，周转天数、物流天数、经销商营业能力基本都要锁定，而且还要打出富余量来。物流天数要在物流商的选择条件、合同中体现；营业能力等对经销商的要求要在选择条件、合同中体现。

田田：好产品是设计出来的。这个设计，一定是梳理了消费者的质量诉求，以及围绕这些诉求展开的针对该产品的原辅料标准、生产标准、库存标准、物流标准、销售标准、法律标准、财务标准、风险、关联者等，形成的质量保证能力。

安安：这些工具、模型、模板不是太少，而是太多。喊破嗓子不如甩开膀子，重要的不是知道，而是做到。一句话，规规矩矩做，自然好产品。反过来，流程没到位、程序没到位，维度考虑不够，很难出来好产品。

本章小结

质量改进的概念是不断发展的，要区分质量改进与质量控制的区别与联系。对现有的质量水平在控制和维持的基础上加以突破和提高，将质量提高到一个新的水平，该过程便称为质量改进；质量控制是指质量管理中致力于达到质量要求的部分。

食品质量改进的基本过程——PDCA循环。PDCA循环中的四个英文字母分别是：P表示plan（计划）、D表示do（执行）、C表示check（检查）、A表示action（处理）。它反映了质量改进和完成各项工作必须经过的4个阶段。这4个阶段不断循环下去，周而复始，使质量不断改进，包括：①计划制订阶段——P阶段；②计划执行阶段——D阶段；③执行结果检查阶段——C阶段；④处理阶段——A阶段。

持续改进：增强满足要求的能力的循环活动。持续质量改进的特点：①突破性、创新性、预防性；②整体优化和全员参加性；③成果的隐蔽性和投资的长期性。持续质量改进的原则包括持续质量改进的组织原则、持续质量改进的运行原则、持续质量改进的协作原则和持续质量改进的实施原则。

对于实现质量改进的途径有两种观点。一种是以西方质量管理学界为代表的质量突破论。质量突破论认为质量改进是可以看得见的质量飞跃，只有通过大规模、彻底的过程或产品再设计来实现。我们也常将这种质量突破称为质量的创新。而另一种观点是日本企业界一直坚持的持续质量改善，坚持长期进行逐步的、微小的质量改善。

食品质量改进的工具与技术主要有：

七种老工具：调查表、分层法、排列图、因果图、直方图法、散布图、控制图；

七种新工具：关联图、亲和图、系统图、矩阵图、矩阵数据分析、过程决策程序图及网络图。

关键概念：质量改进；质量突破；预防措施；纠正措施；世界级制造；精益生产；质量诊断；PDCA 循环；质量改进工具

🔍 **思考题**

1. 质量保证、质量控制和质量改进的区别在哪里？

2. 质量改进的目标有哪些？食品复杂性对质量改进有什么影响？

3. 请列出质量改进的七种新、老工具。直方图的用途是什么？它有哪些典型图形？造成不同图形的原因是什么？

4. PDCA 循环指的是什么？试设计一个应用 PDCA 循环进行质量管理的例子。

5. 论述食品质量改进的一般步骤。

6. 简述持续的质量改进的概念和特点。

7. 什么是 QC 小组？它的特点、作用和意义是什么？

8. 质量管理方法有哪些？什么是零缺陷质量管理？

参考文献

［1］ 陈宗道，刘金福，陈绍军. 食品质量管理. 北京：中国农大出版社，2003.

［2］ 龚益鸣. 现代质量管理学（第三版）. 北京：清华大学出版社，2012.

［3］ 胡铭. 现代质量管理学. 武汉：武汉大学出版社，2010.

［4］ 姜波. ISO 9000 族标准简介（三）ISO 9000：2000《质量管理体系——基础和术语》介绍. 衡器，2002，(2)：30-32.

［5］ 李晓春，曾瑶. 质量管理学. 北京：北京邮电大学出版社，2002.

［6］ 李正明，吕林，李秋. 安全食品的开发与质量管理. 北京：中国轻工业出版社，2004.

［7］ 刘勇军. 排列图法在工程质量管理中的计算机应用. 城市建设理论研究（电子版），2013，(9)：1-10.

［8］　刘增芹. 关于施工管理中的质量控制的探讨. 城市建设理论研究（电子版），2012，（7）：1-3.

［9］　陆兆新. 食品质量管理学. 北京：中国农业出版社，2004.

［10］　母正彬. 探讨企业质量管理信息系统的构建与实施. 现代经济信息，2011a，（14）：48-49.

［11］　母正彬. 对质量管理体系持续改进的思考. 广西质量监督导报，2011b，（6）：44-46.

［12］　钱和. HACCP 原理与实施. 北京：中国轻工业出版社，2003.

［13］　秦现生. 质量管理学. 北京：科学出版社，2002.

［14］　任洪伟. 向质量管理要效益. 中国质量，1996，（6）：29-31.

［15］　宋华. 企业如何做好质量改进工作. 中国质量技术监督，2014，（6）：78-79.

［16］　苏秦. 现代质量管理学. 北京：清华大学出版社，2005.

［17］　孙昶，党静，邱明革. 谈质量改进的核心——纠正和预防措施. 石油工业技术监督，2001，17（8）：21-25.

［18］　王毓芳，肖诗唐主编. 质量改进的策划与实施（含实验设计及田口方法）. 北京：中国经济出版社，2005.

［19］　魏碧军. 建设工程质量管理. 科技信息，2013，（1）：384.

［20］　吴士权. 掌握 ISO 9001：2000 精髓，建立持续改进机制. 上海质量，2002，（2）：31-33.

［21］　肖远宁. 质量改进是企业可持续发展的保证. 机械工程与自动化，2007，（4）：183-184.

［22］　徐哲一，武一川，赵权. 质量管理 10 堂课. 广州：广东经济出版社，2004.

［23］　樱子. 质量管理新七种工具. 现代班组，2010，（1）：20-21.

［24］　尤建新，张建同，杜学梅. 质量管理学. 北京：科学出版社，2003.

［25］　于智勇，刘琳. HACCP 原理在出口制鞋行业中的运用. 对外经贸实务，2012，（9）：59-61.

［26］　张公绪. 两种质量诊断理论及其应用. 北京：科学出版社，2001.

［27］　郑炯. 质量控制方法在改善某卷烟厂质量中的应用. 天津：天津工业大学，2009.

［28］　朱海峰. SAE 公司生产管理中质量持续改进的研究. 西安：西北工业大学，2007.

第六章

食品质量保证

学习目标：

1. 质量保证的定义与意义。

2. 质量保证的主要法规指南。

3. 质量保证的实施基础。

4. 质量保证的过程与管理。

第一节　质量保证概论

一、质量保证

质量管理是指组织用于指导、控制和协调质量的活动，包括制定质量方针、质量目标、质量计划、控制、保证和改进（ISO 9000）。质量保证针对质量管理体系中的控制（还有设计和改进）活动设置要求，评估其绩效和组织必要的变更。如图6-1所示为质量保证在质量管理体系中的关联图。

质量保证（quality assurance），是指"为了提供足够的信任表明实体能够满足质量要求，而在质量体系中实施并根据需要进行证实的全部有计划和有系统的活动"。根据这个定义，对质量保证术语的具体含义进一步做如下的理解和说明。

（1）质量保证是通过提供证据表明质量要求，从而使人们对这种能力产生信任。质量保证更侧重于对组织能够持续地提供质量、始终满足质量要求的产品的能力的信任，而不是指具体的产品能否满足产品技术规范的能力的信任。

（2）质量保证是一种有目的、有计划、有系统的活动。不是仅仅针对某项具体质量要求的活动，也不是一些互不相关的活动。质量保证必须服务于提供信任的目的。所

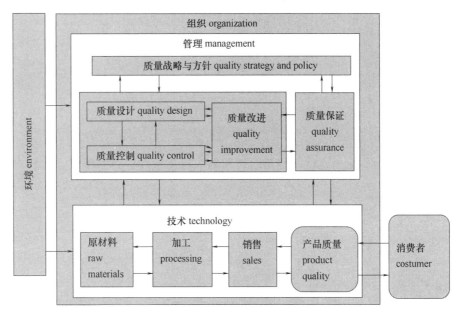

图 6-1 质量保证关联图

以，如何确定提供证据的范围、种类、提供证据的方式、方法和相应的程序、证实的程度均应以满足需要和能够提供信任为准则。

（3）根据目的不同，可将质量保证分为内部质量保证和外部质量保证。内部质量保证是质量管理职能的一个组成部分，它向组织内各层管理者提供信任，使其相信本组织提供给顾客的产品满足质量要求。外部质量保证是为了同外部顾客或其它方面（如认证机构或行业协会等）提供信任，使其相信该组织有能力持续地提供满足质量要求的产品。

（4）为了提供足够的信任，质量保证必须全面反映用户的要求。否则，即使提供的证据再全面，这种信任也是不完全的。

质量保证是利用品质管理的方法，整合制造、计划与品管来确保产品或服务质量，其首要目标在于确保产品在既定时程和预算下，能够达到预期的质量水平，并为以后的质量管理做好了铺垫，为长期维持产品的品质提高了可靠性。质量保证更加注重规范过程，对投入、产出及中间的所有流程进行全方位的管理，起到了全面的保障作用，在食品生产过程中具有更加广泛和全面的基础作用。

二、质量保证原则

以质量管理为基础的食品质量保证体系，在整个质量管理过程中，都应遵循以下几个原则。

（1）强调质量策划　质量策划是指确定质量以及采用质量体系要素的目标要求的活动，结果一般形成计划。

（2）强调整体优化　树立系统观念，采取系统方法，实现整体优化。

（3）强调预防为主　采取适当步骤消除已经产生的或潜在的不合格的原因，按问题性质确定采取措施的程度，做到防患于未然。

（4）强调满足顾客对产品质量的要求。

（5）强调过程概念。

（6）强调质量与效益统一。

（7）强调持续的质量改进。

（8）强调全面质量管理作用。

建立或更新质量保证体系通常包括组织策划、总体设计、体系建立、编制文件、实施运行 5 个阶段。

三、食品质量保证的重要性

随着居民收入水平和生活质量不断提高，人们对食品供给充足度的担忧不断减轻，但与此同时对食品安全和食品质量风险的忧虑却在不断提高。食品安全问题不仅关乎每一位居民的健康，还与公共安全息息相关，从而会对社会安全稳定和国民经济可持续发展造成重要影响。所以，无论从个体的微观层面还是国家发展的宏观层面，保证食品质量都有十分重要的现实意义。而对于食品生产加工企业而言，提升食品质量，减少安全风险，提升供应链管理水平，不仅有利于客户满意度提升，也是增强企业竞争力的必经之路。所以对企业来说，建立并完善食品质量保证体系也对其未来在更加开放、公平的市场上进行竞争有积极作用。

食品质量保证系统用于保证食品质量安全，确保食品加工过程按程序进行，可以预防和减少食源性危害，提高食品质量，满足利益相关者对食品质量的期望。因此，从防重于治的基点出发，迫切需要重视系统论这一科学，确立并积极实施食品质量保证工程。

第二节　支持食品质量保证的工具和方法

一、风险管理

风险管理就是根据风险评估的结果，选择和实施适当的管理措施，尽可能有效地控制食品风险，从而保障公众健康。在《中华人民共和国食品安全法》第三条中指出，食品安全工作实行预防为主、风险管理、全程控制、社会共治，建立科学、严格的监督管理制度。风险管理是全面的宏观的管理，包括风险识别、风险分析与评价、风险对策决策、实施决策和风险监督 5 个方面。

目前，食品风险分析已被认为是制定食品安全标准的基础，是国际食品安全性评价与控制领域中最重要的技术系统。如图6-2所示，国际推荐食品风险分析基本框架主要包括风险评估（risk assessment），风险管理（risk management）和风险交流（risk communication）三个方面的内容。

在质量保证的过程中，实施风险管理，可以通过风险确认和识别程序，预先发现风险征兆，提前采取必要的预控措施，以达到规避风险，减少损失的目标。对于已发生的风险，则可以先通过已有的控制措施予以控制，进而采取补偿措施进行控制，把风险损失降低到最小限度。

为了风险管理有效，组织在实施风险管理时，可遵循以下原则。

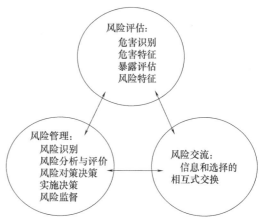

图6-2　国际推荐食品风险分析基本框架

1. 控制损失、创造价值

以控制损失、创造价值为目标的风险管理，有助于组织实现目标、取得具体可见的成绩和改进各方面的绩效，包括人员的健康和安全、合规经营、信用程度、社会认可、环境保护、产品质量、项目管理、运营效率、公司治理和声誉等方面。

2. 融入组织管理过程

风险管理不是与组织的主要活动和过程分开的孤立活动。风险管理是管理职责的部分和整合在组织所有过程中的部分，嵌入在组织文化和实践当中，要贯穿整个质量保证的过程。

3. 风险管理支持决策

组织的所有决策都应考虑风险和风险管理。风险管理旨在将风险控制组织可接受的范围内，有助于判断风险是否充分有效，有助于决定行动优先顺序并选择可行的行动方案，从而帮助决策者做出合理的决策（陈晓红等，2015）。

4. 应用系统的、结构化的方法

系统的、结构化的风险管理方法有助于提高效率和取得一致、可衡量和可靠的结果。

5. 广泛参与、充分沟通

组织的利益相关方之间的沟通，尤其是组织的决策者在风险管理中适当及时地参与，有助于保证风险管理的针对性和有效性。利益相关方的广泛参与有助于其观点在风险管理过程中得到体现，其利益诉求在决定组织的风险偏好时得到充分考虑（史新波等，2015）。利益相关方的广泛参与要建立在其对权力和责任明确认可的基础上。

利益相关方之间需要进行持续、双向和及时的沟通，尤其是在重大风险事件和风险管理有效性等方面。

6. 持续改进

风险管理是适应环境变化的动态过程，其各步骤之间形成一个信息反馈的闭环。随着内部和外部事件的发生、组织环境和知识的改变以及监督和检查的执行，有些风险可能会发生变化，一些新的风险可能会出现，另一些风险则可能消失。因此，组织应持续不断地对各种变化保持敏感并做出恰当反应。组织通过绩效衡量、检查和调整等手段，持续改进风险管理。

风险管理的范围是广泛的，对于一般企业来说很难做到面面俱到，组织者可根据自身的目标和所面临的关键风险因素，确定风险管理的范围。对于深入到经营层级、管理层级还有作业层级的风险管理，实施全面风险管理、重点风险管理，以及产品风险管理、项目风险管理，都需要组织者在明确环境信息后，再确定自身风险管理的范围、深度和广度，作为制定风险准则的基础。

二、预测食品微生物学

预测食品微生物学是一个将微生物学、数学和统计学结合在一起的研究领域，通过建立一些数学模型预测微生物在不同环境条件下的生长，死亡情况。其背后的基本思想是微生物群体对环境因素（例如 pH，水分活度，温度，气体环境）的响应是可重复的。根据影响微生物生长和生存的那些因素来描述环境，预测微生物在其它相似环境中的反应。将这些因素与微生物的群体行为（如生长速率、失活速率或毒素产生）结合，建立数学模型，就产生了预测食品微生物学。

在食品微生物生长的预测模型当中，可以将模型分为初级模型、二级模型以及三级模型。这三个模型可以解决的问题分别是：初级模型能够了解微生物的生长是否与时间产生一定的关系；二级模型能够了解微生物在不同环境下的行为动力；三级模型也就是研究者根据微生物的行为来建立相应的计算机软件程序。

（一）初级预测模型

描述细菌生长通常以 lg（CFU/ml）为变量，以时间为自变量（以天数为单位）建立函数关系。当条件对细菌有利时，它将是一个生长模型，而在应激条件下为一个失活模型。在这个透视图中使用的典型模型是"S 形增长曲线""Gompertz 模型"以及"Baranyi 和 Roberts 模型"。研究者通过初级预测模型，可以直接反映出微生物的数量与时间之间的关系，也就是微生物的响应程度。

（二）二级预测模型

二级预测模型描述了内在（pH、A_w 等）和外在（温度、气体组成）因素对食品基质中微生物生长的影响。典型的二次模型是 Arrhenius 模型（将生长速率与环境温度联系的相关经验表达式）、平方根（或 Belehradek）模型、响应面（或多项式）模型（纯黑盒模型）。研究者通过二级预测模型，可以反映出初级模型的相应结果与不同环境之间的关系。

（三）三级预测模型

研究者通过三级预测模型，可以将初级与二级预测模型的相关参数转变为一种特定的计算机共享软件，可以说是一种计算机程序。这一程序的功能主要有以下几点：①能够在不同环境变量的条件下对微生物的响应做出预测；②能够在各个环境之下了解微生物生长的影响因素，然后将其进行对比；③能够在相同的环境之下，辨别出不同的微生物等。总而言之，通过这些计算机程序可以很快计算出微生物的相应行为与不同环境之间的关系，并能够将其影响因素进行对比。

过去，食品微生物学专家依靠一定的规则和个人经验来进行新产品的开发和微生物风险管理。而仅仅依靠简单规则和经验来解决目前所遇到的各种复杂问题，有很大的局限性，特别是在加工过程和产品配方中几种因素相互影响时。传统方法是通过挑战性试验或微生物学试验来决定对微生物的控制措施。这些方法花费大，时间长，需要进行反复实验，才能做出决定。而预测微生物学模型则克服了这些缺点，能更客观，更快速，更准确地做出预测，且能节省大量资金。因此，预测微生物学是食品安全质量管理和食品生产加工中微生物控制的有力工具。

1. 在良好操作规范（GMP）中的应用

20世纪80年代中期，新西兰肉品工业研究所（MIRINZ）的工作者们建立了一种温度函数积分模型（TFI模型）。通过对微生物生长参数和温度进行积分，测定肉冷却过程中大肠杆菌的潜在增殖（唐佳妮等，2010）。在屠宰后肉的冷却过程中，有两个冷却阶段，要求深层肉的温度在24h内降到7℃。根据TFI模型，计算并比较了5个不同处理过程中大肠杆菌在肉表面的潜在生长程度。结果表明，第一阶段采用10℃，18h冷却方法，大肠杆菌生长最少，为7.6代。以此为依据，新西兰肉品工业研究所对屠宰后肉的处理标准进行了规范，以保证屠宰肉的微生物安全性。

2. 在HACCP中的应用

危害分析与关键控制点（HACCP）是为了确保食品的安全而实行的一项质量管理体系（刘超群等，2009）。通过对食品加工过程中各个步骤可能产生的危害进行分析，确定关键控制点并制定关键限值，并对整个生产过程进行监控，以确保食品的安全。

在相关条件已知的情况下，预测模型可以确定某个食品工艺步骤能否导致有关微生物的生长或繁殖以及其生长或繁殖程度，由此可以定量地评估该工艺过程对该食品安全的影响程度，并建立该食品生产过程的关键控制点，确定其关键限值。20世纪90年代中期，澳大利亚肉品工业以预测微生物学为依据，制定了一系列肉制品在加工、运输、销售、零售以及贮存的标准，作为其HACCP体系的管理标准（刘琳，2009）。

3. 在风险分析中的应用

预测微生物学是暴露评估的一个有用工具。通过建立数学模型描述不同环境下微生物的生长、存活及失活的变化，从而对致病菌在整个暴露过程中的变化进行预测，并最终估计出各个阶段及食品食用时致病菌的浓度水平，然后将这一结果输入剂量-反应模型，即可得出该致病菌在消费食品中的分布及消费者的摄入剂量，再由风险描述将这些定量、定性的信息综合到一起，即可得出某种食品安全性的一个评价（陈星等，2009）。

4. 预测食品的货架期

微生物是导致食品腐败的主要因素。因此，微生物的生长繁殖情况直接影响了食品的货架期。预测微生物学模型定量描述了食品中特定腐败微生物的潜在的生长繁殖，为合理地监控食品在贮存、销售和零售期间的管理提供了充分的依据。

三、食品脆弱性评估

食品经济利益驱动型掺假（economically motivated adulteration，EMA）这一概念最早由美国提出，美国食品与药物管理局（FDA）将经济利益驱动型食品掺假定义为：欺骗性的、有意的在一种产品中故意替换或添加某种物质，目的是增加产品的表观价值或降低其生产成本。经济利益驱动型食品掺假包括对产品的稀释，即将产品中已经存在的组分的数量提高（如果汁的加水稀释），在某种程度上这类稀释甚至会对消费者产生一种已知的或者可能的健康风险。经济利益驱动型食品掺假还包括用于掩饰稀释的添加或替代食品组分的行为。而食品脆弱性就是在食品生产、贮存、运输、销售、餐饮服务活动中对食品欺诈的敏感性或暴露以及缺乏应对能力，可能会对消费者的健康造成风险，且如果不加以解决，将对企业的运营造成经济或声誉影响。

针对食品蓄意掺假问题，美国药典委员会专家小组在《食品化学法典》（*Food Chemicals Codex*）中提出了新的附录《食品欺诈控制指南》（*Guidance on Food Fraud Mitigation*），以协助制造商和监管机构识别供应链中最脆弱的环节，并给出应如何采取的有效措施（李丹等，2016）。

目前，我国对食品欺诈的防控主要通过完善立法、建立黑名单制度和进行技术治理展开。其中，黑名单（《食品中可能违法添加的非食用物质和易滥用的食品添加剂名单》）是我国治理经济利益驱动的食品掺假（EMA）的重要指导性体系，但黑名单不是一成不变的，会随着食品安全动态的发展变化而变化，哪些物质需要进入和退出黑名单就变得尤为重要，而决定其进入或退出的机制在于全面掌握当前和潜在的食品掺假的信息（杨杰等，2015）。在互联网大数据应用背景下，除建立了食品中非法添加的非生物物质和滥用食品添加剂名单、引进食品掺假导则、进行脆弱性评估外，还需重点加强国际交流与合作，建立全球食品欺诈数据库，目的在于通过预防减少和遏制食品欺诈的发生。在科技方面，中国与欧洲进行食品安全合作，将互动建立网络实验室，使用脆弱性评估技术结合检验技术对产品情况进行分析，更好地实现预防造假。

脆弱性评价理论主要应用于以食品及农产品供应链中的各个环节为基础的指标体系，并利用层次分析法和模糊综合评价法等方法评估各环节的风险；或建立如肉食品、水产品、稻米等产品中药物残留的安全预警模型，从产品与环境角度评价残留风险，便于减轻危害因子造成的不利影响，维护消费者健康。根据"建立指标体系—确定权重—计算脆弱度—风险排序"程序，在原有食品安全评价体系基础上，融入脆弱性评价的理论，可建立有效的食用农产品质量安全风险预警模型，用于食用农产品安全管理，实现对食用农产品安全性、消费者健康效益和农业产业经济效益的多重评价，具有良好的前景。

四、供应商审核与管理

供应商的质量管理是生产型企业质量工作的第一道关口，对企业的产品质量有着很大的影响。供应商的审核与管理，可以合理降低采购管理成本，更重要的是可以帮助供应商提升设计和制造过程的质量保证能力，预防因原物料不合格导致的质量安全事故发生，从而提升产品力。

（一）供应商审核

供应商审核是指组织依照相关标准、程序对其体系内供应商、体系外制造商开展现场符合性核查的过程。目标是发现供应商或制造商质量管理存在的不足，推动供应商改进工艺、完善管理，提升质量管理水平（周泽雁，2018）。同时，为新产品引入、新供应商导入、物料采购等供应商管理工作提供信息依据。

供应商审核分为资质评审、样品测试、现场审核三个阶段，依据原物料的重要性，对不同类别的供应商采取不同审核方式，而且审核标准应进行适当调整且有所侧重，同时要设定审核结果等级，一般可分为：优秀供方、合格供方、不合格供方（限期整改）、不合格供方（取消资格）。每年在供应商名录中筛选出一定比例的供应商进行现场审核，制定审核计划和安排。对于大的集团公司，同一家供应商为多家集团子公司进行原料供应，可根据地域进行统筹，一方审核结果集团共享，避免多家审核造成不必要的浪费（黄伟，2013）。

1. 资质评审

资质评审应包括以下内容。

（1）法律法规要求的生产经营许可资质（企业法人营业执照、法人组织机构代码证、税务登记证、增值税一般纳税人证书、全国工业产品生产许可证、印刷经营许可证等）。

（2）履行合同必需的设备和专业技术能力。

（3）质量安全管理体系及相关制度标准。

（4）检验检测能力与产品合格证明。

（5）产品价格、配送距离与供货能力。

（6）行业地位与当前服务的客户信息。

（7）其它相关信息。

2. 小样测试

根据需求要求供应商提供样品，检验部门对样品进行自检或委托第三方专业机构进行检验，必要时进行小样测试或上机实验，确保符合质量安全标准要求。

3. 现场审核

现场审核包括但不限于以下内容。

（1）质量安全管理体系运行情况。

（2）主要管理人员质量安全意识。

（3）专业人员业务素质。

（4）原料来源与源头管理能力。

（5）现场管理水平。

（6）机器设备与工艺技术的先进性。

（7）检验检测能力。

（8）仓储物流管理。

（9）安全环保管理。涉及种植养殖的供应商，应对种植养殖过程中的农药、兽药使用情况等进行考察。

4. 形成评估报告

最后，供应商评估小组依据资质评审、样品测试与现场审核的结果，对供应商进行综合评价，形成评估报告，初步确定供应商。

（二）供应商管理

1. 供应商的日常管理

应该根据供应商提供物资的品种、采购金额、合作时间、为企业服务的单位数量及与企业战略发展的相关性，将供应商分为：战略联盟型供应商、长期合作型供应商、短期交易型供应商。对不同类别的供应商实施分级管理。

2. 供应商退出

对于采购结果评价为不良供应商或出现以下问题的供应商，企业应立即终止进货，做好取消供应商资格的准备。

（1）检验报告单不符合事实，故意隐瞒产品缺陷。

（2）供货产品质量安全问题导致企业停产。

（3）将退货的材料采用混杂的手段再次供货。

（4）对整改要求置之不理。

（5）对合理的技术支持和服务要求置之不理。

（6）其它可能危及企业食品安全的问题。

另外，在取消供应商资格后，应对带有企业标识的原物料进行核实，制定原物料处置措施，确保与企业品牌相关的原物料得到有效控制。同时，企业建立供应商黑名单制度，纳入黑名单的供应商一年内不再进行选择，企业其它单位的采购供应部门应根据不良信息，采取必要措施，保证采购的同类产品的质量合格。

五、经销商审核与管理

考虑到资金、物流、服务支持能力及顾客需求等因素，大部分食品企业的产品并不会直接售卖给终端消费者，而是通过经销商中转到消费者手中。因此，对于以经销商作为开拓、维护市场主力的食品企业来说，经销商管理无疑就成为公司管理中极为重要的一部分（赵艳丰，2019）。

（一）经销商审核

经销商的合理选择对企业的健康稳定发展起着至关重要的作用。通常推荐的备选经销商类型总结于表6-1中，需要考虑的因素首先是经销商必须拥有积极的态度并愿意亲自参与日常的业务运营；然后，经销商必须在市场中拥有良好的业务关系；最后，经销商向公司提交保证金，同时可以考虑保证金激励。选择经销商时需要考虑的各项具体内容如下。

（1）经营资质信用　经销商要有明确的经营理念、合理的利润、投入意识、品牌意识和企业文化。经销商应当具备以其公司名注册，并能经营具体产品类别的营业执照。从某种程度上说，经销商是它所代理品牌在市场上的代言人，实力强大、信誉度高的经销商能够帮助企业提升品牌形象。

（2）资金保证　经销商必须拥有经营目前和将来业务所需的充分资金。该资金状况必须通过所有可能的途径进行查验。

（3）销售网络　经销商应具备专业的销售团队和自有网络，以及专业、稳定、独立（业务骨干）、完善的客户资源（资料）。

表 6-1　　　　　　　　　　　　　　　　推荐备选经销商类型

类型	主要服务渠道
饮料经销商	超市类/社区类/学校类/餐饮类/娱乐类/商区/旅游
方便面经销商	超市类/社区类/学校类/餐饮类/商区/旅游
液态乳经销商	超市类/社区类/学校类
冷饮经销商	社区类/学校类/商区/旅游
啤酒类经销商	超市类/社区类/餐饮类/娱乐类
食用油经销商	超市类/粮油副食类/餐饮类

（二）经销商管理

在对经销商的资质条件等进行审核并签订产品质量安全保证协议后，经销商的质量管理主要包括。

1. 产品供应管理

确保经销商在获得订单或项目成功之后，能够及时供货。依照经销商的销售数据，协助经销商做好库存管理，确保时时有货卖。

2. 产品订货管理

确保经销商在制造企业或生产厂家的订货系统当中订货，而非不明来历的水货、假货，减少串货。也要对经销商之间的平行交易进行监管，保证制造企业或生产厂家的基本利益。

3. 产品配销管理

充分了解和熟悉经销商的库存量，并能及时与经销商进行库存管理的沟通、管控和维护。对于乳品企业来说，在配销管理过程中最关键的就是产品的新鲜度，加强物流中的产品防护和货架期管理，降低乳品的销售风险和库存风险。

4. 产品售后管理

经销商应建立顾客投诉管理制度，与客户相互沟通信息，打通市场信息链。企业要考核经销商在维护品牌形象，提升客户体验，增加客户满意度和忠诚度方面的能力和实施情况。

5. 经销商的考核评价管理

对各个经销商进行考核与评价，为企业或生产厂家对经销商进行奖励和惩罚提供依据。企业根据自身实际确定经销商的考核周期，对经销商的质量安全状况、价格执行情况、购销台账记录情况和经销商对消费者投诉的处理能力、经销商配合问题产品处理能力等进行综合评价。根据经销商的绩效评价结果对经销商实行分级管理，对优秀经销商可采取增加授信额度，优先经销公司产品等奖励措施；合格经销商可继续经销公司产品，但应加强考察力度并要求制定整改计划；对于不良经销商应暂停供货，并要求经销商进行整改或取消经销商资质。

六、终端质量安全管理

（一）食品加工企业的终端质量安全管理

对食品加工企业而言，终产品是指不再进一步加工或转化的产品。终产品可能是整个食品链的成品，也可能是食品链中下游组织生产的原料或辅料。对食品加工企业终产品的管理，主要涉及仓储、物流、渠道以及售后过程的质量管控（国际标准化组织，2015）。

1. 仓储

对仓储的管理，除了基本的硬件设备设施（如温湿度监控、照明和内部运输车辆等）和良好的卫生管理，产品本身的存放管理也至关重要。

（1）促销品管理   据统计，绝大多数仓库（88.6%）都会存储促销品。在我国特殊的销售环境下，加强仓储环节促销品接收、存放、放行方面的管理，提出统一的促销品管理标准，不仅能够更好地促进食品的销售，也能够保障食品的质量安全。

（2）不良品和退换货管理   目前实际管理中，仓库管理不良品的方法主要有通道隔离、标识隔离和独立库房。另外，所有仓库要划分单独区域存放退换货。正如标杆企业要求："退货（坏货）均必须独立存放。即坏货不得与好货存放在相同的仓库内，避免交叉污染。"

（3）货龄管理   出于不同品类食品销售区域上的考虑，许多仓库会贮存多品类的食品，甚至一些第三方经营的仓库会仓储非食品产品。仓储品类具有较大分散性。对各品类食品进行货龄管理，明确货龄管理期限，保证仓库货龄管理的效果。

2. 物流

对物流提供商的经营情况、资质条件进行审核后，考察其设备设施情况，包括物流运输能力，如冷藏运输车的供给和基本的卫生清洁状态，最重要的是可以提供进出货记录和货物定位的信息，这为实现快速追溯提供了基础。在大力提倡产品可追溯的当下，不管是企业内部的物流组织还是第三方委托经营的物流提供商，都应实现各过程记录的电子化，和企业成功对接，保证追溯的精度和效率。

3. 渠道

产品最终到达消费者手中的渠道就是商店，不论是通过经销商还是直营店，都需要先进行资质分析，取得食品流通许可证，保证纳入政府的食品安全监管体系内。其次，直营店系统相关质量安全设备，比如低温柜，也是基本配置。另外，既然大力支持质量管理从工厂向零售终端延伸，可以主动进行市场抽检，工厂品控人员及销售人员定期到市场零售点对产品进行检查，对产品的保质期、包装、内容物等进行目测。对存疑产品，直接从零售店购买，返厂进行质量检测，确保消费者通过零售店购买的每一个产品符合质量要求。

4. 售后

畅通客诉受理渠道，积极处理各类客诉案件，深入分析产生原因，有针对性地解决呈现的各类质量问题（不光是产品本身质量，还有服务效率和态度），并进行顾客满意度回访。在公众的持续监督中，化危机为转机，实现质量的全方面提升。

（二）零售业态的终端质量安全管理

零售业态主要有大卖场、便利店、农贸市场、摊点、餐饮等形式（电商详见第九章），其终端质量安全管理主要涉及商品入场验收（如农药残留物温度、COA 报告等）、货架展示的保质期、冷链食品的温度管理、过敏源管理、标签管理等（详见第四章）。

七、全程可追溯体系

食品供应链的复杂化，加大了供应链各环节经济主体之间在食品质量相关信息沟通方面的难度，由此造成的信息不对称导致食品安全市场供需的不均衡（周应恒等，2008）。从经济学的角度分析，食品质量安全问题大致可以分为两种类型：一是在食品生产、制造过程中，行为人因利益驱动而在投入物的选择及用量上违背诚信道德而导致的食品质量安全问题；二是由于管理上的疏漏及现有技术的局限性导致的食品质量安全问题。

针对上述问题，食品安全追溯系统作为一种信息沟通的手段，在食品质量管理中发挥重要的作用，其作用机制就是将从农田到餐桌过程中与食品质量相关的信息记录下来，并能在相关主体间有效率地传递、实现共享，以克服信息的不对称，便于管理者监管。消费者也可以随时查询。而生产者通过对生产、运输和加工过程中相应的信息内容进行记录，保证了产品从生产至最终销售的全过程质量控制和质量安全可追溯，从而帮助其有效地进行产品的在库管理及品质控制。

《中华人民共和国食品安全法》强调了食品生产加工企业在保证食品质量方面的首要责任，制定了质量卫生不合格食品的召回制度，为食品相关企业建立可追溯体系提供了法律参考。采用现代电子信息技术为食品质量追溯提供技术支持，利用条码技术记录食品的相关属性，比如生产商、生产时间、生产批次及规格、参与者、位置等，这是进行食品质量安全追踪的重要依据。借鉴发达国家先进经验，通过现代信息 RFID 技术、条码技术对食品供应链每个节点、每个环节进行标识，建立各个节点、各个环节信息的识别、管理、传递机制，对供应链中农产品来源、食品生产加工、包装、贮存、流通、销售等环节进行跟踪与追溯，及时发现存在的问题并及时妥善处理。

八、实验室检测能力验证

实验室能力验证，是通过实验室间检测结果的比对来确定实验室能力的活动。能力验证作为一种合格评定活动，不仅可为合格评定机构从事特定的检测、校准和检验活动的能力提供客观证据，识别合格评定机构管理和技术能力可能存在的问题和风险，还是认可机构加入和维持国际实验室认可合作组织（International Laboratory Accreditation Co-operation，ILAC）互认协议（mutual recognition arramgement，MRA）的必要条件之一。

1. 能力验证的本质在于提升合格评定机构的技术能力

能力验证作为重要的外部质量保证手段，不仅可以识别合格评定机构在样品处理、数据处理及结果报告等方面存在的问题，验证产品检测数据的准确性和有效性，从而不断促进实验室能力的提高，有助于实验室在本行业的检测水平和竞争能力的增长，还是认可机构、实验室监管部门判定实验室能力的重要技术手段之一，与现场评审一起构成了能力评价最主要的两种手段，是认可授予和授权等活动的重要依据（张树敏等，2007）。另外，能力验证可以发现合格评定机构的检测、校准和检验结果与同行间的差异，与内部质量保证共同构成合格评定机构技术能力的质量保证体系。

2. 合格评定机构是能力验证的主体

能力验证的利益相关方包括合格评定机构、认可机构、管理部门和合格评定机构的客户等。在众多的利益相关方中，合格评定机构才是能力验证的主体，参加和寻求适宜的能力验证是合格评定机构的责任，合格评定机构应基于自身需求和外部对能力验证的要求，在综合考虑内部质量控制水平、人员能力、设备状况、风险、运行成本等因素的基础上，合理策划自身的能力验证要求。

3. 能力验证的结果处理

为确保产品整体检验检测能力稳定提升，保障产品出厂检测把关能力，对有问题的实验结果可进行如下处理。

（1）结果中有可疑或少数几项指标离群的实验室，由企业自身开展问题排查，应至少从检测设备、检测人员能力、检验方法等方面进行分析，并及时将整改结果反馈备案。

（2）多项比对指标结果均离群的实验室，暴露出企业在日常监督管理中存在管理风险，应完善监管机制，加大管理力度，督促其加强检验检测能力提升和改善。鉴于企业对产品检验把关能力已存在较大风险，企业应组织外部专家进行质量安全专项监督审核，督促完成监督审核报告中所列问题的整改，提交整改报告。

九、食品安全防护

食品防护计划是为确保食品生产和供应过程的安全，通过进行食品防护评估、实施食品防护措施等，最大限度降低食品受到生物、化学、物理等因素故意污染或蓄意破坏风险的方法和程序。"9.11"事件后，美国颁布了《2002 年公共卫生安全和生物恐怖防范应对法》（又称"生物恐怖应对法"），提出要保护美国食品供应的两个"安全"即safety 和 security。传统的安全（safety）着重于防止食品在生产加工过程中受到生物、化学和物理危害的偶然污染，非传统的安全（security）着重于降低食品链遭到人为蓄意污染和破坏的危险，而达到保护食品 security 的控制方法，即食品防护。食品防护着重于保护食品供应，防止其遭到蓄意的污染，这些蓄意的污染通过人为的一系列化学、生物制剂或者是其它有害物质对人们造成伤害。这些制剂包括一些非天然存在的物质和一些常规不检测的物质。

食品安全关系到广大消费者的身体健康和生命安全，关系到企业发展和社会稳定。质量安全是食品生产的首要任务和根本目的。食品防护计划对于有效进行食品防护、保障食品安全意义重大，主要有以下 3 方面意义：①食品防护计划能够帮助企业预防有意图的攻击，将食品遭受蓄意污染或破坏的风险降到最低，从而减少外来食源性危害。②食品防护计划能够提高企业的应对能力，并快速、有效地对危机做出回应。在危险情况下，企业面临着巨大的压力而应对时间有限，文件化的措施程序有助于企业快速做出反应，迅速地调整并重获消费者的信任。③食品防护计划有助于为企业创造一个安全的工作环境，为顾客提供有质量安全保证的产品，维护企业的品牌形象以及社会的和谐稳定。

食品防护计划是为食品生产和供应过程中可能存在的故意污染和蓄意破坏行为而策划的防护活动进行规定并提出要求的管理型文件，既是组织食品安全管理体系有效运行的前提基础，也是开展食品防护计划演练的主要依据，更是现有危害分析与关键控制点（HACCP）体系的组成部分。制定食品防护计划的目的是给企业现有食品安全管理体系打食品防护的"补丁"。食品防护计划体现了食品防护理念，给企业以启示和帮助。食品防护计划是预防性的体系，具有工厂的特殊性，不能照抄照搬，是与实际密切相关、发展变化的，企业应结合自身的实际，制定出经济有效的食品防护计划，达到防护食品安全的目的。

在食品安全管理体系中，食品安全是一切工作的根本，食品防护意识是食品安全工作的升华和完善。吸收、借鉴食品保护计划是食品安全保证管理工作的核心。当前食品防护计划的应用还面临着诸多新挑战，如食品防护理论仍有待进一步完善、食品供应链全过程的食品防护工作如何推进、国内外食品防护标准实施措施的差异等，这些都将成为相关企业食品防护工作面对的新挑战和需要解决的新任务。因此，食品行业应针对行业的情况和现状做相应工作方法的调整，领导重视、保障到位、适当必要的经济投入，换来的将是企业效益品牌和产品安全的保证和长治久安。

十、食品安全预警

食品质量安全预警是应用预警理论和方法，提前通报可能存在的食品安全风险。通过监控、跟踪以及评价可能产生食品安全问题的因素，分析食品质量安全风险和发展趋势，依据相关情况及时发出警报并采取预防性的食品质量安全保障措施的过程，进而形成有效监测食品质量安全的机制。食品安全预警系统是指一套完整的针对食品安全问题的功能系统。建立食品安全预警系统，及时发布食品安全预警信息，可减少食品安全事故对消费者造成的危害及损失，加强政府对重大食品安全危机事件的预防和应急处置（康俊莲等，2018）。转变只注重"事先许可、事后抽检、出了事故进行处罚"的传统监管方式，加强风险的监测和评估，即安全评价要由"事后"提至"事前"，对发现不安全因素及时进行预警，防止对人体健康的危害，同时建立食品安全预警体系也是完善

《中华人民共和国食品安全法》的一项重要举措。

1. 食品安全监测与信息采集机制

在完善的法律法规体系基础上，建立食品安全监测站等信息采集机构，对食品质量安全信息进行及时和主动监测，对食品供应链从农产品生产、生产加工、产成品流通贮藏到销售实施全程监控。通过消费者、行业协会、各种食品加工企业、媒体等各种方式进行信息收集上报，遵循公平、公开、公正的原则，引入第三方监测机构，以查找、发现工作中的问题和薄弱环节，提高防范和改进措施，不断完善应急管理工作，从而推动进行下一阶段的应急决策与处置机制。

2. 预警分析机制

对信息源输入的信息进行分析，得出准确的警情通报结果，为预警响应系统做出正确及时的决策提供判断依据。因此，预警分析系统建立的科学性直接决定了整个预警体系的有效性并起到了承前启后的作用。进行预警分析可用模型分析法、数据推算法和采用控制图原理对食品中的限量类危害物和污染物残留的检测方法进行分析等多种方式。

3. 预警响应机制

对预警分析得出的警情警报进行快速反应并做出决策，是食品安全预警模型的关键核心部分。当食品安全出现警情时，应对警情可能引发的后果严重性进行分级识别，通常按从高到低的程度分为Ⅰ级预警、Ⅱ级预警、Ⅲ级预警、Ⅳ级预警，四级警情级别。针对不同警情，预警响应系统应采取不同的预警信息发布机制和应急预案。同时，此举与政府相关部门风险防控责任挂钩，防止瞒报谎报。

4. 预警解除机制

在食品突发事件或预警警报的食品安全问题得到缓解、控制，食品质量安全问题对群众饮食安全和健康的威胁已经消除后，由发布预警警报的单位负责解除预警警报。警报解除后要认真分析和总结工作，以便为今后对类似事件的防范和处置提供借鉴。

5. 应急保障机制

为决策者提供了紧急事件的信息收集、信息交互、应急指挥、实时沟通和领导辅助决策的平台，使决策者能够做到反应迅速、充分协调、决策有据，使得预警机制有效发挥作用。

建立"先发制人"的食品安全预警机制体系，可以有效降低食源性危害事故的发生，这是提高我国食品安全与风险管理水平的要求，也是全球食品安全管理的发展趋势。

十一、应急响应与召回

食品安全事故一般具有突发性、严重性和广泛性的特点，一旦发生，影响较大，往往可导致严重的后果，可对相关企业甚至整个食品行业造成毁灭性冲击。因此，在食品企业中建立和实施一套适宜的有关食品安全事故的应急响应和产品召回程序是当务之急。

1. 应急响应

引起食品安全事故的因素层出不穷，食品企业应针对可能产生食品安全事故的因素，按照"预防为主、以人为本、积极应对、及时控制"的原则，参照 GB/T 27341—2009 中 6.8 条款的要求进行应急响应。

(1) 建立应急响应程序 建立应急状况的识别和响应机制，以便在应急状况发生时做出有效的响应，该程序应能快速、准确地防止和解决可能伴随的食品安全事故影响。①成立应急小组，明确职责。重点规定在紧急情况发生前后相关部门及人员应承担的职责，并赋予充分的权限，必要时增加现场操作人员，如由谁负责召回、由谁负责信息通报、由谁负责联络等，但组长最好由最高管理者担任。②应急状况识别。由组长负责组织应急小组对可能影响食品安全的潜在事故和紧急情况进行识别，同时识别出这些情况会给食品带来何种危害，适宜时可划分危害发生的等级，如严重程度、影响时间长短等，并根据公司、社会和环境的变化不断地进行修订和完善。

(2) 应急处置 应急小组应针对识别出的可能影响食品安全的潜在事故或紧急情况预先制定应急预案。如遇突然停电后应停止生产，有条件的企业应启动备用电源，电力恢复后，应对受影响的设施、设备重新清洗消毒，并试运行确保其正常；遇生物恐怖、投毒事件时，应召回、销毁已确认污染的产品，并向相关方通报等。公司每年根据需要或认为有必要时可进行应急演练，可根据演练的目的不同选择不同的演练方案，各个部门也可模拟与本部门有关或相关岗位的突发食品安全事故进行演练，演练时要形成书面的演练计划，另外为体现演练的真实性，计划可仅限于公司领导层知晓，结束后应及时进行演练评价和总结，必要时可对应急预案进行修订，最后将总结报告提交给最高管理者。

(3) 实际应急响应 ①企业应在食品安全事故后最短的时间内（一般不超过 24h），针对事故的起源、可能趋势及影响做出评估，并启动应急预案。②信息通报事故发生后，一是要尽快进行调查和处理，及时公开调查和处理结果，把握舆论导向，及时通知组织内部和通报国家主管部门、媒体、顾客和消费者，避免产生不对称的信息，这样不仅可使事故的负面影响降低，甚至能扭转局势，促进企业美誉度的提高；二是发生食品安全事故时，企业不得隐瞒、谎报或缓报，也不得毁灭相关证据，在应急处理过程中，若发现有违反国家法律法规要求的，需向相关管理部门汇报，如发现流行性的严重病毒，需向卫生防疫部门汇报，对于人为蓄意破坏的，需向公安部门汇报。

2. 产品召回

参照 GB/T 27341—2009 中 6.7.2 条款的要求，在调查后如发现有产生食品安全事故可能的，应及时准备进行产品召回工作，《中华人民共和国食品安全法》第五十三条规定：食品生产者发现其生产的食品不符合食品安全标准，应当立即停止生产，并实行召回程序。产品召回过程实际上也是企业发生食品安全事故后的一个应急过程，程序与应急预案过程相似。

(1) 前期预备 ①成立召回小组，小组成员至少要由营销、生产及质量部门等人员组成，明确职责和权限，并指定一名组长，最好由公司最高管理者担任，召回小组应为常设组织，且定期互相沟通。②确认食品安全事故的等级，如发生农药残留严重超标、人为投毒、添加剂超标时，产品在按预期用途使用后对消费者健康产生严重危害甚至死亡，或影响范围较大的，可定为一级事故；危害较轻的，食用后可能不利于身体健康，或影响范围较小的，如包装破损，产品可能受到污染的，可定为二级事故；产品在按预期用途使用后会对消费者健康产生轻微危害的，或产品缺陷易于识别，如产品标识中保质期错误、未标明易感人群等，可定为三级事故。

（2）企业经确认如不存在食品安全事故的，应在1日内答复反馈方；如经确认产生食品安全事故的，应立即停止生产和销售，启动紧急召回程序，由召回小组隔离库存同批剩余产品，对其鉴别。最高管理者根据鉴别意见，立即下达是否进行紧急召回的指令。对于产生一级事故的产品，应在1日内，通知有关销售者停止销售，通知消费者停止使用；对于产生二级事故的，在2日内完成；发生三级事故的应在3日内完成。

（3）通知的同时，召回小组应对有问题产品进行追踪，首先是根据批次，查阅出入库记录，查明产品的销售方向，告知相应批次的经销商，由其立刻隔离产品，等候处理；其次是经销商根据销售的途径，立刻追踪产品的去向，并尽可能回收；然后召回小组及时汇总各经销商的召回和隔离总数，总数若小于销售量，还应继续追踪剩余产品的销售去向，已被消费者使用的应密切关注用后反馈；最后由召回小组编制追踪报告，上报最高管理者。

（4）召回小组对经销商隔离和回收的产品，进行验收，包括品种、数量、批次等，其中发生一级事故的召回应在3日内完成，二级事故的召回在5日内完成，三级事故则是7日。

（5）对发生一级事故的产品应进行销毁；发生二级事故和三级事故的产品可视情况进行销毁、补救或返工处理。

（6）召回小组应对事故发生的原因进行调查，适宜时可借助权威部门检测或公安部门侦破，最终对相关责任人员进行惩处，并提出纠正措施。

（7）在整个召回过程中，企业应按《食品召回管理办法》的要求，及时向主管部门如地方质监部门提交食品召回阶段性进展的书面报告，包括召回计划、变更情况、总结等。其它信息报告过程同应急操作过程。

（8）总结完成全部召回程序后，召回小组应对整个召回过程进行评估和总结，适时对召回程序进行修订和完善，将召回总结交最高管理者及地方主管部门，并在1日内将结果答复反馈方（李东山，2014）。

（9）企业每年应定期进行有计划的召回模拟演练，模拟召回必须在规定时间内追踪原辅材料、成品、每一位顾客等，模拟召回应注意避免误解的发生，可不进行产品的真正召回，但整个模拟召回过程的数据、记录等文件应注意收集，用于判断反应快速性、联络情况、职责权限明确程度、产品回收率、是否有效追踪等，最后对演练过程出现的问题进行调查分析，并提出纠正措施（李东山，2014）。

应急响应及召回程序在食品企业防制食品安全事故中具有重要的作用，企业不同，流程可能有所不同，不能一成不变，能否有效实施，对于激励食品企业提高产品质量、有效地调控食品市场安全、为社会提供安全食品，有着重要的实际意义（严可仕等，2013）。

第三节　实施质量保证的基础

一、组织团队

领导重视是质量规划实施的关键。根据 ISO 9001：2015 中对领导作用的规定可知，最高管理者应通过以下方面，证实其对质量管理体系的领导作用和承诺：①制定并保持组织的质量方针和质量目标；②通过增强雇员的意识、积极性和参与程度，在整个组织内促进质量方针和质量目标的实现；③确保整个组织关注顾客要求；④确保实施适宜的过程以满足顾客和其它相关方面要求并实现质量目标；⑤确保建立、实施和保持一个有效的质量管理体系以实现这些质量目标；⑥确保获得必要资源；⑦定期评审质量管理体系；⑧决定有关质量方针和质量目标的措施；⑨决定改进质量管理体系的措施；⑩支持其他相关管理者在职责范围内发挥领导作用。任何一个组织的运行都是通过管理者的管理活动来进行的。食品企业推行质量保证体系是一个全员参与的过程，涉及食品加工、卫生检疫、职业卫生等多个领域。因此，企业领导中至少要有一人，全面负责质量工作，按照规定的职责权限全面履行职责（国际标准化组织，2015）。同时，企业还应设置相应的质量管理和质量体系管理部门，并由质量部总体负责质量活动的计划、组织、协调和控制，如组织编制质量管理体系的文件、监视质量管理体系的正常运行、监督质量目标的实现等一系列工作。

质量管理领导小组经最高管理者任命，并且得到最高管理层的支持和参与。小组的成员由不同岗位上的员工组成，所有员工围绕企业的质量目标以及存在的质量问题，运用各种管理方法和技术手段，改进质量和提高经济效益。对于小组中的成员也有相应的要求，所有成员必须具备相关的专业知识，并且拥有实施质量安全保证体系的经验，以保证质量管理小组活动有效地开展，解决企业实际中的各种问题。另外，当需要外部专家（体系咨询师、微生物专家、专用设备维护人员等）帮助建立、实施、运行或评估食品安全管理体系时，应在签订的协议或合同中对这些专家的职责和权限予以规定。

为了便于小组开展活动，小组人员一般 3~10 人较合适。根据乳品生产运作流程的几个中心环节，分别设定乳品企业的质量管理领导小组结构图以及每位小组成员的职责权限，如图 6-3 所示。

完善质量安全机构，打造质量安全专业团队，提高人员专业素质，提升保证质量规划实施的能力。当然，部门的有机协同是规划实施的基础。质量安全工作

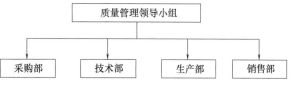

图 6-3　质量管理领导小组结构图

不仅仅是质量安全团队的工作，也是各部门工作不可分割的一部分。为保障规划的实施，各部门应按照质量安全责任制的要求，做好人力、品牌、战略、资金、科技等方面的管理工作，各司其职，各负其责，形成有效的协同机制，共同推进规划方案的实施。

二、设备设施

"巧妇难为无米之炊"，设施设备是进行质量安全保障的物质基础。根据 ISO 9001：2015（3.5.2）：基础设施是组织运行所必需的设备、设施和服务的系统。对于设备设施的管理包括采购、测试及检验。

设备的采购是按照标准化要求做的一系列规范化工作，比如防腐设备采购之前，要进行细致的调研，召开专题会议，应有调研报告和会议纪要，应有完整的招/投标文件，对供应商进行资质审核。而为了保证产品质量，对工艺和产品的监控、测试和检验很重要。为了使测量设备和测量过程符合预期用途，从整个测量过程开始（测量设备的配备）就进行控制。在油品质量分析中，测量设备配备的依据就是方法标准，它根据每一方法标准的要求，配备相适宜的、符合要求的测量设备，再对这些测量设备进行相关计量鉴定，经计量确认符合预期使用要求的方可投入使用（童银梅等，2009）。在过程控制中，对投入使用的测量设备进行过程监视和监测，其目的是验证测量过程中使用的测量设备是否已满足要求，保证测量设备在有效期内符合预期的使用要求，为控制、纠正和预防不合格项目发挥重要的作用（刘洪涛，2011）。

对于企业而言，有必要确保监视、测量结果有效的场所所需的监视和测量装置，包括量具、测量分析仪器、显示装置以及相关的电脑软件等。企业控制范围应包括与产品（含成品、半成品）直接相关联的生产、经营活动范围内的所有计量检测设备，而不是企业内部用于经济管理的电、水、气以及质量管理体系覆盖范围外的设备，如食堂、后勤等的计量设备。对于食用油产品检验分析来说，测量过程（关键监视点）中就必须对所使用的测量设备进行监控。对于合格者准予使用，对不合格项应进行识别和控制，并适时采取纠正和预防措施。使公司决策层能够全面了解产品生产的实际情况，提高企业的管理水平。

为了有效实现质量目标，企业必须在考虑基础设施的基础上，认真考虑其质量管理的目标、性能、功能、适用性、收益、安全和保密性与更新等方面的情况，以及突发性的自然现象对其基础设备设施产生的影响。

三、制度标准

无规矩不成方圆。企业的正常运行，产品的质量得到保证，都需要一套合理强效的制度标准。所以，及早建立一套合理的制度显得至关重要。市场在不断变化，形式也瞬息万变，企业的规章制度也应不断地推陈出新，确保制度的合理性和实效性。管理者在制定制度时，应该在国际标准、国家标准基础上，系统梳理企业标准，按产业链、产品分级分类，制定和发布技术标准，建立符合企业实际情况的技术标准体系。另外，要根据企业的品牌定位，形成与品牌相对应的产品标准体系。

不同的食品企业应该结合本企业的实际情况，根据《中华人民共和国食品安全法》等法律法规制定本企业的食品质量安全管理制度，并在此基础上，编写质量手册，形成纲领性的文件，要求每一位员工都严格长期的遵循。在食品企业制度保证体系中，除了要实行质量管理制度，经济责任制度的设立也很重要，它包含岗位责任制和奖惩制度。岗位责任制就是明确规定每位员工的职责、权限，并按照规定的工作标准进行考核及奖惩而建立起来的一种制度。实行岗位责任制的目的在于使工作更加科学化和制度化，使得责任能够落实到人，各尽其职，避免工作分配不均的现象发生。食品生产的加工工艺流程，可以从采购、生产、检验、销售等几个大的方面来具体分配和细化各个岗位的具体职责和权限。各个岗位职责的设置也是为了全面体现 ISO 9000 族标准的资源管理、产品实现、测量分析和改进的内容，包括生产设备、人员要求、技术标准、工艺文件、文件管理等具体要求（国际标准化组织，2015）。企业中负责各项内容的人员，都必须认真执行质量保证体系文件，并对本岗位的质量过程进行有效控制。

同岗位责任制紧密结合的是奖惩制度。制定奖惩制度的目的在于加强员工的质量意识、减少生产过程中的质量问题、提高产品的质量、完善组织的质量管理制度等，通过一系列正刺激和负刺激的作用，引导和规范员工的行为朝着符合企业需求的方向发展。在定期或不定期的质量抽检中，对因质量问题造成的损失，应追究相应责任人的责任并给予相应比例的经济赔偿；对未出现过质量问题或对产品质量事故抢救而取得成效者的部门和个人，予以奖励，如表扬、记功、奖金等。不论是奖励，还是惩罚，两者相辅相成，必须使用得当，才能发挥它的效用，提升员工对企业价值的认同以及提高员工的工作能力，进而推动企业的日常运作，促进企业目标的实现。

建设质量标准化示范工程，全面推行安全生产标准化建设，通过建立安全生产责任制，制定安全管理制度和操作规程，排查治理隐患和监控重大危险源，建立预防机制，规范生产行为，使各生产环节符合有关安全生产法律法规和标准规范的要求，人、机、物、环处于良好的生产状态。

四、教育培训

企业的质量保证是一个系统化的工作，企业的各个部门不但要参与，而且要提高运行效果。一个企业成长是不断学习的成果，这种学习不仅是企业制度上的更新，更重要的是企业员工的素质提升。人力资源是企业发展的根本性动力，是实施质量保证的重要元素。倡导培训，就是要从员工的作用上进行升级，将培训贯穿于质量保证运行的全过程。既要进行专业技能的培训，也要进行道德素质的培训。培训分层次，分级别，以长期性、连续性、整体性为发展原则，以提高培训质量和能力为目标，促进管理者质量安全领导力与专业管理人员专业化能力的提升，增强员工的质量安全意识和操作技能。

质量保证的各项内容和运行过程，都是企业内部条件和外部条件和谐发展的结果。注重工作作风，从企业运行的细节入手，通过工作过程的点点滴滴，建立企业职工队伍的基础，在培训的机制下，逐渐培育企业文化。企业文化是企业实力的浓缩，是职工情怀的体现。良好的质量安全文化是集团战略实现的助推器，是未来核心竞争力的重要组成部分。总体规划质量安全文化建设，树立"全员安全、本质安全"的价值观，持续提升质量安全管理水平。加强质量安全领导力建设，建立过程与结果相结合的质量安全考核模式，规范员工行为，提升全员质量安全意识、红线意识、负责意识，实现自我约束，减少或降低质量安全事故的发生。形成一套科学的质量安全规章制度并贯彻执行，形成有效的激励机制与严格的约束机制，为质量安全文化的改善和提高提供制度性保障（王刚，2010）。通过物态文化建设，实现企业工艺技术和设备设施、作业环境质量安全管理的标准化，弥补人为疏漏，助力实现本质质量安全。

员工的培训与发展对企业来说是一个充电过程，是让企业更加具有发展能量的过程，经过培训的员工在思想和能力上都有了一定的提高，也使员工自我价值提升，个人能力得到强化。加强企业文化建设，建立企业共同理念。企业理念不是一两句口号，而是来自企业日常的经营管理，是企业发展形成的作风、习惯。通过推进人文管理，将团队意识、共赢意识、发展意识及质量意识渗透到员工的思想，增进员工依赖企业、忠诚企业的意识，从而促进员工为企业发展而奋斗的自主行为的增强。质量保证需要细节和整体的搭配，而工作作风与企业文化的融合，正是从局部和整体的角度，加深内部管理与控制，形成企业发展的一股合力。

五、目标考核

组织内部按时间间隔进行内部审核，按照标准要求，对企业的质量管理体系进行诸要素、诸部门全面审核，查找体系运行过程中存在的问题（即不符合项），然后限期整改，对不符合项进行纠正，使其达到标准要求，以确保体系正常运行，促进企业产品管理，从而达到有效保证产品质量的目的（艾昌荣，1998）。

科学的监督与考核评价机制，是推动系统正常运行、保证执行力的关键要素，通过发现问题，促进企业采取措施改善管理，确保实现质量安全管理目标，持续改善质量安全绩效。落实对生产过程中的质量检测，从检测机构、检测标准、检测人员能力和资质、检测设备、检验计划、检测环境等加强检验检测内部管理。管理者按季度进行监督抽检，定期发布抽检信息，组织实验室进行内、外部检验检测能力比对。建立总部和各经营单位两级检验检测协同机制，对产品风险进行识别，依据产品类别形成重大风险指标列表，把好产品进、出两端检测闸口。

有效的监督是规划实施的保障。根据质量规划建立逐级负责的监督检查机制，定期对规划的完成情况进行监督，对重点建设项目与示范工程制定阶段性监督计划，确保各项工作按部就班完成。各部门在分解落实规划时，应制定阶段性的总结分析计划，定期对规划的落实情况进行总结与反思，确保各项工作的稳步推进，运用应用信息化系统，完善监督检查档案。最后，组织把规划的落实情况纳入各部门质量安全业绩考核，促进规划的有效推进与各项工作的实施。

六、资金预算

资金保障是实现规划的前提条件。质量的规划付诸实施不仅耗时较长，许多工作也需要硬件的改善、人力资源的保障以及管理系统的升级，这些工作都需要一定的资金支持，所以要在财务预算中安排一定比例的质量安全专项资金，切实通过预算，规范质量安全的投入，解决质量安全问题，保证质量的安全输出。另外，可推进食品安全商业保险机制，在企业主流产品中导入产品责任险，在食品安全重点类单位导入食品召回险，定期完成保险投入与产出的对比分析。当然，预算使用情况要接受审计监察部审核监督，要将投入保障和使用情况纳入考核，以期有效解决质量安全问题隐患，努力形成规范的质量全资金投入和使用管理机制。

第四节　食品质量保证的实施

一、质量保证流程（PDCA 循环）

质量保证体系的运行应以质量计划为主线，以过程控制与管理为重心，按 PDCA 循环进行，即通过"计划（plan）—实施（do）—检查（check）—处理（action）"的管理循环步骤展开控制，提高保证水平。PDCA 循环具有大环套小环、相互衔接、相互促进、螺旋式上升形成完整的循环和不断推进等特点。

（一）计划阶段（P）

计划（plan）即确定质量管理的方针、目标以及实现方针、目标的措施和行动计划。质量保证体系主要内容是制订质量目标、活动计划、管理项目和措施方案。步骤如下。

（1）分析现状，找出存在的质量问题。

（2）分析产生质量问题的各种原因和影响因素。

（3）从各种原因中找出质量问题的主要原因。

（4）针对造成质量问题的主要原因，制定技术措施方案，提出解决措施的计划并预测预期效果，然后具体落实到执行者、时间进度、地点和完成方法等各个方面。

（二）执行阶段（D）

实施（do）包含计划行动方案的交底和按计划规定的方法及要求展开的施工作业技术活动，就是将指定的计划和措施具体组织实施，是质量管理循环的第二步。

（三）检查阶段（C）

检查（check）就是对照计划，检查执行的情况和效果，包括检查是否严格执行了计划的行动方案和检查计划执行的结果。主要是在计划执行过程中或执行之后，检查执行情况是否符合计划的预期结果，也是质量管理循环的第三步。

（四）处理阶段（A）

处理（action）以检查结果为依据，分析检查的结果，总结经验，吸取教训。包括两个步骤。

（1）总结经验教训，巩固成绩，处理差错。

（2）将未解决的问题转入下一个循环，作为下一个循环的计划目标。

二、食品质量保证关键点

质量保证是目标被转化为产品质量的实际保证，可以确保生产过程有效运行。按照内部质量管理体系的要求，验证其有效性并检验其实际性能。通过内部和外部审计，进行系统的文件记录和记录保存，并传达此过程的结果。利益相关者可以检验该系统是否运行良好。

质量保证可以部分视为规划活动（质量管理体系），部分作为控制活动（图6-4）。通过物理过程和设计，控制和改进过程的测量，收集了关于质量如何实现的信息以及利益相关者的保证需求在多大程度上得到满足的信息。如图6-4所示为质量保证过程中的核心活动，图中的箭头显示了一个控制循环，它包含三个基本验证和纠正措施测量（审核）和评估改进。

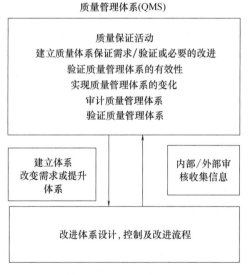

图6-4　质量保证过程

（1）根据来自验证的利益相关方的保证需求和/或必要的改进，在各种既定的国际（和/或国家）质量检查标准和指南（例如HACCP、BRC、SFQ等）的基础上制定质量体系的要求。这些质量保证准则和标准通常包括广泛的技术要求和组织程序，将这些要求转化为内部质量管理体系的具体要求，结合内部生产过程中的具体情况和自己的组织特征进行企业定制。要求也可以来自质量管理体系的反馈（通过验证活动、审核、投诉等），从而通过实施或修改质量管理体系及时跟踪并制定要求。最后，新的和/或修改的要求必须转化为在公司中实施的具体措施。

（2）验证质量管理体系的有效性是指提前检查，旨在确保实现食品质量的活动的有效性，例如客观测试控制措施的有效性。计划系统中的典型控制措施，以卫生规划为例，应事先分析，判断其有效性。具体针对食品生产情况进行科学分析，并客观地（例如针对实际数据和/或独立人士）进行判断。

（3）验证和审核，以检查质量管理体系是否按照计划程序进行有序工作。验证包括与标准的比较，这是第一个质量保证活动的结果。验证活动应以可靠和有效的方式进行，科学分析食品生产过程的实验数据，并以客观方式（例如由独立人士）进行。纠正措施包括改进和改变质量体系，以满足未来的质量要求。审核旨在衡量质量管理体系，审核是管理层根据规定的制度确定组织中的人员是否履行职责，以及组织的质量管理体系是否有效运行的手段。

（4）保存支持上述质量保证活动的文档和记录，其中文档旨在存储知识和信息，记录保存旨在收集数据。程序、手册、研究报告、投诉、统计分析等归属于文档保存，而过程和产品数据则存储在记录系统中。

在食品质量保证的过程中，一方面需要组织的长期管理策略（TQM）与宏观质量管理系统（ISO 9000）的目标指引，另一方面要依靠具体的食品安全管理工具 GMP（食品良好操作规范）和 HACCP（危害分析与关键控制点），二者缺一不可（张子平，2009）。其中，GMP 是以企业自身为焦点来考虑问题的，以质量与卫生为主线，周全地制定各种方案，保证食品质量。HACCP 是以一类产品的生产流程为中心来考虑问题的，其主线是危害分析，通过危害分析找出影响食品质量的关键步骤，提出防范与控制危害的方案，建立适合的办法。ISO 9000 是在全球经济一体化趋势下形成的，用以衡量组织或企业质量管理水平的国际统一标准，企业通过了 ISO 9000 认证，说明企业质量管理达到了基本要求。

三、质量保证的实施

乳品行业生产加工流程复杂，环节众多，影响其质量安全的因素也有很多，只有清楚每一环节可能存在的影响因素，防患于未然，才有可能最大程度保证乳品质量安全。在这里，以质量管理为基础，以质量管理八大原则和 PDCA 循环为指导思想，构建乳品企业的质量保证体系，并进行管理与控制。该质量保证体系分为三个方面，即组织保证体系、制度保证体系和过程保证体系，三个保证体系共同作用，相互影响，构成一个完整的乳品质量保证体系。其中，每一个保证体系又有不同的组成部分和细分，以便于测量和评价，如图 6-5 所示。在这个质量保证体系的框架中，组织保证体系的实施主要依靠质量管理领导小组来展开质量管理活动。制度保证体系则是从质量管理制度和经济责任制度两个方面，以文件的形式来共同保证乳品的质量安全。过程保证体系是整个质量保证体系的核心内容，实施起来也比较复杂。由于乳品生产环节的复杂性，影响质量安全的因素有很多，而其中任何一种因素都可能对产品产生不同程度的影响。在过程保证体系的实施阶段，运用质量环的模式，对质量环中影响产品质量的诸多因素实施全面控制，预防和纠正质量问题的发生，尽可能减少直至消除质量隐患。

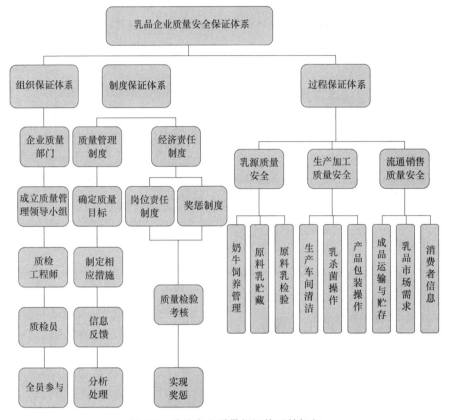

图 6-5　乳品企业质量保证体系的框架

第五节　食品质量保证的管理

食品质量的形成源自企业内部自发的质量重视，也离不开外部的质量鞭策，本节将从组织内部和外部两个角度来论述质量保证过程中的具体管理。

一、组织中的质量保证

（一）内部审核

1. 内审的概念

根据 GB/T 19011—2013，组织应按照策划的时间间隔进行内部审核，以确定食品安全管理体系是否：①符合策划的安排、组织所建立的食品安全管理体系的要求和本标准的要求；②得到有效实施和更新。内部审核，有时称第一方审核，由组织（企业或加工厂）或以组织的名义，对自身的产品、过程、管理体系进行审核。通过内部审核，综合评价过程及其结果，对审核中发现的不符合项采取纠正或改进措施，可用于管理评审和其它内部目的，可作为组织自我合格声明的基础。在许多情况下，尤其在小型组织内，可以由与受审核活动无责任关系的人员进行，以证实独立性。

审核方案策划应考虑拟审核过程和区域的状况和重要性，以及以往审核产生的更新的措施。应规定审核的准则、范围、频次和方法。审核员的选择和审核的实施应确保审核过程的客观性和公正性。审核员不应审核自己的工作。

2. 内部审核的实施方法

（1）成立内审小组　组织成立内部审核小组，小组成员主要是经过体系审核培训、有管理经验的人员。内审小组由管理层指派审核组长，各个部门的主管和质量专家担任小组成员。内部评审以事实为依据，对各个部门的质量现状进行分析，找出差距，完成不符合项报告，审核报告的编写，以及纠正措施跟踪、验证情况的汇总分析。

（2）编制内审计划　内审小组组长每年都制定内部审核计划，每年至少进行一次内部评审，如果出现质量事故或者客户对检测报告连续 3 次不满意需要启动临时内部审核方案。内审的依据主要是本企业质量管理手册、检验和检测作业指导书、合同、相关法规等。内审计划主要包括内审实施的时间、内审的对象、内审的程序、内审的报告等内容，内审计划编制后由企业最高管理者批准实施。

（3）内审实施　①召开内审会议。由内审小组负责人主持召开会议，各部门的主要负责人、内审员、技术负责人参加。会议的目的是让受审的部门了解审核的目的、范围和计划，明确审核过程的模糊地方。②现场审核。内审小组在召开会议之后到达受审核的部门进行现场审核，收集现场的相关资料，比如现场观察到的事实、相关质量管理人员回答记录，产品生产的原始数据记录、抽样方案的信息等。③召开审核评议会议。在现场审核和资料审核之后，内审组和受审部门再次举行审核评议会议，确认现场审核获得的资料，为审核报告做准备。④编写审核报告。内审组组长规定格式编写规范，内审报告要求内容简明扼要、观点明确、事实清晰，并明确纠正措施要求。⑤召开末次会议。末次会议由审核组长主持，参加人员与首次会议的人员相同。审核组长根据《不符合项分布汇总表》内容说明审核情况，最后请最高管理者对审核结果进行评价，提出改进意见等。⑥纠正措施的跟踪和验证。在发现相关部门的不符合项之后，相关部门需要落实整改负责人，将纠正措施落实到整改当中。审核组应对纠正措施的实施情况和有效性进行跟踪和验证，确保不符合项得到及时关闭。一般情况下，纠正措施的跟踪和验证应由原审核员来执行，验证内容包括：

a. 提出的纠正措施是否得到实施？

b. 实施后的效果如何，是否还有类似问题的发生？

c. 实施情况是否有相应证据，这些证据是否按规定保存？

d. 如果涉及文件的增修，是否形成了文件，该文件是否被正式发布并得到执行？

审核员应将验证的证据详细记录于《不符合项报告》的对应栏目，最后呈交审核组长确认。这项不符合项即可关闭。

（二）管理评审

质量管理体系评审是组织的最高管理者对质量管理体系关于质量方针和质量目标的适宜性、充分性、有效性和效率进行的有计划的、有规划的、系统的评价，也称之为管理评审。

1. 适宜性

指质量管理体系适应内外环境变化的能力。组织质量管理体系所处的内部、外部环境是不断变化的，这些变化体现在：①组织机制与组织机构的变化；②顾客的要求或期望的变化；③国内、国际市场情况的变化；④组织产品有关的新技术、新工艺、新设备的出现；⑤组织遵循的相关法律、法规或标准的变化；⑥产品更新换代、开发新产品带来的变化等（侯西亭等，2003）。

2. 充分性

指质量管理体系满足市场、顾客潜在的和未来的需求和期望的足够的能力，也可指质量管理体系各过程的充分展开。主要包括过程控制的充分性、资源的充分性和人员能力的充分性（邢冬玲，2013）。

3. 有效性

指质量管理体系运行的结果达到设定质量目标的程度，同时也要考虑运行的结果与所利用资源之间的关系，确保质量管理体系的经济性。质量评审可以确保和提高质量管理体系的有效性，而管理评审是保证质量管理体系有效运行的基础。管理评审应侧重于识别质量管理体系存在的问题和潜在问题，并评价改进的机会。

管理评审输入应包括但不限于以下信息。

（1）以往管理评审的跟踪措施。

（2）验证活动结果的分析。

（3）可能影响食品安全的环境变化。

（4）紧急情况、事故和撤回。

（5）体系更新活动的评审结果。

（6）包括顾客反馈的沟通活动的评审。

（7）外部审核或检验。

管理评审输出的决定和措施应与以下方面有关：食品安全保证；食品安全管理体系有效性的改进；资源需求；组织食品安全方针和相关目标的修订。

管理评审也是持续改进的方法之一，为提高管理评审对体系持续改进的作用，可以采取以下措施：①明确评审的任务和项目。公司高层管理人员需要对内审结果、顾客信息、过程的符合性、产品的符合性、纠正、预防、以往管理评审的结果、HACCP 计划施行情况、关键控制点控制等所有与产品质量相关的方面进行管理评审。②管理评审前，应首先对体系的有效性进行评价，召开评审会议，识别改进点和改进方向。③根据评审会议确定的改进点和改进方向，由各相关部门提交改进计划，改进计划经最高管理者批准后施行。④管理评审部门应定期向最高管理者汇报改进进度。⑤管理评审要保证体系按 PDCA 循环持续、有效地进行。管理评审流程如图 6-6 所示。

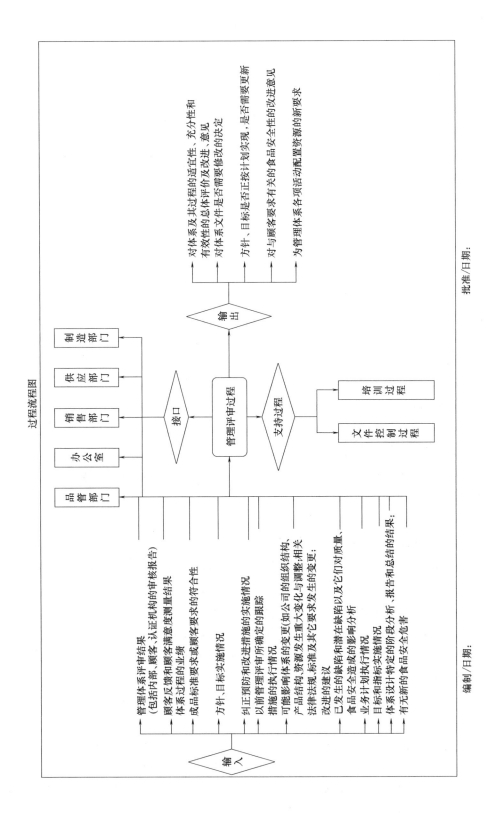

图 6-6 管理评审流程图

二、质量审核和认证

（一）产品质量评审

1. 产品质量评审的概念

产品质量评审是在产品检验合格之后、交付之前，对研制产品的质量及其质量保证公正所做的全貌与系统的审查（GJB 907A—2006《产品质量评审》）。在产品的批生产过程中，由于存在研制、批产交替，批产人员、设备资源配备不足等带来的质量管控风险，通过开展质量评审，及时发现产品生产和管理过程的不足，并采取有效改进措施，可有效降低质量风险（朱彭年，2005）。

2. 产品的质量评审流程（图 6-7）

（1）提出评审申请　由项目负责人向项目主管领导提出产品质量评审申请报告。

（2）组织成立评审组　评审组应由有关方面具有资格的人员组成，评审组设组长一人，副组长一至二人，组员若干。组长由主管技术的领导担任。组员包括：同行专家或专业技术人员，设计、工艺、质量保证部门的代表，使用方代表，上级部门代表，必要时可邀请有关外协、外购件供应单位代表（刘晨，2019）。

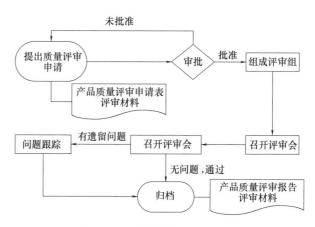

图 6-7　产品质量评审流程图

（3）召开评审会　产品质量评审程序：首先召开产品质量评审会，由质量负责人宣布评审组名单；然后由质量师或可靠性负责人作产品质量总结报告，产品总设计师或批生产产品技术负责人作技术总结报告；最后评审组讨论质询，并给出评审结论。

（4）形成评审报告　由组长填写产品质量评审报告，并签署完整。

（5）评审问题跟踪处理　产品项目经理根据评审组提出的问题和建议，组织相关人员填写产品质量评审意见跟踪检查表，制定纠正措施并落实。质量管理部门负责监督检查，并将质量评审意见跟踪检查表归档。

（6）归档　由质量管理部门负责将产品质量评审申请表、评审材料、产品质量评审报告归档。

产品质量评审是影响产品质量的重要环节之一，也是基于质量管理体系的产品实现过程控制的重要活动。通过对批生产产品质量及生产过程的质量执行情况进行检查、确认，开展行之有效的质量评审工作，确保产品保质、保量、按期交付并规避风险，切实保证产品交付后质量稳定可靠（刘晨，2019）。

（二）质量审核

1. 第三方审核的概念

不同于组织内部审核（第一方审核），外部审核分两种。其一是第二方审核，由与组织（企业）利益相关的一方（如顾客），或由其他人以他们的名义进行的审核。其二是由具有一定资格并经一定程序认可的审核机构（第三方）派出审核人员对组织的管理体系进行审核，也称为第三方审核。第三方是指独立于第一方（组织）和第二方（顾客）之外的一方，它与第一方和第二方既无行政上的隶属关系，也无经济上的利害关系。鉴于组织进行第三方审核后，可以减少第二方审核，此处重点介绍第三方审核。

第三方审核由外部独立的机构进行，需要向审核机构付费。审核机构将按照供方的产品或管理体系进行审核。审核的结果若符合标准要求，组织将会获得合格证明并登记注册。这就表明在审核的有效期内，供方的产品或体系具有审核范围规定的能力。此外，第三方审核机构还将在国际或国内发布公告，宣布登记注册的组织的名称。这样顾客将把注册的组织看成是合格的供方，一般情况下，无需再对注册组织进行审核。在个别情况下，只需对顾客特殊要求的内容进行评价即可。

第三方的审核是为了确保审核的公正性，是认证的重要前提。进行第三方审核的目的通常包括以下几种。

（1）通过体系认证，获准注册。

（2）减少社会重复审核和不必要的开支，一旦大量完整的供求链建立起来，第三方审核将是值得的。

（3）有利于顾客选择合格供方，并利用注册获得供方的某些保证；有利于组织提高市场竞争力和信誉，并利用注册作为特色进行市场推销。

（4）促进组织目标的实现和内部管理的改善，而且这种效应将带动整个市场供求链的完善。

为了更好地了解这三种审核的区别，表6-2进行了详细总结。

表6-2　　　　　　　　　　　　　三种审核方审核的区别

项目	第一方审核	第二方审核	第三方审核
审核类型	内部审核	顾客对供方审核	独立的第三方对组织体系审核
执行者	组织内部或聘请外部人员	顾客自己或委托他人代表顾客	第三方认证机构派出审核员
审核目的	推动内部改进	选择、评定或控制供方	认证注册
审核准则（依据）	适用的法律、法规及标准或顾客指定的标准，组织质量管理体系文件，顾客投诉	顾客指定的产品标准和质量管理体系标准，适用的法律法规	组织适用的法律法规和标准，组织管理体系文件，顾客投诉
审核范围	可扩展到内部所有相关部门	限于顾客关心的标准及要求	限于申请的产品
审核时间	审核时间较充裕、灵活	审核时间较少	审核时间较少，按计划执行
纠正措施	审核时可以探讨、研究制定纠正措施	审核时可提出纠正措施	审核时通常不提供纠正措施建议

续表

项目	第一方审核	第二方审核	第三方审核
审核员	内审员注册资格不是必不可少	通常由顾客、审核员及主管人员担任,对注册资格无要求	必须取得注册审核员资格
提建议能力	很大(永远有提建议的权利)	取决于顾客方针和合同的大小	不可以提,只能考虑增值服务
影响力	表面上很小,实际上很大	取决于合同的大小及顾客的管理水平	表面上很大,实际上很小

2. 第三方审核的一般步骤

第三方审核通常包括审核申请、审核准备、审核实施、监督审核 4 个阶段,具体步骤见表 6-3。

表 6-3　　　　　　　　　　　第三方审核的一般步骤

序号	第三方审核一般步骤	说明
1	审核申请:委托方提出申请,受审核方提供质量管理体系文件	① 在第三方协助下,决定审核范围 ② 第三方接到申请后,可对受审核方进行初步访问,决定是否接受审核 ③ 受审核方应按第三方要求提供质量管理体系文件
2	审核准备: ① 制定审核计划 ② 组织审核组	① 审核计划应由委托方确认,再通知审核员和受审核方 ② 审核组长由认证审核机构提名,审核组成员由审核组长与认证审核机构领导商定
3	审核实施: ① 首次会议 ② 现场审核 ③ 末次会议	① 首次会议是审核组全体成员与受审核方领导及有关人员共同参加的会议,必须召开 ② 审核内容按检查表进行,如发现重大不合格项,审核组长应及时告知受审核方,并停止审核 ③ 末次会议的目的是向受审核方说明审核结果,宣读审核报告,使其清楚地理解审核结论
4	监督审核	监督是对受审核方的质量管理体系的保持情况进行检查评价的活动

（三）质量认证

企业生产的产品,只有其质量被买方承认并取得信任时才具有使用价值。企业如何使顾客购买本企业的产品?顾客如何在纷繁的市场中购买信得过的产品?供方要开展质量认证活动,通过权威机构认证获得证书。对于企业内部来讲,要想达到法制化、科学化的品质管理目标,提高企业的工作效率和产品合格率,提高企业的经济效益和社会效益就必须按照国际标准化的品质体系进行管理;对于企业外部来说,企业获得权威机构的认证及其颁发的权威认证证书意味着企业有能力按期交付顾客所要求的产品或服务,从而增强顾客与企业合作的信心。

1. 认证的概念

ISO/IEC GUIDE 2—1991 对质量认证的定义是:"第三方依据程序对产品、过程或服务符合规定的要求给予书面保证（合格证书）。"理解质量认证这一概念，必须明确以下几点：①质量认证的对象是产品和/或质量体系；②质量认证是依据标准按程序进行的；③质量认证是独立的、有权威的第三方从事的活动；④质量认证的证明方式为认证证书和认证标志。

现在，各国的认证机构主要开展两方面的认证业务：产品质量认证和质量体系认证。

（1）产品质量认证　包括合格认证和安全认证两种。依据标准中的性能要求进行认证称作合格认证；依据标准中的安全要求进行认证称作安全认证。前者是自愿的，后者是强制性的。中国质量认证中心（CQC）产品认证流程见图6-8。

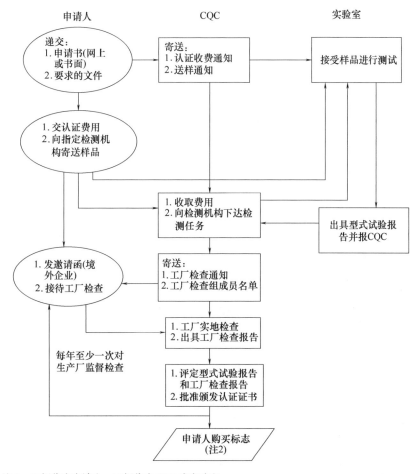

注1：○框代表申请人；□框代表CQC或实验室。

注2：3C标志向认监委"3C标志发放管理中心"申请；CQC标志向CQC申请。

注3：根据认证产品类别的不同，认证流程会有所不同。

图6-8　CQC产品认证流程图

（2）质量体系认证　是由西方的品质保证活动发展起来的。质量体系认证亦称质量体系注册，是指由公正的第三方体系认证机构，依据正式发布的质量体系标准，对企业的质量体系实施评定，并颁发体系认证证书和发布注册名录，向公众证明企业的质量体系符合某一质量体系标准，有能力按规定的质量要求提供产品，使顾客相信企业在产品质量方面能够说到做到（1995）。

体系认证适合于食品加工企业，而产品认证在我国侧重于对产地、环境和种植过程的全面控制，以及加工原料的检测。

2. 认证过程

体系认证的实施程序如图 6-9 所示。

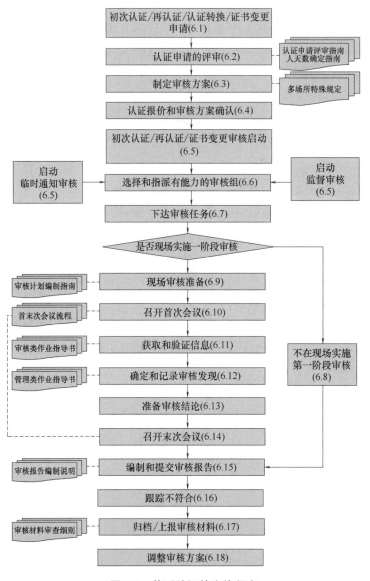

图 6-9 体系认证的实施程序

（1）认证申请　已建立并有效地运行了食品质量管理体系（FSMS）的组织，可向认证机构提出 FSMS 认证申请，并按认证机构的要求填写认证申请表并附上相关材料。

（2）申请评审　审核项目管理人员首先核实申请人提交文件及材料的完整性和准确性，根据申请认证的活动范围及场所、员工人数、完成审核所需时间和其它认证活动的因素，综合确定是否有能力受理认证申请。

（3）建立审核方案　审核方案应包括两阶段初次审核、第一年与第二年的监督审核和第三年在认证到期前进行的再认证审核，根据审核频次及时调整方案。对 FSMS/HAC-CP 项目，监督审核的最长时间间隔不超过 12 个月。

（4）报价和合同签订　审核项目管理人员根据评审和审核方案的策划结果，向客户提交合同附件，经双方确认后，与客户代表签署《管理体系认证合同》。

（5）审核启动　在审核的启动阶段，要对此次审核进行策划：指定审核组长，确定审核目的、范围和准则，确定审核的可行性，选择审核组，与受审核方建立初步联系。FSMS/HACCP（含乳制品）领域确定"审核计划"信息后，应至少在现场审核开始日期的 5 个工作日前，将计划信息上报至"中国食品农产品认证信息系统"，进行现场审核准备。

（6）审核实施　FSMS 审核的实施分为两个阶段，即第一阶段审核和第二阶段审核。第二阶段现场审核结束，审核组长应组织编写审核报告，决定是否做出推荐性认证结论。

（7）跟踪不符合　审核组在审核过程中发现的不符合项，要求受审核方在规定期限内予以纠正，审核组对纠正情况进行验证。

（8）审批发证与认证后的监督管理　认证机构应设有负责认证评定的组织或部门，授权对审核过程及其结果进行评定，做出认证结论，签发认证证书。在认证证书有效期内，认证机构应对获证组织的食品质量管理体系进行监督审核。

第六节　场景应用

一、食品防护"第一道防线"做了吗？

安安：Hi，田田。

田田：Hi，安安。

安安：近日有媒体报道，有记者试图翻墙进入食品企业"采访"被保安制止。

田田：这是对的，工厂除了安全的考虑，还有食品防护的考虑。

安安：食品防护？

田田：明枪易躲暗箭难防，HACCP 构建的前提是食品链所有组织和个人都守法。面对故意污染和蓄意破坏，HACCP 不是铜墙铁壁。

故意污染或蓄意破坏	
故意污染	为牟取不当利益,故意向原辅料或食品中添加非食用物质,故意超范围、超限量使用农/兽药和食品(饲料)添加剂或采取其它不适合人类食用的方法生产加工食品等的行为
蓄意破坏	为伤害他人或扰乱社会,通过生物、化学、物理等因素对食品和食品生产过程进行破坏的行为

安安：所以食品企业要做好食品防护。同时从故意污染和蓄意破坏的定义来看，相对于
　　　HACCP 关注的是管理好供应链的过程，食品防护应关注的那些有不轨企图的人。

田田：是的，故意污染或蓄意破坏的实施者是人。

故意污染或蓄意破坏	
实施者	—内部人员 —同行 —除同行外的其他外部人员(原料提供者、分包方、运输人员等任何可以接近产品或生产环境的人员)
实施地点	—上游 —企业(内部及外部) —下游(包括流通领域)

安安：对于食品生产企业而言，如何做好食品防护？

田田：依据 GB/T 27320—2010《食品防护计划及其应用指南　食品生产企业》，应针对
　　　以下 9 个环节受到故意污染和蓄意破坏的可能性进行食品防护评估，制定防护措
　　　施：外部；内部；加工；贮藏；供应链；水/冰；人员；信息；实验室。

安安：来源于外部的风险，如厂区外围情况、人员和车辆进出控制、厂区各种出入口控
　　　制是第一道防线。

田田：说的好，你们工厂怎么做的呢？

安安：我们领导强调了，在厂区内是不允许陌生人员进入的。我们工厂除了领导带来的
　　　人，不允许参观。

田田：呵呵，王总讲过，管理只有一种，那就是制度、流程、表单。《来访人员食品防
　　　护管理办法》规定的制度、流程、表单严格执行了吗？

安安：《来访人员进出厂登记表》《来访人员进入车间审批单》《来访人员进入车间登记
　　　表》3 张表单都发下去了。

田田：是否是严格登记、审批了？

安安：是的，这有赖于我们的门卫、车间卫生管理员的责任心。

田田：嗯，质量与安全管理部门要定期对 3 张表单进行核对，及时发现问题。

安安：行，我们把这列入我们每周四的 5S 检查中。先不聊了，我要去检查 5S 了。

二、食品防护的关键工序类型

田田：Hi，安安。

安安：Hi，田田。

田田：FDA 的法规标准宣讲会听完了？

安安：嗯。

田田：怎么样？

安安：对于组织者而言，一方面，培训和宣讲确实是提高能力与意识的方式之一。另一
　　　方面，分摊名额的组织人员的方式与这个目的之间如何能很好地协调是要仔细考

虑的。

田田：都讲了什么？

安安：介绍了 FDA 征求意见，刚截至明年 6 月份会发布的食品防护法规草案。

田田：有收获吗？

安安：FDA 归纳了故意污染和蓄意破坏的 3 个类型：①造成大范围的公众健康伤害的行为；②不满情绪的员工、消费者或竞争对手的行为；③经济利益驱动售假。

田田：归纳一下就是谋财、害命、使身败名裂呗。怎么预防呢？

安安：FDA 想到了两招儿。第一招儿是进行易损性分析，确定薄弱环节，形成书面的食品防护计划（5 个方面的内容）。第二招儿是培训（在培训宣讲方面，FDA 认为，partnerships will be essential——合作伙伴至关重要）。

田田：确定薄弱环节比较关键。

安安：实际上 FDA 提供了薄弱环节的几个模板。

序号	薄弱环节	特征
类型 1	接收和搬运大包装液体的环节	—可能均匀混合［晃动或颠簸］ —体积大的食品风险高 —"外人"可以接触的工序［如卡车司机］
类型 2	液体存储和处理的环节	—可能均匀混合［罐子经常晃动］ —体积大的食品风险高，特别是散装贮藏或配料罐中 —多单独放置，攻击者不易被发现
类型 3	辅料处理	—可能均匀混合［辅料处理可能在混合工序之前］ —辅料多为开放的和可以接触到的
类型 4	混合和类似工序	混合时间长可增加攻击者选择最佳时机进行污染食品的机会

田田：这些环节也是要求有监视摄像头的环节。当然，这只是解决追溯和威慑作用的措施。还是需要在工艺设计上考虑本质安全，在员工管理上建立行为模式。

安安：是的。在咱们保证合规性和产品完整性这两个目标的控制体系中，这些维度其实都考虑到了。

三、为什么要让供应商签订质量安全承诺书？

安安：Hi，田田。

田田：Hi，安安。

安安：对于产品质量安全承诺书，采购部均未开始签订，而是在合同内对相关的质量、物流及付款条款进行约束，不知道这样是否可行？

田田：不行。

安安：为什么？

田田：对供应商的质量安全管理，咱们基本都是"供应商培训+供应商资质审核+供应商现场审核+质量安全承诺+原料批批全项检+原料来源记录+索证索票"的管控措施。

质量安全承诺是一个工具。

安安：那在合同中不是把产品质量标准、质量保证措施都明确了吗？

田田：采购合同是采购部门为总闸口的"内有制度外有合同"措施，质量安全承诺是质量部门为总闸口的质量保证措施。在某种程度上，两者具有不可兼容性，就像会计和出纳一样。让供应商签订质量安全承诺书，不仅是为了解决技术层面的质量安全问题，更是为了解决道德层面的质量安全问题。

安安：哦。不仅是为了承诺产品质量标准指标合格，是承诺不在检测项目之列的掺假、违法添加问题。

田田：对呀。签个字、盖个章，其实也是使供应商自身生产过程中注意质量安全。

安安：没签不也没出过事吗？

田田：我用今天报纸的一句话回答你——国际刑警组织反问马航："多年来，国际刑警组织一直想问问为什么一些国家非要等到悲剧发生之后才开始加强安检措施呢？"

安安：那你举个例子嘛！

田田：还记得2011年"台湾塑化剂事件"吗？所有食品都有"涉塑"的可能。我们作为供应链的一环，我们的生产过程不添加或不引入塑化剂。当时就是采用"质量安全承诺书+检测"的方法进行塑化剂的排查。

安安：还有吗？

田田：每年的"两会"，国航都要让我们签订专门的保障"两会"供应食品安全的承诺书。

安安：还有吗？

田田：今年2月份，"赛百味面包含鞋底成分添加剂事件"中，赛百味中国（Sabway China）迅速回应，强调该添加剂的使用是获得政府的批准的，并附上了供应商的中英文承诺书。

安安：嗯。看来在整个供应链管理中，质量安全承诺是有必要的。我觉得应该要准备两个模板的质量安全承诺书，一个是通用的质量安全承诺书，强调遵纪守法、不违规添加等，作为供应商管理的一个工具；另一个是专门针对某一事件的质量安全承诺书，作为排查的一个工具。

田田：对呀。

安安：通用的质量安全承诺书，我在每年对供应商资质审核，索取最新的营业执照等资质的时候，让他们签订，可以吗？还是在每批采购合同后附上？

田田：都可以。但要在你的供应商质量安全制度中明确。

本章小结

本章系统阐述了食品质量保证及其常用工具和方法，如风险管理、预测食品微生物学、食品脆弱性评估等内容，介绍了供应商和经销商的审核与管理以及食品加工企业和零售业态的终端质量安全管理，阐明了全程可追溯体系、实验室检测能力验证、食品安全防护、食品安全预警、应急响应与召回等食品质量保证体系中的重要内容，总结了实施质量保证的基础和实施方法，最后简单介绍了食品质量保证的管理，如组织的内部审核和管理评审、产品质量评审、质量审核和质量认证。

关键概念：食品质量保证、风险管理、预测食品微生物学、食品脆弱性、全称可追溯、实验室检测能力验证、食品安全防护、食品安全预警、应急响应与召回、内部审核、管理评审、质量审核、质量认证

🔍 **思考题**

1. 什么是质量保证？
2. 质量保证的主要方法和工具是什么？
3. 明确管理评审、内部审核、外部审核、质量认证的相互关系。

参考文献

［1］ 佚名. 何为质量体系认证？企业科技与发展，1995，（7）：27.

［2］ 艾昌荣. 企业取证之后如何持续保证质量体系有效运行. 机电新产品导报，1998，（Z2）：32-34，37.

［3］ 陈晓红，韩一民，杨立发. 浅谈信息系统内部控制体系的风险点. 北方经贸，2015，（2）：134-135.

［4］ 陈星，潘迎捷，赵勇. 预测微生物学及其在食品安全中的应用. 上海：2009 上海市食品学会学术年会，2009.

［5］ 国际标准化组织. ISO 9000：2015 质量管理体系基础和术语，2015.

［6］ 国际标准化组织. ISO 9001：2015 质量管理体系要求，2015.

［7］ 国际标准化组织. ISO 22000：2018 食品安全管理体系食品链中各类组织的要求. 2015.

［8］ 侯西亭，薛辉. 管理评审"应按策划的时间间隔"浅析. 质量春秋，2003，（12）：23-25.

［9］ 黄伟. 浅谈食品加工企业供应商质量管理之现场审核. 天津经济，2013，（8）：72-74.

［10］ 康俊莲，赵继伦. 构建食品安全预警系统势在必行. 人民论坛，2018，（31）：68-69.

［11］ 李丹，王守伟，臧明伍. 美国应对经济利益驱动型掺假和食品欺诈的经验及对我国的启示. 食品科学，2016，37（7）：259-263.

［12］ 李东山. 如何进行食品安全事故应急响应和产品召回. 质量技术监督研究，2014，（1）：28-31.

［13］ 刘超群，王宏勋，侯温甫. 低温肉制品微生物控制与预测模型应用研究进展. 食品科学，2009，30（21）：481-484.

［14］ 刘晨. 产品质量评审在批生产阶段的应用分析. 电子世界，2019，（14）：68-69.

［15］ 刘洪涛. 基础设施管理纳入质量管理体系的实施. 设备管理与维修，2011，
　　　（S1）：13-14.

［16］ 刘琳. 肉类保藏技术（十八） 预测微生物学在肉品工业中的应用. 肉类研究，
　　　2009，（7）：60-64.

［17］ 史新波，孙云蓉，杨哲. CNAS 投诉处理工作"风险管理"浅析（下）. 中国认
　　　证认可，2015，（8）：53-57.

［18］ 唐佳妮，张爱萍，刘东红. 预测微生物学的研究进展及其在食品中的应用. 中国
　　　食品学报，2010，（6）：162-166.

［19］ 童银梅，达丽. 测量设备在质量管理体系中的应用. 甘肃科技纵横，2009，38
　　　（1）：139-140.

［20］ 王刚. 对施工企业安全文化建设的思考. 安装，2010，（6）：18-20.

［21］ 邢冬玲. 浅谈实验室管理评审. 无线互联科技，2013，（6）：201-202.

［22］ 严可仕，刘伟平. 国外食品安全监管研究述评及对我国的启示. 福建论坛（人文
　　　社会科学版），2013，（10）：26-31.

［23］ 杨杰，高洁，苗虹. 论食品欺诈和食品掺假. 食品与发酵工业，2015，41（12）：
　　　240-245.

［24］ 张树敏，葛曼丽. 能力验证是保障实验室检测能力的重要手段. 现代测量与实验
　　　室管理，2007，15（5）：59-60.

［25］ 张子平. 食品质量管理模式. 肉类研究，2009，（4）：2.

［26］ 赵艳丰. 破解家电企业的经销商管理问题. 家用电器，2019，507（1）：41-43.

［27］ 周应恒，张蕾. 溯源系统在全球食品安全管理中的运用. 农业质量标准，2008，
　　　（1）：39-43.

［28］ 周泽雁. 供应商审核方法探讨. 企业改革与管理，2018，337（20）：21-22.

［29］ 朱彭年. 产品质量评审. 导航与控制，2005，（4）：67.

第七章
食品质量管理

学习目标：

1. 行政管理与柔性管理的利弊。
2. 质量大师的管理理念与指导作用。
3. 质量管理方法与工具。
4. 食品质量管理的主要内容。

第一节　管　　理

管理指的是："协商、指导和控制面向目标的一切活动"（Kampfraath，et al.，1981），或与人们更息息相关，即"调整及督察人们的生产活动使其完成得更加有质量"。

管理的定义：在特定的环境下，对组织所拥有的资源进行有效的计划、组织、领导和控制，以便达成既定的组织目标的过程（秦建民，2007）。

一、管理问题

管理问题是管理目标的另一种描述。关于管理问题，根据 Kampfraath 及 Marcelis（Kampfraath A. A.，et al.，1981；Marcelis W. J.，1984）所言，应该在长期、中期及短期问题间进行严格区分；同时在产品的问题及资源的问题间也应如此。他们认为关于资源的决策应该远早于实际生产或服务过程的决策。在短期内，这些过程及其结果取决于当时可用的资源。所以，管理活动因长短期、面向资源或产品而有很大差异。

根据时间的长短，现在一般将管理活动归分为三类：战略期（长期）、创新期（中长期）、运营管理期（短期）。如图 7-1 所示进行了归纳，区分了三种主要资源，即供应商、技术基础设施及市场，同时介绍了组织中基本的投入—转变—产出模型。关于资源

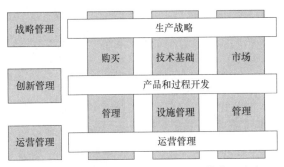

图 7-1 资源及其在组织中的投入—转变—产出

的基本观点是：资源经常需要大量的投资，故而需要时间来实现资源的获得及使用。就建筑和机械（技术基础设施）而言，这点是很明显的，而供应商和市场同时需要资源和时间。比如市场是以在市场渠道、促销和客户关系方面进行投资来创造市场，然而购买需求则需要在事物中建立供应关系。

一个简短的管理问题通常涉及的产品及资源等方面问题如下所列。

（1）战略管理是决定组织使命、总体目标、产品/市场组合及主要资源分配的过程。关于产品的决策需解决产品、产品组、市场亚结构及产品质量的层次等问题。市场的决策与产品决策有关。其中包括了供应商选择、与供应商合作的程度、在机械和建筑上的投资、自动化及制造程度及市场发展和消费者关系上的投资等众多决定。战略决策中，展望未来的市场及生产条件很重要。然而，最终的决定还是主要取决于资源，因为这部分需要投资。从投资那刻开始，所做的决定就很难扭转并且有长期后果。

（2）创新管理是决定产品和/或过程的创新，创新不仅对实现战略目的和目标很重要，还为未来的生产提供条件及知识储备。产品方面的决策会涉及新产品的研发、定义（新）过程需求及条件、产品测试、产品和资源规范的发展。资源方面的决策则与技术过程发展、机械改造、维修、细化供应关系、确保购买渠道、细化顾客关系及市场的发展有关。创新管理与产品、资源都相关并且在战略及运营管理活动中起着自然连接的作用。

（3）运营管理指的是决定客户订单及产品或服务供应、生产、分销等过程。关于产品的决策通常包括质量、数量、到货时间、生产计划、贮存分销计划。资源决策一般涉及生产过程中资源的使用方式，包括必要的维护、生产过程中的清洁卫生情况及后续过程中消费者与供应商的关系。因为顾客满意度主要取决于产品或服务，因此相较于面向资源，运营管理更加面向产品。而且，资源在短期内根本无法改变。

在 20 世纪 60 年代到 70 年代大多数公司的管理层都很重视运营管理。20 世纪 80 年代，由于全球化和利益相关者的担忧，战略管理加速发展。随着顾客导向的增加及竞争的加剧，创新管理亦有一席之地。

质量管理是管理整个业务的一部分，但它处理了所有的管理问题及它们之间的关系。在战略管理领域，质量战略和政策是公司战略和政策中合理的一部分。在创新管理领域，质量设计可能是管理问题中最大的一部分。在运营管理邻域，质量控制是为确保顾客满意度的管理活动中的重要环节。对质量的定义越广（如质量、到货时间、价格、服务、灵活度及可靠性），质量管理对总业务管理的影响也越大。

二、管理决策

决策通常被认为是管理活动中的核心部分。它通常被视为由必需步骤（图 7-2）组成的过程（Schermerhorn，2007）。

1. 确认及定义问题

确认及定义问题需要先搜集、处理及反映信息。通常需要从问题症状开始。问题是实际状况与理想状况之间的差别。问题分析是决策关键的环节，因为它决定了决策过程的方向而且影响最终所做的决定。特别需要注意的是，

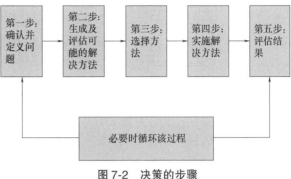

图 7-2　决策的步骤

不能解决了表面上的问题而忽视了真正的问题。

2. 生成及评估可能的解决方法

该步骤包括了识别可能解决问题的方法。在该阶段，需要收集更多的信息，需要分析数据及认清可能的方法所带来的优缺点。替代方案库越好，越有可能会找到好的解决措施。在这环节常见的错误包括选择具体方法时太仓促，选择备用方法时虽然方便但存在太多副作用。

3. 选择方法

在这个环节，该选择一个具体的解决方法。决定如何制订、由谁制订都必须根据每个具体的问题进行合适的处理。一些情况下，最佳的备选方法可能是基于"成本—收益标准"，而其它的情况下的一些标准可能是相关的，比如利益相关者的利益或是伦理。然而，一旦生成且评估了备选方案，就必须要做出最后的决定。这就是最终决策的意义。

4. 实施解决方法

必须要建立合适的行动计划并且充分实施优选的方案。在本阶段，方向最终被确定，解决问题的行动也开始实施。人们需要员工执行此决定时的能力及意愿。本阶段的困难通常是缺少合作或无法遇到合适的人员。

5. 评估结果

只有评估了结果，决策制定过程才是完整的。如果预期结果没有达成，那么该过程必须重新走过以采取纠正措施。此外，在任何评估中，都应该检查选中的方法带来的积极或是消极结果。如果最初的措施不充分，那么就需要尽早回到解决问题的前一步骤，以生成修正的或是新的措施。

决策可被分成程序决策或非程序决策（Schermerhorn P.，et al.，2007）。程序决策指的是根据常规情况做出的反应。它们或多或少是具有相似的结构或完全可重复的。这类决策适合某些类型的程序。程序决策的案例包括：当质量低于某水平时，需要重新订购；生产过程中温度超过特定值时降低温度。许多基于日常生活及基本运作的业务决策都是程序决策。非程序决策是对一些特殊情况做出的反应，是指对那些不重复出现，不能以现成的程序来表达的问题做出决策。非程序决策都是非结构化的，未定义的。非程序化决策赖以进行的信息不完全，变量与变量之间的关系模糊、不确定，是无法通过建立数学模型来为决策人制定决策提供优化方案的。在这种决策中，变量更多的是人的意志因素，而人又是一个奇怪的存在物，人的意志和欲望多种多样，并且各自的评价又不同。所以，

这种决策不是一种可以在数理基础上完成的逻辑选择。战略决策多属于非程序化决策。

三、影响决策和质量行为的因素

（一）影响决策的因素

管理也可以被定义为以目标为导向的决策。为了指定的目标，必须做出决策。影响决策的因素主要有两个：信息的可用性和利益的存在。在理论上，决策有无限多的替代方案，缺乏信息导致的不确定性以及对现有的利益的考虑对决策形成约束（图7-3）。不确定性和利益减少了决策的范围，因为必须排除一些可被替代的方案，而剩下更可取的。

决策过程可以在一个规模范围内从一个极端：完全取决于信息的可用性和信息分析（解决问题），到另一个极端：完全取决于利益和冲突的方式管理（冲突解决）。大多数决策过程显示的要素是信息和利益的混合。这两大主要影响因素，在以下部分会更详细地讨论。

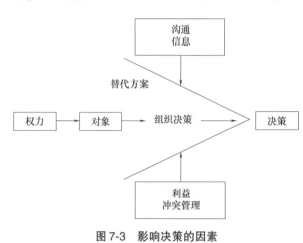

图7-3　影响决策的因素

1. 信息

信息的可用性是一个影响决策的重要条件。在一个理想的状况下，一个人应该得到所有需要的信息来支持决策。然而，大多数的商业形势的特点是不完整的或模糊的信息，从而影响决策的水平，约束决策的空间。关于信息的可用性，可以区分为三大情况：确定性，有风险和不确定性。

确定性是一种存在的情况，在充分了解问题、问题的替代方案和它们各自的结果的情况下做决策。在这种情况下，人们可以预见甚至练习控制一些事件及其结果。然而这种情况基本不会出现。风险是一种存在的情况，在得知不完整但可靠的信息的情况下做决策。在有风险的状态下，未来的结果与替代行动的进程是不能确定的。结果是受机会支配的。然而，决策者有足够多的信息来决定与之关联的每个替代品的可能性。不确定性是一种存在的情况，即在不完整、不正确地了解一个问题和其替代的解决方案和成果的情况下做决策。

2. 利益

利益是第二个减少决策范围、影响决策的条件。通过做决策，一些人和组织的利益将会被满足，而另一些人的利益将会被忽视。利益冲突可能会导致决策者的应激情境。在团队决策中，利益冲突会导致意见的不同和参与者的斗争。

利益可能源自三个方面。

（1）社会伦理　这提供了一套定义行为对错的规则。认识到特殊的伦理问题在实践中是困难的。然而，在食品质量管理中，有些话题很明显，例如与激素、未知副作用的食品添加剂和动物福利有关的话题。伦理决策依赖于机会、工作中的人际关系和个人的道德哲学。机会是指限制不利行为或奖励有利行为的条件。奖励越大，惩罚越小，发生不道德行为的可能性就越大。工作中的人际关系表明个人的伦理行为是被组织的道德风气所影响的，或者是被主管制定的标准和/或同事的行为所影响。道德哲学指的是一系列描述一个人认为什么是正确的表现的原理。

（2）公司的环境　利益相关者都或多或少地参与企业的行为。受到公司决策影响的利益相关者可以归为主要和次要利益相关者。主要的利益相关者，如员工、供应商和买家，有正式与该公司的合同关系，而次要利益相关者很少有正式的联系。例如动物权利组织、消费者协会和环保主义者。

（3）组织内部　组织文化能够影响决策的制定。组织文化是共同的信念和价值观，是在一个组织发展和引导其成员行为的系统。强大的文化是明确的，清楚定义的和在广泛成员之间共享的。强大的文化是共同以团体的利益为目标做一些事情。

在个人决策中讨论信息和利益。然而在团队决策中，参与者之间的直接互动起到了复杂的作用。在一组决策中，除了定期的信息输入外，其他成员之间的信息交换是在通信过程中进行的。在群体决策过程中，人们往往会相互影响，并因为利益产生矛盾。组织者或管理者如何处理冲突称为冲突管理。

此外，在团队情况中存在权力的差异。权力是驱动其他人照你的意志和你想要的方式行事的能力。根据这个定义，权力也许是决策中最重要的影响因素。它将直接选择替代品。沟通，冲突管理和权力简要讨论如下。

沟通是将信息从一个人转移到另一个人的过程。这个过程始于一个发送者，将消息编码成符号。消息到达接收机，然后解码和/或解释其含义。反馈是相反的过程，是接受者对发送者的应答。接收器的译文很少能够完全符合发送者的原始意图。原因是在通信过程中有噪声。噪声是干扰信息有效传播的东西。例如编码和解码的过程，或渠道不足，过滤（对发送者来说只有要发送的信息才是重要的）和选择性接受（对接受者来说只有要用的信息才是有意义的）都将使沟通过程受到干扰。

正式的通信是在正式组织结构的流程和团队内。不过，非正式的沟通渠道（小道消息）也很重要。个人和群体在他们觉得有必要时传播信息给其他人。非正式沟通强烈地依赖于个人关系和非正式群体的存在。过去的非正式沟通并不是管理者所关心的。如今的管理者认为通过正规渠道沟通质量很差，非正式沟通的质量也不是很好，但是管理者认同后者比前者要好且是更准确的信息来源。

冲突管理涉及管理者处理冲突情况的方式。当不同利益矛盾发生时，冲突就可能出现。如果某些人阻碍另一些人的目标、意图或行为的实现时，冲突就真的发生了。这种冲突行为传统上被视为消极的。然而，现代的观点则认为冲突是不可避免的，如果管理得当的话，在很多情况下甚至是需要的。冲突可以刺激人们向着更努力、更具合作性和创新性的方向行动。冲突并不总是以两派之间公然争斗的形式出现（热冲突）。事实上，冲突是一个过程，一般随时间的推移逐步发展并到达顶峰。

Thomas K. W.（1992）区分了5种冲突管理模式（图7-4）。这些模式涉及不同程度合作和独断水平。合作是试图满足他人的利益和目标。独断是试图满足自己的利益和目

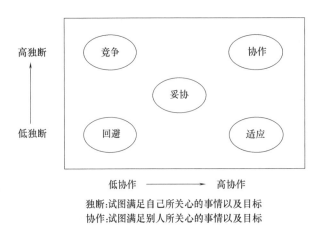

独断:试图满足自己所关心的事情以及目标
协作:试图满足别人所关心的事情以及目标

图7-4 冲突管理模式

标。简单地说,这些冲突管理模式包括以下行为:①回避矛盾,即否认冲突的存在,隐藏自己的真实感受;②适应他人,即淡化冲突,寻求各方竞争的和谐;③竞争,即强迫对方接受自己的解决方案强加自己的意志在对方的身上;④妥协,即为每一方合作的盈亏谈判;⑤协作,即寻找满足彼此需求的解决方案。

各种冲突管理方式有着截然不同的结果。协作或者问题的解决是努力化解矛盾,往往是最有效的方式。这是一种双赢的局面,问题的解决有利于解决各方利益的冲突。

权力是让事情按照所设想的方式发展的能力。权力不仅仅是一种影响力,它甚至可能促使某人去做自己并不赞同的事情。权力被分为5种类型:①法制权利以机构等级中的正式地位为基础;②奖赏权是奖励追随者的权利;③强制权是用恐吓或惩罚的手段使人顺从的能力;④号召力以追随者的个人认同为基础;⑤专业权威建立在拥有专业知识和信息的基础上。前三种权力与在组织机构中的地位有关,而后两种与个人魅力有关。

当权力变成了实际行动,可以说是政治行为。政治行为涉及如隐瞒信息、形成联盟、威胁惩罚等活动。通常政治行为是正当的,但有些政治行为也被认为是非合法的。组织决策中权力的作用可能受到影响有:①权力规则,在以前的组织讨论中大多由领导者决定;②少数人规则,两三个人能够支配一个小组得出相互同意的决定;③多数人规则,正式投票可能发生或者成员可能被调查从而找到大多数人的观点;④共识或一致,讨论导致一个备选方案被所有成员或者大多数成员喜爱,同时剩下的一些人同意支持。

(二)影响质量行为的因素

管理过程中的核心活动是决策。所以,所有的食品质量管理职能都依赖于决策者的参与效果。决策过程在一方面是可以预测的,例如程序化或常规决策,而在另一方面是不可预测的,如非程序化或创新决策。行政条件可通过引导人们的行为并保持在一定范围内降低其不可预测性。然而,不同的人在相同的行政条件下反应不同,在相同的条件下,不同的人在不同的时刻也会做出不同的反应。决策意图依赖于人们头脑中的某些过程,例如感知和态度的形成过程。但是感知和态度并不是固定的,而是随着时间的推移而慢慢改变的。换句话说,人类的行为依赖于人体动力学(也就是说不可预测性是由对变量的看法态度,或选择意图等因素决定的),行政条件(如信息系统和程序)可以影响这些动力学工程。

一旦人们做出了关于目标的决定和完成目标的方法,就会投入到实践中。在实践的过程中,人们的行为是所有的决定及其附随的行动。当他们限制自己对质量的决定和行动,就是质量行为。换句话说,质量行为是人们在质量问题上的表现。

在质量行为的研究上，Gerats G. E. C.（1990）提出了一个基于精神不一致的分析。这一理论认为，在分析行为时，应考虑两个条件：①个人定位，即在某一方面，员工行为的方向；②能力，即在某一方面，行为表现的客观条件，换句话说，就是行动的范围。个人定位是指人们的行为方向。能力特指使人们真正满足要求的身体条件和个人技能。个人定位是人的思维过程的结果，而能力是组织因素的结果。Gerats G. E. C.（1990）在他对肉类产品的研究中应用这一理论，并转化成如图 7-5 所示的质量行为。

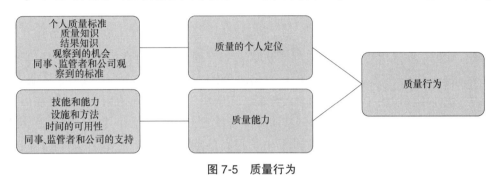

图 7-5　质量行为

在屠宰场进行的一项着重于卫生工作行为的研究得出的结论是，60%的工人并不适合自己的岗位。同时，卫生工作行为的活动区域主要局限在对卫生管理的不足，工人之间和主管之间的低卫生标准以及工作场所卫生设施的不足。有关卫生工作个人定位主要受限于工人对微生物污染机理的了解程度太低、来自同事的社会支持有限、监督部门对卫生工作重视程度不够及卫生工作的机会有限。研究结果表明，为了提高卫生工作行为，首先应扩大行为范围。如下是一些重要因素的简要说明。

1. 知识、技能和能力

人们常说，质量始于教育，终于教育。所有工厂的员工必须首先了解质量与要求相符。因此，要求确保主管和所有的员工都受过培训，知道什么是质量，为什么质量必须加以控制，在哪个过程需要关注质量，何时进行更改和谁来负责。培训内容在本书第五章进行讨论。

2. 时间和信息的可用性

缺乏时间是阻碍食品加工者实施食品安全实践的最主要原因，其次是员工和资源的缺乏。这可能与食品行业中有关雇主对员工提出的不合理要求有关。一些调查对象所提到的开展食品安全行动的促进者可被分为四组：①人员：更多员工，通过管理认识问题；②时间：更少的工作；③设计：空间更大，工作空间设计更好，水槽位置更好；④成本和资源：更多的布/毛巾，更多/新设备。

向员工提供技术相关的信息，有助于具有技术专长的员工提高解决问题的能力，同时还有助于提高他们的信心，使他们相信自己有能力决定应该如何做好工作。

3. 公司的质量承诺

获得员工对质量的承诺的一个必要前提可能是对质量的领导承诺，或者至少是对质量的领导承诺的感知。以前的说法与 Gerats 的模型一致，在这个模型中，监管者和组织的支持将导致员工质量行为有较大的改进。当员工意识到管理是致力于质量时，他们往往更致力于质量。当员工意识到强烈的组织承诺致力于质量时，员工的工作质量会提高，顾客满意度也会增加。因此，获得员工对质量的承诺是至关重要的，并且这种承诺可能会从对质量管理承诺的积极态度上获得。

一个尊重员工权利和需求的工作场所氛围也会影响员工对组织的承诺和在质量上的行为。通过工作场所的安排，尊重员工的权利和需求，并提供机会以满足员工的需求，这是被称为工作生活质量的基本组成部分。

4. 领导力

行为是受到领导力强烈影响的。为了实现目标，领导者需要向下属传达其愿景并承诺完成。管理一般通过控制和解决问题达成计划，而领导通过激励和鼓舞实现其愿景（Schermerhorn P., et al., 2007）。根据影响决策因素（图7-3）的模型，这是明确的，领导的有效性不仅取决于领导者的个人特征，还取决于对权力的使用、交流过程以及处理利益冲突的方式。有效的领导力创造明确的价值观，尊重员工和其他公司利益相关者的能力和要求。它对性能和性能改进提出了很高的期望。基于价值观和追求共同的目标，它建立忠诚度和团队合作。它鼓励和支持组织中主动的和冒险的下属。它避免了需要长期决策路径的需求链。虽然质量管理的原则和做法可能会在各企业和行业有所不同，但是在实施质量管理领导力的重要性上具有一致性。根据朱兰的说法，它不能被委托。有强大远见能力的领导者是质量管理方法的重要组成部分。

领导有三种不同的方法，即个人魅力、行为学的和权变的方法，这可以试图回答关于为什么有些人作为一个领导者表现得很好，而其他人则不能的问题。个人魅力的方法认为有效的领导力取决于领导者的个人魅力。然而，研究人员无法建立一个一贯占据领导成功特质的定义概念。行为学方法试图确定哪种领导风格最有效，即领导者表现出的重复的行为模式。Blake R. R. 和 Mouton J. S.（1964）提出了一种基于"以人为本"和"以生产为本"风格的管理方法，实践证明这也是最好的结合方式。权变方法试图了解在广泛变化的情况下领导成功的条件。一个很好的例子就是 Hersey 等人（Hersey P., et al., 1996）的情境领导理论，其前提是领导者的风格应取决于下属的能力和意愿（图7-6）。

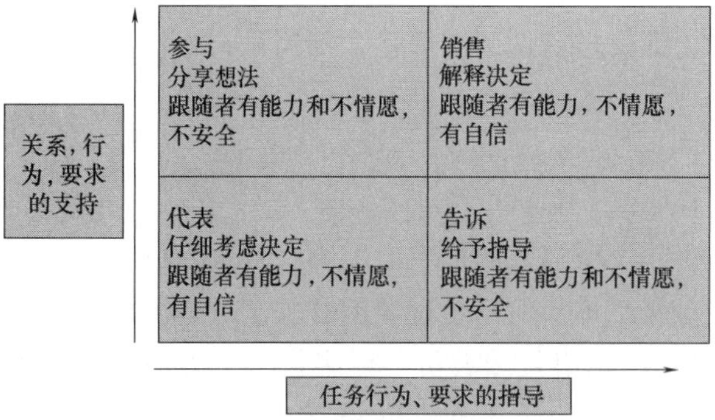

图7-6　情境领导力的模型

根据这一理论，由支持行为和指导行为的不同组合引起的可能的领导力风格如下：①代表：允许小组做出工作决定并承担责任。②参与：强调工作方向上的共同想法和参与决定。③销售：以支持和说服的方式解释工作方向。④告诉：给出具体的工作方向并密切监督工作。图7-6显示了跟随者从能够到不能，从愿意到不愿意的特征。每一个领导风格对应于这四组特性之一。

另一种领导模式是变革型领导理论。这是一个符合现代质量管理的模式。根据这一理论，领导者若希望在他们的组织上施加重大影响，就必须能够高瞻远瞩。他们必须激励他们的组织机制，能够投资于发展个人和团体的培训，敢于冒险，倡导共同的目标和价值观，并给予客户和员工个性化的关怀。

人与人之间的沟通可以归结为在决策行为过程中的变化。变化的行为由不同的因素引起。

（1）首先，人们有自己的性格特点，当他们对质量进行决策时，他们有自己的信息、目标和利益。这是为什么人们表现出具有不同的时间和不同于其他人的质量行为的一个原因。人与人是不同的，因为他们有不同的性格。一个人的性格是情感、思维和行为模式的独特组合，这个组合会影响到一个人如何回应以及如何与他人互动。了解一个人的性格有助于我们理解他们的行为方式。

性格大都根据一个人展现的特征而被形容。调查表明，5个基本人格维度包含了大多数人类性格的重要的变化。①外倾性，一个人随和，健谈和自信的程度；②宜人性，一个人和善友好、协作性、值得依赖的性格特征；③责任心，一个人负责任，可依靠，坚定和成就导向性的特点；④情绪稳定性，一个人冷静、热情、沉着（积极）或者紧张、不安、沮丧和没有安全感（消极）；⑤经验开放性，一个人富于想象力、高智商以及对艺术有敏锐感觉的特点。

另一种5型性格维度，被认为最能诠释团队中的个人行为，它们分别是：①控制点；②马基雅维里主义，人们是实用主义的，保持情感距离，相信为达目的不择手段；③自尊，一个人是否喜欢自己的程度；④自我监督，一个人的行为能适应外界环境因素的能力；⑤风险承受力，一个人做好准备来承担和规避风险的程度。

有趣的是这些特点可能因为文化而不同。比如各国的文化在责任心和控制点方面会显示出差异。

（2）变化的行为的第二个原因是由个人决策的认知过程形成。图7-7表明了这个过程的不同因素，换言之，感知和看法的形成过程以及最终决定总是通过形成某些选择意向影响决策，而这些选择意向有着确定的连续性，却随着人和时间的不同而变化。此外，学习的过程和心理模式的发展也有作用。当人们体会到决策的影响的时候，学习的过程就出现了。它们包括对决策结果的评估和分析，决定了人们心理模式的修正。这些，强烈地交替影响着感知和看法的形成。如图7-7所示为不同的过程并且下文有更多的细节阐述。

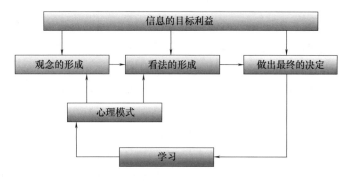

图7-7　个人决策的认知过程

感知是一种个人通过组织和诠释他们的感官印象对所处环境赋予定义的过程。人们利用感知的提示来对他们周围的环境状态做出推断和决定。提示是确定的焦点，起暗示环境的情况的作用。在一个人的内心中，环境情况的心理表现从这些提示中获得的信息而形成。所以，内心相当于一个感知系统，通过眼睛、耳朵和其它感官来运用选择过的信息。对感知力的研究一致表明，人们可能看着相同的事物但感知不同。这取决于感知者所观察的目标以及所处环境。人们的感知力不同于无生命的物体的感知，因为我们对人们的行为会做出一些推断，但是我们不会对事物做出这样的推断。由于他们充满变化的性格，食品在这方面处于中间地位，因为我们把它们当作事物来感知但是它们却会发生某一行为变化。

在感知过程中，一个人对现实世界的感知能力的准确度和精确度对回应能力有主要的影响。因为人们总是对真实世界进行简化，感知的扭曲变形总是存在。人们运用简单技术简化决策的实例包括：①模式化：基于所属的团队的感知来判断一个人。②光环效应：个人的一种属性被用来形成总体印象。③假定的相似性：相比于那些被观察的人来说，他人的感知力更多的受观察者自己的性格所影响。

充足的信息提供以及改变个人的心理模型可能会减少感知扭曲的不良影响。无论是有利的或者是不利的，看法都是可评估的陈述，这些陈述与人，物，事有关。它们反映了一个人对某件事物的感受。看法由三个部分组成：感知力，情感性和行动力。感知的部分和信念、想法、知识面或者一个人掌握的信息有关。情感性是一种看法的带有感情的部分。行动力的部分是指以某种方式对某人或某物进行行为的意图。通常，学术看法只用来涉及情感方面。研究得出结论表明，人们在看法与看法中以及看法和行为之间寻求一致性。但是很不幸，我们不能准确地从人们的看法中预测人们的行为。这是由于认知失调，是一种看法与看法间以及看法和行为之间的不兼容或者不一致。认知失调的理论解释了当行为被认为很重要和可接受的时候，或者人们对环境没有足够的影响力，又或是某些回报让人们接受了失调的时候，行为可以不同于看法。综上所述，我们可以发现人们依据他们所发现的环境来改变他们的行为。看法导致了行为意向，从而影响了决策。但是个人行为也取决于选择所处环境的背景。在之前决策的部分，信息的获取和利益的存在是影响决策的主要因素。信息的缺乏增加了不确定性，潜在的利益会导致受到约束。不确定性和约束会做出一些更好的选择，但是允许其它因素被排除。在理想情况下所有需要的信息都可以获得，所以人们可以从容地做出决策。但实际是几乎不可能的。大多数组织获得的是不完全和模棱两可的信息。除此以外，在决策中，利益可以很大程度干扰之前的意图。在这里利益起源于组织和个人。在很多情况下，组织和个人利益相互冲突，而这些利益冲突可能会给决策者带来压力。

心理模式是人们思考一个主题时用到的不成文的假设与认知。动态系统的心理模式是一个外部系统的相对持久和可得的、但是却受制约的内部概念描述，它的结构保持着系统的感知架构。这些模式决定了人们使用的信息以及如何翻译它们。为了理解世界和它的氛围，人们基于先前的知识，存在的想法与概念以及过去的经历创立了心理模式。心理模式是有用的并且能发挥作用，因为它允许人们预测和解释现象与事件。人们采用更多的模型并且比较和选择出最适合的。但是即使人们选择或建立心理模型时，他们也会呈现出令人满意的行为，因为他们用尽可能少的信息来使工作记忆的压力最小化。学习是获取和记忆概念和想法的过程。人们从他们的经验中获取想法、规则和原理，这些可以在新的形势下引领他们的行为，并且人们修饰它们来提高它们的影响力（Legrenzi，et al.，1993）。人们有不同的方式来进行学习。像 Kolb D. A.（1984）所说，在学习圈内有四步会被辨别出：行动、评价、思考和决策。行动包括执行任务和获得经验。评价是针对任务执行的有效性的鉴定和反映。但是思考是试图理解常规并且去发现可以替代和提高的事物。最后一步是做出决定和集中精力为下一步选择更好的方法。

集体学习和个人学习与决策过程有关。一个学习机构被形容为"一个基于经验的学习并且依靠人们从而使价值和系统能持续提高和改善的机构"。个人学习是基于对决策过程的结果进行系统化的评估和分析，结合了个人的性格特点。个人面临着一个很复杂的世界并且他们并不拥有全部的知识做出最好的决定。因此人们学习，因为通过学习，他们能更好地诠释他们所处的环境，并且知晓如何去表现。

四、行政管理概念

行政管理最广义的定义是指一切社会组织、团体对有关事务的治理、管理和执行的社会活动。行政概念是对组织中的决策应该如何做出的广泛看法。一方面，管理者自己做决定，而另一方面，他们创造组织条件，以影响他人的分割（分权化，分散化）。在小组织中，经理更直接地影响人。在更大的组织中，经常需要规则，程序和结构来指导人们的行为（低和高的福音）。如图 7-8 所示为经理如何选择这些可能性，产生四个行政选择，即权威、行政（官僚）、业务和灵活的概念。

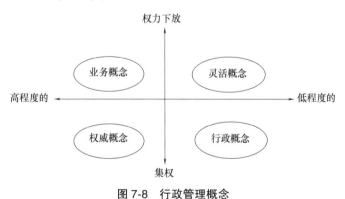

图 7-8　行政管理概念

权威概念是小公司的基本概念，不需要正式化。因为一个强有力的领导者按照他做的决定来给予下属做出决定的指示。官僚的概念依赖于结构，规则和程序，给予最高管理者保证组织中的人员根据中央目标和目标行事。高层管理人员做出所有重要的决定。业务概念允许决策取决于市场和产品情况。高层管理人员通过规则和程序以及制定政策声明做出影响。灵活的概念受来自高层管理的影响较小。在这种情况下，最高管理层明确定义政策，并在广义上将其传达给所有组织成员。而成员们对政策声明进行评估，并对当时重要的其它因素进行权衡，并自行决定。

（一）行政条件

行政条件通过指导他们的行为来影响人们的决策过程。行政条件在影响决策过程的多种方式的基础上被分成三类（图7-9）：①人的性格特点：承诺和胜任能力；②信息系统：在恰当的时间和地点的信息和采集、组织、分配数据来支持决策的系统；③组织结构：任务、责任、权力的划分和诸如规定和程序的协作机制。通过改变这些条件，我们很可能在某种确定的程度上改变人们的动态行为。

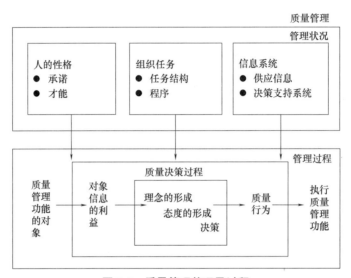

图 7-9　质量管理状况及过程

1. 人的性格特点

承诺或者动机是引起个人保证某些目的的达成而做出的行为的内在条件。既然表现是行为或者组织成员的一种结果，那么诱导他们就是实现组织的目标的关键。在该课题的时间里发现了不同的诱导因素理论。许多理论从社会的因素来解释诱导因素，比如：①马斯洛的需求层次理论，该理论叙述了像自治和认可这样更高的需求只有当像食物和安全这类较低的需求被满足时才会显得更重要；②赫茨伯格的双因素激励理论，卫生的因素会消除对工作的不满，以及激励因素增加了工作满足感；③麦克莱兰的三需求理论，描述了对成就，权力和联系的需求。

其它理论诠释了人们参与的过程中的动机，比如①目标设置理论，提出了明确的目标会促进表现，并且一旦接受了困难的目标，那些简单目标会有更好的表现；②期望理论，讲述了一个人基于对目标的把握和估计达到目标的概率的期望，会倾向于以某种方式行动。

承诺的重要性一定与质量有关。一个公司问过："我们怎么样才能使工人们在工作中感受到一种自然而生的自豪感并且能自我激励？"激励的方法是基于雇员本来就想做好工作这样的设想。在基于质量的管理方法中，管理的基本责任是创造和维持一种激励体制，这种体制在好的工艺中支撑着雇员天生的雄心和骄傲。（Ivancevich J. M. , et al. , 1994；W. E. Deming，1986）

人们的能力要求与个人的知识、技能和能力有关。能力可以通过教育、经历和训练习得。教育分为基础教育和学校层面的教育。经验发展可以受到指导的影响，也受到组织性的行为的影响，比如工作的选择、工作轮换、同事和监督人的选择。训练是一种修正知识的计划好的过程（比如生产知识，微生物，技术），技能（比如监督技能，工作技能，统计）和能力（比如陈述，团队建设，交流）。训练对工人和组织的管理人员都很重要，主要有三个原因：①训练可以通过减少学习时间来达到明确的表现等级来提高有效性；②训练可以提高工作表现等级并且最终提高工作满足感；③训练确保了对未来人力需求的继承。在工作领域中的技术的迅速进步以及公司在当今市场中对利益的关注强调了训练雇员的重要性。训练如果被恰当的利用，那么它能同时提高雇员的有效性和高效性。训练的最终结果是就学习结果而言形成更少了但是对于工作表现却增加了。当更有效地执行和实施以后，训练也开始成为一种提高和质量问题有关的决策行为的过程。

2. 信息系统

信息（图 7-9）也是质量管理的关键因素。有公司认为信息技术和信息系统是它们质量成功的关键。信息的三种分类被认为对质量管理很关键。

（1）操作信息　强调过程管理，行动计划和表现提升。

（2）比较信息　与竞争性的位置和最好的实践有关，同时具有操作价值和统计价值。

（3）把过程管理和商业表现关联起来的信息　它洞察了因果关系。

信息技术有许多影响，包括提高表现力和影响组织结构。它帮助公司更快捷更方便地检索信息，在决策中起着作用。另外，它有助于提高组织间的合作。然而，信息和通信技术的迅猛发展导致了巨大数量的信息来源和庞大的信息体积，这些公共组织和个人都可以通过互联网和内联网获得。最终，信息的获取技术问题已经被如何规范和选择正确而精准的信息所取代。

为了获得精确、及时、完整而实质性的信息，许多组织已经把管理信息系统进行了转变。信息管理系统把从外部和内部来源的过去、现在和预期的数据组织起来，并把它们转化为有用的信息。这个信息可以被所有组织阶层的人们所获取。因为人们有不同的需求，信息系统必须能够把信息组织成有用和有效的形式。（Schermerhorn P.，et al.，2007）

决策支持系统运用特殊的软件让用户通过电脑直接相互联系，有助于解决复杂问题的决策。通过决策支持系统，管理者可以预测可选择的行为的可能后果并且更好地处理不确定性。决策支持系统可能与人工智能不协调。人工智能是能使计算机尽可能的像人一样去思考。这导致了专家系统的发展，使人类的决策系统通过使用成千上万的 if-then 规则来解决复杂的问题。

3. 组织任务

组织结构是一种分离和整合任务的关系的形式系统。职责的分离使谁应该做什么变得清晰。职责的整合告诉人们应该如何一直工作。组织结构包括四个基本要素：①专业化：确定特定的任务，并将责任分配给被训练过的个人或工作小组来做；②授权化：正确决定并对职员或工作小组的行动进行分配；③标准化：研究一种方法使员工以统一和连续的方式执行工作；④协调化：通过协调发展统筹机制来整合这些措施使小组从群体分离工作，这样的规则和方法，称为委员会和联络人员。

专业化和标准化即是各部门将工作细分后，将其分配给组织中的专业团体。然而，为了实现组织目标，管理者还需要协调人员、项目和任务。除了使用各类方法，管理者也应该有特定数量的员工直接向他们报告（控制范围），以确保一个明确的和不间断的指挥链。

权力意味着管理者有责任和义务做出正确行动或决定。责任是一个员工义务执行指定的任务。责任是期望每个员工接受信任或责备，为取得结果执行工作任务。授权是指管理者在特定领域对下属做出正确行为和决策的过程。他们要合理使用权力来分配任务给能有效实施任务的下属。

值得注意的是，在这种背景下，每一个正式的结构背后都有一个非正式的结构。这是一个非官方的"影子"组织，但组织成员之间的工作关系往往很重要。如果这种非正式的结构可以被绘制，无论他们的正式头衔和关系如何，它将显示交谈和定期交往的人。非正式结构的发展将削减从一边到另一边的水平移动。例如非正式的组织会显示在小组或友好小团队中的人们见面会喝咖啡、锻炼身体。重要的是要认识到如果不深入了解非正式或正式的结构那么没有任何组织可以完全被理解。

人们应该认识到非正式的结构对于完成所需要的工作是非常有帮助的。这是在改变结构的时候发现的，过时的正式结构可能对需要处理新的或不寻常的情况不提供支持。这是一个常见的情况，因为需要时间来改变或修改正式的结构。通过建立应急和自发的非正式结构的关系，人们从获得人际网络的情感支持和满足重要的社会需求的友谊中受益。他们也能在任务中通过与个体接触来获益，这些个体可以帮助他们完成事情。事实上，被称为非正式学习的方式，越来越多地被确认为组织发展的重要资源。实际上，非正式结构也有潜在的劣势。它们存在于正式的权力体系之外，因此非正式组织的活动有时会与整个组织的利益相冲突。他们也容易被携带不准确信息的谣言影响，研究品种易改变甚至改变努力工作的重要目标。（Schermerhorn P.，et al.，2007；Don Helltieqel，2005）。

（二）组织构架设计

设计一个组织构架意味着要在三个方面做出决定，包括：复杂性、集权化和规范化（Ivancevich J. M.，et al.，1994；Schermerhorn P.，et al.，2007）。

1. 复杂性

复杂程度描述了各个结构单元之间差异的大小。因此，组织内工作的专业化程度以及它在地域上的分散程度和大小就被称为组织的复杂程度。如果一个企业有很多垂直的等级，有高度的劳务分工，并且是一个跨国企业，那么它就是一个复杂的组织。组织亚系统差异的增加会导致对更多整合的需求。但是，当差异增加时整合将变得更加艰难。

2. 集权化

组织概念可以被看作是管理概念引发的需求的组织上的答案。掌握在少数高层手中的集中决策权是集权化的一种体现。而下放责任和权利就是权力分散的组织性质。常常伴随着规范化信息系统的规章制度和程序是作为管理原则展现的对规范化的组织的解答。

下放更多的决策权就需要更多的委托。委托就是将工作分散并托付给其他人的过程。委托有三个步骤。第一,管理者通过向将要完成这个工作或任务的人仔细解释这份工作或任务后分配责任。责任就是对其他人完成分配到的任务的一种期许。第二,管理者给予执行的权力。在分配工作的同时,一些采取必要措施的权力(比如花钱或指导其他人的工作)也会被给予那个人。权力就是一种权利,这种权利是让分配的工作正常运作所需要的。第三,管理者要建立责任制。责任制就是接受一项任务,而完成这项任务的人直接向管理者负责并在获得同意后完成任务。

3. 规范化

当规范化程度较低时,员工在工作中就会有大量自由决定的权利。标准化程度越高,员工对如何完成工作的影响力就越低。标准化不仅仅消除了员工选择行为的可能性,它也将对员工的需求变的具有更多选择性。根据图7-10,组织结构有几个基本的选择。简单结构的特点在于什么是不对的而不是什么是对的。它的分部门化程度较低,控制程度跨度很广,并且几乎没有规范化。这个简单结构是一个扁平的组织,通常它内部只有两个或三个垂直等级。

这是最广泛实行的小企业,其中经理和企业所属者是同一个人。然而,那也是在危机时代的首选结构,因为它集中控制。在功能结构中,具有相似技能和执行类似任务的人被正式组合在一起,如职能部门的采购、生产和销售。职能部门的成员共享技术专长、兴趣和责任。关键点在于

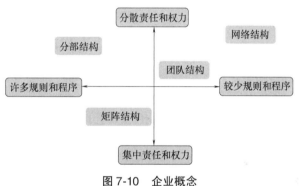

图 7-10　企业概念

让成员在其专长领域内工作。职能结构的主要优势包括高效利用资源和优质的功能技术问题解决的能力。从总系统的角度看,主要缺点是缺乏沟通和协调不同的功能和损失。分部结构组的人工作在同一产品或过程中,服务于类似的客户,并位于地理区域的同一区域。分部结构复杂的组织,具有多重性和差异化的产品与服务和/或在不同的竞争环境中运转是常见的。主要优点是产品和客户聚焦以及协调,而主要的缺点在于通过复制资源来增加成本。

矩阵结构是功能与分工结构的结合。事实上,它试图利用两个结构的优势,利用永久的跨职能团队整合功能的专业知识与一个部门的重点。在矩阵结构中的工人至少属于两个正式群体,在同一时间的功能组和一个产品或项目团队。他们也给两个老板报告(Schermerhorn P., et al., 2007),照现状来看,两个老板系统主要的缺点就是它容易受到职能主管和团队领导之间的权力斗争影响。

在具有团队结构的经营组织中,永久的和临时的团队被广泛用于完成任务。更重要的是,这些往往是跨职能小组组成的成员不同领域的工作职责。其目的是打破功能障碍,并建立一个更有效的横向关系,去不断地解决问题和工作表现。一个团队结构涉及

各种类型的根据需要去解决问题和探索机会的一起工作的团队，全职和兼职。主要优点包括速度和决策制定的质量和打破功能障碍。缺点是在对于团队的忠诚和功能分配以及耗时的会议的一些潜在冲突。

一个网络结构的运作与一个中心的核心是网络的关系与外部承包商和供应商的基本服务。他们忙于战略联盟和商业合同的多样化转型去维持没有损失的运营。网络结构普遍说来是一个豪门企业，但也为公司的一部分，例如一个管理部门在一个新的市场拥有巨大的决策权限，而不受规则和程序的阻碍。新的信息和通信技术，连同网络结构，在灵活性和运行效率方面提供了优势。缺点在于控制和协调困难。

（1）质量部门   在质量控制和保证方面，大多数公司都有自己的质量部门。典型的职能组织在质量控制部门负责产品和服务的质量控制。这种质量控制部门在典型的功能性机构的结构中有很多缺点（如和客户没有联系，没有改进的机会，缺乏责任感等）。然而，在许多公司里，公司内部的每一个人都负责评估和改进他或她负责的过程的质量。因为有些管理者可能缺乏执行这一系列的测试或数据分析的能力，通常由技术专家在质量部（q-department）协助管理这些任务。然而，这里必须强调的是：质量部门不能保证公司的质量。其应有的作用是为公司实现这一目标而做出的整体努力提供指导和支持。

可以由质量部门进行的任务包括：①设计质量保证和质量控制，质量控制过程的改进和控制；②数据收集和提供信息（反馈）方面的质量性能；③评估过程的分析，建立有效的质量控制，如HACCP；④对其它部门在解决纷争，设置投诉或者召回程序方面提供支持；⑤保持知识库方面的质量管理；⑥在改进计划方面提供支持，如过程和产品的改进；⑦为质量方针的制定和建立提供支持。

质量部门可以以不同的方式被结构化：①产品结构：结构是基于某些产品的专业知识。每个产品有一个单独的质量部门。这样的优点是采用多种学科的输入方式。缺点是专业知识的分裂。②专长或功能结构：一种基于专业知识相似性的结构。部门包括微生物学，化学和工艺技术。优点是集中相似专业知识在一个区域。缺点是部分可能没有一些有关其它工艺的知识。③系统结构：一种基于过程方法的结构。例如，部门收到产品控制和质量计划。其优点是汇集了相互关联的专业知识，从而形成了一个整体。缺点是如果来自其它单位的反馈很贫乏，那么这个系统结构就显得不太有效。正如所讨论的，该部门不仅可以以若干方式被结构化，还可以在企业内部被各自定位。

质量评价部可被雇佣作为管理委员会的顾问部人员。这一立场表明，质量是重要的，它有一个主要的咨询功能并且对管理委员会也有很大的影响。然而，对于做重大决定方面还是没有资格的。质量评价部也可以与其它部门一起被平等的安置，如生产部、采购部和销售部。这意味着质量评价部门与其它部门在公司出口上有同样的影响。最后，它可以被定位为生产部之下的员工。既然如此，那么它是一个为生产部设立的咨询部门并且在出口上的影响仅限于本部门。优点是在这种情况下，获得产品的详细知识和工艺流程以及工作人员对自己的生产过程的承诺。

（2）组织结构与质量管理   从质量管理的角度对组织结构提出典型要求。当选择集中的水平，讨论的是多少个人的责任和权力的有效性。当谈论有关形式方面的时候，讨论的内容是遵守程序，这样使程序比通常预期的有效力弱。考虑到组织结构，质量专家提出了功能结构的几个不足之处：①它将员工和顾客分离开来，使员工不了解顾客的期望以及对公司提供的服务或产品的满意度；②它阻止过程的改进，因为没有组织单位有一个完整的过程控制，虽然大多数过程涉及大量的功能；③它通常有单独的质量功能，因此组织中各质量小组可能会相互推诿责任。

关于内部客户与供应商的关系，以团队为基础的组织，都应以减少层次和一个高层次的指导委员会作为良好的质量管理条件。从这个角度看，他们认为，权力下放和低质量形式化是一个有利条件。总体而言，组织应有机设计，而不是机械设计（图7-11）。机械设计是高度的官僚主义和集权主义，很多规则和程序，分工明确，缩小控制和正式协调的尺度。有机的设计是分散少数规则和程序，更多开放的劳动部门以及扩大控制和个人协调的尺度。

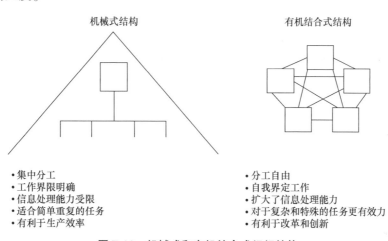

机械式结构

有机结合式结构

- 集中分工
- 工作界限明确
- 信息处理能力受限
- 适合简单重复的任务
- 有利于生产效率

- 分工自由
- 自我界定工作
- 扩大了信息处理能力
- 对于复杂和特殊的任务更有效力
- 有利于改革和创新

图7-11　机械式和有机结合式组织结构

在图7-12中，机械式结构在左下方，有机结合式结构在右上方。有机结合式结构在企业面对不断变化的环境时，可较好地利用其灵活性处理多变的情形。因此，有机结合式机构有利于质量管理。但是，在食品安全可靠方面的高要求仍需要一个更机械式的结构。全面质量管理的概念强调了职员之间的自律、主动性和创造力，需要更为活跃的合作而不仅是服从命令。因此，全面质量管理（TQM）与有机结合式结构中的赋权原则相互契合。

管理者可以通过赋权使其他人获得权力并施加影响。高效的领导者从谏如流，而且赋予他人权力。管理者很清楚，一旦职员拥有了权力，他们将更愿意参与决策并采取必要的行动来完成他们的工作。管理者也明白，获得权力时没必要侵犯他人的权力。企业的成功与否有可能就取决于在各职位的员工中能动用多少权力。职员

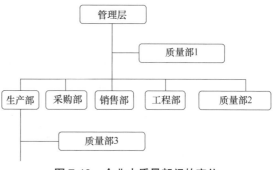

图7-12　企业中质量部门的定位

们获得责任和决策的权力，进而根据共同的决定办事，最终达到敬业和自律。赋权的过程满足了人类对成就感和归属感的基本需要，并且可以使团队成员发挥他们的潜力。在全权负责的团队中，需要决策的方面有：预算，招募成员，领导者选举，补救措施等。

程序经常被应用于质量管理中，例如大多数质量体系基本都是一系列程序。问题是，人们对于这些程序的遵从程度有所差别。因此，这种形式化程序的效力受到限制。以 HACCP 的实施举例：个人的行为取决于自身的学识，学识（包括洞察力和理解力）可以直接影响人们的态度，并据此改变个人的行为。因此，这些因素中的每一种都可以对遵照程序的行为的忠诚度造成阻碍。在 HACCP 体系下的人员应首先了解其指导方针，然后经历该体系一次以上才能理解它。只有全面了解这些准则，人们才能最终形成认可并执行的良好态度。这种态度可以通过潜移默化改变个人行为并最终遵守该准则。在 HACCP 体系下，人们的态度很难改变，当新的 HACCP 准则被引入到食品工厂时，领导们可能认为没有改变现行体系的必要，因为改变太麻烦会超过员工的适应能力。而且他们会认为，目前的程序运行的几年间都能生产出安全的食品，所以没有正当理由去改变它。

五、柔性管理方法

柔性管理，究其本质，是一种以人为中心的人性化管理，它在研究人的心理和行为规律的基础上，采用非强制性方式，在员工心目中产生一种潜在说服力，从而把组织意志变为个人的自觉行动（王纪伟，2013）。柔性管理从本质上说是一种对稳定和变化进行管理的新方略。柔性管理的最大特点主要在于不是依靠权力影响力（如上级的发号施令），而是依赖于员工的心理过程，依赖于每个员工内心深处激发的主动性、内在潜力和创造精神，因此具有明显的内在驱动性。

柔性管理主要体现为管理决策柔性化和奖酬机制的柔性化。管理决策的柔性化首先表现在决策目标选择的柔性化上（张道敏，2009）。传统决策理论认为：决策目标的选择应遵循最优化原则，而事实上由于决策前提的不确定性，难以按最优准则进行决策。如果以满意准则代替最优化准则，决策者根据已掌握的信息做出满意的选择，因而具有更大的弹性。决策的最优化准则向满意准则的转变，实质上也就是从刚性准则向柔性准则的转变。此外，管理决策的柔性化还体现在决策程序上。一言堂式的决策属于刚性决策；群言堂式的决策是由相关人员独立自主地自由发表意见和建议，并在此基础上进行综合分析，择善而行，由此形成的决策，可称为柔性决策（萧燕群，2011）。柔性管理的另一个重要体现就是奖酬机制的柔性化，除了物质上的奖励外，更应注重精神上的嘉奖，还可以通过扩大和丰富工作内容，提高工作的意义和挑战性对员工进行激励。这已经在一些高技术公司中得到了体现。

柔性管理理念的确立，以思维方式从线性到非线性的转变为前提。线性思维的特征是历时性，也就是一个时期事情的发展状况；而非线性思维的特征是共时性，也就是同步转型，即同一时期，不同事物间的相互联系。从表面混沌的繁杂现象中，看出事物发展和演化的自然秩序，洞悉下一步前进的方向，识别潜在的未知需要和开拓的市场，进而预见变化并自动应付变化，这就是柔性管理的任务（刘忠启，2008）。柔性管理以人性化为标志，强调跳跃和变化、速度和反应、灵敏与弹性，它注重平等和尊重、创造和直觉、主动和企业精神、远见和价值控制，它依据信息共享、虚拟整合、竞争性合作、差异性互补、虚拟实践社团等，实现管理和运营知识由隐性到显性的转化，从而创造竞争优势（郭威和刘丽慧，2008）。

柔性管理是相对于刚性管理提出来的。刚性管理以规章制度为中心，用制度约束管理员工。而柔性管理则以人为中心，对员工进行人格化管理（王纪伟，2013）。柔性管理的最大特点，在于它主要不是依靠外力，如发号施令，而是依靠人性解放、权力平等、民主管理，从内心深处来激发每个员工的内在潜力、主动性和创造精神，使他们能真正做到心情舒畅、不遗余力地为企业开拓优良业绩，成为企业在全球激烈的市场竞争中取得竞争优势的力量源泉（张增，2010）。柔性管理的特征：内在重于外在，心理重于物理，身教重于言教，肯定重于否定，激励重于控制，务实重于务虚（张健泉，2010）。显然，在知识型企业管理柔性化之后，管理者更加看重的是职工的积极性和创造性，更加看重的是职工的主动精神和自我约束。

（一）柔性管理的特征

1. 组织结构的扁平化和网络化

组织结构是从事管理活动的人们为了实现一定的目标而进行协作的机构体系。刚性管理下的组织结构大多采取的是直线式的、集权式的、职能部门式的管理机构体系，强调统一指挥和明确分工。这些组织结构的弊端是信息传递慢，适应性差，难以适应信息化社会中组织生存和发展的需要。柔性管理提倡组织结构模式的扁平化，压平层级制，精减组织中不必要的中间环节，下放决策权力，让每个组织成员或下属单位获得独立处理问题的能力，发挥组织成员的创造性，提供人尽其才的组织机制。与此同时，通过组织结构的扁平化，使得纵向管理压缩，横向管理扩张，横向管理向全方位信息化沟通的进一步扩展，将形成网络型组织，团队或工作小组就是网络上的节点，大多数的节点相互之间是平等的、非刚性的，结点之间信息沟通方便、快捷、灵活。

2. 管理决策的柔性化

在传统的刚性组织中，决策层是领导层和指挥层，管理决策是自上而下推行，组织成员是决策的执行者，因此决策往往带有强烈的高层主观色彩。柔性决策中决策层包括专家层和协调层，管理决策是在信任和尊重组织成员的基础上，经过广泛讨论而形成的，与此同时，大量的管理权限下放到基层，许多管理问题都由基层组织自己解决。管理决策柔性化的第二个表现是决策目标选择的柔性化，刚性管理中决策目标的选择遵循最优化原则，寻求在一定条件下的最优方案。柔性管理认为，由于决策前提的不确定性，不可能按最优化准则进行决策，提出以满意准则代替最优化准则，让管理决策有更大的弹性。

3. 组织激励的科学化

为了充分调动组织成员的积极性、主动性和创造性，实行科学的激励方法是柔性管理的重要组成部分。柔性管理认为：激励是对组织成员的尊重、信任、关心和奖励的全面综合，激励分为物质激励和非物质激励。在实施时要充分把二者相结合，物质激励属于基础性的激励办法，能满足组织成员的低层次需求，却无法在激励中发挥更大的作用。非物质的激励方法则能满足组织成员对尊重和实现自我的高层次需求，它力求为组织成员创造宽松、平等、相互尊重和信任的工作环境，提供发展机遇，实行自主管理、参与管理等新的管理方法（王路明，2016）。

（二）实施柔性管理的关键要素

1. 以满足顾客的需求和偏好为经营导向

不仅要为顾客提供物品，还要丰富顾客的价值，使顾客在消费一种物品时能够获得更多的超值感受。传统的批量生产型企业的观念是，供给创造需求。只要能生产，就会有顾客购买，企业的利润由市场和生产能力决定。柔性管理则是将顾客的需求与偏好放在首位，利润蕴含于顾客对物品需求和满足顾客偏好之中，只要能将顾客的需求与偏好转化为物品或服务，利润就是这种转化的一种自然结果。因此，柔性管理的关键在于确定如何创造丰富顾客价值的方案、如何解决顾客所关注的问题的方案，以及如何将顾客感知到的但并没有完全清楚表达出的愿望或需求转化为顾客可明确说出"这正是我想要的"产品的方案。这种以顾客需求和偏好为导向的管理，是对管理者能力的一种挑战。

2. 以促进学习、激发灵感和洞察未来作为管理的最基本职能

科学管理时代管理的最基本职能是决策，而网络时代管理的最基本职能是寻求知识转化的路径与结点。网络时代不确定的市场变化已经把管理的核心作用转变成一种委托：促进学习、激发灵感和洞察未来。激励、综合、协调一线人员的努力与贡献，以更高的视野兼顾全局，并将一线人员的全新理念整合到企业发展的统一战略框架之中，从而使企业的发展、进化过程成为由发达的部件以最优化的方式组合的有机体。

3. 以虚拟实践社团作为创新的源泉

识别、发现市场的潜在需求与偏好，把握需求与偏好的动态过程，不仅需要大量的信息，更需要敏锐的洞察力，需要智慧与灵感。在市场的需求结构瞬息万变的网络时代，只有通过发挥各方面创新力量，才能造就智能化的企业，才能不断获得新的竞争优势。因此，组建各式各样的虚拟实践社团，努力为企业的发展提供创新性的建议与方案，增强企业的适时学习能力，使企业成为一个真正的学习型企业，是企业立于不败之地的保证。虚拟实践社团是强强合作，它的本质特点是以顾客为中心，以机会为基础，具有一整套清晰的、建立在协议基础上的目标。

4. 以网络式组织取代层级组织

科学管理时代的组织是一种金字塔型结构的层级组织，它层次过多，传递信息的渠道单一而且过长，反应迟缓。各职能部门间相互隔离，信息流动受边界的限制，上下级之间的信息传递常常扭曲、失真。网络式组织的各个部分相对独立，各部分之间是一种融合共生的关系，不存在划定的边界。以网络式的扁平化组织结构代替金字塔型的组织结构，提高了信息传递的效率和工作效率，加强了部门之间的相互沟通，增加和助长了企业与市场反馈的触角，提高了企业的整体反应灵敏度，从而使企业能够更迅速地抓住市场机会。

5. 以企业再造为手段

企业再造关注的是企业经营模式的调整这为企业实现柔性管理提供了机会。因为，

企业再造是在更高层次上确定企业如何对市场做出反应，如何识别潜在市场与创造新市场并在这种识别与创造中重新定位企业在市场中的角色。企业再造重视培养人的学习能力，目的是把企业变成一个学习型组织，增强企业从员工个人到整个组织对瞬息万变的环境的适应能力。企业再造包括企业战略再造、企业文化再造、市场营销再造、企业组织再造、企业生产流程和质量控制系统再造（冯淑霞，2008）。

第二节 质量管理

一、质量管理历史

虽然在人类历史的长河中，最原始的质量管理方式已很难寻觅，但我们可以确信人类自古以来一直就面临着各种质量问题。古代的食物采集者必须了解哪些果类是可以食用的，而哪些是有毒的；古代的猎人必须了解哪些树是制造弓箭最好的木材。这样，人们在实践中获得的质量知识一代一代地流传下去。人类社会的核心从家庭发展为村庄、部落，产生了分工，出现了集市。在集市上，人们相互交换产品（主要是天然产品或天然材料的制成品），产品制造者直接面对顾客，产品的质量由人的感官来确定。

随着社会的发展，村庄逐渐扩展为商品交换，新的行业——商业出现了。买卖双方不限于直接接触了，而是通过商人进行交换和交易。在村庄集市上通行的确认质量的方法便行不通了，于是就产生了质量担保，从口头形式的质量担保逐渐演变为质量担保书。商业的发展，要使彼此相隔遥远的连锁性厂商和经销商之间能够有效地沟通，新的发明又产生了，这就是质量规范即产品规格。这样，无论距离多么遥远，产品结构多么复杂，有关质量的信息都能够在买卖双方之间直接沟通。紧接着，简易的质量检验方法和测量手段也相继产生，这就是在手工业时期的原始质量管理。

由于这时期的质量主要靠手工操作者本人依据自己的手艺和经验来把关，因而又被称为操作者的质量管理。18世纪中叶，欧洲爆发了工业革命，其产物就是工厂。由于工厂具有手工业者和小作坊无可比拟的优势，导致手工作坊的解体和工厂体制的形成。在工厂进行的大批量生产，带来了许多新的技术问题，如部件的互换性、标准化、工装和测量的精度等，这些问题的提出和解决，推动着质量管理科学的诞生。

20世纪，人类跨入了以加工机械化、经营规模化、资本垄断化为特征的工业化时代。质量管理起源于20世纪初，在整整一个世纪中，质量管理的发展大致经历了三个阶段。

（一）质量检验阶段（20世纪初至20世纪40年代）

20世纪初，人们对管理的认识局限于质量检验，而且这种检验是非破坏性的、百分之百的检验。20世纪20年代，美国著名管理学家泰勒在他的著作《科学管理》中首次提出在人员中进行科学分工的要求，即将计划职能和执行职能分开，中间再增加检验环节，设置专职的检验部门。

虽然专职的质量检验对保证成品的质量有突出的作用，但不久便暴露出弱点。首先，这种事后把关式的检验不能起到事前预防和控制的作用；其次，这种百分之百的检验对于破坏性试验或大批量生产显然是不现实的；再次，由于三权分立，即质量标准制定部分、产品制造部分、检验部分各管一方，只强调相互制约的一面，忽视了相互配合、促进、协调的一面，缺乏系统观念。

（二）统计质量控制阶段（20 世纪 40—60 年代）

1924 年美国贝尔电话公司的休哈特博士（W. A. Shewhart）将数理统计方法运用到质量管理中来，首先提出用 6σ 方法控制加工过程的质量波动。1931 年他出版了第一本质量管理科学专著《工业产品质量的经济控制》，第一张工序控制图——休哈特控制图问世（罗建辉，2006）。1929 年休哈特的同事道奇（H. F. Dodge）与罗米克（H. G. Roming）出版了第一本统计抽样方法的专著《抽样检查方法》，这种以统计抽样代替大批量产品检验验收的方法，极大地提高了质量检验的效率。但是由于 20 世纪20—30 年代世界资本主义危机重叠、经济萧条，这些理论和方法长期以来被束之高阁。

第二次世界大战开始后，由于军工生产的迫切需要，统计质量控制方法得到了广泛的应用。在 1941—1942 年，美国国防部先后制定了三个军用标准：AWSZ1. 1《质量管理指南》、AWSZ1. 2《数据分析用控制图法》、AWSZ1. 3《工序控制用控制图法》，并且要求在交货检验中采用科学的抽样检查方法。历史证明，由于美国大力推广应用统计质量控制方法，美国的军工生产在数量上、质量上以及成本上均占世界领先地位。第二次世界大战结束以后，统计质量控制不仅在美国许多民用工业企业得到广泛应用，还迅速被推广到美国以外的许多国家，并取得了成效。

尽管统计质量控制取得很大成就，但是也存在缺陷。它过分强调质量控制中的数理统计方法，使人们误认为质量管理主要是数理统计专家的事，特别是在计算机和数理统计软件应用不普及的情况下，许多人对它望而生畏。

（三）全面质量管理阶段（20 世纪 60 年代至今）

20 世纪 50 年代以来，随着科学技术和工业生产的发展，对质量的要求也越来越高，人们开始运用系统工程的概念，把质量问题作为一个有机整体加以综合分析研究，实施全员、全过程、全公司的管理。20 世纪 60 年代管理理论上出现了行为科学学派，强调人在管理中的作用。在上述背景下，1961 年美国通用电气公司的费根堡姆博士（A. V. Feigenbaum）首先提出全面质量管理的概念，他在《全面质量管理》一书中指出："全面质量管理是为了能够在最经济的水平上和考虑到充分满足用户需求的条件下进行市场研究、设计、生产和服务，把企业各部门的研制质量、维持质量和提高质量的活动构成一体的有效体系。"费根堡姆还首次提出了质量管理体系的问题，提出质量管理的主要任务就是建立质量管理体系，这是一个全新的见解，具有划时代的意义。全面质量管理的内涵是以质量为中心，以全员参与为基础，目的在于通过让顾客满意和本组织负责人、员工、供方、合作伙伴或社会等受益而使组织达到长期成功的一种管理途径。

日本在 20 世纪 50 年代引进了美国的质量管理方法，并且有所发展，取得了举世瞩目的成绩。日本著名质量管理专家石川馨教授把日本的质量管理称为全公司质量管理，他们十分重视职工的质量管理教育，开展群众性的 QC 小组活动，以及全国质量月活动，归纳、整理了质量管理的七种老工具和七种新工具，发明了质量功能展开（QFD）以及质量工程技术（田口方法），为全面质量管理充实了大量新的内容（赵静，2014）。

全面质量管理的理论和方法迅速在全球范围广泛传播，各国均结合自己的实践有所创新发展（陶惟勤，1989）。当今，世界闻名的 ISO 9000 族质量管理标准和美国波多利奇奖、欧洲质量奖、日本戴明奖，以及卓越经营模式、6σ 管理等，均是以全面质量管理理论和方法为基础的。

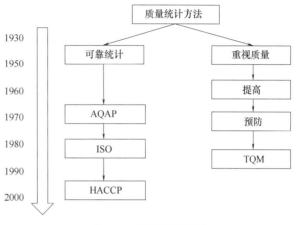

图 7-13 质量管理发展

质量管理发展可以概括为两个方面：保证可靠性的发展和对质量态度的发展，如图 7-13 所示。这两条发展线可通过对四个最著名的大师戴明（Deming），朱兰（Juran），费根堡姆（Feigenbaum）和克劳士比（Crosby）的简要描述来说明。费根堡姆是图 7-13 左侧质量保证线的代表，而戴明，朱兰和克劳士比应放在右侧的总质量线。

历史概述显示，1950—1980 年制定了全面质量管理的基本原则。

统计的发展肯定有助于保险制度的发展。这些系统在农业食品生产（例如在制药工业中）是非常重要的，形成了控制食品安全，健康方面和其它质量方面的框架。在 20 世纪 50 年代，非常注意统计可靠性，产生诸如故障模式和效应分析（FMEA）和故障分析等方法。在 20 世纪 60 年代，系统被开发为好的实践规范（例如良好生产规范）和 AQAP（联合质量保证出版物，allied quality asswance publication），NATO（north atlamtic treaty organization）系统用于保证进料的质量，AQAP 或多或少，是当前 ISO 系统的先行者。国际标准组织（ISO）在 20 世纪 70 年代制定了 ISO 9000 系列，为质量保证提供框架，包括外部认证规范。它们首次于 1987 年作为标准出版。HACCP 系统（危害分析与关键控制点）起源于载人航天飞行需要安全食物供应。直到 20 世纪 80 年代，HACCP 被认真考虑在食品工业中的更广泛应用。在 20 世纪 90 年代，欧盟的食品工业被法律强制应用该系统。

在图 7-13 的右侧发展线，概述了全面质量管理的发展历程。戴明和朱兰分享了休哈特关于生产过程的统计观点。戴明特别强调了统计学观点。此外，戴明和朱兰都将质量作为一个产出因素，而不仅仅将质量作为成本。他们还强调最高管理者的重要性。只有高层管理人员对质量问题完全投入，才能实现持续的质量改进。在戴明和朱兰的努力下，日本管理者的注意力从成本转移到质量，并建立了持续改进体系。将质量问题的教训转化成预防的概念：将事情一次就做好，规划和设计好，而不是为失败付出代价。因此，戴明和朱兰都被称为全面质量管理之父。

二、质量大师及其管理理念

（一）朱兰

约瑟夫·M·朱兰（Joseph M. Juran，1904—2008）博士是举世公认的现代质量管理的领军人物。他是朱兰学院和朱兰基金会的创建者，前者创办于 1979 年，是一家咨询机构，后者为明尼苏达大学卡尔森管理学院的朱兰质量领导中心的一部分。他协助创建了美国马尔科姆·鲍德里奇国家质量奖，他是该奖项的监督委员会的成员。他所发表的 20 多本著作中，《朱兰质量手册》被誉为质量管理领域的圣经，是一个全球范围内的参考标准。他于 20 世纪 60 年代对质量的定义是："令用户满意且不存在令用户感到不满意的缺陷的产品的特性。"简言之，质量就是产品的适用性（fitness for use）。他在《质量控制手册》里这样解释适用性：在所有有关质量职能的概念中，没有一个像适用性那样关键或难以把握，没有一个能比适用性更为影响深远、更为重要的了。适用性是指产品使用过程中成功地满足用户目标的程度。适用性由产品的特性决定，且用户认为这些特性是有益的。对用户来说，质量是指适用性而不是符合规格，因为，最终用户很少知道规格是什么，他对质量的评价决定于产品交货时的适用性和使用期的适用性。与符合型质量观相比较，朱兰提出的观点更多地站在用户的立场上去反映用户对质量的感觉、期望和利益，恰当地揭示了质量最终体现在使用过程的价值观，即质量是用户对一个产品（包括相关服务）满意程度的度量，产品的质量水平应由用户（包括社会）给出，只要用户满意的产品，不管其特性值如何，就是高质量的产品，而没有用户购买的所谓的高质量的产品是毫无意义的。朱兰的思想很快获得了世界范围的普遍认同，并作为一种质量理念，成为用户型质量观的一种代表性理论。朱兰在 82 岁高龄时发表了著名论文《质量三部曲》，其副标题为一种普遍适用的质量管理方法，这就是被世界各国广为推崇的"朱兰质量三部曲"，即质量策划、质量控制和质量改进三个过程组成的质量管理，每个过程都由一套固定的执行程序来实现（陶惟勤，1989）。朱兰理论的核心：管理就是不断改进工作。朱兰提出质量不仅要满足明确的需求，也要满足潜在的需求。

质量三元论：质量策划——为了建立有能力满足质量标准化的工作程序，质量策划是必要的；质量控制——为了掌握何时采取必要措施纠正质量问题就必须实施质量控制；质量改进——质量改进有助于发现更好的管理工作方式。

朱兰的《质量策划》（Planning for Quality）一书中可能是对他的思想和整个公司质量策划的构成方法明确的向导。朱兰的质量策划是公司内部实现质量管理方法三部曲中的第一步。除此外还有质量控制，它评估质量绩效用已经制订的目标比较绩效，并弥补实际绩效和设定目标之间的差距。朱兰将第三步质量改进作为持续发展的过程，这一过程包括建立形成质量改进循环的必要组织基础设施。他建议使用团队合作和逐个项目运作的方式来努力保持持续改进和突破改进两种形式。他对实行组织内部质量策划的主要观点包括：识别客户和客户需求；制定最佳质量目标；建立质量衡量方式；设计策划在运作条件下满足质量目标的过程；持续增加市场份额；优化价格；降低公司或工厂中的错误率。

朱兰在研究质量管理的初期时，把重点放在了质量控制和质量改进上。随着研究的深入，他在后期开始强调质量计划的重要性。质量计划从认知质量差距开始，看不到差距，就无法确定目标。而这种差距的定位，要从顾客满意度入手，追溯生产设计和制造过程，就能使存在的问题清晰化。现实中存在的质量差距，主要有以下方面：第一类差距是理解差距，也就是对顾客的需要缺乏理解；第二类差距是设计差距，即使完全了解顾客的需要和感知，很多组织还是不能设计出与这种了解完全一致的产品或服务；第三类差距是过程差距，由于创造有形产品或提供服务的过程不能始终与设计相符合，使许多优秀的设计遭遇失败，这种过程能力的缺乏是各种质量差距中最持久、最难缠的问题之一；第四类差距是运作差距，也就是用来运作和控制过程的各种手段在最终产品或服务的提供中会产生副作用（韩冰，2009）。

为了消除上述各种类型的质量差距，并确保最终的总质量差距最小，作为质量计划的解决方案，朱兰列出了 6 个步骤：①设立项目；②确定顾客；③发现顾客的需要；④根据顾客的要求开发产品；⑤设计该产品的生产流程；⑥根据工作运行情况制订控制计划以及其中的调控过程。

管理学的研究一直十分重视计划，那么，朱兰强调的质量计划与传统计划有什么不同？朱兰说，传统计划类似于隔墙投掷，也就是某个人在不了解全局情况的条件下制订自己的计划，然后丢给下一个部门的另一个人，这个人再丢给下一个部门的下一个人……这种计划往往会与顾客的需要脱节。与之相反，现代质量计划是由多部门同时进行的计划过程，包括所有最终与生产和服务相关的人员，这样他们就能在计划过程中提供相应的成本信息，还能对可能出现的问题提出早期警告。另外，传统的计划工作是由某个特定领域的专家完成的，但是通常他们缺少进行质量计划的方法、技巧和工具，尽管有公司尝试将质量专家配备给计划人员做顾问以弥补缺陷，但往往收效甚微。而现代质量计划是训练计划人员自己运用质量原则——教会他们使用所需的方法和工具，使之成为质量计划的专家。因此，朱兰提出的质量计划，实际上立足于整个公司各层组织领导的整体适应性能力。

朱兰将质量控制定义为：制订和运用一定的操作方法，以确保各项工作过程按原设计方案进行并最终达到目标。朱兰强调，质量控制并不是优化一个过程（优化表现在质量计划和质量改进之中，如果控制中需要优化，就必须回过头去调整计划，或者转入质量改进），而是对计划的执行。他列出了质量控制的七个步骤：①选定控制对象——控制什么；②配置测量设备；③确定测量方法；④建立作业标准；⑤判断操作的正确性；⑥分析与现行标准的差距；⑦对差距采取行动。总体上讲，质量控制就是在经营中达到质量目标的过程控制，关键在于掌握何时采取何种措施，最终结果是按照质量计划开展经营活动。

质量改进是指管理者通过打破旧的平稳状态而达到新的管理水平。质量改进的步骤：①证实改进的必要，即争取立项；②确立专门的改进项目，即设立项目组；③对项目组织指导，强调领导人的参与；④组织诊断，确认质量问题的产生原因；⑤采取补救措施；⑥在操作条件下验证补救措施的有效性；⑦在新水平上控制，保持已取得的成果。

质量改进同质量控制性质完全不一样。质量控制是要严格实施计划，而质量改进是要突破计划。通过质量改进，达到前所未有的质量性能水平，最终结果是以明显优于计划的质量水平进行经营活动。质量改进有助于发现更好的管理工作方式。

朱兰质量三部曲与财务管理过程有许多有趣的相似之处。质量计划类似于编制预算，质量控制相当于成本控制和费用控制，而质量改进与减少成本和提高利润雷同。其中，质量计划是质量管理的基础，质量控制是实现计划的需要，质量改进是质量计划的一种飞跃。

朱兰质量三部曲的起点是质量计划，用计划来创建一个能满足既定目标，并在作业条件下运行的过程。计划的对象可以是任何一个质量体系要素。计划完成后，这个过程就移交给操作者，操作人员的职责是按质量计划进行控制，当发生偶尔性波动的"尖峰"超出限定的控制区域时，他们就会"救火"，使过程重新回归到计划规定的控制区域内。但是，如果原先的计划存在问题，经常性损耗就处于很高的水平。正如朱兰所说："质量计划是经常性质量问题的主要滋生温床。"居高不下的经常性损耗是该计划过程的固有损耗，而按质量计划实施控制的操作者对其无能为力。解决这种计划问题的突破发生在 M-N 时段（图7-14），这一突破不会自行发生，它是由上层管理者在管理职责中引入了一个新的管理过程——质量改进而产生的突破。质量改进的过程叠加在原有的质量控制过程之上。通过改进，经常性损耗可以大幅度下降。最后，改进中获得的经验教训反馈到新一轮的质量计划中。这样一来，整个质量管理过程就形成了一个有生命力的循环链。

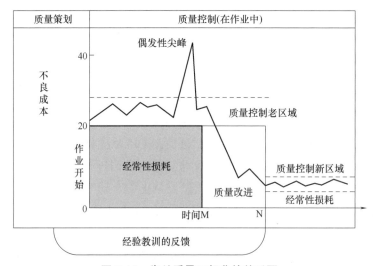

图 7-14   朱兰质量三部曲的关系图

在质量管理发展史上，朱兰质量三部曲与戴明的 PDCA 循环和费根堡姆的 TQM（全面质量管理）一起，成为具有里程碑意义的战略思想和管理实践的有力武器。

（二）戴明

PDCA 循环（又称戴明循环）的发明人爱德华兹·戴明（W. Edwards Deming，1900.10—1993.12）博士是世界著名的质量管理专家，他因对世界质量管理发展做出的卓越贡献而享誉全球。以戴明命名的戴明品质奖，至今仍是日本品质管理的最高荣誉（刘文瑞等，2011）。作为质量管理的先驱者，戴明学说对国际质量管理理论和方法始终产生着异常重要的影响。他认为："质量是一种以最经济的手段，制造出市场上最有用的产品。一旦改进了产品质量，生产率就会自动提高。"他对质量定义是："一个产品或一项服务所具有的，是否对人们有所帮助以及是否拥有良好的、可维持的市场的性质。"关于质量的理论观点主要有以下几方面：管理者应对混乱负责，质量必须由最高管理层负责领导，劝说员工更努力地工作并不能带来质量；质量由顾客来决定，顾客是国王、上帝、CEO 和独裁者；要理解并减少每一个过程中的变动，真正需要关注的是过程而不是产品，等到检验员拿到产品，为时已晚；必须持续改变和改善效果，并且全方位地让企业中所有人，甚至包括供应商，参与到质量管理中来，要随时、随地注意应用质量；员工愿意做好工作，关键在于如何培训，提高员工做好工作的能力。戴明的名言是："质量无需惊人之举。"

戴明学说简洁易明，其主要观点十四要点（Deming's 14 points）成为 21 世纪全面质量管理（TQM）的重要理论基础（郑丽颖，2011）。

（1）创造产品与服务改善的恒久目的　最高管理层必须从短期目标的迷途中归返，转回到长远建设的正确方向。也就是把改进产品和服务作为恒久的目的，坚持经营，这需要在所有领域加以改革和创新。

（2）采纳新的哲学　绝对不容忍粗劣的原料，不良的操作，有瑕疵的产品和松散的服务。

（3）停止依靠大批量的检验来达到质量标准　检验其实是等于准备有次品，检验出来已经是太迟，且成本高而效益低。正确的做法是改良生产过程。

（4）废除价低者得的做法　价格本身并无意义，只是相对于质量才有意义。因此，只有管理当局重新界定原则，采购工作才会改变。公司一定要与供应商建立长远的关系，并减少供应商的数目。采购部门必须采用统计工具来判断供应商及其产品的质量。

（5）永不间断地改进生产及服务系统　在每一活动中，必须降低浪费和提高质量，无论是采购、运输、工程、方法、维修、销售、分销、会计、人事、顾客服务还是生产制造。

（6）建立现代的岗位培训方法　培训必须是有计划的，且必须是建立于可接受的工作标准上。必须使用统计方法来衡量培训工作是否奏效。

（7）建立现代的督导方法　督导人员必须要让高层管理知道需要改善的地方。当知道之后，管理当局必须采取行动。

（8）驱走恐惧心理　所有同事必须有胆量去发问，提出问题，表达意见。

（9）打破部门之间的围墙　每一部门都不应只顾独善其身，而是需要发挥团队精神。跨部门的质量圈活动有助于改善设计，服务，质量及成本。

（10）取消对员工发出计量化的目标　激发员工提高生产率的指标、口号、图像、海报都必须废除。很多配合的改变往往是在一般员工控制范围之外，因此这些宣传品只会导致反感。虽然无需为员工订下可计量的目标，但公司本身要有这样的一个目标：永不间歇地改进。

（11）取消工作标准及数量化的定额　定额把焦点放在数量，而非质量上。计件工作制更不好，因为它鼓励制造次品。

（12）消除妨碍基层员工工作畅顺的因素　任何导致员工失去工作尊严的因素必须消除，包括不明何为好的工作表现。

（13）建立严谨的教育及培训计划　由于质量和生产力的改善会导致部分工作岗位数目的改变，因此所有员工都要不断接受训练及再培训。一切训练都应包括基本统计技巧的运用。

（14）创造一个每天都推动以上 13 项的高层管理结构。

戴明博士最早提出了 PDCA 循环的概念，所以又称其为戴明环。PDCA 循环是能使任何一项活动有效进行的一种合乎逻辑的工作程序，特别是在质量管理中得到了广泛的应用。P、D、C、A 四个英文字母所代表的意义如下。

P（plan）——计划。包括方针和目标的确定以及活动计划的制订。

D（do）——执行。执行就是具体运作，实现计划中的内容。

C（check）——检查。就是要总结执行计划的结果，分清哪些对了，哪些错了，明确效果，找出问题。

A（act）——行动（或处理）。对总结检查的结果进行处理，成功的经验加以肯定，并予以标准化，或制定作业指导书，便于以后工作时遵循；对于失败的教训也要总结，以免重现。对于没有解决的问题，应提给下一个 PDCA 循环中去解决。

（三）费根堡姆

阿曼德·费根堡姆（A. V. Feigenbaum）博士是全面质量控制之父、质量大师，是《全面质量控制》的作者。费根堡姆是全面质量控制的创始人。他主张用系统或者全面的方法管理质量，在质量过程中要求所有职能部门参与，而不局限于生产部门。这一观点要求在产品形成的早期就建立质量控制，而不是在既成事实后再做质量的检验和控制。在费根堡姆的学说里，他努力摒弃当时最受关注的质量控制的技术方法，而将质量控制作为一种管理方法。他强调管理的观点并认为人际关系是质量控制活动的基本问题。一些特殊的方法如统计和预防维护，只能被视为全面质量控制程序的一部分。他将质量控制定义为：一个协调组织中人们的质量保持和质量改进努力的有效体系，该体系是为了用最经济的水平生产出客户完全满意的产品。在质量控制里控制一词代表一种管理工具，包括制定质量标准、按标准评价符合性、不符合标准时采取的行动和策划标准的改进等等。

他在《全面质量管理》一书中把产品或服务质量定义为："产品或服务在营销、设计、制造、维修中各种特性的综合体，借助于这一综合体，产品和服务在使用中就能满足顾客的期望。衡量质量的主要目的就在于，确定和评价产品或服务接近于这一综合体的程度或水平。"在费根堡姆看来，质量是由消费者来判断的，而不是由设计工程师、工艺设计师、营销部门或管理部门来确定的。消费者根据他/她对某种产品或某项服务的实际经验同他/她的需要对比而做出判断。因此，费根堡姆的至理名言是：质量并非意味着最佳，而是客户使用和售价的最佳。他将系统方法用于质量，并且将质量成本划分为预防成本、鉴定成本和故障成本。

"如同音乐，质量是世界语言"是费根堡姆博士留下的佳话。他说："当今世界质量已经成为国际语言，质量管理和提高质量是国民经济发展最重要的环节。一些能在当今竞争最为激烈的环境里生存并发展得好的大公司，无一不是质量工作的领先者。"他还指出，质量是顾客的要求，这一点永远不会变，只是随着社会、经济的发展，顾客的要求变化了，才使质量的内涵也发生了变化。过去人们对质量的要求是"无瑕疵"，因此质量控制主要在生产领域进行；如今顾客要求的质量是价值的提高，不仅在于错失的减少还在于好事的增多。他把如今顾客对质量的要求归纳为，"本质上完美，经济上可以承受，由使用者决定"。可见，费根堡姆的质量定义与上述格鲁科克的定义比较接近。

（四）洛丝特

美国著名的管理学家和教育学家吉尔·A·洛丝特（J. A. Rossiter），曾担任美国威斯康星州小企业发展中心的副主任。洛丝特在 1996 年出版的《全面质量管理》是为了帮助小企业推行质量观念，开展质量管理活动而建立的理论。该书在借鉴质量管理前辈的质量管理理论和观念的基础上，讨论了小企业如何开展全面质量管理，为企业家和管理人员提供了质量管理的必备知识和关键技术。洛丝特（J. A. Rossiter）认为：质量，如同美丽一样，出自于旁观者的眼中。在工商业中，唯一重要的旁观者就是顾客。"质量是顾客对你所提供的产品或服务所感知的优良程度"，因此，要了解质量是什么，你需要知道谁是你的顾客，你要对顾客想从你的公司得到什么、对顾客的需要和期望有清楚的认识。

（五）田口玄一

日本著名质量管理学家田口玄一（Taguchi）博士把数理统计、经济学应用到质量管理工程中，发展出独特的质量控制技术，如头脑风暴法、OA（正交矩阵，orthogonal array）法和参数设计方法等，创立了质量工程学（quality engineering，QE），又叫田口方法（Taguchi methods），目前广泛应用于世界各国。20 世纪 60 年代末、70 年代初，他对质量概念提出了一种新的认识，认为所谓质量，是指产品上市后给社会带来的损失。但是，由于功能本身所产生的损失除外（王红，2012）。田口玄一将产品质量控制分为线内质量控制（on-line）和线外质量控制（off-line）：线内质量控制侧重于制造过程中对产品质量进行控制，分为工序诊断与调整、预测与校正、检验与处理；线外质量控制采用三次设计法对产品进行质量设计。田口玄一理论体系的核心是将质量和经济性紧密地联系在一起，并用质量损失函数表示。他提出了将产品质量与上市后给社会造成的损失联系起来，认为社会损失的大小直接反映了质量的高低。因此，同为合格品，上市后给社会造成的损失小的产品，质量就高。因此，田口玄一的质量定义既保存了满足用户要求这个产品质量的中心内容，又强调了经济效果，同时也使质量成为一种可量化度量的量。这一定义显然与适用性表述不同。

（六）克劳士比

在所有重要的有关质量的作家和思想家中，克劳士比（P. B. Crosby）在营销其质量理念方面做得最成功。尽管克劳士比以足科医生（他不喜欢该职业）作为职业生涯的开始，但他紧接着就在印度的 Crosley 公司担任可靠性工程师，之后在马丁公司担任质量经理，在美国国际电话电报公司（International Telephone and Telegraph，ITT）担任质量主管。他在佛罗里达州的温特帕克创立了克劳士比协会，它堪称世界上最大、最成功的质量咨询公司。

克劳士比因所著的《质量是免费的》（Quality is Free）而闻名于世。这本书的核心理论是，质量这一可控制过程是组织利润的来源。首先，克劳士比确定了一段教导期，在该期间内将管理和质量的重要性合而为一。可通过视频、书籍、研讨会以及树立应对竞争挑战的意识来完成教导。其次，组建质量改进小组，该小组由组织内各部门成员组成；建立组织质量衡量标准，由小组持续进行检查。然后，评价质量成本。这方面的努力将由管理层的办公室来协调，找到采取纠偏行为可产生最大利益的区域位置。质量意识得到强调，这奠定了克劳士比方法的理论基础。这一步说明了员工在确保质量过程中的重要性，也说明了员工了解质量改进的必要性。最后一步包括采取纠偏行为、成立零缺陷计划的特别委员会、管理培训、设定零缺陷日、消除错误原因、表彰员工和建立质量委员会。这些步骤通过不断重复而变得根深蒂固。

虽然克劳士比提出质量小组须由部门主管组成，但他并不倡导由戴明和朱兰所提出的战略规划，而是采纳类似于戴明的人力资源方法中所提出的观点：员工的意见是有价值的，应鼓励其成为质量改进计划的中心。

迄今为止，影响世界进程的管理大师有 100 多位，他们从不同的角度定义质量的内涵。

（七）质量理论的其他重要贡献者

罗伯特·坎普（Robert C. Camp）是标杆管理的主要先锋。标杆管理（benchmarking）是指公司之间分享信息，以促使双方共同进步。几年前大家认为标杆管理不可能实现，但罗伯特·坎普在美国施乐公司证明这是可行的。作为美国施乐公司和其它公司努力的结果，标杆管理现已是一种非常重要的在世界范围内证明可行的方法。罗伯特·坎普所著的畅销书《标杆管理：带来二流绩效的产业最佳实践》（Benchmarking：The Search for Industry Best Practices that Lead to Superior Performance）是一本非常著名的手册。

史蒂芬·柯维（Stephen Covey）是世界上最成功的管理咨询公司富兰克林·柯维（Franklin Covey）的管理顾问。柯维博士因其著作《高效能人士的 7 个习惯》（The 7 Habits of Hightly Effective People）而闻名。他的管理方式基于他提出的理论：人们在管理中要平衡专业和个人以及心灵成长的价值。

柯维认为，我们的信仰影响着我们与他人的互动，反过来它也影响着他人与我们的互动。因此，我们应该关心自己该如何生活，而不是在意那些影响我们生活的外部因素。柯维的许多基本论述中隐含着戴明等人的质量管理原则。这些原则交织在一起形成了基于价值的生活态度。他的 7 个习惯包括：①积极主动。这是一项控制环境而不是被环境控制的能力，但通常情况下我们往往被环境控制。管理者需要控制自己所处的环境，运用自我决策以及表现出应对多变环境的能力。②以终为始。这意味着管理者做任何事前要先在心中构想，然后付诸行动。③要事第一。管理者需要以实现第二个习惯为目标来努力管理自身和实施活动使期望得以实现。柯维认为习惯②（或者说精神和创造力）是第一位的，习惯③（或者说物质和创作）是第二位的。④双赢思维。这是人际领导最重要的方面，因为大多数成就都基于合作。⑤知己解彼。通过良好的交流来开拓和维持积极的人际关系，管理者可以被理解，同时也能理解下属。⑥综合绩效。这是一个创造性合作的习惯。这个原则认为合作通常比个人独立工作所获得的更多。⑦不断更新。这一点涉及从先前的经历中吸取经验并鼓励其他人也这么做。柯维认为发展是提升应对挑战的能力和自身能力水平的最重要的方面之一。

柯维在最近出版的一本书中阐述了第八个习惯：⑧发现自己内在的声音，并鼓励他人也发现他们内在的声音。这需要将天赋、热情和良知结合在一起，帮助自己也帮助他人实现。而在服务业中，这些是从业人员的基本素质。

迈克尔·哈默（Michael Hammer）和詹姆斯·钱皮（James Champy）强调将归纳推理和娱乐结合，却给许多个人和公司带来不幸。这一结合的结果被称为再造（reengineering），其潜在的意思是：当公司变得毫无弹性且拒绝改变时就必须变革，以使其更具竞争力。但事实上，哈默和钱皮在所著的《企业再造》（*Reengi-neering the Corporation*）一书中提倡的过程是有问题的。当一家公司的 CEO 遵循某些建议形成一个企业案例（哈佛大学商学院的方法）后，没有经过进一步的研究或分析就指示他人快速执行这些建议。在某种程度上，管理者误用了他的思想，导致人力和资金成本居高不下。在寻求商业办法的过程中，管理的目标不应该是采纳那些当下热门的工具。一个公司需要聚焦于根本原因而不是热点内容。

哈默和钱皮忽视细节和对世界一流公司的特色的分析，引导许多公司激进改革，结果惨遭失败。如果能从企业再造的失败中得到教训，那就是有些质量与绩效改进方法只是凭空想象的产物，有些则已在不同的组织、不同的文化和不同的经济领域成功应用。应避免前者，努力变成后者。许多不幸的经验已证明了这一常识。决策时必须考虑失败的风险，而且不能忽视分析和细节。幸运的是，许多公司已经发现了组织再设计的好方法，并运用了数十年。然而，对企业再造的抵触可能使这些努力显得微不足道。

三、菲德勒及其权变理论

权变理论（contingency theory），又称情境理论，20 世纪 60 年代以后关于领导有效性研究转入权变理论。权变理论认为，领导的有效性不是取决于领导者不变的品质和行为，而是取决于领导者、被领导者和情境条件三者的配合关系，即领导有效性是领导者、被领导者和领导情境三个变量的函数。

权变理论认为，每个组织的内在要素和外在环境条件都各不相同，因而在管理活动中不存在适用于任何情景的原则和方法，即在管理实践中要根据组织所处的环境和内部条件的发展变化随机应变，没有什么一成不变的、普适的管理方法。成功管理的关键在于对组织内外状况的充分了解和有效的应变策略。权变理论以系统观点为理论依据，从系统观点来考虑问题，权变理论的出现意味着管理理论向实用主义方向发展前进了一步。该学派是从系统观点来考察问题的，它的理论核心就是通过组织的各子系统内部和各子系统之间的相互联系，以及组织和它所处的环境之间的联系，来确定各种变数的关系类型和结构类型。它强调在管理中要根据组织所处的内外部条件随机应变，针对不同的具体条件寻求不同的最合适的管理模式、方案或方法。其代表人物有卢桑斯、菲德勒、豪斯等。

弗雷德·菲德勒（F. Fiedler），美国当代著名心理学和管理专家。于芝加哥大学获得博士学位，现为美国华盛顿大学心理学与管理学教授。他从1951年起由管理心理学和实证环境分析两方面研究领导学，最早对权变理论做出理论性评价。他于1962年提出了一个有效领导的权变模式（contingency model of leadership effeveness），即费德勒模式。这个模式把领导人的特质研究与领导行为的研究有机地结合起来，并将其与情境分类联系起来研究领导的效果。他经过15年调查之后，提出有效的领导行为，依赖于领导者与被领导者相互影响的方式及情境给予领导者的控制和影响程度的一致性。

首先，菲德勒剥离出影响领导形态有效性的以下三个环境因素：①领导者—成员的关系。即领导者是否受到下级的喜爱、尊敬和信任，是否能吸引并使下级愿意追随他。②职位权利。即领导者所处的职位能提供的权力和权威是否明确充分，在上级和整个组织中所得到的支持是否有力，对雇佣、解雇、纪律、晋升和增加工资的影响程度大小。③任务结构。指工作团体要完成的任务是否明确，有无含糊不清之处，其规范和程序化程度如何。

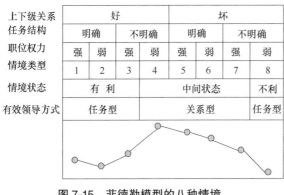

图7-15　菲德勒模型的八种情境

菲德勒模型利用上面三个权变变量来评估情境。领导者与成员关系或好或差，任务结构或高或低，职位权力或强或弱，三项权变变量总和起来，便得到八种不同的情境或类型（图7-15），每个领导者都可以从中找到自己的位置。

菲德勒相信影响领导成功的关键因素之一是个体的基本领导风格，因此他为发现这种基本风格而设计了最不喜欢同事（LPC，least preferred co-worker questionnaire）调查问卷，问卷由16组对应形容词构成。作答者要先回想一下自己共过事的所有同事，并找出一个最不喜欢的同事，在16组形容词中按1~8等级对他进行评估（表7-1）。如果以相对积极的词汇描述最不喜欢同事（LPC得分高），则作答者很乐于与同事形成良好的人际关系，就是关系取向型。相反，如果对最不喜欢同事看法很消极，则说明作答者可能更关注生产，就称为任务取向型。菲德勒运用LPC问卷将绝大多数作答者划分为两种领导风格，也有一小部分处于两者之间，很难勾勒。

菲德勒模型指出，当个体的LPC分数与三项权变因素的评估分数相匹配时，则会达到最佳的领导效果。菲德勒研究了1200个工作群体，对八种情境类型的每一种，均对比了关系取向和任务取向两种领导风格，他得出结论：任务取向的领导者在非常有利的情境和非常不利的情境下工作得更好。也就是说，当面对 1、2、3、7、8 类型的情境时，任务取向的领导者干得更好；而关系取向的领导者则在中度有利的情境，即 4、5、6 类型的情境中干得更好（图 7-15）。

表 7-1　　　　　　　　　　　　　菲德勒的 LPC 问卷

序号	形容词	打分等级	形容词
1	快乐	—— 8 7 6 5 4 3 2 1 ——	不快乐
2	友善	—— 8 7 6 5 4 3 2 1 ——	不友善
3	拒绝	—— 1 2 3 4 5 6 7 8 ——	接纳
4	有益	—— 8 7 6 5 4 3 2 1 ——	无益
5	不热情	—— 1 2 3 4 5 6 7 8 ——	热情
6	紧张	—— 1 2 3 4 5 6 7 8 ——	轻松
7	疏远	—— 1 2 3 4 5 6 7 8 ——	亲密
8	冷漠	—— 1 2 3 4 5 6 7 8 ——	热心
9	合作	—— 8 7 6 5 4 3 2 1 ——	不合作
10	助人	—— 8 7 6 5 4 3 2 1 ——	敌意
11	无聊	—— 1 2 3 4 5 6 7 8 ——	有趣
12	好争	—— 1 2 3 4 5 6 7 8 ——	融洽
13	自信	—— 8 7 6 5 4 3 2 1 ——	犹豫
14	高效	—— 8 7 6 5 4 3 2 1 ——	低效
15	郁闷	—— 1 2 3 4 5 6 7 8 ——	开朗
16	开放	—— 8 7 6 5 4 3 2 1 ——	防备

　　菲德勒认为领导风格是与生俱来的——你不可能改变你的风格去适应变化的情境。因此提高领导者的有效性实际上只有两条途径：①你可以替换领导者以适应环境。比如：如果群体所处的情境被评估为十分不利，而目前又是一个关系取向的管理者进行领导，那么替换一个任务取向的管理者则能提高群体绩效。②改变情境以适应领导者。菲德勒提出了一些改善领导者—成员关系职位权力和任务结构的建议。领导者与下属之间的关系可以通过改变下属组成加以改善，使下属的经历、技术专长和文化水平更为合适。任务结构可以通过详细布置工作内容而更加定型化；也可以对工作只做一般性指示而使其非程序化。领导的职位权力可以通过变更职位充分授权，或明确宣布职权而增加其权威性。

　　菲德勒模型强调为了领导有效需要采取什么样的领导行为，而不是从领导者的素质出发强调应当具有什么样的行为，这为领导理论的研究开辟了新方向。菲德勒模型表明，并不存在一种绝对的最好的领导形态，企业领导者必须具有适应力，自行适应变化的情境。同时也提示管理层必须根据实际情况选用合适的领导者。

　　菲德勒模型的效用已经得到大量研究的验证，虽然在模型的应用方面仍存在一些问题，比如 LPC 量表的分数不稳定，权变变量的确定比较困难等，但是菲德勒模型在实践中还是具有重要的指导意义的。

第三节 质量管理的方法

一、全面生产维护（TPM）

TPM（total productive management）起源于全员质量管理 TQM，TQM 是 W·爱德华·德明博士对日本工业产生影响的直接结果。德明博士在第二次世界大战后到日本开展工作，最初只是负责教授如何在制造业中运用统计分析，进而如何利用其数据结果，在制造过程中控制产品质量。最初的统计过程及其产生的质量控制原理受到日本人职业道德的影响，形成了具有日本特色的工业生存之道，这种新型的制造概念最终形成了众所周知的 TQM。TPM 最早是在 20 世纪 60 年代由一位美国制造人员提出的，但最早将 TPM 技术引入维修领域的是 20 世纪 60 年代后期日本的一位汽车电子元件制造商——Nippon-denso。后来，日本工业维修协会干事 Seiichi Naka jima 对 TPM 作了界定并目睹了 TPM 在数百家日本公司中的应用。

TPM 是英文 total productive management 的缩略语，中文译名称为全面生产管理。其具体含义有下面 4 个方面：①以追求生产系统效率（综合效率）的极限为目标；②从意识改变到使用各种有效的手段，构筑能防止所有灾害、不良、浪费的体系，最终构成零灾害、零不良、零浪费的体系；③从生产部门开始实施，逐渐发展到开发、管理等所有部门；④从最高领导到第一线作业者全员参与。

TPM 活动由"设备保全""质量保全""个别改进""事务改进""环境保全""人才培养"6 个方面组成，对企业进行全方位的改进。

从理论上讲，TPM 是一种维修程序。它与 TQM（全员质量管理）有以下几点相似之处：①要求将包括高级管理层在内的公司全体人员纳入 TPM；②要求必须授权公司员工可以自主进行校正作业；③要求有一个较长的作业期限，这是因为 TPM 自身有一个发展过程，贯彻 TPM 需要约一年甚至更多的时间，而且使公司员工从思想上转变也需要时间。

TPM 将维修变成了企业中必不可少的极其重要的组成部分，维修停机时间也成了工作日计划表中不可缺少的一项，而维修也不再是一项没有效益的作业。在某些情况下可将维修视为整个制造过程的组成部分，而不是简单地在流水线出现故障后进行，其目的是将应急的和计划外的维修最小化。

活动：第一，TPM 基石——5S 活动。第二，培训支柱——始于教育、终于教育的教育训练。第三，生产支柱——制造部门的自主管理活动。第四，效率支柱——全部门主题改善活动和专案活动。第五，设备支柱——设备部门的专业保全活动。第六，事务支柱——管理间接部门的事务革新活动。第七，技术支柱——开发技术部门的情报管理活动。第八，安全支柱——安全部门的安全管理活动。第九，品质支柱——品质部门的品质保全活动。

TPM 起源于日本，第二次世界大战后日本的设备管理大体经历以下四个阶段：事后修理阶段、预防维修阶段、生产维修阶段和全员生产维修（维护）阶段。

1. 事后修理（breakdown maintenance，BM）阶段（1950 年以前）

日本在第二次世界大战前、第二次世界大战后的企业以事后维修为主。第二次世界大战后一段时期，日本经济陷入瘫痪，设备破旧，故障多，停产多，维修费用高，使生产的恢复十分缓慢。

2. 预防维修（preventive maintenance，PM）阶段（1950—1960 年）

20 世纪 50 年代初，受美国的影响，日本企业引进了预防维修制度。对设备加强检查，设备故障早期发现，早期排除，使故障停机大大减少，降低了成本，提高了效率。在石油、化工、钢铁等流程工业系统，效果尤其明显。

3. 生产维修（productive maintenance，PM）阶段（1960—1970 年）

日本生产一直受美国影响，随着美国生产维修体制的发展，日本也逐渐引入生产维修的做法。这种维修方式更贴近企业的实际，也更经济。生产维修对部分不重要的设备仍实行事后维修（BM），避免了不必要的过剩维修。同时对重要设备通过检查和监测，实行预防维修（PM）。为了恢复和提高设备性能，在修理中对设备进行技术改造，随时引进新工艺、新技术，这也就是改善维修（corrective maintenance，CM）。

到了 20 世纪 60 年代，日本开始重视设备的可靠性、可维修性设计，从设计阶段就考虑如何提高设备寿命，降低故障率，使设备少维修、易于维修，这也就是维修预防（maintenance prevention，MP）策略。维修预防的目的是使设备在设计时，就拥有高可靠性和高维修性，最大可能地减少使用中的维修，其最高目标可达到无维修设计。日本在 20 世纪 60 年代到 70 年代是经济大发展的 10 年，家用设备生产发展很快。为了使自己的产品在竞争中立于不败之地，他们的很多产品已实现无维修设计。

4. 全员生产维修（TPM）阶段（1970 年至今）

TPM（total productive maintenance）又称全员生产维修体制，是日本前设备管理协会（中岛清一等人）在美国生产维修体制之后，在日本的 Nippondenso（发动机、发电机等电器）电器公司试点的基础上，于 1970 年正式提出的。

在前三个阶段，日本基本上是学习美国的设备管理经验。随着日本经济的增长，在设备管理上一方面继续学习其它国家的好经验，另一方面又进行了适合日本国情的创造，这就产生了全员生产维修体制。这一全员生产维修体制，既有对美国生产维修体制的继承，又有英国综合工程学的思想，还吸收了中国鞍钢宪法中工人参加、群众路线、合理化建议及劳动竞赛的做法。最重要的一点是，日本人身体力行地把全员生产维修体制贯彻到底，并产生了突出的效果。

推行 TPM 要从三大要素上下功夫，这三大要素包括：①提高工作技能。不管是操作工，还是设备工程师，都要努力提高工作技能，没有好的工作技能，全员参与将是一句空话。②改进精神面貌。精神面貌好，才能形成好的团队，共同促进，共同提高。③改善操作环境。通过 5S 等活动，使操作环境良好，一方面可以提高工作兴趣及效率，另一方面可以避免一些设备事故。现场整洁，物料、工具等分门别类摆放，也可使设置调整时间缩短。

要培养出能驾驭设备的操作人员，要形成 TPM 自主保养的体制，一方面要注重人才的培养，另一方面要根据其实际能力对工作有切实的提高，以实现真正的效果，并且这个效果是能得到维持的。在开展 TPM 自主保养时，不可寄希望于一下子解决许多问题，为此将目标和内容整理为 7 步，即步进式 TPM 自主保养。理想的方法是，彻底地做到每一步，待达到一定程度，再进入下一步。TPM 自主保养的七个步骤如下所述。

第一步：初期清扫。初期清扫就是以设备为中心彻底清扫灰尘、垃圾等。我们要将清扫变检查，检查能发现问题，发现设备的潜在缺陷，并及时加以处理。同时通过清扫可有助于操作人员对设备产生爱护之心。

第二步：发生源、困难部位对策。为了保持和提高第一阶段初期清扫的成果，要杜绝灰尘、污染等的根源（发生源），为此可采取消除或加盖、密封等对策。对难于维护保养的部位，如加油、清扫、除污等，也应采取有效对策，提高设备的可维护保养性。

第三步：编写清扫、加油基准。根据第一、第二步活动所取得的体会，编写一个临时基准，以保养自己分管的设备，如清扫，加油，紧固等基本条件。

第四步：综合检查。为了充分发挥设备的固有功能，要学习设备结构、功能及判断基准，检查设备各主要部分的外观，发现设备的缺陷并使之复原，同时使自己掌握必要的检查技能。再者，对以前编写的基准可考虑不断完善，以利检查。

第五步：自主检查。在第三步编写的清扫基准，加油基准，检查基准的基础上，加上第四步学到的内容，并完全遵照执行，这就是自主检查基准。在学习和执行的过程中，还要不断学习和熟悉设备的操作和动作，质量和设备等的关联性，具有正确操作设备和早期发现异常情况的能力。

第六步：整理、整顿。从现有的以设备为中心的活动向外围设备、整个车间扩大活动范围，在掌握了上述五步的能力的基础上，发展为实现并维持整个车间应有的形象。本步所说的整理是指明了车间内的工具、半成品、不良品等，并制定出管理基准，应彻底减少物、事等管理对象，尽量简化。所谓应彻整顿就是要遵守（维持）既定基准并逐步完善，以便作业人员易于遵守。车间实行目视管理和管理实行标准化。

第七步：自主管理的彻底化。通过之前六步的活动，已获得了不少的成果，人员也得到了很大的锻炼，所以这第七步就要建立起不断改善的意识，不断地进行 PDCA 循环，结合公司的方针、目标，制订出适合自己的新的小组活动目标，做到自主管理的彻底化。

TPM 项目五项指导原则为：①设备效力的最大化（减少停机时间）；②建立一个全面的预防性维护整个生命周期设备的系统；③在所有组织领域实施 TPM；④要求每一个从高层管理员到工人的组织成员下车间；⑤责任项目分配给员工而不是管理员。

二、 5S 现场管理法

5S 是整理（seiri）、整顿（seiton）、清扫（seiso）、清洁（seiketsu）和素养（shitsuke）

这5个词的缩写。5S起源于日本,是指在生产现场对人员、机器、材料、方法等生产要素进行有效管理,这是日本企业独特的一种管理办法(图7-16)。

1955年,日本的5S的宣传口号为"安全始于整理,终于整理整顿"。当时只推行了前两个"S",仅为了确保作业空间和安全。后因生产和品质控制的需要又逐步提出了3S,也就是清扫、清洁、素养,从而使应用空间及适用范围进一步拓展,到了1986年,日本关于5S的著作逐渐问世,从而对整个现场管理模式起到了冲击的作用,并由此掀起了5S的热潮。日本式企业将5S运动作为管理工作的基础,推行各种品质的管理手法,第二次世界大战后,产品品质得以迅速地提升,奠定了经济大国的地位,而在丰田公司的倡导推行下,5S对于塑造企业的形象、降低成本、准时交货、安全生产、高度的标准化、创造令人心旷神怡的工作场所、现场改善等方面发挥了巨大作用,逐渐被各国的管理界所认识。随着世界经济的发展,5S已经成为工厂管理的一股新潮流。

根据企业进一步发展的需要,有的企业在原来5S的基础上又增加了安全(safety),即形成了6S;有的企业再增加了节约(save),形成了7S;也有的企业加上习惯化(shiukanka)、服务(service)及坚持(shikoku),形成了10S,有的企业甚至推行12S,但是万变不离其宗,都是从5S里衍生出来的。例如在整理中要求清除无用的东西或物品,这在某些意义上来说,就能涉及节约和安全,具体一点,例如横在安全通道中无用的垃圾,就是安全应该关注的内容(郑煜等,2009)。

5S是应用于制造业、服务业等改善现场环境的质量和员工的思维方法,使企业能有效地迈向全面质量管理,主要是针对制造业在生产现场对材料、设备、人员等生产要素开展相应活动。5S是使日本产品品质得以迅猛提高并行销全球的成功之处。

5S现场管理法源于日本,完善于中国,中国的5S分别是整理、整顿、清洁、规范(standard)、素养。

(一)5S现场管理法:整理

将工作场所任何东西区分为必要的与不必要的:把必要的东西与不必要的东西明确地、严格地区分开来;不必要的东西要尽快处理掉。目的是腾出空间,使空间活用,防止误用、误送,并塑造清爽的工作场所。

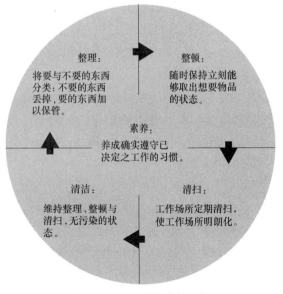

图7-16 5S现场管理内容

生产过程中经常有一些残余物料、待修品、待返品、报废品等滞留在现场,既占据了地方又阻碍生产,包括一些已无法使用的工夹具、量具、机器设备,如果不及时清除,会使现场变得凌乱。生产现场摆放不要的物品是一种浪费:即使宽敞的工作场所,也将愈变愈小;棚架、橱柜等被杂物占据而减少使用价值;增加了寻找工具、零件等物品的困难,浪费时间;物品杂乱无章的摆放,增加盘点的困难,成本核算失准。

（二）5S 现场管理法：整顿

对整理之后留在现场的必要的物品分门别类放置，排列整齐。明确数量，并进行有效的标识。其目的是使工作场所一目了然；保持整整齐齐的工作环境；消除找寻物品的时间；消除过多的积压物品。

整顿的 3 要素：场所、方法、标识。①放置场所：原则上要 100% 设定好物品的放置场所；物品的保管要定点、定容、定量；生产线附近只能放真正需要的物品。②放置方法：易取；不超出所规定的范围；在放置方法上多下功夫。③标识方法：放置场所和物品原则上一对一表示；现物的表示和放置场所的表示；某些表示方法全公司要统一；在表示方法上多下功夫。

整顿的"3 定"原则：定点、定容、定量。①定点：放在哪里合适（具备必要的存放条件，方便取用、还原放置的一个或若干个固定的区域）。②定容：用什么容器、颜色（可以是不同意义上的容器、器皿类的物件，如筐、桶、箱、篓等，也可以是车、特殊存放平台甚至是一个固定的存储空间等，均可当作容器看待）。③定量：规定合适的数量（对存储的物件在量上规定上下限，或直接定量，方便将其推广为容器类的看板使用，一举两得）

（三）5S 现场管理法：清洁

将工作场所清扫干净。保持工作场所干净、亮丽的环境。目的是：消除脏污，保持职场内干干净净、明明亮亮；稳定品质；减少工业伤害。实施要领是：建立清扫责任区（室内外）；执行例行扫除，清理脏污；调查污染源并予以杜绝或隔离；建立清扫基准并作为规范。

（四）5S 现场管理法：规范

将上面的 3S 实施的做法制度化、规范化，并贯彻执行及维持结果。目的是：维持上面 3S 的成果。需要进行制度化，定期检查。实施要领在于：落实前面 3S 工作；制订考评方法；制订奖惩制度，加强执行；高阶主管经常带头巡查以表重视。

（五）5S 现场管理法：素养

通过晨会等手段，提高全员文明礼貌水准。培养每位成员良好的习惯，并遵守规则做事。开展 5S 容易，但长时间的维持必须靠素养的提升。目的：培养具有好习惯、遵守规则的员工；提高员工文明礼貌水准；营造团体精神。需要注意长期坚持，才能养成良好的习惯。实施要领在于：制订服装、仪容、识别证标准；制订共同遵守的有关规则、规定；制订礼仪守则；教育训练（新进人员强化 5S 教育、实践）；推动各种精神提升活动（晨会、礼貌运动等）。

5S 是现场管理的基础，是 TPM（全面生产管理）的前提，是 TQM（全面品质管理）的第一步，也是 ISO 9000 有效推行的保证。5S 现场管理法能够营造一种人人积极参与，事事遵守标准的良好氛围。有了这种氛围，推行 ISO、TQM 及 TPM 就更容易获得员工的支持和配合，有利于调动员工的积极性，形成强大的推动力。实施 ISO、TQM、TPM 等活动的效果是隐蔽的、长期性的，一时难以看到显著的效果。而 5S 活动的效果立竿见影。如果在推行 ISO、TQM、TPM 等活动的过程中导入 5S，可以通过在短期内获得显著效果来增强企业员工的信心。5S 是现场管理的基础，5S 水平的高低，代表着管理者对现场管理认识的高低，这又决定了现场管理水平的高低，而现场管理水平的高低，制约着 ISO、TPM、TQM 活动能否顺利、有效地推行。通过 5S 活动，从现场管理着手改进企业体质，则能起到事半功倍的效果。

三、　6σ 管理

6σ 管理是一种统计评估法，核心是追求零缺陷生产，防范产品责任风险，降低成本，提高生产率和市场占有率，提高顾客满意度和忠诚度。6σ 管理既着眼于产品、服务质量，又关注过程的改进。它是一种管理策略，是由当时在摩托罗拉任职的工程师比尔·史密斯（Bill Smith）于 1986 年提出的。σ 是希腊文的一个字母，在统计学上用来表示标准偏差值，用以描述总体中的个体离均值的偏离程度，测量出的 σ 表征着诸如单位缺陷、百万缺陷或错误的概率性，σ 值越大，缺陷或错误就越少。6σ 是一个目标，这个质量水平意味着在所有的过程和结果中，99.99 966% 是无缺陷的，这趋近人类能够达到的最为完美的境界。6σ 管理关注过程，特别是企业为市场和顾客提供价值的核心过程。因为过程能力用 σ 来度量后，σ 越大，过程的波动越小，过程以越低的成本损失、越短的时间周期、满足顾客要求的能力就越强。6σ 管理理论认为，大多数企业在 3σ~4σ 间运转，也就是说每百万次操作失误在 6210~66 800 之间，这些缺陷要求经营者以销售额在 15%~30% 的资金进行事后的弥补或修正，而如果做到 6σ，事后弥补的资金将降低到约为销售额的 5%。

6σ 包括两个过程：6σ DMAIC 和 6σ DMADV，它们是整个过程中两个主要的步骤。6σ DMAIC 是对当前低于 6σ 规格的项目进行定义（define）、度量（measure）、分析（analyze）、改善（improve）以及控制（control）的过程。6σ DMADV 则是对试图达到 6σ 质量的新产品或项目进行定义（define）、度量（measure）、分析（analyze）、设计（design）和验证（verify）的过程。

1. 6σ 管理的流程模式

为了达到 6σ，首先要制定标准，在管理中随时跟踪考核操作与标准的偏差，不断改进，最终达到 6σ。现已形成一套使每个环节不断改进的简单的流程模式：界定、测量、分析、改进、控制。

（1）界定　确定需要改进的目标及其进度，企业高层领导就是确定企业的策略目标，中层营运目标可能是提高制造部门的生产量，项目层的目标可能是减少次品和提高效率。界定前，需要辨析并绘制出流程。

（2）测量　以灵活有效的衡量标准测量和权衡现存的系统与数据，了解现有质量水平。

（3）分析　利用统计学工具对整个系统进行分析，找到影响质量的少数几个关键因素。

（4）改进　运用项目管理和其它管理工具，针对关键因素确立最佳改进方案。

（5）控制　监控新的系统流程，采取措施以维持改进的结果，以期整个流程充分发挥功效。

2. 6σ 管理的特征

作为持续性的质量改进管理方法，6σ 管理具有如下特征（胡晓明，2011）。

（1）对顾客需求的高度关注　6σ 管理以更为广泛的视角，关注影响顾客满意度的所有方面。6σ 管理的绩效评估首先就是从顾客开始的，其改进的程度用对顾客满意度和价值的影响来衡量。6σ 质量代表了极高的对顾客要求的符合性和极低的缺陷率。它把顾客的期望作为目标，并且不断超越这种期望。企业从 3σ 开始，然后是 4σ、5σ，最终达到 6σ。

（2）高度依赖统计数据　统计数据是实施 6σ 管理的重要工具，以数字来说明一切，所有的生产表现、执行能力等，都量化为具体的数据，成果一目了然。决策者及经理人可以从各种统计报表中找出问题在哪里，真实掌握产品不合格情况和顾客抱怨情况等，而改善的成果，如成本节约、利润增加等，也都以统计资料与财务数据为依据。

（3）重视改善业务流程　传统的质量管理理论和方法往往侧重结果，通过在生产的终端加强检验以及开展售后服务来确保产品质量。然而，生产过程中已产生的废品对企业来说却已经造成损失，售后维修需要花费企业额外的成本支出。更为糟糕的是，由于容许一定比例的废品已司空见惯，人们逐渐丧失了主动改进的意识。

6σ 管理将重点放在产生缺陷的根本原因上，认为质量是靠流程的优化，而不是通过严格地对最终产品的检验来实现的。企业应该把资源放在认识、改善和控制原因上而不是放在质量检查、售后服务等活动上。质量不是企业内某个部门和某个人的事情，而是每个部门及每个人的工作，追求完美成为企业中每一个成员的行为。6σ 管理有一整套严谨的工具和方法来帮助企业推广实施流程优化工作，识别并排除那些不能给顾客带来价值的成本浪费，消除无附加值活动，缩短生产、经营循环周期。

（4）突破管理　掌握了 6σ 管理方法，就好像找到了一个重新观察企业的放大镜。人们惊讶地发现，缺陷犹如灰尘，存在于企业的各个角落。这使管理者和员工感到不安。要想变被动为主动，努力为企业做点什么。员工会不断地问自己：企业到达了几个σ？问题出在哪里？能做到什么程度？通过努力提高了吗？这样，企业就始终处于一种不断改进的过程中。

（5）倡导无界限合作　6σ 管理扩展了合作的机会，当人们确实认识到流程改进对于提高产品品质的重要性时，就会意识到在工作流程中各个部门、各个环节的相互依赖性，加强部门之间、上下环节之间的合作和配合。由于 6σ 管理所追求的品质改进是一个永无终止的过程，而这种持续的改进必须以员工素质的不断提高为条件，因此，有助于形成勤于学习的企业氛围。事实上，导入 6σ 管理的过程，本身就是一个不断培训和学习的过程，通过组建推行 6σ 管理的骨干队伍，对全员进行分层次的培训，使大家都了解和掌握 6σ 管理的要点，充分发挥员工的积极性和创造性，在实践中不断进取。

3. 实施 6σ 管理的好处

实施 6σ 管理的好处是显而易见的，概括而言，主要表现在以下几个方面。

（1）提升企业管理的能力　6σ 管理以数据和事实为驱动器。过去，企业对管理的理解和对管理理论的认识更多停留在口头上和书面上，而 6σ 把这一切都转化为实际有效的行动。6σ 管理成为追求完美无瑕的管理方式的同义语。正如韦尔奇在通用电气公司

2000 年年报中所指出的："6σ 管理所创造的高品质，已经奇迹般地降低了通用电气公司在过去复杂管理流程中的浪费，简化了管理流程，降低了材料成本。6σ 管理的实施已经成为介绍和承诺高品质创新产品的必要战略和标志之一。"6σ 管理给予了摩托罗拉公司更多的动力去追求当时看上去几乎是不可能实现的目标。20 世纪 80 年代早期公司的品质目标是每 5 年改进 10 倍，实施 6σ 管理后改为每 2 年改进 10 倍，创造了 4 年改进 100倍的奇迹。

对国外成功经验的统计显示：如果企业全力实施 6σ 革新，每年可提高一个 σ 水平，直到达到 4.7σ，无须大的资本投入。这期间，利润率的提高十分显著。而当达到 4.8σ以后，需要对过程重新设计，资本投入增加，但此时产品、服务的竞争力提高，市场占有率也相应提高。

（2）节约企业运营成本　对于企业而言，所有的不良品要么被废弃，要么需要重新返工，要么在客户现场需要维修、调换，这些都需要花费企业成本。美国的统计资料表明，一个执行 3σ 管理标准的公司直接与质量问题有关的成本占其销售收入的 10% ~15%。1987—1997 年的 10 年间，摩托罗拉公司由于实施 6σ 管理节省下来的成本累计达 140 亿美元。6σ 管理的实施，使霍尼韦尔公司 1999 年一年就节约成本 6 亿美元。

（3）增加顾客价值　实施 6σ 管理可以使企业从了解并满足顾客需求到实现最大利润之间的各个环节实现良性循环：公司首先了解、掌握顾客的需求，然后通过采用 6σ管理原则减少随意性和降低差错率，从而提高顾客满意度。通用电气的医疗设备部门在导入 6σ 管理之后创造了一种新的技术，带来了医疗检测技术革命。以往病人做一次全身检查需 3min，改进后却只需要 1min 了。医院也因此而提高了设备的利用率，降低了检查成本。这样，出现了令公司、医院、病人三方面都满意的结果。

（4）改进服务水平　由于 6σ 管理不但可以用来改善产品品质，而且可以用来改善服务流程，因此，对顾客服务的水平也得以大大提高。通用电气照明部门的一个 6σ 管理小组成功地改善了同其最大客户的支付关系，使得票据错误和双方争执减少了 98%，既加快了支付速度，又融洽了双方互利互惠的合作关系。

（5）发展企业文化　在传统管理方式下，人们经常感到不知所措，不知道自己的目标，工作处于一种被动状态。通过实施 6σ 管理，每个人知道自己应该做成什么样，应该怎么做，整个企业洋溢着热情和效率。员工十分重视质量以及顾客的要求，并力求做到最好，通过参加培训，掌握标准化、规范化的问题解决方法，工作效率获得明显提高。在强大的管理支持下，员工能够专心致力于工作，减少并消除工作中消防救火式的活动。

DMAIC 用于改进现有业务流程，包括下面 5 个步骤：①确定过程改进的目标与客户需求和企业战略相一致；②衡量当前进程并且为未来的比较收集相关日期；③分析验证关系和因果关系的因素，确定关系是什么，并努力确保所有因素被考虑；④改善或优化流程，基于使用技术分析设计实验；⑤保证任何差异导致的缺陷都得以修正。建立试点项目达到建立进程的能力，过渡到生产，此后不断衡量进程，驱动控制机制。

DMADV 用于创造新产品或流程，包括下面 5 个步骤：①确定设计活动的目标，符合客户需求和企业战略；②测量和识别 CTQ（关键质量特性，critical to qualitg），产品功能，生产过程能力和风险估计；③分析发展和设计方案创造高水平设计并且评估设计能力来选择最好的设计；④设计细节，优化的设计和计划设计验证，这一阶段可能需要模拟；⑤核对设计，建立试点运行，实现生产过程并移交给流程管理者。

四、零缺陷质量管理

零缺陷管理简称 ZD，也称缺点预防。零缺陷管理的思想主张企业发挥人的主观能动性来进行经营管理，生产者、工作者要努力使自己的产品、业务没有缺点，并向着高质量标准的目标而奋斗（崔航，2017）。是以抛弃缺陷难免论，树立无缺陷的哲学观念为指导，要求全体工作人员从开始就正确地进行工作，以完全消除工作缺点为目标的质量管理活动。零缺陷并不是说绝对没有缺陷，或缺陷绝对要等于零，而是指要以缺陷等于零为最终目标，每个人都要在自己工作职责范围内努力做到无缺点。它要求生产工作者从一开始就本着严肃认真的态度把工作做得准确无误，在生产中从产品的质量、成本与消耗、交货期等方面的要求进行合理安排，而不是依靠事后的检验来纠正。

零缺陷特别强调预防系统控制和过程控制，要求第一次就把事情做正确，使产品符合对顾客的承诺要求。开展零缺陷运动可以提高全员对产品质量和业务质量的责任感，从而保证产品质量和工作质量。在美国，许多公司常将相当于总营业额的 15%~20% 的费用用在测试、检验、变更设计、整修、售后保证、售后服务、退货处理及其它与质量有关的成本上，所以真正浪费的原因是质量低劣。如果我们第一次就把事情做对，那些浪费在补救工作上的时间、金钱和精力就可以避免。

被誉为全球质量管理大师，零缺陷之父和伟大的管理思想家的菲利浦·克劳士比在20 世纪 60 年代初提出零缺陷思想，并在美国推行零缺陷运动。后来，零缺陷的思想传至日本，在日本制造业中得到了全面推广，使日本制造业的产品质量得到迅速提高，并且领先于世界水平，继而进一步扩大到工商业所有领域。

（一）基本内涵和基本原则

零缺陷管理的基本内涵和基本原则，大体可概括为：基于宗旨和目标，通过对经营各环节各层面的全过程全方位管理，保证各环节各层面各要素的缺陷趋向于零。具体要求如下。

（1）所有环节都不得向下道环节传送有缺陷的决策、信息、物资、技术或零部件，企业不得向市场和消费者提供有缺陷的产品与服务。

（2）每个环节每个层面都必须建立管理制度和规范，按规定程序实施管理，责任落实到位，不允许存在失控的漏洞。

（3）每个环节每个层面都必须有对产品或工作差错的事先防范和事中修正的措施，保证差错不延续并提前消除。

（4）在全部要素管理中以人的管理为中心，完善激励机制与约束机制，充分发挥每个员工的主观能动性，使之不仅是被管理者，还是管理者，以零缺陷的主体行为保证产品、工作和企业经营的零缺陷。

（5）整个企业管理系统根据市场要求和企业发展变化及时调整、完善，实现动态平衡，保证管理系统对市场和企业发展有最佳的适应性和最优的应变性。

（二）缺陷的区分

1. 偶然性质量缺陷

偶然性质量缺陷，是指由于系统因素造成的质量突然恶化，属失控的突然变异。特点：原因明显、对产品质量的影响很大，需有关部门立即采取措施消灭该缺陷，使生产恢复原来状态。

2. 经常性质量缺陷

经常性质量缺陷，是指由于现有的技术和管理水平的原因而长期不能解决的缺陷。它需要采取一些重大措施改变现状，使质量提高到新水平。这种缺陷可能一时影响不大，但长期下去严重影响产品的市场竞争能力。

偶然性质量问题都是引人注目的，并且会立即受到领导的重视。而经常性质量问题则不易引起领导的重视，因为它已经长期存在，常常难以解决，久而久之被认为是不可避免的，成了被认可的"正常"状态。而且多数的做法是，解决偶然性的问题比解决经常性的问题受到优先考虑。质量改进就是要引起人们重视解决系统质量问题，并告诉人们如何解决这一问题。

（三）管理核心

第一次把正确的事情做正确，包含了三个层次：正确的事、正确地做事和第一次做正确。因此，第一次就把事情做对，三个因素缺一不可。

正确的事：辨认出顾客的真正需求，从而制定出相应的战略。

正确地做事：经营一个组织、生产一种产品或服务以及与顾客打交道所必需的全部活动都符合客户和市场的客观要求。

第一次做正确：防止不符合要求的成本的产生，从而降低质量成本，提高效率。

把零缺点管理的哲学观念贯彻到企业中，使每一个员工都能掌握它的实质，树立不犯错误的决心，并积极地向上级提出建议，就必须有准备、有计划地付诸实施。实施零缺陷管理可采用以下步骤进行。

1. 建立推行零缺陷管理的组织

事情的推行都需要组织的保证，通过建立组织，可以动员和组织全体职工积极地投入零缺陷管理，提高他们参与管理的自觉性；也可以对每一个人的合理化建议进行统计分析，不断进行经验的交流等。公司的最高管理者要亲自参加，表明决心，做出表率，要任命相应的领导人，建立相应的制度，要教育和训练员工。

2. 确定零缺陷管理的目标

确定零缺陷小组（或个人）在一定时期内所要达到的具体要求，包括确定目标项目、评价标准和目标值。在实施过程中，采用各种形式，将小组完成目标的进展情况及时公布，注意心理影响。

3. 进行绩效评价

小组确定的目标是否达到，要由小组自己评议，为此应明确小组的职责与权限。

4. 建立相应的提案制度

直接工作人员对于不属于自己主观因素造成的错误原因，如设备、工具、图纸等问题，可向组长指出，提出建议，也可附上与此有关的改进方案。组长要同提案人一起进行研究和处理。

5. 建立表彰制度

零缺陷管理不是斥责错误者,而是表彰无缺点者;不是指出人们有多少缺点,而是告诉人们向无缺点的目标奋进。这就增强了职工消除缺点的信心和责任感。

(四) 零缺陷管理实施要点

1. 需求明确

要求完全满足客户的要求,并以此作为工作的出发点和归宿。

2. 预防在先

按客户要求的内容充分做好满足需求的各种准备,积极预防可能发生的问题。

3. 一次做对

实施中要一次做对,不能把工作过程当试验场或改错场。

4. 准确衡量

任何失误或制造的麻烦都以货币形式衡量其结果。

5. 责任到位

把产品质量和服务的零缺陷分解成目标,并将责任落实到各个部门各专业组直至各岗位,按计划分步实施。

6. 调整心态

利用各种方式不断地扫除心理障碍,从思想上认识到实现零缺陷有利于公司也有利于自己,改变做人做事的不良习气。

7. 完善机制

把实现零缺陷的优劣与个人在公司组织中的地位和收入直接挂钩,对出现的问题权衡相应情况进行赔偿。

8. 强化训练

通过学习、技能竞赛等方式强化技能,做到零缺陷。

五、卓越绩效管理

卓越绩效 (GB/T 19000) 通过综合的组织绩效管理方法,为顾客、员工和其它相关方不断创造价值,提高组织整体的绩效和能力,促进组织获得持续发展和成功。卓越绩效管理模式是当前国际上广泛认同的一种组织综合绩效管理的有效方法。该模式源自美国波多里奇国家质量奖评审标准,以顾客为导向,追求卓越绩效管理理念。包括领导、战略、顾客和市场、测量分析改进、人力资源、过程管理、经营结果七个方面。该评奖标准后来逐步风行世界发达国家与地区,成为一种卓越的管理模式,即卓越绩效模式。它不是目标,而是提供一种评价方法。卓越绩效模式是 20 世纪 80 年代后期美国创建的一种世界级企业成功的管理模式,其核心是强化组织的顾客满意度意识和创新活动,追求卓越的经营绩效。朱兰认为,卓越绩效模式的本质是对全面质量管理的标准化、规范化和具体化。

中国加入世界贸易组织以后,企业面临全新的市场竞争环境,如何进一步提高企业质量管理水平，从而在激烈的市场竞争中取胜是摆在广大已获得 ISO 9000 质量体系认证的企业面前的现实问题。卓越绩效模式是世界级成功企业公认的提升企业竞争力的有效方法，也是我国企业在新形势下经营管理的努力方向。一个追求成功的企业，它可以从管理体系的建立、运行中取得绩效，并持续改进其业绩、取得成功。但对于一个成功的企业如何追求卓越，绩效模式提供了评价标准，企业可以采用这一标准集成的现代质量管理的理念和方法，不断评价自己的管理业绩从而走向卓越。

《卓越绩效评价准则》（GB/T 19580—2012）正式发布，标志着我国质量管理进入了一个新的阶段。引进、学习和实践国际上公认的经营质量标准——卓越绩效模式，对于适应我国市场经济体制的建立和经济全球化快速发展的新形势，具有重要的意义。卓越绩效模式标准反映了当今世界现代管理的理念和方法，是许多成功企业的经验总结，是激励和引导企业追求卓越，成为世界级企业的有效途径。卓越绩效模式标准框架图（图7-17）从系统的角度对组织的有效运行的整体框架进行了描述。

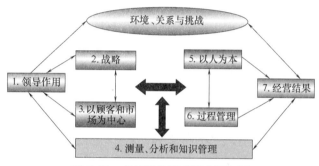

图 7-17 卓越绩效模式标准框架图

企业作为一个经营组织，其运营体系是围绕组织的业务流程所设立的各管理职能模块组成的，而企业是否能够永续经营，取决于组织能否正确地做正确的事。框架图中由两个三角，领导作用、战略及以顾客和市场为中心组成了领导三要素，以人为本、过程管理及经营结果组成了结果三要素。其中领导三要素强调高层领导在组织所处的特定环境中，通过制定以顾客和市场为中心的战略，为组织谋划长远未来，关注的是组织如何做正确的事。而结果三要素则强调如何充分调动组织中人的积极性和能动性，通过组织中的人在各个业务流程中发挥作用和过程管理的规范，高效地实现组织所追求的经营结果，关注的是组织如何正确地做事，解决的是效率和效果的问题。

（一）卓越绩效模式的特征

1. 更加强调质量对组织绩效的增值和贡献

标准命名为卓越绩效评价准则，表明 TQM（全面质量管理）近年来发生了一个最重要的变化，即质量和绩效、质量管理和质量经营的系统整合，旨在引导组织追求卓越绩效。这个重要变化来自质量概念最新的变化：质量不再只是表示狭义的产品和服务的质量，也不再仅仅包含工作质量，质量已经成为追求卓越的经营质量的代名词。质量将以追求组织的效率最大化和顾客的价值最大化为目标，作为组织一种系统运营的全面质量。

2. 更加强调以顾客为中心的理念

把以顾客和市场为中心作为组织质量管理的第一项原则，组织卓越绩效把顾客满意度和顾客忠诚度——即顾客感知价值——作为关注焦点，反映了当今全球化市场的必然要求。

3. 更加强调系统思考和系统整合

组织的经营管理过程就是创造顾客价值的过程，为达到更高的顾客价值，就需要系统、协调一致的经营过程。

4. 更加强调重视组织文化的作用

无论是追求组织卓越绩效、确立以顾客为中心的经营宗旨，还是系统思考和整合，都涉及企业经营的价值观。所以必须首先建设符合组织愿景和经营理念的组织文化。

5. 更加强调坚持可持续发展的原则

在制定战略时要把可持续发展的要求和相关因素作为关键因素加以考虑，必须在长短期目标和方向中加以实施，通过长短期目标绩效的评审对实施可持续发展的相关因素的结果加以确认，并为此提供相应的资源保证。

6. 更加强调组织的社会责任

《卓越绩效评价准则》（GB/T 19580—2012）是我国推行全面质量管理经验的总结，是多年来实施 ISO 9000 标准的自然进程和必然结果。

（二）绩效考核管理目标

在企业实际管理过程中，绩效考核管理的主要目标如下。

目标 1：持续提升企业的管理水平和管理能力。

目标 2：不断提高公司与员工的业绩目标导向。

目标 3：向员工明确传达企业绩效管理价值观。

目标 4：将绩效考核作为业绩提升的有效手段。

目标 5：最终实现企业与员工价值上的双赢。

作为企业管理者，只有深刻明确绩效管理的核心价值，管理上才不至于陷入"只见树木不见森林"的困境，才能从企业经营高度避免陷入具体绩效考核的繁杂事务中而迷失管理方向。绩效管理体系是企业管理系统的重要组成部分，渗透在企业管理的所有过程和各个方面，良好的绩效管理体系不仅仅是企业经营战略落地的有效抓手，还应该成为企业提升管理执行力的重要保证。

（三）绩效管理的基本流程

绩效管理是指企业中的管理者，通过设定员工的工作目标与工作内容、提升员工的工作能力从而评价和激励员工工作成果的一系列过程。绩效管理也是企业人力资源管理体系中最核心和最关键的模块。只有把企业的价值观和经营理念与员工的价值创造紧密匹配起来，正确激励和引导员工，才能实现企业价值与员工利益的双赢（王东强和田书芹，2008）。

1. 绩效管理的 PDCA 流程

绩效管理体系的实施需要经历 PDCA（计划—实施—评价—反馈）这个完整的流程，分别阐述如下。

（1）绩效计划　绩效计划是绩效考核实施计划制订的过程，企业各级管理者需将考核周期内员工的工作目标、工作内容、工作完成具体要求等做出明确说明并且与员工达成一致。

（2）绩效实施　绩效考核目的不是处罚或难为员工而是通过不断提升员工工作绩效从而提升企业总体绩效。这就要求企业各级管理者在整个绩效考核周期内需要持续与员工进行绩效沟通，及时发现在工作过程中出现的问题，通过不断指导帮助员工改进工作、解决问题。

（3）绩效评价　绩效评价是绩效考核中的关键环节，绩效评价主要是通过一些考核评价方法，对员工的工作表现做出评价（或评分）。

（4）绩效反馈　绩效反馈是被很多企业忽视的一个环节，但绩效反馈做得不好或缺失，会使前面的绩效考核成果大打折扣。绩效反馈是指在绩效考核周期结束后，企业各级管理者要及时与自己的下属员工进行绩效评价的面谈，将考核结果及时反馈给员工，鼓励好的方面同时指出不足和需要改进的方面。

2. 绩效管理的 6 个步骤

从企业来看，企业不仅要完整地看待绩效管理的全过程，从绩效考核到绩效管理，而且要树立绩效管理是基本的管理过程的理念，并围绕此理念展开绩效管理的各项活动。将绩效管理这一基本的管理过程归纳为 6 个步骤。

（1）设立绩效目标　设立绩效目标着重贯彻三个原则。其一，导向原则，依据公司总体目标及上级目标设立部门或个人目标。其二，SMART 原则，即目标要符合具体的（specific）、可衡量的（measurable）、可达到的（attainable）、相关的（relevant）、基于时间（time-based）五项标准。其三，承诺原则，上下级共同制定目标，并形成承诺。

（2）记录绩效表现　管理者和员工需要花大量时间记录工作表现，并尽量做到图表化、例行化和信息化。一方面为后面的辅导和评估环节提供依据，促进辅导及反馈的例行化，避免拍脑袋的绩效评估；另一方面，绩效表现记录本身对工作是一种有力的推动。

（3）辅导及反馈　辅导及反馈就是主管观察下属的行为，并对其结果进行反馈——表扬和评价。值得注意的是，对于下属行为好坏的评判标准实现需要与下属沟通，当观察到下属好的表现时，应及时予以表扬；同样，当下属有不好的表现时，应及时予以批评并要求纠正。正确的做法是：只是在下属需要的时候，才密切地监督他们。一旦下属能自己履行职责，就放手让其自主管理。

（4）绩效评估　就是通常所说的绩效考核或评价环节。在绩效管理过程中，评价是一个连续的过程，而绩效评估是过程中依据设定的评估方法和标准进行的正式评价。鉴于绩效结果一般需要较长时间才能体现出来，以及绩效评估等级的敏感性，越来越多的企业倾向于半年或者一年评估一次。

（5）反馈面谈　反馈面谈不仅是主管和下属对绩效评估结果进行沟通并达成共识，而且要分析绩效目标未达成的原因，从而找到改进绩效的方向和措施。由于管理者和员工对反馈面谈的心理压力和畏难情绪，加之管理者缺乏充分的准备和必要的面谈沟通技能，往往使反馈面谈失效甚至产生副作用，这是需要克服的。

（6）制订行动计划　根据反馈面谈达成的改进方向，制订绩效改进目标、个人发展目标和相应的行动计划，并落实在下一阶段的绩效目标中，从而进入下一轮的绩效管理循环。

六、世界级制造

1984年，美国学者贺氏和威尔瑞特首次提出了世界级制造这一概念（王凤霞，2007）。随后，施恩伯、杰夫等人对世界级制造的内涵和实践内容等进行了广泛研究，形成了世界级制造理论。该理论认为，为了达到世界级制造水平，企业必须广泛采用世界级制造实践。因为通过广泛采用世界级制造实践，可以不断改善企业的生产运营系统，提升企业的运作绩效，最终使企业成为世界级制造。

对世界级制造实践内涵的界定因研究背景、研究场合而不同，比较典型的有两类：一类是基于运作方式和运作效率的界定；另一类是基于绩效的界定。国际质量调查研究则将世界级制造实践界定为：帮助低绩效企业达到中等绩效，帮助中等绩效企业达到高绩效，帮助高绩效企业维持高绩效或达到更优的绩效水平。可见，世界级制造实践是打开全球化竞争秘密的钥匙，企业积极应用世界级制造实践的结果就是收获更好的绩效。

世界级制造模式实施的关键在于先进制造模式必须针对不同的环境实现制造战略、制造组织、制造技术以及绩效检验之间的协同。在引用世界级制造实践过程中，企业一致性是重要的影响因素，其中绩效一致性是世界级制造实践选择的直接动力源泉，位于核心层；战略一致性是世界级制造实践选择的重要影响变量，位于紧密层；环境一致性则是企业选择行为的环境载体。成功引用世界级制造实践应做到：对企业内外环境和世界级制造实践进行二次创新、将引用项目纳入战略体系之中、提供良好的系统支持环境。由此，得到世界级制造模式框架如图7-18所示。

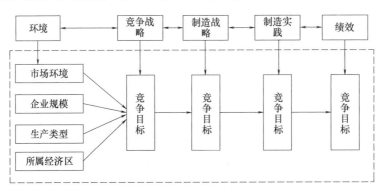

图7-18 世界级制造模式框架图

企业实现世界级制造的步骤如下。

1. 战略规划

如果企业的各个方面都朝着一系列协调好的正确目标努力的话，那么企业将会取得令人瞩目的成绩。在制定战略时要考虑到外部条件和内部条件两方面。外部条件包括经济条件、政治条件、社会条件、技术条件、市场条件等；内部条件则涵盖市场理解和合适的营销能力、现有产品和服务、现有顾客和关系、现有配送和交付系统、现有供应商和网络关系等，最终我们将要突出自己的优势即成本效率、质量、可靠性、服务；企业要想在竞争中脱颖而出必须要尽可能多的保有这些优势，即战略的制定要突出这些优势。

2. 先进制造方式的选择与实施

世界级制造实践被认为是带给企业卓越绩效的实践。世界级制造实践是打开全球化竞争秘密的钥匙，企业积极应用世界级制造实践的结果就是收获更好的绩效。

就世界级制造实践内容，贺氏和威尔瑞特首先提出了 6 类制造实践：①劳动技巧和能力；②管理层的技术能力；③质量竞争；④工人参与；⑤重建制造工程；⑥不断改进的方法。当然随着科技进步，世界级制造实践的内容也在不断扩充，如后来的全面质量管理（TQM）、持续改善、发展供应商关系、产品设计与准时化生产（Just-in-time, JIT），G. Chand 和 B. Shirvani 提出，全面生产维修（total productive maintenance，TPM）也是世界级制造实践的重要组成部分。此外，精益生产、重组与再造、标杆学习、企业资源计划（ERP）、供应链管理、产品开发、敏捷制造等在某些文献中也被称为世界级制造实践。随着信息技术得到重视，塞克斯纳指出，信息技术（IT）在世界级制造中可以起到连接企业战略资源和各项管理职能的作用，从而确立了 IT 技术在世界级制造中的重要作用。当然，企业可以根据自身的需要，并结合自身的条件选择制造实践并确保其得到有力的实施。

3. 可行的绩效评估体系

世界级制造的评估指标当中有许多经过多年实践被证明是有效的指标。它们包括：①交货和用户服务绩效的度量，测量的主要指标为供货时间和数量的准时率和准确率；计划期内作业计划调整次数；作业计划准时完成率；合同履约率；订单损失率等。②加工时效的度量，包括生产周期有效利用率，用户要求的交货提前期，设置时间分布特性，在制品平均移动距离，设备故障率等。③制造系统柔性的度量，主要从产品结构柔性、产量柔性、引入新产品的柔性三个方面来衡量，具体指标包括盈亏平衡点百分比，平均产出与产出能力的比例，产品的不同种类零件数，产品零件的通用性，加工过程的工序数，产品零件展开表的层数，工人平均技能系数等。④质量绩效的度量，包括供应商质量、制造质量、数据质量、预防维修绩效、质量成本绩效；财务绩效的度量，包括附加价值活动分析、行政管理系统复杂性的度量。⑤人才绩效的度量，包括工人的士气、企业内部的小组活动绩效、职工参与程度、中层和作业层管理者的领导能力、员工的技能教育培训水平和效果、作业环境的改善等。

4. 至臻至善，持续改进

或许对今天的企业来说，一个更好的座右铭应该是"如果事情还没有达到完美状态，那么就需要寻找途径加以改进"，当然改进可以是突破性的也可以是逐步的，但大体上都要遵循以下程序：①观察并理解当前的方法；②记录当前的方法；③用批评的眼光评价当前的方法；④实施改进；⑤经历足够长的时间后，重新评价新方法，检查其是否按照最初的希望在运行。

第四节　质量管理五大工具

一、质量先期策划（APQP）

产品质量先期策划（APQP）是 QS 9000/TS 16949 质量管理体系的一部分。商管教育将 APQP 产品质量策划定义成一种用来确定和制定确保某产品使顾客满意所需步骤的结构化方法。目标是促进与所涉及的每一个人的联系，以确保所要求的步骤按时完成。有效的产品质量策划依赖于高层管理者对努力达到使顾客满意这一宗旨的承诺的实施，产品质量策划是一种结构化的方法。

产品质量先期策划通俗地讲，就是如何对产品设计和开发进行控制。产品设计和开发，可以看成是典型的 PDCA 循环：P——技术和概念开发；D——产品和过程开发验证；C——产品和过程确认；A——持续改进。将产品设计和开发描述为一个循环，意在强调：①持续改进是一个永无止境的追求；②改进是以不断获取经验的方式实现的。在一个项目中获取的经验，可以应用到下一个项目中去。

（一）产品设计和开发过程

APQP 将产品设计和开发过程分为 5 个阶段。

1. 计划和定义

本过程的任务：如何确定顾客的需要和期望，以计划和定义质量大纲；做一切工作必须把顾客牢记心上；确认顾客的需要和期望已经十分清楚。

2. 产品的设计与开发

本过程的任务和要点：讨论将设计特征发展到最终形式的质量策划过程诸要素；小组应考虑所有的设计要素，即使设计是顾客所有或双方共有；步骤中包括样件制造以验证产品或服务满足"服务的呼声"的任务；一个可行的设计应能满足生产量和工期要求，也要考虑质量、可靠性、投资成本、重量、单件成本和时间目标；尽管可行性研究和控制计划主要基于工程图纸和规范要求，但是本节所述的分析工具也能猎取有价值的信息以进一步确定和优先考虑可能需要特殊的产品和过程控制的特性；保证对技术要求和有关技术资料的全面、严格的评审；进行初始可行性分析，以评审制造过程可能发生的潜在问题。

3. 过程设计和开发

本过程的任务和要点：保证开发一个有效的制造系统，保证满足顾客的需要、要求和期望；讨论为获得优质产品而建立的制造系统的主要特点及与其有关的控制计划。

4. 产品和过程的确认

本过程的任务和要点：讨论通过试生产运行评价对制造过程进行验证的主要要点；应验证是否遵循控制计划和过程流程图，产品是否满足顾客的要求；并应注意正式生产前有关问题的研究和解决。

5. 反馈、评定和纠正措施

本过程的任务与要点：质量策划不因过程确认就绪而停止，在制造阶段，所有变差的特殊原因和普通原因都会表现出来，我们可以对输出进行评价，也是对质量策划工作有效性进行评价的时候；在此阶段，生产控制计划是用来评价产品和服务的基础；应对计量型和计数型数据进行评估。采取 SPC 手册中所描述的适当的措施。

（二）APQP 的基础

APQP（advanced product quality planning）的基础有 10 个，分列如下。

1. 组织小组

横向职能小组是 APQP 实施的组织；小组需授权（确定职责）；小组成员可包括：技术、制造、材料控制、采购、质量、销售、现场服务、供方、顾客的代表。

2. 确定范围

具体内容包括：确定小组负责人；确定各成员职责；确定内、外部顾客；确定顾客要求；理解顾客要求和期望；评定所提出的设计、性能要求和制造过程的可行性；确定成本、进度和限制条件；确定需要的来自顾客的帮助；确定文件化过程和形式。

3. 小组间的联系

顾客、内部、组织及小组内的子组之间联系方式可以是举行定期会议，联系的程度根据需要而定。

4. 培训

APQP 成功取决于有效的培训计划。培训的内容：了解顾客的需要、全部满足顾客需要和期望的开发技能，例如顾客的要求和期望、working as a team、开发技术、APQP、FMEA、PPAP 等。

5. 顾客和组织参与

主要顾客可以和一个组织开始质量策划过程；组织有义务建立横向职能小组管理APQP；组织必须同样要求其供方。

6. 同步工程

同步工程：横向职能小组同步进行产品开发和过程开发，以保证可制造性、装配性并缩短开发周期，降低开发成本。同步技术是横向职能小组为一共同目标努力的过程，取代以往逐级转递的方法，目的是尽早使高质量产品实现生产。小组保证其它领域/小组的计划和活动支持共同的目标；同步工程的支持性技术举例；网络技术和数据交换等相关技术；DFX 技术；QFD；此外，同步工程还大量用到田口方法、FMEA 和 SPC 等技术。

7. 控制计划

控制零件和过程的系统的书面描述即为控制计划。每个控制计划包括 3 个阶段：样件——对发生在样件制造过程中的尺寸测量、材料与性能试验的描述；试生产——对发生在样件之后，全面生产之前的制造过程中的尺寸测量、材料和性能试验的描述；生产——

对发生在批量生产过程中的产品/过程特性、过程控制、试验和测量系统的综合描述。

8. 问题的解决

APQP 的过程是解决问题的过程；解决问题可用职责—时间矩阵表形成文件；遇到困难情况下，推荐使用论证的问题—解决方法。

9. 产品质量先期策划的时间计划

APQP 小组在完成组织活动后的第一件工作——制订时间计划；考虑时间计划的因素——产品类型、复杂性和顾客的期望。小组成员应取得一致意见，时间计划图表应列出任务、职责分配及其它有关事项（参考关键路径法），供策划小组跟踪进度和设定会议日期的统一格式。每项任务应有起始日期、预计完成时间，并记录实际情况。把焦点集中于确认要求特殊注意的项目，通过有效的状况报告活动支持对进度的监控。

10. 与时间计划图表有关的计划

项目的成功依赖于及时和价有所值的方式。APQP 时间表和 PDCA 循环要求 APQP 小组竭尽全力于预防缺陷。APQP 的过程是采取防错措施，不断降低产品风险的过程。缺陷预防由产品设计和制造技术的同步工程推进。策划小组应准备修改产品策划计划以满足顾客期望。策划小组的责任是确保进度满足或提前于顾客的进度计划。

二、生产件批准程序（PPAP）

生产件批准程序（production part approval process，PPAP）是质量管理的五大工具之一，规定了包括生产件和散装材料在内的生产件批准的一般要求。PPAP 过程流程图示例如图 7-19 所示。

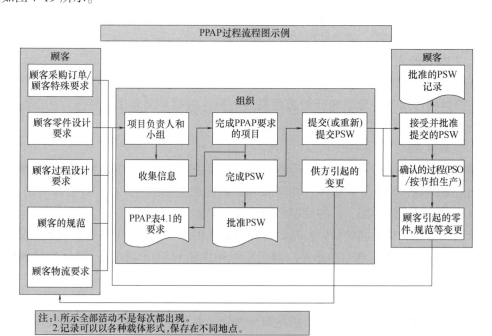

图 7-19   PPAP 过程流程图

PPAP 流程的目的是用以确认组织（供应商）是否正确理解顾客的设计要求和规范；是否能持续生产满足顾客要求的规范产品；是否满足顾客产能（节拍）要求。PPAP 必须适用于提供生产件、服务件、生产原料或散装材料的组织的内部和外部现场。一般散装材料不要求 PPAP，但如果顾客有特殊要求则应按具体要求执行。对于生产件，用于 PPAP 的产品，必须取自有效的生产（significant production run）。该生产过程必须是 1~8h 的量产，且规定的生产数量至少为 300 件连续生产的零件，除非有经授权的顾客代表的另行规定。PPAP 的产品，必须取自有效的生产。市场是检验质量的唯一标准。

（一）PPAP 过程要求

1. 试生产要求

对于生产件，用于 PPAP 的产品，必须取自有效的生产（significant production run）。该生产过程必须是 1~8h 的量产，且规定的生产数量至少为 300 件连续生产的零件，除非有经授权的顾客代表的另行规定。

该 significant production run，必须在生产现场使用与量产环境同样的工装、量具、过程、材料和操作人员。来自每个生产过程的零件，如可重复的装配线和/或工作站、一模多腔的模具、成型模、工具或模型的每一位置，都必须进行测量，并对代表性零件进行试验。

2. 文件要求

按 PPAP 手册要求，一个完整的 PPAP 需要包含 18 项内容。

（1）设计记录 组织必须具备所有 Saleable 产品/零件设计记录，包括：零件级图纸；总成图纸；Bom（材料清单）；材料规范；性能或测试规范等。

（2）授权的工程变更文件 对于任何尚未录入设计记录中，但已在产品、零件或工装上呈现出来的工程变更，组织必须有该工程变更的授权文件。包括供应商的变更要求记录。

（3）顾客工程批准 顾客要求时，组织必须具有顾客工程批准的证据。如由供应商完成设计时，需要得到顾客的批准。

（4）设计 FMEA（组织有产品设计职责）-DFMEA 有产品设计职责的组织，必须按照顾客的要求开发设计 FEMA。

（5）过程流程图（flow chart） 组织必须使用组织规定的格式按步骤绘制过程流程图，流程图将提供 FMEA 与控制计划的 linkage。

（6）过程 FMEA-PFMEA 组织必须按照顾客的特殊要求，进行相应的过程 FMEA 开发。参考 FMEA 手册。

（7）控制计划（control plan） 组织必须制订控制计划，定义用于过程控制的所有控制方法，并符合顾客规定的要求。参考《先期产品质量策划和控制计划》。

（8）测量系统分析 MSA 组织必须对所有新的或改进后的量具、测量和试验设备进行测量系统分析研究，如量具的重复性与再现性、偏移、线性和稳定性研究。

（9）全尺寸测量（layout） 组织必须按照设计记录和控制计划的要求，提供尺寸验证已经完成的证据，且测量结果符合规定的要求。

（10）材料/性能试验　对于设计记录或控制计划中规定的材料和/或性能试验，组织必须有试验结果记录。

（11）初始过程研究　在提交由顾客或组织指定的所有特殊特性之前，必须确定初始过程能力或性能指数的水准是可接受的。包括制程能力指数 CPK（combined public key）、过程性能指数 PPK（performance index of process）。

（12）合格实验室文件要求　PPAP 要求的检验和试验必须在按照顾客要求定义的合格实验室内进行（例如有资格认可的实验室）。

（13）外观批准报告（appearance approval raport，AAR）　如果在设计记录上某一零件或零件系列有外观要求，则必须单独完成该产品/零件的外观批准报告。

（14）生产件样品（product sample）　组织必须按照顾客的规定提供产品样品。

（15）标准样品（master sample）　组织必须保存一件标准样品，与生产件批准记录保存的时间相同，或直到生产出一个用于顾客批准，而且是相同顾客零件编号的新标准样品为止，或在设计记录、控制计划或建议准则要求的地方，存放标准样品，作为参考或标准。

（16）检查辅具　如果顾客提出要求，组织必须在提交 PPAP 时同时提交任何零件的特殊装配辅具或部件检查辅具。

（17）顾客的特殊要求　组织必须有与所有适用的顾客特殊要求相符合的记录。

（18）零件提交保证书（part submission wavant，PSW）　对于每一个顾客零件编号都必须完成一份单独的 PSW，除非经授权的顾客代表同意其它的形式。

（二）何时提交 PPAP

PPAP 提交可能发生在产品生命周期的任何时间点，包括以下几种。

（1）一种新的零件或产品（即以前未曾提供给某个顾客的某种零件、材料或颜色）。

（2）对以前所提供不符合零件的纠正。

（3）由于设计记录、规范或材料方面的工程变更从而引起产品的改变。

（4）任何现有产品的设计或过程发生变更时。

（三）PPAP 提交等级

按 PPAP 手册要求，PPAP 一共 5 个提交等级，但不管顾客要求提交哪一个等级，供应商在其现场都须完成 PPAP 18 项的所有内容。

等级 1：仅向顾客提交保证书（对指定的外观项目，提供一份外观批准报告）。

等级 2：向顾客提交保证书和产品样品及有限的相关支持资料。

等级 3：向顾客提交保证书和产品样品及完整的相关支持资料。

等级 4：提交保证书和顾客规定的其它要求。

等级 5：保证书、产品样品以及全部的支持数据都保留在组织制造现场，供审查时使用。

（四）PPAP 开展过程

PPAP 开展过程应该是贯穿整个的产品开发过程中的，从新产品设计阶段就要进行 PPAP 的策划，直到新产品批产前完成生产件的批准。PPAP 开展 6 步法如下。

步骤 1：PPAP 启动。

时机：当新项目被批准后，进入到产品设计阶段，即可开展 PPAP 启动活动。

目的：提前策划 PPAP 开展过程，明确顾客对 PPAP 交付物的所有要求，并制订 PPAP 开展计划，保证 PPAP 顺利开展。

步骤 2：PPAP 文件预评审。

时机：在产品样件阶段，即产品设计和开发阶段、过程设计和开发阶段，可定期开展 PPAP 文件预评审活动。

目的：强调 PPAP 交付物是产品开发过程中不同阶段的输出物；在产品开发过程中，对相关输出物及时评审，修正问题，保证 PPAP 交付物的有效性。

步骤 3：PPAP 生产准备。

时机：当产品进入到试生产阶段之前，要策划、开展 PPAP 生产准备工作。

目的：提前对 PPAP 生产验证过程进行策划、准备，确保 PPAP 生产为有效的生产过程。（这个有效的生产过程是 PPAP 的关键定义，可查阅手册。）

步骤 4：PPAP 生产验证。

时机：在产品试生产阶段，即产品和过程确认阶段，根据 PPAP 生产验证计划或顾客的要求开展 PPAP 生产验证。

目的：确认产品生产过程质量控制是否受控；确认经过有效的生产过程的产品是否满足顾客的要求；确认生产能力是否可以满足顾客的要求。

步骤 5：PPAP 交付物提交。

时机：当 PPAP 生产过程验证通过以后，需立刻整理提交 PPAP 交付物。

目的：组织提交客观证据用于顾客的最终评审和确认（交付物不限于文件包）。

步骤 6：PPAP 批准。

时机：在产品批量供货之前，需要获得 PPAP 批准。

目的：组织获得顾客的认可，可批量提供产品。

三、统计过程控制（SPC）

在产品生产加工的过程中，产品的尺寸等规格由于某些原因会发生一定的波动，这种波动对产品的质量影响很多，但是完全可以通过采取措施来避免和消除这种波动所造成的影响，这种措施就是过程控制（彦仁，1999）。统计过程控制（statistical process control，SPC）是应用统计技术对过程中的各个阶段进行评估和监控，建立并保持过程处于可接受的并且稳定的水平，从而保证产品与服务符合规定的要求的一种质量管理技术（孔庆香，2013）。它是过程控制的一部分，从内容上说主要是有两个方面：一是利用控制图分析过程的稳定性，对过程存在的异常因素进行预警；二是计算过程能力指数分析稳定的过程能力满足技术要求的程度，对过程质量进行评价。

SPC 源于 20 世纪 20 年代，以美国 Shewhart 博士发明控制图为标志。自创立以来，即在工业和服务等行业得到推广应用，自 20 世纪 50 年代以来 SPC 在日本工业界的大量推广应用对日本产品质量的崛起起到了至关重要的作用；20 世纪 80 年代以后，世界许多大公司纷纷在自己内部积极推广应用 SPC，而且对供应商也提出了相应要求。在 ISO 9000 及 QS 9000 中也提出了在生产控制中应用 SPC 方法的要求。

统计过程控制对生产过程进行分析评价，根据反馈信息及时发现系统性因素出现的征兆，并采取措施消除其影响，使过程维持在仅受随机性因素影响的受控状态，以达到控制质量的目的。当过程仅受随机因素影响时，过程处于统计控制状态（简称受控状态）；当过程中存在系统因素的影响时，过程处于统计失控状态（简称失控状态）。由于过程波动具有统计规律性，当过程受控时，过程特性一般服从稳定的随机分布；而失控时，过程分布将发生改变。SPC 正是利用过程波动的统计规律性对过程进行分析控制。因而，它强调过程在受控和有能力的状态下运行，从而使产品和服务稳定地满足顾客的要求。

要实施 SPC，需要对流程的输出进行检测和判断，利用图形和统计的方法来预测分析流程的输出是否能满足客户的要求。大部分公司在实施 SPC 的时候会选择 Minitab 软件作为基本工具使用。在 Minitab 中，提供了各类控制图，比如 Xbar-R 控制图，Xbar-S 控制图，I-MR 控制图，p-图，Np-图，C-图，U 图，EWMA 控制图等，软件会根据收集数据的不同自动选择相应的图形来进行分析。实施 SPC 的过程一般分为两大步骤：第一步用 SPC 工具对过程进行分析，如绘制分析用控制图等，根据分析结果采取必要措施，可能需要消除过程中的系统性因素，也可能需要管理层的介入来减小过程的随机波动以满足过程能力的需求。第二步则是用控制图对过程进行监控。

控制图是 SPC 中最重要的工具。在实际中大量运用的是基于 Shewhart 原理的传统控制图。但控制图不仅限于此，已逐步发展了一些先进的控制工具，如对小波动进行监控的 EWMA 控制图和 CUSUM 控制图，对小批量多品种生产过程进行控制的比例控制图和目标控制图，对多重质量特性进行控制的控制图。

SPC 非常适用于重复性生产过程。它能够：①对过程做出可靠的评估；②确定过程的统计控制界限，判断过程是否失控和过程是否有能力；③为过程提供一个早期报警系统，及时监控过程的情况以防止废品的发生；④减少对常规检验的依赖性，定时的观察以及系统的测量方法替代了大量的检测和验证工作。

SPC 作为质量改进的重要工具，不仅适用于工业工程，也适用于服务等一切过程性的领域。在过程质量改进的初期，SPC 可帮助确定改进的机会，在改进阶段完成后，可用 SPC 来评价改进的效果并对改进成果进行维持，然后在新的水平上进一步开展改进工作，以达到更强大、更稳定的工作能力。

随着市场竞争的日益激烈，企业对产品的质量提出了更高的要求，特别是生产国际化的产品，企业将面临全球化的产品竞争，而产品竞争的法宝就是以质取胜，质量无国界，企业要想加入全球产业链之中，就必须按照国际统一的质量管理标准和方法进行质量管理，纷纷通过了 ISO 9000、QS 9000 等质量管理认证。而国际标准化组织（ISO）也将 SPC 作为 ISO 9000 族质量体系改进的重要内容，QS 9000 认证也将 SPC 列为一项重要指标。鉴于此，世界许多大公司不仅自身采用 SPC，而且要求供应商也必须采用 SPC 控制质量，SPC 业已成为企业质量管理必不可少的工具和质量保证手段，也是利用高新技术改造传统企业的重要内容。

四、测量系统分析（MSA）

（一）基本内容

测量系统分析（measurement systems analysis，MSA）数据是通过测量获得的，对测量的定义是：测量是赋值给具体事物以表示他们之间关于特殊特性的关系。这个定义由 C. Eisenhart 首次给出。赋值过程定义为测量过程，而赋予的值定义为测量值。从测量的定义可以看出，除了具体事物外，参与测量过程还应有量具、使用量具的合格操作者和规定的操作程序，以及一些必要的设备和软件，再把它们组合起来完成赋值的功能，获得测量数据。这样的测量过程可以看作为一个数据制造过程，它产生的数据就是该过程的输出。这样的测量过程又称为测量系统。它的完整叙述是：用来对被测特性定量测量或定性评价的仪器或量具、标准、操作、夹具、软件、人员、环境和假设的集合，用来获得测量结果的整个过程称为测量过程或测量系统。

在影响产品质量特征值变异的六个基本质量因素（人、机器、材料、操作方法、测量和环境）中，测量是其中之一。与其它五种基本质量因素所不同的是，测量因素对工序质量特征值的影响独立于五种基本质量因素综合作用的工序加工过程，这就使得单独对测量系统的研究成为可能。而正确的测量，永远是质量改进的第一步。如果没有科学的测量系统评价方法，缺少对测量系统的有效控制，质量改进就失去了基本的前提。为此，进行测量系统分析就成了企业实现连续质量改进的必经之路（谭吉芳，2015）。

如今，测量系统分析已逐渐成为企业质量改进中的一项重要工作，企业界和学术界都对测量系统分析给予了足够的重视。测量系统分析也已成为美国三大汽车公司质量体系 QS 9000 的要素之一，是 6σ 质量计划的一项重要内容。此时，以通用电气（GE）为代表的 6σ 连续质量改进计划模式为：确认（define）、测量（measure）、分析（analyze）、改进（improve）和控制（control），简称 DMAIC。

从统计质量管理的角度来看，测量系统分析实质上属于变异分析的范畴，即分析测量系统所带来的变异相对于工序过程总变异的大小，以确保工序过程的主要变异源于工序过程本身，而非测量系统，并且测量系统能力可以满足工序要求。测量系统分析，针对的是整个测量系统的稳定性和准确性，它需要分析测量系统的位置变差、宽度变差。在位置变差中包括测量系统的偏倚、稳定性和线性。在宽度变差中包括测量系统的重复性、再现性。

测量系统可分为计数型及计量型测量系统两类。测量后能够给出具体的测量数值的为计量型测量系统；只能定性地给出测量结果的为计数型测量系统。计量型测量系统分析通常包括偏倚（bias）、稳定性（stability）、线性（linearity）以及重复性和再现性（repeatability & reproducibility，简称 R&R）（李耀江和杜世昌，2010）。在测量系统分析的实际运作中可同时进行，亦可选项进行，根据具体使用情况确定。计数型测量系统分析通常利用假设检验分析法来进行判定。

测量系统分析，是指用统计学的方法来了解测量系统中的各个波动源，以及他们对测量结果的影响，最后给出本测量系统是否符合使用要求的明确判断。

测量系统必须具有良好的准确性和精确性。他们通常由偏倚和方差等统计指标来表征。

偏倚用来表示多次测量结果的平均值与被测质量特性基准值（真值）之差，其中基准值可通过更高级别的测量设备进行若干次测量取其平均值来确定。

波动是表示在相同的条件下进行多次重复测量结果分布的分散程度，常用测量结果的标准差 σ_{ms} 或过程波动 PV 表示。这里的测量过程波动是指 99% 的测量结果所占区间的长度。通常测量结果服从正态分布 $N(\mu, \sigma^2)$，99% 的测量结果所占区间的长度为 5.15σ。

（二）测量系统分析的目的

测量系统分析目的是：①确定所使用的数据是否可靠；②评估新的测量仪器；③将两种不同的测量方法进行比较；④对可能存在问题的测量方法进行评估；⑤确定并解决测量系统误差问题。

（三）测量系统分析的组成

测量系统组成：量具（equipment），测量人员（operator），被测量工件（parts），程序（procedure），方法（methods）。这几点交互作用组成测量系统。理想的测量系统在每次使用时，应只产生正确的测量结果。每次测量结果总应该与一个标准值相符。一个能产生理想测量结果的测量系统，应具有零方差、零偏倚和所测的任何产品错误分类为零概率的统计特性。

（四）测量系统分析的指标

1. 量具重复性

量具重复性指同一个评价人，采用同一种测量仪器，在尽可能短的时间内多次测量同一零件的同一特性时获得的测量值（数据）的变差。

2. 量具再现性

量具再现性指由不同的评价人，采用相同的测量仪器，测量同一零件的同一特性时测量平均值的变差。

3. 稳定性

稳定性指测量系统在某持续时间内测量同一基准或零件的单一特性时获得的测量值总变差。

4. 偏倚

偏倚指同一操作人员使用相同量具，测量同一零件之相同特性多次数所得平均值与采用更精密仪器测量同一零件之相同特性所得之平均值之差，即测量结果的观测平均值与基准值的差值，也就是我们通常所称的准确度。

5. 线性

线性指测量系统在预期的工作范围内偏倚值的变化。

（五）测量系统分析的步骤

第一阶段：验证测量系统是否满足其设计规范要求。主要有两个目的：①确定该测量系统是否具有所需要的统计特性，此项必须在使用前进行。②发现哪种环境因素对测量系统有显著的影响，例如温度、湿度等，以决定其使用之空间及环境。

第二阶段：①验证测量系统是否是可行的，如果是可行的，则应持续具有恰当的统计特性。②常见的一种形式就是"量具 R&R"。

五、潜在的失效模式及后果分析（FMEA）

潜在的失效模式和后果分析（failure mode and effects analysis，FMEA），实际上是失效模式分析和失效影响分析的组合，是在产品设计阶段和过程设计阶段，对构成产品的子系统、零件，对构成过程的各个工序逐一进行分析，找出所有潜在的失效模式，并分析其可能的后果，从而预先采取必要的措施，以提高产品的质量和可靠性的一种系统化的活动。

失效一词乃指出物品的功能失去原先设定的运用效果，所以失效的原因可能来自：错误、遗漏、没有或仅有部分动作、产生危险、有障碍等与原先产品设定机能的目标不符的情形。这些状况的产生会造成顾客对制造者与销售者的不满，可能产生的情形有大有小、也因使用时间有长有短，对于设计、生产乃至检验者而言，都需要将自己负责的部分隐藏的失效因素排除。所以失效是客户抱怨的主要来源，必须依照一定的步骤予以分析解构，将这样具模组化的作业方式整合成一种模式，称为失效模式分析。

20 世纪 50 年代初，美国第一次将 FMEA 思想用于一种战斗机操作系统的设计分析；20 世纪 60 年代中期，FMEA 技术正式用于航天工业；1976 年，美国国防部颁布了 FMEA 的军用标准，但仅用于设计方面；到 20 世纪 70 年代末，FMEA 技术开始进入汽车工业和医疗设备工业；20 世纪 80 年代末，进入微电子工业；20 世纪 80 年代中期，汽车工业开始应用过程 FMEA 确认其制造过程；1988 年，美国联邦航空局发布咨询通报要求所有航空系统的设计及分析都必须使用 FMEA；1991 年，ISO 9000 推荐使用 FMEA 提高产品和过程的设计；1994 年，FMEA 又成为 QS 9000 的认证要求。

1. FMEA 的主要目的

潜在的失效模式和后果分析作为一种策划用作预防措施工具，其主要目的是发现、评价产品/过程中潜在的失效及其后果，找到能够避免或减少潜在失效发生的措施并不断完善：①能够容易、低成本地对产品或过程进行修改，从而减轻事后修改的危机；②找到能够避免或减少这些潜在失效发生的措施。

2. FMEA 的适用范围

失效模式分析对产品从设计完成之后，到首次样品的发展及之后的生产制造，到品管验收等阶段皆有许多适用范围，基本上可以活用在三个阶段，说明如下。

（1）第一阶段：设计阶段的失效模式分析

① 针对已设计的构想作为基础，逐项检讨系统的构造、机能上的问题点及预防策略；

② 对于零件的构造、机能上的问题点及预防策略的检讨；

③ 对于数个零件组或零件组之间可能存在的问题点作检讨。

（2）第二阶段：试验计划订定阶段的失效模式分析

① 针对试验对象的选定及试验的目的、方法的检讨；

② 试验法有效的运用及新评价方法的检讨；

③ 试验之后的追踪和有效性的持续运用。

（3）第三阶段：制程阶段的 FMEA

① 制程设计阶段中，被预测为不良制程及预防策略的检讨；

② 制程设计阶段中，为了防止不良品发生，必须加以管理之特性的选定，或管理重点之检讨；

③ 有无订定期间追踪的效益。

3. FMEA 的注意点

除上述所用的范围可以运用此分析技巧外，使用者也可自行运用在合适的地方。但是在运用上要注意到以下几项。

（1）失效模式资讯情报　如能在事前收集好对象产品、制程、机能等的相关资讯情报，对于分析有很大的帮助。在收集资料上不要轻言放弃可能的因素，如果真的难以判断，就交由专案小组讨论确定。

（2）分析检讨人员足够　为防止分析时的偏差导致失之毫厘，差之千里的谬误并能收集思广益之功，一定的人数参与是必要的，至于多少人才算足够，当视分析对象的特征或公司能力而定。对这一点，固然在量上面要足够，质的方面也要考量各个层面的代表性，每个功能不只组织要有，专业技术和管理人员都有则能更具周延性。对于初次导入失效模式分析手法的企业而言，也许延聘外部顾问或指导者进行人员训练、执行协助等是一项可行的做法。

（3）开发时间整合　由于绝大部分进行此类分析的人员，都有既定的原本任务，一方面要能进行日常工作，另一方面要能顺遂分析工作，因此开发时间的妥善安排是非常重要的，以专案性工作组织来进行失效模式分析可以获得更有利的分工。同时，也要明示设计审查的检讨对象，界定谁有权利做最后定案的人。

（4）结果加以追踪　任何专案工作都须制定追踪日期，比较好的做法是将追踪的作业也当成分析工作的一部分，并且在工作计划中也安排进去，当然，负责排定工作的人也要对追踪工作安排负责人，最好能定期提一份追踪情形报告给公司执行长。专案进度是检视失效模式分析成就多寡的重要指标，依照后叙的实施步骤，建立一套模式化的分析流程。

4. FMEA 的几种类型

由于产品故障可能与设计、制造过程、使用、承包商/供应商以及服务有关，因此 FMEA 又细分为：DFMEA：设计 FMEA；PFMEA：过程 FMEA；EFMEA：设备 FMEA；SFMEA：体系 FMEA。

其中设计 FMEA 和过程 FMEA 最为常用。

（1）DFMEA：设计 FMEA　设计 FMEA（也记为 d-FMEA）应在一个设计概念形成之时或之前开始，并且在产品开发各阶段中，当设计有变化或得到其它信息时及时不断地修改，并在图样加工完成之前结束。其评价与分析的对象是最终的产品以及每个与之相关的系统、子系统和零部件。需要注意的是，d-FMEA 在体现设计意图的同时还应保证制造或装配能够实现设计意图。因此，虽然 d-FMEA 不是靠过程控制来克服设计中的缺陷，但其可以考虑制造/装配过程中技术的/客观的限制，从而为过程控制提供了良好的基础。

进行 d-FMEA 有助于：设计要求与设计方案的相互权衡；制造与装配要求的最初设计；提高在设计/开发过程中考虑潜在故障模式及其对系统和产品影响的可能性；为制订全面、有效的设计试验计划和开发项目提供更多的信息；建立一套改进设计和开发试验的优先控制系统；为将来分析研究现场情况、评价设计的更改以及开发更先进的设计提供参考。

（2）PFMEA：过程 FMEA　过程 FMEA（也记为 p-FMEA）应在生产工装准备之前、在过程可行性分析阶段或之前开始，而且要考虑从单个零件到总成的所有制造过程。其评价与分析的对象是所有新的部件/过程、更改过的部件/过程及应用或环境有变化的原有部件/过程。需要注意的是，虽然 p-FMEA 不是靠改变产品设计来克服过程缺陷，但它要考虑与计划的装配过程有关的产品设计特性参数，以便最大限度地保证产品满足用户的要求和期望。

p-FMEA 一般包括下述内容：确定与产品相关的过程潜在故障模式；评价故障对用户的潜在影响；确定潜在制造或装配过程的故障起因，确定减少故障发生或找出故障条件的过程控制变量；编制潜在故障模式分级表，建立纠正措施的优选体系；将制造或装配过程文件化。

（3）EFMEA：设备 FMEA　EFMEA 设备失效模式及效果分析（equipment failure mode and effect analyse）由质量工具之 FMEA 引用、改编所得。可结合 TPM 并融合于 TPM 之中，也可独立实行。

采用 EFMEA 可以：①用来确定设备潜在的失效模式及原因，使设备故障在发生之前就得到预测，从源头阻止设备发生故障；②可以作为设备预防保养的标准之一；③可以作为人员培训之用；④指导日常工作。

通过对设备失效严重度 S、发生率 O 和探测度 D 进行评价，计算出 RPN 值（风险优先度，$RPN = O \times D \times S$）。严重度 S 是评估可能的失效模式对于设备的影响，10 为最严重，1 为没有影响；发生率 O 是特定的失效原因和机理多长时间发生一次以及发生的概率，如果为 10，则表示几乎肯定要发生，如果为 1，则表示基本不发生。探测度 D 是评估设备故障检测失效模式的概率，如果为 10 表示不能检测，如果为 1 则表示可以被有效地探测到。RPN 最坏的情况是 1000，最好的情况是 1。根据 RPN 值的高低确定项目，推荐出负责的方案以及完成日期，这些推荐方案的最终目的是降低一个或多个等级。对一些严重问题虽然 RPN 值较小但同样考虑拯救方案，例如一个可能的失效模式影响具有风险等级 9 或 10；一个可能的失效模式/原因事件发生以及严重程度很高。

设备 FMEA：需要对每一设备或类似设备都进行评价且不断更新（Haberzettl，2011）。所有故障模式类型可归纳如下。

模式 A：当设备或组件接近预期的工作年龄，经过一段随机的故障，失效的可能性大幅增加。

模式 B：俗称"浴盆曲线"，这种失效的模式与电子设备尤其相关。初期，有较高失效的可能性，但这种概率逐渐减小，进入平缓期，直到设备或组件的寿命快结束时，故障概率变大。

模式 C：这种模式显示随时间增长设备或组件失效的可能性。这种模式可能是持续的疲劳所致。

模式 D：除最初的磨合期外，在此期间，失效的概率相对较低。这表明设备或组件的失效可能性在寿命期内是相同的。

模式 E：设备或组件的失效可能性在寿命期内是相同的，与时间无关。

模式 F：相比较"浴盆曲线"，该模式初期故障率较高，之后与其它两种随机模式相同。

（4）SFMEA：体系 FMEA　system failure mode and effects analysis，简称 SFMEA。国内常称 SFMEA 为"软件 FEMA"，即软件失效模式和影响分析，对软件可靠性分析，特别是软件失效模式和影响分析（SFMEA）方法的技术特点、适应性进行了分析；并阐述了软件可靠性测试和软件可靠性管理的主要内容。而美国版 FMEA 没有把软件 FMEA 从 FMEA 中独立出来，故软件部分按照 DFMEA 执行。

FMEA 不同国家有不同的版本（如日本、德国、美国等），国内常用美国版的 FMEA，其分为 DFMEA 和 PFMEA。DFMEA/PFMEA 是美国三大汽车公司版本；SFMEA 是德国 QMC-VDA 版本，包括了产品系统和过程系统。

第五节　食品质量管理的内容

一、战略管理

"战略"一词的希腊语是 strategos，意思是将军指挥军队的艺术，原是一个军事术语。20 世纪 60 年代，战略思想开始运用于商业领域，并与达尔文"物竞天择"的生物进化思想共同成为战略管理学科的两大思想源流。从企业未来发展的角度来看，战略表现为一种计划（plan），而从企业过去发展历程的角度来看，战略则表现为一种模式（pattern）。如果从产业层次来看，战略表现为一种定位（position），而从企业层次来看，战略则表现为一种观念（perspective）。此外，战略也表现为企业在竞争中采用的一种计谋（ploy）。这是关于企业战略比较全面的看法，即著名的 5P 模型。战略管理是指对企业战略的管理，包括战略制定/形成（strategy formulation/formation）与战略实施（strategy implementation）两个部分。

战略管理定义：企业确定其使命，根据组织外部环境和内部条件设定企业的战略目标，为保证目标的正确落实和实现进行谋划，并依靠企业内部能力将这种谋划和决策付诸实施，以及在实施过程中进行控制的一个动态管理过程。

其特点是：指导企业全部活动的是企业战略，全部管理活动的重点是制定战略和实施战略。而制定战略和实施战略的关键都在于对企业外部环境的变化进行分析，对企业的内部条件和素质进行审核，并以此为前提确定企业的战略目标，使三者之间达成动态平衡。战略管理的任务，就在于通过战略制定、战略实施和日常管理，在保持这种动态平衡的条件下，实现企业的战略目标。

第一，战略管理不仅涉及战略的制定和规划，还包含着将制定出的战略付诸实施的管理，因此是一个全过程的管理；第二，战略管理不是静态的、一次性的管理，而是一种循环的、往复性的动态管理过程。它是需要根据外部环境的变化、企业内部条件的改变，以及战略执行结果的反馈信息等，重复进行新一轮战略管理的过程，是不间断的管理。

战略管理，主要是指战略制定和战略实施的过程。一般说来，战略管理包含四个关键要素：

战略分析——了解组织所处的环境和相对竞争地位；

战略选择——战略制定、评价和选择；

战略实施——采取措施发挥战略作用；

战略评价和调整——检验战略的有效性。

（一）战略分析

战略分析的主要目的是评价影响企业目前和今后发展的关键因素，并确定在战略选择步骤中的具体影响因素。战略分析包括三个主要方面。

（1）确定企业的使命和目标　它们是企业战略制定和评估的依据。

（2）外部环境分析　战略分析要了解企业所处的环境（包括宏观环境、微观环境）正在发生哪些变化，这些变化给企业将带来更多的机会还是更多的威胁。

（3）内部条件分析　战略分析还要了解企业自身所处的相对地位，具有哪些资源以及战略能力；还需要了解与企业有关的利益和相关者的利益期望，在战略制定、评价和实施过程中，这些利益相关者会有哪些反应，这些反应又会对组织行为产生怎样的影响和制约。

（二）战略选择

战略分析阶段明确企业目前状况，战略选择阶段所要回答的问题是企业走向何处。

第一步需要制订战略选择方案。在制定战略过程中，可供选择的方案越多越好。企业可以从对企业整体目标的保障、对中下层管理人员积极性的发挥以及企业各部门战略方案的协调等多个角度考虑，选择自上而下的方法、自下而上的方法或上下结合的方法来制订战略方案。

第二步是评估战略备选方案。评估备选方案通常使用两个标准。一是考虑选择的战略是否发挥了企业的优势，克服劣势；是否利用了机会，将威胁削弱到最低程度。二是考虑选择的战略能否被企业利益相关者所接受。需要指出的是，实际上并不存在最佳的选择标准，管理层和利益相关团体的价值观和期望在很大程度上影响着战略的选择。此外，对战略的评估最终还要落实到战略收益、风险和可行性分析的财务指标上。

第三步是选择战略。即最终的战略决策，确定准备实施的战略。如果用多个指标对多个战略方案的评价产生不一致，最终的战略选择可以考虑以下几种方法。

（1）根据企业目标选择战略　企业目标是企业使命的具体体现，因而，选择对实现企业目标最有利的战略方案。

（2）聘请外部机构　聘请外部咨询专家进行战略选择工作，利用专家们广博和丰富的经验，能够提供较客观的看法。

（3）提交上级管理部门审批　对于中下层机构的战略方案，提交上级管理部门能够使最终选择方案更加符合企业整体战略目标。

最后一步是战略政策和计划。制定有关研究与开发、资本需求和人力资源方面的政策和计划。

（三）战略实施

战略实施就是将战略转化为行动。主要涉及以下一些问题：如何在企业内部各部门和各层次间分配及使用现有的资源；为了实现企业目标，还需要获得哪些外部资源以及如何使用；为了实现既定的战略目标，需要对组织结构做哪些调整；如何处理可能出现的利益再分配与企业文化的适应问题，如何进行企业文化管理，以保证企业战略的成功实施等。

（四）战略评价

战略评价就是通过评价企业的经营业绩，审视战略的科学性和有效性。战略调整就是根据企业情况的发展变化，即参照实际的经营事实、变化的经营环境、新的思维和新的机会，及时对所制定的战略进行调整，以保证战略对企业经营管理进行指导的有效性。包括调整公司的战略展望、公司的长期发展方向、公司的目标体系、公司的战略以及公司战略的执行等内容。

企业战略管理的实践表明，战略制定固然重要，战略实施同样重要。一个良好的战略仅是战略成功的前提，有效的企业战略实施才是企业战略目标顺利实现的保证。如果企业未能完善战略，但是在战略实施中，能够克服原有战略的不足之处，也有可能最终得到战略的完善与成功。当然，如果对于一个不完善的战略选择，在实施中又不能将其扭转到正确的轨道上，就只有失败的结果。

战略管理是决定组织使命、总体目标、产品/市场组合及主要资源分配的过程。关于产品的决策需解决产品、产品组、市场亚结构及产品质量的层次等问题。关于市场的决策当然与产品决策有关。其中包括了供应商选择、与供应商合作的程度、在机械和建筑上的投资、自动化及制造程度及市场发展和消费者关系上的投资等众多决定。战略决策中，展望未来的市场及生产条件很重要。然而，最终的决定还是主要取决于资源，因为这部分需要投资。从投资那刻开始，所做的决定很难扭转并且有长期后果。

二、创新管理

创新理念是指企业或个人打破常规，突破现状，敢为人先，敢于挑战未来，谋求新境界的思维模式。创新的前提是对现状的不满足，同时，创新建立在对市场规律和本行业发展前景正确把握的基础上。对于一般企业来说，创新的内容实际包括了技术创新、体制创新、思想创新、经营创新、结构创新等。技术创新可以提高生产效率，降低生产成本；体制创新可以使企业的日常运作更有秩序，便于管理，同时也可以摆脱一些旧的体制的弊端，如科层制带来的信息传递不畅通；思想创新是相对比较重要的一个方面，领导者思想创新能够保障企业沿着正确的方向发展，员工思想创新可以增强企业的凝聚力，发挥员工的创造性，为企业带来更大的效益（张凤节，2013）。

奥地利经济学家约瑟夫·熊彼特（Joseph Schumpeter）在其 1943 年出版的《资本主义、社会主义与民主》（*Capitalism*，*Socialism and Democracy*）一书中首次提出了创新管理的概念，他在书中提出了"创造性破坏"一词，指的是工业力量从内部改变经济结构。从那以后，一些学者、思想家和企业家进一步发展了创新管理理论。

通过对创新管理定义的分析，可以知道创新管理是提出和开发新事物的系统过程，无论是产品，工作流程，商业模式或系统，还是培养创新文化都是其中的一部分。虽然创新管理涉及各个方面的内容，但它们通常包括以下领域的管理。

（1）构思　确保内部或外部各个利益相关者的想法得到有效收集，完善和实施。

（2）资源　确保有充足的能力和资源，包括但不限于资金，人力资本，时间和信息，以及能够为实现创新变革所用的其它资源。

（3）结构　良好的结构可以确保资源被有效利用。在实践中，这意味着改善组织结构，流程和基础设施以优化创新。

（4）战略　利用资源和想法，逐步或破坏性地实现创新目标。最终，创新只是实现战略目标的手段之一，或者说是最重要的手段之一。

（5）文化　创造一种鼓励创新的企业文化，鼓励所有利益相关者分享和评论想法。创新文化还能帮助组织获得最优秀的人才，以实现其创新目标，并最终成功。

创新管理需要企业建立一个可以持续有效地促进创新活动的过程。为了有效地管理创新，企业必须能够在了解整体情况的基础上，了解它的各个组成部分。

创新管理是决定产品和/或过程的创新，创新不仅对实现战略目的和目标很重要，还为未来的生产提供条件及知识储备。创新管理与产品、资源都相关并且在战略及运营管理活动中起着自然连接的作用。企业的技术创新、体制创新、思想创新、经营创新、结构创新等都需要进行管理。其中技术创新管理的主要活动由产品创新管理和工艺创新管理两部分组成，包括从新产品、新工艺的设想、设计、研究、开发、生产和市场开发、认同与应用到商业化的完整过程。产品创新管理——为市场提供新产品或新服务、创造一种产品或服务的新质量；工艺创新管理——引入新的生产工艺条件、工艺流程、工艺设备、工艺方法。技术创新管理不仅是把科学技术转化为现实生产力的转化器，还是科技与经济结合的催化剂。

创新管理的根本目的就是通过满足消费者不断增长和变化的需求来保持和提高企业的竞争优势，从而提高企业当前和长远的经济效益，为了实现这一根本目的，企业在充分重视创新的同时还必须重视创新管理。

三、食品供应链的质量管理

早期的观点认为供应链是指将采购的原材料和收到的零部件，通过生产转换和销售等活动传递到用户的一个过程。因此，供应链仅仅被视为企业内部的一个物流过程，它所涉及的主要是物料采购、库存、生产和分销诸部门的职能协调问题，最终目的是优化企业内部的业务流程、降低物流成本，从而提高经营效率。进入 20 世纪 90 年代，人们对供应链的理解又发生了新的变化：由于需求环境的变化，原来被排斥在供应链之外的最终用户、消费者的地位得到了前所未有的重视，从而被纳入了供应链的范围。这样，供应链就不再只是一条生产链了，而是一个涵盖了整个产品运动过程的增值链（张广敬，2005）。

随着信息技术的发展和产业不确定性的增加，今天的企业间关系正在呈现日益明显的网络化趋势。与此同时，人们对供应链的认识也正在从线性的单链转向非线性的网链，供应链的概念更加注重围绕核心企业的网链关系，即核心企业与供应商、供应商的供应商的一切向前关系，与用户、用户的用户及一切向后的关系。供应链的概念已经不同于传统的销售链，它跨越了企业界限，从扩展企业的新思维出发，并从全局和整体的角度考虑产品经营的竞争力，使供应链从一种运作工具上升为一种管理方法体系，一种运营管理思维和模式。

如今，世界权威的杂志《财富》（*Fortune Magazine*）早在 2001 年已将供应链管理列为 21 世纪最重要的四大战略资源之一。供应链管理是世界 500 强企业保持强势竞争不可或缺的手段。无论是制造行业，商品分销或流通行业；无论是从业还是创业，掌握供应链管理都将助你或你的企业掌控所在领域的制高点。

20 世纪 90 年代以来，随着各种自动化和信息技术在制造企业中不断应用，制造生产率已被提高到了相当高的程度，制造加工过程本身的技术手段对提高整个产品竞争力的潜力开始变小。为了进一步挖掘降低产品成本和满足客户需要的潜力，人们开始将目光从管理企业内部生产过程转向产品全生命周期中的供应环节和整个供应链系统。

在食品领域，食品和农业综合企业都面临着变化迅速的市场、新技术以及几乎全球范围的竞争。零售商在国际购进易腐食品时需要有可信赖的合作伙伴。因为，根据责任制和食品安全的法律，只有通过共同投资和合作，才能开发和引进新产品。新的分配技术使得大规模生产和频繁运输成为可能，但是也增加了库存不足的风险。农业方面，技术发展已经能实现专门化和大规模生产，但是也增加了对可利用资源的需求。这些发展已经影响了人们对食品质量的看法，并且超过了个体组织的范围，从而需要一个供应链途径。因此，供应链被定义为从原材料到终产品的整个过程。

在供应链管理模式中，推动力可分为以下 4 种。

（1）消费者需求　①加工方式的要求（如动物福利、添加剂、辐照等）；②食品安全需求（不含有化学、微生物和物理毒害）；③食品质量需求（例如新鲜度、方便性、口味和种类）；④环境需求。

（2）生产力和技术推动力　关系到工艺流程的效率和效益（如信息技术、物流技术、生物技术、信息和通信技术、检测和监控技术）。

（3）政府影响力　涉及法律和政策（如从政府向商业团体的责任转变、从国内市场保护到国际市场准入的转变、传统补贴形式的改变，相互协调的趋势增加）。

（4）资源推动力　涉及资源需求、资源和劳动力（如经济的规模，资源和劳动力的可持续性）。

农业种植和养殖，食品加工，分销和零售等环节总是充满变数和复杂因素，因此需要在供应链水平上加强管理。食品和农业综合企业特定的市场和产品特性是供应链管理的另一推动力，主要包括：产品货架期的限制；农场产出的质量和数量的可变性；在连续的环节中，订货和交货时间的不一致；产品消费的稳定性；消费者对生产和加工方式的认识逐渐增加；产品固有质量的下降（原料的固有质量是指新鲜农产品所能到达的最高质量）；资源的可利用性。

由于许多产品货架期的限制，对供应链所有环节都有很高要求，比如贮藏的时间和条件，加工和运输过程等。因此，对于易腐产品的供应商来说，确保能够交易是很重要的。而且，为了保证向购买方持续供应，对加工设备有很高的要求。买卖方需要尽量适应各环节订货与交货时间的差异。比如猪需要时间长膘，但是为了达到最优的生产效率，不可能贮藏活猪。因为，从猪肉到加工为最终产品本来就是时间跨度很长的过程。另外，有些产品不能单独加工，比如火腿必须和猪排一起生产。因此，由于副产品的存在，不可能完全生产出所需要的产品。这就使供应过程变得更为复杂。

（一）供应商（采购）质量管理

从质量管理的角度来看，每个企业都是供应商与顾客之间众多长链中的一部分。或者说，一家企业必须关注链中直接的和间接的顾客。比如对于食品企业来说，需要尽量满足购买他们产品的群体以及销售他们产品的零售商，而前者被称为消费者，后者被称为客户。同时，企业也要与自己的供应商们建立类似的生产关系。供应商管理是供应链采购管理中一个很重要的问题，它在实现准时化采购中有很重要的作用。

1. 供应商质量管理

通过发展合作关系，顾客与供应商们可以更好地满足他们在"顾客与供应商链"上共同的顾客。这种在顾客和供应商之间创造互利关系的理念与传统的两者关系有很大的不同。在传统的关系中，竞争者自私自利，排斥同行，以图分到最大的"蛋糕"。通过现代的质量管理途径，焦点已经转移到如何使蛋糕做大，而不是争论如何分配，因而发展出基于信任的双赢关系。通常，合作是由于相互依存关系的存在（图 7-20）。目前，有一些相互关系被提出，比如学术或技术知识与社会的相关性。

合作方的积极性与合作关系紧密相连，保持行动的效率可以发展和加强相互关系。合作关系的组织架构将决定管理的机制，使得有些变化更容易，而有些则更难。除了相关性，合作关系的成功与否也受下列因素的影响：①合作方的局限性，合作方在获取和处理所有可利用信息时会受到限制；②合作方的投机行为，某些合作方可能会利用自己的地位故意给他人提供不完整或不正确的信息，这种行为也会被商业环境的不确定性和复杂性以及市场集中的程度所影响；③组织结构的牢固性，在合作关系中，可能会形成程序化的结构，进而阻碍了组织的学习能力，而合作方可能会拒绝提供信息或者制作假信息以保住自己的地位；④合作方之间的权利平衡，合作关系的均衡与否有很大的不同，不平衡的管理权必然导致不平衡的合作关系，这种合作关系的类型可见于两方的生产体系中，占主导地位的一家企业将束缚一批依赖于它的企业，因此，为了平衡各方的权利，可能会形成新的合作关系；⑤资源的占用，如果不处理好各方的花费和利益占

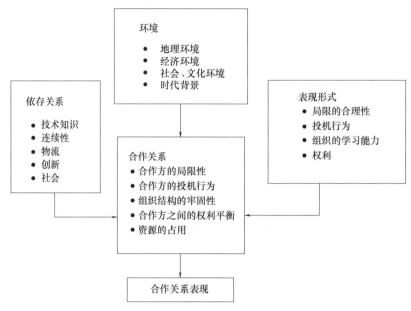

图 7-20　影响合作关系表现的因素

比，很有可能妨碍合作关系的发展和持续。

合作关系只有在满足其成功的要素时才能长久。当经济衰退时，为了保住各自的地位和控制力，合作关系将会发生改变。另外，功能的、战略的和政策上的问题也会影响合作关系。如果合作方丧失了共同的目标，或者失去了之间的影响力，那么合作关系将会恶化。

双赢关系已经成为供应链企业之间合作的典范，因此，要在采购管理中体现供应链的思想，对供应商的管理就应集中在如何和供应商建立双赢关系以及维护和保持双赢关系上。

（1）加强信息交流　信息交流有助于减少投机行为，增进重要生产信息的自由流动。为加强供应商与制造商的信息交流，可以从以下几个方面着手：①在供应商与制造商之间经常进行有关成本、作业计划、质量控制信息的交流与沟通，保持信息的一致性和准确性；②实施并行工程，制造商在产品设计阶段让供应商参与进来，这样供应商可以在原材料和零部件的性能和功能方面提供有关信息，为实施 QFD（质量功能配置，quality function deploymant）的产品开发方法创造条件，把用户的价值需求及时地转化为供应商的原材料和零部件的质量与功能要求；③建立联合的任务小组解决共同关心的问题，在供应商与制造商之间应建立一种基于团队的工作小组，双方的有关人员共同解决供应过程以及制造过程中遇到的各种问题；④供应商和制造商经常互访，供应商与制造商采购部门应经常性地互访，及时发现和解决各自在合作活动过程中出现的问题和困难，建立良好的合作气氛；⑤使用电子数据交换（electronic data interchange，EDI）和因特网技术进行快速的数据传输。

（2）实施供应商的激励机制　要保持长期的双赢关系，对供应商的激励是非常重要的，没有有效的激励机制，就不可能维持良好的供应关系。在激励机制的设计上，要体现公平、一致的原则。给予供应商价格折扣和柔性合同，以及采用赠送股权等，使供应商和制造商分享成功，同时也使供应商从合作中体会到双赢机制的好处。

（3）供应商评价　要实施供应商的激励机制，就必须对供应商的业绩进行评价，使供应商不断改进。没有合理的评价方法，就不可能对供应商的合作效果进行评价，将大大挫伤供应商的合作积极性和合作的稳定性。对供应商的评价要抓住主要指标或问题，比如交货质量是否改善了，提前期是否缩短了，交货的准时率是否提高了等。通过评价，把结果反馈给供应商，和供应商一起共同探讨问题的根源，并采取相应的措施予以改进。

2. 供应商质量管理的方法和技巧

（1）供应商质量能力审核　当我们在选择一家供应商时，需要对自己的供应商进行质量能力审核，审核包括体系及过程，并建立供应商审核档案。审核的项目：经营方针及组织、质量体系、规格及设计管理、标准类管理、供应商管理、零件的管理、工序管理、制造设备的管理、最终检验及可靠性试验、检测设备管理、不良对策质量改善、内部质量审核、质量教育及培训等。

（2）与供应商技术协议的完整统一　这实际上是产品质量制约的辅助部分，采购部门在制订采购合同时，相关技术部门要与供应商签好技术协议。技术协议不但要对产品的材料要求、加工工艺要求、检验手段、形式试验、包装要求进行说明，也要对首件提供样品进行验收，对人员配置、不合格产品的处置方式进行必要说明。企业要确保供应商标准的完整性、技术合同的全面性，如果存在标准不同的情况，相关技术部门要在签订协议的过程中，与供应商做好沟通工作，从而达成共识，制定出统一的标准。这样可以对后续工作的进行有一定的推动作用，防止因标准不同，而出现不必要的质量事故。

（3）推动供应商内部质量改善　包括推动供应商成立完善质量改善小组组织；供应商制程变更及材质变更的确认管控；新材料及变更材料的管控；推动供应商导入常用的质量体系，如 SPC、6σ 管理等品管手法；材料质量目标达成状况的改善及检讨；不合格项目的改善确认动作；材料异常的处理及成效的确认。

（4）选择两家供应商　有竞争才会有提高，同类产品最好同时有两家或两家以上供应商。在管理供应商的时候我们可能会遇到这样的问题：某零件只有一个供应商，当出现问题的时候企业无法保证生产，有时候明知有问题也只能让步接收，要求其整改总有一大堆理由，处罚供应商就以不供货做盾牌，一时间又无法找到其他合适的供应商。如果有多家供应商的话，企业可以控制其供货比例要求其整改到位。当然，企业必须保证供应商的利益，供应商的改善才会有动力。

（5）推行执行 SQM（供应商质量管理，supplier quality management）的系统程序文件　包括供应商的评监，择优选择供应商；供应商的定期及异常稽核的执行；供应商的辅导，提升质量；执行供应商的奖罚措施；建立完善规范的材料作业指导书。

3. 供应商管理流程标准

采购商选择供应商建立战略伙伴关系、控制双方关系风险和制定动态的供应商评价体系是中国采购商普遍关心的几个问题。随着采购额占销售收入比例的不断增长，采购逐渐成为决定电子制造商成败的关键因素。供应商的评估与选择作为供应链正常运行的基础和前提条件，正成为企业间最热门的话题。不同企业的不同发展阶段，对供应商的选择和评价指标也不尽相同。那么怎样才能通过量化的指标来客观地评价和选择供应商呢？基本思路是：阶段性连续评价、网络化管理、关键点控制和动态学习过程。这些思路体现在供应商评价体系的建立、运行和维护上。

（1）建立供应商阶段性评价体系　采取阶段连续性评价的方式，将供应商评价体系分为供应商进入评价、运行评价、供应商问题辅导、改进评价及供应商战略伙伴关系评价几个方面。供应商的选择不仅是入围资格的选择，还是一个连续的可累计的选择过程。

建立供应商进入评价体系，首先需要对供应商管理体系、资源管理与采购、产品实现、设计开发、生产运作、测量控制和分析改进七个方面进行现场评审和综合分析评分。对以上各项的满意程度按照从不具备要求到完全符合要求且结果令人满意，分为5个分数段（0~100分区间），根据各分项要素计算平均得分。如80分以上为体系合格供应商，50分以下为体系不合格供应商，50~79分为需讨论视具体情况再定的持续考核供应商。合格的供应商进入公司级的AVL（合格供应商目录，approved vendor list）维护体系。

建立供应商运行评价体系，则一般采取日常业绩跟踪和阶段性评比的方法。采取QSTP加权标准，即供货质量quality（35%评分比重）、供货服务service（25%评分比重）、技术考核technology（10%评分比重）、价格price（30%评分比重）（沈美琦，2018）。根据有关业绩的跟踪记录，按照季度对供应商的业绩表现进行综合考核。年度考核则按照供应商进入AVL体系的时间进行全面的评价

供应商问题的辅导和改进工作，是通过专项专组辅导和结果跟踪的方法实现的。采购中心设有货源开发组，根据所负责采购物料特性把货源开发组员分为几个小组，如板卡组、机械外设组、器件组、包装组等，该小组的工作职责之一就是对供应商进行辅导和跟进。

供应商战略伙伴关系评价是通过供应商的进入和过程管理，对供应商的合作战略采取分类管理的办法。采购中心根据收集到的信息，由专门的商务组分析讨论，确定有关建立长期合作伙伴的关系评估，提交专门的战略小组进行分析。伙伴关系不是一个全方位、全功能的通用策略，而是一个选择性战略。是否实施伙伴关系和什么时间实施要进行全面的风险分析和成本分析。

阶段性评价体系的特点是流程透明化和操作公开化，所有流程的建立、修订和发布都通过一定的控制程序进行，保证相对的稳定性。评价指标尽可能量化，以减少主观干扰因素。

（2）体现网络化管理　网络化管理主要是指在管理组织架构配合方面，将不同的信息点连接成网的管理方法。多事业部环境下的采购平台，需要满足不同事业部的采购需求，需求的差异性必须统一在一个更高适应性的统一体系内。对新供应商的认证，应由公司级的质量部门和采购中心负责供应商体系的审核；而对于产品相关的差异性需求，则应由各事业部的质量处和研发处提出明确的要求。

建立一个评审小组来控制和实施供应商评价。小组成员由采购中心、公司质量部、

事业部质量部的供应商管理工程师组成，包括研发工程师、相关专家顾问、质检人员、生产人员等。评审小组以公司整体利益为出发点，独立于单个事业部，组员必须有团队合作精神、具有一定的专业技能。

网络化的管理也体现在业务的客观性和流程的执行监督方面。监督机制体现在工作的各个环节，应尽量减少人为因素，加强操作和决策过程的透明化和制度化。可以通过成立业务管理委员会，采用 ISO 9000 的审核办法，检查采购中心内部各项业务的流程遵守情况。

（3）关键点控制的四项原则　关键点控制包括门当户对原则、半数比例原则、供应源数量控制原则和供应链战略原则。

门当户对原则体现的是一种对等管理思想，它和"近朱者赤"的合作理论并不矛盾。在非垄断性货源的供应市场上，由于供应商的管理水平和供应链管理实施的深入程度不同，应该优先考虑规模、层次相当的供应商。不一定行业老大就是首选的供应商，如果双方规模差异过大，采购比例在供应商总产值中比例过小，则采购商往往在生产排期、售后服务、弹性和谈判力量对比等方面不能尽如人意。

从供应商风险评估的角度，半数原则要求购买数量不能超过供应商产能的50%。如果仅由一家供应商负责100%的供货和100%成本分摊，则采购商风险较大。因为一旦该供应商出现问题，按照"蝴蝶效应"的发展，势必影响整个供应链的正常运行。不仅如此，采购商在对某些供应材料或产品有依赖性时，还要考虑地域风险。

供应源数量控制原则指实际供货的供应商数量不应该太多，同类物料的供应商数量最好保持在 2~3 家，有主次供应商之分。这样可以降低管理成本和提高管理效果，保证供应的稳定性。采购商与供应商建立信任、合作、开放性交流的供应链长期合作关系，必须首先分析市场竞争环境。通过分析产品需求、产品的类型和特征，确认是否有建立供应链合作关系的必要。对于公开和充分竞争的供应商市场，可以采取多家比价，控制数量和择优入围的原则。

而在只有几家供应商可供选择的有限竞争的市场和垄断货源的独家供应市场，采购商则需要采取战略合作的原则，以获得更好的品质、更紧密的伙伴关系、更好的排程、更低的成本和更多的支持。对于实施战略性长期伙伴关系的供应商，可以签订"一揽子协议/合同"。在建立供应链合作关系之后，还要根据需求的变化确认供应链合作关系是否也要相应地变化。一旦发现某个供应商出现问题，应及时调整供应链战略。

供应链战略管理还体现在：仔细分析和处理短期和长期目标、短期和长远利益的关系。采购商从长远目标和长远利益出发，可能会选择某些表面上看似苛刻、昂贵的供应商，但实际上这是放弃了短期利益，主动选择了一个由优秀元素组成的供应链（徐伟，2010）。

（4）体系的维护　供应商管理体系的运行需要根据行业、企业、产品需求和竞争环境的不同而采取不同的细化评价。细化的标准本身就是一种灵活性的体现。短期的竞争招标和长期的合同与战略供应商关系也可以并存。学习型的组织通过不断学习和改进，对于供应商的选择评价、评估的指标、标杆对比的对象以及评估的工具与技术都需要不断更新。采购作为一种功能，它的发展与制造企业的整体管理架构、管理阶段有关系。

需要根据公司的整体战略的调整而不断地调整有关采购方面的要求和策略，对于供应商选择的原则和方法亦然。

4. 供应商选择的 10 个原则

（1）总原则　全面、具体、客观原则：建立和使用一个全面的供应商综合评价指标体系，对供应商做出全面、具体、客观的评价。综合考虑供应商的业绩、设备管理、人力资源开发、质量控制、成本控制、技术开发、顾客满意度、交货协议等可能影响供应链合作关系的方面。

（2）系统全面性原则　全面系统评价体系的建立和使用。

（3）简明科学性原则　供应商评价和选择步骤、选择过程透明化、制度化和科学化。

（4）稳定可比性原则　评估体系应该稳定运作，标准统一，减少主观因素。

（5）灵活可操作性原则　不同行业、企业、产品需求、不同环境下的供应商评价应是不一样的，保持一定的灵活操作性。

（6）门当户对原则　供应商的规模和层次和采购商相当。

（7）半数比例原则　购买数量不超过供应商产能的 50%，反对全额供货的供应商。

（8）供应源数量控制原则　同类物料的供应商数量为 2~3 家，有主次供应商之分。

（9）供应链战略原则　与重要供应商发展供应链战略合作关系。

（10）学习更新原则　评估的指标、标杆对比的对象以及评估的工具与技术都需要不断更新。

（二）生产质量管理

工业生产的全过程是指从市场调查开始，经过产品开发设计，产品工艺准备，原材料采购，生产组织、控制、检验、包装入库到销售、服务等一系列过程。即构思、生产理想的产品，将产品推向社会，向用户提供使用价值。全面质量管理的基本方法就是全过程的质量管理，通过提高各个环节的工作质量，保证产品的质量（胡文进，2005）。

衡量生产过程优劣的标准：高产、优质、低耗。也可以说是"多快好省"，其量化的指标体现在投入产出率。在生产过程中，企业管理者力求以最少的劳动耗费（包括物化劳动和活劳动），生产出尽可能多的满足用户需要的产品，以最少的成本生产出满足公司品质要求的产品。

要实现生产过程的这个目标，一是各个生产要素，人、财、物、信息等在质和量上满足生产产品的需要，这是组织好生产过程的前提基础条件。因此，生产管理必须从基础条件入手。二是要使各生产要素在生产过程中处于最佳的结合状态，按照产品生产工艺要求组成一个彼此联系的、密切协作的、有序的、效率高的完整体系。要保证最佳的结合状态，其中具有丰富的管理内涵，它必须通过一系列的技术方法和管理措施，运用计划、组织、控制的职能得以实施和实现。

生产过程质量管理的任务，就是实现符合性质量，使生产出来的产品符合设计要求的产品标准。经检验符合标准的是合格品，不符合标准的是次品或废品。检验产品是全体管理人员以及全体员工共同的任务，更是 QC 人员的职责。

生产过程质量管理措施如下（胡文进，2005）。

1. 坚持按标准组织生产

标准化工作是质量管理的重要前提，是实现管理规范化的需要，"无规矩不成方圆"。企业的标准分为技术标准和管理标准。工作标准实际上是从管理标准中分离出来的，是管理标准的一部分。技术标准主要分为原材料辅助材料标准、工艺工装标准、半成品标准、产成品标准、包装标准、检验标准等。它是沿着产品形成这根线环环控制投入各工序物料的质量，层层把关设卡，使生产过程处于受控状态。在技术标准体系中，各个标准都是以产品标准为核心而展开的，都是为了达到产成品标准服务的。

管理标准是规范人的行为、规范人与人的关系、规范人与物的关系，是为提高工作质量、保证产品质量服务的。它包括产品工艺规程、操作规程和经济责任制等。企业标准化的程度，反映企业管理水平的高低。企业要保证产品质量，一是要建立健全各种技术标准和管理标准，力求配套。二是要严格执行标准，把生产过程中物料的质量、人的工作质量给予规范，严格考核，奖罚兑现。三是要不断修订改善标准，贯彻实现新标准，保证标准的先进性。

2. 强化质量检验机制

质量检验在生产过程中发挥以下职能：一是保证的职能，也就是把关的职能。通过对原材料、半成品的检验，鉴别、分选、剔除不合格品，并决定该产品或该批产品是否接收。保证不合格的原材料不投产，不合格的半成品不转入下道工序，不合格的产品不出厂。二是预防的职能。通过质量检验获得的信息和数据，为控制提供依据，发现质量问题，找出原因及时排除，预防或减少不合格产品的产生。三是报告的职能。质量检验部门将质量信息、质量问题及时向厂长或上级有关部门报告，为提高质量，加强管理提供必要的质量信息。

要提高质量检验工作，一是需要建立健全质量检验机构，配备能满足生产需要的质量检验人员和设备、设施；二是要建立健全质量检验制度，从原材料进厂到产成品出厂都要实行层层把关，做原始记录，生产工人和检验人员责任分明，实行质量追踪。同时要把生产工人和检验人员职能紧密结合起来，检验人员不但要负责质检，还要指导生产工人的职能。生产工人不能只管生产，自己生产出来的产品自己要先进行检验，要实行自检、互检、专检三者相结合；三是要树立质量检验机构的权威。质量检验机构必须在厂长的直接领导下，任何部门和人员都不能干预，经过质量检验部门确认的不合格的原材料不准进厂，不合格的半成品不能流到下一道工序，不合格的产品不许出厂。

3. 实行质量否决权

产品质量靠工作质量来保证，工作质量的好坏主要是人的问题。因此，如何挖掘人的积极因素，健全质量管理机制和约束机制，是质量工作中的一个重要环节。

质量责任制或以质量为核心的经济责任制是提高人的工作质量的重要手段。质量管理在企业各项管理中占有重要地位，这是因为企业的重要任务就是生产产品，为社会提供使用价值，同时自己获得经济效益。质量责任制的核心就是企业管理人员、技术人员、生产人员在质量问题上实行责、权、利相结合。作为生产过程质量管理，首先要对各个岗位及人员分析质量职能，即明确在质量问题上各自负什么责任，工作的标准是什么。其次，要把岗位人员的产品质量与经济利益紧密挂钩，兑现奖罚。对长期优胜者给予重奖，对玩忽职守造成质量损失的除不计工资外，还处以赔偿或其它处分。

此外，为突出质量管理工作的重要性，还要实行质量否决。就是把质量指标作为考核干部职工的一项硬指标，其它工作不管做得如何好，只要在质量问题上出了问题，在评选先进、晋升、晋级等荣誉项目时实行一票否决。

4. 抓住影响产品质量的关键因素，设置质量管理点或质量控制点

质量管理点（控制点）的含义是生产制造现场在一定时期、一定的条件下对需要重点控制的质量特性、关键部位、薄弱环节以及主要因素等采取的特殊管理措施和办法，实行强化管理，使工厂处于很好的控制状态，保证规定的质量要求。加强这方面的管理，需要专业管理人员对企业整体做出系统分析，找出重点部位和薄弱环节并加以控制。

GMP，全称 good manufacturing practices，中文含义是生产质量管理规范或良好作业规范、优良制造标准。GMP 是一套适用于制药、食品等行业的强制性标准，要求企业从原料、人员、设施设备、生产过程、包装运输、质量控制等方面按国家有关法规达到卫生质量要求，形成一套可操作的作业规范帮助企业改善企业卫生环境，及时发现生产过程中存在的问题，加以改善。简要地说，GMP 要求制药、食品等生产企业具备良好的生产设备，合理的生产过程，完善的质量管理和严格的检测系统，确保最终产品质量（包括食品安全卫生等）符合法规要求。这是生产质量管理的最基本的标准。

质量是企业的生命，是一个企业整体素质的展示，也是一个企业综合实力的体现。伴随人类社会的进步和人们生活水平的提高，顾客对产品质量要求越来越高。因此，企业要想长期稳定发展，必须围绕质量这个核心开展生产，加强产品质量管理，借以生产出高品质的产品。

（三）物流质量管理

首先，明确一个概念：物流不等于供应链。如今，无论是物流行业领域还是制造企业领域，人们对物流与供应链之间的关系理解依然存在着比较严重的误区，甚至在一些国内著名出版社所编译的书籍中，把供应链管理等同于物流管理的例子也屡见不鲜。而物流是第三方利润源的观点更是把这种谬误推上了极致，仿佛只要把物流搞好了，经营上的问题就一定能够迎刃而解，并能够成功地为企业带来巨大的利润。基于许多的制造企业对物流与供应链管理的片面理解，使其物流管理部门备受瞩目，但是，从节省物流成本以获取利润角度出发的管理思想也往往使物流部门的管理人员感到费用捉襟见肘。值得注意的是，在成本的制约下，物流业务的质量也呈现下降的趋势，其结果则是对生产以及产成品的销售带来巨大的负面影响，直接导致整体经营业绩的下滑。

由于企业的供应链管理已经涉及了上下游的管理，分别涵盖了采购、生产、销售、物流、信息、财务等相关的职能，物流只是其中的一个支持部分，如果仅从制造企业的成本角度而言，采购、生产、销售三个环节的成本依然占据了大头，并对企业经营的成败起着举足轻重的作用，而物流则只是有效支持上述环节策略得以有效实施的一种手段，换句话说，物流策略的制订必须是在基于相关的环节策略制订的基础上的，其具体的业绩应具体体现在能够保障其它关键职能运作的顺利进行，而不只是片面地追求成本的最小化。

　　当然，如果从制造企业管理的角度而言，物流依然是其中一个关键的组成部分。有效地对企业自身的物流系统进行具备前瞻性的战略规划，会使其在满足运作要求的前提下实现低成本的运作。例如，根据销售订单的频率以及规模大小，结合配送资源的特点，有效地建立区域性的配送中心体系就是目前比较流行的一种做法，一些大型的全国性企业，也正是采取这方面的策略来达到提升服务水平和降低物流运作成本的目标。物流是企业供应链管理方面一个不可或缺的环节。

　　物流质量管理是指科学运用先进的质量管理方法、手段，以质量为中心，对物流全过程进行系统管理，包括保证和提高物流产品质量和工作质量而进行的计划、组织、控制等各项工作。物流质量的概念既包含物流对象质量，又包含物流手段、物流方法的质量，还包含工作质量，因而是一种全面的质量观。

　　物流质量管理的主要内容：①物流对象物的质量。物流的质量主要是指在物流过程中对物流对象物的保护。这种保护包含：数量保护；质量保护；防止灾害。②物流服务质量。物流服务质量是物流质量管理的一项重要内容，这是因为物流业有极强的服务性质，物流业属于第三产业，说明其性质主要在于服务。所以，整个物流的质量目标，就是其服务质量。服务质量因不同用户而要求各异，这就需要掌握和了解用户需求。③物流工作质量。工作质量指的是物流各环节、各工种、各岗位具体工作的质量。工作质量和物流服务质量是两个有关联但又不大相同的概念，物流服务质量水平取决于各个工作质量的总和。所以，工作质量是物流服务质量的某种保证和基础。重点抓好工作质量，物流服务质量也就有了一定程度的保证。④物流工程质量。物流工程是支撑物流活动的总体的工程系统，可以分成总体的网络工程系统和具体的技术工程系统两大类别。其主要作用是支持流通活动，提高活动的水平并最终实现交易物的有效转移。

　　服务质量是物流领域重要的质量内容，这和物流活动的本质有关，很多学者认为，现代物流的本质是服务。物流企业所有的内部质量管理，最终通过对客户的物流服务表现出来。客户总是希望用最低的代价取得最满意的服务，而物流企业总是希望既获取比较高的利益同时又能够得到用户的满意（蔡赛军，2002）。这是一个博弈的问题，博弈的结果有四种可能：用户更满意一些而物流服务企业难以取得满意的利益；企业更满意一些而用户不能实现所要求的服务水平；双方都感觉不满意；双方都取得有限程度的满意。最后一种可能就是所谓的双赢的结局。事实上，双赢只能是有限程度的"赢"，双方都很难取得最大限度的满意。物流服务的质量管理，就是这种双赢的权衡。

　　食品物流包括食品运输、贮存、配送、装卸、保管、物流信息管理等一系列活动。食品物流相对于其它行业物流而言，具有其突出的特点：一是为了保证食品的营养成分和食品安全性，食品物流要求高度清洁卫生，同时对物流设备和工作人员有较高要求；二是由于食品具有特定的保鲜期和保质期，食品物流对产品交货时间，即前置期，有严格标准；三是食品物流对外界环境有特殊要求，比如适宜的温度和湿度；四是生鲜食品和冷冻食品在食品消费中占有很大比重，所以食品物流必须有相应的冷链。食品物流作为贯彻于供应链中的支持部分，其质量和食品质量息息相关，故食品企业更应该重视物流质量管理。

（四）批发与零售商的质量管理

批发商是指向生产企业购进产品，然后转售给零售商、产业用户或各种非营利组织，不直接服务于终端消费者的中介机构。区别于零售商的最主要标志是一端联结生产商，另一端联结零售商。企业在选择批发商时应根据自身的产品特点、市场分布范围及财务状况等条件制定对批发商的选择标准，参考标准如表7-2所示。

表7-2　　　　　　　　　　　　　批发商的选择标准

区域市场情况	批发商业务范围的地理分布区域与企业目标销售区域是否一致
渠道网络情况	批发商渠道网络成员是否多而广泛，这关系到批发商的市场营销能力，批发商网络广泛，其市场张力强，产品容易扩散出去
营销实力情况	批发商掌握和反馈市场信息的能力；批发商的合作精神和能力；批发商的竞争优势等

零售商是将商品直接销售给终端消费者的中间商，也是分销渠道的最终环节，关系着终端市场产品的销售与服务质量。对于零售商的选择常见有两种方法：一是根据产品的生命周期选择零售商；二是按照零售商的类型选择产品的合适零售商。对于企业来说，如何选择零售商，参考如下。

1. 根据产品的生命周期来选择零售商

选择一个零售商应该根据所销售产品的市场份额或者利润来确定，在产品的不同生命周期所选择的零售商类型也不尽相同。一般来讲在产品的创新阶段，工厂自销店、网上直营店是零售商选择的类型；在产品的成长阶段，零售商的选择则为货仓式商店、一些折扣商店并配以电视购物；在产品的成熟阶段，零售商则可以选择一些快餐店、便利店、百货商店等；到了产品的衰退阶段，主要集中于超级市场和综合商店。

2. 根据零售商的类型加以选择

日常常见的零售商主要有8种类型，见表7-3。

表7-3　　　　　　　　　　　　　常见的零售商八种类型

零售商类型	规模大小	所售产品	经营特点
副食便利店	规模小	数量多、种类少，主要经营日用品	●设在居民区附近和人流密集区 ●营业时间长，经营比较灵活 ●售卖商品与人们日常生活所需联系密切
百货商店	规模大	商品种类齐全，售卖多种商品，比副食便利店商品多	●服务项目较多 ●商品附加值较高 ●经营选择性、时尚性商品为主
超级市场	营业面积大	种类丰富，可满足家庭主妇的"一揽子"购物需求	●销售手段现代化 ●与供应商议价能力强 ●客流量大，费用较低，运转灵活 ●自助服务，明码标价，集中收银付款 ●敞开式陈列，以经营食品与日常用品为主
专卖店	规模较大	只经营一种产品线或者某一品牌，产品线单一，但产品品项丰富，常有个性化服务	●品牌经营 ●常位于商业中心区 ●以专业化与精细化定位目标客户

续表

零售商类型	规模大小	所售产品	经营特点
购物中心	规模大	种类多	●特殊的零售店形式,将分散的商店、餐厅、银行、娱乐等服务机构集于一体 ●集购物与休闲为一体,能够调整各零售业布局,疏通买卖渠道
平价商店	规模较小	大众化商品,反季节的商品销售	●常折价销售,价格低廉 ●店铺布置简单,销售费用低 ●大货架陈列,以中低档商品为主
仓储商店	大批量	讲究品牌	●库存与销售合一 ●自助服务,低成本运营 ●布置简洁 ●多实行会员制 ●以经营快消品、通用商品为主 ●不经中间商,直接从厂家进货
步行街商店	松散经营	商品丰富	●讲究文化与情调 ●集购物、休闲、旅游为一体 ●由步行街通道两旁的商店组成

与供应商的管理类似,对与生产企业紧密联系的批发商和零售商也需要进行相应的质量管理。

（五）顾客投诉的管理

GB/T 19012—2019（ISO 10002：2018）《质量管理　顾客满意　组织投诉处理指南》为组织策划、设计、开发、运行、保持、改进有效和高效的投诉处理过程提供了指南。无论组织的规模、地域及行业如何,从投诉处理过程中获得的信息都能够用于产品、服务和过程的改进,而且当投诉得到妥善处理时,组织的声誉可以得到提高,在全球化的市场中,此标准可以提供可信任的一致性的投诉处理方法。有效和高效的投诉处理过程,反映了产品或服务的提供组织的需求和期望,且能够增强顾客满意度,鼓励顾客反馈（包括不满意时的投诉）,能够为保持或增强顾客忠诚度和认同提供机会,并提高组织在国内外的竞争力。

1. 总则

组织应策划、设计和开发有效和高效的投诉处理过程,以增强顾客忠诚度与顾客满意度,改进所提供产品和服务的质量。该过程应当由一系列职能相互协调的关联活动组成,并运用人员、信息、材料,资金和基础设施等多种资源,以使过程符合投诉处理方针并能实现目标。组织应借鉴其它组织在投诉处理方面的最佳实践。组织应了解顾客和其它相关方对投诉处理的期望和感知。当建立和运行投诉处理过程时,组织应考虑和应对可能出现的风险和机遇,这包括:对过程与风险和机遇相关的内外部因素进行监视和评估;识别和评估特定的风险和机遇;对识别和评估的风险和机遇,策划、设计、开发、实施和评价相应的纠正措施。

按照 GB/T 19000—2016《质量管理体系　基础和术语》中 3.7.9 的定义,风险是不确定性的影响,可以是负面的或正面的,例如在投诉处理环境中,可能的负面影响是:在限定时间内,针对处理投诉的数量或复杂程度,由于资源配置不足导致顾客不满意。

可能带来的正面影响是：组织通过对接触顾客的员工培训进行评审，重新考虑了投诉处理有关的资源配置。可以通过评审资源配置，增加额外人员、开展培训或提供可选的投诉受理方式，来应对这些风险。

机遇与识别实现正面结果可能的新方法有关，并不一定来自组织现有的风险，例如组织可以由投诉处理中顾客提供的建议识别一种新的产品、服务或过程。

（1）目标　最高管理者应确保在组织的相关职能和层次上建立和沟通投诉处理目标。这些目标应是可测量的，并与投诉处理方针一致。这些目标应细化为一定阶段的绩效指标。

（2）活动　最高管理者应确保投诉处理过程策划、设计和开发的实施，以保持和增强顾客满意度。投诉处理过程可以与组织的质量管理体系的其它过程相结合并保持一致。

（3）资源　为确保投诉处理过程有效且高效地运行，最高管理者应评估资源需求并提供资源。这些资源包括人员、培训、程序、文件、专家支持、材料和设备、计算机软件及资金等。投诉处理过程的人员选择、配置和培训是特别重要的因素。

2. 投诉处理过程的运行

（1）沟通　应使顾客、投诉者和其它相关方易于获取投诉处理过程的有关信息，如手册、宣传单、电子信息等。这些信息应使用清晰明了的语言表述，且在合理的范围内，形式上适用于上述所有人，不使任何投诉者处于不利地位。以下是这些信息的示例：投诉地点；投诉方式；投诉者提供的信息；处理投诉的过程；投诉处理过程各阶段时限；投诉者选择的补救方式，包括外部解决方式；投诉者如何获得投诉进展的反馈。

（2）投诉受理　对于初次投诉的报告，应记录投诉的支持性信息并赋予唯一的识别码。初次投诉记录确定投诉所需的信息，包括：对投诉和相关支持信息的描述；补救诉求；投诉涉及的产品和服务或组织行为；预期的回复时间；人员、部门、分支机构、组织和市场区域的信息；即时采取的措施。

（3）投诉跟踪　实施投诉跟踪应从最初收到投诉直至使投诉者满意或形成最后结论的整个过程。根据要求和规定的时间间隔，至少在规定的截止日期之前，告知投诉者最新的投诉处理进展。在投诉处理过程中，投诉者应受到礼待，并告知投诉处理进度。

（4）受理告知　每件投诉受理后都应立即告知投诉者（可通过信函、电话或电子邮件等方式）。

（5）投诉初步评估　投诉受理后收到的每件投诉都应按准则进行初步评估，如严重程度、安全隐患、复杂程度、影响程度、即时采取措施的必要性与可能性等。投诉应按照紧急程度及时加以关注。例如重大健康安全问题应立即处理。

（6）投诉调查　应当尽可能调查所有与投诉有关的背景和信息。调查深入程度应当与投诉严重性、发生频次和严重程度相适应。

（7）投诉响应　在适当的调查之后，组织应做出响应。例如纠正问题并防止其再发生；如果投诉不能立即解决，应尽快制订有效的解决方案。

（8）方案沟通　针对投诉处理的方案一旦形成或任何措施一旦采用，都应立即与投诉者和相关人员进行沟通。

（9）投诉终止　如果投诉者接受所建议的方案或措施，该方案或措施就应得到实施并记录。如果投诉者拒绝所建议的方案或措施，投诉仍应保持进行状态。应记录此情况，并告知投诉者其它可用的内部和外部的处理方式。组织应继续监视投诉进展，直至使用了所有合理的内部和外部处理方式，或达到投诉者满意。

3. 保持和改进

（1）信息收集　组织应记录其投诉处理过程的绩效。组织应建立和实施口录投诉和回复程序以及使用和管理记录程序。同时保护个人信息并为投诉者保密。收集的信息应相关、正确、完整、有意义并有用。应包括以下信息：①规定识别、收集、分类，保存和处置记录的步骤；②记录投诉的处理并保持这些记录，尤其需要注意保存的电子文件和存储载体，因为此类记录会由于错误操作导致丢失；③持续记录与投诉处理过程有关人员所接受的相应培训和指导；④规定组织回复所记录的投诉者或其代理人口头表达或书面提交请求的准则，可以包括时限、信息类型、对象、形式等；⑤规定向公众公布无个人信息的投诉统计资料的时间和方式。

（2）投诉分析和评价　应对所有投诉进行分类并分析，以识别是系统性、重复性问题，还是偶然性问题，及其发展趋势，有利于消除产生投诉的根本原因，识别产品、服务和过程的改进或变更的机会。

（3）投诉处理过程满意程度的评价　应开展定期活动评价投诉者对投诉处理过程的满意程度。可以采用投诉者随机调查的方法或其它评价技术。

（4）投诉处理过程的监视　应对投诉处理过程所需的资源（包括人员）和所要收集的资料进行持续监视。应按事先制定的准则测量投诉处理过程的绩效。

（5）投诉处理过程的审核　组织应当定期开展审核，以评估投诉处理过程的绩效。审核应提供以下信息：过程与投诉处理程序相符合；过程与投诉处理目标相适应并有效。投诉处理审核可作为质量管理体系审核的一部分，如按 NB/T 19011 开展。审核结论应在管理评审中加以考虑，识别发生的问题并进行投诉处理过程的改进，审核应当由独立于被审核活动的能胜任的人员进行。

（6）投诉处理过程的管理评审　①组织的最高管理者应定期评审投诉处理过程，以确保过程具有持续的适宜性、充分性、有效性和效率；识别和处理与健康、安全、环境顾客和法律法规及其它有关要求不一致的事项；识别和纠正产品和服务的不足；识别和纠正过程的不足；评估对投诉处理的过程及所提供产品和服务进行变更的需求、风险和机遇；评价应对风险和机遇所采取措施的有效性；评价投诉处理方针和目标的潜在变化。②管理评审的输入应包括以下信息。外部因素：诸如在法律法规要求竞争行为和技术创新等方面的变化；内部因素：诸如在方针、目标、组织结构、可用资源、提供产品和服务等方面的变化；投诉处理过程的整体绩效，包括顾客满意度调查和对过程持续监视的结果；对投诉处理过程的反馈；审核结论；风险和机遇，包括相关措施；应对风险和机遇所采取措施的有效性；纠正措施状况；以往管理评审所采取措施的跟踪情况；改进建议。③管理评审的输出应包括：改进投诉处理过程有效性和效率的决定和措施；产品和服务改进建议；资源需求（如培训方案）的决定和措施。应保留管理评审的记录，以识别改进的机会。

（7）持续改进　组织应持续改进投诉处理过程的有效性和效率。组织可以通过纠正措施应对风险和机遇，并对所采取的措施进行创新性改进，持续改进其产品和服务质量。组织内采取措施消除导致投诉的已发生和潜在问题的原因，防止问题发生或重复发生。组织应当探索、识别和应用投诉处理中的经验教训和最佳实践；促进在组织内使用以顾客为关注焦点的方法；鼓励投诉处理的创新；树立投诉处理行为典型。

第六节　食品质量管理的组织

一、质量管理委员会

当质量目标已经成为企业的重要的战略目标，对质量职能的计划也已上升到质量战略的高度，那么质量的管理机构也必然需要由组织的最高管理者直接参与领导。质量管理委员会，或者称作质量议会，是企业质量管理的决策组织，通常由企业的最高管理成员们组成。该组织对企业质量战略的建立与维护实施全面监督。在全面质量管理时代，建立这样一个高规格的质量管理委员会已经逐渐成为许多企业的普遍做法。朱兰甚至认为，公司质量战略建立的第一步就是建立起质量管理委员会。在许多大型组织中，组织的多个层级上都可能设立质量管理委员会，从总裁会议、事业部级直到基层科室，使质量管理委员会网络化：上层委员会的成员作为下层会议的主席，来传达上层的质量政策；还可以向上传递基层发现的质量问题与质量建议。网络化的质量会议，更有利于企业质量战略的实施与改进。

质量改进组织工作的第一步就是成立公司的质量委员会，委员会的基本职责是推动、协调质量改进工作并使其制度化。质量委员会通常是由高级管理层的部分成员组成，上层管理者亲自担任高层质量委员会的领导和成员时，委员会的工作最有效。在较大的公司中，除了公司一级的质量委员会外，分公司设质量委员会也很普遍。当公司设有多个委员会时，各委员会之间一般是相互关联的，通常上一级委员会的成员担任下一级委员会的领导。

质量委员会的主要职责：①制定质量改进方针、政策和阶段目标；②对全企业的质量改进工作进行总体策划和协调质量改进工作中各相关部门的活动；③参与质量改进，使工资与奖励制度与改进成绩相结合等；④为质量改进团队提供资源；⑤对主要的质量改进成绩进行评估并给予公开的认可。

二、质量管理小组

质量管理团队在全世界各个国家的名称不尽相同，如 QC 小组、质量小组、品管圈、提案活动小组等，但其基本组织结构、活动方式大致相同，通常包括组长和成员。

质量管理小组（QC 小组）就是由相同、相近或互补性质的工作场所的人们自动自发组成小圈团体，全体合作、集思广益，按照一定的活动程序来解决工作现场、管理、文化等方面所发生的问题。它是一种比较活泼的质量管理形式。目的在于提高产品质量和提高工作效率。

最早是美国的一个博士于 1950 年提出的 SQC（statistical quality control）理论，即用统计的手法进行质量管理，最初也有许多企业把它作为提高质量管理水平的方法应用。但是这种手法只有搞 QC 的专业人员才能应用，对现场生产的作业人员来说难以理解掌握。同时，统计手法在日本企业界受到重视，并对基层员工进行使用方法的教导。后来，东京大学的石川馨教授，把 SQC 的理念与日本的风俗、文化相结合，于 1962 年在日本的季刊志上发表了文章《现场与 QC》，系统地介绍了 QC 的理论和应用。之后，在日本不断得到普及与推广。日本开始问题改善技术、目标管理及激励管理并巧妙结合成一种挑战游戏，QC 小组也就应运而生。在日本，几乎在任何行业都有了它的存在，QC 小组的盛行，产生了巨大的意义和效果。QC 小组的特点是由基层员工组成小组，通过适当的训练及引导，使小组能通过定期的会议，去发掘、分析及解决日常工作有关的问题。QC 小组是一种工作小组，小组中在第一线工作场所工作的人们，持续提高并维护产品、服务、工作的质量。该小组推动这种行为的方式是自主管理，利用质量控制概念和技术或其它技术，展示创造力，形成自我发展和相互发展。该活动目的在于发展他们的能力，推动质量管理小组成员的自我实现，使工作场所充满生机和活力，增加客户满意程度，做出社会贡献。为了使质量管理小组活动成功，领导和经理亲自为发展企业，组成、实施公司范围的 TQM 或类似的活动贡献力量。本着对人性的尊重，他们提供活动的环境，并持续地进行适当的指导和支持，旨在人人参与，并将其定位为对人力资源发展和工作场所利用非常重要的活动。

技术与科技的快速发展使得地球变越来越小，国界也更加的模糊。但随之而来的是竞争加剧。随着人们的发展、需求和期望值的提高，昨天是奢侈品的东西，今天可能已经是必需品。如今，产品和服务的发展令人头痛，没有一个组织能够轻松下来。持续的警惕，产品、服务的精益求精和新发明已经成为家常便饭。这就要求有新的机制方法。传统的方法不再有用。警觉并跟随这些变革是企业高层管理的责任，他们将对组织产生影响，并应据此做出决定。他们应当决定未来的工作路线。然后，去把这些想法变成工作计划和系统将是中层管理的责任。在此之后，进行所需的变革并适应新系统将是初级管理和工人的责任。这将是一个连续的过程，没有人能负担忽视这个系统造成的损失。这意味着企业应当创造一个环境并采取一种方法来保证所说的事情变成一种功能方法。在此处起决定作用的人工将必须拉近这个组织。最好、最简便的达到这一点的办法是在组织内实施质量管理小组概念。质量管理小组的组织结构对于任务执行来说，是必需的前提。对于任何有意义的结构，它应当首先开始于高级管理层的政策，这种政策的制定应当是与组织的目标和目的相关联的。其次就是制定出结构和系统达到目标和目的，这些结构和系统要明确指定来实现结果的共同努力的作用。

质量管理小组的顺利开展需要从上到下各方面的全面配合。

高级管理层通常由主席，总裁，职能总监以及其他董事会成员组成。它制定形成质量管理小组的政策，并将其作为 TQM 功能不可缺少的一个部分。它负责实施该政策，进行指导，审查政策的实施以及其结果。它同时清楚地阐明实现成就或结果的策略与系统。一个包括由组织首席执行官领导的小组所组成的筹划指导委员会也是高级管理层的一个部分。

筹划委员会（steering committee）是一个由组织领导人带领的监控小组，对质量管理小组能进行指导，检查与提高。通过定期与经常性的检查，委员会使得各职能领导对各自领域内质量管理小组健康地行使职能负有责任。各职能领导随后使得各辅导员负起责任。

协调员（coordinator）的功能：提供质量管理小组注册；召集筹划委员会会议；保持记录，组织系统的文件；组织各种培训计划；组织定期考察；协助委托人员进行研讨会，内部会议，外部会议，发表会等；安排内部发表会。

辅导员（facilitator）是某个区域的指定高级人员，他应当催化并促进质量管理小组。他的作用是像父母一样照顾自己的孩子。即使没有质量管理小组，一个高级人员的作用也是要发展与他一起工作的人员，使他们能够成功并给他们成功的自豪感。他应当是一个行为模范，是一个价值观塑造者。

组长（leader）的职能：一个领导应当是由该领域成员一致挑选的人员担任。一个领导若想发挥有效的作用，他应当具备基本的领导教育和培训，并且能够发挥领导的素质与技巧。由于质量管理小组从概念上讲也是基层的应用管理，这些人同样要接受管理方面的培训。

除了辅导员之外，质量管理小组的成功还取决于领导人如何领导这个群体。领导人的其它重要职能：定期举行会议；会议中保持平和；让所有成员参与；保持小组的凝聚力；协调质量管理活动；带领小组向目标前进；兼顾到小组的任务行为、团队维护、小组内破坏性或消极性行为。

组员（members）是对于质量管理小组概念充分理解之后，并在自愿基础上，加入小组的成员。如果他们希望得到发展，他们应当有一种发自内心的全心全意参与的渴望。只有当一个人充满热情与团队其他成员一道进行努力时，他才能体会到成功的刺激。理想的质量管理小组成员人数是 8~10 位，但最多也可达到 15 位成员。成员太多将导致没有足够的时间参加每一个会议，并在会议上发言。成员太少也会使整个小组失去活力。理想条件是轮值工作的工人与同一班的人员构成一个质量管理小组。如果数目不够，看看是否能与其他部门的成员形成一个结合质量管理小组。其它部门应为相联系的部门，功能至少要被全体工人知道。它不应是一个工程和生产小组。但如果有一些工程人员附属于部门，也要将他们考虑进去。指导思想是，成员必须找到自己的身份，不应在那个组内感到陌生。小组成员必须是自愿的，如果成员们没有感到不便，毫无疑问他们是可以组成一个质量管理小组的。但公司要保证在任何有必要时，为班值外的人员方便。质量管理小组主要是为了雇员的提升，但它也是通过工作地点的提升来达到的。因此，作为一个原则，此类活动应在工作时间内进行。然而，如果由于某种原因，程序使得组织不允许质量管理小组在工作时间内碰面，他们就要在工作时间以后碰面。毕竟是自愿的，如果工人们愿意下班晚一些，是不能反对的。但应进行诸如合适的会议地点，运输工具等必要的安排。质量管理小组要定期见面。会议周期视情况而定，每次 1~2h。辅导员（facilitator）不必每次都参加，但他要与成员保持联系，特别是要在会前，会后与领导人联系。至少偶尔有一次当会议正进行时，他要参加一会儿，以显示他对成员们的关心。

质量管理小组解决问题需要用到一些科学方法工具。首先以脑力激荡法，产生出一系列的问题。利用"A，B，C"的分类来依次优先考虑这些问题。

A 类问题：解决此类问题是涉及的其它部门最少。

B 类问题：解决此类问题一定要涉及其它部门。

C 类问题：解决此类问题需要管理层的核准和支持。

当质量管理小组活动在一个组织中开始以后，所有的人都会对它产生很大的兴趣，并期望迅速产生结果。即使这是一个学习的过程，它也会有助于所有的人。他们从 A 类问题开始。一般它们都是一些简单的问题，所需的技术知识最少。解决此类问题会使他们很有信心。然后他们开始解决难度要大一些，所需技术知识也要多一些的 B 类问题。到他们解决 C 类问题时，他们已非常有信心，并掌握了所有的技术。如果在起始阶段就匆匆忙忙地选择主要问题，最终会证明质量管理小组是无用的。解决问题所涉及的步骤在一个领域中，通过脑力激荡法找出一系列问题。将问题分为上述的"A，B，C"类。从 A 类中选出一个问题。一旦问题选出之后，质量管理小组可按以下步骤进行：①借助流程图表，对问题进行定义；②通过搜集数据，分析问题，确定原因；③通过数据的搜集与分析，找到最深层的原因；④确定解决办法，选择合适的解决办法；⑤预见实施过程中可能遇到的阻力；⑥在试验的基础上实施解决办法，并检查其实施情况；⑦定期实施；⑧追踪/回顾品管圈解决问题的工具。

质量管理小组使用下列简单的解决问题所需工具：脑力激荡法（brain storming）、流程图表（flow diagram）、搜集数据（data collection）、曲线图（graphs）、柏拉图分析（pareto analysis）、因果分析图/鱼骨图（cause and effect diagram）、分层（stratification）、散布图（scatter diagram）、直方图（histogram）、控制图表（control chart）等 QC 七大新旧手法，"5W1H"分析法，以及 PDCA 循环等。

质量管理小组是企业员工参与全面质量管理的重要方法，可保证质量战略活动能够在基层、在每一个员工那里都得到实施。日本从 20 世纪 60 年代推行 QCC（品管圈，quality control circles）活动，坚持至今，取得了很大的成效。日本的产品质量在 20 世纪 80 年代达到顶峰，QCC 起了不可估量的作用。日本的大型企业，每年或每两年都要召开一次大型的 QCC 大会，发表成果，表彰先进。如今世界上许多地方都在推行质量管理小组活动来改进质量。每年都要召开一次国际质量管理小组大会，发表成果，交流经验，吸引了不少国家和地区派员参加。

虽然质量管理不一定要通过质量管理小组进行，但质量管理小组是进行全面质量管理的一种好方法、好形式，在企业质量管理中经常采用。

1. 质量管理小组的特点

（1）小组成员　企业的全体员工人人参与质量管理小组，无论高层、中层领导，还是技术人员、一线操作者，都可以参加、组建，而且这种参与是以自愿为基础的。在小组内，大家各抒己见、献计献策，充分发挥群体优势。这使得质量管理小组具有广泛的群众性和高度的民主性。

（2）活动课题　质量管理小组围绕企业的质量方针、目标和工作现场中存在的问题来选取活动课题。因此，它的选题具有很强的现实性与针对性。通过质量管理小组活动，可以解决实际问题，改善工作质量，并提高员工素质。

（3）活动目的　质量管理小组的活动有着明确的目的，它直接以提高和改进质量、降低消耗、提高人的积极性和创造性、提高经济效益为目的，这与企业目标是一致的。

（4）活动方法　质量管理小组采用全面质量管理的力量和多种多样的管理方法，遵循科学的工作程序来分析和解决问题，这使得质量管理小组的改进活动更具科学性，更富有成效。

2. 质量管理小组的分类

按照《质量管理小组活动管理办法》，可以把质量管理小组分为现场型、攻关型、管理型与服务型。中国质量协会近期又提出创新型质量管理小组的概念。

（1）现场型质量管理小组　现场型质量管理小组是以稳定工序质量，提高产品质量，降低物资消耗和改善生产环境为目的而组成的小组。主要成员为一线现场员工，这类小组更熟悉问题的原因与解决办法，因而活动更容易出成果，利于激发员工积极性，也更有成效。

（2）攻关型质量管理小组　攻关型质量管理小组大多由管理人员、技术人员以及普通工人组合而成。这类小组课题难度一般较大，而且通常需要跨职能的部门合作。

（3）管理型质量管理小组　管理型质量管理小组是以提高管理水平和工作质量为目的而组建的质量小组。它的成员以管理人员为主。例如当企业决定将某产品不合格率降低到1%时，就需要一个合适的管理型质量管理小组。

（4）服务型质量管理小组　服务型质量管理小组以提高服务质量，推动服务工作标准化、程序化、科学化，提高经济和社会效益为目的，由从事服务性工作的员工为主组成。

（5）创新型质量管理小组　质量管理小组成员运用新的思维方法、工作方法和创造方法，开发新产品（项目服务）、新工具、新方法，探索研究实施最佳措施（方案），从而打破现状，实现预期目标。

三、质量管理小组活动

（一）质量管理小组活动内容

质量管理小组活动内容分为13个部分。

1. 成组

根据同一部门或工作性质相关联、同一班次之原则，组成质量管理小组。选出组长。由组长主持会议，并确定一名记录员，担任会议记录工作。以民主方式决定小组名字、徽章。组长填写《活动登记表》，成立品管圈，并向质量管理小组推动委员会申请注册登记备案。

2. 活动主题选定制订活动计划

（1）每期品管圈活动，必须围绕一个明确的活动主题进行，结合部门工作目标，从品质、成本、效率、周期、安全、服务、管理等方面，每人提出 2~3 个问题点，并列出问题点一览表。

（2）以民主投票方式产生活动主题，主题的选定以品管圈活动在 3 个月左右能解决为原则。

（3）提出选取理由，讨论并定案。

（4）制订活动计划及进度表，并决定适合每一个组员的职责和工作分工。

（5）主题决定后要呈报部门直接主管/经理审核，批准后方能成为正式的质量管理小组活动主题。

（6）活动计划表交质量管理小组推行委员会备案存档。

（7）本阶段推荐使用脑力激荡法和甘特图。

3. 目标设定

（1）明确目标值并和主题一致，目标值尽量要量化。

（2）不要设定太多的目标值，最好是一个，最多不超过两个。

（3）目标值应从实际出发，不能太高也不能太低，既有挑战性，又有可行性。

（4）对目标进行可行性分析。

4. 现状调查数据收集

（1）根据上次的特性要因图（或围绕选定的主题，通过会议），设计适合现场需要的，易于数据收集、整理的查检表。

（2）决定收集数据的周期、收集时间、收集方式、记录方式及责任人。

（3）会议结束后，各责任人员即应依照会议所决定的方式，开始收集数据。

（4）数据一定要真实，不得经过人为修饰和造假。

（5）本阶段使用查检表。

5. 数据收集整理

（1）对上次会议后收集数据过程中所发生的困难点，全员检讨，并提出解决方法。

（2）检讨上次会议后设计的查检表，如需要，加以补充或修改，使数据更能顺利收集，重新收集数据。

（3）如无（1）和（2）的困难，则组长落实责任人及时收集数据，使用 QC 手法，从各个角度去层别，做成柏拉图形式直观反映，找出影响问题点的关键项目。

（4）本阶段可根据需要使用适当之 QC 手法，如柏拉图、直方图等。

6. 原因分析

（1）在会议上确认每一关键项目。

（2）针对选定的每一关键项目，运用脑力激荡法展开特性要因分析。

（3）找出影响的主要因素，主要因素要求具体、明确且便于制订改善对策。

（4）会后落实责任人对主要因素进行验证、确认。

（5）对于重要原因以分工方式，决定各小组成员负责研究、观察、分析，提出对策构想并于下次组会时提出报告。

（6）本阶段使用脑力激荡法和特性要因法。

7. 对策制订及审批

（1）根据上次会议把握重要原因和实际观察、分析、研究的结果，按分工的方式，将所得之对策一一提出讨论，除了责任人的方案构想外，以集思广益的方式，吸收好的意见。

（2）根据上述的讨论获得对策方案后，让组员分工整理成详细具体的方案。

（3）对所制订的具体对策方案进行分析，制订实施计划，并在会议上讨论，交换意见，定出具体的步骤、目标、日程和负责人，注明提案人。

（4）组长要求组员根据讨论结果，以合理化建议的形式提出具体的改善构想。

（5）组长将对策实施计划及合理化建议报部门主管/经理批准后实施（合理化建议实施绩效不参加合理化建议奖的评选，而直接参加质量管理小组成果评奖）。

（6）如对策需涉及组外人员，一般会邀请他们来参加此次小组会议，共同商量对策方法和实施进度。

（7）本阶段使用愚巧法、脑力激荡法、系统图法。

8. 对策实施及检讨

（1）对所实施的对策，由各组员就本身负责工作做出报告，顺利者给予奖励，有困难者加以分析并提出改进方案和修改计划。

（2）对前几次会议做整体性的自主查检，尤其对数据收集、实施对策、组员向心力、热心度等，必须全盘分析并提出改善方案。

（3）各组员对所提出对策的改善进度进行反馈，并收集改善后的数据。

9. 效果确认

（1）效果确认分为总体效果及单独效果。

（2）每一个对策实施的单独效果，通过合理化建议管理程序验证，由组长最后总结编制成合理化建议实施绩效报告书，进行效果确认。

（3）对无效的对策需开会研讨决定取消或重新提出新的对策。

（4）总体效果将根据已实施改善对策的数据，使用质量管理小组工具（总推移图及层别推移图）用统计数据来判断。改善的经济价值尽量以每年为单位，换算成具体的数值。

（5）会议结束后应把所绘制的总推移图张贴到现场，并把每天的实绩打点到推移图上。

（6）本阶段可使用检查表、推移图、层别图、柏拉图等。

10. 标准化

（1）为使对策效果能长期稳定的维持，标准化是品管圈改善历程的重要步骤。

（2）把质量管理小组有效对策纳入公司或部门标准化体系中。

11. 成果资料整理（成果比较）

（1）计算各种有形成果，并换算成金额表示。

（2）制作成果比较的图表，主要以柏拉图金额差表示。

（3）列出各组员这几次组会以来所获得的无形成果，并做改善前、改善后的比较，可能的话，以雷达图方式表示。

（4）将本期活动成果资料整理编制成《质量管理小组活动成果报告书》。

（5）本阶段可使用柏拉图、雷达图等。

12．活动总结及下一步打算

（1）任何改善都不可能是十全十美的、也不可能一次解决所有的问题，总还存在不足之处，找出不足之处，才能更上一个台阶。

（2）老问题解决了，新问题又来了，所以问题改善没有终点。

（3）按 PDCA 循环，质量需要持续改善，所以每完成一次 PDCA 循环后，就应考虑下一步计划，制订新的目标，开始新的 PDCA 循环。

13．成果发表

（1）对本小组的《成果报告书》再做一次总检讨，有全体组员提出应补充或强调部分，并最后定案。

（2）依照《成果报告书》，以分工方式，依各人专长，将相应内容分给全体组员，制作各类图表。

（3）图表做成后，由组长或推选发言人上台发言，并进行讨论交流。

（4）准备参加全公司质量管理小组发表会。

（二）质量管理小组活动的启动

一般来说，质量管理小组的组建程序主要有三种：自下而上、自上而下以及上下结合组建。自下而上是指企业基层员工根据企业的质量方针目标，确定课题，自由组建；自上而下是企业依据当年质量工作的难点和任务，有计划、有步骤地组建质量管理小组；上下结合组建，上级部门推荐课题任务，与下级单位协商确定课题，员工自愿参加小组。质量小组的组建要由实际出发，选择合适的组建方式，采取自愿或行政组织等多种形式。可以在部门内部成立，也可以跨班组、跨部门建立，特别要重视生产、服务现场的质量小组组建。质量管理小组可以是原有班组、科室、部门的人员自愿组成的（偏重于质量控制目的），也可以是不同班组、科室、部门的人员自愿组成的（偏重于质量改进目的）；可以是不同层次的人员（如工人、管理人员、技术人员等）自愿组成的，也可以是不同层次的人员按"三结合"（管理人员、技术人员和工人）方式自愿组成的。也就是说，质量管理小组的形式是多样的，应根据具体情况进行组建。

质量管理小组组建起来后，应在组织的主管部门或主管人员处注册登记。建立质量小组后要进行登记注册，这也是质量管理小组活动区别于其它管理活动的一大特点，只有经过登记注册的小组才会得到企业和上级部门的认可。登记注册的目的，一是便于企业掌握小组活动情况，加强管理，有针对性地建议或帮助小组，使整个企业形成质量管理的组织网络；二是便于对小组的督促检查，引导他们选择不同的课题进行活动；三是可以增强小组成员的责任感和荣誉感。

在登记注册时，还包括小组课题登记。小组成立后，要选举组长，确定小组的名称并填写《质量管理小组登记注册表》和《质量管理小组课题登记注册表》，经领导审核后，送交企业质量管理小组活动主管部门登记编号存档。但是，应该注意质量管理小组登记不是永久性的，通常每年要经过一次重新登记和验收。对停止活动持续半年或一年没有任何成果的小组，应予以注销。组长在质量改进活动中承担着非常重要的职责，因此对其素质（工作能力、组织能力和技术能力）要求很高，在6σ质量改进中应由具有注册资格的"黑带"担任组长。

公司需注意提拔或推选有组织能力和热心质量管理的人员担任组长，组长应对成员有导引和约束力。组长的主要职责是：组织小组成员制订活动计划，进行工作分工，并带头按计划开展活动；负责联络协调的小组，及时向上级主管部门汇报小组活动情况，争取支持和帮助；抓好质量教育，组织小组成员学习有关业务知识，不断提高小组成员的质量意识和业务水平；团结小组成员，充分发扬民主，为小组成员创造宽松的环境，增强小组的凝聚力；经常组织召开小组会议，研究解决各种问题，做好小组活动记录，并负责整理成果和发表。

小组活动要围绕部门内的质量、效率、成本、浪费、服务、现场管理等关键问题选题攻关，开始时从容易之处着手，不必好高骛远。对每一个质量管理改善主题，自提出问题到解决一般不超过半年。质量管理小组活动要经常展开，一般一个月召开两次以上小组讨论会，每半个月提交小组活动中间报告。在现场可开辟质量管理小组活动园地，张贴小组活动的结果以及相关资料，以利于各小组的经验交流，确认小组活动的进展，既是现场文化的形象展示，也可促进质量管理小组间的良性竞争氛围。

公司要成立专职管理部门，加强对质量管理小组活动的指导。注重对小组成员的培训：包括质量管理的统计方法、对质量管理小组的正确认识、开展活动的程序步骤、参加活动的注意事项等。经常对小组活动进行检查、考核和开展竞赛，成果显著的质量管理小组可在企业公开表扬并予以奖励。

领导的重视和参与是推动质量管理小组活动的关键因素，公司需建立健全质量管理小组管理制度和激励机制，充分调动员工的积极性，从而做到从上到下全员参与，真正贯彻"质量第一"的观念。使质量管理小组更深、更广、更持续地开展活动。

为了避免质量管理小组活动流于形式，必须关注每个质量管理小组活动的过程，通过中间报告等形式确认活动进程。为了避免大家为了报告而捏造修改数据，和质量管理小组活动变成小组长一个人的事，从头包揽到底这两个通病，在质量管理小组成果评审时须特别加强这两个方面的审核。

（三）质量管理小组活动的推进

质量管理小组组建以后，首要的问题就是选择课题，然后根据课题和目标进行PD-CA循环。如何选题是质量管理小组进行活动前首要面临的问题，也是决定小组活动成果意义的关键问题。

选题主要有三种方式：指令性课题、指导性选题和自主课题。其中，指令性课题主要是重要的技术攻关等；指导性选题是企业依据需要公布一批课题，质量管理小组依据自身特点选择相应课题；自行选择课题则完全由质量管理小组自行决定，可以根据工作中存在的问题，以及用户的要求来确定。课题应该具有定量的目标值。选好课题后，制订一份计划表，如表7-4所示。

表 7-4　　　　　　　　　　　质量管理小组活动计划表

单位		质量管理小组名称		组长	
课题					
开始日期		计划完成日期			
现状					
序号		负责人		备注	
措施					
单位领导		备注			

（四）质量管理小组活动的展开

由于近年来企业及现场的环境发生了很大的变化，人们对质量管理小组活动的期望越来越大。质量管理小组活动体系也在慢慢趋于完善，现在质量管理小组活动（按问题解决型课题为例）按照图 7-21 中的 10 个步骤程序展开。

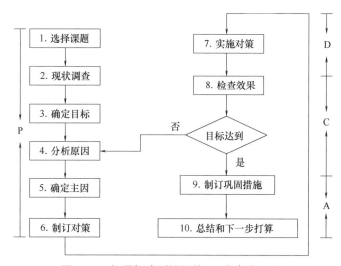

图 7-21　问题解决型课题的 10 个步骤程序图

在质量管理小组活动的 PDCA 循环中，有如下几个关键的环节。

1. 分析原因、确定主因

课题选定之后，就要运用各种工具、方法（表 7-5 是统计技术新老工具在活动阶段的作用，其中实心点为特别有效，空心为有效）来调查问题现状，获取真实可靠、具有代表性的数据。并对所要解决的问题进行原因分析，找出影响问题的决定性因素，由小组成员进行现场调查确认主要原因。

2. 制订对策、实施对策

针对问题的要因制订一个有效的解决方案，消除其对问题的影响。不仅要有措施，还要制订措施实施过程中的计划安排，包括时间安排、人员安排等，尽可能在短时间内取得最佳的效果。同时还要考虑措施可能产生的其它问题，防止副作用的产生。

按照计划将对策认真实施，边实施边观察过程。当原定的措施由于受到因素、条件的变化而无法执行时，小组成员就可根据情况修改对策，制订新对策并实施。实施过程中要做详细的记录，为编写成果报告提供依据。遇到问题可请上级协调或召开小组会议研究解决。

表 7-5　　　　　　　　　新老统计技术工具在活动阶段的作用

阶段	技术 / 程序	七种老工具							七种新工具						
		排列图	因果图	调查表	分层法	直方图	散布图	控制图	关联图	亲和图	系统图	矩阵图	矩阵数据分析	PDCA循环	箭条图
	选题	●	○	○	○	○		○	○	○					
现状调查和目标确定	现状调查	○		●	○	○		○	○						
	目标确定	○		●		○		○							
	制订行动计划			●											●
P	因果调查		●					○	○		●	○			
	调查过去和现在状况	○	●	●	●			●							
因素分析	分层	○	○	○	●	●						○	○		
	注意异常变化				○			●							
	注意相关关系	○		○			●		○			○	○		
D	制订和实施对策		●	○						○	●	○		●	○
C	确认效果	○		○	○	●		●							
A	标准化和巩固措施			○	●	○		●							

注：●为特别有效；○为有效。

3. 效果检察、成果巩固

计划实施后，要对实施效果进行检查，观察是否达到预定目标，解决了哪些问题，还存在什么问题。检查结果应该用数据以直观的方式说明目标完成情况。当效果并不如预料的那样令人满意或者达不到目标值时，应重新回到现状调查的步骤从头开始。同时，为了防止已经解决的问题再发生，应采取相应的巩固措施，对有些可进行标准化的措施，采取标准化手段，永久性消除问题发生的原因。

（五）质量管理小组活动成果的评审

质量管理小组活动完成了 PDCA 循环，取得了成果后，要及时总结，可撰写成果报告书。成果材料必须以活动记录为基础，进行必要的整理，用数据说话，不要生搬硬套，事后编造。成果的主要内容包括：①成果名称；②概述；③选题理由；④原因分析；⑤措施计划；⑥实施过程；⑦实施效果；⑧标准化措施；⑨遗留问题；⑩下一步打算。

对于成功的课题，要肯定成功的经验，并对这些新的工艺、方法、制度等继续进行验证，确实有效可经主管部门审核后纳入标准中，巩固取得的成绩。对于失败的项目，也要吸取教训，防止问题的再发生。没有解决的问题转入下一个循环中去。

总结过的成果可指定一名质量管理小组成员将成果在相应的会议上发表。这需要组织的主管部门或主管人员进行安排。发表成果可以鼓舞士气，吸引其他员工的关注，还可以交流经验，获得其他员工的评价，不断提高活动的效果。优秀成果可以推荐到当地或上级的质量管理协会的有关会议上发表。

第七节　场景应用

一、客诉原因分析及改进措施

田田：今天例会，咱们就聚焦一个主题，讨论一下安安做的《黄桃果昔的客诉原因分析及改进措施》。

安安：黄桃果昔是公司2018年底推出的新品，德国代工，线上为主要销售渠道。产品上市以来，销量不错，但客诉一直不断。从数量看，2019年全年每月客服中心都接到投诉，七月至十月这四个月客诉最多。大家可以看一下这张图。从原因看，有涨包、结块、异味、颜色发黄、标签模糊。

田田：赵山和吴水你们俩能不能认真听呀，一个玩手机，一个玩电脑！这个PPT就是给你们做的。一个管销售，一个管仓配，从七月份就要求你们严格周转、严格码垛，这都年底了还是老样子。这个PPT我看了好几遍了，这么高的客诉率，这么长的现金周转期，这是个好业务吗？1L装的还好，都是倒到碗里喝的，有个结块、变味还能看出来；200mL装的，孩子们喝呢，有异味也喝了，那不就出事情吗？从全年的图表看来，我们是在裸奔呀，国外代工、进口、仓储、物流、配送、销售每个环节我们管理质量了吗？总公司月月质询，真要出了事情，今天开会的一个也跑不了，好好学学食品安全法实施条例第七十五条。

安安：根据客户投诉记录分析，1L装客诉占比87%；200mL装客诉占比13%。

田田：销售数量和销售收入占比呢？

安安：销售数量这里没统计，销售收入占比：1L装35%；200mL装65%。

赵山：1L装还要不要做了？1L装不做了，客诉就下来了嘛。

田田：都不做了，倒是本质安全了，业绩呢？经营结果才是检验高质量发展成效的重要尺标。还是要加强质量管理，构建全链条的"本质安全措施"。同时再看看竞品有没有这个规格，为什么没有？

安安：整个"生产—进口—仓储—销售—配送"供应链，质量与安全管理部也作了基本的调查。这张图是对黄桃果昔做加速试验的一系列对比图片。在保质期内，确实存在颜色变黄的情况。这是脂肪上浮现象。但没出现结块。如果是生产原因的鼓包，一般应该是成批次出现鼓包。

赵山：那看来德国工厂没什么大问题呀。

安安：这张图是NCC系统中调出的全年的"生产日期到入库日期""生产日期到出库日

期"的数据。全年"生产日期到入库日期"也就是进口在途日期,平均 46 天,最低 29 天,最高 61 天;全年"生产日期到出库日期"平均 181 天,最低 117 天,最高 321 天。

田田:赵山,销售周转太慢了。

安安:"生产日期到出库日期"这段时间的质量管控是咱们最不可控的,一是码放,二是温度。这些图片都是从库存盘点邮件中的选择的,码放不规范还是比较普遍。码放的多了,包装局部压坏了。

吴水:1L 装的码放层数限制是 5 层。

赵山:左边这张图至少 7 层了。这不应该呀,从港口到库房,都是有标准的呀?

安安:虽然产品贮存条件是常温下贮存,温度高了,产品肯定老化的快,同时咱们在库时间太长,基本上一半以上保质期都在库里。库房又是外租库,也不是恒温库。温度和码放两个都不好时,温度高了,包装局部破损了,变质的比例就高了。这也是为什么七月到十月客诉激增的原因。

赵山:库房管理、加快周转。

安安:在配送环节,经销商用的是三层瓦楞纸箱,左边这个图是咱们用的纸箱,右边这个图是竞品用的纸箱。针对上面的原因分析,质量与安全管理部制定了"生产—进口—仓储—销售—配送"的质量管控措施。

二、产品质量不稳定怎么上市?

安安:Hi,田田。

田田:Hi,安安。

安安:新品量产上市审批,我加签了你给我们审核下一个新产品的项目,主要涉及质量安全内容的地方,附件也可以下载审阅,若无问题就审核通过,点"完成"就行,谢了哈。

田田:我看后,有问题再问你。

安安:好的。

田田:这个产品,我不能签呀。

安安:怎么了?

田田:质量指标不稳定。试产的产品应质量稳定方可进行量产。从检测情况看,感官指标、理化指标、食品安全指标这 3 类指标没有问题,营养成分指标不稳定。

安安:具体的指标都是什么情况?

田田:维生素 A、钙含量肯定能符合营养声称,但是,铁含量有超上限的可能。

安安:这个情况我知道,我们现在产品包装上的营养成分表中的铁含量是依据配方添加的,铁添加量为 15mg/100g 左右,但实际上使用的主料面粉本身的铁含量为 6mg/100g 左右。这样就导致了产成品中的铁含量会比营养声称高一些。

田田:对。还是要调整原料和配方,使产品质量稳定。

安安:你看这样行不行:我们提供添加量的证据,包括批记录、供应商提供的复合矿物质含量证明、主料中的微量元素含量检测报告，这样我们这个产品的铁含量大体什么范围，就知道了。然后你先给我签通过——业务上等着卖货呢。

田田：同时你们再检验检测、改善配方和工艺，保证营养成分稳定？

安安：对呀！

田田：那不行！程序不能颠倒呀，还是先保证营养成分稳定后再进入后续程序吧。因为，任何一个指标不稳定或不合格，不管是以何种形式对外销售，对公司都是一种风险呀。而且，现在我们觉得"边上市、边进行配方和工艺改善"挺符合逻辑的，但是真正实施的时候，会乱的——一旦批准量产上市了，包材产生了、库存产生了，那时候如果配方改不了了，必须修改标签标识就会造成直接经济损失了。

安安：我错了，质量人员怎么能有不规矩的想法呢。

三、品控人员要学会管理

田田：Hi，安安。

安安：Hi，田田。

田田：这个重大隐患报告写得不行呀！

安安：我打电话让他们重新写。

田田：不是"点"上的问题，而是系统的问题。其实咱们一开始的时候，对质量安全系统的各管理层级的定位和功能模块界定还是不错的。一级经营单位层面定位质量战略，其功能模块是使命愿景、客户需求、竞争分析、战略目标；二级经营单位层面定位系统运营，其功能模块是运营指标卡、运营系统图、执行架构图、责任矩阵表、PONC 损益表；工厂层面定位管理执行，其功能模块是 GAP 与改进机会、根本原因分析、解决问题工具箱、效果测评与固化。

安安：对呀！现在的问题是品控经理的能力不足以支撑管理执行层面的功能模块。

田田：嗯。

安安：领导老说，咱们的职务是专员，而不是办事员，品控经理不也同样如此吗？内部评估的工作是杜绝管理上的短板，还是发现档鼠板、灭蝇灯之类的"点"上的不符合项？就如同一个企业的心脏都将要不跳的时候，是治疗心脏还是先修头发、擦皮鞋？质量改善是建立机制还是形成短暂行为？

田田：问得好，问出问题，其实也就知道了答案。

安安：品控经理的执行没有问题，5S 推动呀，上传下达呀。要补充的是学会管理。管理是什么？不就是思路、方法、工具嘛。甚至应该鼓励，相同绩效的情况下，在办公室跷着二郎腿的品控经理比以力代劳的品控经理要好。

田田：你在问的时候，我也写了个答案：一是要学会质量规划，二是学会使用质量工具。

安安：如何制定质量规划？

田田：质量规划 4 步法：

序号	步骤	说明	帮助
第1步	工作分类	识别所有工作,并分类	品控经理的最主要的两项工作职责是什么?
第2步	流程步骤	制定每一项工作的流程与步骤	做这项工作的思路和方法是什么?
第3步	衡量标准	明确衡量标准,进而衡量找出差距	这项工作,如何评价做得好,还是不好?怎么算好?怎么算不好?
第4步	质量规划	以"5W1H"维度,制定未来的规划	每项工作的目的、目标、策略、衡量、行动方案是什么?

安安:在工作分类阶段,一定要反复问"是什么"。一定要采用"原点思维"方式,即从事物的原点出发,找到问题答案的思维方式。回到原点去。

田田:第3步衡量标准的制定,有几个原则。第一,衡量标准与这项工作的职责是强相关的。第二,衡量标准要说清楚。"虚"的语言、生涩的专业术语显然是不适合作为衡量标准的。第三,衡量标准也不要太多。衡量标准一多,衡量太复杂了。这件工作做了,是好,还是不好,判断起来就复杂了。就是几条。关键的几条是什么?第四,衡量标准一定是"我"要做什么,不要去说别人做什么。告诉自己,告诉自己的上级,这项工作做到什么程度算做好了。而不要考核、评价指标或指数。

安安:我提议,明年的质量规划制定启动会上,把四步法作为导入内容。用行动学习法开启动会,用行动学习法重温我们开始时建立的质量管理思路模型,用行动学习法培训质量规划四步法。

田田:很好呀。质量规划一定是"我"要做什么工作,而不是要让"别人"做什么工作。

安安:相信培训可以解决一切问题。

本章小结

本章对管理的概念进行了详细的阐述,剖析了行政管理以及柔性管理。梳理了质量管理发展历史,详细介绍了一系列对质量管理做出杰出贡献的质量大师,并分析了其管理理念。对菲德勒及其权变理论做出了论述,分析了其对质量管理的贡献。概述了质量管理的6种方法:全面生产维护、5S现场管理法、6σ管理、零缺陷质量管理、卓越绩效管理、世界级制造。阐述了质量管理五大工具:质量先期策划、生产件批准程序、统计过程控制、测量系统分析、潜在的失效模式及后果分析。详细分析了食品质量管理的内容,包括:战略管理,创新管理,以及食品供应链的质量管理。其中食品供应链的质量管理包括供应商(采购)、生产、物流、批发与零售商以及顾客投诉的质量管理,涵盖食品供应链的各个方面。最终介绍了食品质量管理的组织,以及如何开展质量管理小组的活动。

关键概念: 行政管理;柔性管理;质量管理;质量大师;权变理论;质量管理方法;质量管理工具;战略管理;创新管理;供应链的质量管理

🔍 思考题

1. 影响决策/质量行为的因素有哪些?
2. 行政管理与柔性管理的利弊?
3. 简述质量管理的发展?
4. 什么是权变理论,领导者如何通过权变理论进行管理?
5. 质量管理有哪些方法与工具?
6. 食品质量管理的主要内容?

参考文献

[1] 蔡赛军. 物流质量管理. 上海:复旦大学,2002.

[2] 崔航. 零缺陷管理在工作中的运用. 商情,2017,(8):89.

[3] 冯淑霞. 论现代企业的人性化管理. 中小企业管理与科技(上旬刊),2008,(3):4.

[4] 郭威,刘丽慧. 柔性管理与女性管理. 企业研究,2008,(7):23-24.

[5] 韩冰. 朱兰的质量管理三部曲. 企业改革与管理,2009,(9):65-66.

[6] 胡树华. 朱兰三部曲:质量策划,质量控制和质量改进链. 仪器仪表标准化与计量,1999,(3):24-25,27.

[7] 胡文进. 质量管理——企业稳步发展的必然选择. 机电信息,2005,(22):34-35.

[8] 胡晓明. 六西格玛管理与员工素质. 中国市场,2011,(31):16-17.

[9] 孔庆香. 统计过程控制在生产中的应用. 科技创新导报,2013,(21):242.

[10] 李耀江,杜世昌. 测量系统分析在品质控制中的运用. 机械制造与自动化,2010,(3):54-55,62.

[11] 刘文瑞,史翔,杨柯. 爱德华兹·戴明:质量管理之父. 名人传记(财富人物),2011,(1):56-60.

[12] 刘忠启. 论企业人性化管理在企业管理中的意义. 中小企业管理与科技(上旬刊),2008,(22):12.

[13] 罗建辉. 精益生产与6σ管理在富士康的应用. 天津:天津大学,2005.

[14] 秦建民. "管理"与"领导"辨析. 现代企业教育,2007,(8):64-65.

[15] 沈美琦. 供应商引入的选择与评估. 名城绘,2018,(7):700.

[16] 谭吉芳. 测量系统分析与测量过程控制. 黑龙江科技信息,2015,(9):30-31.

[17] 陶惟勤. 全面质量管理的基本方法. 世界机械工业,1989,(3):41-42.

[18] 王东强,田书芹. 绩效考核的困境和出路. 人力资源管理,2008,(1):42-44.

[19] 王凤霞. 基于一致性理论的世界级制造实践选择模式. 黑龙江社会科学,2007,

（1）：70-73.

[20] 王红. 不同质量观下的质量保证与评估方式选择. 国家教育行政学院学报，2012，（1）：58-60.

[21] 王纪伟. 对柔性化税务管理的思考与探索. 山东社会科学，2013，（s2）：110-111，117.

[22] 王路明. 以柔性管理促学校发展. 中学课程辅导（教师通讯），2016，（4）：3-4.

[23] 萧燕群. 柔性化解矛盾，和谐促进发展. 师道·教研，2011，（9）：4-5.

[24] 徐伟. 浅谈供应商的选择与评价. 铁路采购与物流，2010，（10）：35-37.

[25] 彦仁. SGM 的供应商质量改进程序（九）——生产件批准程序（PPAP）. 汽车与配件，1999，（36）：20-22.

[26] 张道敏. 试论柔性管理对企业的要求与柔性管理的实施办法. 中小企业管理与科技（上旬刊），2009，（34）：47-48.

[27] 张凤节. 浅谈创新管理在企业的实施. 2013，（14）：42.

[28] 张广敬. 供应链管理实施的难点及对策研究. 中国管理信息化（综合版），2005，（12）：70-73.

[29] 张健泉. 浅谈柔性管理在企业管理中的运用. 魅力中国，2010，（9）：22.

[30] 张增. 媒介管理需要柔性机制. 青年记者，2010，（32）：65-66.

[31] 赵静. 新形势下企业全面质量管理工作的思考. 商品与质量·学术观察，2014，（7）：155，213，138.

[32] 郑丽颖. 威廉·爱德华·戴明：全面质量管理. 现代企业文化（上旬），2011，（8）：60-61.

[33] 郑煜，王旺喜，侯宗科. 7S 在纺织企业现场管理中的运用. 纺织器材，2009，36（3）：61-64.

[34] 施京京编著. 走进"零缺陷管理". 中国质量技术监督，2007，（2）：50-52.

[35] Blake R. R. , Mouton J. S. . The managerial grid：key orientations for achieving production through people. Houston：gulf Publishing Campang，1964.

[36] W. E. Deming. Out of the crisis：quality, productivity and competitive position. General Information，1986，38（7）：38-49.

[37] Don Hellriegel. Organizational behavior. Beijing：Peking University Press，2005.

[38] Gerats G. E. C. . Working towards quality. Aspects of quality control and hygiene in the meat industry. Netherland：Faculteit der Diergeneeskunde, Rijksuniversiteit, Utrecht，1990.

[39] Hersey Paul, Blanchard K. H. , Johnson D. E. . Management of organizational behavior：utilizing human resources. Englewood Cliffs：Prentice Hall，1996.

[40] Ivancevich J. M. , et al. Management：quality & competitiveness. Homewood：Richard D. Inwin, INC. , 1994.

[41] Kampfraath A. A. , Marcelis W. J. . Besturen en organiseren：bestuurlijke opgaven als instrument voor organisatie-analyse. Deventer：Kluwer，1981.

［42］ Kolb D. A.. Experiential Learning: Experience As The Source of Learning And Development. Upper Saddle River: Prentice Hall, 1984.

［43］ Legrenzi P., Sonino M.. The content of mental models. Behavioral and Brain Sciences, 1993, 16 (2): 354-355.

［44］ Marcelis W. J.. Onderhoudsbesturing in ontwikkeling. Netherland: Wageningen University, 1984.

［45］ Mintzberg H., Ahistrand B., Lampel J.. Strategy safari a guided tour through the wilds of strategic management. Management Services, 1998, 48 (11): 152.

［46］ Schermerhorn P., Scheutz M., et al. Investigating the adaptiveness of communication in multi-agent behavior coordination. Adaptive Behavior, 2007, 15 (4): 423-445.

［47］ Thomas K. W.. Conflict and conflict management: reflections and update. Journal of Organizational Behavior, 1992, 13: 265-274.

第八章
基于食品链的质量管理体系

学习目标:

1. 质量管理体系(ISO 9000)的结构和主要内容。
2. 食品安全与质量(SQF)认证之食品质量规范。
3. 整合食品质量管理体系。

食品质量因涉及每个消费者人身安全问题而成为各国政府和公众关注的焦点,也引发大家对食品质量控制与管理的深层思考。

食品供应链越来越呈现国际化的趋势,在其不断向全球延伸的同时,也使得食品安全危害引入供应链的概率和风险越来越大。世界上某个国家甚至某一地区的食品安全危害往往会由于食品链的延伸演变成全球性的食品安全事件。因此如何有效控制和管理食品安全和食品质量,是世界各国面临的重大现实问题之一。

在消费者的心目中,质量是信任的前提;在国与国的贸易中,质量就是竞争力。管理大师彼得·德鲁克曾提出:"在超级竞争的环境里,正确地做事很容易,始终如一地做正确的事情很困难,组织不怕效率低,最怕高效率地做错误的事情。"因此,一个企业成功的前提,是确保拥有正确的战略和目标(详见本书第二章),这样细节和执行才有意义,才能持续地做正确的事。中国制造的产品要出口到全球其它国家,通常都要符合当地的安全认证标准才可以在该区域销售。因为每个国家都有自己的国情,有不同的地理环境,民族文化,生活习惯和本国保护意识,这就促使大部分国家都根据国情制定了一套适合本国的产品标准,以保护国民安全和环境。因此中国的企业的管理者了解并有针对性地学习出口国的相关法规及认可的食品质量管理体系就显得尤为必要。在"中国制造"向"中国质量"转型的特殊时期,坚持科学发展观,构建我国食品质量管理体系,才是打造中国食品信赖度,提升全球质量竞争力的最佳途径。

有了正确的战略和目标,还需要根据企业产品及其生产链的特点进行质量策划(详见本书第三章),并依据质量策划的结果进行生产过程质量控制(详见本书第四章)。管理学家迈克尔·哈默曾提出,"对于 21 世纪的企业来说,过程将非常关键。优秀的过程使成功的企业与其它竞争者区分开来"(张焱,2011)。过程是企业运作活动的路径,企业通过执行过程来实现战略决策和目标。利用过程改进可以提高产品质量、提升效率、减少浪费、降低成本，为企业创造竞争优势。华为创始人任正非多次提出要重视过程："企业的人是会流动、会变的，但流程和规范会留在华为，必须要有一套机制，无论谁在管理公司，这种机制不会因人而变。但是流程本身是死的，而使用它的人是活的，需要人对流程的理解。而对流程了解比较多的是管理者，只有他们而不是基层人员，才清楚为什么这样设定流程。"

食品供应链的管理需要基于契约精神。在合同环境中，质量保证（详见本书第六章）是取得顾客信任的手段，使人们确信某产品或某项服务能满足给定的质量要求。同时，还需要通过质量控制和质量保证活动，及时发现质量工作中的薄弱环节和存在问题，采取有针对性的质量改进（详见本书第五章）措施，进入新一轮的质量管理 PDCA 循环，便可以不断获得质量管理（详见本书第七章）的成效。最终，基于战略的方针目标、质量策划的方案、质量控制、质量保证、质量改进、质量管理的方法，都集成于食品质量管理体系（详见本书第八章）的框架下，以利于更好地关注顾客、关注员工、关注过程、关注环境（包括社会、经济、政策、科技、生产等环境），实现顾客满意，企业永续经营，承担社会责任。

食品质量管理体系是一套以质量链为核心的管理系统。对企业而言，主张的是从供应商端到客户端完整的价值链；对监管部门，主张的是一条利益相关方的责任链。将这两条链，回归质量本源，都是强调抓住相关方的需求和问题的根源，注重过程管理以实现系统性的风险防范，而非事后的补救。

本章将系统介绍国际标准化组织（ISO）制定的质量管理体系（ISO 9000）标准，同时简介食品安全体系认证（FSSC 22000）等全球食品安全倡议（the Global Food Safety Initiative，GFSI）组织推荐的食品安全管理体系。这些认证体系标准为世界上许多国家进行食品质量管理和食品安全管理提供了科学的方法和模式。

第一节　ISO 9000 质量管理体系

随着全球经济一体化进程的加速和不可逆性，人们对质量的要求不断提高，加上各个国家质量政策的不同，越来越多的企业家意识到市场竞争的规则在逐步统一。传统的主要靠检验把关的质量控制办法已经不能满足国内外消费者对于食品质量的要求。中华人民共和国国务院在《质量发展纲要（2011—2020 年)》中指出，"质量发展是兴国之道、强国之策。质量反映一个国家的综合实力，是企业和产业核心竞争力的体现，也是国家文明程度的体现"。而落实质量强国的战略，不断适应国际化趋势，则需要加强质量管理体系建设，推动我国的质量变革。

国际标准化组织将世界范围内的质量保证标准进行了统一，产生了 ISO 9000 族标准。这套标准更加关注对产品质量特性形成过程的控制，它把产品从产生到死亡的整个生命周期的所有过程都纳入了控制，从而更加有效地保障产品质量，所以得到世界范围内的广泛认同。特别是 ISO 9000 质量管理体系的管理思想，即以顾客满意为目标，把产品质量特性的控制上升为控制过程，并把满足顾客要求视为质量管理的最终目的。既不盲目的追求完美的产品质量，也不以次充好，愚弄顾客。做到用最佳的成本，做出满足顾客要求的产品和服务来，达到质量、服务、价格有机结合，从而提高公司的整体竞争能力。

一、ISO 9000 简介

国际标准化组织（International Organization for Standardization，ISO），是一个全球性的非政府组织，更是国际标准化领域中一个十分重要的组织。ISO 的宗旨是：在全世界范围内促进标准化及其相关活动的发展，以便于产品和服务的国际交换，在知识、科学、技术和经济领域开展合作。ISO 的主要任务：制定国际标准，并协调世界范围内的标准化工作；组织各成员国和技术委员会进行情报交流，并于其它国际机构合作，共同研究有关标准化的问题。

ISO 9000 族标准，是指由 ISO/TC176（国际标准化组织质量管理和质量保证技术委员会）制定的关于质量管理的术语、指南和质量体系要求的一系列国际标准的统称，其核心是建立文件化质量体系，书面规定了必需的质量要素内容及实施程序。要求管理人员、操作人员和验证人员都必须按文件执行并加以记录。ISO 9000 族标准作为一组通用性质量管理标准，ISO 9000 可供各种类型和规模的组织实施并运行有效，实现持续改进，不断提高顾客满意度（柴邦衡，2003）。

ISO 9000 质量管理体系自 1987 年问世以来，直到现今的 2015 版，影响力与日俱增，成为目前应用范围最广的国际标准体系。这都归功于该标准为各类组织提供了通用的质量管理框架和思路，帮助企业提供合法、合规且得到顾客持续信任的产品和服务，显著提升顾客满意度和增加顾客黏性，最终实现效率和效益的加速增长。

二、ISO 9000 发展历程

（一）ISO 9000 产生的历史背景

ISO 9000 是由西方的质量保证活动发展起来的。第二次世界大战期间，因战争扩大武器需求量急剧膨胀，美国军火商因当时的武器制造工厂规模、技术、人员的限制未能满足"一切为了战争"之需，美国国防部为此面临千方百计扩大武器生产量，又要保证质量的现实问题。分析当时企业：大多数管理是"NO.1"，即工头凭借经验管理，指挥生产，技术全在脑袋里面，而一个工头管理的人数很有限，产量也有限，与战争需求量相距很远。于是，美国国防部组织大型企业的技术人员编写技术标准文件，开设培训班，对来自其他相关原机械工厂的员工（如五金、工具、铸造工厂）进行大量训练，使其能在很短的时间内学会识别工艺图及工艺规则，掌握武器制造所需关键技术，从而将专用技术迅速"复制"到其它机械工厂，奇迹般地有效解决了战争难题。美国国防部将该宝贵的工艺文件化经验进行总结、丰富，编制为更周详的标准在全国工厂推广应用，并取得了满意效果。1959 年，美国国防部向下属的军工企业提出第一个质量保证标准 MIL-Q-9858A《质量大纲要求》，适用于航天、导弹、坦克、雷达、军舰等复杂产品。1971 年，美国国家标准学会制订、发布了国家标准 ANSI-N45.2《核电站质量保证大纲要求》。同年，美国机械工程师协会发布 ASME-III-NA4000《锅炉与压力容器质量保证标准》。美国军工企业建立质量管理体系的经验很快被其它工业发达国家军工部门所采用，并逐步推广到民用工业，在西方各国蓬勃发展起来。同时，这些成功经验也为 ISO 9000 族标准的产生奠定了基础。

随着上述质量保证活动的迅速发展，各国的认证机构在进行产品质量认证的时候，逐渐增加了对企业质量保证体系进行审核的内容，进一步推动了质量保证活动的发展。到了 20 世纪 70 年代后期，英国一家认证机构英国标准协会（British Standards Institution，BSI）首先开展了独立的质量保证体系的认证业务，使质量保证活动由第二方审核发展到第三方认证，受到了各方面的欢迎，进一步推动了质量保证活动的迅速发展。通过三年的实践，BSI 认为，这种质量保证体系的认证适应面广，灵活性大，有向国际社会推广的价值。于是，1979 年，英国国防部发布了一套 BS 5750 英国质量保证标准：① BS 5750—1979《质量体系　设计、制造和安装规范》；② BS 5750—1979《质量体系　制造和安装规范》；③ BS 5750—3—1979《质量体系　最终检验和试验规范》。同年 BSI 还向 ISO 提交了一项建议。ISO 根据 BSI 的建议，当年即决定在 ISO 的认证委员会质量保证工作组的基础上成立质量保证委员会。1980 年，ISO 正式批准成立了质量管理和质量保证技术委员会（即 ISO/TC 176），从而导致了"ISO 9000 族"标准的诞生，BS 5750 英国质量保证标准便是 ISO 9001、ISO 9002、ISO 9003 的原型。

ISO 健全了独立的质量体系认证的制度，一方面扩大了原有质量认证机构的业务范围，另一方面又导致了一大批新的专门的质量体系认证机构的诞生（张少玲，1998）。

（二）ISO 9000 的建立和不断完善

1986 年，国际标准化组织颁布了 ISO 8402《质量　术语》；1987 年，颁布了 ISO 9000《质量管理和质量保证标准　选择和使用指南》，ISO 9001《质量体系　设计开发、生产、安装和服务的质量保证模式》，ISO 9002《质量体系　生产和安装的质量保证模式》，ISO 9003《质量体系　最终检验和试验的质量保证模式》，ISO 9004《质量管理和质量体系要素　指南》共 6 项国际标准，简称"一个术语、两个指南、三种质量保证模式"，通称为 1987 版 ISO 9000 系列标准。

1994 年，发布 ISO 9000 系列标准第二版，该版保留了 1987 版的标准结构，仅对标准内容进行了有限的技术性修订，后被 ISO/TC176 正式定义为 ISO 9000 族标准。我国也采用了 ISO 系列标准，并用双编号 GB/T 19000 和 ISO 9000。

2000 年，发布 ISO 9000 系列标准第三版，对总体结构和标准内容进行了彻底修订。导入了以顾客为关注焦点、领导作用、全员参与、过程方法、管理的系统方法、持续改进、基于事实的决策方法、与供方互利的关系这八项质量管理原则和 PDCA 循环，从先前零散的要素管理，变更为系统化的全面质量管理。主要包括以下 4 个核心标准。

（1）ISO 9000《质量管理体系　基础和术语》。

（2）ISO 9001《质量管理体系　要求》。

（3）ISO 9004《质量管理体系　业绩改进指南》。

（4）ISO 19011《质量和/或环境管理系统审核导则》。

2008 年，发布 ISO 9000 系列标准第四版，此次总体框架和逻辑结构保持不变，仅修正了部分条款，使其更加明确，更便于解读和使用。

2015 年，第五版 ISO 9000 系列标准的结构和内容都发生了较大变化，并将《质量管理体系　业绩改进指南》修订为 ISO 9004：2018《质量管理　组织质量　实现持续成功指南》。

除了上述核心标准外，ISO 还制定了 ISO 10001～10020 系列标准，旨在为应用 ISO 9000 质量管理体系的组织提供支持和帮助，成为实施 ISO 9000 族标准的技术指南。

总之，ISO 9000 不是指一个标准，而是一类标准的统称，是 ISO 质量管理体系技术委员会（TC176）制定的 12 000 多个标准中最畅销、最普及的产品。

纵观 ISO 9000 系列标准的发展历程，质量管理和质量保证标准的产生不是偶然的，是生产力发展的必然产物，又是质量管理科学成果的标志。它既是国际商品经济发展的需要，又为企业加强质量管理、提高管理水平提供指导，是科学和经济发展的必然结果。因此，随着社会经济和国际贸易的不断发展，更新的系列标准无论在结构上、内容上还是在思路上都将随之而进步，标准的数量在合并、调整的基础上将大幅度减少，其适用面更宽、通用性更强，使用也更方便、灵活。

三、 ISO 9000 适用范围

ISO 9001：2015 标准为企业申请认证的依据标准，在标准的适用范围中明确本标准是适用于各行各业，且不限制企业的规模大小。而目前国际上通过 ISO 9000 认证的企业涉及国民经济中的各行各业。例如农业和渔业，采矿业及采石业，食品、饮料和烟草等 39 个行业。

由于各行各业有着自己独特的语言，与特定行业产品的形成过程等诸多方面的不同，ISO 9000 族标准在不同行业的建立和实施过程也各有特点。以 ISO 9001 为例，一般食品工业有：设计控制；文件和资料控制；采购；过程控制；检验和试验；检验、测量和试验设备的控制；不合格品的控制；纠正和预防措施；搬运、贮存、包装、防护和交付；内部质量审核；培训等 11 个重点要素，以及其它非重点要素。其中包装控制在多数行业中并不重要，而在食品工业中则显得举足轻重。它作为生产过程的最后一道防线，直接影响卫生、外观和保存期等多个质量特性，成为潜在顾客的选择导向，也可能成为有力的法律依据。食品包装受到国家多个法规制约，如食品卫生法、标签标准、计量规定等。食品生产企业在包装工序的投入也往往比其它行业多得多，有的甚至占整个投入的 80% 以上，包括包装设备场所、检测设备、人员配置等（梁运，1999）。

因此，提高食品工业的标准化程度，还需要结合食品行业其它质量管理体系，在保证 ISO 体系的完整性和系统性的基础上，同时兼顾食品卫生安全等更多方面的要求。

四、质量管理体系要求简介

（一）ISO 9001：2015 的内容结构

ISO 9001：2015 采纳了 ISO/IEC 指令第一部分的附录 SL 中的高层结构（high level structure，HLS），具体框架结构如表 8-1 所示。

表 8-1　　　　　　　　　　　ISO 9001：2015 的框架结构

1	范围	
2	引用标准	
3	术语和定义	
4	组织的环境	(1)理解组织及其环境；(2)理解相关方的需求和期望；(3)质量管理体系范围的确定；(4)质量管理体系及其过程
5	领导作用	(1)领导作用和承诺；(2)方针；(3)组织的角色、职责和权限
6	质量管理体系策划	(1)应对风险和机遇的措施；(2)质量目标及其实施的策划；(3)变更的策划
7	支持	(1)资源；(2)能力；(3)意识；(4)沟通；(5)形成文件的信息
8	运行	(1)运行策划和控制；(2)产品和服务的要求；(3)产品和服务的设计和开发；(4)外部提供过程、产品和服务的控制；(5)生产和服务提供；(6)产品和服务的放行；(7)不合格输出的控制
9	绩效评价	(1)监视、测量、分析和评价；(2)内部审核；(3)管理评审
10	改进	(1)不合格和纠正措施；(2)持续改进

该框架结构 1~10 的主框架为高层结构（HLS），为所有管理体系提供了一个通用框架。这有助于确保一致性，使不同的管理体系标准保持一致，根据高层次结构提供匹配的子条款，并使所有标准采用通用的语言。借助新的标准结构，组织可以更加简便地将其质量管理体系整合到核心业务流程，并且能够让管理层更多地参与。

（二）ISO 9001：2015 的主要变化

2015 年，国际标准化组织（ISO）对其以往颁布的各类管理标准结构进行了重大修改，利于获证组织对其质量、环境、安全等管理体系进行有效整合，形成了 ISO 9001：2015 新版管理体系标准。质量体系主席 Nigel H. Croft 评价该版本标准，"为未来 25 年的质量管理标准做好了准备"，将更加适用于所有类型的组织，特别是服务行业的应用，更加适合于企业建立整合管理体系，更加关注质量管理体系的有效性和效率。

ISO 9001：2015 新版标准增加了反映当今质量管理在实践和技术方面的一些先进理念和好的方法，更加重视相关方的要求，具体变化主要有以下几点。

（1）采用 ISO/IEC 导则第一部分附录补充规定的管理理体系标准通用框架高层结构（HLS）。

（2）强化了"产品"和"服务"的区别，用"产品和服务"替代 2008 版中的产品，使原来产品的定义和范围更加清晰和明确；增强了标准对服务业组织的适用性。

（3）对最高管理者提出了更多的要求。增加了"对质量管理体系的有效性承担责任；确保质量管理体系要求纳入组织的业务运作；推进过程方法及基于风险的思想的应用；确保质量管理体系实现其预期结果；鼓励、指导和支持员工为质量管理体系的有效性做出贡献；推动改进；支持其他管理者在其职责范围内证实其领导作用"等要求。

（4）用"外部提供的过程、产品和服务"替代"采购"，要求确保外部提供的过程、产品和服务对组织持续向顾客提供产品和服务的能力不产生负面影响，减少了以往用 ISO 9001 标准进行认证时对采购和外包的不同解释和审核歧义。

（5）取消了质量手册、文件化程序等大量强制性文件的要求，合并了文件和记录，统一称为文件化信息；用"形成文件的信息"替代了"文件化的程序"等有关文件的要求。

（6）新增加"理解组织及其环境"和"理解相关方的需要和期望"条款；要求组织将组织所处的内外部环境作为建立、实施和保持质量管理体系的出发点；强调质量管理体系与组织的内外环境的适宜性。

（7）强调"基于风险的思维"这一核心概念；整个标准在"策划—实施—检查—改进"全过程中贯穿了风险控制的理念（李在卿，2016）。

（8）首次提出了知识也是一种资源，也是产品实现的支持过程。将"组织的知识"作为资源进行管理。

（9）删除了"预防措施""质量手册""管理者代表"的具体要求；用"改进"代替"持续改进"，使组织管理体系更加注重长期有效的不断改进。

（10）修订了质量管理原则，将八项质量管理原则减少到七项：将"管理的系统方法"合并到"过程方法"中去。

因此，我们认为，ISO 9001：2015 版标准强调对"过程方法"的应用，体现了三个核心概念——过程方法、基于风险的思维和 PDCA 循环，大多数要求关注输出、关注实现预期结果、关注绩效。获证组织应依据自身管理特点，遵循内外部顾客要求，导入组织自己的顾客导向过程（customer oriented process，COP）、支持过程（support process，SP）和管理过程（management processes，MP），以形成组织特有的过程管理体系。

（三）ISO 9001：2015 的管理原则

ISO 9000 族标准在 2015 版的制定过程中做出了充分调整，引入了质量管理的七项原则，并将其作为标准制订的基础，删繁就简的同时也融入了现代质量管理理念，促进了整套标准体系不断与时俱进。

1. 以顾客为关注焦点

质量管理的首要关注点是满足顾客要求并且努力超越顾客期望。理解顾客和其它相关方当前及未来的需求，有助于组织的持续成功。具体表现为：①调查顾客需求和期望；②与组织的目标相连接；③转化为顾客要求；④传达到整个组织；⑤监视、测量顾客满意度；⑥持续改进过程和产品。

2. 领导作用

各级领导建立统一的宗旨和方向，并创造全员积极参与实现组织的质量目标的条件。组织的质量宗旨及方向一般体现为质量方针和质量目标。领导者站在创新发展的高度，组织制定质量方针和目标并确保其一致性，创造并保持使全体员工能主动积极参与实现组织质量目标的内外部环境条件（陈冬莲等，2017）。具体表现为：①考虑相关方的需求；②建立未来的美景；③建立目标和指标；④建立信任，消除忧虑；⑤提供资源、培训；⑥赋予职责和权限；⑦鼓励和奖励贡献；⑧承认员工的贡献。

3. 全员积极参与

整个组织内各级胜任、经授权并积极参与的人员，是提高组织创造和提供价值能力的必要条件。各级领导以及全体职工都是组织之本，只有让他们充分参与到过程控制和管理中来，培养起他们积极参与的能力和意识，才能使他们充分发挥主观能动性，为组织获得效益做出贡献。具体表现为：①识别岗位的能力要求；②选择胜任的人员；③规定职责权限；④建立部门、个人目标；⑤提供培训、提高能力、知识；⑥奖惩激励措施；⑦针对每个人目标，评价业绩；⑧分享知识经验，鼓励创新。

4. 过程方法

将活动作为相互关联、功能连贯的过程组成的体系来理解和管理时，可更加有效和高效地得到一致的、可预知的结果。组织将产品和服务业务过程以及相关的人力、设备、知识等资源支持作为过程，按一定顺序进行管理，并对产品和服务整个业务过程及需要的资源进行策划和控制，可以更高效地实现预期的结果。具体表现为：①确定体系所需的过程，顺序，相互作用，体系的结构；②确定过程的职责、绩效指标、体系目标、风险和应对措施；③确定体系和过程的运行和控制的准则方法；④提供必要的资源和信息；⑤对体系和过程进行监视测量；⑥识别改进的机会，改进体系和过程的有效性和效率。

5. 改进

成功的组织持续关注改进。持续改进充分体现了基于风险的思维。在增强管理体系有效性、实现改进结果以及防止不利影响方面，应对风险和利用机遇起到了基础作用。组织应持续改进质量管理体系的适宜性、充分性和有效性，必要时可采取预防纠正措施，但要确保所用措施与可能产生的不利影响（风险）相适应。具体表现为：①顾客相关方需求不断变化，组织环境不断变化，改进是永恒的追求；②组织应将产品服务、过程和体系的持续改进作为目标；③为员工提供有关改进的方法和手段的培训；④根据明确的验收准则，评估、跟踪、发现改进的机会；⑤实施改进、通报改进情况、承认和奖励改进。

6. 循证决策

基于数据和信息的分析及评价的决策，更有可能产生期望的结果。决策是一个复杂的过程，通过对各种类型和来源的信息输入的收集，分析其因果关系，判断其潜在的非预期后果。管理者只有通过对事实、证据和数据的有效分析才能使其决策更加客观、可信和正确，更能达到期望的结果。具体表现为：①测量并收集所需的数据和信息；②确保数据和信息的充分、准确和可靠，并加以分析；③为决策者提供所需的数据和信息；④基于事实分析，做出决策并采取措施。

7. 关系管理

为了持续成功，组织需要管理与相关方（如供方）的关系。组织应协调并管理好所有相关方的利益关系，包括顾客、股东、外部供方、员工、合作伙伴、政府监管机构、社会团体、社区、银行等利益相关方，以尽可能有效地发挥其在组织绩效方面的作用，实现持续成功和预期绩效（陈冬莲等，2017）。具体表现为：①识别利益相关方和选择供方；②共同确定顾客需求和期望；③建立互利关系；④识别共享技术和资源；⑤明确沟通渠道；⑥共同开发改进产品和服务；⑦鼓励供方业绩改进。

相比于旧版 ISO 9000 标准的八项基本原则，ISO 9001：2015 更能体现全员积极主动参与和更加注重组织利益相关方的互利互惠，从而要求获证组织应该将原有的"部门+要素"的管理理念提升到过程绩效的管理理念，打破原有千篇一律的金字塔型管理模式。组织可以根据行业特点和管理文化形成自己特有的管理模式，重点关注组织内外部过程绩效和风险管控。

（四）ISO 9001：2015 的两种模型

1. 单一过程模型

单一过程各要素及其相互作用如图 8-1 所示。每一过程均有特定的监视和测量检查点，以便于控制。这些检查点根据相关的风险有所不同。

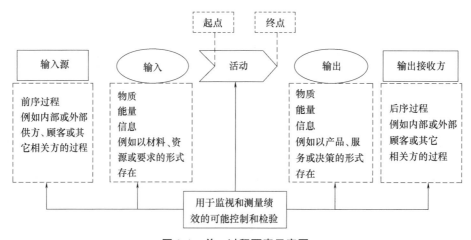

图 8-1　单一过程要素示意图

相比于传统的过程模型，新的过程模型在原有输入、活动、输出的基础上，进一步向两端延伸，它可能是一个过程或几个过程，也可能是一个对象或几个相关方。在输入端，需要进一步考虑输入的来源，为了保证输入的结果和过程的有效性，组织也需要考虑对输入来源的监控。在输出端，需要进一步考虑输出的接受者，为了保证输出的结果和过程的有效性，组织也需要考虑对输出接受者的监控。

2. 基于 PDCA 循环的质量管理体系结构模型

PDCA 循环能够应用于所有过程以及整个质量管理体系。图 8-2 表明了 ISO 9001：2015 标准第 4 章至第 10 章是如何构成 PDCA 循环的。

PDCA 循环可以简要描述如下四个步骤。

（1）策划（plan）　根据顾客要求和组织方针，建立体系目标及其过程、确定实现结果所需的资源，并识别和应对风险与机遇。

（2）实施（do）　执行所做的策划。

（3）检查（check）　根据方针、目标、要求和所策划的活动，对过程以及形成产品和服务进行监视和测量（适用时），并报告结果。

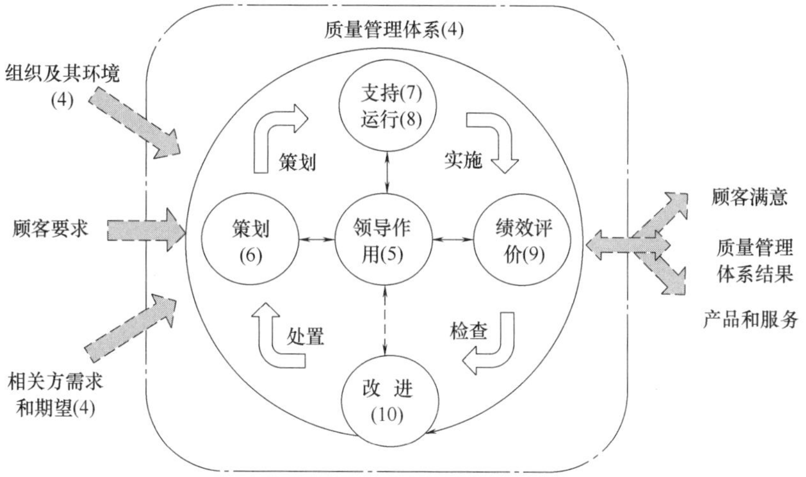

注：括号中的数字表示 ISO 9001：2015 质量管理体系的相应章节。

图 8-2　基于 PDCA 循环的质量管理体系结构模型

（4）处置（act）　必要时，采取措施提高绩效。

此质量管理体系的结构模型体现出以下几点。

第一，PDCA 循环需要领导力驱动，表示最高管理者和相关管理层需要更加积极地参与到实际的质量管理活动中，并对质量管理体系的有效性负责。

第二，质量管理体系的输入，不仅有顾客要求，还需进一步考虑组织及其环境和相关方的需求、期望，从而实现持续成功。

第三，质量管理体系的输出，不仅有质量管理体系的结果，还包括产品和服务是否满足要求，是否能够持续让顾客满意，确保符合组织的战略方向。

五、食品企业实施 ISO 9000 的益处

在市场竞争日益激烈的今天，企业如何提高自身的质量，是必须面对的问题。ISO 9000 质量管理体系是一个全员参与、全面控制、持续改进的综合性质量管理体系，其核心是以满足客户的明确的或隐含的质量要求为标准。它所规定的文件化体系具有很强的约束力，它贯穿于整个质量管理体系的全过程，使体系内各环节环环相扣，互相督导，互相促进，任何一个环节发生脱节或故障，都可能直接或间接影响到其它部门或其它环节，甚至波及整个体系。

（一）优化质量管理，提高企业效益

推行 ISO 9000 对于企业内部来说，可按照经过严格审核的国际标准化的质量体系进行质量管理，真正达到法制化、科学化的要求，极大地提高工作效率和产品合格率，迅速提高企业的经济效益和社会效益（修立，2002）。

（二）在产品质量竞争中立于不败之地

国际贸易竞争的手段主要是价格竞争和质量竞争。低价格销售的方法不仅使利润锐减，如果构成倾销，还会受到贸易制裁，所以，价格竞争的手段越来越不可取。20 世纪

70 年代以来，质量竞争已成为国际贸易竞争的主要手段，不少国家把提高进口商品的质量要求作为"限入奖出"的贸易保护主义的重要措施。实行 ISO 9000 国际标准化的质量管理，可以稳定地提高产品质量，使企业在产品质量竞争中立于不败之地。

（三）有效地避免产品责任

各国在执行产品质量法的实践中，由于对产品质量的投诉越来越频繁，事故原因越来越复杂，追究责任也就越来越严格。尤其是近几年，发达国家都在把原有的过失责任转变为严格责任，对制造商的安全要求更为严格。

（四）有利于国际的经济合作和技术交流

按照国际经济合作和技术交流的惯例，合作双方必须在产品（包括服务）质量方面有共同的语言、统一的认识和共守的规范，方能进行合作与交流。ISO 9000 质量管理体系认证正好提供了这样的责任，有利于双方迅速达成协议。

（五）有利于企业自我改进能力的提高

对于原来起点较低的企业，ISO 9000 的推行，可能是一场艰苦的改造。如果企业在推行中重视实质的效果，尽可能依靠自身的力量去消化和探索，将获得一种宝贵的自我改进，稳定提升的能力。对"外"，ISO 9000 带给企业许多新的交流、学习的机会；在"内"，精心策划的推广活动，可以成为前所未有的消除隔阂，增进相互了解的机会，并且可以借此机会消除死角，改变不利发展的积习。

综合而言，ISO 9000 族标准要求组织运用过程方法来识别质量管理所需的各种过程，确定这些过程的顺序和相互作用，分析控制这些过程所需的方法，通过监视、测量、分析这些过程进行持续改进，从而不断改进管理业绩，提高顾客满意度。然而，ISO 9000 只是通用性质量管理标准，要求企业对整个质量管理体系的所有过程进行识别，涉及的管理范围较广。而对产品实现过程的安全危害进行分析、有针对性地建立监控系统，则还需要结合 HACCP 体系。

第二节　SQF 食品质量规范

一、SQF 简介

食品安全与质量认证（safety quality food，SQF）是全球食品行业安全与质量体系的最高标准，是目前世界上将 HACCP 和 ISO 9000 这两套体系完全融合的标准，同时也最大程度减少了企业在食品安全与质量体系上的双重认证成本。该标准具有很强的综合性、适用性和可操作性。

SQF 由美国食品零售业公会（FMI）认可，适用于整个供应链，是涵盖从农田到餐桌、用于评估产品安全和质量属性的独立标准。该标准采用国际食品法典委员会

（CAC）推荐的 HACCP 方法以识别和控制食品安全和食品质量危害、涵盖道德采购模块等方面，以帮助 SQF 证书持有者解决环境管理问题、社会劳工合规问题以及社会与环境法律合规问题。SQF 是一个食品安全标准，并有相应的质量标准涵盖产品质量要求，此特性是同类别认证计划中独一无二的。同时，SQF 认证对食品质量与安全要求的细节繁多而严谨，通过认证的难度极高，因此被食品界誉为"钻石级认证"，受到世界各地大型零售商和食品服务商的认可，纷纷要求其供应商按 SQF 标准的要求，建立严格、可靠的食品安全与质量管理体系。

SQF 标准更关注食品本身的"内在质量"，其主要特点是既强调系统应用 HACCP 原理识别和控制食品安全危害，又强调需要同时应用 HACCP 原理来识别、控制和管理质量危害，从而形成了独特的综合性食品安全与质量管理标准。

总之，SQF 认证已成为国际公认的全面、严谨的食品安全与质量认证，是将食品质量和食品安全整合为一体的认证标准，可从农田到餐桌为消费者全面把关。

二、适用范围

SQF 提供了食品供应链中所有行业的食品安全与质量标准，适用于从初级生产到食品零售与食品包装的所有领域，同时涵盖了食品与宠物食品的生产及动物饲料生产的食品安全与质量标准，其适用范围见表 8-2。

表 8-2　　　　　　　　　　　　　　食品生产的 SQF 标准

食品行业类别（FSC）	类别（场所认证范围）	适用的 SQF 标准模块
4	新鲜产品与坚果包装操作	模块 10：植物产品加工前处理之良好操作规范（GMP）
7	宰杀场，去骨和屠宰场操作	模块 9：动物制品加工前处理之良好操作规范（GMP）
8	肉类与家禽的加工	模块 11：食品加工之良好操作规范（GMP）
9	海鲜加工	模块 11：食品加工之良好操作规范（GMP）
10	乳制品加工	模块 11：食品加工之良好操作规范（GMP）
11	养蜂和蜂蜜加工	模块 11：食品加工之良好操作规范（GMP）
12	蛋类加工	模块 11：食品加工之良好操作规范（GMP）
13	烘焙与零食加工	模块 11：食品加工之良好操作规范（GMP）
14	水果，蔬菜与坚果加工及果汁	模块 11：食品加工之良好操作规范（GMP）
15	装罐，超高温瞬时杀菌（UHT）与无菌操作	模块 11：食品加工之良好操作规范（GMP）
16	冰，饮品与饮料加工	模块 11：食品加工之良好操作规范（GMP）
17	糖果生产	模块 11：食品加工之良好操作规范（GMP）
18	保藏食品生产（包括色拉酱、酱汁、卤汁、腌渍食品、花生酱、芥末酱、果酱等）	模块 11：食品加工之良好操作规范（GMP）
19	食品配料生产	模块 11：食品加工之良好操作规范（GMP）
20	食谱餐生产（包括即食低温膳食和点心、冷冻膳食、比萨、冷冻通心面、汤和肉汤、真空低温烹调产品和冷冻干燥及脱水膳食，也包括配送至食品服务的三明治、卷饼和高风险点心）	模块 11：食品加工之良好操作规范（GMP）

续表

食品行业 类别(FSC)	类别(场所认证范围)	适用的 SQF 标准模块
21	油,油脂和以油与油脂为主的抹酱生产	模块 11:食品加工之良好操作规范(GMP)
22	谷物加工	模块 11:食品加工之良好操作规范(GMP)
25	非现场生产的产品再次包装	模块 11:食品加工之良好操作规范(GMP)
31	膳食补充剂的生产	模块 11:食品加工之良好操作规范(GMP)
32	宠物食品生产	模块 4:宠物食品加工之良好操作规范(GMP)
33	食品加工助剂的生产	模块 11:食品加工之良好操作规范(GMP)
34	动物饲料生产	模块 3:动物饲料生产之良好操作规范(GMP)

三、质量规范

SQF 标准包含认证实施和维护 SQF 食品安全规范与食品质量规范、食品生产的体系要素、食品与宠物食品生产及动物饲料生产的 GMP 模块。所有生产商都必须执行生产体系要素,加上适用的良好操作规范(GMP)模块。

1. 管理层承诺

(1) 质量方针

① 由场所高级管理层制定和实施的用于传达食品安全承诺的方针声明应至少包括:

a. 场所对设立质量目标的承诺;

b. 场所对满足客户质量要求的承诺;

c. 用于衡量场所质量目标的方法;

d. 场所对不断提高质量绩效的承诺。

② 场所的愿景和使命声明应在显著位置展示并传达给所有员工。愿景和使命声明可并入或独立于企业的食品安全方针。

(2) 管理责任

① 场所的高级管理层应设定质量目标,并制定用于衡量质量绩效的流程。

② 报告结构应确定执行关键流程步骤并负责实现质量目标的人员。

③ 场所高级管理层应确保有足够多的资源可用于实现质量目标并满足客户质量要求,同时支持 SQF 质量体系的建立、实施、维护及持续改进。

④ 场所高级管理层应指定各个场所的 SQF 质量执业师,向他们授予以下职责和权限:

a. 监督 SQF 质量体系的建立、实施、评审与维护,包括质量基本原则和质量计划;

b. 采取适当的措施确保 SQF 质量体系的完整性;

c. 向相关人员传达所有必要信息,以确保有效实施和维护 SQF 质量体系;

d. 确保场所人员具备必要能力,可履行这些影响产品质量的职责。

⑤ 除了满足 SQF 食品安全标准要求外，SQF 质量执业师还应：

a. 有能力实施和维护基于 HACCP 的食品质量计划；

b. 了解 SQF 质量标准及有关实施和维护管理体系的要求；

c. 有能力使用过程控制和/或其它质量工具（例如过程控制图、直方图、过程能力等）来减少过程变化并满足客户要求。

⑥ 场所高级管理层应确保负责执行关键工艺步骤并满足客户要求和企业质量要求（如适用）的人员具备必要能力，以履行这些职责。

⑦ 场所高级管理层应制定并实施质量沟通计划，以确保所有员工了解其质量职责，了解其在满足 SQF 质量标准要求方面的作用，并了解企业在实现质量目标方面的绩效。该计划应包括：

a. 场所确定的愿景和使命声明；

b. 场所的质量目标及用于衡量质量绩效的方法；

c. 用于满足客户质量要求和公司质量要求（如适用）的方法。

⑧ 负责执行关键工艺步骤和满足质量要求的人员的工作描述应形成书面文件，并包含应对关键人员缺席情况的措施。

⑨ 场所高级管理层应建立一个流程，以根据商定的指标和目标对质量绩效进行趋势分析。该流程包含对标分析绩效数据（包括与行业、客户等外部数据的比较）应至少每年评估一次，以证明质量管理体系的有效性和持续改进。结果应纳入员工沟通计划，传达给所有员工。

（3）管理评审

① 场所高级管理层应负责对 SQF 质量体系进行评审。评审应包括以下方面的必要行动：

a. 监控是否符合法规要求；

b. 衡量和减少工艺和产品变化；

c. 满足客户要求；

d. 在适用情况下采取适当的纠正措施；

e. 确保分配足够的资源用于维护和改善质量体系。

② SQF 质量执业师应至少每月向场所高级管理层报告一次影响 SQF 质量体系实施和维护的最新动态。最新动态和管理层的回应应形成书面文件。应至少每年对整个 SQF 质量体系评审一次。

③ 每当发生变更，可能影响场所满足客户要求和公司质量要求（如适用）的能力时，应对包括食品质量计划在内的质量体系进行评审。

④ 如果公司组织架构或人员或相关设施发生变更，场所高级管理层应确保质量体系的完整性和持续运作。

⑤ 场所高级管理层应制定并实施变更管理流程，该流程应详细说明如何评估规格、材料、设备或资源的变更对质量的影响，以及如何将这些变更传达给客户并有效实施。

⑥ 应对 SQF 质量体系的评审和文件修改原因以及变更保留记录。记录应包括与改善质量体系和过程有效性有关的措施的决策。

（4）投诉管理

① 投诉管理过程应包括对确定场所活动引起的所有质量投诉的原因并予以解决的要求；

② 质量投诉趋势应纳入建立的质量体系绩效指标中；

③ 纠正措施应根据事件的严重性以及纠正和预防措施（强制性）的要求实施纠正措施；

④ 应留存质量投诉及其调查和解决（如适用）的记录。

（5）危机管理计划

① 由场所高级管理层制订的危机管理计划，应包括发生危机事件时，场所用于维持供应连续性的方法，以满足客户在产品和服务方面的质量要求；

② 如果发生危机事件，影响场所提供优质产品的能力的，场所应联系并告知客户。

2. 文件控制和记录

（1）质量管理体系　质量手册应形成书面文件，以电子和/或纸质形式保存，其中应说明为符合 SQF 质量标准的要求，场所将使用的方法，质量手册应提供给员工，内容包括：

a. 企业的质量方针概述及其为符合 SQF 质量标准的要求；

b. 计划应用的方法；

c. 方针声明和场所组织结构图；

d. 认证范围所涵盖产品的检查表；

e. 符合客户或公司质量要求（如适用）的成品规格书；

f. 对过程控制方法和其它质量工具的说明，旨在控制和减少过程变化并符合客户产品规格书。

质量体系手册可以并入或独立于 SQF 食品安全体系手册。

（2）文件控制　质量文件维护、贮存和分发方面的方法和责任，与 SQF 食品安全体系文件所要求的方法和责任相同。

（3）记录　质量记录授权、可访问性、保留和贮存方面的方法和责任，与 SQF 食品安全体系记录所要求的方法和责任相同。

3. 规格书和产品开发

（1）产品开发和实现

① 设计、开发和将产品概念转化为商品的方法应包括过程控制与规定限值的比较（过程能力分析），以确保过程能够始终如一地供应符合客户规格的产品；

② 产品配方、加工工艺及产品是否满足质量要求应通过设备试验和产品测试进行确认；

③ 应进行保质期限试验，以确定并确认产品的包装、处理、存储和客户使用要求，直至其商品保质期限和消费者使用期限结束为止；

④ 每项新产品及其转换到商业生产和分销的相关过程或出现可能影响食品质量的配料、工艺或包装的变更，对食品质量计划进行确认和验证；

⑤ 应留存与产品变更或新产品开发相关的所有质量测试、产品设计、工艺开发和保

质期测试的记录。

（2）原材料和包装物料

① 影响成品质量的所有原材料和包装材料［包括但不限于配料、添加剂、农业投入品（如适用）、危险化学品和加工助剂］的规格要求应形成书面文件，并保持最新状态；

② 原材料和包装物料质量项目应在接收时进行验证，以确保其符合规格书要求（另请参见验证活动和/或纠正和预防措施）；

③ 客户设计或指定的产品标签须经这些客户批准，应留存客户批准的记录；

④ 建立的现有原材料和包装物料规格书中，应包括影响产品质量和客户标签的原材料和包装材料。

（3）合同服务提供商

① 影响半成品或成品质量的合同服务要求应形成书面文件、保持最新状态，并包含所提供服务的完整描述，并详细说明合同人员的相关培训要求；

② 合同服务要求应包括那些会影响产品质量的服务。

（4）合同制造商

① 应形成书面的文件，规定方法和职责，确保所有与客户产品要求及产品实现和交付相关的协议要求得到确定和约定，并遵照实施。

② 场所应做到：

a. 确保合同制造商采用的工艺能够始终如一地满足客户要求或公司质量要求（如适用）；

b. 验证是否符合 SQF 质量标准并始终符合客户的所有要求；

c. 每年至少审核合同制造商一次，以确认其符合 SQF 质量标准和约定的安排，或接受制造商的 SQF 质量标准认证或同等认证；

d. 确保合同要求的变更已由双方批准，必要时与客户商定，并传达给相关人员。

③ 对所有合同审核和合同要求的变更及其批准的记录的要求，均应满足质量记录的管理要求。

（5）成品规格书

① 成品规格应形成书面文件、保持最新状态并由场所及其客户批准、可供相关员工查阅，且应包括产品质量属性、服务交付要求以及标签和包装要求；

② 客户产品规格书和交付要求应传达给场所的相应部门和员工。

4. 食品质量体系

（1）客户要求

① 应不断评审客户和最终消费者的需求和期望，以确保规格书的准确性和具备满足客户需求的能力。应至少每年对客户/消费者对产品和交付的期望进行一次全面评审，并应说明场所是如何满足合同或者公司方针的期望和/或要求的。场所应制定相关程序，在其暂时或永久丧失提供符合客户要求的产品的能力时，通知相关客户。

② 如果在工厂内使用客户的产品、材料或设备，场所应采取措施保护客户财产并确保其得到正确和恰当地使用。

（2）质量基本原则

① 建筑物和设备的构造、设计和维护应有助于生产、处理、贮藏和/或交付符合客户或公司质量要求的食品；

② 对用于原材料、半成品和成品、食品质量计划以及其它工艺过程控制措施测试的测量、测试和检查设备进行校准或证明符合客户规格书的方法和职责应形成书面文件，并遵照实施。用于此类活动的软件应经过适当确认。

③ 应对原材料、半成品和成品进行适当的存储和运输，以维持产品的完整性，避免任何丢失、废弃和损坏。

（3）食品质量计划

① 应按照国际食品法典委员会 HACCP 方法制定、有效实施和维护食品质量计划。食品质量计划可以并入或独立于食品安全计划，但必须单独说明质量威胁及其控制措施，以及关键质量。

② 食品质量计划应说明场所控制和保证产品（或产品组）及其相关工艺过程的质量特性的方式。

③ 食品质量计划应由多领域团队编制和保持，其中包括 SQF 质量执业师和具备相关产品和相关工艺技术、生产和营销知识的公司员工。如果场所不具备相关专业知识，可从其它渠道取得建议，以协助食品质量小组。食品质量小组的组成可与食品安全小组有所不同。

④ 应确定食品安全计划的范围并形成书面文件，包括应考虑的工艺的起始和结束点，以及所有相关投入物和产出物。

⑤ 包含在食品质量计划范围内的所有产品均应编制书面的产品描述。这应包括成品规格书中的信息，以及与客户约定的任何其它质量或服务属性。

⑥ 食品质量小组应确定每种产品的预期用途，并形成书面文件，其中应包括适用的目标消费者群体、消费者易用性、消费说明以及其它影响产品质量的适用信息。

⑦ 食品质量小组应对作为食品安全计划一部分的流程图的建立和确认进行评审，确保影响产品质量的加工步骤、加工延误和投入物均包含在工艺流程图内。

⑧ 食品质量小组应识别和填写可合理预期发生在工艺过程中每个步骤（包括原材料和其它投入品）的所有质量威胁。

⑨ 食品质量小组应对每个识别出的质量威胁进行分析，以确定哪些威胁是显著威胁，即为确保或维持产品质量，必须消除或减少到可接受的水平的质量威胁。判定威胁显著性的逻辑方法应形成书面文件并统一应用，以评估所有潜在的质量威胁。

⑩ 食品质量小组应确定必须应用于所有已识别的显著质量威胁的控制措施，并形成书面文件。可能需要一个以上的控制措施来控制识别出的质量威胁，同时一个控制措施也有可能控制一个以上质量威胁。

⑪ 基于质量威胁分析的结果，食品质量小组应识别控制措施以消除显著质量威胁或将质量威胁减少至可接受水平的工艺步骤。这些步骤应确定为关键质量点（critical quality point，CQP）。

⑫ 针对每个识别出的关键质量点，食品质量小组应识别区分可接受和不可接受的产

品质量限值，并形成书面文件。食品质量小组应对关键质量限值予以确认，以确保识别出的质量威胁的控制在确定的水平，并且所有关键质量限值和控制措施可以单独或组合起来有效地达到所需的控制水平。

⑬ 食品质量小组应编制书面的 CQP 监控程序，以确保其维持在规定的质量限值内。监控程序应指明被指定执行测试的人员，抽样和测试方法及测试频率。

⑭ 食品质量小组应编制书面的偏差程序，明确在监控发现 CQP 失控时，对受影响产品的处理。该程序也应规定改变工艺步骤的措施，以防止质量问题再次发生。

⑮ 经过批准的食品质量计划文件应完全遵照执行。食品质量小组应监控质量计划是否得到有效执行，应至少每年对制订和实施的质量计划进行一次全面评审，在发生可能影响产品质量的工艺、设备、产品性能或投入物变更时需要进行全面评审。

⑯ 所实施的食品质量计划应作为 SQF 质量体系验证的一部分加以验证。

（4）经批准的供应商方案

① 影响成品质量的原材料、配料、包装材料和服务应由经批准的供应商提供；

② 物料供应商的选择和批准应基于其提供符合质量规格书要求的物料的能力。

供应商评估计划应要求供应商：

a. 持有受控的最新版本的物料规格书；

b. 制定了相应的流程，能够始终如一地提供符合规格书和其它明确的质量要求（例如交付、服务、额外规格书等）的物料；

c. 提供证据证明所供应的产品符合约定的规范要求；

d. 制定投诉和纠正措施管理程序。

③ 只有在接收的每批物料都有分析证书的基础上，或在为确保物料符合规格书要求而进行验收检验的基础上，物料供应商才能被工厂所接受。

应对接收的所有物料的受损情况和产品的完整性进行目视检查。

④ 经批准的供应商计划应包括与供应商就不符合规格书要求或被损坏或受到污染的物料的退回或处置达成的协议。

（5）不合格产品或设备

① 不合格产品应包括不符合半成品或成品质量要求的产品。

② 不合格设备应包括不适合使用且不能生产出符合质量要求的半成品或成品的设备。

③ 场所应建立和实施接收因不符合成品规格书要求而退回的产品的程序。该程序应包括处理退回产品以防止再销售或污染其它产品。

（6）产品返工　应建立和实施程序，以确保返工加工不会损害产品质量或配方。

（7）产品放行

① 场所应制定并实施积极产品放行程序，以确保在交付给其客户时，所提供的食品符合所有约定的客户要求，包括但不限于产品特性指标、感官、包装完整性、标签、交付和服务要求；

② 应留存所有产品放行记录。

5. 食品质量体系验证

（1）确认和有效性

① 验证活动应包括对为符合客户要求而建立的关键质量限值、过程控制和其它质量检验加以证实的必要活动；

② 应留存质量标准确认的记录。

（2）验证活动

① 验证计划应包括确保工艺控制和质量检验有效性的活动。

② 验证监控关键质量点及其它工艺过程和质量控制措施有效性的方法、职责和标准，应形成书面文件，并遵照实施。所应用的方法应确保负责验证监视活动的人员认可每一项记录。

③ 验证活动应包括工艺控制限值与特性指标限值的比较，以确保一致性和采取适当的过程控制纠正活动。

④ 应留存验证质量活动的记录。

（3）纠正和预防措施　纠正和预防措施方法应包括确定不符合关键质量限值和偏离质量要求之处的根本原因并解决这些不符合。

（4）产品抽样采检、检查和分析

① 应按照确定的频率建立、确认，并验证过程参数或过程产品的监测结果，以满足所有客户要求。

② 现场实验室和检测站应配备相应的设备和资源，能够对过程产品和成品进行检测，以满足客户期望并达成质量目标。

③ 应使用过程控制方法有效控制和优化生产工艺，以提高过程效率和产品质量并减少浪费。应使用控制图和/或其它质量工具控制关键工艺过程。

④ 应制订感官评估计划，确保满足约定的客户要求。感官评估结果应传达给相关人员，并酌情传达给客户。

⑤ 应留存所有质量检验和分析以及数据统计分析的记录。

（5）内部审核

① 内部审核计划和方法应包括为符合成品规格书和客户要求而实施的食品质量计划、过程控制措施、质量检验以及其它活动；

② 实施质量内部审核的人员应接受过内部审核程序方面的培训和评估，并具备与认证范围有关的质量工艺和过程控制方法方面的知识和经验。

6. 产品识别、追踪、撤回和召回

（1）产品标识

① 成品应根据约定的客户、公司或企业要求加贴标签；

② 产品转换程序应包括符合成品规格书和客户要求所需的质量特性。

（2）产品追溯

① 成品应可往前追溯至最终客户，例如零售商、分销商或制造商；

② 所有用于生产成品的原材料、配料和包装材料以及与产品相关的加工助剂都应能识别至成品批号，并可追溯至供应商（逆向）。

（3）产品撤回和召回　场所的召回和撤回程序应适用于因不符合客户规格书或公司质量要求而被召回或撤回的产品。

7. 食品欺诈

食品欺诈脆弱性评估如下。

（1）食品欺诈脆弱性评估应包含场所易遭受可能对产品质量造成负面影响的配料或产品的替代、错误标识、稀释和伪造影响的状况。

（2）应制订和实施食品欺诈控制计划，明确控制已识别的可能对食品质量产生不利影响的食品欺诈脆弱点的方法。

8. 特定身份食品

特定身份食品的一般要求如下。

（1）应建立和实施职责和方法，识别和加工食品和其它有特定身份要求的产品的状态（如有机、非转基因、地理标志产品、无添加、自由贸易等）。

（2）标识应包括产品的所有配料（包括添加剂、防腐剂、加工助剂和调味剂）的特定身份状态的声明。

（3）特性身份食品的原材料和配料规格书应包括使用前的处理、运输、存储和交付要求。

（4）有关原材料或配料特定身份的保证，应与物料供应商达成协议。

（5）工艺描述应允许在生产过程中保持产品的特定身份状态。

（6）特定身份食品的加工应在受控条件下进行，以使：

① 品种不同的配料之间有物理隔离；

② 加工在单独的区域完成，或安排为第一轮生产，或在彻底区域和设备清洁后进行；

③ 成品单独存储和运输，或通过物理屏障与非特定身份产品隔离开来。

（7）特定身份状态应按照法规要求予以声明。

（8）关于特定身份食品的其他客户特定要求应包含在成品规格书或标签登记册中，并由场所遵照实施。

9. 培训

（1）培训要求　应为执行对有效实施 SQF 质量体系及维护和改善质量要求至关重要的任务的人员提供适当的培训。

（2）培训方案

①员工培训计划应包括特定职务的必要能力和执行有关下列各项的任务的人员的培训方式：

a. 工艺控制和关键质量点（CQP）监视；

b. 对于有效地实施食品质量计划和维护食品质量至关重要的步骤；

c. 产品检查和测试。

② 员工培训计划应包括针对负责操作和检查关键生产工艺的生产线操作员、质量检验员和监督人员的适用过程控制和质量工具培训；

③ 培训计划应包括对内部实验室人员的培训、能力校准和能力测试。

（3）质量指南　应提供相关指导，阐明如何执行所有对符合客户规格书、保证质量和过程效率至关重要的任务。

（4）质量 HACCP 培训要求　应向参与制订和维护食品质量计划的员工提供应用 HACCP 原则来识别和控制质量威胁的培训。

（5）进修培训　培训计划应包括识别和实施场所工作人员进修培训需求的内容。

（6）培训技能登记册　应留存描述接受相关技能培训的人员的培训技能登记表。登记表应记录：

① 参与者姓名；

② 技能描述；

③ 对所提供培训的描述；

④ 完成培训日期；

⑤ 培训讲师或培训提供商；

⑥ 主管证明培训完成，且学员有能力完成所需的任务。

四、实施益处

目前各种食品监管体系层出不穷，无论倡导者与推广者，其出发点都是为了维护本国或本地区利益，以及加强和健全食品监管。SQF 标准作为新生的标准体系在很大程度上促进了全球食品的质量安全，被推荐为最全面地适合从农田到餐桌全程安全质量管理的体系之一，被称赞为"黄金标准"（钱永忠等，2005）。

（一）供应商的益处

对于农产品生产者及消费者而言，大家共同关注的是产品的质量与安全。为此，SQF 标准的认证相当严格，但具备很高的可操作性。SQF 标准能够促使供应商达到零售商的预期要求，并增强购买者的信心。

SQF 标准可以作为遵守法律和规格要求的证明、减少审核的频率。SQF 标准认证是一个独立运作的过程，认证执行者为外审人员，通过认证的食品生产者即被授权生产、销售其产品，同时为食品生产者提供食品质量和安全管理的保障措施（钱永忠等，2005）。SQF 标准涉及的农产品包括蔬菜、水果、水产品、畜产品、罐头食品及软包装饮料等。适合小型生产者到大型制造商提高质量和利润，进而增加市场通路，进入全球市场。

以 GFSI 为基准的标准（如 SQF）认证，提高了品牌的保护力度，降低了食品安全风险。SQF 标准认证提供了一项独立的审核服务，认证某一产品或工艺符合特定的国际标准，进而让食品供应商确信食品的生产、制备和处理符合认可度最高的标准。

（二）零售商的益处

SQF 提供了一个国际认可的标准，通过认证审核服务提供了一个透明、可信的途径来保证食品安全和质量的一致性。零售商可以给供应商提供一套标准的期望值。SQF 允许零售商保留自己的购买标准，维持与供应商的关系。SQF 可提供一站式服务，将标准、审核和认证融于一体。

世界上主要采购商、经销商和零售商都认识到对食品的原料、生产过程和服务进行独立监督的重要性，因此，SQF 这一标准在全球范围内获得市场共同的认可。

第三节　整合食品质量管理体系

一、食品质量的底线是食品安全

21 世纪，世界进入大质量时代，即客户关注的质量已经远远超出原有的质量内涵，逐步扩大为环境质量、经济运行质量、经济增长质量、流程质量、教育质量、生活质量、人员质量、企业社会责任等质量管理范畴，涉及组织的所有部门和职工的工作质量与质量职责。

因此，我们应该基于大质量观点来分析食品质量。首先，食品质量的要求应该包括安全、营养、符合感官要求、食用方便、拥有货架期、包装安全、品牌良好、经济、环保、可持续发展等方面。其中，食品安全是食品质量不可逾越的底线。食品必须安全，这个问题一直是政府、消费者、学者，甚至是媒体追逐的焦点，同时更是顾客的期望、法规的要求、社会的责任（褚小菊等，2014）。

不论是 ISO 9000，还是 HACCP 或 ISO 22000，都不能凭借一个体系达到全面、系统保障食品质量、承担社会责任之目的。

二、　ISO 9000 与 GMP、　HACCP、　ISO 22000 的关系

ISO 9000 质量管理体系（quality management system，QMS）与食品安全管理体系（food safety managemet system，FSMS）是不同的两个体系，后者是建立在 HACCP 基础上并吸收了前者的体系框架而形成的。FSMS 是涉及食品安全的所有方面（从原材料、种植、收获和购买到最终产品使用）的一种系统方法，实施 FSMS 可将一个公司食品安全控制方法从滞后型的最终产品检验方法转变为预防性的质量保证方法，其中 HACCP 原理提供了对食品安全危害的控制方法，正确应用 FSMS，能识别出预期用途中潜在的安全危害，包括那些实际预见到可能发生的危害，因此，这种预防性方法可降低产品的安全风险。如果说，食品安全是食品质量的底线，那么，FSMS 就是对质量管理体系的补充。

ISO 9000 适用于各种产业的质量管理，而 ISO 22000 适用于食品链上企业，强调保证食品及相关产品的安全、卫生。ISO 9000 的目标是强调质量能满足客户的需求，而

ISO 22000 强调食品安全卫生，避免消费者受到危害。ISO 9000 关注的点是产品的质量，而 ISO 22000 关注的点是产品的安全性。目前，ISO 9000、ISO 22000 标准是推荐性标准，企业自愿实施（谌瑜等，2007）。就食品工业而言，如果企业能同时实施 ISO 9000 及 ISO 22000，其产品更能满足消费者的需求。虽然食品安全是底线，但是，食品消费更需要"色、香、味"俱全。

GMP 规定了食品加工企业必须达到的基本卫生要求，包括环境要求、硬件设施要求、卫生管理要求等。在对管理文件、质量记录等管理要求方面，GMP 与 ISO 9000 族标准的要求是一致的。

HACCP 是建立在 GMP、SSOP（system security procedures）基础上的预防性的食品安全控制体系。其控制食品安全危害、将不合格因素消灭在过程中，体现的预防性与 ISO 9000 族标准的过程控制、持续改进、纠正措施的预防性是一致的。ISO 9000 质量管理体系侧重于软件要求，即管理文件化，强调最大限度满足顾客要求，对不合格产品强调的是纠正；GMP、SSOP、HACCP、ISO 22000 标准除要求管理文件化外，侧重于对硬件的要求，强调保证食品安全，强调将危害因素控制、消灭在过程中。

ISO 9000 质量体系文件是按照从上到下的次序建立的，即从质量手册到程序文件，从作业指导书到记录等其它质量文件。ISO 22000 标准采用了 ISO 9000 族标准体系结构，在食品危害风险识别、确定及体系管理方面，参照了国际食品法典委员会颁布的《食品卫生通则》中有关 HACCP 体系和应用指南部分。HACCP 的文件是从下而上，从危害分析到 SSOP 到 GMP，最后形成一个核心产物，即 HACCP 计划。

以 HACCP 原理为基础而制订的 ISO 22000 食品安全管理体系标准是在广泛吸收了 ISO 9001 质量管理体系的基本原则和过程方法的基础上而产生的，它是对 HACCP 原理的丰富和完善。因此可以说，ISO 22000 是 HACCP 原理在食品安全管理问题上由原理向体系标准的升级，更有利于企业在食品安全上进行管理。

ISO 22000 的使用范围覆盖了食品链全过程，即原辅料种植、养殖、初级加工、生产制造、运输，一直到消费者使用，其中也包括餐饮。

从范围来说，ISO 22000 内容涵盖食品链上各行业，可以与企业的各种制度、各种保证食品安全的措施管理体系整合；HACCP 体系主要针对食品生产企业，针对的是生产链的全部过程的卫生安全（对消费者的生命安全负责），ISO 22000 也包括卫生安全，不过它更具体化了，整合了 HACCP 体系和 ISO 9001 的部分内容，而且它除了能提高企业产品的安全保证以外，还能提高企业的管理能力。

ISO 22000 标准强调了"确认"和"验证"的重要性。"确认"是获取证据以证实由 HACCP 计划和操作性前提方案安排的控制措施有效。ISO 22000 标准在多处明示和隐含了"确认"要求或理念。"验证"是通过提供客观证据对规定要求已得到满足的认定。目的是证实体系和控制措施的有效性。ISO 22000 标准要求对前提方案、操作性前提方案、HACCP 计划及控制措施组合、潜在不安全产品处置、应急准备和响应、撤回等都要进行验证。

三、一个企业一套管理体系

在所有的行业中，食品行业的认证或审核即使不是最多的，也是最多的之一。在中国，必需的行政许可是生产许可证（SC）和出口备案（产品出口销售时）。自愿性认证包括：ISO 9001 认证；ISO 22000 认证；HACCP 体系认证；ISO 14001 认证；ISO 45001 认证；BRC 认证；FSSC 22000 认证；SQF 认证；IFS 认证；中国有机认证（国内销售有机使用）；绿色食品认证（中国特色认证，企业根据情况进行）；JAS、EOS、NOP（日本、欧盟、美国销售有机产品使用）；GAP 认证等。另外，很多大企业（如百胜餐饮集团）会自行或委托第三方机构审厂，也会要求受审核方通过特定的认证。

基于市场的形势、客户的要求以及自身改善的渴望，有些食品企业往往会同时做许多认证，如 ISO 9001 质量管理体系认证、ISO 22000 食品安全管理体系认证、ISO 14001 环境管理体系认证、ISO 45001 职业健康安全管理体系认证等，少则二三项管理体系认证，多则八九项。

可是，就像一个家庭只能拥有一个家规一样，一个企业只能拥有一套管理体系。如果因客户需要，企业不得不同时建立和保持两三个或多个管理体系的运行和认证证书资格，不但要投入相当大的人力、财力和时间资源，而且会造成管理混乱，令员工苦不堪言。因此，同时实施多个独立的管理体系不利于企业的经营发展，整合管理与认证成为必然。

目前，各种管理体系在标准的思想、标准要素等内容上有很强的关联性，尤其是 ISO 标准，都是建立在相同的高级结构（HLS）之上，都贯穿了质量管理的基本原则，而且，体系的运行模式、文件的架构基本相同，因此，整合管理体系在技术上是可能的。

整合质量管理体系的益处如下。

（1）用一套体系文件进行统一控制，有利于食品企业建立一致性的管理基础，简化企业内部管理，降低企业管理成本，实现企业绩效增值。多数标准均遵循 PDCA 循环的规律，按照策划、实施、检查、改进的工作思路进行管理，整合体系的过程中，便于企业认识和掌握管理的规律性，建立一致性管理体系。

（2）科学调配人力资源，优化组织管理结构。如果每项认证都单独建立体系，会造成组织机构庞大，人员设置重叠。建立整体质量体系，可根据认证要求，统一考虑人员的岗位设置，提出职责和权限的综合性要求，同时重新设置和调整组织的管理机构（尹亚军等，2004）。

（3）提高管理效率，降低管理成本。企业的管理功能和效率发挥的好坏靠的是管理体系的整体有效的发挥。整合管理体系有利于提高企业管理水平，提高企业管理效率，提高执行力。通过整合，可以统一策划体系的运行，统一考虑资源配置，统一进行文件修订，统一开展综合的内审和管理评审，统一实施纠正和纠正措施等，提高组织的工作效率。整体质量体系的必然结果就是减少文件和记录的数量；通过合理设置组织机构和职能分配，实现资源共享；通过统一协调运行与监控，减少日常检查、内审、管理评审、外部审核等重复性工作和频次，从而有效降低了管理成本（曾内耀，2003）。

（4）有利于培养复合型技术和管理人才。整合质量管理体系对员工综合素质和能力的要求更高，因此，建立、实施和保持整合质量管理体系的过程，也是培养具有较高综合素质和较强综合能力人才的过程。

（5）涵盖多种认证的整合管理体系有利于促进企业自我发展和自我完善，提升市场竞争力。

总之，当食品企业需要构建一套能兼容各种体系标准的质量管理体系时，应通过整合以协调各体系的要求，发挥系统功效。这样既能帮助企业有效防控质量风险，又能帮助企业实现经济效益，参与国内外食品供应链的分工。

四、整合质量管理体系文件和实施方法

整合体系文件的策划和编写是实施整合质量管理体系的第一步。

（一）质量管理体系文件及其类型

1. 质量管理体系文件

文件是指信息及其载体。如质量手册、程序文件、操作规范、报告、标准、图样、记录等。载体可以是纸张，磁性的、电子的、光学的计算机盘片，照片或标准样品，或它们的组合。文件的形成本身并不是目的，它应该是一项增值活动（范桂梅等，2002）。在质量管理体系中，编制和使用文件是一项具有动态的增值活动：动态性表现在文件随着体系运作环境的变化而变化，并使文件始终保持有效；增值性表现在文件的执行过程中，不断改善产品质量、减少损失、提高管理水平，赢得顾客信任，为企业带来效益。

质量管理体系文件指载有组织质量管理的方针、目标、职责分工、运行过程和方法、管理程序、作业指导以及全部记录的综合载体。

2. 质量管理体系文件类型

质量管理体系中使用的文件类型通常有以下几种。

（1）质量手册 列出组织质量管理体系要求的文件，其详略程度和编写格式可根据组织的规模和复杂程度而定。

（2）质量计划 规定由谁及何时应用程序和相关资源，通常包括质量管理过程以及产品和服务过程的程序。质量计划是质量策划的结果之一，可引用质量手册的部分内容或程序文件。

（3）规范 阐明要求的文件。如质量手册、质量计划、技术图纸、程序文件、作业指导书。规范可能与活动有关（如程序文件、过程规范、试验规范），也可能与产品有关（如产品规范、性能规范和图样）。

（4）指南 阐明推荐的方法或建议的文件。

（5）程序文件 提供如何一致地完成活动和过程的信息的文件。

（6）作业指导书 有关任务如何实施和记录的详细描述，可以是详细的书面描述、流程图、图表、模型、图样中的技术注释、规范、设备操作手册、图片、录像、检查清

单，或这些方式的组合。作业指导书就对使用的任何材料、设备和文件进行描述，必要时，还可包括接收准则。

（7）记录　阐明所取得的结果或提供所完成活动的证据的文件，可用于正规化可追溯活动，并为验证、预防措施和纠正措施提供证据。通常记录不需要控制版本。

（8）表格　用于记录质量管理体系所要求的数据的文件。当表格中填写了数据，表格就成了记录。

质量管理体系文件通常包括：①质量方针和质量目标；②质量手册；③程序文件；④作业指导书；⑤表格；⑥质量计划；⑦规范；⑧外来文件；⑨记录。

每个企业所需文件的多少和详略程序及作用的载体，取决于组织的类型和规模，过程的复杂性和相互作用，产品的复杂性，顾客要求，适用的法规要求，经证实的人员能力以及满足质量管理体系要求所需要证实的程序（中华人民共和国国家标准，2009）。

（二）质量管理体系文件架构

如图8-3所示为质量管理体系文件的架构。

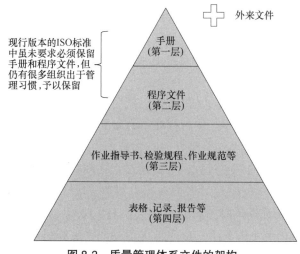

图8-3　质量管理体系文件的架构

（1）质量管理体系文件架构主要由文件化的质量方针和质量目标、质量手册、程序文件和作业指导文件、质量记录以及外来文件等文件构成。这几个层次的文件并非规定的要求，仅仅是建议。

（2）各层次文件可以分开，也可以合并，由企业根据自己的习惯和需要决定。当各层次文件分开时，有相互引用的内容，可标明内容的文件名称和条目。

（3）下一层次文件的内容不应与上一层次文件的内容相矛盾，下一层次文件应该比上一层次文件更具体、更详细。

（4）外来文件包括顾客的图样、规范、法律和法规要求、标准、规章和维护手册等。组织应该在质量管理体系文件中明确哪些是外来文件并对其进行控制。

必须强调的是，标准要求建立形成文件的质量管理体系而不是一个文件体系。不同组织的形成文件的数量和详略程度与组织的过程活动和所期望的结果相关。ISO 9001：2015标准让组织在选择用什么文件描述质量管理体系时更加灵活，以方便组织用最少数量的文件来有效的策划、运作和控制各种过程并加以贯彻实施，持续改进质量管理体系的有效性。但并不意味着组织的管理体系文件越少越好。

为了证实过程已经按策划进行，证明产品和服务符合要求，凡是组织能够通过编写文件来为其质量管理体系增值并且证明符合性的地方，尽管标准没有明文规定，组织还是需要编写的，如工艺流程图或过程描述、组织机构图、规范、作业指导书、内部沟通文件等。

（三）质量手册编写说明

尽管国际标准化组织出于给很多小规模企业更多灵活性、不必生搬硬套编制形式化质量手册之目的，在新版标准中不再要求必须建立质量手册（如 ISO 9001：2015 质量管理体系要求），但是，质量手册能充分展现企业的质量方针和质量目标，反映企业对质量管理体系的总体策划，表达质量管理体系的过程及其相互关联和相互作用的关系，明确企业的组织架构和部门职责，为内部质量管理和向顾客提供质量保证提供一致信息，因此，建议不必取消质量手册，而应对其进行简化修订，以便企业使用。

1. 质量手册的定义

质量手册是阐明组织质量管理体系要求的文件，为了适应组织的规模和复杂程度，质量手册在其详略程度和编排格式方面可以有所不同。

2. 质量手册的编写要求

质量手册应包括以下内容。

（1）组织的有关信息，如名称、地址和联系方法，组织的业务范围，对组织的背景、历史和规模的简要描述等附加信息。

（2）如果组织决定在质量手册中阐述质量方针，质量手册可包括对质量方针和质量目标的陈述。

（3）反映体系覆盖的产品范围以及产品实现过程的范围，同时还应指出体系的使用范围。如是集团公司共享，还是子公司独立使用。倘若存在不适用的条款（如无产品设计开发责任），则应在手册中说明不适用的细节与合理性。

（4）在手册中应策划和确定管理体系的三类过程，并描述过程之间的相互作用。可建立"过程系统图"或"过程关联图"。

（5）在手册中建立标准与管理体系文件的对照表。

上述内容只是质量手册应满足的最基本的要求，组织可根据顾客要求和自身需要增加适当内容。

为了避免出现照搬全部标准条款的要求，使手册过于冗长而无人问津，新版质量手册只要将质量方针、质量目标、体系范围、部门职责、策划的过程及其顺序和相互关系等描述清楚，建立标准条款和体系文件的对照表，就能清晰明了地展现体系的整体结构和对标准的应用情况。

关于质量手册编写范例，读者可参阅 ISO 9000 系列相关书籍。

（四）过程化程序文件编写简要说明

1. 程序文件

所谓程序，通常指为进行某项活动或过程所规定的途径。程序可以形成文件，也可以不形成文件，这是为了让标准适应不同规模的企业，允许使用标准的企业在编制质量管理体系文件时可以采用更加灵活的表现形式，但并不是说企业管理体系运行可以没有程序。每个组织在运行过程中，作业程序总是存在的，只是有些形成了文件，有些没有形成文件。

当程序形成文件时，通常称为书面程序或形成文件的程序。含有程序的文件便称为程序文件，它可以完全用文字来表述，也可用流程图表述。程序文件应该用过程化方法的思维来编制，不过，并不是用流程图编写的文件就是过程化方法。过程化方法的文件应该包括过程的输入、输出、使用资源、过程责任者、过程管理目标、过程的作业方法以及过程所控制的风险。

程序文件是一个过程的文件化形式，因此，每一个程序文件中都包含了至少一个过程。可操作的程序文件使质量管理体系运行更加简单、有序和高效。

2. 过程化程序文件编写说明

企业为了确保规定的程序能得到一致的理解和有效的实施，通常都会将程序形成文件。质量管理体系所识别的顾客导向过程（COP）、支持过程（SP）和管理过程（MP）均应形成相应的程序文件，只不过其表达方式可根据组织的习惯、人员认知能力和文化水平，选用适当的方式体现。本书推荐一种过程化文件的格式，仅供参考。

过程化程序文件包含的段落和内容如下。

（1）目的 本程序文件编制和控制的目的。

（2）范围 规定本程序文件的使用和控制范围。

（3）术语和定义 对本程序文件中作用的专用名词和术语给出具体的含义和说明，便于阅读者和使用者有统一的理解。并不是每一程序文件都必须有术语和定义，这是根据文件的需要而定的。如果没有，本段就写"无"。

（4）过程管理图或"乌龟图" 为规定过程管理的关键要素，对质量管理体系识别的每一过程应使用过程管理图或"乌龟图"对其控制进行策划。这些图可以体现在质量手册中，也可以用单独的文件体现，不过，直接体现在程序文件中，方便对过程的理解和运用。

（5）作业内容 这是文件的核心，需要根据过程的作业步骤画出作业流程图，并配以文字说明每一步骤的作业重点，同时规定相应的职责和作业中需参考的其它文件及使用表单或应产生的记录。

程序文件通常用来描述跨职能的活动，需要时可引用作业指导书。作业指导书则用于描述某一职能内的活动，规定了开展活动的方法。

对活动描述的详略程序取决于活动的复杂程度、使用方法以及从事活动的人员所必需的技术和培训水平。描述活动时，通常应该考虑以下几方面：明确组织及其顾客和供方的需要；以与所要求的活动相关的文字描述和/或流程图的方式描述过程；明确做什么、由谁或哪个职能部门做，何时、何地以及如何做；描述过程控制以及对已识别的活动的控制；明确与要求的活动有关的文件和记录。

（6）附加说明 根据需要，对在过程流程图中不方便表达的，或需重点强调的，或需要进一步详细说明的内容附加说明。如果没有，就写"无"。

（7）参考文件 列出文件所关联的或引用的文件名称，以便于查阅和检索。

（8）使用表单 列出文件所需要用到的表单名称，以便于检索和使用。

3. 过程化程序文件范例

如图8-4所示为以客户服务过程为例，实施过程分析的文件范例。

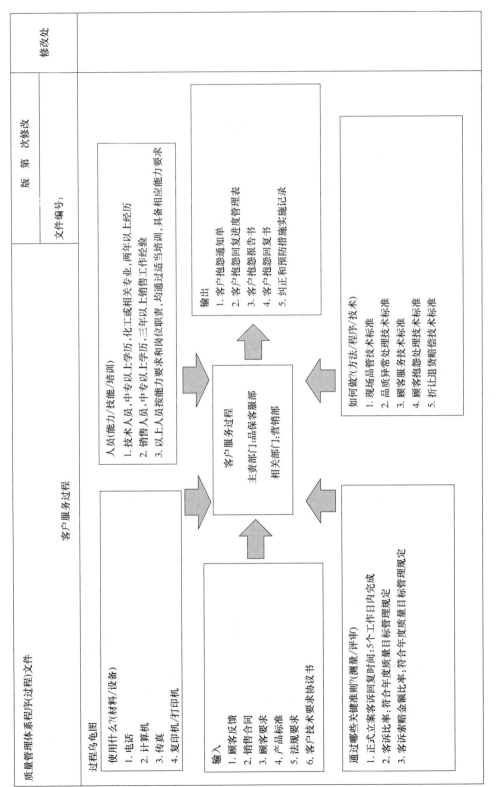

图 8-4　客户服务过程

质量管理体系程序(过程)文件

客户服务过程

版　第　次修改

文件编号：

修改处

过程乌龟图

使用什么?(材料/设备)

1. 电话
2. 计算机
3. 传真
4. 复印机/打印机

人员(能力/技能/培训)

1. 技术人员,中专以上学历,化工或相关专业,两年以上经历
2. 销售人员,中专以上学历,三年以上销售工作经验
3. 以上人员按能力要求和岗位职责,均通过适当培训,具备相应能力要求

客户服务过程

主责部门:品保客服部

相关部门:营销部

输入

1. 顾客反馈
2. 销售合同
3. 顾客要求
4. 产品标准
5. 法规要求
6. 客户技术要求协议书

输出

1. 客户抱怨通知单
2. 客户抱怨回复进度管理表
3. 客户抱怨报告书
4. 客户抱怨回复书
5. 纠正和预防措施实施记录

通过哪些关键准则?(测量/评审)

1. 正式立案客诉回复时间:5个工作日内完成
2. 客诉比率:符合年度质量目标管理规定
3. 客诉索赔金额比率:符合年度质量目标管理规定

如何做?(方法/程序/技术)

1. 现场品管技术标准
2. 品质异常处理技术标准
3. 顾客服务技术标准
4. 顾客抱怨处理技术标准
5. 折让退货赔偿技术标准

（五）作业指导书编写简要说明

1. 作业指导书是企业质量控制的关键

作业指导书是管理体系文件的第三层次文件，是针对某个部门内部或某个岗位的作业活动的文件，侧重描述如何进行操作，是对程序文件的补充或具体化。

所谓制造、生产或加工，就是以规定的成本、规定的工时，生产出质量稳定、符合规格或标准的产品。如果生产现场的作业，存在工序的前后次序随意变更、作业方法或作业条件因人而异的问题，一定无法生产出高质量的产品。因此，对没有作业指导书就会产生不利影响的所有活动，都应当对作业步骤、作业方法、作业条件进行规定并贯彻执行，形成标准化的作业指导书，并据此对其进行管控。

很多企业的作业指导书普遍存在的问题是作业指导书不规范、不全面、内容描述笼统，缺乏准确的定量规定，使操作者在面对诸如温度、温度、时间、使用量等决定产品质量的参数时，只能凭经验和感觉决定这些参数的值，这样很容易导致各工序的质量缺陷。高质量是通过准确控制每个工序来实现的，要生产高质量产品就要从研究和分析工序作业指导书开始。增加质量检验和质量管理人员，除了增加成本，对质量的提高并没有实质性帮助。因此，作业指导书的优劣决定了企业产品的质量水平。

作业指导书的类别，按内容可分为：①用于指导操作、检验、施工、安装等具体作业活动的作业指导书，如工艺规范、检验标准、抽样计划、质量控制计划、设备保养指导书、设备操作指导书等；②用于指导具体管理工作的各种工作细则、管理办法和规章制度等；③用于指导自动化程度较高而操作相对独立的标准操作规范。

编写作业指导书的目的是：技术储备、提高效率、防止再发、教育培训。此外，还可以作为目视化管理的工具。作业指导书便于将企业成员所积累的技术、经验，通过文件的方式加以保存，这样企业不会因人员的流动而使技术和经验跟着流失。

2. 作业指导书编写原则

（1）目的明确　必须围绕目的编写作业指导书，即遵照制定的标准作业指导书一定能保证生产出质量稳定的产品。因此，指导书中不要出现与实现结果无关的词语、内容。

（2）规定结果并说明操作过程的控制方法　如"将 pH 调节至 6.5"是结果，而控制方法是如何达到这样的结果，即"用 $X\%$ 浓度的柠檬酸，加入 $Y\mathrm{mL}$，使 pH 调节至 6.5"。

（3）表述要准确，不可含糊或抽象　如"调整到合适的温度"。多少的温度合适？这类模糊的词不能出现在作业指导书中。

（4）尽可能数据化、图示化、具体化　作业指导书中应该多使用图表和数字，使用量化的表达方式。如应该用"过程控制中抽样频率应控制在 2 次/h"来代替"频率适中"的表达。

（5）具有可操作性　作业指导书必须符合实际作业过程，即可操作，而不是形式上的。

（6）评审和修订　作业指导书应定期评审，适时修订。在执行力强的优秀企业，生产一定是按作业指导书进行的，因此，作业指导书必须符合最新标准的要求，是当时正确操作情况的反映，随着设备的变更、工艺的改进等而及时修订。不断修订和完善指导书是所有标准的基本要求，但修改必须经过程序，要保证全厂的统一性和协调性，同时要与质量标准和工时定额等很多标准保持同步修订。

（7）与质量标准统一 作业指导书的构成要保证生产出来的产品符合质量标准的要求。指导书的质量标准与检验的质量标准要一致。

综上可知，作业指导书的编写，不只是生产部和技术部的事情，应该由设计部、质量部和生产部等联合编写，才能保证只有一个技术标准，否则对生产不利。因为，如果各个部门不统一，将会造成企业的内耗而导致返工率增加，生产部与质检部发生矛盾等。同时，还要注意不能偏离企业市场定位的标准，标准过高或过低，都要付出代价。

3. 作业指导书的编写说明

（1）结构和格式 作业指导书的结构、格式及详略程度应当适合于组织中人员使用的需要，并取决于活动的复杂程度、使用的方法、实施的培训以及人员的技能和资格。

制定和表述作业指导书可以有多种方式，通常采用图文并茂的形式。不过，无论采用何种格式或组合，作业指导书都应当与作业的顺序相一致，准确反映要求及相关活动。为避免混乱和不确定性，应当规定和保持作业指导书的格式或结构的一致性。

（2）作业指导书的内容 作业指导书应当描述关键的活动，其详略程度应当足以对活动进行控制。如果相关人员已经获得了正确开展工作所需的必要信息，培训可以降低对作业指导书详尽程度的需求。

作业指导书通常包括以下内容：①名称、编号、颁布日期、版本、编写人、审核人、批准人；②目的；③范围；④职责；⑤工作条件（环境、设备、工作服、人员等）；⑥工作流程、步骤、作业方法；⑦日常检查（自查自控、互查互控）；⑧安全注意事项；⑨紧急情况处置；⑩报告或记录要求。

（3）作业指导书的作业要点 ①可由现场管理人员主导编写，也可由专职工艺工程师主导编写；②应包括操作人员在内的组内、组间讨论作业指导书，以确保完整性和可操作性；③由直接负责人审核；④上级批准；⑤统一发布（格式、编号、发行章等）；⑥实施前培训；⑦检查、考核、修订。

4. 作业指导书的参考范例（表8-3）

表8-3 操作工岗位 SOP 标准操作流程

程序操作名称	SOP 描述	记录
开班会	了解生产安排、设备问题、投诉信息，如有疑问，应当向领班询问清楚 	会议记录本

续表

程序操作名称	SOP 描述	记录
生产前任务	进行 AM 活动查找设备不具合点及复原,并记录在不具合点小卡片上,进行 AM 点检   根据当日报单计算设备当日需完成多少产量以及瓶子发放数量  SIP 过程中,检查热感应贴片及各管道接口、溢流管是否都能够有效的清洗到 	不具合点小卡片/AM 点检表 每日报单 《设备检查记录表》

续表

程序操作名称	SOP 描述	记录

喷码机待机状态下,按"ESC"后按下方向键选择调出
(设置前先查看溶剂、油墨容量,如需更换,需按标示选择相应溶剂、油墨,空瓶放于垃圾房内回收箱)

生产前任务

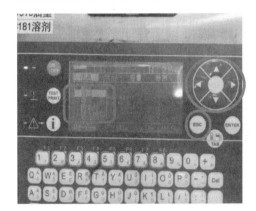

选择相应的文本,点击"ENTER"确认选择,进入文本

《设备检查
记录表》

进入文本后,进行日期设置,根据生产需要设置相应的日期,移动光标至需要修改的数字前,按"Del"删除旧数字,数字键直接按下需要的数字完成修改

续表

程序操作名称	SOP 描述	记录
生产前任务	文本修改完成后,按"ESC"后选择"存",按"Enter"完成保存  完成保存后,再次按下"ESC",选择"输入喷印"(一定不能忘记选择输入喷印,否则修改的日期无效,喷印的还是修改前的日期)  按下"ON/OFF"键,界面提示是否开机,按"Enter"确认开机,等待设备开机完成后可开始喷印 	《设备检查记录表》

续表

程序操作名称	SOP 描述	记录
主屏设置	1. 开启生产联机信号 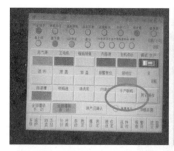 2. 在灌装设定界面里打开进料信号 2 	—
生产前准备	设备内部及灌装头用 72%～75% 酒精喷洒消毒（灌装头、旋盖处及灌装室） 检查灌装室内有无异物（清洁工具等） 	《塑瓶灌装机生产记录 1》
	1. 高频电源开关,高频读数 280～310V,0.9～3A 	—

续表

程序操作名称	SOP 描述	记录
生产前准备	2. 打开高频工作开关(凸起为关) 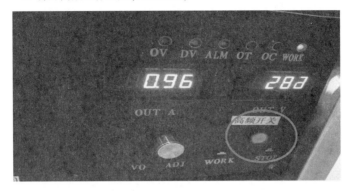 打开层流风机 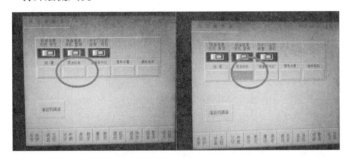 打开滑道紫外灯  对旋盖扭矩检查,旋盖扭矩:18~24TORQUE-LBS/ln 	一 一 《塑瓶灌装机生产记录1》

续表

程序操作名称	SOP 描述	记录
生产前准备	日期打印检查 产品打印格式： 　第一行：中文字上市+上市日期年月日(8位数字)+—+保质到期日期年月日(8位数字) 　第二行：中文字生产+生产日期年月日(8位数字)+空格+时间+空格+条线号+工厂代码Z 检查打印日期是否正确、清晰 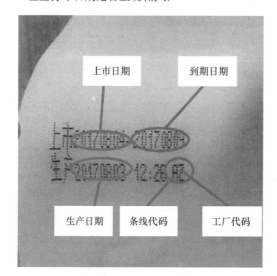 检查产品灌装重量，重量应≥1608g 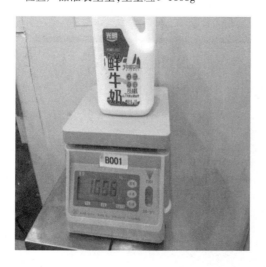	《塑瓶灌装机生产记录2》 《塑瓶灌装机生产记录2》

续表

程序操作名称	SOP 描述	记录
	铝箔撕拉检验,撕开瓶口铝箔,检查铝箔周围是否全部都有毛边,撕拉试验覆盖所有旋盖头 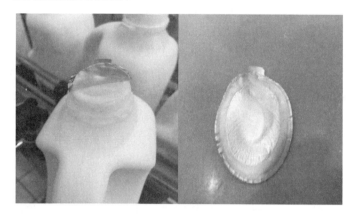	《塑瓶灌装机生产记录1》
登入 MES	登录 MES 系统,进入 MES 系统进行操作 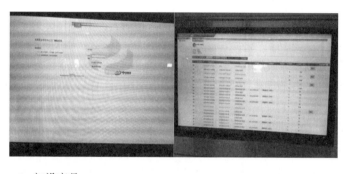	MES 系统
	1. 初设产品 2. 初设缸号 3. 填写打印日期、品种	

（六）整合质量管理体系的实施

前文已经阐明，当企业因客户的需要，不得不同时建立和保持多个独立的管理体系的运行和认证证书资格时，不但会造成人力、财力和时间资源的浪费，而且会导致管理混乱，不利于企业的经营发展，因此，整合质量管理体系成为必然。

不论企业决定导入哪一种质量管理体系，是单一质量管理体系还是整合质量管理体系，其建立和实施过程都由 5 个阶段组成。

1. 第一阶段：体系导入

（1）高层决策 "采用质量管理体系是组织的一项战略决策，能够帮助其提高整体绩效，为推动可持续发展奠定良好基础。"这是 ISO 9001：2015 标准的第一句话。由此可知，企业是否导入质量管理体系，都是最高管理者做出的战略性决策。当公司决策层基于顾客和相关方的要求、组织的目的，达成共识推行整合质量管理体系时，要向整个组织宣导推行的决心，并提供充分的资源。

（2）成立项目小组或委员会　从实现企业整体目标出发，组建一个以最高管理者亲自领导的体系管理队伍，从顶层设计开始进行职责的分解，资源的配置，文件统筹编撰。

（3）确定整合质量管理体系的范围　通过整合质量管理体系主干来理顺各专业管理的适用范围，明确各体系接口，避免重复管理和管理真空。假设某一食品集团决定在实施 ISO 9001 质量管理体系、ISO 22000 食品安全管理体系和 ISO 14001 质量环境管理体系的基础之上，整合三个体系，实施整合质量管理体系。那么就需要借鉴其建立运行各管理体系的经验，以 PDCA 循环建立并优化整合质量管理体系，满足企业适用的法律法规和各项专业标准要求，覆盖所有活动，且不重叠。同时，决策者需要决定这三个体系的范围以及认证的范围，要考虑：①是寻求涵盖公司所有产品线的认证，还是仅对某个或几个产品线的认证；②是集团统筹认证还是分公司（或分厂）独立认证。

（4）制订推行计划　在确定整合质量管理体系范围的基础上，需展开一项计划以引导企业顺利推进并完成认证。

（5）教育培训　企业可考虑聘请一个信誉度好的专业培训机构对管理人员和相关人员进行三体系标准要求和整合质量管理方法的培训。

2. 第二阶段：体系建立

（1）理解组织环境和相关方的需求与期望　企业应该确定与其目标和战略方向相关并影响其实现整合质量管理体系预期结果的各种外部和内部因素，同时确定相关方的需求与期望。

（2）确定企业的方针和目标　根据企业的战略规划，结合企业的战略目标，建立企业的质量方针和质量目标，并将此作为整合质量管理体系的宗旨和方向。

（3）整合质量体系策划　在企业现有质量管理体系的基础上，分析其于三个体系标准要求的差异，以过程化方法来策划企业的整合质量管理体系，确定文件化的策略，变更现有的文件或建立新的整合体系文件。

企业进行质量管理体系整合的一般步骤：①组织领导层统一思想并做出决策；②成立管理体系整合的领导班子和工作班子；③分层次进行培训，重点是对相关标准及文件编写进行培训；④根据法律法规和顾客、相关方、社会、员工的要求、组织的宗旨和管理现状制定组织整合型管理方针；⑤识别质量管理体系所需的过程，识别并评价环境因素和安全风险因素；⑥根据管理方针，制定管理目标和指标；⑦进行整合管理体系的职能分配，明确相应的职责和权限；⑧根据目标制定产品实现环境和职业安全健康的质量管理方案；⑨编制整合型管理体系文件；⑩发布并宣贯整合型管理体系文件；⑪配备和落实整合型管理体系所要求的人力、基础设施和其它资源；⑫试运行 3~6 个月；⑬培训并聘任满足整合型管理体系要求的内审员；⑭进行至少一次依据三个标准、覆盖全部管理部门和要求的内部审核；⑮跟踪评审不符合项纠正措施；⑯召开管理评审会、评价整合型管理体系的适宜性、充分性和有效性，并提出持续改进方向；⑰实施改进，保持管理体系的有效运行（刘轲等，2007）。

整合管理体系的方法：①以 ISO 9001 标准为主线，将 ISO 22000 标准和 ISO 14001 标准的要求整合进去，形成统一的方针、管理手册和通用程序文件和专用程序文件。②以 ISO 22000 标准为主线，将 ISO 9001 标准和 ISO 14001 标准的要求整合进去，形成统一的方针、管理手册和通用程序文件和专用程序文件。

（4）质量体系文件编写/整合　根据策划的结果，整合原有体系文件，由相关人员负责新增文件或修订文件的编写。

以职能整合和资源整合为例。在进行职能整合时，要明确作用、职责和权限是体系运行的组织保证。质量、环境和食品安全管理体系整合后，必须按《质量管理手册》中的规定，调整和明确各部门和项目部的职责，将原来三个体系中相同管理内容但由不同部门管理的工作，整合成一个部门的职责。如整合前，质量管理体系的内审由技术部负责，食品安全管理体系的内审由质保部负责，环境管理体系的内审由环境部负责，现在可以按整合后的文件规定，统一由体系推进办公室或企业管理办公室负责。

在进行资源整合时，要对体系运行涉及的人力、技术、财务、基础设施、监测设施设备进行整合，特别是要按照质量管理手册的规定对管理岗位进行整合，使原来不同体系中相同工作由不同人来做的整合为由一人负责。

（5）体系文件颁布/发行　文件编写完成并经领导核准后，由文件控制中心统一发行。

3. 第三阶段：体系实施

（1）质量体系文件培训　文件发行后，需制订培训计划，对企业各阶层员工进行整合质量管理体系文件的培训，使全体员工熟悉整合质量体系的过程，了解自己的职责、作业内容和作业要求，全员参与整合质量体系活动。

（2）全面实施/落实　各部门、各阶层员工切实按照体系文件的要求全面落实推动。

（3）执行内部审核　当整合质量管理体系实施一段时间（至少三个月）后，由企业授权人员负责策划和实施内部审核，审核整合质量体系所有要素，以评估体系和所有过程的实施情况，确认其符合三个标准体系和顾客要求的有效性。

（4）纠正不符合，并验证解决方案的有效性　对内部审核中发现的不符合项，责任部门应及时提出纠正和纠正措施，内审员要及时验证纠正措施的有效性。

（5）管理评审/绩效评价　在完成内部审核，且所有不符合项已经得到纠正和验证后，应分析所有必要的输入并进行管理评审。最高管理者评审所有必要的信息并确定整合质量管理体系是否满足三个标准的要求，评价整合质量管理体系的适宜性、充分性和有效性。

4. 第四阶段：体系认证

（1）认证机构的选择/认证申请　企业应选择经国家或国际认可的有资格的认证机构，并提出认证申请。

（2）认证机构进行文件评审　当最高管理者相信企业已经符合三个标准的要求，并有效运行整合质量管理体系时，就可以让认证机构进行文件评审。

（3）执行预审　企业可以在正式认证审核前，选择进行一次预审。预审是评估组织对三个标准的要求、整合体系的要求以及任何顾客要求的符合性，以确定企业是否准备就绪。

（4）预审不符合项的整改　对预审中发现的不符合项进行整改，同时应将纠正措施应用于其它类似的过程和产品。

（5）执行认证审核　当企业完成认证准备时，由所选择的认证机构来执行审核。

（6）整改认证审核发现的不符合项　对认证机构审核发现的不符合项执行整改，认证机构可能需要再次到现场进行不符合整改结果的验证和关闭。

（7）获得证书　完成所有不符合项的整改并关闭后，通常在60天以内，就能得到认证机构颁发的整合质量管理体系认证证书。

5. 第五阶段：体系维护

（1）持续实施和改进　通过认证，仅仅是体系运作的开始，最关键的是后续要能技术实施和改进。

（2）定期执行内部审核　按企业内部审核程序的规定，定期执行内部审核。

（3）定期执行管理评审　按企业策划的安排定期实施管理评审活动。

（4）认证机构进行监督审核　认证机构每年执行一次监督审核，在证书3年的有效期内，一般进行2~3次监督审核，并覆盖每个体系的所有要求。

（5）3年后再次认证审核　质量管理体系认证证书的有效期为3年。3年后要再次认证审核。除非认证机构另有特定安排，再次认证审核需要对所有文件和资料进行一次完整的提交。

（七）实施整合质量管理体系时的注意事项

1. 要具备整合的条件

作为一个企业整合三个体系必须具有以下基本条件：①企业的产品涉及质量、环境、职业安全健康三个方面的要求，企业有愿望实施综合控制。②有满足体系整合所需的人力资源和其它资源。③组织的资源能实现充分的共享。④组织需进行相关标准的宣贯培训（刘轲等，2007）。

在管理实践中，很多拥有多个管理体系的中大规模食品企业，将质量和食品安全管理体系归为一个部门主导（如质量保障部门），另外将环境和职业健康安全管理体系归为另一个部门主导（如专门设立环境安全部门，简称环安部门），这便存在着各部门根据自己的工作安排，独立运行两个整合管理体系的情况。

2. 掌握整合的原则、步骤与方法

质量管理体系的整合应遵循以下四项原则：①对管理对象相同、管理特性要求基本一致的内容应进行整合。凡是三项标准中管理的对象相同，管理性要求基本一致的内容，企业对体系文件、资源配置、运行控制都要整合。②整合后的管理性要求应覆盖三个标准的内容，就高不就低，以三个标准中最高要求为准。整合型管理体系是适应三个标准要求的管理体系，只有三个标准的全部要求都满足，才能说明组织建立的整合性管理体系能够确保其质量管理、环境管理、职业健康和安全管理符合规定的要求，能够实现组织的质量、环境和职业安全健康目标。③整合后的管理体系文件应具有可操作性，保持文件之间的协调性和针对性。整合后的管理体系程序并不是越多越好，在具有可操作性的前提下，还要方便操作。④整合应有利于减少文件数量，便于文件使用；有利于统一协调体系的策划、运行与检测，实现资源共享；有利于提高管理效率，降低管理成本（刘轲等，2007）。

总之，对食品企业而言，进行质量、安全、环境这三个体系的整合，便于认识和掌握管理的规律性。在组织建立一致性的管理基础条件下，能够科学的调配人力资源，优化组织的管理机构，统筹开展管理性要求一致的活动，提高工作效率，有利于培养复合型人才，降低管理成本，提高管理体系运行的效率（刘轲等，2007）。

第四节　场景应用

一、质量管理体系与第三方认证

安安：Hi，田田。

田田：Hi，安安。

安安：老板刚才说有个国外客户要我们进行第三方认证，才能给他们供货，我在想要怎么办呢，你了解这些管理体系认证吗？

田田：简单点说，每个企业只要在运营，就会有一套自己的管理方法，也就是管理体系。当我们向一个有资质的第三方机构申请，用某个标准来评估我们的管理体系，如果符合了这个管理体系标准要求，那就可以获得依据这个标准的体系认证了。

安安：哦，这么一说就没想象中那么困难了。这些管理体系认证要求是不是很高？听说都是国际标准呢。

田田：瞧把你吓得，虽然是国际标准，但管理体系的原则和方法都是普遍适用的。企业如果尽早接入国际标准的管理体系，对于企业提升管理效率是非常有益的，也能持续保证产品质量。这也是为什么陌生客户希望通过企业获得第三方认证再考虑合作的原因。

安安：这么说，趁这个客户要求，我们应该把这个体系认证好好弄一下，万一后面还有更多的客户有要求呢。该选什么体系认证呢？

田田：既然是出口食品，就要先获得我国海关出具的《出口食品生产企业备案证明》，申请之前需要企业建立基于 HACCP 原理的食品安全管理体系，以保证食品安全。

安安：HACCP 原理，这个我知道。但是具体是什么认证呢？

田田：基于 HACCP 原理的认证很多的，HACCP 体系、食品安全管理体系、BRC 认证、食品安全体系认证都是的。你最好先问下客户承认什么体系认证，根据他们的要求做认证，这样后面方便沟通。

安安：这个办法好，我去问问。

······

安安：田田，客户说要做 ISO 9000、ISO 22000 和 ISO 14000 体系，他怎么要求这么多？

田田：那说明这个客户还是挺看重供应商的管理水平的，ISO 22000 体系关注的是食品安全，这是对食品的最基本要求；ISO 9000 体系关注的是产品质量，在保证食品安全的前提下，稳定的上游产品质量是客户提供稳定产品或者服务的必要条件。

安安：你说的这两个体系我好理解，怎么还要 ISO 14000 环境管理体系啊？

田田：哈哈，你难道不知道现在国家对环境保护有多重视么？这个客户还是很有环保意识的，很可能他们自己也有环境管理体系，要求自己的上游供应商也具有环境管理体系。最关键的，如果他的一个优质供应商因为环境问题停产或者关厂了，他们原有的供应链就被打破了，这是任何一个企业都不希望面对的。客户他们还没要求做 ISO 45000 职业健康安全管理体系呢，哈哈。

安安：原来是这样啊，看样子这个客户是个很正规、很有社会责任意识的公司呢，我还是好好准备下这三个体系建立、运行的工作吧。

田田：嗯，先找个行业内知名的认证机了解下情况，把实施的流程了解清楚，跟老板沟通好，管理体系的建立和运行必须要获得管理层的全力支持哦。

安安：好的，我知道了。

二、浸入式管理

安安：Hi，田田。

田田：Hi，安安。

安安：验证足以置信——"各位领导对质量安全还是比较重视的"这话说出口来好像没"走心"。

田田：呵呵，专业化是真重视，不靠权利靠流程。食品安全问题日益受到人民群众关注的外部环境，是"各位领导对质量安全比较重视"的原因。但"走心"与否，取决于我们质量安全系统本身，一定是从我们自身找原因，一定是取决于我们是否专业化。

安安：可是质量安全不在业务流程之中呀。好像只有在出现问题的时候，才想起质量安全。质量安全是干啥的，好像不如其它的清楚。研发是做新品的，采购是做原材料的，生产是做产量的，销售是做营业收入的，质量安全呢？

田田：首先，从你这个管理层级来看，"质量安全不在业务流程之中"，其结果是所有的质量安全变革的策划都不会有实质的行动，因为"变革的需求+清楚的共同目标+管理层承诺和表现+参与程度+支持架构和流程+业绩评估＝持续的变革"。没有变革的需求，则没有行动；没有清楚的共同目标，则没有方向；没有管理层的承诺和表现，则没有带头人；没有广泛的参与程度，则没有归属感；没有支持架构和流程，则没有系统化的解决方案；没有业绩评估，则没有结果。

安安：那我还是原地踏步吧，原地踏步也是一种进步。

田田：然后，质量安全不在业务流程之中，所以要"转型进轨道，增力跟步伐"。其实在咱们工厂层面质量安全一定是在业务流程之中的。战略的完美执行在班组，咱们好多连续化、自动化、机械化生产线上，"1名设备员+1名技术员+1名质检员+1名安全员"不是好多生产班组的标准配置嘛，产量就是这个一线班组做出来的。

安安：那咱们这个层面的质量安全，如何"进轨道"，如何"跟步法"？

田田：质量安全是一门专业，但不是独立存在，而是贯穿于整个管理流程之中。我们用质量工具去分析整个业务流程之中存在哪些质量安全风险，需要哪些质量安全措施，然后将这些措施放到全供应链所有环节（研发的几条放到研发环节、原材料的几条放到原材料环节、生产的几条放到生产环节、销售的几条放到销售环节）、节点的操作流程之中。

安安：此为导师所言质量安全"浸入式管理"方法也。

田田：然也然也。

安安：熟悉业务流程是基础，可不能泛泛的提要求。"浸入"而非"嵌入"，一定是从客户出发而非从自我出发，一定是带着成本的解决方案而非人、机、料、法、环、测就是不谈钱，一定是"润物细无声"而非硬来。

田田：我们的目标是让业务脱不开质量，先推动业务标准化，再将质量标准化融入业务标准化之中。就以目前我们做的终端质量安全调研而言——去哪儿？什么情况？怎么去？如果"去哪儿"是解决临期产品的问题，"什么情况"则要用五力模型分析整个外部环境，"怎么去"才能接地气。如果问题的根本原因是加盟店都不配保鲜柜，要分析为什么不配；怎么配；哪些情形要买；哪些情形能租；哪些情形可以整合资源，与别的产品共用。和业务一起分售点形成标准，然后和业务、经销商一起去做起来，推广亮点、推广示范。

安安：我们这不成了做业务吗？

田田：既不是做业务也不是做质量，大家都在做产品。最后，质量安全管什么？第一阶段是合规性；第二阶段是标准化；第三阶段是品牌及其公信力。我们是质量持续改善的倡导者、推动者，要始终如一的关注客户，从点滴突破与提升，不断地超越客户的需求。检测、标准、合格评定是我们的专业工具。

安安：好，解决问题，而不是解释问题，我们是质量人。

田田：解决问题，从问题清单管理开始。

本章小结

本章首先介绍了 ISO 9000 族标准以及质量管理体系要求（ISO 9001），然后介绍了食品安全与质量标准（SQF）的质量模块，最后，基于一个企业一套管理体系的原则，介绍了整合食品质量管理体系及其文件编写与实施方法。

关键概念： ISO 9000；HACCP；ISO 22000

🔍 **思考题**

1. 简述 ISO 9000 与 GMP、HACCP、ISO 22000 的关系
2. 为什么一个企业最好用一套管理体系？
3. 质量手册是什么？它包括哪些内容？

参考文献

[1] 曾内耀. ISO 9001、ISO 14001、OHSMSI8001 一体化管理体系的建立和实施. 贵阳：贵州大学，2003.

[2] 柴邦衡. ISO 9000 质量管理体系. 时代消防，2003，(10)：36.

[3] 陈冬莲，董武义，朱松昌. 新标准七项质量管理原则在水利水电行业组织理解和运用之浅析. 水利技术监督，2017，25 (2)：7-10，91.

[4] 谌瑜，张智勇. ISO 22000 与 HACCP、GMP、SSOP 的关系. 中国质量认证，2007，(5)：65-66.

[5] 褚小菊，冯婧，陈秋玉，等. 基于 ISO 22000 标准的中国食品安全管理体系认证解析. 食品安全质量检测学报，2014，5 (4)：1250-1257.

[6] 范桂梅，赵祖明. 文件的形成应是一项增值活动. 世界标准化与质量管理，2002，(5)：16-17.

[7] 李在卿. 企业应当如何应对新版 ISO 9001 标准. 中国认证认可，2016，(4)：65-68.

[8] 梁运. 食品工业实施 ISO 9000 族标准的特点. 难点. 中国标准化，1999，(5)：31-33.

[9] 刘轲，邹宏. 质量、环境、职业健康安全管理体系整合的基本方法及步骤. 科技信息 (科学教研)，2007，(36)：104，138.

[10] 钱永忠，李耘. 食品质量安全保障体系模式——SQF 体系的主要内容及其应用. 农产品质量与安全，2005，(1)：44-47.

[11] 修立. 推行 ISO 9000 的作用. 铁道知识，2002，(2)：22-23.

[12] 尹亚军，旷明燕，罗文莉. 浅谈质量/环境/职业健康安全一体化管理体系的建立与实施. 安全、健康和环境，2004，4 (10)：28-30.

[13] 张少玲. 质量体系认证. 湖北造纸，1998，(4)：3-8.

[14] 张焱. 流程让企业立于不败之地. 进出口经理人，2011，(6)：26.

[15] 中华人民共和国国家标准. 质量管理体系基础和术语. 质量春秋，2009，(6)：17-28.

第九章
电商食品的质量控制与管理

学习目标：

1. 电商食品销售模式与特点。
2. 电商食品的质量安全问题。
3. 电商食品流通过程与质量安全风险分析。
4. 电商食品安全监管体制的建设与发展。

第一节　概　　述

一、电商食品销售模式与特点

电商食品特指用电子商务的手段在互联网上直接销售食用类产品，如新鲜果蔬、生鲜肉类、各种预包装食品等。电商销售模式指的是商家通过网络交易平台出售商品。电商销售模式的基础是计算机网络信息技术。随着计算机信息技术的不断发展，第三方网络平台将消费者与商家结合在一起。电商销售模式下的交易过程一般涉及以下两个方面的内容：首先是交易过程中的主体部分，它主要是指在第三方网络交易平台上实际参与交易行为的个体，其中包括入驻于第三方网络平台上的商家以及购买商品的消费者，主体部分是电商销售模式的基础；其次是交易过程中的客体部分，它主要是指消费者购买的商品，这种商品可以是实际的物品，也可以是商家为消费者提供的一种服务。"新零售电商"是 2016 年以来产生的，是时代快速发展和顺应消费者需求变化的产物。传统的零售连锁是人找商品的逻辑，之后随着电商的迅速崛起实现了人、货、场景三者的变化，用户看照片下单，实现了商品找人的逻辑，新零售电商是通过技术手段和模式，实现线上线下互通，创造出非常重要的品类逻辑。一般来说，电商销售模式有如下特点。

（一）虚拟性

电商销售模式的基础是计算机网络信息技术。消费者与商家交易过程的凭证不再是纸质化的合同，而是在交易过程中所产生的一系列电子数据信息。网络具有一定的虚拟性，第三方网络交易平台使得消费者与商家的交易行为也变得虚拟化。对于商家来说，从最初的向第三方网络交易平台提交申请开设店铺到为商品定做图片进行宣传的整个过程都离不开网络的协助。对于消费者来说，消费者是通过互联网浏览所需购买的商品，而且与商家的交涉也是通过网络聊天软件实现。因此，不管是消费者还是入驻于第三方网络平台的商家，他们的整个交易过程都是在网络上进行，具有一定的虚拟性。

1. 商家的信息存在虚拟性

传统的线下商品买卖方式中消费者与商家是面对面进行交易的，消费者对商家的基本信息能够很容易的获取，如商家经营的范围、商家店铺的地址以及商家的信誉等。而电商销售模式是依靠计算机、网络进行交易的，网络具有一定的虚拟性，消费者不需要了解商家具体的信息就可以直接在第三方网络平台上与商家发生交易行为。消费者与商家整个交易过程除了最后的商品由快递公司进行运送，其它过程都是在第三方网络平台上实现。消费者首先在第三方网络平台上寻找想要购买的商品，找到合适的商家后直接将货款打到第三方网络平台上，待物品送达到消费者的面前并且确认收货后，第三方平台再将消费者所支付的金钱打到商家的账户中。由此可以看出，电商销售模式下所有的过程都是在网络平台上进行，消费者与商家无须发生实际的接触，商家的真实信息存在一定的虚拟性。

2. 消费者所购商品存在虚拟性

消费者通过传统的线下店铺购买农产品和食品时可以全方位的接触到商品，商家也可以通过试用的方式为消费者展现商品的功能。与此相反的是，电商销售模式下消费者仅仅只能依靠商家对商品功能的讲解以及商家展示的图片信息来了解商品。然而，网络环境具有一定的虚拟性，相较于传统线下销售模式的实际接触来说，这种了解方式显然非常浅显，如商品的实际材质、颜色、功能等方面可能都与商家所描述的相差甚远。这一问题直接导致电商销售模式下消费者的退货行为频繁发生。消费者直接面对面接触商品可以避免商家夸大商品功能以及减少商家出售假冒伪劣商品的可能性，这是传统的线下销售模式所具有的突出优势。

3. 交易过程的虚拟性

电商销售模式的基础是计算机信息网络技术，商家与消费者所有的交易过程都是在网络上进行。消费者在第三方网络平台选择好心仪的商品后可以直接加入购物车，之后填写收货地址、联系电话等信息，使用网上银行向第三方网络平台进行付款，第三方网络平台收到消费者所支付的金钱后就会通知商家进行发货，当消费者收到商家通过快递公司寄来的商品并确认收货时，第三方网络平台将消费者支付的金钱转入到商家的账户中。由此可以看出，电商销售模式下商家消费者不直接面对面接触，而是依靠网络完成所有的交易过程。因此，电商销售模式下消费者与商家的交易过程具有一定的虚拟性。

（二）开放性

电商销售模式下商家拥有的市场远远大于传统线下店铺的交易范围。原因是，传统线下的店铺通常会受到地域的限制，吸引到的消费者大多数只是店铺周边的人群。然而，网络具有开放性，第三方网络平台上的消费者来自全国各地乃至全世界各个国家。

入驻于第三方网络交易平台上的商家出售的商品是面向全世界各族人民的。同样，不管消费者来自哪里，只要有网络的地方都能够在第三方网络平台上购买到所需要的商品。除此以外，电商销售模式还具有高效率、便捷性、低成本等特点。电商销售模式通过运用网络交易平台使消费者与商家的交易行为变得更加便捷。电商销售模式所具有的这些优势使得消费者与商家都更倾向于选择网络平台进行交易。

（三）便捷性

电商销售模式下消费者与商家所产生的买卖行为异常的便捷，这是传统的线下交易过程中无法达到的优势。消费者在任何时间、任何地点都可以与商家表达购买意向。传统的线下店铺通常都有一定的营业时间，超过营业时间的范围则无法购买商家出售的商品。另外，第三方平台上提供的支付途径也为消费者节省了大量的时间，通常消费者在线下的店铺中要花费大量的时间进行排队付款。而且，销售者在第三方网络平台上订购的商品会直接由快递公司送货上门，消费者在家仅仅需要一台电脑就可以购买到心仪的商品。

（四）网络商品交易更容易选择商品

消费者在传统的线下店铺购买商品通常要花费大量的时间进行选择。例如，消费者为了能够购买到心仪的商品往往要穿梭于几家或者几十家店铺进行挑选，购买一件商品常常要经过长时间的思考与对比。然而，电商销售模式下消费者只需动手指头就可以直接挑选商家，而且第三方网络平台的搜索功能非常完善，消费者只需打出一两个关键词就能够直接搜索到想要购买的商品。电商销售模式下消费者不需要穿梭于各个店铺之间，而是只需要花费一定的时间在电脑上浏览商品的信息。相较于传统的线下交易模式，消费者在网络上更容易挑选到想要的商品。

（五）网络商品交易成本低

与传统的线下销售模式不同的是，商家不需要购买店铺以及配置相关的工作人员。电商销售模式下的商家仅仅需要向第三方网络平台支付一定数额的保证金即可在网络上开店，开店所需支付的成本大大降低。而且，入驻第三方网络平台的商家所要缴纳的税收相对来说也比较低。这就使得第三方网络平台中商品的价格远远低于传统店铺中同样商品的价格。正是由于电商销售模式下商品的价格较为优惠，使得大多数消费者倾向于在第三方网络平台上购买所需的商品。

二、电商食品的质量安全问题

由于互联网的虚拟性和广域性，使食品在交易过程中更加隐蔽，导致食品质量监督不到位、食品安全监管体系落后、网络市场规范化经营管理不细致，同时食品网点经营者道德素质参差不齐，部分经营者诚信缺失，行业自律性差，造成大部分不良商家和企业利用互联网的虚拟性隐匿在网络环境中，攫取最大化利益，不断危害食品安全市场，给原本严峻的食品安全问题提出了更高的挑战（李方磊，2014；楼一，2013）。主要问题如下所述。

（一）假冒伪劣等欺诈行为层出不穷

电子商务的经营模式决定了消费者和食品销售者无法面对面交易，消费者无法对食品进行真实性鉴别，无论是品牌、厂家还是生产日期、保质期等信息，消费者都只能得到卖家的口头承诺，食品质量无法得到切实保障。另外欺诈、售假情况比较严重，网络食品经营者通常会利用消费者对商品信息的不了解，在网上发布虚假的食品介绍及宣传广告，有的经营者会销售假冒伪劣、"三无"、有瑕疵、质价不符的食品（曲世卓，2017）。

食品掺假造假的辨别难度大，非专业人士的消费者很难通过自身知识与生活阅历来辨别出食品的真假。且电商平台及政府主管部门面对千千万万的入网商家，资质审查难度较大，网店信息的真实性及经营资质核实存在一定困难，无证、套证、假证经营现象还在个别平台的一定范围内存在。此外，网店没有实体产业及财产供执法部门执行，且缺乏后续追罚措施，一些不法商家被查处后换个名称、换个平台继续经营，违法所得远高于违法成本，造成部分不法商家甘愿冒险造假，以牟取暴利。

据全国消协组织受理投诉情况统计发现，2012—2018 年，受理消费者投诉案件数不断增加。2017 年受理的投诉案件数目达到 726 840 件，其中含有假冒、虚假宣传问题的产品从 2012 年受理 18 102 件增加到 2017 年受理 49 894 件。网络购物投诉案件从 2014 年 18 581 件增加到 2017 年 29 076 件。2018 年上半年中国消费者协会共受理消费者投诉案件 354 588 件，其中远程购物 29 543 件，相比较 2017 年上半年的 22 804 件，同比增长 29.6%（图 9-1 至图 9-3）。

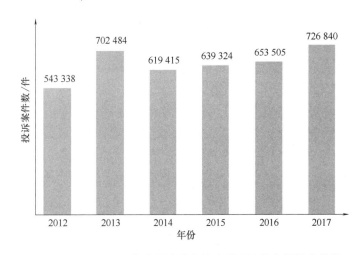

图 9-1　2012—2017 年中国消费者协会受理消费者投诉案件数

典型假冒伪劣产品案件如下：2017 年 3 月，山东省潍坊市出入境检验检疫局销毁了一批来自马来西亚的"有机奇亚籽饼干"，原因是未获得我国机构认证，为不合格有机食品。2017 年 8 月，消费者投诉，某电子商务有限公司销售的"香盟黑芝麻核桃黑豆粉五谷杂粮代餐粉营养早餐粉 500g/罐"标注为有机食品，但该公司无法出具该款产品是有机食品的认证文件，涉嫌虚假宣传。2017 年 9 月，江苏省工商行政管理局抽取 200 个农产品网络经营主体作为检测对象，发现 57 个主体涉嫌违法，包括"有机""绿色""无公害"等虚假宣传。

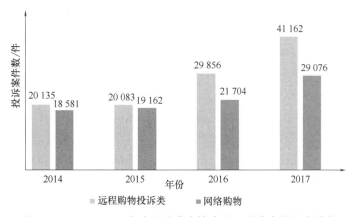

图 9-2　2015—2017 年中国消费者协会受理消费者投诉案件数

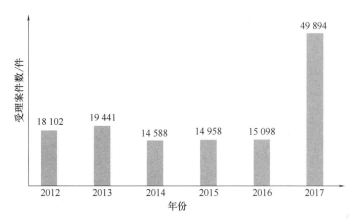

图 9-3　2012—2017 年中国消费者协会受理假冒、虚假宣传问题产品案件数

（二）标签标识违规现象频发

目前，关于食品中无标识或者是标识异常的情况，主要表现在一些零售散装食品与一些自制食品上（叶志美，2017）。自制食品标签标识不规范的问题由来已久，且超市在质量等方面的控制标准也不尽相同。超市自制食品一般没有固定包装，同一种食品的重量也不相同，大多没有标注厂名厂址。《中华人民共和国食品安全法》中规定，"食品经营者销售散装食品，应当在散装食品的容器、外包装上标明食品的名称、生产日期、保质期、生产经营者名称及联系方式等内容"，对于标签上应该标明的事项，在第四十二条中也有具体规定。除此之外，我国也出台了《食品标识管理规定》，对食品标签做了详细而具体的规定（蔡原明，2007）。但电商销售的自制食品仍存在标签标识不规范的问题。有消费者网上购买农家自制糯米血肠，但是收到之后却发现已经发霉变质，并且包装、标签不符合规定，生产地址、厂家、联系电话均没有。

除了电商的自制食品存在标签标识不规范的问题外，现今海外网购风气盛行，部分的进口产品没有标签或者是大部分没有合格的中文标签是电商食品存在的另一大问题。根据《中华人民共和国产品质量法》第 27 条和《中华人民共和国食品安全法》第 66 条的规定，进口商品应有中文标签，特别是进口食品必须粘贴经检验检疫机构审核备案的中文标签，否则不得进口。因此，一般贸易进口的商品都必须加贴中文标签，否则不得进口销售。但是，部分网络代购跨境食品以行邮的进境方式进入保税区，由于贸易方式为个人物品，无需提供食品标签，因而规避了进口食品标签标识的管理规定。

2018 年 3 月，中华人民共和国鄞州出入境检验检疫局查处首例违规使用有机产品标志案件。产地为日本的 9600 袋"黄金大地素面"在义乌口岸入境时，进口商对原包装上的日文"有机"作了覆盖处理，而包装上的 JAS 有机认证标志和"ORGANIC"字样被继续保留，之后直接将产品在线上销售。经核实，该批产品并未获得任何中国有机产品认证，涉嫌违规使用有机产品标志。根据我国《有机产品认证管理办法》规定，未获得有机产品认证，不得在产品标签上标注"有机""ORGANIC"等字样及可能误导公众的文字表述和图案。而某报社记者发现，有机认证标识甚至可在电商平台上随意定做。2018 年 5 月 12 日，该报社记者以"有机/绿色食品标识"为关键词在一家电商平台检索，发现 3 家制作有机标识的店铺。一卖家称，有机标识制作根据尺寸和数量定价，如500 张直径 30mm 有机标签（包邮包覆亮膜）价格为 200 元，平均一张仅 4 毛钱，且不需要买家提供任何有机认证资料，保证"不会被工商局查"。在该卖家提供给记者的样品上，明显印有"中国有机产品"和"ORGANIC"字样。

（三）标准化、品牌化产品缺乏，质量难以保障

电商体系最早主要服务于工业体系，农产品如果借助工业品电商的通道就应具备类似工业品的标准，需要实现农业标准化生产、商品化处理、品牌化销售、产业化经营。应对整个农业供应链进行重塑再造，这是一个系统工程，需要各产业链各环节统筹推进、各方参与、协调配合。

农产品属于非标品，因其自身的生产特点和产品属性，不同产区出产的同类农产品品质本身就有差异，加上生产过程各产区不同，栽培和大田的管理水平、农户与农户之间都存在很大差异，这些都导致了不同生产主体的产品在生产过程中容易出现产品质量参差不齐的情况。再者，缺乏统一的产品分选标准，导致在当前阶段我国农产品线上销售的时候，出现产品品质不一致的情况。尤其在很多贫困地区，由于受地理环境的影响，农产品达不到规模化。同时，对于品牌的培育与推广意识不足，很多传统企业的电商化处于起步阶段，导致农产品上行有诸多瓶颈（张签名，2014）。

（四）监管及维权困难

相较于书籍、"3C"等类型商品，食品品质敏感度高、时效性强与消费者生命健康密切相关。然而，由于当下网络监管存在一定空白，如《网络购买商品七日无理由退货暂行办法》中鲜活易腐的商品不适用七日无理由退货规定。这使得部分电商为追求短期效益而忽视商品品质，侵害消费者权益，食品内杂有异物、过期变质、破损变形时有发生，食品网购"丑闻"频频爆发。由于网络销售的特点，卖家都分散在全国甚至世界各地，并且网络上的销售者相比实体店更难受到监管和处罚，一旦出现问题，逃避法律的处罚也更加容易（何雅洁，2015）。食品电商除了存在监管困难外，当出现食品安全问题时，维权也存在诸多障碍。网络食品交易多是通过一些综合性的网络平台或者是手机客户端等手段实现交易，交易具有虚拟性、隐蔽性、不确定性，并且网店大多数没有实体店，许多电商没有取得工商、食品等相关部门的许可，网上食品销售无法出具购物发

票，一旦发生食品安全事故，消费者因为没有消费凭证很难得到赔偿。同时，网络交易多涉及异地维权，有的甚至涉及境外经营者，消费者所在地监管部门不具有管辖权，异地维权难度加大（连辑，2011）。

三、电商食品市场的 SWOT 分析

在互联网飞速发展的今天，食品电商市场对各国食品安全管理都提出了更加严格的要求和挑战。目前国内外关于网络市场食品安全规制的研究资料相对较缺乏，相关研究成果较少。国外学者实际上是在西方政府规制理论的框架下进行食品安全相关研究，因此理论是相通的。然而，由于网络市场与传统市场相比有其独有特点，应对市场环境的变换，以及在国外规制理论的研究基础上，结合我国国情，在传统食品安全规制框架下融入网络市场特点对网购食品安全规制开展研究。

SWOT 分析法，是一种分析企业战略的方法，它是一种基于内外部竞争环境和竞争条件下的态势分析。SWOT 字母分别代表 strengths（优势）、weaknesses（劣势）、opportunities（机会）以及 threats（威胁）（刘思宇，2016）。SWOT 分析通过调查列举出研究对象密切相关的内部优势、内部劣势、外部机会以及外部威胁，把各种因素相互匹配，并且加以系统分析，从而得出相应的决策性的结论。因此采用 SWOT 分析方法对食品电商的环境进行系统分析，扩大优势、缩小劣势、把握机会、降低威胁，推动我国食品网购市场飞速发展，也为监管部门进一步利用综合性规制工具提高网络市场食品安全提供依据。

（一）内部优势

1. 政治优势

我国食品电商市场相关的法律法规在不断完善。2014 年 5 月，原国家食品药品监督管理总局发布《互联网食品药品经营监督管理办法（征求意见稿）》，对以个体消费者为对象的食品电商销售行为加以规范。2015 年 4 月，十二届全国人大常委会第十四次会议通过新修订的《中华人民共和国食品安全法》，新增网购食品监管条款，规范第三方平台提供者的责任和义务，认定因未履行规定义务致使出现食品问题，让消费者合法权益受到侵害的电商平台承担连带责任，并且平台必须先行赔付，赔付后有权向入网食品生产经营者追偿。通过认定电商食品相关方的责任、制定违法行为的制裁措施、明确信息公布主体等规定，在客观上提高了食品电商的违法成本，对食品电商市场黑心企业有巨大震慑作用。2017 年 9 月 5 日，原国家食品药品监督管理总局局务会议审议通过《网络餐饮服务食品安全监督管理办法》，自 2018 年 1 月 1 日起施行。

2018 年 3 月，根据第十三届全国人民代表大会第一次会议批准的国务院机构改革方案，方案提出，将中华人民共和国国家工商行政管理总局的职责，中华人民共和国国家质量监督检验检疫总局的职责，国家食品药品监督管理总局的职责，中华人民共和国国家发展和改革委员会的价格监督检查与反垄断执法职责，中华人民共和国商务部的经营者集中反垄断执法以及国务院反垄断委员会办公室等职责整合，组建中华人民共和国国家市场监督管理总局，作为国务院直属机构。

中华人民共和国国家市场监督管理总局贯彻落实党中央关于市场监督管理工作的方针政策和决策部署，在履行职责过程中坚持和加强党对市场监督管理工作的集中统一领导。其职责之一就是负责监督管理市场秩序。依法监督管理市场交易、网络商品交易及有关服务的行为。组织指导查处价格收费违法违规、不正当竞争、违法直销、传销、侵犯商标专利知识产权和制售假冒伪劣行为。指导广告业发展，监督管理广告活动。指导查处无照生产经营和相关无证生产经营行为。指导中国消费者协会开展消费维权工作。

2. 经济优势

随着食品电子商务的快速发展，网络零售市场已成为我国经济市场的一个重要组成部分。由于食品消费具有一定的刚性特点以及部分消费者对食品有特别的喜好，促使食品网购市场爆发性增长，互联网食品消费成为网络零售市场中增速快，受众多的一类商品。纵观我国食品电商发展历程，其建立和完善主要经历了三个阶段。

第一阶段，起步规范阶段（2005—2012年）。自2005年，易果网（上海易果电子商务有限公司）成立，食品企业进入电子商务领域，且队伍不断扩大。2009—2012年，市场也涌现了一大批食品电商，多采取普通电商模式，但在市场竞争及供应链等束缚下，逐步优胜劣汰。

第二阶段，发展转型阶段（2012—2013年）。作为食品电商子品类的生鲜电商自2012年得以发展，本来生活网受到消费者追捧；2013年中粮我买网实现生鲜全程冷链使得食品电商备受关注。移动互联网和社会化媒体的不断发展为食品电商们探索更多的模式创造了良好的发展机会。

第三阶段，整合提升阶段（2013年至今）。这一阶段，中粮我买网、顺丰优选、本来生活网、京东商城中的一号生鲜等为代表的电商都获得了资本助推，移动互联网快速发展，食品电商进入资源整合和格局更变阶段，从小而美逐步转变为大而全。随着2009年较大规模的食品电商出现，我国网购食品进入快速发展时期，2010年我国网络零售食品交易额增加至131亿元，同比增长204.7%。2010—2012年增长速度放缓，经过2012—2013年的发展转型阶段，2013年网络零售食品电子商务总交易金额达到324亿元，同比增长47.9%。同时，网络零售食品电子商务在网络购物市场交易总额中的占比提升至2.5%，增长速度较快。2018年新数据：2018年中国电子商务交易规模继续扩大并保持高速增长态势。全年实现电子商务交易额31.63万亿元，同比增长8.5%；网上零售额9.01万亿元，同比增长23.9%；跨境电商进出口商品总额1347亿元，同比增长50%；农村电子商务交易额1.37万亿元，同比增长30.4%；全国快递服务企业业务量累计达到507.1亿件，同比增长26.6%；电子商务从业人员达4700万人，同比增长10.6%。

目前，我国餐饮O2O（online to offline）以团购、点评、预定和外卖四种模式并存，其中表现为预付模式交易形态的餐饮消费O2O最主要的是团购，并不断向"在线预订"形态延展。伴随着移动网络的持续性发展，团购行业向O2O的纵深发展成为趋势。通过团购网站平台，将大量有消费需求的客户和传统服务业的商品资源相联结，成为线下交易的入口，推动了传统服务业电商化进程，也成为O2O模式的典型代表。团购行业逐渐成熟，信息与实物、线上与线下贯通融合，带动国内市场经济快速发展。2013年我国餐饮美食在 O2O 团购市场占比为 23%，交易额达到 119.7 亿元。2014 年，实体企业推进电商化，电商平台逐步落地化，餐饮类团购发展速度增快，2014 年仅上半年餐饮类团购交易额已超过 2013 年全年交易额，达到 166.6 亿元。2015 年中国餐饮 O2O 市场规模为 1615.5 亿元，占餐饮行业总体比重为 5.0%，预计 2018 年餐饮 O2O 市场将达到 2897.9 亿元。线上线下呈现双向融合趋势。从企业层面来看，团购市场格局已经趋于稳定，起源于团购的餐饮 O2O 在其基础上不断向精细化拓展。

3. 社会优势

1994 年，互联网进入中国。随着互联网络的发展，网络交易平台涵盖大众日常生活所需的各个方面，促进了食品行业的网络销售发展，网络食品交易作为销售渠道的创新方式，推动食品销售渠道向多元化发展，加速食品文化交流。随着人们物质文化生活越来越丰富，食品的消费和需求将实现由追求数量向注重质量、安全、营养、便利和多样化转变。网络食品交易不受时间、空间限制，以互联网技术作为支撑，把分布在不同地区、经营不同食品类别的销售商聚集起来，赋予消费者多种选择权。从网上选购，到送货上门，为消费者节省大量时间的同时提供了便利服务，网络消费行为迅速成为一种社会认可的消费模式。截至 2014 年 12 月，我国网民规模达到 6.49 亿，互联网的普及使网民结构特征发生变化，较上一年同期提升了 2.1 个百分点。庞大的人口基数和网民基数使得我国网络购物市场具有巨大的潜在容量，其中密切关系民生的食品领域成为各大电商关注的焦点，纷纷开辟食品专区，以扩大企业市场份额。

4. 技术优势

供应链管理理论是目前先进的管理理论之一，近年来国内外学者将其应用于不同行业。但是，电子商务过程的复杂性使得企业难以仅靠自己的能力完成电子商务所有环节，在网购食品供应链上，原材料供应商、食品制造商、物流提供商、网络平台运营商、第三方支付等多方与网络食品销售商协同合作，向消费者提供各类食品。食品企业通过向互联网迁移，与之融合或者整合，在网购食品供应链上，电子商务平台实现购买商品的信息流和资金流与物流的分离，带来产业或服务的转型升级。

（二）内部劣势

1. 政治劣势

不断修订的法律法规虽然为我国网购食品安全监管提供了依据，但是，法律体系在网购食品安全管理政策、风险监测等方面仍不完善。对食品网店和网络食品经营者缺乏合理有效的管理政策。

食品网络市场持续高速发展，消费模式不断更新，行政监管手段在一定程度上滞后于市场发展，使得网络食品存在安全隐患。现代市场经济要求政府合理确立食品安全监管权，党的十八大报告明确要求，稳步推进大部制改革，健全部门的职责体系。大部制改革强调政府职能应承担公共服务，但是，当前我国食品安全监管机构仍习惯于使用单一的、强制性的行政监管手段（崔卓兰等，2011）。这种理念之下，行政执法部门从自身的利益出发，运行权力的方式易出现扭曲和异化，对应当承担的职责却监管缺位。我国的食品安全监管涉及部门众多、数量庞大，但是监管手段滞后导致监管效率低下，对网络市场食品安全监管责任缺位。目前，相关部门在监督执法过程中存在网络食品经营者前置许可缺失问题，缺少针对网络市场的准入标准和程序，对于食品网络市场中经营者的食品流通许可仅依传统有形市场的制度或规定予以执行，尚无针对网络市场特别规定。改革和健全食品安全监管体制是解决目前我国食品安全监管问题的重要措施，要建立长效机制，必须整合部门监管职能，创新和提高行政监管手段。

《中华人民共和国电子商务法》已经于2019年1月1日起实施，许多问题也随之得到有效解决。

2. 经济劣势

"信息不对称"所带来的市场失灵是引发食品安全问题的重要原因之一。网购食品市场由于准入门槛低、经营规模不一且分散、销售者身份不明确、责任意识参差不齐，导致买卖双方在开放的虚拟网络平台进行信息交流过程中，部分企业忽视信用服务体系建设，发布不实产品信息，出售质量欠佳食品。网络食品交易第三方平台对经营者信用管理实施消费者信用评价体系，网购食品的真实情况和售后服务质量均由消费者界定，从而约束经营者行为。但是，部分不法经营者利用信用评价体系的消费者导向作用，采取非正当手段制造虚假好评信息，对于给予差评的消费者使用不道德的手段强迫修改，使得本来客观公正的消费者评价不再真实。在食品网络市场中，部分经营者道德和诚信的缺失已经成为一种现象，消费者处于信息不对称的不利被动地位，虚假夸张的产品宣传信息使消费者很难对所购食品及其真实的使用价值和价值做出正确判断，损害消费者利益的同时严重削弱了消费者对企业的信任感，导致顾客满意度下降。

网络食品交易平台为消费者购买进口或各地特色食品带来便利的同时增加了问题食品的维权难度。没有实体店铺的网络食品经营者往往在经营活动开展之前不向工商行政管理机关申请登记，活动开展过程中销售发票管理不严格。若消费者网购食品发生质量问题，易出现异地维权难、商家经营资质管理不规范、消费者索证索票意识较缺乏等现象，使得部分食品信息难以追溯。出现消费纠纷，大部分消费者采取与销售者协商的方式来维护自身利益，但是维权无果后，消费者由于无法确认责任，难以获得违法主体的真实信息等原因向相关网站、监管部门投诉举报的比例较低，一定程度上放纵了不法经营者的行为，造成恶性循环，消费者维权意识有待提高。

3. 社会劣势

网络食品交易基于互联网由第三方提供平台，完成交易行为。平台上商家的常态管理由第三方机构实施，在保障网络市场食品安全方面，第三方平台运营机构起着重要作用。网络食品交易过程中会产生大量的有助于系统分析和监管市场的数据信息，在一定程度上对规范市场行为起到约束作用。但是，市场上仍存在部分经营性网站为了追求利益最大化，扩大市场容量，对进入平台的食品经营者资质审查主观放松，数据信息备份和留存工作重视程度不够，导致网购食品市场良莠不齐。网络食品交易第三方平台服务商缺乏统一的数据信息化管理，仅专注于商品信息的数据库建设，未设立保护数据信息安全的强制措施，使得商家信息录入、食品供货源、物流追踪、交易过程等方面出现信息缺失现象，一旦消费者遇到侵权问题，数据库难以提供信息支撑，不利于反向追查和证据提供。

网络食品经营者在销售活动开始之前，不需交纳昂贵的店铺租金和装潢费用，不必费时费力办理食品、卫生、工商、税务、消防等方面相关许可手续，根据客户需求向供应商提交订单，与传统实体店铺相比，开店经营程序简单，销售计划灵活，经济成本较低。但是，由于经营者未投入大量的资本运作，且网络销售具有很强的隐蔽性，经营者的注册身份、经营范围、厂家地址、食品供货来源、金融账户信息的真伪难辨，存在部分不法经营者利用网络工具提供虚拟 IP 地址，完全隐藏在互联网中，出现问题后改头换面，选择其它的网络交易平台继续进行违法经营，导致行业自律性降低。诚信企业为了保障其产品质量，选用高质量的原材料，导致企业的生产成本大幅度提升；不法企业的违法违规如：偷工减料、使用非法添加剂等生产不合格产品，若对其行为未予以制止或惩罚处理，使其以相对较低的成本继续进行生产经营活动，从而取得市场竞争中的"比较优势"，严重阻碍我国网购食品市场发展。

4. 技术劣势

网络市场食品销售与运输分离，多数网络销售商采用第三方物流。虽然目前已形成了较系统的物流配送服务体系，但是在食品配送过程中仍然存在很多问题，需要进一步解决。物流企业往往将食品与其它物品实行混装运输和送递，易出现包装破损，导致食品污染，缺乏保障措施，使网购食品存在极大安全隐患，收到有问题商品难以确定责任；物流企业对于县级以下地区的配送能力不足，掣肘网络食品交易市场的深度发展。

监管部门对传统市场食品进行日常监督抽查的方式主要是在市场中随机抽取成品。然而，对于网络市场的食品而言，由于虚拟网络上食品生产经营者身份的特殊性，传统的线下抽样方式运用于网络市场面临诸多困难和不确定因素。目前，对网络市场食品进行监督抽查的两种方式：一是，抽检人员以消费者身份从网上直接购买样品；二是，抽检人员在网络交易平台仓库中随机抽取样品。按照"网上抽检、源头追溯、属地查处"的要求，网络市场不仅为抽查环节带来难题，追溯环节监管部门也面临许多困难。网络市场食品质量监督抽查只能凭借网络交易平台提供的相关信息和食品自身标识追溯生产企业，一旦发现企业相关信息是虚假的，追溯工作难以推进。网络交易平台履行职责，严格审核申请进入平台的主体身份，对保障其平台上销售食品的质量安全至关重要，但是，不能仅止于此。目前，阿里巴巴和京东等实力较强的电商平台已建立内部抽检制度，各类电商平台也应积极组织建立内部抽检制度，为网络市场食品安全加固防线。监管部门利用信息化手段进行行政办公、食品电子溯源的应用和推广，均取得了一定成效。

（三）外部机遇

1. 政治机遇

网购食品经过互联网平台电子商务、金融机构业务流通、食品订单交易三大环节，导致其安全的复杂性。因此，我国网购食品安全法律性规制主要包括规范网络交易环境和保障食品安全两方面。为了规范行业运行，促进电子商务灵活健康发展，网络购物相关法律法规逐步完善。新修订的《中华人民共和国消费者权益保护法》将网络购物相关的责任追溯、个人信息保护、7 天无理由退货等内容纳入，保障了消费者网络购物的基本权益；2014 年 3 月 15 日公布施行的《网络交易管理办法》也对 7 天无理由退货、网络商品经营者和有关服务经营者的责任义务进行了明确规定，也就是说，消费者冲动消费后也还有"后悔权"，为国内网络交易市场发展营造了一个较为宽松的政策环境，加大市场规范力度的同时提供了发展机遇。

在现实情况下，信息不对称既是食品不安全的直接原因，也是食品不安全的间接原因，是导致不诚信行为的环境条件。信息不对称是国家治理能力不足，治理手段落后的主要表现之一，已成为导致食品不安全的关键环节。政府信息公开是做好食品安全信息对称的重要途径，提高政府工作透明度的同时保障公民、企业以及第三方组织依法获取政府信息。信息公开的内容分为主动公开的信息和依申请公开的信息，对于主动公开信息，监管部门主要采取网上公开形式。在不断出台的新政策导向下，我国中央政府以及各级地方政府门户网站、办公设备系统逐步完善，为社会公众、各种组织提供了更为便捷、高效的服务。

2. 经济机遇

随着网络购物用户的分化，进一步明确了 B2C（business-to-custemer）和 C2C（customer to customer）市场分工和用户界定：偏好商品品类丰富和价格低廉的用户往往选择 C2C 市场，而注重商品品质优良和消费体验的用户更倾向于 B2C 市场。近十年来，我国历经 B2C 和 C2C 网络零售交易的发展阶段，网络购物市场呈现出逐渐融合和下沉的趋势。对比近五年我国电子商务交易规模，呈现持续增长趋势。2010 年电子商务市场交易金额仅为 4.5 万亿元，到 2013 年已超过 10 万亿元，增加至 10.2 万亿元，同比增长 20%，其中网络零售市场交易规模达 1.9 万亿元，同比增长 46.2%。预计至 2014 年年底全国电子商务市场交易金额达到 13.5 万亿元，其中网络零售市场交易金额达 2.8 万亿元。2010—2013 年，我国网络零售市场规模逐年增长，2014 年交易规模虽增速放缓，但是，五年间其交易额增长率仍均高于电子商务市场。我国电子商务自 2016 年开始，从超高速增长期进入到相对稳定的发展期。2019 年上半年，我国实物商品网上零售额同比增长仍高达 21.6%，电子商务继续承担国民经济发展的强大原动力。数据显示，2018 年全国电子商务交易额达 31.63 万亿元，同比增长 8.5%。其中，商品、服务类电子商务交易额 30.61 万亿元，增长 14.5%。随着电子商务就业规模日益壮大，电子商务与实体经济融合发展加速，带动了更多人从事电子商务相关工作。

随着经济快速发展，我国居民收入和消费支出均呈现增长趋势，消费者潜在和实际消费能力持续提升，成为网络食品交易市场发展的稳固基础，同时，不断扩大的网购用户规模是食品网络市场发展的强大潜在动力。手机购物市场的迅速发展激发了移动网络环境下的消费。手机网络购物用户规模和市场渗透率增长迅速不仅得益于利用手机方便快捷和扫码查图的功能能够提高用户购物的决策效率，还要归因于电商企业在手机移动端的推广，为手机用户进行网络购物提供了便利服务，手机网购已成为食品网购用户新的增长点。食品电商在拓展市场发展过程中应积极抓住移动环境机遇，重新塑造线下的商业形态，从而推动消费移动化发展趋势。

3. 社会机遇

不断扩大的网购用户规模是食品网络市场发展的强大潜在动力。数据化和智慧化将成为未来的一种趋势，电商平台在近几年生态系统中的中心地位日益显现。电商的生命线在于服务，服务的基础在于数据。从电商平台未来发展来看，利用数据优势，为消费者、线上的经营者、线下经营者以及生产厂商提供各种服务，将是电商平台转型的一个重要方面。

我国互联网和手机团购的用户数，用户规模均呈现持续增长趋势。团购网站形成了较为稳定的市场格局。团购网站在创立初期，在市场中仅发挥着信息传递的作用，传递企业低价、折扣信息以吸引消费者，但是由于团购网站发展模式的结构缺陷导致其难以长期维系客户。随着团购和网络市场移动化的发展，团购网站不断向O2O深化转型，借助移动终端拓展包括餐饮在内的本地生活化服务市场，进一步促进我国餐饮O2O市场规模发展壮大。

4. 技术机遇

市场需求的多样性和多变性导致产品更新换代速度加快，企业与企业之间的竞争已经从过去的单一企业之间的竞争演变成了整条供应链的竞争。国内电商市场服装、化妆品、3C数码等品类伴随着物流服务范围的延伸已逐渐进入成熟阶段。相比之下，网络市场食品交易尚处于开发阶段，具有极大的可挖掘增量潜力。近年来，云计算、物联网等互联网信息技术迅速发展，数量庞大、种类广泛、更新速度不断加快的大数据蕴含着巨大的使用价值。大数据时代食品企业在激烈的市场竞争下与互联网结合，商务交易类应用随之产生，主要从两个层次共同推进：一个层次是以市场交易为中心的行为，食品企业主要利用互联网进行交易信息沟通、订单递交、网上支付以及售后服务等；第二个层次是以重组企业内部的经营和管理为中心的活动，与网购食品企业面向市场开展的交易活动相一致，最典型的是供应链管理，以市场需求为导向，构建食品营销网络，实现食品企业数字化、网络化管理。销售商通过电子商务平台与客户、潜在客户实现双向沟通，能够及时反馈客户信息，较迅速地了解食品市场需求。与传统销售渠道相比，网络食品交易能够在不侵犯消费者隐私前提下为商家提供丰富的交易数据和用户行为，通过分析研究，商家掌握消费者的购买态度和习惯，以适应大数据时代市场需求的变化，有针对性的提供实时营销。

供应链上企业的信息流动和获取方式受其利益追求、道德风险、风险防范等因素影响，容易导致信息失真或传递阻塞，存在信息不对称问题。网购食品安全涉及从农田到餐桌的各个环节，原料清单、企业资质以及贮藏条件等信息都是消费者应该了解但却未能完全掌握的。这种信息的不对称使得处于供应链消费末端的消费者处于被动地位，得到的食品相关信息几乎都是经过B2C/C2C或O2O团购平台层层过滤后的信息。然而，这些信息本身在电商平台与销售者之间就存在着不对称现象，加之销售者更加关心其产品畅销与否、利益获得空间等信息，而对于自己所知道的一些关于食品质量安全方面的信息则会"选择性"地传递给消费者。企业信息披露不全面会给政府、企业、消费者三方同时带来资源无法共享的困境。B2C/C2C，O2O不同食品电商模式供应链结构存在差异性，但是在通过信息共享解决信息不对称问题方面具有一致性。信息共享有利于保障供应链的快速运行。在网络零售B2C/C2C和餐饮O2O团购的供应链中信息流与资金流逆供应链而上，将资金支付给上游，把供应链中各环节控制信息传递给所有参与主体，信息流起到了反馈环节和保障信息真实与畅通的作用，其主要包含信息技术、信息内容及信息量三方面。当利用信息技术将大量包含反馈控制的信息真实又通畅的传递时，能够促进供应链模式快速运行，提高供应链能动性。同时，由于信息共享的运用基于供应链自身的运作模式，不同供应链管理模式也影响着信息共享技术以及所传递的信息内容和数量。

（四）外部威胁

1. 政治威胁

我国现行法律往往针对某一特定行业或行为进行约束，但是，由于网购食品涉及多行业交叉行为，在此交叉下势必造成法律空白，网络销售的进口食品和自制食品安全缺乏法律保障、经营者责任界定模糊、违法成本相对较低、司法管辖权难以确定等问题阻碍网络食品交易市场发展。新兴销售渠道、商业营销模式不断发展和法制建设滞后之间的矛盾仍未解决，亟须出台更为细化的实操性法规，实现有法可依。在网络虚拟交易环境中如何保障食品安全已成为我国法制建设中的难点问题，随着新型渠道和商业模式的快速发展，在市场需求和立法体系逐渐成熟的基础上，不断完善法律法规，规范网购食品行为势在必行。

电子政务已经成为我国信息化建设中不可缺少的一部分，我国电子政务的建设经过不断发展，虽然已经建立了初具规模的食品安全信息系统，但是，电子政务建设过程中，各级政府以及省、市、县食品安全监管部门之间尚缺乏统一的信息化规划，已建成的系统独立、异构、互不相通、缺乏在线提供公共服务的标准，跨层级信息资源难以共享、低效率运行等问题。目前，各部门都较注重信息化建设，不断完善自身内部食品安全监管政务信息系统建设，采集和保护与本部门职权相关的信息，加强跨层级间的信息交流，但是一定程度上导致跨部门信息系统条块分割，阻碍信息互联互通，不利于对在线公共服务进行统一考核。随着大部制改革，食品药品监管部门着手统一原有系统，实现对企业的统一管理、实现信息共享，有效地弱化了原有体系中跨部门业务协同和信息共享的障碍。但是，监管部门职能转变，跨部门间的信息不对称又会以新的形态出现。无形的网络市场信息整合难度大，缺少强制性的网络食品安全信息公布机制，部门间缺少一个全国联网统一的网购食品安全信息公布平台，无法充分满足监管部门公职人员信息需求，影响行政监管效率。

2. 经济威胁

社会信用体系主要包括政府、企业和个人诚信体系。近年来，我国政府信用体系建设的进展较快，已建立了国家级和多个省级食品工业企业的诚信信息公共服务平台，在一定程度上加强了政府监管的力度，增加了政务信息公开透明度；已开始建设企业基础信息数据库，初步建立了企业诚信体系的基础平台；个人信用体系建设的速度相对缓慢。随着我国从计划经济向社会主义市场经济转变，市场主体之间的信用信息不对称现象更加突显，政府各部门掌握了绝大部分的信用信息，向社会公开程度有限。由于我国网络市场食品安全风险评估体系尚未系统建立，监管部门及第三方网络交易平台服务商对食品经营者进行信用分类监管的主要依据是消费者的投诉记录，在社会信用体系不健全的环境下，以消费者个体评价为依据的信用分类监管效果欠佳。

移动互联网不断发展，未来移动宽带也将会成为企业重要的接入方式。我国企业信息化基础设施普及工作已达到较高水平，但是我国企业开展互联网应用水平仍有较大的提升空间，且仅一小部分企业会针对问题采取提升内部运营效率的措施。一方面原因是企业对应用互联网提升效率的重视程度不够，在信息化建设上"重硬轻软"，尤其在大数据时代，重系统、轻数据的落后理念严重影响企业信息化进程；另一方面原因是企业传统的业务流程与内部的信息化改造之间契合程度偏低；再者，由于推进信息化进程所需的基础软硬件设施和人力资源成本投入较大，且许多企业对应用信息系统和基础信息数据库的开发和投入明显不足，客观上制约了信息化建设。

3. 社会威胁

目前，我国在运用大数据推进社会管理与经济建设方面与国际上发达国家仍有一定差距，同时也是网络攻击的主要受害国，网络上损害公民知情权、隐私权等合法权益的违法行为时有发生。网络食品交易完成后，购物网站、快递单、支付宝等第三方支付工具都有可能成为消费者个人信息泄露的源头，网上交易电子支付环境安全问题成为监管部门、银行、第三方付平台和消费者共同应对的问题。监管部门如何运用互联网技术保障电子支付环境安全尤为重要，目前，监管部门跨区域跨部门之间的信息沟通，已经对基层公职人员的互联网技术水平提出更高要求，但仍缺乏长期的人才培养和选拔体系，来保障监管工作的技术更新。

在网购食品安全风险交流中，媒体（传统媒体和互联网媒体）作为主体之一是最重要的平台和媒介，起着至关重要的作用。一方面，媒体能够宣传正确的食品安全知识，真实报道食品安全事件，促进风险交流沟通，促进食品安全管理措施的改进和落实。另一方面，部分媒体可能会基于自身认知的局限或新闻轰动性的要求，传播错误的食品安全知识，隐藏或夸大食品安全风险，造成信息传播失真。在信息化快速发展的大数据时代，互联网媒体通过多元化渠道对食品安全事件迅速传播，一旦因误用标准或报道不全面将突发性、不确定性的信息传播后，很容易引起公众恐慌心理。互联网下的食品安全舆情传播速度快，且随着时间推移传播范围不断扩大，不断加深公众恐慌心理。

4. 技术威胁

供应链管理的基本原理之一"牛鞭效应"就是信息不确定的一个具体表现：信息流传递过程中，供应链上各方信息传递存在的不透明、不及时、不准确问题会导致信息扭曲逐级扩大，引起需求信息越来越大的波动，出现变异放大的现象。信息来源的不确定在一定程度上会导致整个供应链的不稳定。就网络零售 B2B/B2C 供应链上企业内部而言，信息未能及时、准确的共享会造成所有信息与所需信息之间的差异，从而使企业面临众多的不确定，例如消费者订单提交时间和产品购买量不确定；供应商供货数量、产品质量不确定；物流状况不确定等。就餐饮 O2O 供应链而言，多数餐饮企业提供服务难以标准化，且 O2O 模式平台并不能完全掌握线下服务的质量，提供的餐饮服务低于消费者预期，将面临服务后退款及维权程序烦琐等问题。

四、食品电商的发展趋势

随着人们生活质量的不断提高，对于食品安全与生活质量的追求越来越高，食品电商以自己独特的采购模式，为消费者提供安全优质和放心的产品。众多电商巨头正是看到食品电商市场的发展空间，从 2012 年开始纷纷布局该市场。伴随着大量垂直型食品购物网站的崛起，消费者有了更多的网购选择通道，食品电商市场呈现更加激烈的竞争态势（郑春晖，2015）。近年来，食品电商发展呈现出以下新趋势。

（一）融合化趋势

全品类，全渠道，线上、线下，产前、产中、产后，售前、售中、售后等多渠道、多维度相互融合发展是食用农产品电商的发展趋势。目前很多公司建立总部电商平台和区域电商平台的线上系统，同时在县城设立运营中心和在村（社区）设立电子服务站，形成线下的运作体系，实现了线下和线上的真正融合；农产品电子商务还可以与旅游产业相结合，借助电商平台在更大的范围内整合配置资源，从而实现不同产业协同发展。

（二）国际化趋势

跨境电子商务是互联网时代的新型贸易形态，对农业产业转型升级、扶持实体经济发展、提升开放型经济水平、促进地方农产品走进国际市场、实现农业经济发展方式转变具有积极的推动作用。在传统外贸年均增长不足 10% 的情况下，中国跨境电商连年保持着 20%～30% 以上的增长（图 9-4）。此外，"一带一路"倡议实施 5 年来，已经具有较大的影响和初步效果，农产品中欧班列、中欧冷链班列相继开出，网上"一带一路"效应逐渐显现，食用农产品电商国际化将呈现常态化趋势（李艳，2018）。

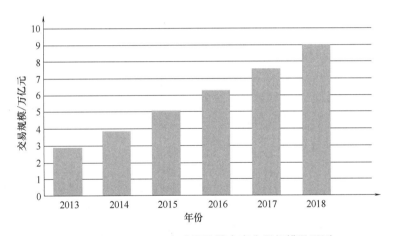

图 9-4 2013—2018 年中国跨境电商交易规模及预测

（三）标准化趋势

食品行业由于涉及的细分品类很多，如预包装食品、饮料、粮油、方便食品、水果、蔬菜、海产、河鲜等，这些细分的品类涉及的地域广泛，从地上、山上到河里、海洋，南方到北方，东边到西边，国内到国外，仅单纯一个简单的产品名称就无法标准化。因此，一些大型食品电商企业建立高度标准化的思路正在一步步落地实现。此外，大量的农产品国际标准引入中国，中国积极参与农产品国际标准的制定，中国的一些农产品标准成为国际标准，通过农产品电商"反弹琵琶"促进现代农业标准化建设的进程。

（四）智能化趋势

随着"三网融合"（指电信网、广播电视网、互联网在向宽带通信网、数字电视网、下一代互联网演进过程中，三大网络通过技术改造，其技术功能趋于一致，业务范围趋于相同、网络互联互通、资源共享，能为用户提供语音、数据和广播电视等多种服务）

等新技术的应用，移动商务在新一代电子商务中发挥越来越大的作用。微博、微信、微店"三微"营销，促使食品电子商务进入一个精准营销新阶段，如智能交易、智能支付、智能物流、智能配送和智能仓储等，新的信息技术革命将给食品电商带来新的机遇。在食品电子商务平台应用实践中，根据用户的意图、兴趣和特点智能化地从现有的客户信息、商品库存信息等大量数据信息中对信息进行相关性排列、调整、匹配，以获得用户满意的检索输出，将成为食品电商今后的发展方向。

（五）绿色化趋势

农产品电商上行将赋能整个社会的生产、物流、配送、消费、环境等"一条龙"的绿色化，促进整个社会的可持续发展。2016年4月，中华人民共和国商务部流通发展司正式发布《全国仓储配送与包装绿色化发展指引》，大力推进将电子商务物流绿色包装工作纳入商贸物流标准化行动计划之中，通过商贸物流标准化的试点示范项目的实施，让绿色物流包装落地。以物流为例，在电子商务物流中，编织袋的使用场合较多，使用量较大，根据调查，快递企业电商物流编织袋使用量占业务量的45%，但是目前为推进绿色包装发展，减少包装垃圾，一些电子商务物流公司利用周转箱循环共用的方式替代编织袋。考虑各种因素，据有关分析，2016年电商物流全年使用塑料编织袋约为37亿条，帆布袋13亿条左右。减少了57亿条编织袋的使用量。

（六）品牌化趋势

2017年是国家品牌战略的第一年，也是中华人民共和国农业农村部品牌促进年，农产品品牌促销引起高度重视，比如清远鸡2015—2017年大幅度增长。2018年被中华人民共和国农业农村部确定为农业质量年，并且提出"质量兴农、绿色兴农、品牌强农"的目标。通过不断加强质量管理、不断推动技术创新等途径实现农业企业的品牌化，从而促进中国农业转型升级，并迅速进入以农产品品质为内容的品牌发展阶段，"三品一标"农产品将成为主要内容，促进中国农业向追求质量、品质、品牌服务的加速转型升级。

（七）法制化趋势

我国对网络食品安全监管的法律法规体系日趋完善。2015年10月1日颁布实施的新《中华人民共和国食品安全法》首次将网络食品交易纳入，并明确了第三方交易平台的职责，该法的实施为规范网络食品交易指明了方向。为依法查处网络食品安全违法行为，加强网络食品安全监督管理，保证食品安全，根据《中华人民共和国食品安全法》等法律法规要求，2016年10月1日，颁布实施了《网络食品安全违法行为查处办法》，在一定程度上缓解了电商食品监管法规薄弱的问题。为了保护消费者合法权益，促进电子商务健康发展，根据《中华人民共和国消费者权益保护法》等相关法律、行政法规，制定了《网络购买商品七日无理由退货暂行办法》，于2017年3月15日起实施。针对外卖等网络餐饮服务，2017年9月5日经原国家食品药品监督管理总局局务会议审议通过了《网络餐饮服务食品安全监督管理办法》，自2018年1月1日起施行。2018年8月31日经中华人民共和国第十三届全国人民代表大会常务委员会第五次会议审议通过了《中华人民共和国电子商务法》，为保障电子商务各方主体的合法权益提供法律依据，自2019年1月1日起施行。2019年6月，国家市场监督管理总局开展网络市场监管专项行动，方案旨在：①着力规范电子商务主体资格，营造良好准入环境。②严厉打击网上销售假冒伪劣产品、不安全食品及假药劣药，营造放心消费环境。③严厉打击不正当竞争行为，营造公平竞争的市场环境。④深入开展互联网广告整治工作，营造良好广告市场环境。⑤依法打击其它各类网络交易违法行为，有效净化网络市场环境。⑥强化网络交易信息监测和产品质量抽查，营造良好消费环境。⑦落实电子商务经营者责任，营造诚信守法经营环境。

这些法律法规对第三方平台提供者以及通过第三方平台或者自建的网站进行交易的食品生产经营者基本信息备案，违反食品安全法律、法规、规章或者食品安全标准行为的查处均做出了明确规定。尤其是《中华人民共和国电子商务法》的出台为电商食品的规范、有序发展以及安全监管提供了有力保障。《中华人民共和国电子商务法》第二十七条、第三十一条中明确提出对经营主体、商品、服务、交易信息进行核验、登记，建立登记档案，并定期核验更新；要求商品和服务信息、交易信息保存时间自交易完成之日起不少于三年。第七十条提出国家支持依法设立的信用评价机构开展电子商务信用评价，并向社会提供电子商务信用评价服务。这些对建立电商食品追溯体系，以及安全监管起到重大推动作用。

第二节　电商食品的质量控制

一、电商食品流通过程与质量安全风险分析

储运过程存在安全隐患。在传统的食品经营当中，食品运输常常发生在生产者与销售者之间，普遍都是运用整车大宗运输的模式实现。但是，随着现今食品电商的诞生以及快速发展，运输模式也发生了变化，拥有了更多的电商商家与消费者之间的小额运输，其主要模式是通过快递公司完成运输工作。但是，大多数的快递企业在获得电商订单之后，并不会特意地对食品类货物使用另外隔离的方式进行贮存，而是简单地与其它商品一起进行混装运输，食品的贮存环境得不到有效保证，致使食品容易受到污染。

另外，对于生鲜类食品而言，冷链是永远无法回避的问题。据有关数据表明，果蔬等生鲜农产品流通损耗率高达 20%~30%，而发达国家仅为 1.7%~5%（图 9-5），因此农产品的腐损率相对较高。很多生鲜品都经历了反复的解冻和冷冻过程，从外观上看不出任何区别，但品质上已经遭受了严重的损害。中国的冷库数量在与日俱增，技术也在不断进步。社会和企业更加重视肉类冷库、城市经营性冷库、大中型冷库的建设，却忽视了生鲜果蔬冷库、产地加工型冷库、批发零售冷库的建设。冷库是全程冷链的重要基础设施，忽视了这三类冷库的建设就无法保证从原产地开始就对农产品进行有效的温度控制，上下游之间缺乏组织协调性，加速了产品品质的下降。

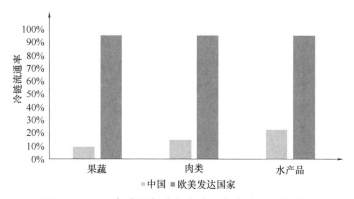

图 9-5　2015 年中国与欧美发达国家冷链流通率对比

（一）食用农产品本身质量安全风险伴随着流通过程

在食品链的各环节中，食用农产品的质量安全都有可能受到影响。比如生产者为了达到除虫、灭菌、预防动物疾病等目的，不规范地使用农药（兽药），导致食用农产品中农兽残超标；在贮存和流通环节中为达到防腐、保鲜等目的，使用成分不明的"保鲜水"延长货架期，甚至使用非食用物质，严重损害食用农产品的安全性。除此之外，在农产品贮藏、加工、运输以及销售过程中，也可能会因为温度、湿度等条件不适宜，产生大量微生物及毒素，如黄曲霉毒素、赭曲霉毒素等（金标旺等，2016）。

（二）电商食品安全管理水平的受限

电商的食品安全管理，涵盖了食品安全综合管理、食品加工过程安全管理以及事故预防等方面。目前，电商食品安全管理水平还不够高，主要受到以下因素的限制。首先，电商平台的管理人员缺乏食品相关的专业知识以及从业经验，进入电商的农产品大多没有经过专业的检测评估就进入流通销售环节。其次，我国电商销售模式下的法律条例还不完善，缺少专门机构对网购平台进行统筹性监督和管理，而且商家来自各个地区，并且经营信息不完善，监管部门无法有针对地采取措施进行监督，加大了异地维权的难度。

（三）溯源管理风险

电商交易平台的开店流程粗糙，没有详细登记核查商家真实身份信息，很多店家没有营业执照，也没有在工商管理部门登记，就可以开始营业，有时甚至不审核农产品的来源信息。当消费者在网上购买的商品出现质量问题时，监管部门没有办法追根溯源到经营个人的注册身份、经营范围等信息，更没有办法查清该农产品的供货来源以及加工生产条件，从而使无良商家得以逍遥法外，而消费者权益得不到保障。

（四）虚假宣传

与线下平台不同，电商平台上的产品只能见到鲜活亮丽的照片，但摸不着，所以许多商家故意夸大产品的价值，销售假冒伪劣产品，制造虚假好评，忽悠消费者，甚至是打着保健品的名号，明目张胆地销售"三无"产品，牟取暴利。

因此，针对农产品本身的质量风险，应当提高农民的食品安全意识，合理使用农药、兽药；对于知法犯法的相关企业，监管部门应当做到有法必依、执法必严、违法必究。另外，为了提高电商食品的安全管理水平，需要培养一批既具备电商运营管理能力，也了解专业的食品质量安全知识高素质人才；国家应当建立完善的电商食品安全法律法规和标准，明确合法、规范的电子商务过程；电商平台必须承担起主体责任，将产品以及商家的详细信息归档公开，坚决杜绝无证无照经营，并且严格审核产品的广告宣传内容，控制经营者虚假营销的违法违规行为。

二、电商食品质量控制内容

我国电商销售模式下的食用农产品出售主要包括以下三个过程：首先，消费者要在电商平台上对所需要的农产品进行订购；然后，一些具有网上银行功能的金融机构与这些电商平台进行合作以使得消费者能够快速地进行支付；最后，电商平台上的商家要与国内的快递公司进行合作从而使得消费者所购的商品能够顺利地运输到消费者的手中。由此可以看出，相较于线下直接的农产品销售过程，电商模式下的农产品交易过程更加的烦琐和复杂。很多消费者认为在网络上购买物品很可能会泄露个人信息因而不愿意选择网络平台进行购物。因此，电商模式下的食用农产品安全控制过程不仅仅包含单纯的食用农产品安全控制，更重要的是，还需要制定系统的法律条例规范电子商务过程，只有这样，才能从根本上解决电商销售模式下的食用农产品安全控制问题。

伴随着计算机信息技术的蓬勃发展，电商销售模式越来越成为人们青睐的销售模式。与传统的销售模式截然不同的是电商销售模式更加的便捷，而且商品的价格都清晰地展现在消费者的面前，因此节省了与商家讨价还价的过程。商品价格的透明化也避免了商家标价与商品价值严重不符的可能性。正是由于电子商务销售模式具有以上这些突出的优点，国内外大多数金融专家都将其视作为最具有发展前途的销售模式。然而，要想使得电商销售模式健康、平稳的运行，必须配备专业的人员进行管理。他们不仅需要具有专业的计算机信息技术，同时还需要具备一定的管理才能。另外，建立完善的法律条例能够从根本上解决电商模式下的违法犯罪行为。可以说，电商销售模式下的消费者，急切地希望政府能够建立相关的法律条例以保障他们的消费权益。因此，相关法律条例的建立是保证电商销售模式深入消费者内心的关键条件。然而，由于电商销售模式具有更新速率快、区域范围广、商家信息不透明等特点，导致目前我国建立有关于电商销售模式下的法律条例还非常少。通常都是消费者在电商模式下利益受到损失却无法得到合理的解决时，政府才会相应的为消费者制定一些保护措施。但是，这种形式下制定的法律条例显然是不完善的。而且由于电商销售模式下的商家来自五湖四海不同的地方，导致政府无法采取有效的措施进行监督。

电商销售模式下的网络交易平台与线下的销售平台截然不同，商家可以在网络交易平台上，如淘宝、京东、天猫等，直接申请店铺销售食用农产品。然而，现如今我国制定的有关于电商销售模式的法律条例还比较少，尤其对于进入网络交易平台销售的食用农产品质量完全放任不管，仅仅由网络交易平台上的工作人员进行管理。这种放任自由的态度使得食用农产品没有经过专业的食品安全机构审查就被动的进入商品流通过程，给食用农产品质量问题带来隐患。一般情况下，只要商家提供身份证以及缴纳一定数额的保证金即可在网络交易平台上开设专属于自己的店铺。网络交易平台并不会对商家的确切身份以及商品的来源进行审查，导致食用农产品在交易前期就可能存在着食品安全的问题。电商销售模式下，大多数从事食用农产品销售的商家都没有办理营业执照，同样也没有到工商管理部门进行登记。这就造成了当销售者发现所购买的食用农产品质量出现问题时，工商管理部门无法得到商家准确的信息，不合格食用农产品的来源很难进行确认，进而导致消费者的权益不能得到应有的保护。在传统的线下销售模式下，食用农产品本就存在着许许多多的食品质量安全问题，而现如今，在网络交易平台的笼罩下，要想彻底解决食用农产品安全控制问题更是难上加难。电商销售模式下的食用农产品安全控制之路任重而道远。

与传统的线下销售模式不同的是，网络平台上的商家不需要支付高昂的店面费用，如店面租金、水电费以及人工费等。另外，电商销售模式下的商家不需要囤积大量的货物，对于食用农产品销售来说，电商销售模式具有传统销售模式所不具备的突出优势。商家只需要跟供应商进行合作，当销售者在网络平台上下单时，商家可以依据消费者的需求量向供应商进行订货。这一过程大大避免了传统销售模式中商家由于囤货导致的农产品质量受损，有些农产品甚至由于囤放时间过长导致过期。在网络平台上开设店铺相对来说成本较低，商家不仅不需要支付店面成本，也不需要花费大量的时间精力去工商管理部门、税务部门、食品安全卫生行政等部门办理一系列复杂的合规证件。很显然，网络平台给予商家极大的便利。然而，随之而来的是为消费者的消费过程的安全隐患。网络平台上的商家由于没有去相关部门进行登记，使得他们的信息无法客观的表露出来。有些不良商家自我约束力很低，他们认为网络平台上的销售行为不受法律的管理，就算消费者察觉出售的农产品存在质量问题，法律也很难追究到他们的责任。网络平台的隐蔽性使得商家肆无忌惮的出售假冒伪劣的食用农产品。为了能够从根本上杜绝这些问题的发生，网络平台应当有义务采取有效手段对商家的基本信息进行审查并记录归档。只有将商家的信息完全暴露于消费者面前，才能让商家有所忌惮，进而不敢出售假冒伪劣的农产品。

电商销售模式得以运行的基础是网络销售平台，又称之为第三方平台。在这些第三方平台上开设店面的所有商家都是由第三方平台进行统一管理。因此，消费者在第三方平台上购买到品质不合格的食用农产品时，首先应当追究的应该就是这些第三方平台的管理责任。

三、电商食品质量控制方法

电子商务高速发展催生的大量新模式、新业态，使得现有政策制度难以适应，过渡监管和监管不当都将会束缚市场主体的创造性和活力，传统监管方式也难以有效查处新的违法违规行为。需要坚持发展和规范并重的原则，既对新业态、新模式持鼓励发展和审慎监管，也要针对假冒伪劣、侵害消费者健康和权益等问题，明确电商平台及农产品产业链各环节生产经营主体的责任，保障农产品电商长期健康、稳定、可持续发展。

（1）充分利用电商食品的网络信息资源，建立健全电商食品可追溯体系，并快速推进"以网管网"的监管体系。《中华人民共和国食品安全法》《网络食品安全违法行为查处办法》《网络餐饮服务食品安全监督管理办法》《中华人民共和国电子商务法》已经对第三方平台或者自建的网站，以及进入平台销售商品或者提供服务的生产经营者的基本信息备案、台账记录、食品追溯等均有明确规定。监管部门应严格执法，按照法律法规和管理办法中的要求，严格检查平台每个环节实名登记和备案情况，线上线下监管结合，监督和推进企业、平台利用电商食品得天独厚的网络信息资源、大数据、人工智能、区块链技术等构建"来源可追溯、去向可查证、风险可控制、责任可追究"的全流程追溯体系，创建"以网管网"的监管体系。

（2）加快推进农产品及食品产业链标准体系建设和品牌建设。农产品电子商务从2012年到2017年交易额从200亿增长至2436.6亿元，但仅占全国实物商品网上零售额的4.4%，农产品电子商务仍处于初级阶段。农产品生产粗放分散，标准化、品牌化程度低是制约食品电子商务发展的重要因素之一。要做好农产品电商，保障电商农产品和食品的有效监管，必须实现农产品产业链的标准化，即农产品标准化生产、商品化处理、品牌化销售及产业化经营。

（3）建立高效的食品物流配送体系。电子商务的最终环节要靠配送来实现，建立高效的食品物流配送体系十分必要。第一，要加快食品物流配送体系的基础条件建设。政府主导建立和完善资金融入机制，运用财政补贴等手段完善交通运输网络。第二，选择适合位置建立仓储及配送中心，建立起集仓储、冷藏、加工、配送以及长短途运输功能为一体的食品配送体系。第三，大力发展第三方物流与合作物流，鼓励运输企业发展现代物流，开展面向同行业其它企业的物流运输服务，分担成本，实现资源共享。

自2009年国务院印发《物流业调整和振兴规划》之后，我国社会物流总额实现高速增长。2010—2017年，全国社会物流总额由125.41万亿元增至252.8万亿元，年均复合增长率达到10.61%，反映了我国物流总需求的强劲增长趋势，2018年中国全国社会物流总额为283.1万亿元，预计2020年市场规模有望到4700亿元，但是冷链物流的基础设施建设水平仍有待提高。目前，我国冷链物流仓储规模虽也有增长，但相对于庞大的市场需求仍然有限。据统计数据显示，随着冷链物流市场的快速增长，2017年中国冷链物流仓储市场规模约近4800万t。

四、培养食品电子商务专业人才

《中华人民共和国食品安全法》将食品安全的监管纳入公共安全体系，建立史上最严的食品安全监管制度，从源头治理，标本兼治，形成覆盖从农田到餐桌的全过程监管制度。对于电商，如何能正确地识别与食品安全法相关的法规等文件，需要在食品质量和安全方面的专业人员，领会相关规定，夯实具体规定在企业内的落实，这离不开专业的人才。

据电子商务研究中心检测数据显示，截至2017年12月，电子商务服务企业直接从业人员（含电商平台、创业公司、服务商、电商卖家等）超过330万人，由电子商务间接带动的就业人数（含物流快递、营销、培训、网红直播等），已超过2500万人（图9-6）。

在电商企业员工学历要求上，被调查企业中，企业对员工的基本学历要求，中专水平占3%，大专水平占56%，本科生水平占14%，学历不重要，关键看能力占27%。电商对员工实践性要求较高，在学历方面没有较高的门槛。但是随着电商的纵深发展，学历有逐步提升的趋势，本科学历比例和2016年相比，上升了10%。

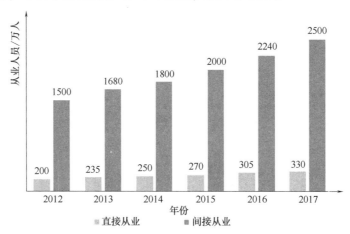

图 9-6　2012—2017 年中国电子商务服务企业从业人员

　　网络经济是以人为本的经济，传统的管理、营销方式已经很难适应电子商务发展的要求。食品电子商务作为一种全新的商业运作方式，需要既懂得食品技术、又懂得网络管理和营销等的人才。而目前很多食品电商从业者比较缺乏食品行业的专业经验，在甄别产品、仓储物流等部分做得不够，要在未来食品电子商务的市场竞争中获胜，企业需要有一支食品电子商务高素质人才队伍（谢建华等，2013）。

第三节　电商食品的质量管理

一、完善电商食品相关法律法规

　　现代的经济市场具有多元化的特征，因此，在制定网购食品监管方面的法律或者法规时，应该首先确保该法律或者法规具有一定的前瞻性、完整性和可操作性。另外，在制定法律或者法规时，应该考虑如何搭建主体的框架、与目前其它领域法律或者法规能否相融合以及如何对监管方面进行权利分配等方面问题。法律是维护良好秩序的重要工具；具有完善的法律条款以及对其合理的利用是充分发挥法律作用的关键性前提。因此，要控制好电商销售模式下食用农产品安全，必须对网购食品方面建立完善的安全监管法律体系。现在，国内对网购食品安全监管方面的实施措施仍然采取的是单行法律。与国内相比，国外对网络食品方面的监管是非常全面的，我国可以借鉴国外的先进经验。首先对电子商务这一领域建立起完善的法律体系（我国已经出台了《中华人民共和国电子商务法》）；然后，在此法律体系的基础上，加入食品安全的相关法律或者法规（《中华人民共和国电子商务法》中确实没有专门针对网购食品安全监管的说明。需要客观说明《中华人民共和国电子商务法》中已经有了哪些条例，还缺少哪些方面，可以在前期的《中华人民共和国食品安全法》《网络食品安全违法行为查处办法》《网络餐饮服务食品安全监督管理办法》《中华人民共和国电子商务法》等基础上进行修订或完善）。另外，在加入之前，应该将以前与食品相关的法律或者法规进行改变；借助相关的技术及职能机构一起确保食品法律或者法规在网购食品方面发挥重要作用。详细说明就是，在食品处于流通的过程中是由食品安全法律或者法规进行监督和管理。当食品在网络中进行交易时，由哪个职能机构进行监督和管理？如果在监管中发现不合法的情况，由哪个机构对其进行处罚？另外，在网购中还涉及金钱的交易以及信息安全方面的内容。因此，对这两个方面的法律或者法规也必须做出相关的调整以便融合到网购食品监管方面的法律中。总之，要确保网购食品安全，必须建立完善的法律体系。另外，在建立法律体系时，必须以建立电子商务方面的法律体系为前提，融合多个领域的法律或者法规。

目前，国内在网购食品方面的监管机构或者团体主要有工商、质检、网络监管、消费者保护协会等。其中，工商机构的工作内容主要是对网购平台以及网店经营者、网店经营内容进行登记，没有包含对以上各个对象具体事物方面的监督和管理。质检机构的主要工作是负责对网络上产品的质量以及售前、售后等服务方面进行监督，而对互联网上的产品信息或者资格信息等方面因没有相关的技术而缺乏监督和管理。网络监管机构的主要工作是对网络上的信息进行规范化监督和管理，在实质上缺乏对互联网交易市场的监督和管理；在其职能中不包含对产品的质量信息以及交易方面的监管工作。中国消费者协会只是一个社会团体，不具有政府机构的权利，因此，在工作内容方面不具有完整性。综上可以看出，在我国还没有专门机构对网购食品方面进行统筹性监督和管理；另外，由于我国国内在食品方面的机构具有不同的工作职能，在执行上缺乏一致性，致使尽管我国在表面上具有比较充足的监管机构，但是在实质上一直处于无机构管理的不乐观状况。从而，我国必须在政府机构中单独设置一个行政职能机构对网络交易市场进行监督和管理，清晰的划定该职能机构的工作内容，采取问题责任制，对入驻第三方网络平台的商家的经营情况进行监督。例如第一，必须从网络食品交易的独特环境进行着手，对各项监督、管理权利进行合理分配：在政府机构中加设网络市场监督管理部门，对网络市场进行24h监管，网络交易平台中经营者的经营资质等方面进行严格的审查。第二，根据目前存在的相关法律或者法规监督和管理目前网络交易市场中的秩序，对发现不合法情况或者法律、法规执行不彻底的网络交易平台进行处罚，并责令其限期整改。

2019年2月，中共中央办公厅、国务院办公厅印发了《地方党政领导干部食品安全责任制规定》，进一步明确了地方党政领导干部食品安全具体责任，令地方党政领导落实食品安全责任。不久后，《中共中央、国务院关于深化改革加强食品安全工作的意见》，进一步将习近平总书记"四个最严"的要求细化到具体举措，从法律监管、标准制定和执行、食品安全全过程安全关、风险管理等多方面提出了重要措施，这些措施必将推动地方政府强化食品安全监管。但是，两个文件对网络食品安全的监管规定较少，《地方党政领导干部食品安全责任制规定》仅做出概括性论述，指导性不强。要进一步强化地方政府网络食品安全监管意识，将其纳入到地方政府食品安全监管体系，明确将所辖范围内的网络经营主体纳入监管范围，一旦出现食品安全问题，生产经营运输主体所在的地方政府负有监管责任。要改变地方政府重事后处理、轻事前预防的执政理念，鼓励把功夫下在日常，推动监管工作日常化、长效化，而不是出事后再突击检查，做表面文章。

二、建立健全电商食品监管体制

在电商销售模式下食品安全控制问题上，西方绝大多数国家都坚持以保障食用农产品的质量安全为重点，采取有效的措施从各个方面严格把控网购食用农产品的质量安全问题，确保消费者在第三方网络平台上买到安全健康的食用农产品。其中，政府制定的食用农产品安全监管机制是保障食用农产品安全健康的有效措施，主要包含两种类型：第一类是为了能够更加有效地把控电商销售模式下的食用农产品安全控制问题，政府不再使用传统的线下食用农产品安全控制体系，而是建立一个全新的、独立的、系统的线上监管机构专门管理电商销售模式下的食用农产品安全问题。通过这样的方式能够有效避免消费者在维权时因为找不到确切的行政管理部门进行管理而导致的维权行为被迫终止。第二类措施与中国政府制定的制度相类似，也是在传统线下食用农产品安全控制体系下通过增加各个行政部门的管理范围来监督网购食用农产品的安全问题，不同的点在于西方国家各个行政部门的权利以及管理范围都有明确的规定，不存在权利管理范围交叉或出现空白的情况发生，但是这些国家也在致力于将监管网络食用农产品安全控制问题的行政部门独立为一个专门的监管部门，以使得消费者在维权时变得更加的便利。我国政府在管理电商销售模式下食用农产品安全问题时可以借鉴西方国家的成功经验，建立适当的网购食用农产品安全监管机制。

为了更加有效地管理电商销售模式下的食用农产品问题，可通过建立计算机信息技术监管部门来辅助行政监督部门进行管理。原因是，与传统的线下食用农产品交易不同的是网络环境具有一定的虚拟性，商家在第三方网络平台上不需要面对面地与消费者进行交易，而是运用计算机在第三方网络平台上直接与消费者达成购买协议。由此可以看出，电商销售模式下的食用农产品买卖行为是依靠电脑在第三方网络平台上完成的，这种交易行为所产生的是一系列电子数据信息而非纸质的购物凭证，电子数据信息具有易篡改、易丢失等特点使得从事电商销售模式下的食用农产品监管的工作人员必须具有一定的计算机信息网络技术。换句话说，要想从根本上解决目前电商销售模式下的食用农产品监督问题，还必须培养专业的计算机从业人员以保障网购食用农产品监管工作得以顺利地开展下去。例如利用计算机信息技术对入驻第三方网络平台上的商家的一些电子数据信息进行管理并保存、对这些商家是否拥有食用农产品经营资格进行严格的审查以及对电商销售模式下消费者与商家在交易过程中所产生的一些电子数据信息进行收集记录以保证这些电子数据信息没有被篡改的可能性。只有这样，才能保障电商销售模式下的食用农产品监管工作得以有效的开展下去，使网购环境下消费者的权利得以保障。

三、强化电商食品流通经营规范

现如今，商家仅仅只需要向第三方网络平台提供身份证以及缴纳一定数额的保证金即可在网络平台上开设店铺。由此可以看出，商家几乎不用付出任何成本就能够拥有一家店面经营食用农产品销售。入驻第三方网络平台的门槛低是导致商家素质参差不齐的一个重要原因，也是导致电商销售模式下食用农产品安全问题层出不穷的关键因素。第三方网络平台有监管不力的责任。为了能够彻底解决这一问题，第三方平台应当依照政府部门制定的法律条例对入驻第三方网络平台的商家的相关信息进行严格的监督、审查。例如，对商家的所在地址、是否具有经营食用农产品的营业资格许可证、具体具有哪些食用农产品的经营资格以及食用农产品的来源等各个方面都进行严格的审查。只有待这些信息经过审查合格并记录完成后，商家才能向第三方网络平台缴纳一定数额的保证金，进而才能在网络平台上开设店铺。同时，电商销售模式下食用农产品监管部门对入驻第三方平台上的商家的这些信息还会进行二次审核，如果发现某个商家不具有经营食用农产品的资格，如没有营业资格许可证、食用农产品的来源模糊不清等，那么，监管部门不仅会直接取缔掉商家的网上店铺，还会对第三方平台的这种不作为进行重罚。

仅仅依靠第三方平台以及网络监管部门还不能够有效的处理电商销售模式下的食用农产品安全问题。由于网络环境不仅复杂多变，还具有一定的虚拟性。再完善的网络监管部门也不可能达到百分百处理电商销售模式下的食用农产品安全问题，而且监管部门也无法腾出足够的时间来管理如此庞大的网络交易行为，监督效果不明显。然而，消费者是网络交易行为的实际参与者。为了能够有效发挥出消费者的积极作用，监管部门应当建立一个完善的有关于消费者举报网购违法行为的通道。消费者在发觉第三方网络平台上的商家所出售的农产品质量存在问题时，可以通过收集电子数据信息向监管部门进行举报，而对于消费者的这一举报行为应当给予适当的物质奖励。

电商销售模式下第三方平台对消费者与商家的网络交易行为负有前期监管的责任。从西方国家对于管理网络交易行为的成功经验来说，建立一个完善的信用评价系统能够有效提高商家的自我约束能力，进而有效减少网络交易平台上出现假冒伪劣食用农产品的概率。另外，消费者通过查阅商家信用评价分数能够在一定程度上判断商家的诚信问题，那些信用评价分数低的商家自然而然会慢慢地被网络交易市场所淘汰。由此可以看出，消费者对商家的信用评价能够有效避免商家的违法犯罪行为。商家为了能够吸引消费者的目光必然会采取有效的措施提升店铺的信用评分，如保证出售的食用农产品足够新鲜以及注重食用农产品的售后服务等。然而，我国第三方网络平台上现有的信用评价体系还很不完善，既没有对商家的奖惩措施，也没有设立专门的人员对信用评价体系进行有效的监管。现如今的信用评价体系并没有引起消费者和商家足够的重视，很多消费者在购买食用农产品后即使发现食用农产品的品质出现问题也不去对商家的信用问题进行评价。另外，商家还可以利用一些计算机软件对消费者做出的差评进行删除，极大地影响了信用评价系统原本所具有的积极价值。第三方网络平台应当对现有的信用评价系统进行升级，严格管控商家恶意修改差评的行为。只有这样，才能从根本上发挥出信用评价系统的价值和意义。

第四节　案例分析

　　某股份有限公司是一家创建于 2012 年的纯互联网企业，也是我国首家以坚果类休闲食品为主打产品的电商品牌。同年 6 月，正式在淘宝商城（天猫）上线运营，短短 2 个月内便成为坚果类目销冠品牌，三年时间，产品销售量翻了 40 倍。截至 2016 年 12 月，该公司年销售额高达 55 亿元，已然成为食品电商第一品牌。

　　在急剧变化的互联网行业，休闲食品市场快速增长迎来了发展的黄金时期，该公司虽已搭上电子商务这趟快车，却也面临着诸多挑战。公司经历了创业年、发展年、地基年以及扩张年四个阶段，从年销售收入 3000 余万元到 2015 年全年累计卖出 25 亿元产品，市值已超过 40 亿元人民币。事实上，该公司并不直接生产休闲食品，它的全部产品委托工厂合作伙伴进行加工。利用云端控制手段，将消费者和工厂连接起来，将供应链垂直化，直接对上游供应商进行监管，使所有产品的新鲜度、口感、饱满程度得到保障。目前，该公司产品已全面覆盖各大电商平台，并拥有四家实体直营店和自主开发的APP，顾客可在线上、线下直接与企业零售终端进行对接。

　　以下为该公司企业 SWOT 分析。

　　（一）内部优势

　　1. 品牌优势

　　该公司成立之初，便有明确的品牌定位，而品牌形象的创新使得该公司迅速进入消费者视野。经历五年的发展和沉淀，逐步被广大顾客的接受和认可。同时，该公司以先进的技术和创新式的行业思维展现出了不同于其它品牌的优势。

　　2. 价格优势

　　一直以来，该公司非常重视对供应链的管理，努力保证上游供应商直接面对下游消费者，最大限度的避免了中间费用的产生，使该公司休闲食品相较同行业的其它品牌具有明显的价格优势，使消费者受益。

　　3. 竞争优势

　　该公司从产品质量、宣传推广、售后服务等环节都有着一套适合自己的标准管理模式，从而确保企业在经营过程中不被突如其来的外力轻易击倒，在任何情况下都极具核心竞争力。

（二）内部劣势

1. 部分产品与健康饮食观念相矛盾

随着现代社会健康饮食观念的盛行，消费者愈来愈追求纯天然、有机的产品。显然该公司的部分产品，如油炸、膨化等食品和现代所倡导饮食观念是相悖的。

2. 产品口味无法完全满足地域差异

该公司一直追求在口味上能够适应全部消费者的契合点，但我国地域辽阔，南北地区的差异对口味的要求变相限制企业的发展。所谓众口难调，若是想要满足全部消费者的要求，势必要投入大量的精力、物力和财力，该公司所面临的饮食文化的差异，对其拓展全国市场提出了挑战。

（三）外部机遇

在休闲食品市场中，该公司主要拥有以下几个机会点。

1. 休闲食品市场消费潜力巨大

人们生活水平和消费能力的提高，对于除正餐外的休闲食品来说，市场容量逐渐增长。我国作为人口大国，休闲食品市场会蕴藏着更多的不可估量的机会，这些机会将拉动更大的消费潜力。在市场环境竞争越发激烈的背景下，面临休闲食品标准化和时尚化的发展趋势，企业的机遇和挑战并存。国内的许多食品企业品牌意识缺乏，因而具有非常大的品牌发展空间，在成立初期，该公司就积极宣传品牌文化，采用电商专卖店的形式，力图将自己打造成为"食品电商第一品牌"，通过锲而不舍的努力，该公司获得了"全国坚果炒货营销十强企业"的称号，给消费者留下绿色、环保、优质、健康、时尚食品的品牌印象。

2. 产品种类多、覆盖面广

现代消费者在消费时，要求质优、物美、价廉，更在追求在消费时的体验感受。就目前该公司的产品而言，其主销产品以坚果类为主，后又推出包括糕点、海产品、肉制品和糖巧等九大系列，在保证品质的同时，包装设计也进行了创新，适合各年龄段的顾客进行消费，所以该公司的市场上升空间是十分巨大的。

3. 布局线下实体直营店，扩大市场占有率

目前，企业门店布局呈萌芽状态，截至 2016 年年末，该公司共开设四家实体直营店面。不同于行业内竞争对手从线下到线上的销售模式，该公司依托时代趋势，首先对互联网发力，做到互联网食品行业品牌第一。在其它休闲食品企业认识到互联网销售的重要性时，该公司反其道而行，将品牌内涵进行升级，实体直营店的功能不再局限于传统意义上的买卖，更具有娱乐化和信息化。

（四）外部威胁

1. 食品安全问题

随着人民生活水平的优渥，食品安全问题成为人们最为关切的问题之一。零污染、零添加、自然有机等健康消费理念的兴起，导致休闲零食中某些品种受到影响。例如，在生产过程中加入的添加剂或者特殊工艺，特别是膨化类零食和油炸类食品无法顺应绿色健康的消费理念。

2. 地域性导致口味需求存在差异

该公司创立于安徽芜湖，在区域上属于南方。南北方饮食习惯差异大，所以该公司就需要开发新的产品以及新的供应商，而新供应商提供的产品指标是否能够得到保证就直接关系到该公司的产品质量。地域文化的差异以饮食文化为代表，这种差异就是该公司开拓新市场中不得不面临的巨大困难，饮食习惯的不同给该公司品牌开拓全国新市场带来了不小的挑战。

3. 市场竞争格局混乱

趋利性是所有企业的共同特性，在食品行业，只要符合各项标准，行政机关便可对食品企业通过审批。休闲食品市场巨大的市场潜力，使得各种企业蜂拥而至，想要从中分一杯羹。众多品牌都是相对强势的竞争对手，其产品结构相似度较高，人群定位雷同，消费者在进行产品购买时便会将选择标准转向产品价格，顾客的忠诚度随之降低，威胁着该公司在休闲食品行业的霸主地位。互联网销售平台是一个开放的平台，新的销售模式规范性也相对薄弱。对于想要借由该公司品牌知名度来赚取暴利的不法企业来说，便可乘虚而入。大量山寨产品的出现，混淆了消费者的视听，质量的良莠不齐也对该公司品牌产生了负面影响。

（五）SWOT 分析结论

通过对该公司企业 SWOT 分析，可以得出以下结论：

在外部因素的威胁下，该公司需要从企业内部出发，不忘根本，始终将产品质量、产品安全放在第一位，投入更多的精力用于产品外延和产品创新，坚持以产品质量和创新作为企业发展的基础，不断识别影响顾客满意度的关键因素。企业想要彻底解决劣势因素，既要完善整个销售环节，又要通过开设质量改善项目，打通供应商、研发部、第三方补充力量之间的质量管理瓶颈，增强沟通。此外，近年来数字化解决方案在各个电商中应用非常广泛。通过内部和外部质量数据的在线化，分析不符合项的趋势，识别风险，以及必要的预警，数据将有效回流质量改善方案。同时，还要加强对的员工系统化的培训。不断引入先进的培训理念，对员工素质和销售技能进行全方位培养，发掘员工的创造力，为不断提高顾客满意度而努力。

第五节　场景应用

一、电子商务法的亮点

安安：2018 年 8 月 31 日，备受关注的《中华人民共和国电子商务法》（以下简称《电子商务法》）经第十三届全国人大常委会第五次会议表决通过，并于 2019 年 1 月 1 日起正式施行。请问田田你从消费者保护角度看，新出台的《电子商务法》有哪些亮点？

田田：亮点一，微信、网络直播销售商品、提供服务纳入管理。近年来，电子商务新形态不断产生，通过微信、网络直播等形式销售商品、提供服务的情况日益增多，带来了很多消费维权新问题。《电子商务法》通过"其它网络服务"将这些新形态和涉及主体纳入其中，明确利用微信朋友圈、网络直播等方式从事商品、服务经营活动的也是电子商务经营者，有利于加强对相关领域的监管，有利于更好解决此类消费纠纷。

亮点二，禁止虚构交易、编造评价，平台不得删除评价。刷销量、刷好评、删差评等"炒信""刷单"行为，严重误导消费者，损害消费者知情权、选择权。本法一是明确规定电子商务经营者信息披露的一般义务，要求全面、真实、准确、及时披露商品或者服务信息，禁止以虚构交易、编造用户评价等方式进行虚假、引人误解的商业宣传，欺骗、误导消费者。二是要求电子商务平台经营者建立健全信用评价制度，公示信用评价规则，不得删除消费者评价信息。三是明确平台经营者未为消费者提供评价途径或者擅自删除消费者评价的，由市场监督管理部门责令限期整改，给予行政处罚，情节严重的，最高五十万元以下罚款。四是明确电子商务经营者违反本法规定，实施虚假或者引人误解的商业宣传等不正当竞争行为，依照有关法律的规定处罚。

亮点三，搜索结果附非个人特征选项，制约"大数据杀熟"。当前，电子商务经营者积累了大量用户个人信息、交易记录等，并利用大数据对消费者进行个人画像，有目的地提供搜索结果，进行精准营销。有些平台甚至出现"大数据杀熟"的情况，引发公众不满。为此，《电子商务法》明确规定，一是在针对消费者个人特征提供商品、服务搜索结果的同时，要一并提供非针对性选项，通过提供可选信息，保护消费者的知情权、选择权。二是电子商务经营者发送广告的，还应遵守《中华人民共和国广告法》规定。三是明确违反本条规定的，由市场监督管理部门责令限期改正，没收违法所得，可以并处罚款。

安安：感谢田田对《电子商务法》的解读，让我们学到很多新的知识。

二、普通食品不能当成保健品卖

安安：Hi，田田。

田田：Hi，安安。

安安：刚接到工商局通知，有一消费者举报，咱们销售的"美国原装进口健美女士专用多维和纤维素复合片（大S多维）"在没有保健品批准证号（"蓝帽子"）的情况下宣传保健功能（调节血脂血压、改善体质等），目前工商局初步认定涉嫌虚假宣传和没有批准证号进行销售。按照工商局的处罚条款，可能面临高达20万元的处罚。

田田：产品追溯了吗？

安安：调查了。此产品是美国进口的，有出入境检验检疫局的卫生检疫证书，但没有"进口保健食品"批文。只能是作为普通食品销售，但咱们的销售人员在网上的商品详情页面上对保健功能进行了宣传，导致出现问题。

田田：这个问题，上次不是明确过吗？这种情况的进口产品，作为普通食品，没有食品安全标准可依；作为保健品，又没有申请进口保健食品批号。这种进口产品，咱们都不允许销售，更别说扩大宣传了。

安安：是。那现在问题已经出了，怎么办？

田田：那只能接受呀，承担食品经营者的责任呀。罚款是一方面，关键是我们在工商局有了不良记录。这个低级错误多么伤咱们追求卓越品质的质量方针的心呀。

安安：从根子上怎么避免这种事件发生呢？

田田：商品准入流程中是有标签标识审核的，关键还是要继续强化各品类品控培训，严格落实管理规定和流程操作，以及总公司定期审核。

安安：是呀，GB 7718—2011、GB 28050—2011 和咱们的《食品标签标识合规性评价表》规定得很清楚，标签标识"不应标注或者暗示具有预防、治疗疾病作用的内容，非保健食品不得明示或者暗示具有保健作用""不得以虚假、夸大、使消费者误解或欺骗性的文字、图形等方式介绍食品"。

三、礼盒的标签标识

安安：Hi，田田。

田田：Hi，安安。

安安：领导让我做一个礼盒，还是用原来的产品，这不双节了嘛。标签标识方面，礼盒产品有没有特别的适用法律法规。

田田：没有，符合 GB 7718—2011《食品安全国家标准　预包装食品标签通则》即可。

安安：你给我说说吧，实际上操作起来还是非常的困惑。

田田：分两种情况，在礼盒上体现 3 类信息。

安安：哪两种情况？

田田：一是外包装（或大包装）易于开启识别或透过外包装（或大包装）能清晰识别内包装物（或容器）的所有或部分强制标示内容的情况；二是大包装密封的情况。

安安：哪三类信息？

田田：描述商品的信息、描述食品的信息、描述生产经营者的信息。

安安：GB 7718—2011《食品安全国家标准　预包装食品标签通则》中 3.11："若外包装易于开启识别或透过外包装物能清晰地识别内包装物（容器）上的所有强制标示内容或部分强制标示内容，可不在外包装物上重复标示相应的内容；否则应在外包装物上按要求标示所有强制标示内容。"第一种情况，大包装易于开启。这种礼盒形式，标签标识内容相对简单吧？我们一起来分析一下。

田田：1. 描述商品的信息

（1）商品名称（品名）：××礼盒（大礼包）。

（2）净含量/规格：A 产品 40 克×3，B 产品 40 克×2。

（3）商品条码。

安安：我觉得第一类信息这样一归纳清晰多了，后面的两类信息可以没有，但描述商品的信息确实是必需的，首先得有品名、得有条码，要不台账都没法登记；其次得让人知道这个礼盒里面都有什么，而且你这个内容物的格式是参考了 GB 7718—2011 中规格的格式。挺好的。

"商品名称（品名）"这个前缀也可以不写。礼盒还是用零售商品条码（商品条码分类：店内条码、零售商品条码、储运包装商品条码、物流单元条码、服务关系条码、资产条码）。

田田：是的，在第一种情况下，第（2）、第（3）类信息可以不标，是合规的。从消费者角度出发，也标一下，毕竟标签标识的目的就是传递信息的载体。

2. 描述食品的信息

（1）食品名称：A 产品。

（2）产品类别：××。

（3）配料：见内容物标签。

（4）净含量：×× 克。

（5）产品标准号：GB ××××—××××。

（6）质量等级：××。

（7）贮存条件：××。

（8）生产日期：见内容物包装喷印。

（9）生产批号：见内容物包装喷印。

（10）保质期：见内容物标签。

（11）营养成分表：见内容物标签。

安安：如果除了"见内容物标签"的信息，其它信息对于 A 产品、B 产品都是适用的，我就不用列表了；如果 A 产品、B 产品差别较大，我列一张表，分成 2 列。

田田：对呀。

3. 描述生产经营者的信息

名称、生产许可证编号、地址、联系方式、产地、QS 标志。

安安：第二种情况，如果礼盒是密封的，则标签标识项目和上面一样多，只是把上面的"见内容物标签"改成如实的信息。

田田：是的。

安安：生产日期分开标注，喷码不方便呀！

田田：对于礼盒的生产日期和保质期标注，可以有三种方法——

销售单元包含若干标示了生产日期及保质期的独立包装食品时，外包装上的生产日期和保质期如何标示？可以选择以下三种方式之一标示：

一是生产日期标示最早生产的单件食品的生产日期，保质期按最早到期的单件食品的保质期标示；

二是生产日期标示外包装形成销售单元的日期，保质期按最早到期的单件食品的保质期标示；

三是在外包装上分别标示各单件食品的生产日期和保质期。

安安：那我选择第二种，标"包装日期""保质期至××××"（"此日期前最佳××××"），喷码也方便。

安安：从食品防护的角度，我希望是礼盒密封，用塑封膜，而不是不干标贴，然后外面图文并茂的做好标识。你说呢？

田田：嗯，你说的有一定道理。最好的方法是，密封与否的两种形式让消费者来选择。

本章小结

本章基于电商食品的概念及特点，剖析电商食品的质量安全问题并进行电商食品市场的 SWOT 分析；基于食品质量控制与管理方法与理论，针对电商食品流通过程进行质量安全风险分析，阐述电商食品质量控制与管理的内容和方法；提出健全电商食品监管体制，强化电商食品流通经营规范等措施，同时还介绍了电商食品相关法律法规。

关键概念：电商食品；质量控制；质量管理；法律法规；监管体系；流通经营

思考题

1. 电商食品的特点及其发展趋势？
2. 电商食品可能存在哪些质量安全风险？
3. 电商食品相关法律法规有哪些？
4. 如何建立并完善电商食品安全监管体制？

参考文献

[1]　蔡原明.《食品标识管理规定》解读. 包装世界，2007，（6）：12-14，27.

[2]　崔卓兰，宋慧宇. 中国食品安全监管方式研究. 社会科学战线，2011，（2）：151-157.

[3]　何雅洁. 网络自制食品的法律规制研究. 电子商务，2015，（8）：39-40.

[4]　金标旺，李鑫. 电商销售模式下的农产品食品安全控制研究. 农村经济与科技，2016，27（19）：124-126.

[5]　李方磊. 网购食品安全监管问题探析. 西安：陕西科技大学，2014.

[6]　李艳. "一带一路"主要国家贸易便利化对我国跨境电子商务交易规模的影响研究. 大连：大连海事大学，2018.

[7]　连辑. 加强食品安全监管的思考和建议. 行政管理改革，2011，（10）：14-18.

[8]　刘思宇. 以SWOT分析法浅析企业战略管理. 经营者，2016，30（9）：63.

[9]　楼一. 网络交易中的食品安全监管研究. 宁波：宁波大学，2013.

[10]　曲世卓. 电子商务环境下的消费者权益保护. 北方经贸，2017，（4）：72-73.

[11]　谢建华，孙云曼. 中国食品行业电子商务的发展现状与推进策略研究. 世界农业，2013，（10）：168-171.

［12］ 叶志美. 电商形势下的食品安全控制. 现代食品, 2017, (1)：43-45.

［13］ 张签名. 我国农产品电子商务现状及发展模式探讨. 农产品市场周刊, 2014, (13)：38-41.

［14］ 郑春晖. 食品电商未来发展趋势分析. 中国食品, 2015, (18)：74-75.

第十章
食品质量控制与管理发展趋势

学习目标：

1. 经济新常态下食品消费的特点。
2. 食品质量控制新技术及其特点。
3. 食品质量管理新方法及其特点。
4. 食品质量管理新趋势的核心。

未来十年，将是我国食品质量控制与管理发展的黄金十年。

人民日益增长的美好生活需要对食品质量提出了新的更高要求；国家实施健康中国战略和乡村振兴战略为食品质量的全生命周期管理提供了前所未有的历史机遇。

在经济保持中高速增长、消费结构升级的背景下，食品的消费将全面地由温饱型升级为品质型，质量将成为食品企业最核心的竞争力，在商品极大丰富的市场竞争环境中，笑到最后的一定是重视质量的企业，不重视质量的企业将会被淘汰。

伴随着我国经济发展进入高质量发展时期，食品行业将进入质量新时代，充分竞争的市场将推动先进质量管理理论和工具在实践中的落地应用，质量技术基础得到加强，并且新的质量控制技术、新的质量管理手段将会快速的发生发展。同时，国家战略的实施将使食品链上游产地环境污染得到有效治理，经济利益驱动型质量违法犯罪明显减少，质量信号传导反馈机制和产品质量标准体系逐步完善。其次，质量新时代将是企业家精神的匠心和技术革新投入爆发的又一个时期，食品企业质量意识和管理水平将明显提高且是自主性的，带动我国食品终产品的质量水平进一步提高，我国质量管理水平将进入世界前列。

第一节 高质量发展的新时代

习近平总书记在党的十九大报告中指出："我国经济已由高速增长阶段转向高质量

发展阶段，正处在转变发展方式、优化经济结构、转换增长动力的攻关期"，这是根据国际国内环境变化，特别是我国发展条件和发展阶段变化做出的重大判断。

习近平总书记强调，"必须坚持质量第一、效益优先，以供给侧结构性改革为主线"，这是针对我国经济在供给侧存在结构性问题提出的根本解决之道。这些新发展理念的核心要求对于食品企业强化质量意识具有很强的理论指导意义。

质量概念是随着商品交换、贸易、供需产生的。

站在需求端来看，经过改革开放以来的沉淀与积累，我国居民消费总体规模不断扩大，中等收入群体不断扩容。过去十年间，全国社会消费品零售总额增长近 2 倍，人均 GDP 翻了近 3 倍。未来十年，随着国民收入的稳步增长、消费意愿的增强、线上线下便捷购物的基础设施不断完善、科技变革加快，我国巨大的消费升级需求还将持续释放，消费经济进入繁荣发展和快速变革时期，新的消费趋势、新的消费领域、新的消费模式不断涌现，消费成为拉动经济增长的重要动力。广大人民群众对消费品质、消费服务的更高要求，对维护消费者权益的更高期望，是人民美好生活需要的重要体现。

站在供给端来看，供给侧能力过剩，结构性供求失衡的矛盾日益突出。我国经济已经由高速增长转向高质量发展阶段，经济发展不能再依靠传统粗放的增长模式、发展路径，关键要发挥市场机制的作用，激发市场的活力和创造力。在食品产业链中，无论是种植环节、加工环节、还是流通环节，都存在着结构性供求失衡的问题。例如在种植环节，有的产区茶园面积不小但采摘的茶青不符合茶厂对外形的标准化要求；当普洱古树茶茶青价格居高不下时，有的产区的茶青却无人问津。

要解决这些问题，需要整个食品行业从根本上贯彻新发展理念，以需求为中心提升供给质量；需要食品企业把树立质量第一意识、提升质量水平作为重要抓手：

——"一个关注质量的组织倡导通过满足顾客和其它相关方的需求和期望来实现其价值的文化，这种文化将反映在其行为、态度、活动和过程中。"

——"组织的产品和服务质量取决于满足顾客的能力，以及对相关方的有意和无意的影响。"

——"产品和服务的质量不仅包括其预期的功能和性能，还涉及顾客对其价值和受益的感知。"

在质量新时代，质量浸入食品生产经营企业的使命、愿景、价值观；质量是食品企业商业模式的核心驱动力。

第二节　消费者的新认知

食品质量的本质是食品满足消费者需求的程度。对食品质量的认知，首先取决于消费者。时代的特征，诸如信息化、工业化、城镇化、农业机械化、人口流动性、人口老龄化、居民生产生活方式、疾病谱变化、生态环境变化等，都将使消费者的生命阶段、消费水平、生活方式、兴趣爱好、消费观念发生大变迁。一代一代的年轻消费者成为主力，消费者不再满足于简单的食品必需品，对于食品品质提出了迭代的要求，而且愿意为品质买单，更加理性的消费者市场为食品质量提升提供了难得的契机，我国食品的品质消费升级将伴随着新一代年轻消费力的崛起而到来。

一、消费者面对的食育环境

（一）商业组织的品类教育

新一代年轻消费者伴随着自媒体和移动互联网时代而成长，更加偏爱直观且互动的营销方式。社交电商、网红直播、社交媒体等社交和内容流量渠道成为品牌营销圈粉新阵地，如明星分享保养秘籍、自媒体爆款养生图文等。品牌可以借助内容端口的输出，不断在年轻消费者心内"种草"，提升消费者对产品、对品牌的认知。

（二）政府部门的营养健康教育

健康中国战略实施，食品营养健康的教育将在学校、社区，以各种传播形式进行，未来居民营养健康知识素养将明显提高，尤其是 70 后、80 后消费者对健康知识的知晓率将整体提升，因为他们将切身感知自身或父辈慢性疾病与膳食的重要关系。

二、消费者对食品质量认知的趋势

在此食育环境下，消费者的消费观日趋成熟。首先，消费者对质量的认识更升级。他们对工艺可行性上做不到 100% 的质量会问为什么，更关注新鲜、天然、健康，更关注体验，他们愿意为更高的品质买单，他们对食品企业提出了更高的感官质量指标要求；然后，消费者对质量的认知将更理性。他们更关注食品质量本身，不再一味追求品牌带来的身份附加值，辅助消费者购买时快速鉴别食品质量的设备已经出现。最后，消费者对质量的认知将更敏锐，他们的食育教育将使他们不太容易被品牌概念干扰。

在质量指标中，食品安全指标将是消费者关注的基础和前提，消费者对食品安全事件舆情触达非常容易；同时消费者已经具备食育知识来认识、认知、认同、认可食品的性能与感官指标和营养健康指标。依据趋势原则，食品企业在产品的营养健康指标上应讲究一个"轻"字，在感官指标上应讲究一个"鲜"字。

（一）食品的"轻"

健康诉求升级，健康意识和养生观念日渐提升，消费者对健康食品的诉求逐步增强，追求更为健康的生活方式、更为健康的食品；照顾或关注特殊人群对食品的特殊要求，包括现代女性自我要求更为严格、三高人群和孕妇人群需要合理安排饮食结构，避免过营养摄入。

食品质量的"轻"表现在以下几个方面。

1. 分量小

物流单元、最小销售单元、食用单元要比参照食品分量小。果腹、止饥就好，食不过量，《黄帝内经》说，"饮食自倍，肠胃乃伤"。

2. 程度浅

不好的营养素含量要比参照食品程度浅。FDA 关于"light"或"lite"的营养含量声称法规规定，轻食食品中的能量、脂肪来源的能量、总脂肪、胆固醇、食盐、碳水化合物、糖应低于参考食品。《健康中国行动（2019—2030 年)》，对超重成年人，避免吃油腻食物和油炸食品，少吃零食和甜食，不喝或少喝含糖饮料。

3. 负担少

产品理念追求营养与健康的平衡，不过分追求食物的"色、香、味"，减少营养过剩对人体的负担；原料来源追求可持续性和动物福利，不过度采集、生产；包装容器追求环保性、可降解性、可重复使用等，减少对地球造成的负担。

（二）食品的"鲜"

食品安全指标是质量的前提，营养健康指标的"轻"更多的是专业性、科学性的推动，而性能与感官指标的"鲜"则是消费者对食品持续不断的要求，这需要食品企业从产地、配方、工艺、设备、技术上去"锁鲜"。

举例而言，坚果仁最适口感的水分含量是 2%左右，果干最适口感的水分含量是 13%左右，如何通过增加设备、改进工艺，保证整个保质期内水分含量维持在最优数值？差一点，就是好吃不好吃的问题，好吃是产品购买的第一大原因。

扁桃仁的伤果率行业平均水平是 5%左右，通过自主升级拣选设备，控制到 3%左右，整个产业链生产搬倒过程中果仁的磕磕碰碰在所难免，企业与行业的不同，消费者能够吃出来。

烤榛子仁的带皮率（>3mm）行业平均水平是 3%左右，即使控制到千分之一、万分之一，对这一个吃到这个带皮果仁的人而言，质量不合格率依然是 100%。面对客诉，解释问题，不如解决问题。要解决问题，就要从全产业链入手，从田间地头入手，从品种入手，从"种子+产地+配方+工艺+设备+技术"全过程入手。

松子的开口率行业平均水平是 93%左右，先进企业可以做到 96%。

藜麦皂苷残存率在 0.12%左右，多了太苦，少了不香，我国已经自主研发出来国际领先的干法研磨机，保证去除的均匀和标准化。藜麦杂色籽比率行业在 0.3%左右，我国改良的色选机可以达到万分之一水平。

茶叶产品的粉末碎茶率行业平均水平 1%左右，先进企业通过水分加热方式的改变、充氮包装等一些组合，使消费者在打开茶包倒入茶杯的过程中完全感受不到粉末碎茶。

总之，在一个信息高度对称的时代、在一个竞争越来越充分的时代、在一个消费观念日趋成熟的时代，所有的模式和技巧，都变得没有门槛。产品的质量将是消费者最关注的。食品企业要把食品质量要放在首位，产品如果不够好，做再多营销也没有用。

第三节　食品加工新技术

面对消费者对质量的新认知，食品生产企业把食品工艺学、食品设备学学到的、知道的变成做到的，就能大幅提升质量指标，只是过去消费升级时代、充分竞争时代没有到来。而在质量新时代，第一产业、第二产业、第三产业的产业结构变化，将推动新技术、新设备在食品价值链的投入，从而推动我国食品质量水平显著提升。

未来食品企业的质量竞争，将是第一产业机械化、第二产业智能化、第三产业大数据化的合力的竞争。

一、农业机械化

食品质量的根在于农产品的质量安全。田间地头是食品质量全生产周期的起点。

农业适龄人口减少、土地流转以及装备技术的发展，将带来农业的机械化，会改变小农经济带来的品质不稳定、供应不持续、质量反馈机制之后的矛盾，从而为食品生产加工企业提供更高质量的原材料。

到 2025 年，全国农作物耕种收综合机械化率达到 75%，粮棉油糖主产县（市、区）基本实现农业机械化，丘陵山区县（市、区）农作物耕种收综合机械化率达到 55%。薄弱环节机械化全面突破，其中马铃薯种植、收获机械化率均达到 45%，棉花收获机械化率达到 60%，花生种植、收获机械化率分别达到 65% 和 55%，油菜种植、收获机械化率分别达到 50% 和 65%，甘蔗收获机械化率达到 30%，设施农业、畜牧养殖、水产养殖和农产品初加工机械化率总体达到 50% 左右。

同时，乡村振兴战略和环境保护的实施，农产品的农药残留量、重金属含量、污染物合格率将逐步提升。

二、制造智能化

随着大数据等信息技术的发展、信息的对称化，在价值链中传递价值的环节越来越被去中间化，创造价值的环节越来增值。"微笑曲线"（微笑嘴型的曲线呈现两端朝上的状态。在产业链中，附加值更多体现在两端：设计和销售，处于中间环节的制造附加值最低。）理论反转为的"武藏曲线"（2004 年日本索尼中村研究所的所长中村末广所创。根据该研究所对日本的制造业进行调查，发现制造业的业务流程中，组装、制造阶段的流程有较高的利润，而零件、材料以及销售、服务的利润反而较低）的商业模式逐渐增加。

智能制造将成为制造业的核心，"制造+互联网"将成为未来产业发展的主攻方向。

对于我国食品生产加工而言，智能制造将对食品的性能和感官指标进一步标准化，不合格品率、客诉率进一步降低。在智能制造之前，先要把食品制造业的现代技术这一课补上。要在充氮包装技术、远红外技术、微波技术、FD 技术等保鲜锁鲜设备上发力，要用自动化、机械化代替或减少人工操作，高剔除率的异物拣剔自动化设备的研发和应用。

其次的趋势是机器人的使用和工业制造领域人工智能的发展（AI 芯片、视觉检测、预防性维修、生产优化、机器人视觉等）。

再次的趋势是在线检测技术的发展。

食品在线快速检测应用技术是食品质量安全控制的主要支撑体系之一。在线检测即能够实时、连续地对样品进行分析。食品与农产品品质无损在线快速检测技术是 20 世纪后期发展起来的集物理学、化学、物料物性学、分析仪器、数据处理、信号分析和计算机应用等学科为一体的交叉型应用科学（陈斌等，2004）。在线快速检测技术可应用于食品农药残留、兽药残留、食品中其它成分、致病微生物及毒素、重金属污染的无损实时在线检测。对于食品行业的制造商而言，保证食品安全的工作需要在生产过程的每个环节进行。以往很多制造商会通过非常严格的操作规章制度及要求来控制工人的操作行为，同时通过人工抽检的方式降低污染概率，但是这些措施往往不能从根本上消除食品安全隐患，并且会因检测效率低下而影响生产和产品质量。因此，自动化的在线检测技术成为很多注重产品质量的制造商的首要选择。从生产过程中的原料、生产加工、包装检测、运输等多个环节入手，有针对性地提供量身订制的在线检测解决方案。

三、检测无损化

食品消费升级中增长最快的一个品类是坚果。坚果，尤其是壳果的质量安全检测，如何在带壳的情况下，不破坏果壳，来检测里面的坚果仁是否发霉等，天然地需要无损检测技术。有需求带来有投入，无损检测技术将在食品行业落地应用。

随着电子技术、生物技术、光学技术等新型检测技术的发展，高效、灵敏和快捷的检测手段已逐步得到重视并逐渐替代传统的检测方法。其检测过程主要由数据或信号采集、数据处理、信号控制三大部分组成。信号控制的目的是将检测结果在显示器上显示，或为了下一工序输出控制信号；数据处理主要是指利用计算机等先进手段，运用数学知识进行数据的分析处理；而数据或信号采集是无损伤检测中的重点，也是难点。重点是指数据的采集将对得出正确结论起着关键作用，难点是指检测方法、手段如何选择运用。无损检测技术在现代机电一体化水果分选分级系统中得到了充分应用，对分级自动化的发展起着关键性作用，它已经成为研究开发的重点（韩东海，2012）。

该技术在食品质量与安全领域发挥的作用越来越大，它能实现在不伤害或不影响检测对象物理化学性能的前提下，利用光、声、电、磁和力等的传感特性对检测对象进行缺陷、化学和物理参数等的测定，从而达到无损检测。主要的检测方法有光学法、磁学法、力学法和其它一些方法。光学法主要应用到一些具体成分的分析、杂质分析、产品的缺陷等的分析。电磁法主要的应用成果有核磁共振和电子共鸣等方面。力学法主要是利用农产品的力学特性（如振动频率、振动吸收、硬度、弹性等）进行检测的方法。当前，该技术已开始应用于农产品、畜产品、水产品、果蔬产品的品质检测和有害残留物质检测，这种技术可以避免检测过程中样品的成分和营养损失，而且具有检测速度快、实时在线、节约时间和费用的特点，因此，较多无损检测技术也具备在线检测的功能，是一种值得研究和推广的检测手段。

第四节 食品安全保障新手段

已发明、应用和推广的先进的质量管理方法和标准，从方法论上讲都是有效的，这些方法工具包括 ISO 9000 族标准、HACCP、全面质量管理、质量功能展开、PDCA、可追溯体系等。而如何在实践上卓有成效，则需要创新手段，持续改善、止于至善。

一、全生命周期质量安全风险预警平台

近年来，在国家对质量安全的推动下，不少食品企业依托 SAP（数据处理中的系统应用和产品，systems applications and products in data processing，一款用于企业资源计划管理的软件）、LIMS（实验室信息管理系统，laboratory information management system）等信息系统建立了质量安全信息化系统。

一方面，这些质量安全信息化系统奠定了质量安全指标、风险管理的可视化基础系统；另一方面，也存在一些问题，如①认识定位不高：有抵触思想，习惯于纸质、实物、实地等传统管理方式；②技术水平不高：技术水平普遍处在初级阶段，缺乏新科技成果利用；③系统碎片化：缺乏系统化设计，结构和模块设计不合理、碎片化；④上下不连通：信息孤岛，上下不一致，数据无法交换和共享，无法提供决策支持。

食品企业质量意识的提升和信息技术的发展，将促进越来越多的企业把信息系统真正打造成基于大数据的全生命周期的内外部风险预警平台，变碎片化管理为闭环管理，将实现：①质量工作闭环管理，推动质量管理可视化、系统化、结构化、规范化、指标化、表单化；②质量工作全生命周期管理，信息平台体系搭建、升级，实现上下联通，提高管理连续化、针对性，形成倒逼机制，层层压实责任；③重大风险监测/监控指标信息化、智能化管控；④降低管理成本和难度，可利用远程管理、动态管理、时效管理、在线模拟演练、培训教育、事故警示教育视频等方法解决人手不足，提高管理效率。

二、基于区块链的全过程可追溯体系

过去的十年，企业、市场、政府与社会力量推行可追溯体系，取得了很大的成绩，软件、硬件、载体的技术已经非常成熟和多样化，消费者的认知和应用也做了品类教育，形成了可追溯体系的基础设施。但是这些体系中，有很多本质上不过是电子版或网页化的纸质生产批次记录和发货记录而已。对于以质量为核心驱动力的企业，对于像母亲做饭一样用心做产品的企业，这些是不够的：首先要保证"全"，从农田到餐桌的全过程，从土地、投入品、种子，到贮存、运输，到食品生产企业加工过程，到经销商，

到渠道商，到零售商，到消费者；其次要保证"准"，所有环节、节点的记录数据都是真实发生的。只有这样才能真正有效。

大多数可追溯体系的拥有者、建设者、记录输入者都是同一个人——食品生产者。所以，在"全"字上生产加工环节最连点成线，上游、下游则略简，没有本质上、零风险地发挥质量和食品安全控制作用，在下游串货、品控管控等商业诉求上也不够精准。在"准"字上，上游、下游的记录数据往往是食品生产者录入的，所谓"保证所有批次可以追溯"缺乏验证，因此所谓"严苛标准"缺乏监督。

从理论上而言，区块链技术的应用将解决这个问题，信息将不是体系拥有者录入，而是发生节点产生。

实践中，这两者的融合，到目前为止还没有完全落地，例如成本的问题，载体、数据读入/录入硬件、软件匹配的问题，每个环节节点与载体的链接的可行性问题，随着科技的发展，会很快攻破。

三、全产业链管控食品企业涌现

为了本质上保证食品安全、品质稳定、供应持续，越来越多的食品企业切入农业生产，进而改变农业生产效率和质量水平，提高全产业链竞争力。

在产业不消亡的前提下，我们预计未来全产业链管控食品企业会越来越多。

全产业链管控是聚焦一个品类用上下游产业链的思路来运营，通过新技术新设备不断提升自身的质量水平，不断洞察消费者诉求，对产品进行迭代升级是"一品一业、世代为业、迭代作业"。

全产业链管控强调对由农田到餐桌所涵盖的选种/选地、种植/养殖、贸易/物流、食品加工、分销/物流、品牌推广、食品销售等多个环节构成的完整的产业链系统的关键环节进行有效管控，不要求每一环节都拥有。

全产业链管控使得上下游形成一个利益共同体，从而把最末端的消费者的需求，通过市场机制和企业计划反馈到处于最前端的种植与养殖环节，产业链上的所有环节都必须以市场和消费者为导向。

对于政府的监管而言，全产业链管控才能从根本上保证质量和食品安全。

对于消费者而言，不会满足于食品生产企业从批发市场买来原料，加工生产，然后卖出去；也不会满足于这个食品生产什么品类都能做。消费者都会知道，也能通过产品的质量指标感受到。

对于食品企业而言，没有"一品一业、世代为业、迭代作业"的匠心，开发产品的原料，这种原料的田间地头都没有到过，这种原料的植物状态没有见过，而能够开发出货真价实的产品，是很难想象的。

真正地做产品，真正地做质量的企业，才能赢得竞争。

好产品，会说话。好质量，消费者能够感受到。在质量新时代，食品这类的企业的核心驱动力是质量。

优秀的企业，它的产品质量一定是优秀的。

同样，优秀的企业，其质量部门的地位也往往是优秀的。

第五节　食品质量管理新趋势

食品质量管理方法向全员参与、全过程管理、全面质量管理和质量管理方法多样化的趋势发展，以"人"为核心，基于供应链的战略合作，利用信息化手段而开展。

一、人性化管理

人性化管理，就是在管理实践中体现出管理者的个性特征和人格力量，充分发挥和利用组织成员自身心理目标在工作中的积极影响力，从而为顺利实现组织的发展目标提供行为动力和智慧。人性化管理从人的善良本性出发，通过善意引导、启示、提醒、挖掘、发挥、激励、弘扬、规范等有效手段，让组织成员把最积极的一面尽可能地展现出来，并使之长效发展，最终达到企业与个人的双赢。

人性化管理的系统研究源于西方国家，已形成一个富有经验的系统性研究，基于各种历史和现实的原因，我国的人性化管理研究起步晚，差距较大。目前，我国专家学者已意识到传统管理方式的缺陷和落后，开始研究人性化管理和食品产业的有机结合，并提出对人性的正确认识是食品企业人性化管理的根本，以人为本是企业发展的核心。人性化管理中的情感化管理有助于激发食品企业职员的积极性。食品企业管理者通过注重职员的内心世界，根据情感的可塑性、倾向性和稳定性等特征去进行管理，激发职员的积极性，消除职工的消极情感。

人性化管理中的民主化管理有助于提高食品企业职员的主人翁意识。在食品行业推行人性化管理，要在食品生产和销售的任何一个环节都使人性化充分体现，并落实到位，尊重和激励食品链上的每一个员工。如果能让参与生产的主要人员参与决策，即听取他们的意见，不仅可以提高职员的自尊心，还会提高职员的士气，被征求意见的人多一些，职员的士气就会更高一些。民主化管理需要企业家集思广益，集中多数人的智慧，全员经营，否则不会取得真正的成功。要真正做到管理的民主化，还需要建立一种企业与职员的关联机制，制订完善的个人发展计划，实现组织员工个人发展与个人价值。

人性化管理中的自我管理可以说是民主管理的进一步发展，食品企业职员可根据企业的发展战略和目标，自主制订计划、实施控制、实现目标，即"自己管理自己"。它可以把个人意志和企业的统一意志结合起来，从而使每个人心情舒畅地为企业作奉献。合格的职员主要靠企业的培养，没有哪个职员天生就会做事，只有通过培养，企业才能实现人才资源最大化。

文化管理是人性化管理中的最高层次，"保障食品安全，共建和谐社会""食品质量关联生命，监督管理情系万家"等良好的企业文化是食品企业生存、竞争和发展的灵魂。通过企业文化培育、管理文化模式的推进，使食品企业职工形成共同的价值观和共同的行为规范。良好的企业文化是一整套由一定的集体共享的理想、价值观和行为准则形成的，使个人行为能为集体所接受的共同标准的整合。食品企业能够做大、做强离不开质量文化等企业文化，强有力的企业文化也是不可复制的竞争力，有时还可以起到事半功倍的作用。

管理大师彼得·德鲁克曾说过："员工是资产和资源，而不是成本和费用。"人性化管理的核心就是围绕如何充分利用"人"这一核心资源来展开的，它体现了组织的一切管理活动都应该围绕着怎样识人、选人、用人、育人、留人而展开。食品企业运作没有管理是万万不行的，但仅靠制度化管理，显然也是不够的。在竞争日益激烈的今天，人才就是企业的核心资源，企业职员的智慧、创造力和积极性历来是企业生命力的源泉，而以人为本是企业经营管理过程中的核心内容，充分调动职员的积极性和责任感，是企业提供社会和经济效益的不二法门。因此，坚持以人为本的人性化管理理念，势必成为食品企业管理的发展趋势。

二、权变管理

权变管理是指不同的组织或者组织在不同的发展阶段由于规模、技术、环境、人员之间存在差异，管理者采用不同的决策系统、组织结构、领导风格、控制体系、激励措施、职位设计等。权变管理的核心思想就是"变"，注重在管理过程中具体问题具体分析，反对一成不变的管理模式，主张管理者应根据组织所处的环境条件变化来选择相适应的管理模式和方法。食品产业体系庞大，整个食品链由涉及从农田到餐桌众多单元，面广人多，食品质量控制随之成为一个庞大和复杂的系统性工作，既需要常规的食品风险管理和控制方法，也需要对新出现的、突发性的食品安全问题采取有效的应对措施，尤其是面对突发性的公共食品安全事件，需要制定适时、适地的控制措施，转变思维、转变策略、转变手段尤为重要。将权变管理引入食品质量控制管理工作，稳中求变，不断变革和创新管理方式，才能在食品经济全球化以及食品工业转型升级阶段做好食品质量控制工作。

（一）食品行业组织领导的权变

食品行业组织领导的权变包括政府食品监管机构和食品企业管理层的领导权变。在组织管理中，组织的领导者和组织成员的个性特征以及组织环境的变化决定了组织领导者的领导方式。面对环境变化和突发问题，组织领导的权变直接决定了决策权变，决策决定发展方向。在食品行业这样一个"安全先行"的行业，组织领导者安全意识和反应是食品质量控制重要的一环，他们需要根据实际情况调整思维和决策，对下一步工作进行定位定调，比如决定是否引入新的质量控制技术，是否开展 HACCP 评价体系等；比如面对可能突发的食品安全情况，是否能准确预判，及时有效地启动问题产品追溯机制，降低危害等。

（二）食品质量控制技术手段的权变

日新月异的信息科学技术为食品质量控制提供了技术保障，使得食品质量控制更为高效、便捷。先进的信息技术为食品质量控制手段的多样化提供了更多可能，如实验技术的提高可以加深人们对食品、对食品安全的认识；不断更新和升级食品检测技术可以检测食品中含量极低的有害物质；食品数据库的建立和完善可为食品信息追溯机制提供全面的数据；互联网通信技术的发展有利于在食品进出口贸易经济中开展多国合作联防的食品监测网络等。灵活运用科学技术手段，创新技术使用方法，促进科技与食品行业的有机结合，通过食品质量控制手段的变化应对复杂多样的食品质量问题。

（三）食品质量监管方式的权变

长期以来，社会大众广泛持有食品应由政府监管的思维定式，认为应由政府采取强制措施来保证监管的顺利实施，将政府视为监管的唯一主体。2018年，党的十八大报告提出"社会共治"的理念，新《中华人民共和国食品安全法》出台，为我国的食品安全提出了更高的规定和要求，这无疑是我国食品监管历史上具有里程碑意义的一次改革和转变。资源过度开发，农耕作物生长环境被污染；食品欺诈发生频率居高不下；进出口贸易逐年攀升，贸易战成为食品经济新的阻碍；互联网经济蓬勃发展，网络餐饮安全如何保障等，都是由来已久、至今无法解决的食品安全问题。因此，在当前复杂多样的食品安全隐患中有效进行食品质量控制，监管手段必须持续进行改革和创新以适应新的需要。

三、信息化管理

信息化是指培养、发展以计算机为主的智能化工具为代表的新生产力，并使之造福于社会的历史过程。利用信息化手段快速高效管理食品安全信息已成为必然趋势，利用计算机、互联网、大数据、区块链等信息化技术，在食品质量管理中可以起到高效监管、快速检测、信息跟踪、预警等作用，随着信息化时代的发展，原有传统的管理体系应被信息化监管所取代，利用信息化先进技术搭建食品质量安全管理与服务平台，可使食品安全监管提升到一个新的高度。

美国、日本、欧盟等发达国家已利用信息化技术建立了较为全面和高效的食品可追溯体系，如欧盟的EAN·UCC系统，通过建立国家数据库，对食品供应链中产品的属性信息、涉及的机构和人员等信息进行标示，将所有信息载入EAN·UCC代码里，通过扫描代码即可获得各个节点的产品信息，包括生产商、批次、有效期等，一旦发生食品安全问题，可通过EAN·UCC代码进行追踪和定位，能快速、高效地确定问题所在。我国信息技术的部分发展处于世界先进水平，但在食品质量管理领域的应用较发达国家还有差距，我国的食品质量信息化管理还有巨大的发展空间。

四、现代全面质量管理

全面质量管理（total quality management，TQM）最早由美国管理学大师阿曼德·费根堡姆在1951年提出，指的是以一个产品质量为核心考量对象，以全员参与为方式，组织起所有可控因素对产品质量进行实时高效质量控制的体系，满足客户需求，尽可能让客户满意，进而达到长期有效控制质量的方法。食品质量是食品企业的生命，是食品企业管理的重要组成部分。加强食品质量管理、建立质量管理体系是各国食品产、供、销和管理机构的共同使命。食品质量的"全面"包括全面的质量，全过程和全员参与，食品企业内部全面推行和组织实施 TQM 的管理理念和措施，引入风险分析和危害分析与关键控制点（HACCP）体系，对食品生产过程全面质量控制以预防为主，贯穿整个生产作业过程，对加工步骤、潜在危害、判断依据、控制措施及关键点控制等进行质量控制。在每一个关键控制点都要确保相应的产品可能的危害得到有效控制，并保证这样的控制具有现实可操作性，通过对关键控制点采取控制措施，来确保食品质量受控。构建食品生产全程追溯体系，针对从农田到餐桌的食品供应链，建立高效、精准的食品信息追踪系统，便于及时发现和解决问题，有效控制食品安全风险，提高食品质量保障水平（徐迅，2017）。

五、战略合作的链管理

随着食品生产体系的全球化发展，食品供应链内的战略合作变得至关重要。链上的每一个环节要应对不同的需求和环境的影响。对于消费者来说，消费者越来越追求健康有营养的产品，对食品种类多样化的需求持续存在。典型的例子是当前功能性食品领域的发展。与这些发展变化相关，产品的生命周期缩短，食品生成体系的效率和灵活性变得越来越重要。零售商是消费者和食品生产企业之间的主要联系，信息技术的应用使得零售商们更加了解消费者的购买行为，这使得他们处于优势地位。食品企业通过产品研发，增加知识储备以及地理上的扩张和品牌战略的加强，实现对这些动态发展进行预测。初级产品生产部门常引发一些严重的食品安全事件，使得人们更加关注质量体系的改进。此外，由于环境法规、劳动力、土地价格和市场的自由化等因素，初级产品生产部门的生产成本增加了。加强食品供应链的战略合作，以消费为导向，整合链内资源，强化内部质量管理，不断优化食品生产经营环境，才能提供更加符合消费需求、质量更佳的食品。

第六节　场景应用

一、改的不是繁体字，是观念

安安：Hi，田田。

田田：Hi，安安。

安安：产品标签不能使用繁体字？

田田：关于规范的汉字，一是可以使用简体字，二是在使用规范汉字的同时，使用相对应的繁体字，三是繁体字注册为商标。

安安：好吧，只要是不符合标准法规要求的，即使别人都能干，我们也不能干。今后在产品外观设计中产品名称将不再使用繁体字。

田田：积极的心态！说都说不得，这样可不对呀。

安安：好吧，我再重新表达一下：传统书法繁体字从结构、表现形式都能表现出很浓的传统气息及美感，能较好传达产品的传统文化内涵。在部分产品中为能达到最佳效果有时就会使用到传统书法繁体字。但在使用时要规范。

田田：对嘛，要不我们来玩一下想象法。

安安：什么东东？

田田：想象你现在正在逛超市，一排排的架子，有面包、牛乳、烟、酒、茶……现在请告诉我，这些食品的标签使用繁体字普遍吗？

安安：不普遍。

田田：为什么呢？

安安：食品就是给消费者吃的，规规矩矩、老老实实的说明呗。

田田：再想象一下，这儿摆成一排你们设计的产品，但看食品名称，有的产品名称是繁体字、有的是简体字、有的是仿宋体、有的是启功体，能一眼看出他们是一家子吗？

安安：看不出来。

田田：现在的食品销售渠道有哪些？

安安：商超、电商、批发经销、专卖呗。

田田：现在想象你是商超、电商的采购人员，你会采购食品名称繁体字的产品吗？

安安：如果是有专门的商品准入审核人员，肯定会剔出这些产品的。因为它不合规嘛。我明白了，其实，标签整改，改的不是繁体字，是观念。

田田：何以见得？

安安：是合规的观念；是老老实实、规规矩矩的观念；是产品销售不只在自家专卖店，还需要与时俱进的新观念。

二、看不出你对产品的爱

安安：Hi，田田。

田田：Hi，安安。

安安：你给看看我们茶碗的上市审批资料。我觉得我们的茶碗比市面上的好多了，我们毕竟是做食品的嘛。

田田：你说真话，那我也说真话——看不出你对产品的爱。

安安：此话怎讲？

田田：我们不是烧个茶碗，就拿出去卖，我们自身的质量管理的动作，会体现在我们做的产品上，消费者会通过我们的产品感受到我们是如何做产品的。

安安：你再补充一下呗。

田田：依据消费品通用要求、日用瓷器的标准法规要求，应该要补充一些。第一，我们要做"生产日期或产品批号"管理——消费者买的到底是哪一批，整个用料、生产全程可追溯；第二，我们要做质量等级管理——烧成什么样算特级、烧成什么样算一级，得有标准；第三，我们要标注安全标签，提示消费者使用、放置过程中别烫着、别划伤；第四，我们要做"尺寸""毛重""净重"管理，手工工艺也要标准化；第五，每个产品包装上汉字、数字和字母都应规范，不用繁体字，清清楚楚；第六，每个产品都有产品检验合格证。

安安：这些都是标准法规要求？

田田：是的。满足了这些大前提之后，我们还是以消费者需求为出发点，咱们的茶碗有什么优势？耐磨？能泡多少次茶用不坏？泡茶不留茶渍？好洗？水一冲就去掉茶渍了？结构设计上手拿着舒服？看着透明度好？功能性有了，我们还要告诉消费者怎么用。怎么放置？怎么泡茶？怎么维护？怎么保养？怎么洗？我们提供给消费者的不是枯燥的价格，是全套产品使用的解决方案，我们内部的茶碗质量管理的要素，能让消费者看到这个茶碗的一生（茶碗质量管理要素如下图所示）。

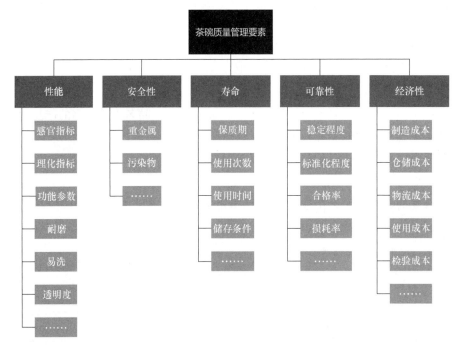

（几天后）

安安：本次我们针对你提出的建议修改了相关项目，并附上修改说明，你看怎么样？

田田：对嘛，安全标识这样一贴，咱们对这些产品的"爱"就体现在里面了。

安安：感谢你百忙中对于茶碗项目组的关怀和指导，茶碗组会以专业的态度做好每一件产品，用心呵护每一处细节。

本章小结

　　本章基于新时代的特点，剖析消费者面对的食育环境及其对食品质量认知的新趋势；阐述了农业机械化、控制智能化、检测无损化等食品质量控制新技术；介绍了基于大数据的全生命周期的质量安全风险预警平台、基于区块链的全过程可追溯体系、全产业链管控等新手段；总结了食品质量管理原则和方法的新趋势。

　　关键概念：食育环境；食品的"轻"与"鲜"；控制智能化；无损检测；风险预警；区块链；产业链；追溯体系

🔍 **思考题**

1. 经济新常态下消费者对食品质量认知的趋势是什么？
2. 现代食品质量控制有哪些新技术？
3. 复杂社会环境下食品质量管理有哪些新手段？
4. 食品质量管理新趋势的核心内容是什么？

参考文献

[1]　陈斌，黄星奕. 食品与农产品品质无损检测新技术. 北京：化学工业出版社，2004.

[2]　高大启，杨根兴. 电子鼻技术新进展及其应用前景. 传感器技术，2001，20（9）：1-5.

[3]　韩东海. 无损检测技术在食品质量安全检测中的典型应用. 食品安全质量检测学报，2012，3（5）：400-413.

[4]　李敏，李宪华，奚星林，等. 无损检测技术在食品分析中的应用. 检验检疫科学，2008，18（06）：60-62.

[5]　刘燕德，邓清. 高光谱成像技术在水果无损检测中的应用. 农机化研究，2015，（7）：227-231，235.

[6]　戚淑叶，张振伟，赵昆，等. 太赫兹时域光谱无损检测核桃品质的研究. 光谱学与光谱分析，2012，32（12）：3390-3393.

[7]　石志标，左春棨，张学军. 食品仿生检测技术——人工嗅觉系统（AOS）. 轻工机械，2004，（1）：91-94.

[8]　史晓亚，高丽霞，李鑫，等. 无损检测技术在食品安全快速筛查中的应用. 食品安全质量检测学报，2017，8（3）：747-753.

[9]　宋焕，王瑞梅，胡妤. 全程追溯制度下的食品企业与政府的演化博弈分析. 大连理工大学学报（社会科学版），2018，39（4）：29-34.

［10］　王彬. 生物传感器在食品安全检测中的应用研究. 食品界，2018，（6）：78.

［11］　伍林，欧阳兆辉，曹淑超，等. 拉曼光谱技术的应用及研究进展. 光散射学报，2005，17（2）：180-186.

［12］　徐迅. 食品企业全面质量管理（TQM）体系的建立与运行. 食品安全导刊，2017，（30）：20-22.

［13］　左功平. 对完善食药监管体制改革的建议与构想. 饮食保健，2017，4（7）：269-270.